Herausgegeben von
Peter Peißker und
Mark Huckshold

Handbuch Feuerverzinken

Herausgegeben von
Peter Peißker und Mark Huckshold

Handbuch Feuerverzinken

Vierte Auflage

Vormalig herausgegeben von Peter Maaß und Peter Peißker

Verlag GmbH & Co. KGaA

Herausgegeben von

Peter Peißker
Leipzig
Deutschland

Mark Huckshold
Mettmann
Deutschland

Das Titelbild wurde vom Institut Feuerverzinken GmbH, Düsseldorf, zur Verfügung gestellt.

Vierte Auflage

Bibliografische Information der Deutschen Nationalbibliothek
Die Deutsche Nationalbibliothek verzeichnet diese Publikation in der Deutschen Nationalbibliografie; detaillierte bibliografische Daten sind im Internet über http://dnb.d-nb.de abrufbar.

Umschlaggestaltung Adam-Design, Weinheim
Satz le-tex publishing services GmbH, Leipzig, Deutschland
Druck und Bindung CPI Group (UK) Ltd, Croydon, CR0 4YY

Print ISBN 978-3-527-33767-5
ePDF ISBN 978-3-527-68656-8
ePub ISBN 978-3-527-68657-5
Mobi ISBN 978-3-527-68658-2
oBook ISBN 978-3-527-68655-1

Gedruckt auf säurefreiem Papier.

C9783527337675_141125

Bevollmächtigter Vertreter des Herstellers gemäß EU-Produktsicherheitsverordnung ist die Wiley-VCH GmbH, Boschstr. 12, 69469 Weinheim, Deutschland,
E-Mail: Product_Safety@wiley.com.

Inhaltsverzeichnis

Vorwort zur vierten Auflage

Durch Feuerverzinken wird auf Stahl zum Zwecke des Korrosionsschutzes ein Zinküberzug im Schmelztauchverfahren aufgebracht. In Deutschland werden dadurch jährlich ca. fünf Mio. Tonnen Stahl mit steigender Tendenz dauerhaft vor Korrosion geschützt.

Das Stückverzinken nach DIN EN ISO 1461, eine Verfahrensvariante des Schmelztauchverzinkens bei der die Bauteile nach der Fertigung im Tauchprozess verzinkt werden und dadurch einen vollständigen Zinküberzug erhalten, ist Gegenstand dieses Buches. Neben den hervorragenden mechanischen Eigenschaften führen derartige Zinküberzüge bei Freibewitterung über Jahrzehnte zu einem wartungsfreien Korrosionsschutz. Dieses Eigenschaftsprofil erschießt der Stückverzinkung vielseitige Anwendungen mit Schwerpunkten im Gewerbe-, Wohnungs- und Industriebau, im Stahl-, Verkehrs-, Fahrzeug- und Maschinenbau, in der Energietechnik, Landwirtschaft und vielen anderen mehr.

Der Mitbegründer der industriellen Feuerverzinkung, Professor Dr. Heinz Bablik, hat in seinem 1941 erschienenen Buch „Das Feuerverzinken" erstmals umfassend grundlegende, wissenschaftliche Erkenntnisse über dieses Fachgebiet dargelegt, in die Praxis überführt und veröffentlicht. Das Buch ist seit den 60er-Jahren des letzten Jahrhunderts vergriffen.

Die Herausgeber und Mitautoren dieses Handbuches schließen nahtlos an die Arbeit von Bablik an. Sie haben jahrzehntelange theoretische und praktische Erfahrungen auf dem Gebiet der Feuerverzinkung sowie der dazu gehörenden Anlagentechnik gesammelt und setzen sich dafür ein, dass dieses Wissen von den Anfängen bis zur Gegenwart erhalten bleibt und fortgeschrieben wird.

Mit der 4. Auflage dieses Handbuches wollen die Autoren dieses interessante Fachgebiet in dem „Handbuch Feuerverzinken", das 1970 erstmals und danach 1993 und 2008 erschienen ist sowie in vier Sprachen übersetzt wurde, dem technischen Fortschritt anpassen und auch einen Blick in die Zukunft werfen. Seit dem Erscheinen der letzten Auflage 2008 sind auf dem Gebiet der Stückverzinkung zahlreiche neue, auch europäische Normen und Vorschriften erschienen. Aber auch auf den Gebieten der Wissenschaft und Technik, der Nachhaltigkeit, Arbeitssicherheit und des Umweltschutzes ist die Zeit für die Feuerverzinkung nicht stehen geblieben.

Sowohl die Grundlagen als auch die neuen Sachverhalte wollen die Autoren praxisbezogen einem breiten Leserkreis vermitteln, vor allem aber dem technischen Personal in den Feuerverzinkereien sowie Konstrukteuren, Ingenieuren und denen, die auf den Gebieten Feuerverzinken und Korrosionsschutz im Bauwesen, Stahl- und Metallbau, der Landwirtschaft sowie vergleichbaren Gebieten als Anwender des Verfahrens tätig sind.

Die wissenschaftlichen, aber vorwiegend praktischen Ausführungen in diesem Buch repräsentieren den breiten fachlichen und praktischen Erfahrungsschatz der Herausgeber und des gesamten Autorenteams.

Eine wesentliche Grundlage für diese 4. Auflage bildet das Engagement der bisherigen Mitherausgeber Dr. Peter Maaß und Dr. Peter Peißker sowie die Arbeiten der folgenden, vorhergehenden und jetzt nicht mehr aktiven Autoren der 1.-3. Auflage: S. Astermann, H.-J. Böttcher, Dr. W. Eibisch, W. Friehe, H. Hesse, G. Hoffmann, Dr. C.-L. Horstmann, L. Hörig, J.-P. Kleingarn, Dr. R. Köhler, C.-L. Kruse, J. Marberg, R. Martin, R. Mintert, G. Neumann, M. Petters, G. Scheer, W. Simon, Prof. Dr. Schwenk, M. Thiele und A. Wiegand.

Abschließend möchten wir uns bei dem Verlag bedanken, der uns auch bei der 4. Auflage unbürokratisch unterstützt hat. Ein besonderer Dank gilt vor allem Herrn Dr. Preuß, Frau Dr. Wüst, Frau Noatsch, Frau Möws, sowie deren Kollegen für die gute Zusammenarbeit.

Leipzig/Mettmann, April 2016 *Peter Peißker und Mark Huckshold*

Einleitung

Das Feuerverzinken ist ein volkswirtschaftlich bedeutungsvolles Korrosionsschutzverfahren für Stahlanwendungen vielfältigster Art und Weise. Von den Gesamtaufwendungen an Zink für den Korrosionsschutz durch Zinküberzüge entfallen weltweit ca. 95 % auf das Feuerverzinken, davon ca. 35 % auf das in diesem Buch beschriebene diskontinuierliche Feuerverzinken entsprechend der Norm DIN EN ISO 1461 (Stückverzinken), die übrigen 65 % auf das kontinuierliche Feuerverzinken von Stahlbreitband und Draht. Circa 4 % entfallen auf das galvanische Verzinken und der Rest auf andere Verfahren, z. B. Spritzverzinken und Sherardisieren.

Die in den letzten 20–30 Jahren deutlich zurückgegangene atmosphärische Korrosionsbelastung führt in den meisten Anwendungsbereichen von stückverzinktem Stahl zu einem wartungsfreien Korrosionsschutz, da Korrosionsschutzdauer und der Nutzungszeitraum der Erzeugnisse oft identisch sind. Diese Eigenschaft gepaart mit hoher mechanischer Robustheit des Zinküberzuges verleiht diesem Verfahren und seinen Produkten einen hohen Stellenwert im schweren Korrosionsschutz.

In den sechs Abschnitten des Buches werden Grundlagen vermittelt und die Voraussetzungen aufgezeigt, die zur Erzielung normgerechter Zinküberzüge notwendig sind. Das umfasst u. a. die Bereiche Verfahrens- und Anlagentechnik zum Feuerverzinken, die technischen und gesetzlichen Vorgaben zum Betreiben von Feuerverzinkungsanlagen sowie Informationen zu Eigenschaften und Einsatzmöglichkeiten der Feuerverzinkung und Konstruktions- und Fertigungsvorgaben für Anwender des Verfahrens. Alle Sachverhalte werden detailliert beschrieben und vielfach mit Abbildungen, Diagrammen und Tabellen untersetzt und illustriert.

Beginnend mit einer geschichtlichen Einleitung zur Entwicklung der Feuerverzinkung werden die theoretischen Grundlagen zur Feuerverzinkung und zum Korrosionsschutz praxisnah dargestellt. Dem schließen sich die drei Hauptkapitel dieses Buches an.

Ersteres konzentriert sich auf die Anlagentechnik und beschreibt alle baulichen und ausrüstungstechnischen Aspekte einer Feuerverzinkerei. Diese hat sich durch den technischen Fortschritt der letzten Jahre wesentlich verändert. Je nach Produktgruppe gibt es heute beispielsweise gekapselte, teil- und vollautomatisierte Verzinkungsanlagen. Diese Entwicklung trägt zu einer wesentlichen Steigerung der Produktivität bei.

Das dann folgende Kapitel beschreibt unter der Überschrift „Betrieb von Feuerverzinkungsanlagen" alle technologischen Sachverhalte, die insbesondere für die tägliche Arbeit im Unternehmen relevant sind. Hierbei stehen zum einen die wirtschaftlichkeits- und qualitätsorientierte Steuerung der einzelnen Prozesse und zum anderen die Umsetzung der gesetzlichen Bestimmungen im Bereich Arbeits-, Gesundheits- und Umweltschutz im Vordergrund. Auch auf dem Gebiet der Verfahrenstechnik Feuerverzinken werden zahlreiche produktionssteigernde, praktische Erfahrungen und Neuentwicklungen aufgezeigt. Im Vordergrund steht dabei der Einsatz von Techniken, bei denen keine Abwässer und Abfälle anfallen, sondern durch Kreislaufwirtschaft alle anfallenden Stoffe der Wieder- und Weiterverwertung intern und extern zugeführt werden können. Aktuelle Themen wie Energieeinsparung, Emissions- und Immissionsschutz sowie Recycling und Nachhaltigkeit werden mit betrachtet.

Ein weiterer Abschnitt befasst sich mit der Anwendungsbreite der Feuerverzinkung und mit den für den optimalen Korrosionsschutz notwendigen Konstruktions- und Fertigungsanforderungen. Dieses Kapitel richtet sich in erster Linie an Planer, Ingenieure und Schlosser, Metall- und Stahlbauer, die den Korrosionsschutz Feuerverzinken anwenden und einsetzen.

Neben der Feuerverzinkung werden abschließend auch ergänzende Systeme in Form von Duplex-Systemen beschrieben. Dabei wird der Zinküberzug durch zusätzliche organische Beschichtungssysteme weiter veredelt. Dazu werden die Verfahrensvarianten Nass- und Pulverbeschichten betrachtet und ausführlich behandelt. Die geeigneten Beschichtungsstoffe und die dazugehörige Oberflächenvorbereitung werden erläutert und Fehlerquellen bei der Applikation verständlich aufgezeigt.

Ein umfassender Anhang mit vollständigen Verweisen auf technische Normen und gesetzliche Regelwerke zum Feuerverzinken schließt dieses Fachbuch ab.

In memoriam Dr. Peter Maaß

Dr. Peter Maaß (1938–2012), der Co-Herausgeber der ersten drei Auflagen des Handbuches Feuerverzinken, studierte an der Universität Leipzig Ökonomie und promovierte 1981 an der Technischen Hochschule in Leipzig. In einem Zusatzstudium erwarb er an der TU Chemnitz (damals Karl-Marx-Stadt) den Fachingenieur für Korrosionsschutz.

Im in Leipzig ansässigen VEB Metalleichtbaukombinat (MLK) leitete Dr. Maaß von 1968–1990 die Bilanzierung der Feuerverzinkungsleistungen für die insgesamt knapp 50 Feuerverzinkereien der DDR mit einer Jahreskapazität von ca. 120 0000 t, für die das MLK verantwortlich zeichnete. Davon entfiel etwa die Hälfte auf die drei Feuerverzinkereien im MLK. In dieser Zeit erfolgten auch der Bau und die Inbetriebnahme der Großverzinkerei Calbe, die damals die größte Feuerverzinkungsanlage Deutschlands war.

1970 wurde der *Fachausschuss Feuerverzinken der Kammer der Technik (FA Feuerverzinken)* gegründet, dessen Vorsitzender Dr. Maaß bis 1990 war. Verdient gemacht hat sich der Ausschuss insbesondere durch die Organisation der jährlich stattgefundenen Qualifizierungslehrgänge für das leitende Personal in den Verzinkereien und in der Berufsausbildung mit dem Ergebnis des Berufsbildes „Korrosionsschutzfacharbeiter".

1968 gelang es Dr. Maaß mit dem VEB Deutscher Verlag für Grundstoffindustrie Leipzig einen Verlag zu finden, der seinem Wunsch, den Druck eines Fachbuches Feuerverzinken, realisierte und 1970 die erste Auflage *„Handbuch Feuerverzinken"* herausgegeben hat. Weitere Auflagen folgten 1993 und 2008. Das Buch ist zusätzlich auch in den Sprachen Englisch, Polnisch und Russisch erschienen und hat vielen Fachkollegen bei der Errichtung einer Feuerverzinkerei sowie der Beantwortung fachspezifischer Fragen geholfen.

Zur politischen Wende 1990 war Dr. Maaß an der Überführung der ostdeutschen Feuerverzinkungsgremien in den Verband Deutscher Feuerverzinkereien beteiligt. Er selbst war Mitarbeiter des Büros Nordost des Verbandes und bis zu seiner Pensionierung 2003 als beratender Ingenieur tätig.

Dr. Maaß war Zeit seines Berufslebens mit der Ausbildung des Nachwuchses befasst. Er war Autor und Mitautor von Büchern zur Qualifizierung und Berufsausbildung auf den Fachgebieten Feuerverzinken und Korrosionsschutz. Das heutige Berufsbild „Oberflächenbeschichter" ist zu einem großen Teil auch sein Verdienst.

Autorenliste

Folgende Autoren haben an der Erstellung der vierten Auflage mitgewirkt.

- ***S. Berger***, Dresden
  (Abschn. 6.3.2)
- ***R. Cramer, N. Prinz, A. Lüling***, Altena
  (Abschn. 3.6, Abschn. 3.9, Abschn. 4.3.3)
- ***H. Herwig***, Hagen
  (Abschn. 4.2.6)
- ***M. Huckshold***, Mettmann
  (Kapitel 1, Abschn. 2.1, Kapitel 3, Abschn. 4.3.5, Abschn. 4.5, Abschn. 4.7, Abschn. 4.8, Kapitel 5)
- ***Ch. Kaßner***, Heilbad Heiligenstadt
  (Abschn. 3.1.2, Abschn. 3.1.3.4, Abschn. 3.1.3.5, Abschn. 3.10, Abschn. 4.4–4.7)
- ***J. Koglin***, Warendorf
  (Abschn. 3.2, Abschn. 3.3)
- ***P. Kordt***, Hagen
  (Abschn. 3.5, Abschn. 3.6, Abschn. 3.7, Abschn. 3.11)
- ***F. Nerat***, Wies (Österreich)
  (Abschn. 3.4, Abschn. 4.2.5)
- ***P. Peißker***, Leipzig
  (Kapitel 3, 4, 5)
- ***F. Schmelz***, Gelsenkirchen
  (Abschn. 3.4.5, Abschn. 3.4.6)
- ***A. Schneider***, Altenbach
  (Abschn. 6)
- ***W.-D. Schulz***, Dresden
  (Abschn. 2.2; Abschn. 2.3, Abschn. 4.2.6)
- ***S. Six***, Dresden
  (Abschn. 2.3)

Ein Dank für die unterstützende Zuarbeit richtet sich an

- ***J. Graf***, Hof
- ***F. Simonsen***, Darmstadt

1 Die Geschichte der Feuerverzinkung

M. Huckshold

1.1 Geschichtliche Entwicklung von Zink

Zink ist ein natürliches Element und demzufolge so alt wie die Erdkruste selbst. In der Natur kommt Zink in metallischer Form nicht vor, sondern nur als Bestandteil von Verbindungen wie beispielsweise in Galmeierz (Zinkkarbonat) und schwefelhaltigen Zinkblenden.

Lange vor der Entdeckung von Zink als Metall wurden in China, Indien und Persien bereits im Altertum Zinkerze oft unbewusst zur Herstellung von Messing (Kupfer-Zink-Legierung) eingesetzt. Weiterhin ist überliefert, dass die Römer unter Kaiser Augustus (20 v. Chr. bis 14 n. Chr.) im heutigem Europa die ersten waren, die aus einer Kupfer- und Zinkerzmischung den Rohstoff für Messingmünzen erschmolzen.

Erst 1374 erkannten die Inder Zink als „neues" Metall. In alten hinduistischen Schriften aus dieser Zeit finden sich erste Beschreibungen von Herstellungsverfahren für Zinkmetall aus Erzen. Im späten 13. Jahrhundert beschreibt *Marco Polo* die Herstellung von Zinkoxid in Persien. Dort wurde das Oxid zur Behandlung von Augenentzündungen angewendet. Gegen Anfang des 17. Jahrhunderts entdeckten auch europäische Wissenschaftler wie der Dominikanermönch *Albertus Magnus,* der deutsche Gelehrte *Georgius Agricola* und *Paracelsus* die Bedeutung des neuen Metalls. Bereits 1720 wurde im englischen Swansea in größerem Umfang Zink gewonnen. Durch *A. Swab* wird die Zinkgewinnung aus Galmei in Schweden im Jahr 1742 in großem Maßstab realisiert. 1743 errichtete *William Champion* in Bristol die erste Zinkhütte mit einer Jahreskapazität von ca. 200 t. Weitere Hütten entstanden anschließend in Oberschlesien (1812) und im Aachen-Lütticher Raum [1, 2].

In Deutschland gelang es erstmals *A.S. Marggraf* metallisches Zink herzustellen, der 1746 in Berlin Zink durch Destillation von Zinkoxid mit Kohle unter Luftabschluss gewann. Zu industrieller Bedeutung in Deutschland kam es jedoch erst deutlich später ab dem Jahre 1820 [2]. Nach nur wenigen Jahren war so viel Zink auf dem Markt, dass 1826 der „Verein zur Beförderung des Gewerbefleißes

Handbuch Feuerverzinken, 4. Auflage. Peter Peißker und Mark Huckshold.

in Preußen" einen Preis für die Auffindung einer Massenanwendung des Zinks ausgesetzt hatte [3].

In den USA begann man mit der Zinkerzeugung erst im Jahre 1838. Die dortige Zinkproduktion erfreute sich, bedingt durch die reichen Erzvorkommen, einer rasanten Entwicklung. Bereits im Jahre 1907 lag die Jahresproduktion an Zink in den USA über der in Deutschland, das bis dahin der größte Zinkerzeuger war [2].

1.2 Die Erfindung der Feuerverzinkung

Im Jahre 1742 entdeckte der französische Chemiker *Malouin* die Möglichkeit, Eisen- und Stahlteile in flüssigem Zink mit einem Überzug aus diesem Metall zu versehen und erfand damit die Grundlagen des Feuerverzinkens. Verfahrenstechnisch ähnelte seine Beschreibung der heutigen Nassverzinkung, wobei die zu verzinkenden Bauteile durch eine Flussmitteldecke in die Zinkschmelze eingetaucht werden. Eine industrielle Anwendung scheiterte zu dieser Zeit jedoch, da es noch kein wirtschaftliches Verfahren zur Reinigung von Eisen- bzw. Stahloberflächen gab.

Erst viele Jahre später im Jahr 1836 entwickelte der Ingenieur *Stanislaus Sorel* ein Verfahren zum Reinigen von Eisen- und Stahloberflächen durch Beizen. Diese Entdeckung wurde am 10. Mai 1837 patentiert und war die Grundlage für die praktische Einführung des Feuerverzinkens. Dies war die Geburtsstunde eines wirtschaftlichen Verfahrens, Eisen- und Stahlteile nach der Reinigung der Oberflächen durch Eintauchen in geschmolzenes Zink gegen Korrosion zu schützen.

1.3 Der wirtschaftliche Aufstieg der Feuerverzinkung

Mit dem Ausbau der Fabriken und der Infrastruktur stieg im 19. Jahrhundert die Nachfrage nach Eisen und Stahl. Zum Schutz gegen Rost musste ein Verfahren angewendet werden, das die stählernen Anlagenteile – Signalanlagen, Werkstätten, Bahnhofshallen – vor dem raschen Verfall schützt. Bleiweiß und Mennige waren bekannt, aber giftig und teuer. Zinkweißfarben gaben zwar der deutschen Farbenindustrie eine enorme Entwicklung, doch wurden die Erwartungen der Eisenbahn mit diesen Zinkfarben in Bezug auf den Rostschutz nicht voll erfüllt [4]. Zum Schutz des Eisens vor dem Rost bediente man sich zu dieser Zeit bereits des Elementes Zinn zur Erzeugung metallischer Überzüge. *F. Releaux* schrieb im Jahr 1836:

> „Hiernach lag der Gedanke nahe, das Eisen zu verzinken, da Zink sich gegen alle anderen Metalle positiv verhält und diese also durch Berührung mit ihm geschützt werden, während es selbst oxydiert wird. … Man verzinkt denn auch in ziemlicher Ausdehnung Telegraphendrähte, Seildraht, Schrauben und Nägel, Steinklammern, Bleche, Kanonenkugeln usw."
>
> *[5].*

Nach *Sorel's* Erfindung, die die wirtschaftliche Einführung der Feuerverzinkung bedeutete, begann dann in Frankreich und England die Erzeugung feuerverzinkter Gegenstände. Dies führte bald zu einem neuen Produktionszweig. Es entstanden die ersten Feuerverzinkereien für Blechwaren und Geschirre, wie Eimer, Gießkannen, Badewannen, Drähte und Eisenkonstruktionen.
1847 wurde die erste deutsche Feuerverzinkerei in Solingen in Betrieb genommen. Die Feuerverzinkung, damals nach dem Verfahren der Nassverzinkung, wurde als Handwerk durchgeführt, mit Zange und Rechen von Hand. Die Beheizung der Verzinkungskessel erfolgte damals noch mit Holzkohle, Kohle oder Koks. Eine Regelung der Temperaturen und des Wärmebedarfes erfolgten nur bedingt. Hilfs- und Betriebsstoffe wurden nach geheimen Rezepten selbst hergestellt [6]. Bis etwa 1920 erfolgte das Feuerverzinken noch *„in den Bahnen abergläubigster Empirie"* [7]. 1926 haben die Brüder *Bablik* in Wien den Betrieb einer Feuerverzinkerei übernommen und in den 50er-Jahren des 20. Jahrhunderts zum Zentrum der Feuerverzinkung entwickelt. Dort wurden systematisch grundlegende wissenschaftliche Erkenntnisse zum Verfahren des Feuerverzinkens erarbeitet, gesammelt und in mehreren Büchern veröffentlicht. 1941 erschien das Buch „Das Feuerverzinken" [7], welches über Jahrzehnte das Standardwerk zum Feuerverzinken darstellte.

Die Geschichte des Zinks ist im Vergleich zu der des Eisens eine kurze. Seit rund 300 Jahren beschäftigt man sich in Europa industriell mit Zink in metallischer Form. An die anfängliche Orientierungslosigkeit zur sinnvollen Verwendung von Zink schloss sich nach einem jahrzehntelangen Dornröschenschlaf durch begleitende Entdeckungen eine rasante Entwicklung der Herstellung und Anwendung von Zink in metallischer Form in Europa an. Als eine wesentliche Anwendung zeichnete sich schnell die Verzinkung von Eisen und Stahl ab. In der zweiten Hälfte des 19. Jahrhunderts wurden die ersten Feuerverzinkereien errichtet, deren Zahl schnell anstieg. Die damalige Arbeitsweise war wesentlich durch Alchemie und Empirie geprägt. Erst durch die grundlegenden wissenschaftlichen Arbeiten in der ersten Hälfte des 20. Jahrhunderts wurde der Grundstein zur Überführung von der handwerklich geprägten Verzinkung hin zu einem industriellen Produktionsverfahren gelegt. Innerhalb dieser Entwicklung veränderte sich auch die Prozesstechnik in den Verzinkereien, die Alchemie wurde überwunden und es zog nach und nach eine geregelte Prozesstechnik auf einem technisch ansprechenden Niveau ein. Feuerverzinken ist heute ein nachhaltiges Verfahren mit einer umweltfreundlichen und abwasserfreien Verfahrenstechnik. Die Rückgewinnung überschüssiger Prozesswärme und interne Stoffkreisläufe führen zu einer effizienten Ausnutzung der eingesetzten Betriebsstoffe. Die anfallenden Abfälle werden recycelt und damit dem regionalen Rohstoffkreislauf wieder zugeführt. Vielfach sind die Verzinkungslinien mit halbautomatischer und zum Teil mit vollautomatisierter Prozesstechnik ausgestattet. Eine professionalisierte Logistik und elektronische Datenerfassung sichert dem Kunden heute vielfach eine Just-in-Time-Fertigung und eine transparente Dokumentation des Verzinkungsprozesses zu.

Die Verzinkung von Stahl zum Zwecke des Korrosionsschutzes stellt heute in Europa und weltweit die größte Anwendung von Zink dar. Weltweit wurden im

Jahr 2013 rund 13 Mio. Tonnen Zink gewonnen. Die Hälfte dieser Menge wird zum Korrosionsschutz für Stahl durch Feuerverzinken eingesetzt [1].

Zeittafel über die geschichtliche Entwicklung des Zink und der Feuerverzinkung [2, 8]

Altertum	Herstellung von Messing unter Verwendung von Kupfer und des Zinkerzes Galmei in China, Indien und Persien
1420	Der Erfurter Mönch *Valentinus* verwendet erstmalig das Wort „Zincum" und vermutete hierunter ein „halbmetallisches Produkt"
1525/1526	Nennt *Paracelsus* das „Zinck" einen Bastard der Metalle, benutzt aber „Zincken" auch für Zinkerze (Galmei)
16. und 17. Jh.	Zink ist als Handelsartikel aus China und Ostindien in Europa auf dem Markt
1721	*Henkel* stellt in Oberschlesien erstmals metallisches Zink aus Galmei nach einem geheimen Verfahren her
1742	Erfindung der Feuerverzinkung durch den Franzosen *Malouin*
1742	Erste Zinkgewinnung in Schweden durch *Swab*
1743	Erste großtechnische Anlage zur Zinkgewinnung in England in Bristol
1746	*A.S. Marggraf* gelang die Herstellung von Zink in Deutschland
ab 1820	Zinkgewinnung erlangt industrielle Bedeutung
1836	*Stanislaus Sorel* entdeckt ein Verfahren zum Reinigen von Eisen und Stahl
10.5.1837	Patenterteilung für das Verfahren Eisen- und Stahlteile in geschmolzenem Zink vor Korrosion zu schützen an *Sorel*
nach 1840	Die ersten Feuerverzinkereien entstehen in Frankreich, England und Deutschland
1846	Patentanmeldung zur Feuerverzinkung von Halbzeug, insbesondere Blechtafeln
1847	Gründung der ersten Feuerverzinkerei in Solingen
1860	Patentanmeldung zur Feuerverzinkung von Draht im kontinuierlichen Durchlauf
1880	Entwicklung von galvanotechnischen Verfahren zum Schutz gegen das Rosten von Stahl und Eisen
1890	Erfindung des Sherardisierens durch *Sherard Cowper-Coler*
1911	Erfindung des Spritzverzinkens durch *M.K. Schoop*
1920–1930	Intensive Forschungs- und Entwicklungsarbeit auf dem Gebiet des Feuerverzinkens
1936	Feuerverzinkung von Bändern kontinuierlich durch *Th. Sendzimir* in Polen
1950	1. Internationale Verzinkertagung des Europäischen Verbandes für allgemeine Verzinkung in Kopenhagen
1951	Gründung des Gemeinschaftsausschusses Verzinken e. V. (GAV)
1958	Gründung der Abteilung Lohnverzinkereien im Fachverband Stahlblechverarbeitung
1967	Erste Veröffentlichung genormter Richtlinien für Zinküberzüge durch Feuerverzinken
1967	Umwandlung der Abteilung Lohnverzinkereien in den Verband der deutschen Feuerverzinkungsindustrie e. V. (VdF)
1994	Umfirmierung des VdF in Industrieverband Feuerverzinken e. V.
2013	Die Jahresweltproduktion an Zink beträgt 13 Mio. Tonnen, ca. die Hälfte davon wird zum Korrosionsschutz durch Verzinken eingesetzt
2015	Die Jahrestonnage der ca. 160 Feuerverzinkereien in Deutschland beträgt rund 1,8 Mio. Tonnen, in Europa gibt es ca. 700 Feuerverzinkereien

Literatur

1 http://www.initiative-zink.de/basiswissen/das-metall-zink/geschichte-des-zinks, (15.11.2015)
2 Johnen, H.J. (1981) Zink – Zink-Taschenbuch, (Hrsg. Zinkberatung e. V.), Metall Verlag.
3 N. N. (1846) *Bulletin du musee de J'Industrie*, **11**, 119; daraus: Polytechnisches Zentralblatt, Neue Folge, l, 960 (1847)
4 Winterhager, H. (1977) Der Zinck – seine Benutzungsarten in Naturwissenschaft und Technik im Laufe der Zeiten, in *25 Jahre (1951–1976) Gemeinschaftsanschluss Verzinken e. V.*, S. 34
5 Releaux, F. (1836) *Das Buch der Erfindungen, Gewerbe und Industrie IV: Die Behandlung der Rohstoffe*, Verlag O. Spaner
6 Kleingarn, J.P. (1975) Korrosionsschutz durch Feuerverzinken gestern, heute und morgen. *Industrie-Anzeiger*, **97**, 60.
7 Bablik, H. (1941) *Das Feuerverzinken*, Verlag von Julius Springer, Wien, Teil III.
8 Maaß, P. und Peißker, P. (2008) *Handbuch Feuerverzinken*, 3. Aufl., Wiley-VCH Verlag, Weinheim.

2
Theoretische Grundlagen

W.-D. Schulz, M. Huckshold und S. Six

2.1
Korrosionsschutzverfahren

Alle Methoden, Maßnahmen und Verfahren mit dem Ziel, Korrosionsschäden zu vermeiden, werden als Korrosionsschutz bezeichnet. Grundsätzlich unterscheidet man aktive und passive Maßnahmen. Eine Übersicht zeigt Abb. 2.1.

Beim *aktiven Korrosionsschutz* wird die Korrosion entweder durch die Werkstoffauswahl, durch Eingriff in den Korrosionsvorgang oder durch korrosionsschutzgerechtes Projektieren, Konstruieren und Fertigen vermieden bzw. redu-

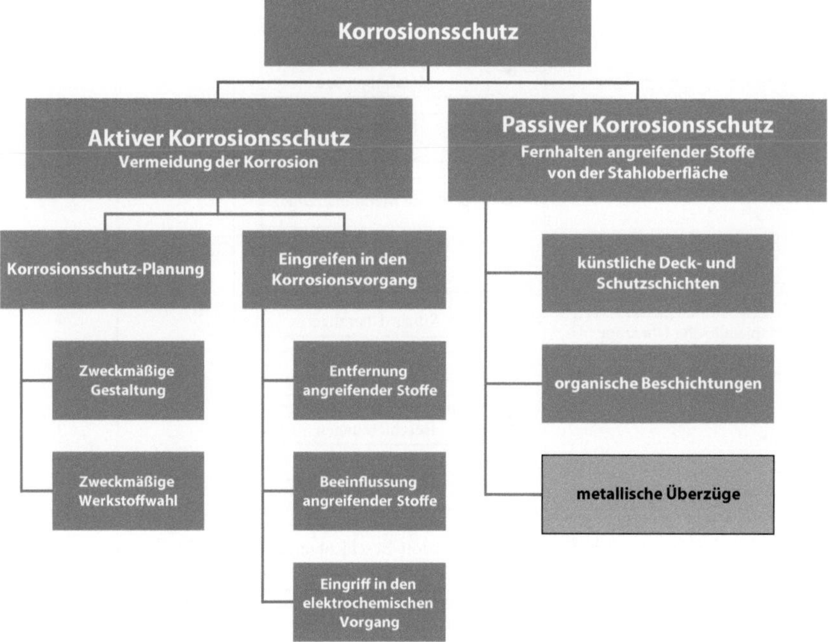

Abb. 2.1 Methoden, Maßnahmen und Verfahren des Korrosionsschutzes [1].

Handbuch Feuerverzinken, 4. Auflage. Peter Peißker und Mark Huckshold.

ziert. Diese Maßnahmen gelten generell und sind angepasst auch wesentliche Voraussetzungen für passive Korrosionsschutzmaßnahmen. Detaillierte Informationen liefern entsprechende Fachnormen wie DIN EN ISO 14713-2 für das Feuerverzinken, DIN EN ISO 12944 für organische Beschichtungssysteme sowie DIN EN ISO 2063 für Metallspritzüberzüge u. a. m.

Beim *passiven Korrosionsschutz* wird die Korrosion durch Trennung des metallischen Werkstoffs vom Korrosionsmedium durch aufgebrachte Schutzschichten verhindert bzw. verzögert. Technische Voraussetzungen, die an eine Korrosionsschicht gestellt werden, sind:

- sie muss selbst ausreichend korrosionsbeständig sein,
- sie muss möglichst dicht sein,
- sie muss fest auf dem Grundwerkstoff haften,
- sie sollte gegenüber mechanischen Beanspruchungen eine gewisse Beständigkeit haben und
- eine gewisse Duktilität aufweisen.

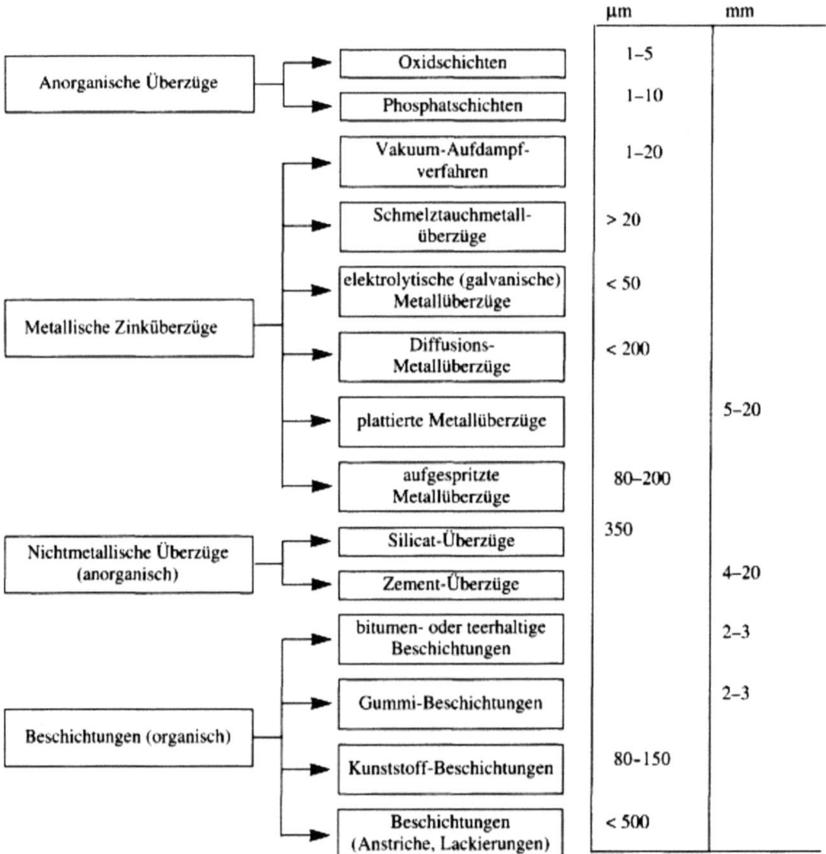

Abb. 2.2 Übersicht der Verfahren des passiven Korrosionsschutzes [1].

Wesentliche Voraussetzungen für das Wirksamwerden von Korrosionsschutzschichten sind eine fachgerechte Oberflächenvorbereitung und eine qualitätsgerechte Ausführung des Korrosionsschutzes.

Während Abb. 2.2 eine allgemeine Übersicht der Verfahren des passiven Korrosionsschutzes gibt, sind in Tab. 2.1 die wesentlichen Verzinkungsverfahren für Stahl erläutert.

Neben den in Tab. 2.1 beschriebenen Verfahren wird Zink auch bei weiteren Verfahren zum Zwecke des Korrosionsschutzes eingesetzt. Im Wesentlichen zu nennen sind hierbei zinkhaltige, organische Beschichtungssysteme wie Zink-

Tab. 2.1 Übersicht Verzinkungsverfahren [2].

1. Diskontinuierliches Feuerverzinken (Stückverzinken) Diskontinuierliches Schutzverfahren, bei dem die zuvor gefertigten Teile in schmelzflüssiges Zink getaucht werden (Stückverzinken nach DIN EN ISO 1461; Rohrverzinken nach DIN EN 10240).	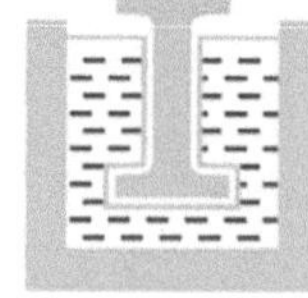
2. Kontinuierliches Feuerverzinken bzw. Band- oder Drahtverzinken Kontinuierliches Schutzverfahren für Stahlband oder -draht. Der Zinküberzug entsteht in automatisch betriebenen Anlagen im Durchlaufverfahren durch schmelzflüssiges Zink (Bandverzinken nach DIN EN 10143 bzw. DIN EN 10346, Stahldraht nach DIN EN ISO 10244-1 und -2). Bandverzinkte Stähle sind Halbzeuge, die z. B. durch Umformen, Stanzen und Lochen zu fertigen Produkten weiterverarbeitet werden.	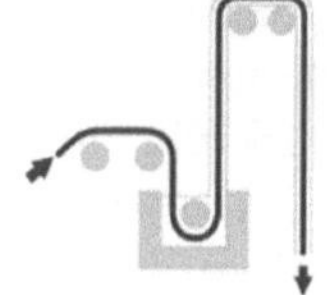
3. Galvanisches bzw. elektrolytisches Verzinken Schutzverfahren durch Aufbringen eines Zinküberzuges in wässerigen Elektrolyten mit Gleichstrom. Verwendet werden meist saure, aber auch alkalische, zyanidfreie oder zyanidische Elektrolyte. Einzelbadverfahren (DIN EN 12329) oder Durchlaufverfahren (DIN EN 10152).	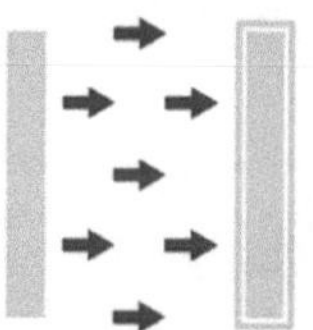
4. Thermisches Spritzen mit Zink bzw. Spritzverzinken Mittels Flamme oder Lichtbogen wird aufgeschmolzenes Zink auf die Oberfläche des zu verzinkenden Teils aufgespritzt (DIN EN ISO 2063).	
5. Metallische Überzüge mit Zinkstaub Unter Verwendung von Zinkstaub werden auf geeigneten Werkstücken durch Diffusion (Sherardisieren nach DIN EN 13811) oder mechanisch (Mechanisches Plattieren nach DIN EN ISO 12683) Zinküberzüge erzielt.	

staub- und Zinklamellenbeschichtungen. Auch wenn diese Verfahren umgangssprachlich fälschlicherweise oft mit dem Begriff „Verzinken“ (Kaltverzinken) in Verbindung gebracht werden, zählen diese nicht zu den Verzinkungsverfahren. Das gemeinsame Element aller Verzinkungsverfahren ist das Aufbringen eines im Wesentlichen aus Zink bestehenden metallischen Überzuges durch z. B. Schmelztauchverfahren, elektrochemische (galvanische) und thermische Spritzverfahren. Der kathodische Korrosionsschutz mittels Zinkanoden gehört ebenfalls nicht zu den Verzinkungsverfahren. Als Entscheidungshilfe für die Korrosionsschutzauswahl kann Tab. 2.2. dienen.

2.2 Die Schichtbildung beim Feuerverzinken (Stückverzinken)

2.2.1 Allgemeines

Grundlage für die Schichtbildungsvorgänge beim Stückverzinken sind die chemisch/metallurgischen Reaktionen zwischen Zink und Eisen. Durch wechselseitige Diffusion bilden sich intermetallische Zink-Eisen-Phasen. Einen umfassenden Überblick gibt Horstmann in [3]. Er geht davon aus, dass alle Reaktionen zwischen Eisen und Zink immer in Richtung des thermodynamischen Gleichgewichtes ablaufen, das sich nach ausreichend langer Reaktionsdauer einstellt. Die prinzipiellen Verhältnissse sind in Abb. 2.3 wiedergegeben. In Abhängigkeit von der Eisen- und Zinkkonzentration und der Verzinkungstemperatur bilden sich intermetallische Phasen mit der Bezeichnung Γ (Gamma), δ_1 (Delta 1) und ζ (Zeta) sowie abschließend die η-Phase (Eta-Phase) in der Zusammensetzung der Schmelze.

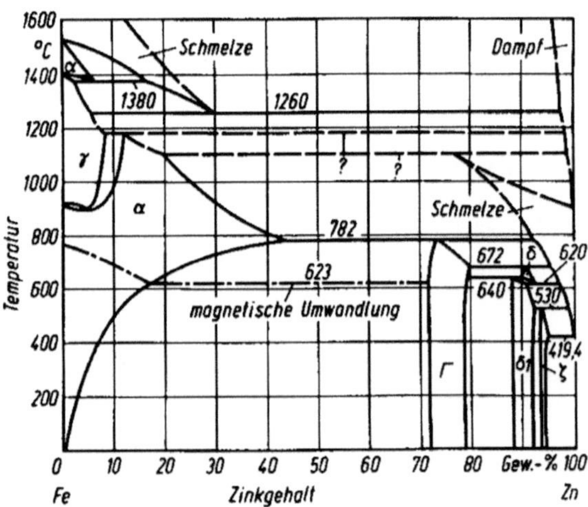

Abb. 2.3 Zustandsschaubild Eisen-Zink [3].

Tab. 2.2 Parameter für die Auswahl der Verzinkungsverfahren für Stahl [2].

Verfahren	Dicke des Zinküberzuges (μm)	Legierung mit dem Untergrund	Aufbau/ Zusammensetzung des Überzuges	Verfahrenstechnik	Übliche Nachbehandlung
Feuerverzinken (a) diskontinuierlich: Stückverzinken nach DIN EN ISO 1461	50–150	Ja	Ausgeprägte Eisen-Zink-Legierungsschicht, zumeist mit darüber liegender Reinzinkschicht	Eintauchen in flüssiges Zink	–
(b) kontinuierlich: Bandverzinken DIN EN 10143 DIN EN 10346	7–25	Ja	Geringe Eisen-Zink-Legierungsschicht mit darüber liegender Reinzinkschicht	Durchlaufen durch flüssiges Zink	Chemisch Passivieren, Ölen
Drahtverzinken DIN EN 10244-1 DIN EN 10244-2	5–30	Ja			–
Thermisches Spritzen mit Zink Spritzverzinken DIN EN ISO 2063	80–150	Nein	Überzug aus Zinktropfen mit Oxidhaut	Aufspritzen von geschmolzenem Zink	Versiegeln durch penetrierende Beschichtung
Galvanisches bzw. elektrolytisches Verzinken (a) diskontinuierlich: DIN 50979	5–25	Nein	Überzug besteht aus einer Reinzinkschicht	Zinkabscheidung durch elektrischen Strom in wässrigen Elektrolyten	Chromatieren
(b) kontinuierlich: DIN EN 10152 + 10244-2	2,5–5	Nein			
Metallische Überzüge mit Zinkstaub (a) Sherardisieren DIN EN 13811	12–25	Ja	Eisen-Zink-Legierungsschichten	Diffusion Stahl-Zink unterhalb der Zinkschmelztemperatur	–
(b) mechanisches Plattieren DIN EN ISO 12693	10–20	Nein	Homogener Zinküberzug, ggf. auf Kupferzwischenschichten	Aufhämmern von Zinkpulver durch Glaskugeln	z. T. Chromatieren

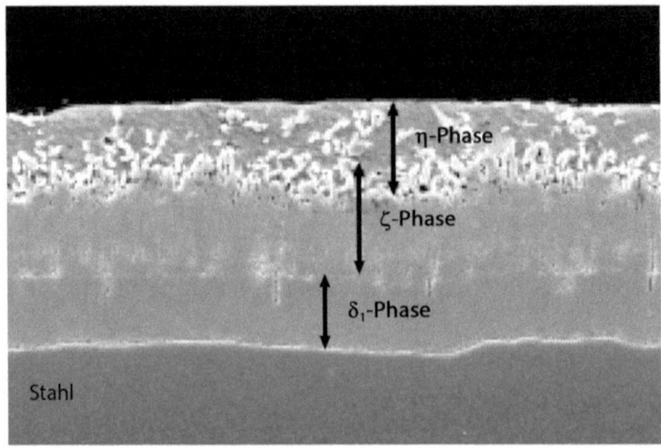

Abb. 2.4 Aufbau eines im Schmelztauchverfahren bei etwa 450 °C hergestellten Zinküberzuges auf silizium- und phosphorarmem Stahl (< 0,02 Masse % Al), klassischer Schichtaufbau. η = 0,08 % Fe, ζ = 6,0–6,2 % Fe, δ_1 = 7,0–11,5 % Fe, Γ = 21–28 % Fe (im Bild nicht sichtbar, da langsame Bildungsgeschwindigkeit).

Eine wesentliche Beobachtung beim Feuerverzinken wurde von Bablik bereits 1940 gemacht [4]. Er stellte fest, dass das Schichtwachstum auf den damals üblicherweise unberuhigten Stählen zwischen 430 und 490 °C nach einem parabolisch gebremsten Zeitgesetz nach Gl. (2.1) abläuft, ab 490 °C nach einem linearen Zeitgesetz nach Gl. (2.2) und ab 530 °C wieder parabolisch.

$$S_\mathrm{d} = k_1 \quad \sqrt{(k_2 t)} \tag{2.1}$$

S_d – Schichtdicke, k – Konstanten, t – Verzinkungsdauer

$$S_\mathrm{d} = bt \tag{2.2}$$

b – stahlabhängige Konstante.

Der Grund für diese starke Temperaturabhängigkeit des Schichtwachstums ist nach [3] der spezielle Ablauf der Reaktion von Zink mit reinem α-Eisen, wobei bei Temperaturen bis zu 490 °C dichte, fest am Eisen haftende Legierungsschichten gebildet werden, die aus einer sehr dünnen, meist kaum nachweisbaren Γ-Phase, einer darüber liegenden dickeren δ_1-Phase und einer sich daran anschließenden ζ-Phase bestehen, aus der sich ständig Kristalle lösen und abschwimmen. Abgeschlossen wird der Überzug von der η-Phase, die in ihrer chemischen Zusammensetzung der Zinkschmelze entspricht. Abbildung 2.4 zeigt diesen Schichtaufbau. Zwischen 490 und 530 °C kommt es dann bei den genannten Stählen infolge des Wechsels des Reaktionstyps zum linearen, schnellen Schichtwachstum, da sich keine dichte δ_1-Phase mehr bildet (Bablik-Effekt). Oberhalb 530 °C ist dann außer der beim Stückverzinken – mit Ausnahme des Kessels – keine Rolle spielenden Γ-Phase allerdings nur noch die δ_1-Phase beständig. Sie bildet sich kompakt aus, wodurch die Reaktionsart erneut in das parabolische Wachstum übergeht.

Neben der Abhängigkeit von der Tauchdauer und vor allem von der Schmelzetemperatur hängt das Schichtwachstum außerdem von der Art des Stahles ab,

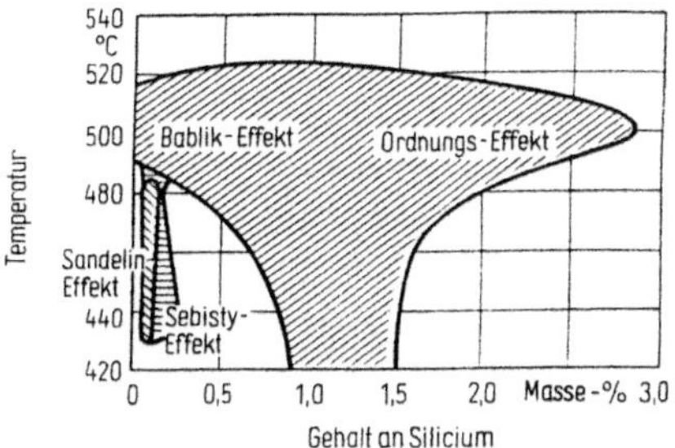

Abb. 2.5 Gebiete mit linearem Schichtwachstum (schraffiert) [3].

der heutzutage eigentlich immer in beruhigter Form vorliegt. Obwohl sich alle diese Stähle prinzipiell verzinken lassen, ist der Ablauf der Verzinkungsreaktion insbesondere vom Siliziumgehalt des Stahles abhängig. Weiterhin ist noch dem Phosphor eine deutliche und ähnliche Wirkung zu attestieren (Si + P), und auch das Aluminium hat Einfluss. Aus Untersuchungen von Katzung und Rittig [5] geht hervor, dass insbesondere bei Siliziumgehalten deutlich unter 0,035 % der Phosphoreinfluss signifikant ist, was bei Voraussagen oder Erklärungen des Verzinkungsverhaltens zu berücksichtigen ist. Unterhalb 0,020 % Phosphor ist dessen Einfluss allerdings in der Regel vernachlässigbar.

Die Wirkung des Siliziums im Stahl wurde umfassend von Bablik [6], Sandelin [7] und Sebisty [8] beschrieben. Die Autoren bestätigten, dass Silizium ein Schichtwachstum nach linearem Zeitgesetz auslöst, allerdings mit der Ausnahme eines parabolischen – also gehemmten – Schichtwachstums oberhalb von 450 °C im Sebisty-Bereich (s. u.), was in der Literatur allgemein als Sebisty-Effekt bezeichnet wird. Die Abb. 2.5 gibt diesen Kenntnisstand durch die schraffierte Kennzeichnung der Bereiche mit linearem Wachstum wieder. Eine Erklärung für dieses Verhalten geben die Autoren nicht.

Eine völlig neuartige Theorie der Schichtbildung wurde von Schulz und Mitarbeitern formuliert [9–12, 15]. Dabei wird weniger von thermodynamischen Gleichgewichtszuständen ausgegangen, sondern es wird die Kinetik des Verzinkungsprozesses – also die Reaktionsabfolge – in den Vordergrund gestellt. Aufgrund von rasterelektronenmikroskopischen Untersuchungen kamen die Autoren zu dem Ergebnis, dass Stähle beim Feuerverzinken in Abhängigkeit von ihrem Siliziumgehalt (aber auch vom Phosphor- und Aluminiumgehalt) den beim Beizen unterschiedlich stark aufgenommenen Wasserstoff in der heißen Zinkschmelze auch unterschiedlich wieder abgeben und in konventionellen, unlegierten Zinkschmelzen im Normaltemperaturbereich die Schichtbildung überwiegend von der Wasserstoffeffusion aus dem Stahl abhängt (Abb. 2.6).

Im Folgenden soll diese Theorie – die es erlaubt, fast alle Verzinkungsanomalien plausibel zu erklären und ggf. auch zu vermeiden – für Zinkschmelzen entsprechend DIN EN ISO 1461 ausführlich beschrieben werden.

Die Autoren gehen von vier für das Feuerverzinken von Stückgut relevanten Stahlarten aus. In Abhängigkeit vom Siliziumgehalt – und bei Niedrigsilizium-

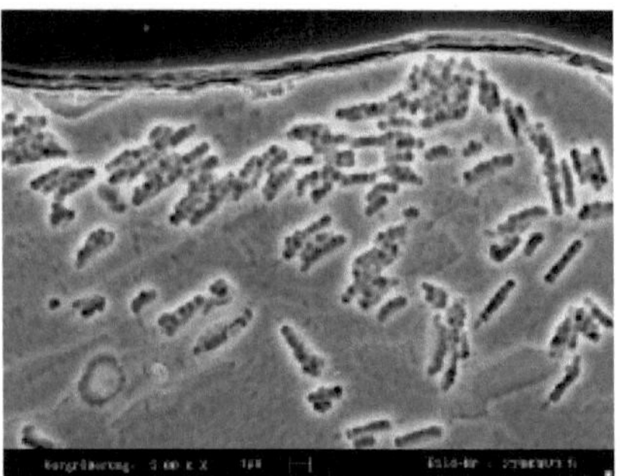

Abb. 2.6 REM-Aufnahme mit aneinandergereihten Porenketten im Zinküberzug, wie sie für absorbierten, molekularen Wasserstoff typisch sind [9].

Stählen durch einfache Addition auch vom Phosphorgehalt – werden unterschieden:

- Niedrigsilizium-Stahl mit < 0,035 Masse %, bei > 0,02 % Masse % P zählt (Si + P)
- Sandelin-Stahl mit > 0,035–0,12 Masse % Si
- Sebisty-Stahl mit > 0,12–0,25 ... 0,28 Masse % Si und
- Hochsilizium-Stahl mit > 0,25...0,28 Masse % Si.

Anmerkung: DIN EN ISO 14713-2, Ausgabe Mai 2010, nennt abweichend von [9] für Niedrigsilizium-Stähle (in der Norm als Kategorie A bezeichnet) als obere Grenze für den Siliziumgehalt 0,04 Masse % und 0,02 Masse % für P, für Sandelin-Stähle (bezeichnet als Kategorie C) einen Siliziumbereich von 0,04–0,14 Masse % Si, für Sebisty-Stähle (bezeichnet als Kategorie B) von 0,14–0,25 Masse % Si und für Hochsilizium-Stähle (bezeichnet als Kategorie D) > 0,25 Masse % Si, jeweils unabhängig vom Phosphorgehalt. Insbesondere für Niedrigsilizium-Stähle ist diese Einteilung unglücklich und 0,035 Masse % als Siliziumgrenzwert besser.

Tab. 2.3 Silizium- und Phosphorgehalt üblicher Stahlsorten (warmgewalzt).

Stahlsorte	Niedrigsilizium-Stahl (Al-Gehalt: < 0,02 Masse %)	Sandelin-Stahl	Sebisty-Stahl	Hochsilizium-Stahl
Si (Masse %)	< 0,01	0,08	0,17	0,32
P (Masse %)	< 0,015	< 0,025	< 0,015	< 0,015

2.2.2
Einfluss der Stahlzusammensetzung, Schmelzetemperatur und Tauchdauer auf die Schichtbildung in unlegierten Zinkschmelzen

Die Abb. 2.7a–d [10–12, 15] zeigen für übliche Stähle nach Tab. 2.3 das Schichtwachstum in Abhängigkeit von der Tauchdauer.

Auf Niedrigsilizium-Stahl mit weniger als 0,035 % Si (Abb. 2.7a) entstehen bis auf die Verzinkung bei 500 °C stets dünne Zinküberzüge mit Schichtdicken unter 120 μm nach dem parabolischen Zeitgesetz. Bei einer Verzinkungstemperatur bis 460 °C liegt die Schichtdicke sogar meist deutlich unter 100 μm. Auffällig ist das strikt lineare Wachstum des Überzuges bei etwa 500 °C mit einer ca. dreifach höheren Wachstumsgeschwindigkeit als im Normaltemperaturbereich. Bei einer kurzen Tauchdauer von ca. 1 min sind alle Überzüge unabhängig von der Temperatur immer unter 80 μm dünn. Das trifft auf alle untersuchten Stähle zu, unabhängig von deren Silizium- und Phosphorgehalt.

Die Abb. 2.7b zeigt das Wachstumsverhalten der Zinküberzüge auf Stahl im Sandelin-Bereich (0,035–0,14 % Si). Die höchsten Wachstumswerte treten im Normaltemperaturbereich zwischen 450 und 470 °C auf mit etwa 45 μm/min bei 460 °C (Sandelin-Effekt). Mit Ausnahme der niedrigen und hohen Temperaturen (435 und 550 °C) verläuft das Schichtwachstum linear. Das bedeutet, dass keinerlei begrenzende Faktoren die Eisen-Zink-Reaktion hemmen. Bei 550 °C entstehen auf dem sonst so reaktiven Stahl unabhängig von der Tauchdauer immer nur ca. 40 μm dicke Überzüge, was typisch für das Hochtemperaturverzinken ab 530 °C ist.

Im Sebisty-Bereich werden die höchsten Schichtdicken erstaunlicherweise bei den niedrigsten Verzinkungstemperaturen (435 und 445 °C) beobachtet (Abb. 2.7c), die Schichtdicken sinken mit steigender Schmelzetemperatur (Sebisty-Effekt). Die Verzinkung bei 500 °C bildet mit linearem, mittelstarkem Schichtwachstum wie bei allen Stählen eine Ausnahme. Im Hochtemperaturbereich um 550 °C geht die Wachstumsgeschwindigkeit stark zurück, und die Überzugsdicke liegt bei etwa 70 μm.

In der Abb. 2.7d sind die Verhältnisse für Stahl im Hochsilizium-Bereich dargestellt. Die höchste Wachstumsgeschwindigkeit wird nicht bei 500 °C, sondern bei 460 °C erreicht, mit einem nur geringfügig niedrigeren Wachstumswert von 40 μm/min als im Sandelin-Bereich. Das Schichtwachstum verläuft nach einem linearen Zeitgesetz, mit Ausnahme der Hochtemperaturverzinkung, bei der bei allen untersuchten Stählen ein parabolisch gebremstes Schichtwachstum erfolgt.

Die Abb. 2.8 vergleicht die Schichtdicken der 500 °C Verzinkung. Auf allen vier Stählen wachsen die Überzüge nach einem linearen Zeitgesetz, wobei der Sandelin-Stahl signifikant die höchste Wachstumsgeschwindigkeit besitzt. Die Ursache dafür sollte aus Sicht der wasserstoffbasierten Theorie der Schichtbildung der stetige und starke Wasserstoffaustritt aus dem Stahl im Sandelin-Bereich sein (siehe auch Abb. 2.18). Es wird deutlich, dass die Reaktionskinetik bei etwa 500 °C für alle untersuchten Stähle ähnlich, wenn nicht gar gleich ist, d. h., alle Baustähle verzinken nach gleichem, dem linearen Zeitgesetz folgenden Mechanismus.

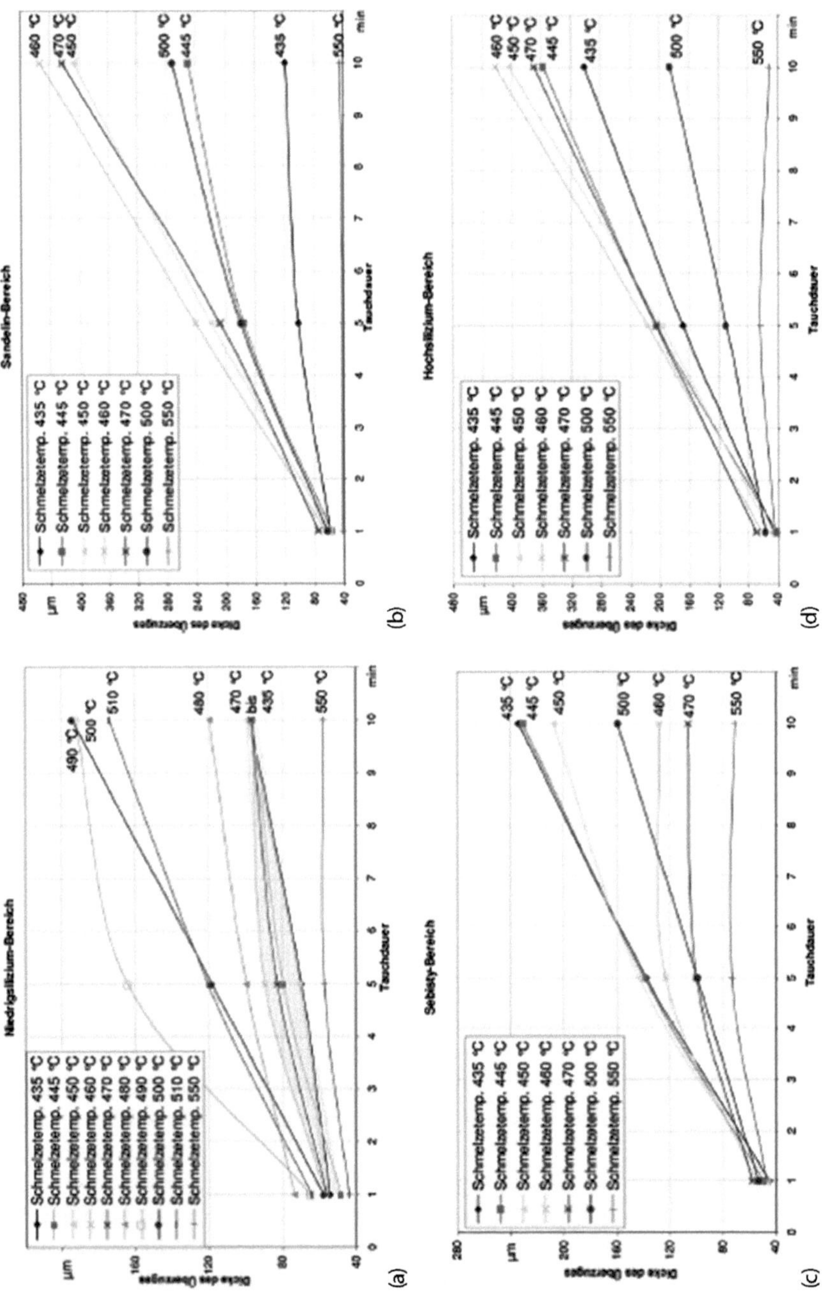

Abb. 2.7 Dicke der Überzüge in Abhängigkeit von der Tauchdauer [10–12, 15]. (a) Stahl im Niedrigsilizium-Bereich, (b) Stahl im Sandelin-Bereich, (c) Stahl im Sebisty-Bereich, (d) Stahl im Hochsilizium-Bereich.

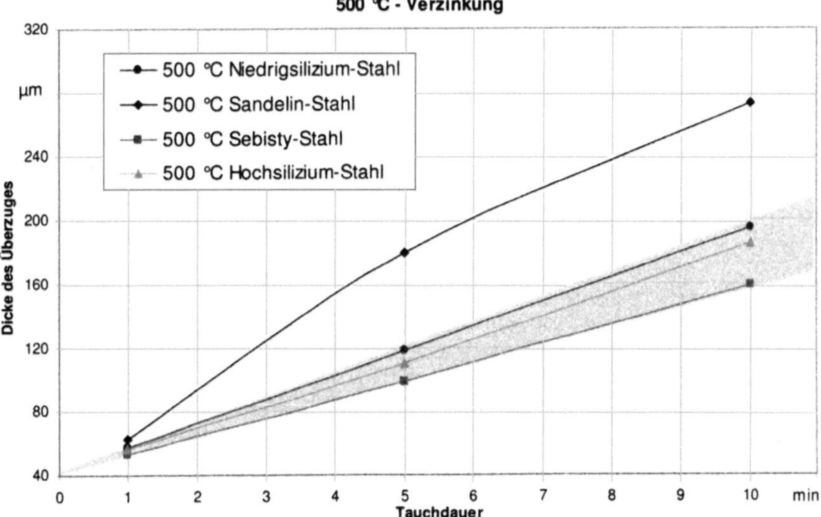

Abb. 2.8 Dicke der Überzüge in Abhängigkeit der Tauchdauer bei 500 °C Schmelzetemperatur [9–12, 15].

Neben der zeitabhängigen gibt auch die temperaturabhängige Darstellung übersichtlich die Zusammenhänge wieder. Die Abb. 2.9a–d stellen den Schichtdickenverlauf in Abhängigkeit von der Schmelzetemperatur und Tauchdauer dar. In Abb. 2.9a ist der im Niedrigsilizium-Bereich markante Anstieg der Reaktivität bei 490–510 °C gut zu erkennen. Bei sehr kurzer Verzinkung existieren noch keine Schichtdickenunterschiede. Bemerkenswert ist auch, dass so gut wie keine Temperaturabhängigkeit der Schichtdicken im Normaltemperaturbereich zwischen 435 und 460 °C vorhanden ist.

Die Abb. 2.9b zeigt die Temperatur- und Tauchdauerabhängigkeit des Schichtwachstums auf Sandelin-Stahl. Die schon diskutierten besonders hohen Wachstumswerte im Sandelin-Maximum bei 460 °C sind dabei markant. Kurzes Tauchen minimiert diesen Effekt, ein deutliches Sandelin-Maximum tritt erst bei einer Tauchdauer >5 min auf. Bei 550 °C entstehen unabhängig von der Tauchdauer gleiche und niedrige Überzugsdicken.

Die Charakteristik des Stahles im Sebisty-Bereich wird in Abb. 2.9c deutlich. Bei 10 min Tauchdauer ist im Normaltemperaturbereich der Sebisty-Effekt stark ausgeprägt, d. h., zwischen 450 und 470 °C tritt ein deutlicher Schichtdickenabfall ein. Der Temperaturbereich bei 500 °C und der Hochtemperaturbereich oberhalb 530 °C sind wieder gesondert zu betrachten, da dort offensichtlich völlig andere Wachstumsbedingungen gegeben sind. Alle typischen Schichtdickeneffekte bilden sich aber auch hier immer erst oberhalb von 5 min Tauchdauer deutlich sichtbar aus.

Das Ergebnis der Verzinkung im Hochsilizium-Bereich (Abb. 2.9d) ähnelt hinsichtlich der Schichtdicken sehr dem Sandelin-Bereich. Beide Stahltypen sind re-

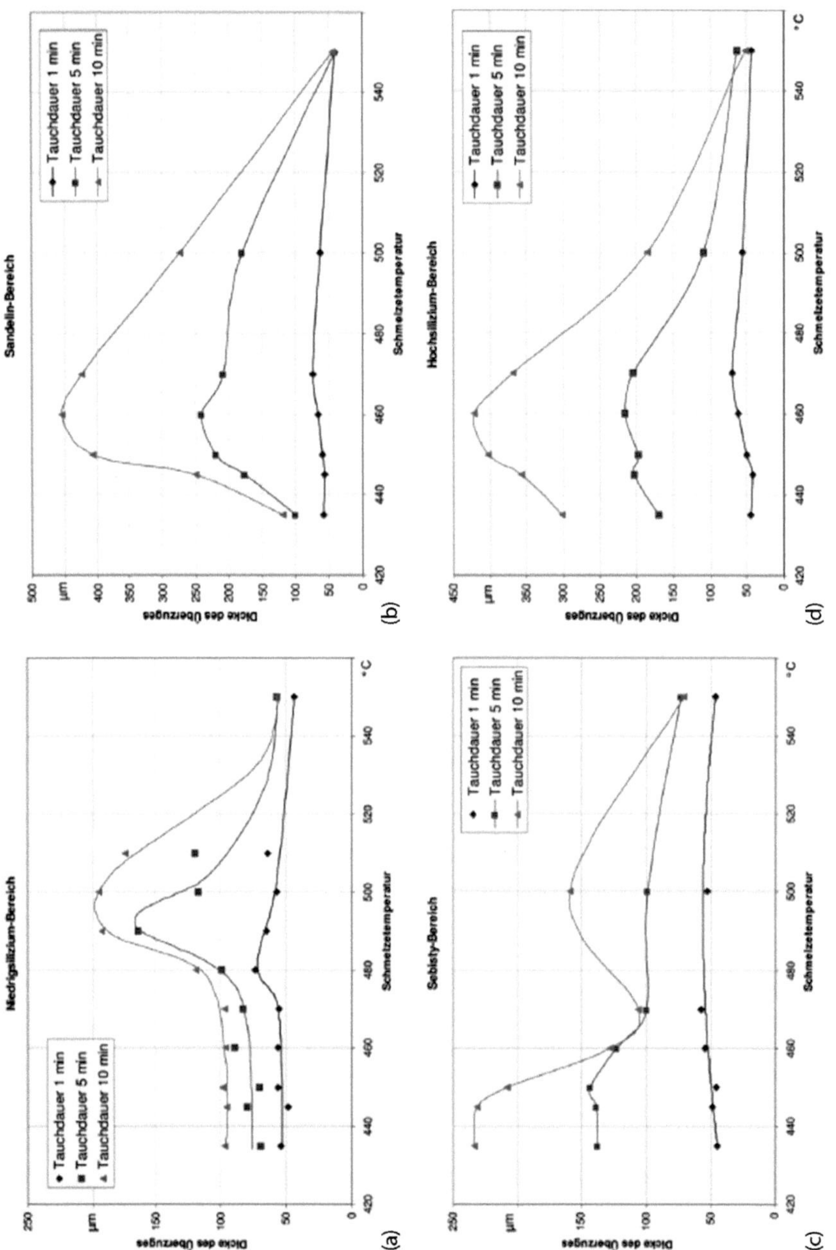

Abb. 2.9 Dicke der Überzüge in Abhängigkeit von der Tauchdauer und -temperatur [10–12, 15]. (a) Stahl im Niedrigsilizium-Bereich, (b) Stahl im Sandelin-Bereich, (c) Stahl im Sebisty-Bereich, (d) Stahl im Hochsilizium-Bereich.

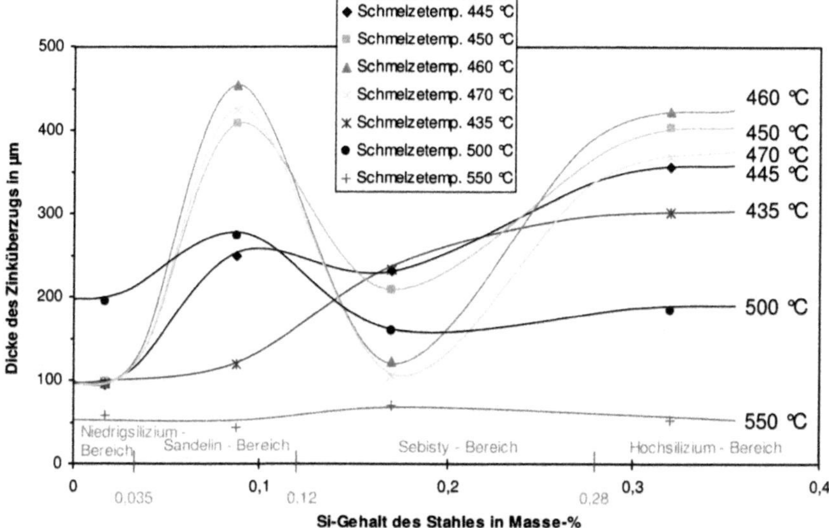

Abb. 2.10 Dicke der Überzüge in Abhängigkeit vom Siliziumgehalt im Stahl bei 10 min Tauchdauer [10–12, 15].

aktiv. Im Gefügeaufbau gibt es aber deutliche Unterschiede, worauf später eingegangen wird.

Eine gebräuchliche grafische Darstellung ist die Abhängigkeit der Schichtdicke vom Siliziumgehalt des Stahles entsprechend Abb. 2.10. Bei dieser Darstellung ist allerdings zu beachten, dass das Verzinkungsverhalten der Stähle in Abhängigkeit vom Siliziumgehalt nach unterschiedlichen Mechanismen verläuft und es sich dabei eher um vier diskrete Einzelzustände handelt, die eigentlich nicht durch einen durchgehenden Kurvenverlauf dargestellt werden können.

Die vier beschriebenen Modell-Stähle unterscheiden sich in ihrem Verzinkungsverhalten bei 500 °C nur wenig und bei 550 °C, also im Hochtemperaturbereich, gar nicht mehr. Im Normaltemperaturbereich, speziell zwischen 435 und 460 °C, sind alle bekannten Phänomene im Verzinkungsverhalten der Stähle deutlich ausgebildet (Abb. 2.11, Detail). Dabei handelt es sich um das Sandelin-Maximum, den Sebisty-Effekt, die fehlende Temperaturabhängigkeit im Niedrigsilizium-Bereich und die relativ hohen Schichtdicken im Hochsilizium-Bereich.

2.2.3 Strukturen von Zinküberzügen

Im Folgenden werden die zu den vorstehenden Ausführungen gehörenden Gefügeausbildungen der Zinküberzüge ausgewertet, um das Schichtwachstum der Zinküberzüge in Abhängigkeit vom Stahltyp, der Verzinkungstemperatur und der Verzinkungsdauer deutlicher erklären zu können.

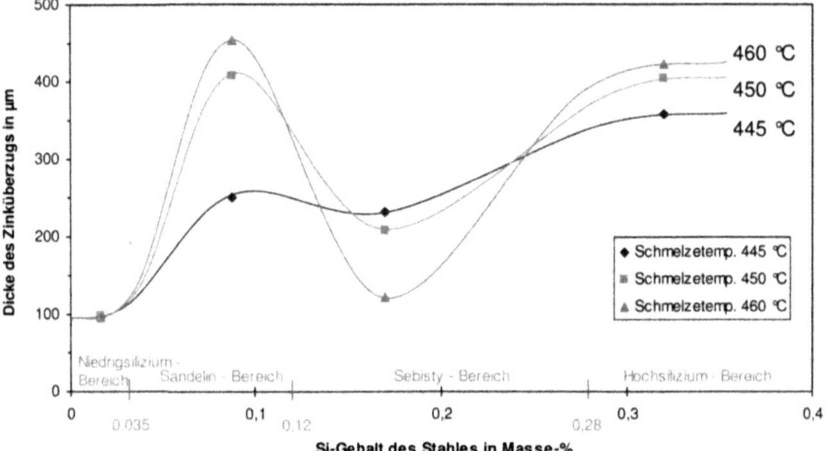

Abb. 2.11 Detail der Abb. 2.10 – Dicke der Überzüge in Abhängigkeit vom Siliziumgehalt im Stahl bei 10 min Tauchdauer im Normaltemperaturbereich [10–12, 15].

Gefügeausbildung im Temperatur-Bereich 435–490 °C

Die aus praktischer Sicht gebräuchlichsten Verzinkungstemperaturen liegen zwischen 440 und 460 °C. Es wurde bereits gesagt, dass für diesen Bereich eine allseits starke Abhängigkeit von den Verzinkungsparametern und insbesondere dem Siliziumgehalt, teilweise auch Phosphor- sowie Aluminiumgehalt im Stahl besteht. Das spiegelt sich auch im Gefüge der Zink-Eisen-Legierungsphasen des Zinküberzuges wider.

Abbildung 2.12a zeigt den typischen, klassischen Aufbau eines Zinküberzuges auf Niedrigsilizium-Stahl mit nur geringem Phosphorgehalt. Über der dichten δ_1-Phase, die weitgehend durch einen schmalen, aber deutlichen Spalt vom Stahluntergrund getrennt ist (Detail siehe Abb. 2.17), befindet sich die ζ-Phase, aus der gut sichtbar Kristalle in die äußere η-Phase (Reinzinkschicht) abschwimmen. Die Γ-Phase direkt auf dem Stahl ist nicht sichtbar. Sie bildet sich erst nach längerer Verzinkungsdauer deutlich aus, z. B. auf Verzinkungskesseln.

Die Abb. 2.12b zeigt die Struktur von Zinküberzügen auf Sandelin-Stahl unter gleichen Verzinkungsbedingungen. Der Überzug besteht aus kleinen abgerundeten Hartzinkkristallen (ζ-Phase), die in erstarrte Zinkschmelze eingebettet sind (η-Phase). Eine δ_1-Phase ist kaum ausgebildet.

Bei Sebisty-Stahl ist die Besonderheit zu beachten, dass die Schichtbildung oberhalb und unterhalb von 450 °C nach unterschiedlichem Zeitgesetz und damit Mechanismus erfolgt. Unterhalb 450 °C entstehen Überzüge, die meist vollständig durchlegiert sind und Schichtdicken über 200 µm aufweisen (Abb. 2.12c). Über einer 5–10 µm dünnen und ungleichmäßig ausgebildeten δ_1-Phase erstrecken sich senkrecht zur Stahloberfläche lange, stängelige ζ-Kristalle.

Beim Verzinken oberhalb 450 bis etwa 480 °C bilden sich Zinküberzüge wie auf Niedrigsilizium-Stahl, wie die Abb. 2.12d zeigt. Bei 460 °C und 10 min Tauchdauer entsteht so ein typisches, klassisches Gefüge. Die δ_1-Phase ist mindestens

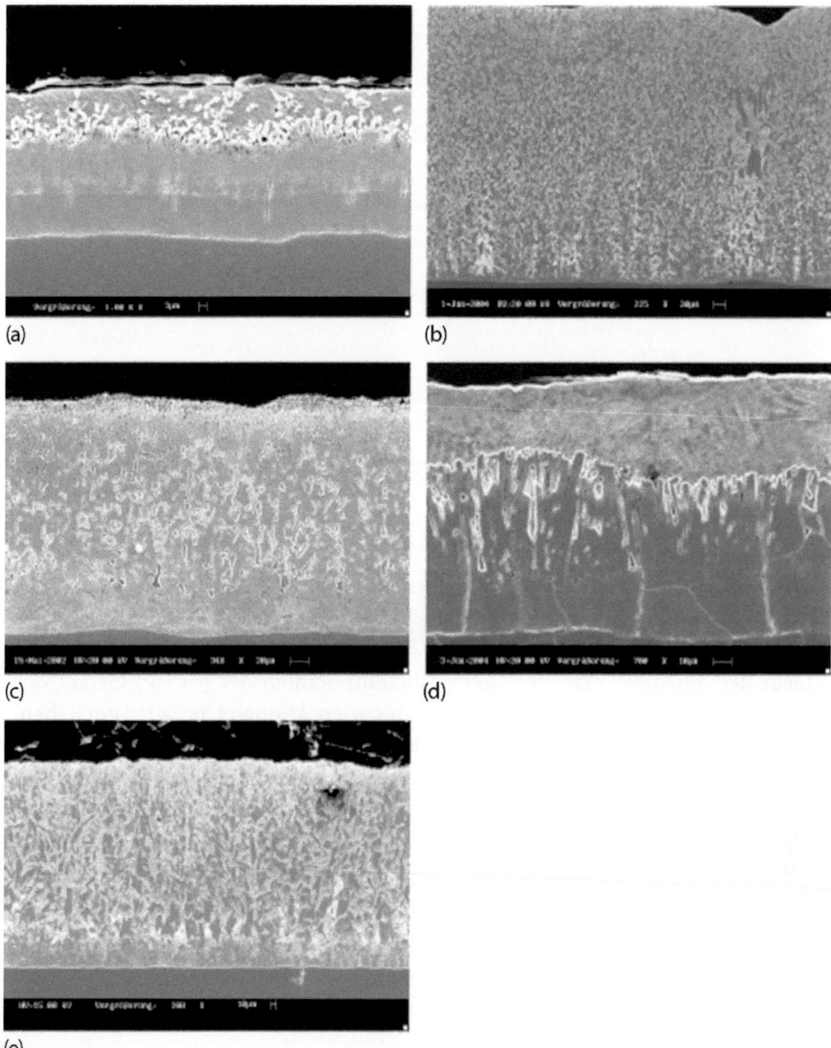

Abb. 2.12 Aufbau der Zinküberzüge im Normaltemperaturbereich [10–12, 15]. (a) Zinkschicht auf Niedrigsilizium-Stahl; Verzinkungsparameter: 460 °C, 10 min, (b) Zinkschicht auf Sandelin-Stahl; Verzinkungsparameter: 460 °C, 10 min, (c) Zinkschicht auf Sebisty-Stahl; Verzinkungsparameter: 445 °C, 5 min, (d) Zinkschicht auf Sebisty-Stahl; Verzinkungsparameter: 460 °C, 10 min, (e) auf Hochsilizium-Stahl; Verzinkungsparameter: 445 °C, 5 min.

25 µm dick und sehr kompakt ausgebildet. Auf eine Schicht aus dicht gepackten ζ-Kristallen folgt eine ausgeprägte η-Phase.

Hochsilizium-Stahl mit mehr als 0,25–0,28 Masse% Si ist dadurch gekennzeichnet, dass der sich bildende Überzug überwiegend aus der ζ-Phase besteht. Typisch für das Gefüge sind die scharfkantigen, mittelgroßen ζ-Kristalle (Abb. 2.12e). Die δ_1-Phase direkt auf dem Stahlsubstrat ist stark aufgelockert und

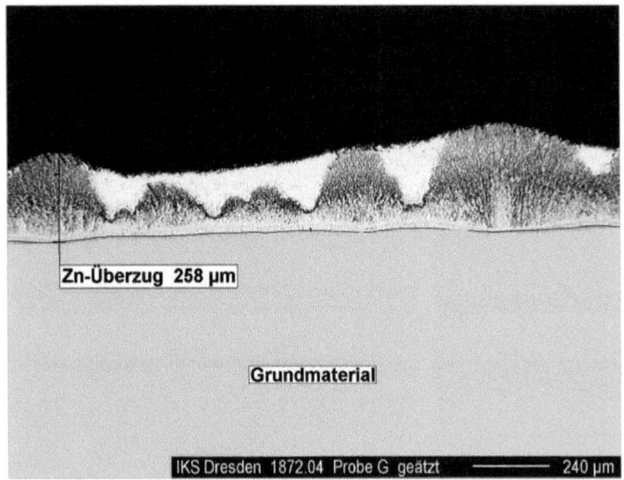

Abb. 2.13 Mischstrukturen auf einem Stahl mit 0,028 % Si.

laut Phasenanalyse (XRD) stark mit ζ-Phase vermengt. Aufgrund des Fehlens einer dichten, kompakt ausgebildeten δ_1-Schicht resultiert ein schnelles Wachstum nach linearem Zeitgesetz.

Liegt der Silizium- bzw. bei Niedrigsilizium-Stählen der (Si + P)-Gehalt der Stähle im Grenzbereich zwischen zwei Stahlsorten, können Überzüge entstehen, die eng benachbart auf einem Bauteil beide möglichen Strukturen aufweisen. In diesem Fall spricht man von Mischstrukturen. Im Bereich zwischen Niedrigsilizium-Stahl und Sandelin-Stahl macht sich das durch das Auftreten stark unterschiedlicher Schichtdicken benachbart auf ein und demselben Bauteil besonders deutlich bemerkbar, wie z. B. Abb. 2.13 beispielhaft zeigt. Aber auch im Grenzbereich Sandelin-Stahl/Sebisty-Stahl bzw. Sebisty-Stahl/Hochsilizium-Stahl können Mischstrukturen auftreten, die aufgrund der geringeren Schichtdickenunterschiede aber nicht so offensichtlich sind.

Gefügeausbildung im Temperaturbereich 490–530 °C

Im Schichtaufbau bestehen kaum Unterschiede zwischen den verschiedenen siliziumhaltigen Stählen. Bei einer Verzinkungstemperatur von ca. 500 °C bestehen alle Zinküberzüge aus einem gleichartigen, feinkristallinen Gefüge aus der (δ_1 + ζ)-Phase, welches dem Aussehen nach dem Schichtaufbau im Sandelin-Bereich bei 460 °C ähnelt (Abb. 2.14).

Die Einflussfaktoren auf das Verzinkungsverhalten des Stahles, die im Normaltemperaturbereich bestimmend sind, wie die Wasserstoffeffusion, die Legierungselemente und die Mikrostruktur, spielen offensichtlich und aus unterschiedlichen Gründen bei Schmelzetemperaturen um 500 °C keine Rolle.

Abb. 2.14 Aufbau der Zinküberzüge bei Verzinkung um 500 °C [8–10]. Zinkschichtaufbau auf Baustählen bei einer Verzinkungstemperatur von 500 °C, Verzinkungsdauer 10 min.

Gefügeausbildung im Hochtemperaturbereich 530–620 °C

Es bilden sich konstant dünne Überzüge aus der δ_1-Phase, denn die ζ-Phase ist ab 530 °C nicht mehr beständig. Bei allen Stählen folgt daher das Schichtwachstum einem parabolischen Zeitgesetz mit niedrigen Schichtdicken. Allerdings fällt anhand der Bildbeispiele der Abb. 2.15a–c auf, dass mit steigendem Siliziumgehalt des Stahles die Brüchigkeit der Überzüge wächst.

Der Grund ist, dass beim Hochtemperaturverzinken in Abhängigkeit vom Stahl zwei unterschiedliche Phasenbereiche entstehen. Im Bereich siliziumarmer Stähle existieren die Überzüge nur aus reiner, kompakter und relativ ungeschädigter δ_1-Phase (Abb. 2.16). Diese wird mit steigendem Siliziumgehalt allerdings zunehmend durch eine Mischphase aus (δ_1 + Schmelze) ersetzt. Die Mischphase steht thermodynamisch bei Raumtemperatur nicht im Gleichgewicht und wird durch den Abkühlprozess des Überzuges brüchig, da es zwangsläufig zu einer Phasenumwandlung mit Volumenänderung kommt.

Auch die Schmelzetemperatur hat im Temperaturintervall um 550 °C einen Einfluss auf die Schichtdicke. So sinken im Niedrigsilizium- und Sandelin-Bereich die Schichtdicken mit steigender Temperatur aufgrund der transporthemmenden Wirkung der sich intensiv ausbildenden δ_1-Phase, während sie im Sebisty- und Hochsilizium-Bereich wegen der Ausbildung einer Mischphase aus (δ_1 + Schmelze) eher ansteigen, da flüssiges Zink zwischen den δ_1-Kristallen das Schichtwachstum begünstigt.

2.2.4 Allgemeine Theorie der Schichtbildung [9–12]

Die vorstehend beschriebenen Untersuchungen erlauben folgende allgemeine Theorie der Schichtbildung beim Stückgut-Feuerverzinken in konventionellen Zinkschmelzen (Abb. 2.16).

Normaltemperaturbereich zwischen 435 und 490 °C

Es existieren in Abhängigkeit vom Siliziumgehalt des Stahles vier typische Verzinkungsbereiche (Niedrigsilizium-, Sandelin-, Sebisty- und Hochsilizium-Bereich), die sich hinsichtlich Dicke und Struktur der Überzüge deutlich unterscheiden. Zwischen den einzelnen Bereichen kann es allerdings zu Mischstrukturen mit un-

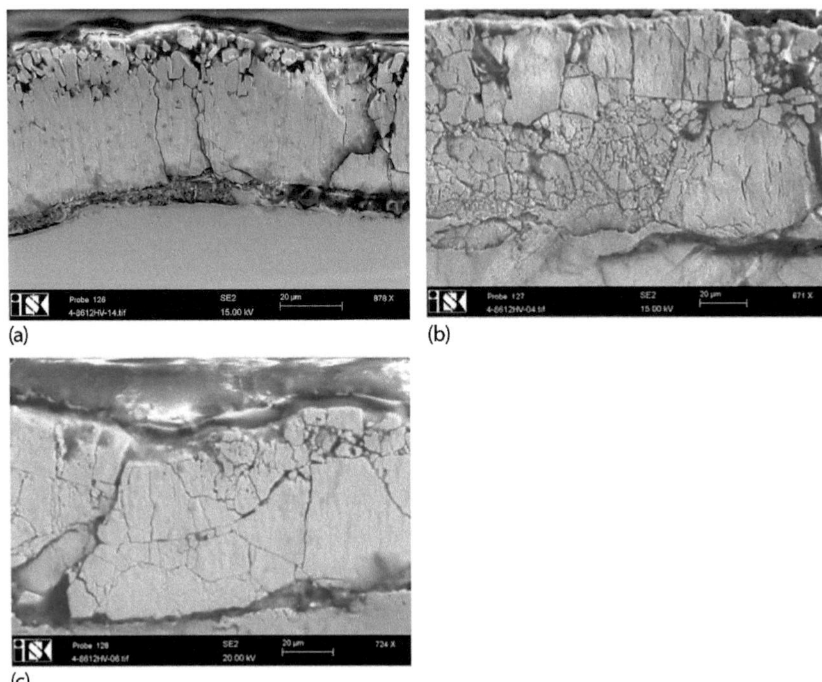

Abb. 2.15 Aufbau der Zinküberzüge, Verzinkungstemperatur 562 °C, Verzinkungsdauer 90 s [16–18]. (a) Zinkschicht auf Niedrigsilizium-Stahl, (b) Zinkschicht auf Sebisty-Stahl, (c) Zinkschicht auf Hochsilizium-Stahl.

terschiedlichem/gemischtem Schichtaufbau und unterschiedlicher Schichtdicke kommen.

Wachstum und Struktur von Zinküberzügen werden beim Eintauchen in die Zinkschmelze von aus dem Werkstück effundierendem Wasserstoff beeinflusst und damit indirekt vom Silizium- und vom Aluminiumgehalt im Stahl, denn insbesondere Silizium und Aluminium haben Einfluss auf die Wasserstoffkonzentrationen im Stahl (siehe Abb. 2.18). Phosphor reichert sich in Stählen durch Seigerungsprozesse in der Randzone an, was mit zunehmender Konzentration im Niedrigsilizium-Bereich die Bildung einer kompakten und dichten δ_1-Phase behindert und zu einem starken Schichtwachstum führt.

Im *Niedrigsilizium-Bereich* (ohne oder mit nur wenig Al und P (jeweils < 0,02 Masse %)) weisen Stähle in der Regel in der Randzone eine α-Eisenschicht auf, die kaum Wasserstoff enthält und die bei der Feuerverzinkung intensiv mit der Zinkschmelze unter Bildung von δ_1-Phase reagiert. Der erst verzögert aus dem Stahlinneren nachdiffundierende Wasserstoff drückt im Verlauf der Verzinkungsreaktion aber auf die gebildete δ_1-Phase, was mehr oder weniger zur Ausbildung eines Spaltes, also einer Materialtrennung zwischen Stahl und Zinküberzug, führt, wodurch die Verzinkungsreaktion zusätzlich behindert wird (Abb. 2.17).

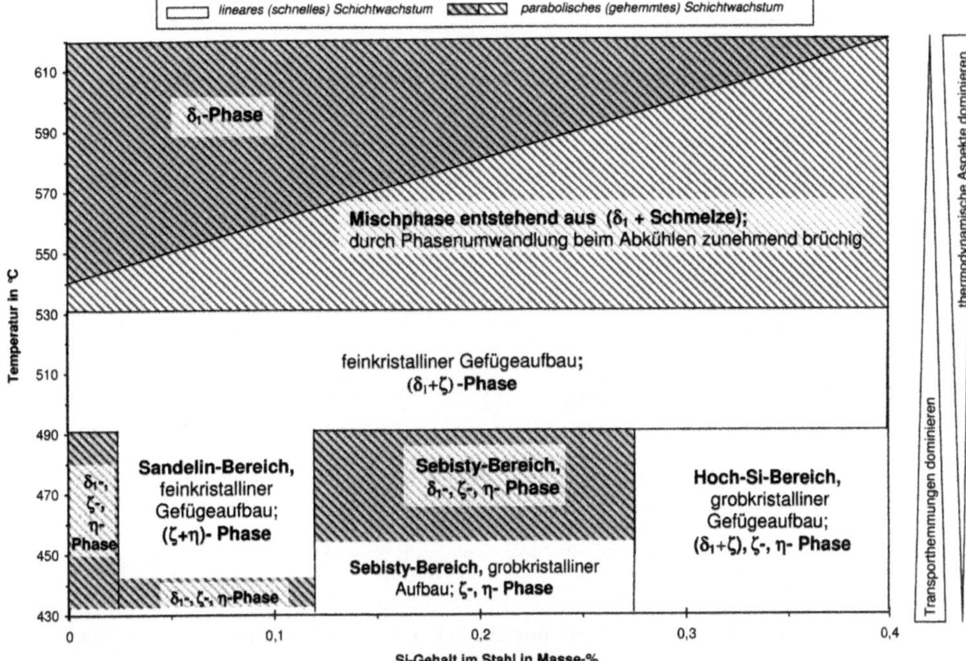

Abb. 2.16 Gesamtübersicht der Gefügeausbildungen beim Feuerverzinken von Stückgut für phosphorarme Baustähle in konventioneller Zinkschmelze (Verzinkungsdauer > 5 min) nach [12, 15]. *Anmerkung:* Zwischen den einzelnen Strukturbereichen existiert real ein Übergangsverhalten, was zum benachbarten Auftreten unterschiedlicher Schichtstrukturen und damit auch unterschiedlicher Schichtdicken führen kann (Mischstrukturen).

Sandelin-Stahl ist nach dem Beizen stark wasserstoffbeladen, und es kommt beim Verzinken sofort zu einer starken Wasserstoffeffusion (Abb. 2.18), wodurch das Schichtwachstum durch Abtransport der Reaktionsprodukte von der Reaktionsfläche deutlich erhöht wird. Eine die Schichtbildung hemmende δ_1-Phase bildet sich nur ansatzweise, auf keinen Fall aber ein Spalt.

Im *Sebisty-Bereich* muss unterschieden werden zwischen dem Verzinkungsbereich oberhalb 450 °C (bis 480 °C) und dem Verzinkungsbereich unterhalb 450 °C. Oberhalb 450 °C hemmt Wasserstoff das Schichtwachstum auf ähnliche Weise

Abb. 2.17 Spalt zwischen Stahl und Zinküberzug (stark vergrößertes Detail aus Abb. 2.12a) [9].

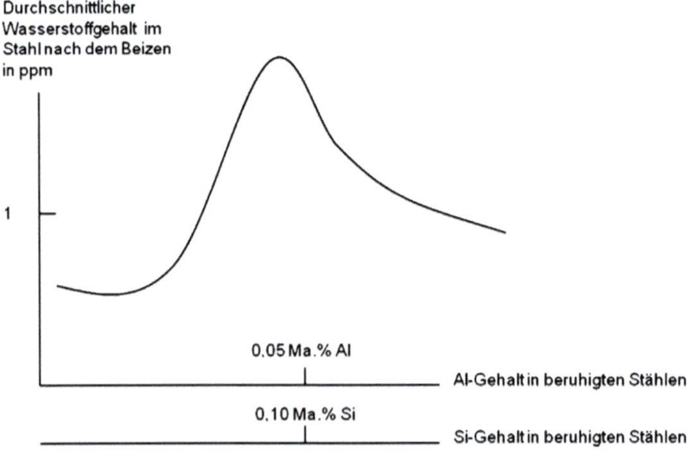

Abb. 2.18 Wirkung von Silizium und Aluminium in üblichen Baustählen auf deren Wasserstoffgehalt nach dem Beizen in Salzsäure, zusammengestellt nach Messungen in [12–14, 19].

wie im Niedrigsilizium-Bereich, weil sich durch die infolge des erhöhten Siliziumgehaltes behinderte Wasserstoffnachdiffusion aus dem Stahlinneren eine an Wasserstoff verarmte Randzone ähnlich α-Eisen bildet, die mit Zinkschmelze zu einer gut ausgebildeten δ_1-Phase weiterreagieren kann. Ein sich ansatzweise bildender Spalt zwischen Stahl und Zinküberzug hemmt durch Behinderung des Materialaustausches das Schichtwachstum zusätzlich. Damit kann eine einheitliche Ursache für das parabolische Wachstum im gesamten Niedrigsilizium- und im Sebisty-Bereich oberhalb 450 °C angenommen werden. Unterhalb 450 °C bildet sich eine mitteldicke δ_1-Phase, die eine mittelschnelle Verzinkungsreaktion zulässt, d. h., es entstehen dickere Zinküberzüge als oberhalb 450 °C, aber dünnere als im Sandelin-Bereich.

Im *Hochsilizium-Bereich* ist aufgrund der Behinderung der Wasserstoffdiffusion durch den hohen Siliziumgehalt im Stahl ein Einfluss von Wasserstoff auf die Schichtbildung nicht oder nur wenig vorhanden. Das an der Phasengrenze sich im Laufe der Reaktion aufkonzentrierende Silizium senkt zusätzlich relativ das Eisenangebot in der Reaktionszone, weshalb sich keine durchgängig dichte δ_1-Phase mehr bilden kann. Als Folge davon steigt die Geschwindigkeit der Verzinkungsreaktion im Vergleich zum Sebisty-Bereich erneut stark an, allerdings nicht so stark wie im Sandelin-Bereich.

Aluminiumberuhigte Stähle passen sich in diese Gegebenheiten wie folgt ein:

Nach Untersuchungen des Instituts für Korrosionsschutz Dresden [19] erhöht Aluminium bei einer bestimmten, niedrigen Konzentration im Stahl genau wie Silizium dessen Wasserstoffgehalt nach dem Beizen und damit auch die Wasserstoffeffusion beim Eintauchen in die Zinkschmelze (siehe Abb. 2.18). Somit sollten nach der wasserstoffbasierten Theorie der Schichtbildung aluminiumberuhigte Baustähle bei einer bestimmten Aluminiumkonzentration ein ähnliches Verzinkungsverhalten wie Sandelin-Stähle zeigen, also quasi den Sandelin-Effekt,

d. h. relativ dicke Schichten mit dafür charakteristischem kleinteiligem Schichtgefüge. Obwohl das im Normalfall nicht der Fall ist, ergab die Auswertung von diversen Schadensfällen, dass Stähle mit 0,04–0,05 Masse % Al zumindest örtlich zur Bildung von Schichtstrukturen wie auf Sandelin-Stählen neigen (dicke Schichten mit kleinteiligem Schichtaufbau). Der entsprechend veränderte Schichtaufbau (Mischstruktur) wird in der Praxis z. B. als streifenförmige Verdickung oder auch nur als streifenförmige dekorative Beeinträchtigung wahrgenommen. Allerdings ist der sichtbare, d. h. wirksame, Einfluss des durch Aluminium gesteigerten Ausgasens von Wasserstoff relativ gering, sodass zum Auftreten sichtbarer Abweichungen in der Regel noch weitere Einflussfaktoren notwendig sind, die eine Veränderung der Wasserstoffaufnahme bzw. -effusion verursachen, wie bestimmte Umform- oder Walzvorgänge bei der Blech- oder Profilherstellung, die z. B. das dann in Walzrichtung verlaufende streifenförmige Erscheinungsbild verursachen können.

Warum trotz ähnlichem Wasserstoffgehalts der Stähle (Abb. 2.18) der Einfluss des Aluminiums wesentlich kleiner ist als der des Siliziums, lässt sich in Übereinstimmung mit Horstmann [3] mit der parallel zur Ausgasung einsetzenden Hemmwirkung des Aluminiums durch sich während der Verzinkungsreaktion bildende intermetallische Eisen-Aluminium-Phasen erklären. Man kann davon ausgehen, dass im Laufe der Verzinkungsreaktion eine gewisse Menge des aluminiumhaltigen Stahles gelöst wird und sich die Zinkschmelze dadurch zumindest in der Reaktionszone mit Aluminium anreichert, sodass ähnliche Verhältnisse wie in einer mit 10^{-3} bis 10^{-2} Masse % Al oder sogar höher legierten Zinkschmelze entstehen und es zur Bildung der die Eisen-Zink-Reaktion hemmenden intermetallischen Eisen-Aluminium-Phasen $FeAl_3$ und Fe_2Al_5 kommt. Beide Phänomene – einerseits die Wachstumsbeschleunigung durch effundierenden Wasserstoff (Sandelin-Effekt) und andererseits die Hemmwirkung durch die sich bildenden Eisen-Aluminium-Phasen – sind gegenläufig und kompensieren sich im Normalfall, sodass in der Mehrzahl der Fälle ein Einfluss von Aluminium auf die Schichtbildung am Bauteil nicht sichtbar wird. Überwiegt jedoch ein Einflussfaktor, z. B. der des effundierenden Wasserstoffs (bevorzugt bei 0,04–0,05 Masse % Al), treten die erwähnten Schichtdickenerhöhungen auf. Überwiegt dagegen der hemmende Einfluss des Aluminiums (bei niedrigerem, insbesondere aber bei höherem Aluminiumgehalt), so kann unter Umständen die in den üblichen Normen geforderte Mindestschichtdicke nicht oder nur schwer erreicht werden.

Aluminiumberuhigte Stähle zeigen noch die Eigenheit, den aufgenommenen Wasserstoff beim Erwärmen relativ verzögert wieder abzugeben. Das kann dazu führen, dass der fertige Zinküberzug während der Abkühlphase nach dem Verzinken stark an Haftfestigkeit verliert, unter Umständen sogar direkt und großflächig vom Stahl abplatzt, was sonst nicht üblich ist [12, S. 163 ff.]. Besonders anfällig für dieses Phänomen scheinen Stähle zu sein, die außer Aluminium auch noch mittlere Mengen an Silizium enthalten, was heutzutage durchaus üblich ist.

Will man nur eine *kurze* Erklärung des Verzinkungsverhaltens in einer klassischen Zinkschmelze und bezieht man sich dabei ausschließlich auf Wasserstoff als Ursache, so kann man Folgendes sagen:

- Auf Stählen mit nur sehr wenig Silizium (< 0,035 Masse %) oder Aluminium (< 0,020 Masse %) sowie Phosphor (< 0,020 Masse %) bilden sich immer Schichtdicken unter 100 µm mit gleichem und klassischem Schichtaufbau. Derartige Stähle sind das Grundmuster.
- Ein geringer Gehalt an Silizium oder Aluminium in der Größenordnung von 10^{-2} Masse % im Stahl erhöht die Wasserstoffaufnahme des Stahles stark (Si: 0,08–0,1 Masse % bzw. Al: 0,04–0,05 Masse %),
  a) wodurch bei siliziumberuhigten Stählen durch verstärkte Wasserstoffeffusion beim Verzinken die Schichtdicke des Zinküberzuges stark anwächst (Sandelin-Effekt) und
  b) bei aluminiumberuhigten Stählen kommt dieser Effekt im Normalfall nicht zum Tragen, da das unmittelbar am Ort der Reaktion aus dem Stahl in die Zinkschmelze gelangende Aluminium die Geschwindigkeit des Schichtwachstums hemmt, wodurch sogar deutlich geringere Schichtdicken entstehen können.
- Bei siliziumberuhigten Stählen sinkt mit steigendem Siliziumgehalt (> 0,12 Masse %) aufgrund des zurückgehenden Wasserstoffgehaltes im Stahl die Schichtdicke zunächst wieder ab (Sebisty-Stähle), wobei der Sebisty-Effekt eine temperaturabhängige Folge unterschiedlicher Sättigung der Randzone des Stahles mit Wasserstoff ist.
- Bei Hochsilizium-Stahl ist kein Einfluss von Wasserstoff vorhanden. Die Schichtdicke steigt ausschließlich aufgrund der ungenügenden Ausbildung der δ_1-Phase wieder an.
- Bei höheren Aluminiumgehalten im Stahl (> 0,05 Masse %) dominiert immer die Hemmwirkung das Aluminiums.

Das Verzinkungsverhalten aluminiumberuhigter Stähle ist also eine Ergänzung, insbesondere aber eine Bestätigung der am Beispiel der siliziumberuhigten Stähle entwickelten wasserstoffbasierten Theorie der Schichtbildung [9–12], denn es ist deutlich, dass nur mittelbar der Silizium-, Aluminium- oder Phosphorgehalt im Stahl die Ursache der komplizierten Schichtbildung ist, sondern primär einzig und allein die Menge des im Stahl absorbierten Wasserstoffs die Schichtbildung bestimmt.

Damit beschreibt die wasserstoffbasierte Theorie der Schichtbildung umfassend die Schichtbildung in klassischen Zinkschmelzen im Normaltemperaturbereich unter Einbeziehung der Wirkung aller bekannten Legierungselemente sowohl des Stahles als auch der Zinkschmelze. Die Reaktionsabfolge, d. h. die Kinetik, ist also der Schlüssel zur Erklärung der Schichtbildung im Sinne der Thermodynamik nach Abb. 2.3.

Temperaturbereich zwischen 490 und 530 °C

Unabhängig vom Siliziumgehalt der Stähle entstehen auf allen Stählen Zinküberzüge aus einem feinkristallinen Gefüge aus δ_1- und ζ-Kristallen. Auch die Schichtdicken der Zinküberzüge auf den untersuchten Stahlsorten sind ähnlich. Die Schichtbildung erfolgt nach dem linearen Zeitgesetz, d. h. schnell.

Da die Verzinkung bei Temperaturen um 500 °C kurz unterhalb der Stabilitätsgrenze der ζ-Phase stattfindet, wird das Wachstumsverhalten von einem thermodynamischen Effekt bestimmt, der auf einer unterschiedlichen Temperaturabhängigkeit von Keimbildungs- und Kristallwachstumsgeschwindigkeit beruht [20]. Die Anzahl und Form der Kristalle der δ_1- und ζ-Phase hängt vom Verhältnis dieser beiden Geschwindigkeiten bei der entsprechenden Erstarrungstemperatur ab. Da die Bildung eines Keims eine höhere Aktivierungsenergie benötigt als sein anschließendes Wachstum, nimmt mit steigender Temperatur die Keimbildung stärker als das Kristallwachstum zu. Der Grund für das feinkristalline ($\delta_1 + \zeta$)-Gefüge liegt daher in der hohen Keimbildungsgeschwindigkeit vor allem der ζ-Phase, die bei Temperaturen kurz unterhalb der Beständigkeitsgrenze von 530 °C ihr Maximum erreicht. Die nicht in dem Maße temperaturabhängige Kristallwachstumsgeschwindigkeit bleibt gegenüber der beschleunigten Keimbildung zurück. Das sich bildende feinkörnige Gefüge hat die Eigenschaft – analog dem Gefüge auf Sandelin-Stahl im Normaltemperaturbereich – keine schichtdickenreduzierenden Reaktionshemmungen auszulösen, da insbesondere die δ_1- Phase nicht bzw. nicht ausreichend kompakt ausgebildet ist.

Hochtemperaturbereich zwischen 530 und 620 °C

Im Temperaturbereich zwischen 530 und 620 °C ist nur die δ_1-Phase thermodynamisch stabil. Sie bildet sich bevorzugt auf Niedrigsilizium-Stahl aufgrund der dort an der Stahloberfläche vorhandenen verunreinigungsfreien α-Eisenschicht und der dadurch gegebenen hohen Reaktionsgeschwindigkeit stets kompakt mit Schichtdicken zwischen 40–50 μm aus. Mit steigendem Siliziumgehalt im Stahl kommt es aber auch zunehmend zur Bildung einer nicht kompakten Mischphase, die aus δ_1-Kristallen besteht, die während des Verzinkens in Schmelze eingebettet sind. Beide möglichen Phasenausbildungen werden im Ausschnitt des Zustandsschaubildes Fe/Zn der Abb. 2.19 durch die ellipsoide graue Markierung gekennzeichnet.

Bildet sich sofort und überwiegend eine Schicht aus δ_1-Phase, wie das für Niedrigsilizium-Stahl anzunehmen ist, dann bleibt auch beim Abkühlen nach dem Verzinken die Phasenstruktur gleich und es entstehen gut ausgebildete, qualitativ hochwertige Zinküberzüge. Der linke Pfeil in Abb. 2.19 kennzeichnet diese Möglichkeit. Kommt es jedoch zur Bildung von (δ_1-Phase + Schmelze), wie bei höher siliziumhaltigen Stählen, so kommt es beim Abkühlen zu Phasenumwandlungen. Dieses Verhalten wird durch den rechten Pfeil in Abb. 2.19 beschrieben. Aus (δ_1 + Schmelze) kann sich eine ($\delta_1 + \zeta$)-, ζ- oder ($\zeta + \eta$)-Phase bilden. Phasenumwandlungen führen in der Regel zu Volumenveränderungen, wodurch beim Abkühlen mechanische Spannungen in die Überzüge eingetragen werden. Dar-

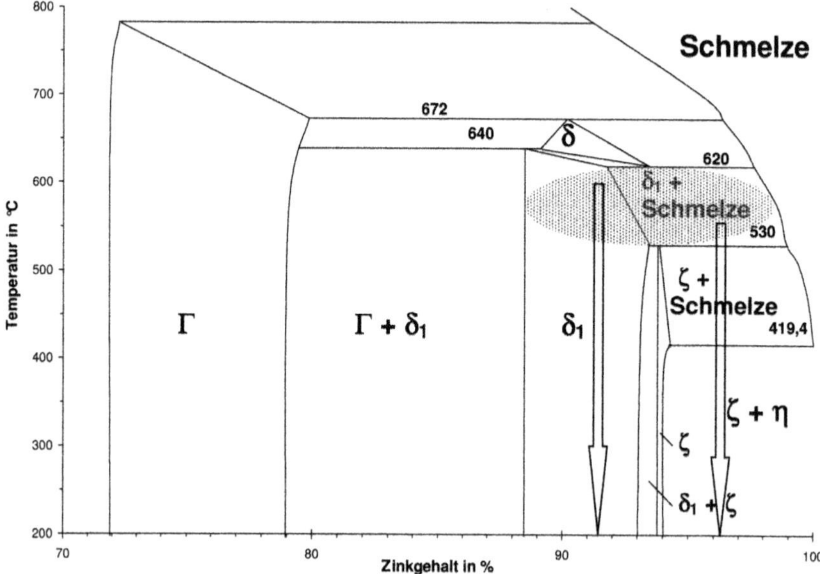

Abb. 2.19 Zinkreiche Seite des Zustandsschaubildes Fe/Zn mit Markierung des Phasenbereichs, der bei Schmelzetemperaturen zwischen 530 und 620 °C beim Feuerverzinken relevant ist [12–14].

um neigen durch Hochtemperaturverzinkung erzeugte Überzüge dazu, teilweise spröde und brüchig zu sein. Das kritische Phasengebiet (δ_1 + Schmelze) wird prinzipiell mit steigender Verzinkungstemperatur zurückgedrängt, weil bei höheren Temperaturen vermutlich die Bildung einer kompakten δ_1-Phase gefördert wird. Die qualitativ besten Überzüge entstehen also auf Niedrigsilizium-Stahl bei möglichst hoher Verzinkungstemperatur. Der Qualität förderlich ist immer eine schnelle Abkühlung nach dem Verzinken, da dadurch die gebildeten Phasen eingefroren werden und es weniger zu Phasenumwandlungen kommt.

2.2.5 Zinkschmelzen

Eine konventionelle Zinkschmelze nach DIN EN ISO 1461 besteht aus technisch reinem Zink, dem bereits in der Anfangsphase der Entwicklung des Feuerverzinkens rohstoffbedingt – später aus technologischen Gründen – Blei zugemischt war/ist. Die Schmelze sättigt sich während des Gebrauchs außerdem mit Eisen und enthält geringe Mengen an weiteren Metallen. Im Laufe der Entwicklung kamen aus optischen Gründen (Glanz, Oxidationsschutz, Zinkblume) noch geringe Mengen an Aluminium (10^{-3} Masse %) und Zinn (< 0,3 Masse %) dazu. Mit diesen Zinkschmelzen wurde bis in die 60er-Jahre des vergangenen Jahrhunderts nahezu ausschließlich verzinkt. Erst die Bedürfnisse der letzten Jahrzehnte nach Unabhängigkeit von der Stahlzusammensetzung, nach hohem Glanz und niedriger

Schichtdicke sowie nach erhöhter Korrosionsbeständigkeit haben dazu geführt, dass sich seit dieser Zeit gezielt legierte Zinkschmelzen im Einsatz befinden, die sich in der Praxis aber nur bei Vorliegen bestimmter Voraussetzungen bewährt haben [21].

Zunächst wurden in Frankreich Versuche unternommen, durch Zulegierung von Aluminium, Magnesium und Zinn zur Zinkschmelze, unabhängig vom Siliziumgehalt der Stähle, gleichmäßige und dünne Zinküberzüge mit guter Haftfestigkeit zu erzeugen (*POLYGALVA*-Legierung, [22]). In Kanada wurden Vanadium und Titan mit der gleichen Zielstellung zur Zinkschmelze zugegeben [23]. In Großbritannien wurde die Legierung *TECHNIGALVA* [24] entwickelt und zum Einsatz gebracht, die mit Nickelgehalten zwischen 0,07 und 0,08 % arbeitete. Auch in Deutschland sind Nickelzusätze im Bereich 0,040–0,055 % üblich. Als weitere Entwicklung wurde auf der *INTERGALVA 2000* die Schmelze GALVECO vorgestellt [25], die Nickel, Zinn und Wismut enthält, wobei außer der Schichtdickenreduzierung auch angestrebt wird, das Blei durch das unbedenklichere Wismut zu ersetzen. Weitere Hinweise zu legierten Zinkschmelzen enthalten die Schriften der internationalen Verzinkerkonferenz *INTERGALVA 2006, Neapel.* In [80] werden Ausführungen zu Zinkschmelzen mit höheren Aluminiumgehalten zur Erzielung dünner Zinküberzüge gemacht, die allerdings außerhalb der DIN EN ISO 1461 liegen.

In Tab. 2.4 sind einige Elemente aufgeführt, die häufig zur Zinkschmelze zugegeben werden. Zur Charakterisierung dieser Zulegierungen sind deren Schmelzpunkt, die Konzentration, in der diese Elemente in der Schmelze enthalten sind, sowie die sich erfahrungsgemäß ergebenden örtlichen Anreicherungen im Zinküberzug angegeben. In der Praxis schwanken diese Werte innerhalb gewisser Grenzen. Es ist zu erkennen, dass es sich in Tab. 2.4 um unterschiedliche Typen von Schmelzezusätzen handelt. Die Elemente Blei, Wismut und Zinn bilden eine Gruppe von Elementen mit niedrigem Schmelzpunkt, der immer unterhalb des Schmelzpunktes vom Zink liegt. Werden mehrere dieser Elemente gleichzeitig zugegeben, dann tritt durch die Bildung eutektischer Gemische im Zinküberzug

Tab. 2.4 Übliche Legierungselemente in Zinkschmelzen nach [27].

	Schmelzpunkt (°C)	Konzentration (Masse %)	Örtliche Anreicherung im Überzug (%)
Zn	419	ca. 99	99–100
Pb	327	ca. 1	bis 90
Bi	271	< 0,1	bis 6
Sn	231	< 1,2	5–40
Ni	1453	< 0,06	0,5–1,5
Ti	1727	< 0,3	< 4
V	1919	< 0,05	0,3–2
Al	660	< 0,03	$FeAl_3/Fe_2Al_5$

eine weitere Erniedrigung des Schmelzpunktes ein [26]. Die zur Schmelze zugesetzte Menge liegt bei den Elementen Blei und Zinn in der Größenordnung bis zu 1 %; bei Wismut ist sie deutlich geringer. Bei ersteren Zusätzen ergeben sich im Zinküberzug starke, meist lokale Anreicherungen, die z. T. deutlich über 10 % liegen können. Aufgrund ihres niedrigen Schmelzpunktes und ihrer begrenzten Löslichkeit im erkalteten Zinküberzug neigen diese Elemente bei der Abkühlung des Verzinkungsgutes dazu, sich durch Ausscheidungsvorgänge an Phasengrenzen anzureichern. Blei scheidet sich an unterschiedlichen Stellen im Überzug, insbesondere aber in Oberflächennähe in Form kleiner Tröpfchen (1–5 µm) aus. Zinn reichert sich an der Außengrenze der äußeren Palisadenschicht (ζ-Phase) zwischen den Hartzinkkristallen an. Wird zusätzlich Wismut zulegiert, kann das Zinn-Wismut-Blei-Gemisch einerseits zwischen den palisadenförmigen Kristallen bis zur kompakten δ_1-Schicht in den Zinküberzug eindringen und den Verbund zwischen den Schichten lockern und andererseits sich auch auf der Oberfläche des Zinküberzuges anreichern. Alle genannten Elemente fördern die Zinkblumenbildung [12–14].

Um eine andere Gruppe von Elementen handelt es sich bei Nickel, Titan und Vanadium. Die Schmelzpunkte dieser Metalle liegen mit 1453, 1727 und 1919 °C wesentlich über dem Schmelzpunkt des Zinks. Die zur Schmelze zugegebene Menge ist aber gering und beträgt beim Nickel nur etwa 0,05 %. Entsprechend niedrig sind auch die Anreicherungen im Zinküberzug. Das Maximum der örtlichen Anreicherung liegt im Bereich 0,5–1,5 % Nickel. Im Gegensatz zu den niedrig schmelzenden Elementen sind die Anreicherungen nicht streng lokalisiert, sie sind ohne Einfluss auf die Zinkblumenbildung.

Aluminium schmilzt bei 660 °C und nimmt diesbezüglich eine Mittel- und auch Sonderstellung ein. Bei Zusätzen von nur wenigen Tausendstel Prozent hat es in der Praxis ausschließlich bei Hochsilizium-Stählen einen reduzierenden Einfluss auf die Überzugsdicke [28, 29]. Nach Horstmann [3] liegt die Hemmwirkung auf die Schichtbildung an der Ausbildung einer dünnen intermetallischen Phase aus $FeAl_3$ bzw. Fe_2Al_5 auf der Stahloberfläche, die zumindest in der Anfangsphase der Verzinkung stabil ist und den Verzinkungsvorgang eine gewisse Zeit lang hemmt. Aluminium wird Zinkschmelzen auch zugesetzt, weil es den Glanz der Überzüge erhöht und die Oxidation der Zinkschmelze-Oberfläche verringert.

Die Unterschiedlichkeit der einzelnen Elemente zeigt sich auch in ihrem Einfluss auf die Schichtbildung beim Feuerverzinken. Blei, das bei 450 °C etwa zu 1 % in der Zinkschmelze löslich ist, beeinflusst den eigentlichen Vorgang der Schichtbildung nicht. Es wird dem Zinkbad zugegeben, weil es die Oberflächenspannung der Zinkschmelze herabsetzt (siehe Abb. 2.20) und weil es das Hartzinkziehen prinzipiell erleichtert. Wismut senkt bei einer Konzentration von 0,10 % die Oberflächenspannung der Zinkschmelze von etwa 750 auf unter 600 $mJ\,m^{-2}$ ($dyn\,cm^{-1}$) ab – ein Effekt, der bei Blei nur mit der fünffach erhöhten Konzentration erreicht wird. Einen Einfluss auf die Viskosität der Zinkschmelze haben Blei und auch Wismut aber kaum bzw. nicht.

Zinn verringert dagegen die Zinkauflage vor allem bei siliziumhaltigen Stählen bis etwa 0,25 % Si [31, 32]. Tabelle 2.5 zeigt dies am Beispiel einer Schmelze mit

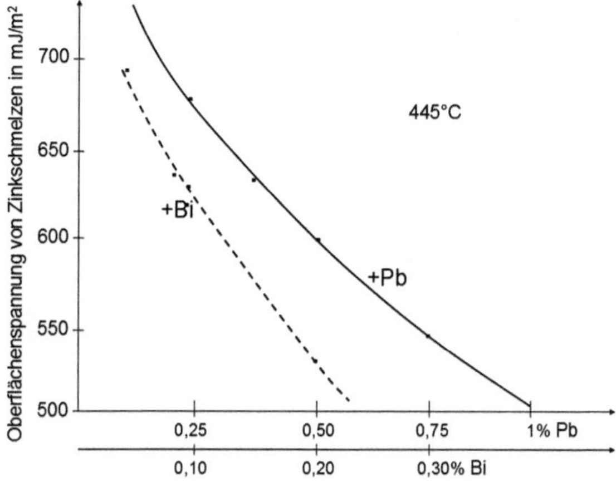

Abb. 2.20 Einfluss von Blei und Wismut auf die Oberflächenspannung nach [10, 30].

Tab. 2.5 Reduzierung der Dicke von Zinküberzügen durch Zusatz von Nickel bzw. Zinn zur Schmelze (445 °C, 15 min) [12–14].

Siliziumgehalt (Masse %)	Phosphorgehalt (Masse %)	Schichtdicke bei Schmelzezusammensetzung (μm) an Eisen und Blei gesättigt	+0,05 % Nickel	+2,67 % Zinn
0,02	0,0095	104	96	109
0,08	0,0130	538	124	237
0,17	0,0040	317	168	135
0,32	0,0032	530	611	157

einem deutlich erhöhten Zinngehalt. Die untersuchten vier Stähle entsprechen den vier typischen Verzinkungsbereichen (Niedrigsilizium-, Sandelin-, Sebisty- und Hochsilizium-Bereich).

Nickel reduziert die Zinkauflage insbesondere im Sandelin-Bereich [28, 33] und abgeschwächt im Sebisty-Bereich bis etwa 0,2 Masse % Si, während es im Hochsilizium-Bereich eher zu einem Anstieg der Schichtdicke des Überzuges kommt. Abbildung 2.21 zeigt den Abfall der Überzugsdicke von 190 μm in Normalschmelze (Abb. 2.21a) auf 60 μm in der nickelhaltigen Schmelze für Sandelin-Stahl (Abb. 2.21b).

Besonders auffällig ist, dass sich die Struktur des Überzuges dabei stark geändert hat. Aus dem typischen Sandelin-Gefüge ist ein Gefüge geworden, die sich in nichts von der Struktur unterscheidet, wie sie auf Niedrigsilizium-Stählen in der Normalschmelze entsteht. Das zeigt, dass man aus Dicke und Struktur eines Zinküberzuges nicht eindeutig auf die Stahlzusammensetzung schließen kann, sondern auch die übrigen Verzinkungsbedingungen berücksichtigen muss. Aus

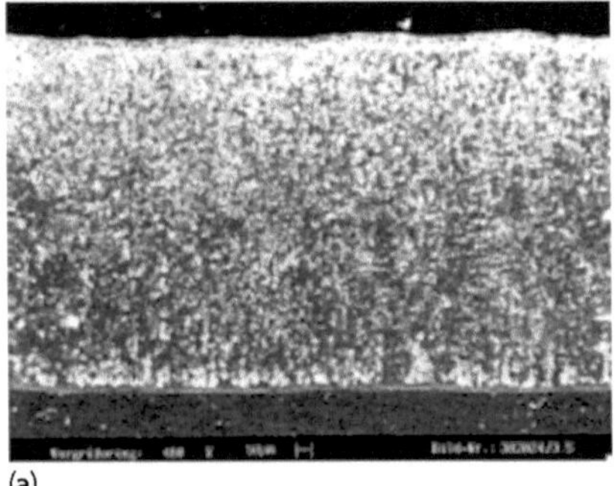

(a)

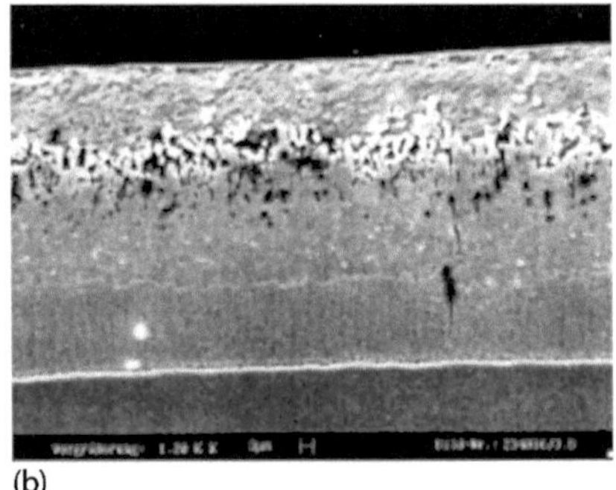

(b)

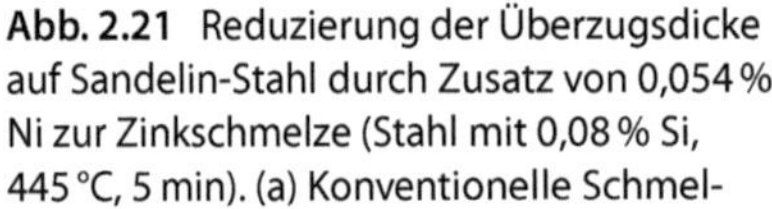

Abb. 2.21 Reduzierung der Überzugsdicke auf Sandelin-Stahl durch Zusatz von 0,054 % Ni zur Zinkschmelze (Stahl mit 0,08 % Si, 445 °C, 5 min). (a) Konventionelle Schmelze, Schichtdicke des Zinküberzuges etwa 190 µm, (b) legierte Schmelze mit Nickelzusatz, Schichtdicke des Zinküberzuges etwa 60 µm.

Sicht der wasserstoffbasierten Theorie der Schichtbildung erklärt sich die schichtdickensenkende Wirkung des Nickels aus dessen Eigenschaft, Wasserstoff aufnehmen und speichern zu können. Dadurch werden die Reaktionsprodukte von der Stahloberfläche weniger abgeschwemmt und die Verzinkungsreaktion verlangsamt sich.

Vanadium hat einen ähnlichen Einfluss wie Nickel und wirkt auch im Hochsilizium-Bereich [34]. Seine Korrosionsprodukte sind allerdings stark toxisch.

In [35] wird auf die Ähnlichkeit von Titan und Nickel verwiesen, die mit der großen Ähnlichkeit der Phasendiagramme von FeZnNi und FeZnTi erklärt wird. Ein Titanzusatz zur Schmelze unterdrückt den Sandelin-Effekt, während bei höheren Siliziumgehalten des Stahles die Überzugsdicke wieder ansteigt.

2.2.6
Flüssigmetallinduzierte Spannungsrisskorrosion (LMAC/LME)

Parallel zur Schichtbildung besteht in einer Metallschmelze für ein unter mechanischen Spannungen stehendes oder beim Tauchen unter Spannung geratendes Stahlbauteil immer die Gefahr der flüssigmetallinduzierten Spannungsrisskorrosion (LMAC – *Liquid Metal Assisted Cracking*, teilweise auch als LME – *Liquid Metal Embrittlement* bezeichnet). Ob LMAC/LME auftritt, hängt vom Vorliegen spezieller Werkstoffe bzw. Systemparameter ab. In einem Übersichtsartikel von Katzung und Schulz [36] wird unter Bezug auf Vorgängerarbeiten folgende Ansicht vertreten:

Für die sich in Rissbildung, Zähigkeitsverlust und Beeinträchtigung der Schwingfestigkeit manifestierende LMAC/LME-Schädigung ist Voraussetzung:

- ausreichende statische oder dynamische Zug-, Biege- oder Torsionsbeanspruchung (Fremd- und Eigenspannung),
- korrosiv wirkendes Flüssigmetall,

- gegenüber LMAC/LME anfälliges Festmetall und
- kritisches Temperaturintervall.

Weitere förderlich wirkende Bedingungen für LMAC/LME sind:

- gegenseitige Löslichkeit der Metalle,
- gute Benetzbarkeit des festen Metalls durch das flüssige,
- keine Bildung hochschmelzender, dichter intermetallischer Phasen.

Nach [37] bestimmt bei LMAC/LME die Rissbildungsphase, die immer mit einem verstärkten örtlichen Angriff des Flüssigmetalls auf das Festmetall verbunden ist, die Geschwindigkeit der Gesamtreaktion. Der Rissfortschritt ist dann im weiteren Verlauf von der Geschwindigkeit des kapillaren Flusses des angreifenden Metalls entlang der gedehnten Korngrenzen des Festmetalls abhängig, und es vergeht meist nur wenig Zeit bis zum Verlust der Zähigkeit/Festigkeit des Festmetalls. Der Vorgang verläuft wie folgt:

- Adsorbierte Atome des angreifenden Metalls werden in der Oberfläche des angegriffenen Metalls gelöst und
- die gelösten Atome dringen entlang der gedehnten Korngrenzen in das angegriffene Metall ein und führen zum Zähigkeitsverlust desselben.

Bereits Rädecker [38, 39] stellte fest, dass reine Zink- und Zink-Blei-Schmelzen unter Spannung stehende Stahlbauteile durch LMAC/LME schädigen können. In [40] wird auf die Gefahr der LMAC/LME-Korrosion durch Zink, Blei, Zinn und Wismut hingewiesen und in [41] werden diese Bedingungen konkretisiert. Die Autoren schreiben, dass

- Blei prinzipiell die LMAC/LME-Gefahr verstärkt,
- Nickel keinen Einfluss hat,
- Wismut mindestens bis 0,1 % ohne Einfluss ist und
- Zinn bis 0,2 % keinen Einfluss auf die LMAC/LME-Gefahr hat, ab 0,3 % diese aber verstärkt.

Außerdem wird angemerkt, dass kaltverformtes Material immer LMAC/LME-anfälliger ist als warmverformtes (spannungsarmes) Material. Bekannt ist ferner, dass schnelles, zügiges Tauchen in die Zinkschmelze die auftretenden thermischen Spannungen mindert und der LMAC/LME-Gefahr entgegenwirkt.

In neueren Arbeiten befassen sich Feldmann und Mitarbeiter [42] sowie Landgrebe und Mitarbeiter [43] mit LMAC/LME, die die obigen Ergebnisse prinzipiell bestätigen und durch genauere Messungen in Modell-Schmelzen präzisieren.

Für die Praxis kann nur empfohlen werden, genau zu überlegen, welches Bauteil in welcher Zinkschmelze verzinkt werden kann. So wenig wie möglich Legierungselemente in der Schmelze und so wenig wie möglich Spannungen im Bauteil sind immer von Vorteil. Für tragende Bauteile wird in Deutschland die Konzentration der zulegierbaren Metalle durch die DASt-Richtlinie 022 [44] begrenzt.

2.2.7 Schichtausbildung auf Verzinkungskesseln

Für den Aufbau des schützenden Überzuges aus Hartzink (intermetallische Zink-Eisen-Phasen) auf den Innenflächen von Verzinkungskesseln gelten für das Verzinken bei Normaltemperatur ähnliche Gesetze wie für die Bildung von Überzügen auf verzinkten Bauteilen, allerdings durch zwei Faktoren verändert: Zum einen die wesentlich längere Einwirkungsdauer der Zinkschmelze (Jahre), zum anderen die im Vergleich zum verzinkten Bauteil um etwa 20–40 °C höhere Kesselwandtemperatur, denn die Kesselwand muss ja immer deutlich wärmer als die Zinkschmelze sein, um einen ausreichenden Wärmefluss vom Kessel in die Zinkschmelze zu gewährleisten.

Im Gegensatz zum Schichtaufbau auf bei Normaltemperatur verzinkten Bauteilen und als Folge der oben genannten Einflussfaktoren stellen sich auf Kesselinnenflächen die thermodynamisch zu erwartenden Endzustände im System Zink/Eisen ein, die der Abb. 2.3 entsprechen, diese z. T. aber nochmals aufgliedern (siehe unten). Das resultiert daraus, dass die Kesselinnenwand Temperaturen zwischen 460 bis maximal 485 °C aufweisen muss, um einen störungsfreien Betrieb des Kessels zu gewährleisten. Höhere Temperaturen sind nicht möglich, da ansonsten und insbesondere zwischen 490 und 530 °C der Angriff der Zinkschmelze auf die Kesselinnenwände zu stark wird, wie schon ausführlich beschrieben worden ist.

Auf Kesselinnenflächen findet man nach dem ersten Betriebsjahr in der Regel folgenden, klar strukturierten Schichtaufbau:

- α-Phase: 1–2 µm dick
- Γ-Phase: maximal 5 µm dick
- Γ_1-Phase: bis zu 30 µm dick
- $\delta 1$-Phase: 500–1000 µm dick
- ζ-Phase: > 1000 µm dick
- η-Phase.

Die Schichten sind kristallografisch gut durchgebildet und am metallografischen Schliff deutlich voneinander zu unterscheiden.

Für den Schutz der Kesselinnenwand gegen zu starken Zinkangriff sind vorwiegend die direkt am Stahl anliegende α-Phase (95 % Eisen), die sich aber nur sehr dünn ausbildet, sowie die kompakten Γ-Phasen (Γ-Phase mit 23–28 % und Γ_1-Phase mit 17–19 % Eisen) verantwortlich. Auch eine gut und dicht ausgebildete δ_1-Phase ist für eine lange Kesselstandzeit unverzichtbar. Die ζ-Phase ist zwar für den Gesamtaufbau der Hartzinkschicht nach Abb. 2.3 notwendig, schützt die Kesselwand aber nur bedingt, da sie für die angreifende Schmelze nicht dicht genug ist. Der schützende Hartzinküberzug muss in der oben genannten Ausbildung und Abfolge auf den Kesselwandinnenflächen immer komplett vorhanden sein, da eine auch nur teilweise Entfernung stets eine forcierte Nachbildung der fehlenden Phasen bedingt, denn die einzelnen Zink-Eisen-Phasen sind immer nur im Kontakt mit der jeweiligen Nachbarphase beständig und bilden diesen Zustand nach einer eventuellen Beschädigung des Schichtaufbaus immer wieder nach, und zwar unter ständigem Materialabtrag der Kesselwände [12–14].

An durchgebrochenen Kesseln findet man im Bereich des Durchbruches im mikroskopischen Schliff an der Havariestelle in der Regel nur die sehr dünne α-Phase sowie die beiden Γ-Phasen und die δ_1-Phase, da im letzten Stadium vor dem unmittelbaren Kesseldurchbruch die Temperatur an der Kesselinnenwand im Bereich des Durchbruches infolge Verringerung der Kesselwanddicke meist so hoch gewesen ist, dass die ζ-Phase nicht mehr beständig war, denn die kritische Temperaturgrenze für diese Phase ist 530 °C, oberhalb dieser Temperatur wandelt sie sich um. Bei Schadensfällen ist es meist schwierig, infolge dieser Gegebenheit andere Ursachen als eine zu hohe Kesselinnenwandtemperatur zu erkennen und zu benennen, da infolge der extremen Temperatursteigerung in der letzten Phase vor dem Kesseldurchbruch diese oft nicht mehr nachweisbar sind.

Die obigen Ausführungen gelten für Niedrigsilizium-Stahl, der üblicherweise als Kesselstahl eingesetzt wird. Der Silizium- und Phosphorgehalt des Stahles darf als obere Grenze 0,035 % (Si + P) auf keinen Fall überschreiten. Als Ausnahme gilt die Schweißzone, wo auch führende Hersteller einen geringfügig höheren Gehalt an Silizium und Phosphor, der im beginnenden Sandelin-Bereich liegt, zulassen, um ein qualitätsgerechtes Schweißen zu ermöglichen. Der Grund, warum es trotz des meist grenzwertigen Gehaltes an Silizium und Phosphor erfahrungsgemäß doch nicht zu einem verstärkten Angriff der Schmelze auf die Schweißnaht kommt, ist der, dass es bei den angewendeten Schweißverfahren infolge des Fehlens von effundierendem Wasserstoff in der Schweißschmelze unabhängig vom Silizium- und Phosphorgehalt zu einem Wechsel des Verzinkungsmechanismus von Sandelin- zu Niedrigsilizium-Stahl kommt und sich somit weitestgehend die üblichen, schützenden Schichten aufbauen. Der Effekt entspricht also dem des verringerten Schichtwachstums an Brennschnittkanten auf siliziumberuhigtem Stahl beim Stückverzinken.

Eine Besonderheit betrifft das Anfahren von neuen Verzinkungskesseln. Da zinkhaltige Bleischmelzen LMAC/LME auslösen können, sind neue Verzinkungskessel immer mit reinen Zinkschmelzen anzufahren, damit sich allseitig und überall eine vor LMAC/LME schützende δ_1-Phase bilden kann. Erst danach darf Blei der Schmelze zugesetzt werden.

2.3 Korrosionsschutz durch Zinküberzüge

2.3.1 Allgemeines

Die hohe Korrosionsbeständigkeit von Zink an der Atmosphäre ist die Folge von dünnen, grauen Deckschichten aus fest haftenden, schwerlöslichen karbonatischen Korrosionsprodukten, die sich im Verlauf der Korrosionsvorgänge ausbilden und bei Vorliegen entsprechender Voraussetzungen auch immer wieder regenerieren [45]. In Wässern bilden sich dickere, meist kalkhaltige Ablagerungen, die unter bestimmten Bedingungen ebenfalls gut vor Korrosion schützen. Die folgenden Ausführungen beziehen sich auf Zinküberzüge aus niedrig legierten Zinkschmelzen nach DIN EN ISO 1461.

Generell ist die Korrosion des Zinks eine Oxidationsreaktion, die aus zwei parallel ablaufenden Teilreaktionen besteht, die benachbart, aber örtlich unterschiedlich am Bauteil ablaufen. Es handelt sich einerseits um

- die anodische Oxidation des Zinks unter Bildung von Zinkionen

$$Zn \rightarrow Zn^{2+} + 2e^- \tag{2.3}$$

  die in nahezu allen Korrosionsmedien gleich ist und andererseits
- um die kathodische Reduktion des Oxidationsmittels wie z. B. Wasserstoffionen, Sauerstoff oder Wasser nach

$$2H^+ + 2e^- \rightarrow H_2 \tag{2.4}$$

$$O_2 + 2H_2O + 4e^- \rightarrow 4OH^- \tag{2.5}$$

  oder

$$2H_2O + 2e^- \rightarrow 2OH^- + H_2 \tag{2.6}$$

  um die nach Gl. (2.3) frei werdenden Elektronen zu verbrauchen und damit wieder Elektroneutralität herzustellen. Welche Reaktion dominierend abläuft, hängt vom Korrosionsmedium ab.

Im sauren Milieu dominiert als kathodische Teilreaktion die Reaktion nach Gl. (2.4). In neutralen, belüfteten Wässern und in der Atmosphäre ist dagegen die Reaktion nach Gl. (2.5) für die kathodische Teilreaktion der Korrosion bestimmend. In sehr sauerstoffarmen Wässern und/oder bei einem sehr negativen Potenzial des Zinks, was z. B. im stark alkalischen Milieu vorliegt, verläuft die kathodische Reaktion nach Gl. (2.6). Die genannten Reaktionen sortieren sich in dieser Reihenfolge in Abb. 2.22 von links nach rechts mit Reaktionswechsel etwa bei pH 6–7 und pH 11–12. Weitere kathodische Teilreaktionen in Verbindung mit anderen Oxidationsmitteln sind möglich, haben aber praktisch keine Bedeutung.

Als festes Korrosionsprodukt, d. h. als Vorstufe zu einer schützenden Deckschicht, wird bei der Korrosion von Zink durch Wasser oder neutrale wässrige Medien zunächst Zinkhydroxid entsprechend Gl. (2.7) gebildet

$$Zn^{2+} + 2H_2O \rightarrow Zn(OH)_2 + 2H^+ \tag{2.7}$$

das mit ZnO nach Gl. (2.8) im Gleichgewicht steht.

$$Zn(OH)_2 \rightarrow ZnO + H_2O \tag{2.8}$$

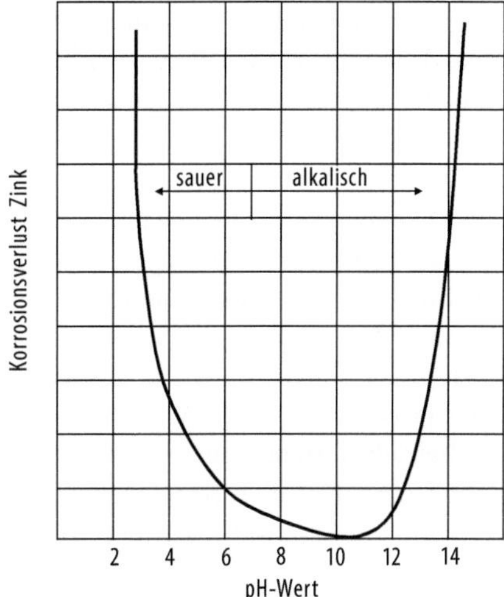

Abb. 2.22 Korrosionsverlust von Zink in Abhängigkeit vom pH-Wert der angreifenden Lösung (HCl/NaOH) nach [46].

Sowohl Zinkhydroxid als auch Zinkoxid haben amphoteren Charakter und lösen sich sowohl in Säuren nach

$$Zn(OH)_2 + 2H^+ \rightarrow Zn^{2+} + 2H_2O \tag{2.9}$$

als auch in Alkalien nach

$$Zn(OH)_2 + OH^- \rightarrow [Zn(OH)_3]^- \tag{2.10}$$

An der Atmosphäre und in Wässern entsteht aus dem Zinkhydroxid bzw. aus dem Zinkoxid durch Reaktion mit Kohlendioxid nach

$$5Zn(OH)_2 + 2CO_2 \rightarrow Zn_5(OH)_6(CO_3)_2 + 2H_2O \tag{2.11}$$

ein basisches Zinkkarbonat, das sehr gut haftet und gut schützende Deckschichten bildet. Von Säuren wird es jedoch analog Gl. (2.9) aufgelöst, ebenso von Alkalien entsprechend Gl. (2.10).

Die Korrosionsgeschwindigkeit von Zink wird durch die Geschwindigkeit der Auflösung dieser Deckschicht bestimmt. Sie nimmt sowohl mit fallendem pH-Wert als auch mit steigendem pH-Wert entsprechend Abb. 2.22 deutlich zu. Bei der Korrosion an der Atmosphäre verläuft die Auflösung der Deckschicht aus basischem Zinkkarbonat bei Anwesenheit von Schwefeldioxid als Folge von Gl. (2.12), also über die Bildung von Wasserstoffionen

$$SO_2 + H_2O + \frac{1}{2}O_2 \rightarrow 2H^+ + SO_4^{2-} \tag{2.12}$$

In Wässern wird das Korrosionsverhalten maßgeblich durch den Zutritt von Kohlendioxid beeinflusst, das in Wasser nach

$$CO_2 + H_2O \rightarrow H^+ + HCO_3^- \tag{2.13}$$

ebenfalls Wasserstoffionen bildet. Weiterhin spielen im Wasser vorhandene Härtebildner wie Ca^{2+}-Ionen eine wichtige Rolle, da es zum Einbau schwer löslicher Karbonate in die Deckschichten kommt. In Meerwasser gebildete Deckschichten weisen als Folge des Einbaus von basischem Magnesiumchlorid $Mg_2(OH)_3Cl$ auch eine vergleichsweise gute Schutzwirkung auf.

Das Maß für die treibende Kraft einer elektrochemischen Teilreaktion (Korrosionsreaktion) ist das Potenzial des Metalls, das dieses in der jeweiligen Elektrolytlösung, d. h. im jeweiligen Korrosionsmedium, aufweist. Das Potenzial kann als elektrische Spannung zwischen dem Metall und einer Bezugselektrode in der jeweiligen Elektrolytlösung gemessen werden. Das Standardpotenzial des Zinks ist – bezogen auf die Wasserstoffelektrode – mit $U_{H^0} = -760\,mV$ wesentlich negativer als das des Eisens, welches −440 mV beträgt. Daraus folgt, dass das Zink zunächst bis zur Bildung stabiler Deckschichten eine stärkere Korrosionsneigung besitzt als Eisen und dass es bei metallleitendem Kontakt mit Eisen dessen Potenzial in Richtung auf dessen Gleichgewichtspotenzial verschiebt. Dadurch wird bei Verletzung des Zinküberzuges freiliegendes Eisen gegen Korrosion geschützt. Man nennt diesen Vorgang kathodischen Korrosionsschutz. Die Wirksamkeit dieses Schutzes ist allerdings daran gebunden, dass das Zink elektrochemisch aktiv (anodisch) bleibt. In dem Maß, wie es zur Deckschichtbildung auf dem Zink kommt, das Zink also positiver (kathodischer) und damit passiver wird, wird der Effekt geringer.

Die Reichweite des kathodischen Korrosionsschutzes (auch als Fernschutzwirkung bezeichnet) ist abhängig vom elektrolytischen Widerstand im Korrosionselement und beträgt meist nur einige Millimeter bis maximal einen Zentimeter. In verunreinigter korrosionsaggressiver Atmosphäre reicht der kathodische Korrosionsschutz weiter als unter „sauberen“ Bedingungen, da in ersterem Fall die elektrolytische Leitfähigkeit des Korrosionselektrolyten in der Regel größer ist. Bei der Wirksamkeit des Fernschutzes durch Zink ist auch zu beachten, dass sich Zinküberzüge dadurch natürlich schneller aufbrauchen als sonst. Bei Überzugsdicken unter 20 μm führt das – ausgehend z. B. von einer Schnittkante oder sonstigen Verletzungen des Überzuges – meist schon in vergleichsweise kurzer Zeit zu einer erhöhten Flächenkorrosion.

Stückverzinkter Stahl unterscheidet sich in den meisten Fällen in seinem Korrosionsverhalten kaum von dem des reinen Zinks. Es ist lediglich zu beachten, dass stückverzinkte Oberflächen als Folge des Herstellungsprozesses fast immer chloridbehaftet sind, wodurch die Korrosion verstärkt werden kann. Eine Besonderheit der Korrosion stückverzinkter Bauteile ist es, dass bei normaler, gleichförmig abtragender Korrosion an der Atmosphäre die Korrosionsgeschwindigkeit bei Erreichen der Zink-Eisen-Legierungsphasen ζ und δ_1 meist geringer wird. Abweichend davon kann die Korrosion in erwärmten Wässern bei Erreichen der Zink-Eisen-Legierungsphasen allerdings erheblich zunehmen. Der Grund ist, dass die kathodische Sauerstoffreduktion an diesen Phasen bei erhöhten Temperaturen wesentlich weniger gehemmt ist als an reinem Zink.

Elektrochemisch (galvanisch) abgeschiedene und thermisch gespritzte Zinküberzüge korrodieren prinzipiell nach gleichem Mechanismus, weisen aber Besonderheiten auf. Bei ersteren sind das das Fehlen der Zink-Eisen-Legierungsphasen und die deutlich geringere Schichtdicke, die in der Regel um die 10 µm liegt, bei thermischen Spritzschichten dominiert deren körnige und porige Struktur, mit positiven und negativen Auswirkungen.

Bimetallkorrosion (Kontaktkorrosion) ist nach DIN EN ISO 8044 die Korrosionsverstärkung, die ein Metall bei metallleitender Verbindung mit einem anderen, elektrochemisch positiveren Metall erfährt. Beim Einsatz feuerverzinkter Bauteile im Bauwesen und Apparatebau spielt das immer wieder eine Rolle, da in der Praxis metallleitende Kombinationen mit anderen Metallen unvermeidbar sind.

Die Intensität der Bimetallkorrosion hängt ab von

- der Differenz der Potenziale der miteinander kombinierten Metalle,
- der Leitfähigkeit des umgebenden Elektrolyten,
- der Größe der die Korrosion beeinflussenden Flächen und
- der Temperatur.

Die Bildung beanspruchungsbezogener, unterschiedlicher Deckschichten auf den reagierenden Metallen und andere Gegebenheiten machen exakte und konkrete Voraussagen in der Praxis aber oft schwierig. Allgemein gilt jedoch Folgendes:

Die metallleitende Paarung von Zink oder verzinkten Oberflächen mit anderen Metallen ist korrosionstechnisch meist unproblematisch, solange das Bauteil aus feuerverzinktem Stahl flächenmäßig eindeutig überwiegt (10 : 1), was z. B. bei einer feuerverzinkten Konstruktion, die mit Verbindungsmitteln aus nicht rostendem Stahl zusammengesetzt ist, immer der Fall ist. Vorsicht ist aber immer angebracht, wenn der feuerverzinkte Stahl die deutlich kleinere Oberfläche beisteuert, wie das z. B. bei feuerverzinkten Schrauben an Konstruktionen aus nicht rostendem Stahl der Fall ist. In diesem Fall korrodiert das feuerverzinkte Bauteil immer deutlich verstärkt. In Vorschriften manchmal geforderte Zwischenlagen aus nicht leitenden Werkstoffen sind in der Regel unwirksam, wenn der metallleitende Kontakt – z. B. über den Gewindegang – weiterhin besteht. Es spielen aber auch die konkreten Einsatzbedingungen eine große Rolle. Je feuchter und durch Salze verunreinigter die Umgebung ist, umso kritischer ist die Angelegenheit.

Ein prinzipielles Problem ist nach allen Erfahrungen der Praxis die Kombination feuerverzinkter Bauteile mit Kupfer, was auch in der Tab. 2.6 zum Ausdruck kommt. Das betrifft auch die Korrosionsprodukte des Kupfers, wenn sie auf verzinkte Oberflächen gelangen, wie z. B. durch kupferführende Wässer oder durch Kupferdachrinnen. Je intensiver der Kontakt ist, umso stärker ist die Korrosion (meist Loch- und Muldenfraß). Planungsseitig sollte dieser Fall deswegen immer vermieden werden.

Zinküberzüge sind in einem weiten Temperaturbereich beständig. Für die Eignung feuerverzinkter Überzüge bei niedrigen Temperaturen gibt es zinkseitig kaum eine Einschränkung. Bei höheren Temperaturen sollten 200–220 °C auf Dauer nicht überschritten werden, da oberhalb dieser Temperaturen Diffusionsvorgänge zwischen Zink und Eisen der Legierungsphasen einsetzen, die infolge des Kirkendall-Effektes aufgrund unterschiedlicher Diffusionsgeschwindigkeiten

Tab. 2.6 Bimetallkorrosion von Zink an der Atmosphäre (C2; C3) bei metallleitender Verbindung mit einem anderen Metall in Abhängigkeit vom Metall und der Größe der gepaarten Flächen (in Anlehnung an DIN EN ISO 14713-1).

Zink, kombiniert mit	Zinkoberfläche deutlich größer	Zinkoberfläche deutlich kleiner
Magnesium	a	a
Aluminium	a	a
Baustahl	a	b
Blei	a	a/b
Kupfer	b/c	d
Messing	a/b	b/c
nicht rostender Stahl	a	c

a = keine verstärkte Korrosion, b = mittlere Korrosion, c = starke Korrosion, d = sehr starke Korrosion.

der beteiligten Metalle zu Schichttrennungen/-abblätterungen führen können. Im Extremfall ist auch eine Materialversprödung des Stahlgrundwerkstoffes möglich und letztendlich sogar dessen Bruch [47].

Zinküberzüge nach DIN EN ISO 1461 haften im Allgemeinen fest auf dem Stahluntergrund. Die Haftfestigkeitswerte (Haftabzug) liegen zwischen 10 und 30 $Nm\,m^{-1}$ [12–14] und übertreffen damit meist diejenigen von organischen Beschichtungen. Aufgrund der Sprödigkeit der Zink-Eisen-Legierungsphasen neigen Zinküberzüge jedoch bei mechanischer Verformung zum Abplatzen. Die o. g. Norm formuliert deshalb einschränkend, dass die Haftfestigkeit nur bei üblichem Handling und Gebrauch gegeben ist und Biegen und Umformen nach dem Feuerverzinken nicht zum üblichen Gebrauch gehören.

Feuerverzinkte Überzüge sind hervorragend gegen mechanischen Abrieb beständig. Im Vergleich mit organischen Beschichtungen ist die Abriebbeständigkeit fünf- bis zehnmal so hoch. Insbesondere im Vergleich mit Beschichtungen aus 2K-Beschichtungsstoffen wie Epoxidharz oder Polyurethan ist der Faktor groß. Dabei spielt es kaum eine Rolle, ob es sich um Zinküberzüge auf Niedrigsilizium- oder siliziumberuhigten Stählen handelt. Der Zinkabtrag pro Beanspruchungseinheit ist ähnlich oder gleich [48].

2.3.2
Korrosion an der Atmosphäre

Frisch feuerverzinkte Teile müssen gut belüftet gelagert werden, damit möglichst viel Kohlendioxid an die Oberfläche gelangen kann, um die Schutzschichtbildung einzuleiten und zu fördern. Hieraus ergibt sich, dass die Korrosionsgeschwindigkeit unmittelbar zu Beginn der Bewitterung größer ist als die sich nach erfolgreicher Bildung der Deckschichten einstellende stationäre Korrosionsgeschwindigkeit. Die Bildung einer wirksamen Schutzschicht erfolgt je nach den vorliegenden

Verhältnissen in einigen Tagen bis Monaten (nach [49] in trockener Luft in etwa 100 Tagen, bei 33 % rel. Luftfeuchtigkeit in etwa 14 Tagen und bei 75 % rel. Luftfeuchtigkeit in etwa drei Tagen). Im Laufe der Beanspruchung wird die Schutzschicht durch Witterungseinflüsse langsam abgetragen und aus dem Zinkuntergrund durch Reaktion mit der Umgebung ständig erneuert, was letztlich zu einem Masseverlust führt. Dieses erfolgt mit zeitlich relativ konstanter Geschwindigkeit. Der Masseverlust wird flächenbezogen in $g\,m^{-2}$ (einseitig) oder dickenbezogen in µm angegeben. In Mitteleuropa beträgt der durchschnittliche Masseverlust pro Jahr aufgrund des derzeit sehr niedrigen SO_2-Gehaltes der Luft nur 0,5 bis maximal 1 µm, was einer Korrosivitätskategorie von C2-C3 nach DIN EN ISO 14713-1 bzw. DIN EN ISO 12944-2 entspricht (siehe Tab. 2.7).

Frische Zinküberzüge, die noch ohne schützende Deckschicht sind, sind empfindlich gegen Kondenswasser und behindertem Luftzutritt. In diesem Fall werden Zinkhydroxide gebildet, die nicht zu fest haftenden basischen Zinkkarbonaten weiterreagieren können. Bei den unter diesen Bedingungen relativ schnell gebildeten Zinkkorrosionsprodukten handelt es sich um lockere, weißlich/gräuliche Schichten, die keine schützende Wirkung haben, um sogenannten Weißrost [50]. Kondenswasserbildung tritt dann ein, wenn das Verzinkungsgut unter den Taupunkt der umgebenden Luft abkühlt. Alle genannten Effekte gelten in ähnlicher Weise, wenn Regenwasser von den Zinküberzügen nicht ablaufen und abtrocknen kann, wodurch die Luftzufuhr zur Zinkoberfläche behindert wird und damit auch der für eine optimale Schutzschichtbildung notwendige Zutritt von CO_2. Da die durch Kondenswassereinfluss und/oder gehemmten CO_2-Zutritt gebildeten Zinkkorrosionsprodukte (Weißrost) sehr voluminös sind, kann selbst eine nur geringfügige Weißrostbildung optisch den Eindruck einer starken Schädigung des Zinküberzuges erwecken.

Als vorbeugende Maßnahmen zur Vermeidung von Weißrost auf feuerverzinkten Produkten sind zu nennen:

- das Bauteil nicht in korrosionsaggressiver Atmosphäre lagern,
- immer für eine gute Belüftung sorgen,
- die Teile so lagern und transportieren, dass Regenwasser gut ablaufen und abtrocknen kann und
- Taupunktunterschreitungen (und damit die Bildung von Kondenswasser) minimieren.

Andere vorbeugende Maßnahmen, z. B. das klassische Phosphatieren und Chromatieren/Chromitieren sind meist für Feuerverzinkereien nicht geeignet. Korrosionsschutzöle (alternativ -fette, -wachse, -paraffine) müssen auf sämtliche Oberflächenbereiche (Spalten, Winkel, tote Ecken) aufgebracht und vor einer späteren Beschichtung meist vollständig entfernt werden. Letzteres gilt für die meisten Nachbehandlungsschichten, insbesondere auch für die sogenannten Passivierungsschichten. Dies kann je nach Objekt einen erheblichen Aufwand erforderlich machen. Bei Fetten ist außerdem darauf zu achten, dass die verwendeten Produkte absolut säurefrei sind, da es sonst zu einer verstärkten Weißrostbildung infolge von Säurekorrosion kommt, denn Fettsäuren sind zinkaggressiv!

Tab. 2.7 Einteilung der Umgebungsbedingungen in Anlehnung an DIN EN ISO 14713-1.

Korrosivitätskategorie und Korrosionsverlust von Zink nach einem Jahr Auslagerung (µm/a)	Innen	Außen
C1 $r_{corr} \leq 0{,}1$ µm sehr niedrig	• beheizte Räume • niedrige relative Luftfeuchte • unbedeutende Luftverunreinigung • Büros, Wohnräume, Schulen usw.	• trockenes oder kaltes Klimagebiet, • sehr niedrige Luftverunreinigung • bestimmte Wüsten, zentrale arktisch/antarktische Bereiche
C2 $0{,}1 < r_{corr} \leq 0{,}7$ niedrig	• nicht beheizte Räume • seltene Kondensatbildung • geringe Luftverunreinigung • Lagerräume, Sporthallen	• gemäßigtes Klimagebiet • geringe (SO_2 < 5 µm/m^3) Luftverunreinigung • ländliche Bereiche und Kleinstädte, bestimmte Wüsten
C3 $0{,}7 < r_{corr} \leq 2{,}1$ mittel	• Räume mit gelegentlicher Kondensation • mäßige Luftverunreinigung • Wäschereien, Brauereien, Molkereien	• gemäßigtes Klimagebiet • mittlere Luftverunreinigung (SO_2 5–30 µm/m^3) • Städte
C4 $2{,}1 < r_{corr} \leq 4{,}2$ hoch	• häufige Kondensation • hohe Luftverunreinigung • Industrieanlagen, Schwimmbäder	• gemäßigtes Klimagebiet • hohe Luftverunreinigung • Industrieanlagen, Tausalze, mittelbare Küstenbereiche
C5 $4{,}2 < r_{corr} \leq 8{,}4$ sehr hoch	• häufige Kondensation • hohe Luftverunreinigung • Industrieanlagen, unbelüftete Räume	• gemäßigte Klimagebiete mit sehr hoher Luftverunreinigung (SO_2 > 90 µm/m^3) • bestimmte industrielle Bereiche, unmittelbare Küste
CX $8{,}4 < r_{corr} \leq 25$ extrem	• ständige Kondensation • sehr hohe Luftverunreinigung • spezielle Industrieanlagen	• tropische und subtropische Bereiche mit sehr hoher Luftverunreinigung und Kondensation • Offshorebereich

Ein recht anschauliches Diagramm zum Einfluss von atmosphärischem SO_2 auf die Geschwindigkeit der Korrosion von Zink (Abb. 2.23) findet sich in [51]. Aus dieser Darstellung wird ersichtlich, dass ein strikt linearer Zusammenhang zwischen SO_2-Konzentration und Zinkabtrag besteht und etwa zu 10 µg SO_2/m^3

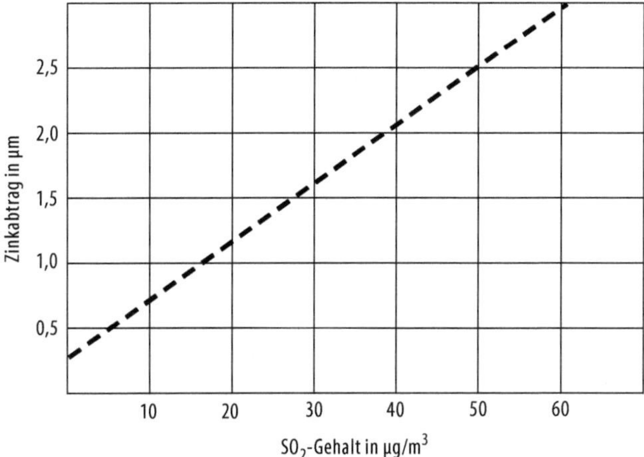

Abb. 2.23 Zusammenhang zwischen Zinkabtrag durch Korrosion und SO_2-Gehalt der Atmosphäre nach [51].

Tab. 2.8 Chloridgehalt des Regenwassers in Abhängigkeit von der Entfernung zum Meer in den Niederlanden (zitiert in [49]).

Entfernung vom Meer (km)	0,4	2,3	5,6	48	86
Chloridgehalt (mg Cl/l)	16	9	7	4	3

Luft ein Abtrag von 0,7 gm^{-2} Zink gehören, was durchschnittlichen mitteleuropäischen Verhältnissen entspricht.

Der Einfluss von Chloriden, die insbesondere auf dem offenen Meer, auf Inseln und im Küstengebiet in Form von Aerosolen in der Atmosphäre enthalten sind, ist auf die Zinkkorrosion geringer als der von SO_2. Wie Tab. 2.8 zeigt, nimmt der Chloridgehalt mit zunehmendem Abstand von der Küste deutlich ab. Entsprechend gering ist auch dessen Bedeutung für das Korrosionsverhalten von Zinküberzügen. Erhöhte Werte der Masseverlustraten ergeben sich lediglich im Brandungs- und Spritzwasserbereich, wo sie etwa mit denen in einer Industrieatmosphäre vergleichbar sind, also zwei- bis fünfmal so hoch sind wie in der Korrosivitätskategorie C3. Chloridhaltige Tausalze im Straßenwinterdienst verstärken die Korrosion ebenfalls um ein bis zwei Korrosivitätskategorien (Autobahnleitplanken).

Sind Schäden durch Kondenswasser, SO_2 oder Chloride entstanden, so sollte man den entstandenen Weißrost mit einer weichen Bürste und/oder mit einem geeigneten handelsüblichen Spezialreiniger entfernen, wobei dessen Anwendungsvorschrift zu beachten ist. Anschließend ist für eine gute Belüftung zu sorgen, um hierdurch die Bildung der Deckschichten zu fördern. Eine völlige Egalisierung der Oberfläche ist aber nicht zu erreichen.

Nach dem Abwittern der Reinzinkphase liegen die Zink-Eisen-Legierungsphasen im Überzug frei. Es ist normal, dass sich diese bei Bewitterung rostbraun verfärben, obwohl die Stahloberfläche noch mit einem ausreichend dicken Zinküberzug bedeckt ist, die Korrosionsschutzwirkung also noch voll gegeben ist.

Eine zusammenfassende Darstellung des Korrosionsverhaltens von Zink findet sich auch in [52].

2.3.3 Korrosion in Wässern

2.3.3.1 Trinkwasser

Das recht komplizierte Korrosionsverhalten von feuerverzinktem Stahl in Trinkwässern ist ausführlich und im Detail in [53–57] abgehandelt. Zusammengefasst gilt das Folgende:

Die Schutzwirkung von feuerverzinktem Stahl in Kaltwasser beruht auf der Ausbildung von Deckschichten aus Zinkkorrosionsprodukten. Nach Abzehrung bzw. Umwandlung der Reinzinkschicht werden auch Eisenkorrosionsprodukte (Rost) aus den Zink-Eisen-Legierungsphasen mit in die Deckschicht eingebaut. Auf diese Weise entsteht mit weiter fortschreitender Korrosion letztlich eine Zink-Rost-Schutzschicht, die einen relativ dauerhaften Korrosionsschutz bewirkt. Unter geeigneten Bedingungen ergeben sich für verzinkte Rohre im Kaltwasserbereich Nutzungsdauern von 50 und mehr Jahren. In erwärmtem Wasser (> 35 °C) korrodiert Zink immer schneller als in kaltem Wasser.

Nach DIN EN 12502-3 gilt für den Einfluss des Wassers auf die Korrosion von Zinküberzügen Folgendes: Verzinkte Wasserrohre können gleichmäßige Flächenkorrosion und/oder örtliche Korrosion (Lochkorrosion, selektive Korrosion) erleiden.

Gleichmäßige Flächenkorrosion: Bei fließendem Wasser hängt die Geschwindigkeit der Korrosion fast ausschließlich vom pH-Wert des Wassers ab. Sie kann durch Alkalisierung verringert werden (Zugabe von NaOH, Na_2CO_3 oder $Ca(OH)_2$). Mit abnehmendem pH-Wert des Wassers nimmt die Korrosionsgeschwindigkeit zu. Die Geschwindigkeit der Korrosion kann auch durch die Zugabe von Inhibitoren verringert werden. Geeignet dazu sind beispielsweise Orthophosphate.

Örtliche Korrosion: Örtliche Korrosion lässt sich durch die sogenannten Anionenquotienten abschätzen. Es wird allgemein angenommen, dass bei der Lochkorrosion Chloride, Nitrate und Sulfate die Korrosion beschleunigen und Hydrogenkarbonat diese verringert. Der Anionenquotient S_1 nach

$$S_1 = \frac{c(\mathrm{Cl}^-) + c(\mathrm{NO}_3^-) + 2c(\mathrm{SO}_4^{2-})}{c(\mathrm{HCO}_3^-)} \tag{2.14}$$

sollte kleiner 3, besser kleiner 0,5 sein. Weiterhin sollten die Konzentrationen an Hydrogenkarbonat und Kalzium folgende Anforderungen erfüllen:

$c(\mathrm{HCO}_3^-)$ größer/gleich 2,0 mmol/l

$c(\mathrm{Ca}^{2+})$ größer/gleich 0,5 mmol/l .

Betreffs der größerflächigen *selektiven Korrosion* gilt, dass S_2 unter 1 oder über 3 bzw. die Konzentration der Nitrationen kleiner 0,3 mmol/l sein sollte

$$S_2 = \frac{c(Cl^-) + 2c(SO_4^{2-})}{c(NO_3^-)} . \tag{2.15}$$

Eine spezielle Art der Korrosion ist die Bildung von sogenanntem Zinkgeriesel (herauskorrodierte Zink-Eisen-Legierungsphasen). Zinkgeriesel – vom Laien oft für feinen Sand gehalten – bildet sich in verzinkten Wasserleitungen, wenn die kathodischen Korrosionsgleichungen (2.4) oder (2.6) merkliche Bedeutung erlangen. Das kann der Fall sein, wenn intermetallische Legierungsphasen frei liegen, meist die ζ-Phase, die die zunächst entstehenden Wasserstoffatome absorbieren und gleichzeitig deren Rekombination zu Wasserstoffmolekülen katalysieren (DIN EN 12502-3). Dabei baut sich ein Druck im Zinküberzug auf, der zum Ausbrechen einzelner Kristalle führt, im weiteren Verlauf zur Bildung von Zinkgeriesel. Auch die chemische Zusammensetzung des Wassers (Nitrate, siehe Gl. (2.15)) beeinflusst in Verbindung mit behinderter Schutzschichtausbildung diesen Vorgang. In der Trinkwasserversorgung verwendete verzinkte Rohre nach DIN EN 10240 müssen eine glatte Innenschweißnaht und eine ausreichende Zink-Mindestschichtdicke (> 55 µm, Schweißnaht > 28 µm) haben sowie durch den DVGW/DIN herstellungsseitig überwacht sein (Stempelaufdruck).

2.3.3.2 **Meerwasser**

In Meerwasser bilden Zinküberzüge gut schützende Deckschichten aus. Diese bestehen im Wesentlichen aus Verbindungen wie $ZnCl_2 \cdot 4Zn(OH)_2$, $ZnSO_4 \cdot 3Zn(OH)_2$, ZnO, Mg(OH)Cl, aber auch CaO, Al_2O_3, SiO_2 sowie aus Phosphaten und Eisenverbindungen, je nach Angebot an Chemikalien. Die Beanspruchungsbereiche Spritzwasser-, Wechseltauch- und Dauertauchzone sind weitere Einflussgrößen. Während der Beanspruchung wird die Deckschicht durch Meerwassereinflüsse ständig abgetragen und aus dem Zinkuntergrund immer wieder erneuert, was letztlich einen deutlichen Massenverlust bewirkt. Dieser Abtrag erfolgt, über größere Zeiträume gemittelt, mit relativ konstanter Geschwindigkeit. Nach den in [57, 59] beschriebenen Untersuchungsergebnissen sind folgende Richtwerte für den Korrosionsverlust anzusetzen:

- Spritzwasserzone < 10 µm/Jahr,
- Wechseltauchzone/Dauertauchzone > 12 µm/Jahr.

Nach Abzehrung der Reinzinkphase erfolgt ein zunehmender Einbau von Eisenkorrosionsprodukten in die Deckschichten. Das Eisen entstammt in der Regel den Zink-Eisen-Legierungsphasen des Zinküberzuges. Der Vorgang geht mit zunehmender Braunfärbung der Beläge und Verminderung ihrer Löslichkeit einher. Dickere Zinküberzüge weisen, da sie immer einen größeren Anteil an Zink-Eisen-Legierungsphasen enthalten, auch aus diesem Grunde eine relativ längere Schutzdauer auf.

In der ersten Zeit der Korrosionsbeanspruchung ist bei Zinküberzügen die Bewuchsbesiedlung im Vergleich zu anderen Bauteilen augenfällig schwächer. Eine

Mitwirkung von Bewuchsvorgängen am Korrosionsverlauf der Zinküberzüge ist meist nicht erkennbar.

Bei der Zinkkorrosion entsteht neben festen oder gelösten Korrosionsprodukten auch atomarer Wasserstoff (siehe Gl. (2.6)). Dieser kann abhängig von den Oberflächenverhältnissen atomar in den Zinküberzug eindiffundieren und im Bereich der Zink-Eisen-Legierungsphasen zu molekularem Wasserstoff rekombinieren und zu Werkstofftrennungen, insbesondere aber zur Blasenbildung führen. Dabei kommt es örtlich unter Einwirkung der entstehenden hohen Gasdrücke zu blasenartigen Auftreibungen des Zinküberzuges [58, 59]. Solche Erscheinungen sind aufgrund der hohen Korrosionsrate sowohl in der Wechsel- und Dauertauchzone als auch in abgeschwächter Form in der Spritzwasserzone zu beobachten. Nach einiger Zeit platzen die Blasen auf und führen über die Freilegung des meist metallreinen Blasengrundes zu örtlicher Korrosion. An solchen Stellen entwickeln sich Rostpusteln, die sich allmählich flächenhaft verbreitern oder ineinander übergehen. Durch einen zusätzlichen kathodischen Korrosionsschutz wird die Blasenbildung beschleunigt, aber die Blasen platzen nicht auf; der kathodische Schutz bleibt also erhalten [60].

2.3.3.3 **Brauchwasser**

Für Brauchwässer gelten obige Ausführungen sinngemäß, allerdings erweitert um die Eigenheiten des jeweiligen Wassers. An ausgewählten Beispielen soll die Problematik näher erläutert werden.

- *Schwimmbäder*
  Für Frei- und Hallenbäder gelten die vorstehenden Betrachtungen. Zu beachten ist aber, dass meist zusätzlich eine Wasserbehandlung durchgeführt wird, bei der nicht nur Chlor oder Chlorverbindungen zur Desinfektion zugesetzt werden, sondern auch Salz- und Schwefelsäure, um den pH-Wert in einem Bereich zu halten, in dem das Chlor hinreichend wirksam ist. Dadurch sind die Korrosionsbedingungen für Teile aus feuerverzinktem Stahl in Berührung mit aufbereitetem Schwimmbadwasser verschärft. Kritisch wird es aber nur, wenn ständige Kondenswasserbildung hinzukommt. Hält sich die relative Luftfeuchtigkeit in den Grenzen, wie das in geschlossenen Gebäuden in der Regel bauplanerisch vorgesehen ist, dann sind Verzinkungen als atmosphärischer Korrosionsschutz auch in Schwimmbädern durchaus geeignet. Dekorative Anforderungen sind allerdings im Einklang mit DIN EN ISO 1461 zu sehen.
- *Offene Kühlsysteme*
  In offenen Kühlsystemen, in denen Wasser in einem Kühlturm verrieselt wird, liegen spezielle Korrosionsbedingungen vor. Günstig ist es, wenn sich das Umlaufwasser mit Zinkionen anreichert, da dadurch der Passivitätsbereich des Zinks vergrößert wird. Nachteilig ist jedoch meist, dass sich auch die übrigen Wasserinhaltsstoffe als Folge der Wasserverdunstung und Wassernachspeisung aufkonzentrieren. Die Zunahme des Gehaltes an Chlorid- und Sulfationen begünstigt in solchen Fällen meist das Auftreten von ungleichmäßiger Korrosion. Die Zunahme der Konzentration der Kalzium- und Magnesi-

umionen fördert demgegenüber die Deckschichtbildung. Weiterhin ist in der Regel mit Störungen durch biologische Vorgänge zu rechnen. Diese Probleme können nur z. T. unter Kontrolle gehalten werden. Eine wirtschaftliche Betriebsweise ist deswegen meist nur bei Verwendung geeigneter Kühlwasserzusätze möglich. Diese Additive enthalten Korrosionsinhibitoren, Dispergiermittel und Biozide. Oft kann eine Optimierung erst im praktischen Einsatz erfolgen. Wichtig ist aber immer, dass die verzinkte Oberfläche gleichmäßig mit Kühlwasser berieselt wird, da sich sonst Belüftungselemente bilden, die die Korrosion fördern.
- *Kläranlagen*
  Die Verwendung feuerverzinkter Bauteile in Kläranlagen ist von der Art des Abwassers, dem Klärsystem und dem speziellen Einsatz in der Kläranlage bestimmt.

Positive Erfahrungen liegen für feuerverzinkte Bauteile im Überwasserbereich vor. Dabei handelt es sich insbesondere um Konstruktionsteile, Halterungen, Stützen, Geländer usw., die im Wesentlichen einer atmosphärischen, umgebungsbedingten Korrosionsbelastung unterliegen. In Abhängigkeit von der zu erwartenden Korrosionsbelastung kann es allerdings auch notwendig sein, die feuerverzinkten Bauteile zusätzlich zu beschichten.

Im abwasserberührten Unterwasserbereich ist für die Voraussage zur Korrosionsschutzwirkung der Feuerverzinkung die Vielfalt der Abwasserparameter zu beachten. Bei Verwendung der Feuerverzinkung als Korrosionsschutz sind folgende Grenzwerte des Abwassers günstig:

- pH-Wert: $6{,}5 < \mathrm{pH} < 9{,}0$ (kurzzeitig $6{,}0 < \mathrm{pH} < 9{,}5$),
- Chlorid-/Neutralsalzgehalt: max. $300\,\mathrm{mg\,l^{-1}}$ (kurzzeitig bis $1000\,\mathrm{mg\,l^{-1}}$) entsprechend einer Leitfähigkeit von etwa $1000\,\mu\mathrm{S\,cm^{-1}}$,
- Kupfergehalt maximal $0{,}06\,\mathrm{mg\,l^{-1}}$.

Gegebenenfalls können im Unterwasserbereich ebenfalls zusätzliche Beschichtungen eingesetzt werden, wobei die Dicke der Beschichtung mindestens 500 µm, besser 800 µm betragen muss.

Für Bauteile aus verzinkten, unlegierten Eisenwerkstoffen besteht in Abwässern eine erhöhte Korrosionsgefährdung durch Elementbildung bei metallisch leitender Verbindung mit Betonstahl [61, 62]. Bei der Konstruktion ist darauf zu achten, dass ein solcher metallleitender Kontakt nicht zustande kommt.

2.3.4
Korrosion in Erdböden

Feuerverzinkter Stahl kommt für Erderwerkstoffe [63, 64] und als Konstruktionswerkstoff bei Bewehrter Erde [65] zum Einsatz. Das Korrosionsverhalten wird durch die Beschaffenheit des Erdbodens und zusätzlich meist auch durch elektrochemische Einflussgrößen bestimmt. Zu diesen zählen die Elementbildung mit anderen Bauteilkomponenten sowie Gleichstrom- und Wechselstrombeeinflussung. Eine umfassende Darstellung gibt [66].

Entscheidend für die Korrosionsbeständigkeit von verzinktem Stahl ist auch hier die Ausbildung von Schutzschichten. Die Bodenbeurteilung kann nahezu in der gleichen Weise wie bei Stahl erfolgen. Hierzu liegen die Ergebnisse von umfangreichen Feldversuchen vor, die in [63–66] ausgewertet wurden. Das Ergebnis ist, dass die Korrosionsgeschwindigkeit auf verzinktem Stahl durch Deckschichtbildung wesentlich geringer als beim unverzinkten Stahl ist. Zur Korrosionswahrscheinlichkeit in Erdböden siehe auch DIN EN 12501-1.

In den Bodenklassen I und II nach DIN 50929-3 (schwach bzw. mittel korrosiv) liegt der jährliche Zinkverlust durch Korrosion bei 2–3 μm und ist – verglichen mit unlegiertem Stahl (50–60 μm) – damit relativ gering. In der Bodenklasse III (stark korrosiv) ist mit einem deutlich erhöhten Zinkabtrag zu rechnen.

Kommt es zur Bildung von Korrosionselementen mit anderen Metallen, so ist verzinkter Stahl wegen seines stark negativen Korrosionspotenzials im Erdboden stets Anode, auch bei Kontakt mit unverzinktem Stahl. Bei einem Flächenverhältnis für Kathode zu Anode von 10 können dabei Abtragungsraten von bis zu 100 μm/Jahr auftreten.

Im Erdboden kann feuerverzinkter Stahl sowohl durch Streuströme aus fremden Gleichstromanlagen als auch durch kathodische Korrosionsschutzanlagen geschädigt werden. Aufgrund seines amphoteren Charakters kann Zink (wie auch Aluminium) eine kathodische Korrosion durch Alkalieinwirkung erleiden. Bei einem Schutzpotenzial von $U_H = -0{,}9\,V$ ist Zink normalerweise kathodisch geschützt [63]. Bei sehr negativen Potenzialen nimmt wegen der Reaktion

$$Zn + 4H_2O + 2e^- \rightarrow [Zn(OH)_4]^{2-} + 2H_2 \tag{2.16}$$

die Korrosionsrate allerdings wieder zu. Deswegen sind Schutzpotenziale negativer als −1,0 V zu vermeiden.

Auch unterschiedliche Böden können zu einer verstärkten Korrosion infolge Lokalelementbildung führen [67].

2.3.5 Korrosion im Betonbau

Zum zusätzlichen Korrosionsschutz von Bewehrungsstählen in Beton können diese verzinkt werden. Die Feuerverzinkung stellt in einem karbonatisierten Beton sowie an durchgehenden Rissen im Beton einen wesentlich besseren Schutz dar als die Passivschicht eines unverzinkten Baustahles. In chloridhaltigem Beton wirkt eine Verzinkung nur bedingt [67–71]. Die technischen Forderungen an feuerverzinktem Betonstahl regelt in Deutschland die bauaufsichtliche Zulassung Z-1.4-165 des DIBt vom November 2014.

Das für die Korrosionsbeständigkeit von Zink entscheidende Porenwasser im Beton hat anfänglich einen pH-Wert von 12 bis > 13, je nach Zement. Während der Aushärtung des Betons werden Zink und Zinküberzüge zunächst deswegen aufgrund des hohen pH-Wertes von Beton kurzzeitig unter Wasserstoffentwicklung nach Gl. (2.17) angegriffen (siehe auch Abb. 2.19)

$$2Zn + Ca(OH)_2 + 4H_2O \rightarrow Ca[Zn(OH)_3]_2 + 2H_2 \tag{2.17}$$

In den ersten Tagen werden etwa 5 bis maximal 10 μm Zink abgebaut, wobei sich eine schützende Deckschicht bildet. Danach kommt die Korrosion, also die Auflösung des Zinks, praktisch zum Stillstand, da sich der pH-Wert des Betons durch die Reaktion deutlich erniedrigt und Zink vom aktiven in den passiven Zustand wechselt.

Hochfeste, feuerverzinkte Stähle sind in vorgespanntem Beton trotz der Wasserstoffentwicklung nach Gl. (2.17) durchaus einsetzbar, da infolge des meist ausreichend inhibierend wirkenden Chromatgehaltes von Beton die Gefahr der wasserstoffinduzierten Spannungsrisskorrosion gering ist. Die Verwendung von Zement mit geringem alkalischem pH-Wert verringert die Wasserstoffentwicklung zusätzlich [72, 73].

Im Bauwesen kommen Zink oder feuerverzinkte Teile häufig mit Beton, Mörtel oder Gips in Kontakt. In Verbindung mit Feuchtigkeit greifen alle diese Materialien Zink bis zur Ausbildung schützender Deckschichten stark an, was sich dauerhaft durch dekorativ störende Oberflächenveränderungen bemerkbar machen kann. Auch die Übergangsbereiche zwischen unterschiedlichen Medien, z. B. Gips/Luft oder Gips/Mörtel, sind bei Feuchtigkeit problematisch, da sich dort zusätzlich Korrosionselemente ausbilden können. Dies gilt analog, wenn andere Materialien wie z. B. Leichtbauplatten, Sand, Wärmedämmstoffe oder Holz bei gleichzeitig hoher Feuchtigkeit mit verzinktem Stahl in Berührung stehen. Um Korrosionsschäden in diesen Fällen zu vermeiden, muss also der Zutritt von Feuchtigkeit unterbunden bzw. für eine schnelle Abtrocknung gesorgt werden.

2.3.6 Korrosion in der Landwirtschaft

Die eingesetzten natürlichen und künstlichen Düngemittel, Pflanzenschutzstoffe, die im Viehfutter enthaltenen Konservierungsstoffe, die für die Stallhygiene erforderlichen Desinfektionsmittel, Ernte- und Verarbeitungsmaschinen sowie Einrichtungen für Transport und Lagerung sind landwirtschaftsspezifische Anforderungen an den Korrosionsschutz. Einen guten Überblick über diese Thematik geben die Literaturquellen [74, 75].

Gebäude und Stalleinrichtungen

In Deutschland gehört es zum Stand der Technik, dass Gebäudeteile und Stalleinrichtungen feuerverzinkt werden. Die Korrosionsbelastung dieser Bauteile wird maßgeblich durch die Atmosphäre bzw. durch die Verhältnisse im Inneren der Gebäude bestimmt. Ställe weisen nach DIN 18910-1 ein Sonderklima auf, das durch das Zusammenwirken von Luft, Wärme, Feuchtigkeit sowie festen und gasförmigen Beimengungen der Luft gekennzeichnet ist. Die Norm macht Angaben über Raumtemperaturen und relative Luftfeuchten in Abhängigkeit von der jeweiligen Tierart.

Unter diesen Bedingungen ist mit einer Zinkabtragungsrate von bis zu 4 µm/a für den Bereich oberhalb 30 cm vom Stahlboden zu rechnen und damit mit einer Schutzdauer der Feuerverzinkung von 20–25 Jahren. Größere Korrosionsraten können dann auftreten, wenn es als Folge unzureichender Be- und Entlüftung oder mangelnder Wärmedämmung häufiger zur Bildung von Kondenswasser kommt. Im Bodenbereich unterliegen Stalleinrichtungen einer verstärkten Korrosionsbelastung durch Gülle, Harn, Futterreste, Reinigungs- und Desinfektionsmittel. Die Bodenzone feuerverzinkter Stahlteile muss deshalb vor der Montage mindestens 5 cm tief im Beton beginnend und bis mindestens 30 cm über dem Stallboden z. B. durch Teerbeschichtungen, Schrumpfschlauch oder Pulverbeschichtung zusätzlich geschützt werden.

Hinsichtlich der Einwirkung von Ammoniak und Ammoniakverbindungen auf Zinküberzüge gilt Folgendes:

Trockenes Ammoniakgas ist nicht korrosiv [76, 77]. Je mehr Feuchtigkeit die Luft bzw. das Medium aber enthält, umso korrosionsaggressiver ist Ammoniak. Für atmosphärische Korrosion ist mindestens von einer ein- bis zweifachen Erhöhung der ansonsten geltenden Korrosionsaggressivitätskategorie C nach DIN EN ISO 12944-2 bzw. DIN EN ISO 14713-2 auszugehen. Im Bereich der Eintauchzone ist Ammoniakwasser aufgrund der zusätzlichen Belüftung stark aggressiv. Bei Ammoniaksalzen, die in der Regel sauer reagieren (z. B. Chloride, Sulfate, Nitrate) bestimmt der pH-Wert der Salzlösung die Korrosionsaggressivität, d. h., je saurer ein Salz ist, umso korrosionsaggressiver ist es auch [78].

Lagerung und Transport

Sowohl landwirtschaftliche Erzeugnisse als auch Futter- und Düngemittel müssen gelagert und transportiert werden. Hierzu gilt generell, dass pulverförmige, feste bzw. trockene Mittel nur einen geringen Korrosionsangriff ausüben. Kommt Feuchtigkeit hinzu, so wird die Korrosionsgefährdung normalerweise erhöht, weshalb die Kontaktdauer so kurz wie möglich sein sollte. Sind feuchte bzw. flüssige Mittel zu verarbeiten, zu transportieren oder zu lagern, müssen die verzinkten Stahlteile nach Gebrauch sorgfältig gereinigt und getrocknet werden. Dies gilt insbesondere für Fässer bzw. Tankwagen, in denen z. B. Silosäfte, Treber, Maische, Düngemittel, Pflanzenschutz- und Schädlingsbekämpfungsmittel transportiert werden. Lässt sich der Kontakt zeitlich nicht begrenzen, wie z. B. bei Flüssigmistsilos, ist eine zusätzliche Beschichtung des feuerverzinkten Stahles zweckmäßig.

Trockene, nicht hygroskopische Schüttgüter lassen sich problemlos in Maschinen und Geräten aus feuerverzinktem Stahl transportieren, be- und verarbeiten (z. B. Getreidetrockner, Sortier- und Absackgeräte, Fördergeräte, Heu-, Stroh- und Körnergebläse u. a.) und auch langfristig ohne Korrosionsgefährdung lagern (z. B. Getreidesilos). Der Einsatz feuerverzinkten Stahles für Schlepper, Ackerwagen, Pkw-Anhänger für den Viehtransport, Ladewagen und ähnliche land- und forstwirtschaftliche Fahrzeuge hat sich seit Jahrzehnten bewährt und ist Stand der Technik. Dies gilt auch für Rohrleitungen, Schnellkupplungsrohre und sonstige Zubehörteile für Beregnungsanlagen oder Viehtränken.

Lebensmittel
Zink ist ein essenzielles, lebensnotwendiges Metall. Der menschliche Körper besteht zu rund 2 bis 3 g aus Zink und täglich sollte ein Erwachsener 12 bis 15 mg Zink mit der Nahrung aufnehmen. Trotzdem: Ein Kontakt von Lebensmitteln mit feuerverzinktem Stahl sollte stets dann vermieden bzw. zeitlich begrenzt werden, wenn diese nicht trocken vorliegen. Dies gilt z. B. für Obst- und Gemüsesäfte, Milch und Speisen aller Art, da diese korrosiv wirken und damit Zink angreifen, wodurch der Geschmack und/oder die Bekömmlichkeit beeinträchtigt werden können. Eine Ausnahme bildet lediglich Trinkwasser, bei dem der Kontakt zu feuerverzinktem Stahl möglich ist, wenn die entsprechenden Normen und Richtlinien eingehalten werden.

2.3.7 Korrosion in nicht wässrigen Medien

Zink ist gegenüber organischen Chemikalien gut beständig, wenn diese frei von Wasser sind und keine Säuren oder starke Alkalien darstellen oder enthalten. Zur Korrosionsbeständigkeit von Zink gegenüber zahlreichen weiteren Chemikalien und Medien siehe [79].

2.3.8 Korrosionsverhalten höher legierter Zinküberzüge

Außer den üblichen niedriglegierten Zinküberzügen kommen in der Praxis vereinzelt auch Zinküberzüge mit höheren Aluminiumgehalten vor [80], deren Herstellung allerdings komplizierter ist als die von Zinküberzügen nach DIN EN ISO 1461. Nur in der kontinuierlichen Schmelztauchveredlung sind sie Stand der Technik.

Ein erhöhter Aluminiumzusatz kann den Korrosionsschutzwert des Zinküberzuges verbessern [81, 82]. Entscheidend dafür sind die Umgebungsbedingungen. Während in korrosiv hoch beanspruchenden Umgebungen (z. B. im maritimen Bereich) bei aluminiumhaltigen Zinküberzügen meist eine höhere Korrosionsresistenz festgestellt wird, egalisieren sich diese Vorteile bei geringen und mittleren Korrosionsbelastungen (Land- und Stadtatmosphäre) im Vergleich zu klassischen Zinküberzügen.

Ausnahmen hinsichtlich der guten Korrosionsbeständigkeit bestehen natürlich dann, wenn das Korrosionsmedium aluminiumaggressiv ist. Geringer ausgeprägt ist im Vergleich mit reinen Zinküberzügen jedoch der kathodische Schutz von aluminiumhaltigen Zinküberzügen, was mit deren meist erhöhter Beständigkeit, also geringerer Opferwirkung zu tun hat. Nur in stark salzhaltigen Lösungen ist der Schutzwert ähnlich, weswegen Vergleiche in der Literatur immer darauf bezogen werden. Alle diese Überzüge fallen im Übrigen nicht in den Geltungsbereich der o. g. Norm.

Mit Aluminium und Magnesium legierte Zinküberzüge spielen zurzeit in der Praxis der Stückverzinkung noch keine Rolle. Hauptschwierigkeit ist die leichte Oxidierbarkeit des geschmolzenen Magnesiums in der Schmelze. Die sehr gute Korrosionsschutzwirkung von Zink-Aluminium-Magnesium-Überzügen der kontinuierlichen Schmelztauchverzinkung beruht auf dichten und fest haftenden Deckschichten aus hydroxidischen Karbonaten [82].

2.3.9 Korrosionsprüfung

Eine aussagekräftige Korrosionsprüfung von Zinküberzügen mittels beschleunigter Kurzzeitprüfverfahren ist nicht möglich, da bei allen diesen Prüfungen immer Methoden wie der neutrale Salzsprühtest (NSS), der Schwitzwassertest, der Kesternich-Test oder ähnliche Verfahren angewendet werden, bei denen – um schnell zu Aussagen zu kommen – die Deckschicht gezielt zerstört wird und sich somit der eigentliche Schutzmechanismus des Zinks in der Atmosphäre und in Wässern gar nicht erst aufbauen kann.

Freiluftauslagerungen von Zinküberzügen sind zwar in der Aussage genau, erfordern aber einen meist viel zu langen Zeitraum, um zu aussagekräftigen Ergebnissen zu kommen. Einjahresauslagerungen lassen oft auch nur einen bedingten Rückschluss auf die sich erst im Laufe der Zeit einstellende durchschnittliche Korrosionsgeschwindigkeit zu, da sich die schützenden Deckschichten auch hier erst ausbilden müssen. Die gesamte Problematik unter Einbeziehung elektrolytisch hergestellter (galvanischer) Überzüge wird in [83, 84] beschrieben.

Als Folge der vorstehenden Aussagen ist die normgerechte Schichtdicke für feuermetallisch hergestellte Zinküberzüge eine ausreichende Garantie für deren Korrosionsschutzwert.

Literatur

1 von Oeteren, K.-A. (1990) *Korrosionsschutz-Fibel – Korrosionsschutz von Stahlbauten durch Beschichtungen auf Stahl und feuerverzinktem Stahl*, Verband der Lackindustrie, Frankfurt/M.

2 N.N. (2015) *Arbeitsblätter Feuerverzinken*, Institut Feuerverzinken GmbH, Düsseldorf.

3 Horstmann, D. (1991) *Zum Ablauf der Eisen-Zink-Reaktionen*, Schrift VII des GAV e. V., Düsseldorf, S. 11–30.

4 Bablik, H. und Götzl, F. (1940) *Metallwirtschaft*, **19**, 1141–1143.

5 Katzung, W. und Rittig, R. (1997) *Mat.-Wiss. Werkstofftech.*, **28**, 575.

6 Bablik, H. und Merz, A. (1941) *Metallwirtschaft*, **20**, 1097.

7 Sandelin, R.W. (1940) Galvanizing characteristics of different types of steel. *Wire Wire Prod.*, **15** (11), 655/76 (Teil 1) und **15** (12), 721/49 Teil 2) sowie (1941) *Wire Wire Prod.*, **16** (1), 28/35 (Teil 3).

8 Sebisty, J.J. (1973) Diskussionsbeitrag, 11. Intergalva, Stresa.

9 Schubert, P. und Schulz, W. (2001) Was sind reaktive Stähle – Zum Einfluss von Wasserstoff in Baustählen auf die

Schichtbildung beim Feuerverzinken. *Metall*, **55** (12), 743–748.

10 Thiele, M., Schulz, W.-D. und Schubert, P. (2006) Schichtbildung beim Feuerverzinken zwischen 435 °C und 620 °C in konventionellen Zinkschmelzen – Eine ganzheitliche Darstellung. *Mater. Corr.*, **57** (11), 852–867.

11 Thiele, M. und Schulz, W.-D. (2006) Coating formation during hat dip galvanizing between 435 °C and 620 °C in conventional zinc melt – a general description. 21. Intergalva, Neapel.

12 Schulz, W.-D. und Thiele, M. (2012) *Feuerverzinken von Stückgut*, 2. Aufl., Leuze-Verlag, Bad Saulgau, S. 34.

13 Schulz, W.-D. und Thiele, M. (2012) *Cynkowanie ogniowe jednostkowe*, Leuze-Verlag, Bad Saulgau, S. 32.

14 Schulz, W.-D. und Thiele, M. (2012) *General Hot-Dip Galvanizing*, Leuze-Verlag, Bad Saulgau, S. 33.

15 Thiele, M. (2010) Die Schichtbildung beim Feuerverzinken und die Eigenschaften der Überzüge. Dissertation TU Bergakademie Freiberg, Fakultät für Chemie und Physik.

16 Six, S. (2012) Optimierung der Hochtemperaturverzinkung, 10. Dresdener Korrosionsschutztage. Institut für Korrosionsschutz, Dresden.

17 Six, S. (2013) Parameter Study for Optimation of High Temperature Galvanizing, London: EGGA-Assembly, 10–12 June 2013, Dresden.

18 Six, S. (2012) Verfahrensoptimierung bei der Hochtemperaturverzinkung von Kleinteilen, GAV-Bericht 162, Gemeinschaftsausschuss Verzinken, Düsseldorf.

19 Six, S. (2014) Vortrag auf 11. Korrosionsschutztage „Korrosionsschutz durch Beschichtungen und Überzüge". Institut für Korrosionsschutz (IKS), Dresden.

20 Schwabe, K. und Kelm, H. (1986) *Physikalische Chemie*, Bd. 1, Akademie-Verlag, Berlin, S. 474–476

21 Hänsel, G. (1997) Einfluss von Legierungs-/Begleitelementen in der Zinkschmelze auf den Verzinkungsvorgang. Vortrag auf dem Seminar der Berg- und Hüttenschule Clausthal-Zellerfeld am 20./21. Oktober 1997.

22 Dreulle, N., Dreulle, P. und Vacher, J.C. (1980) Das Problem der Feuerverzinkung von siliziumhaltigen Stählen. *Metall*, **34** (9), 834–838.

23 Adams, G.R. und Zervoudis, J. (1997) Eine neue Legierung zum Feuerverzinken reaktiver Stähle, Proceedings Intergalva 1997 Birmingham, EGGA, London.

24 Taylor, M. und Murphy, S. (1997) Ein Jahrzehnt mit Technigalva. Proceedings Intergalva Birmingham 1997, EGGA, London.

25 Beguin, P., Bosschaerts, M., Dhaussy, D., Pankert, R. und Gilles, M. (2000) GALVECO, eine Lösung für die Feuerverzinkung von reaktivem Stahl. Proceedings Intergalva Berlin 2000. EGGA, London.

26 Schumann, H. 1980 *Metallographie*, Deutscher Verlag für Grundstoffindustrie, Leipzig, S. 17.

27 Schubert, P. und Schulz, W.-D. (2002) Zur Wirkung von Zusätzen zur Zinkschmelze auf die Schichtbildung beim Feuerverzinken. *Mater. Corr.*, **53**, 663–672.

28 Schulz, W.-D., Schubert, P., Katzung, W. und Rittig, R. (2001) Ermittlung des Einflusses der Verzinkungsbedingungen, insbesondere der Zusammensetzung der Zinkschmelze (Pb, Ni, Sn, Al), der Tauchdauer und des Abkühlverlaufes, auf die Haftfestigkeit und das Bruchverhalten von Zinküberzügen nach DIN EN ISO 1461. Forschungsbericht des Instituts für Korrosionsschutz Dresden und des Instituts für Stahlbau Leipzig vom 23.1.2001.

29 Katzung, W., Rittig, R. und Gelhaar, A. (1996) Einfluss der Legierungselemente Al, Pb und Sn in der Zinkschmelze auf das Verzinkungsverhalten von Stählen. *Metall*, **50** (1), 34–38.

30 Krepski, R.P. (1986) The influence of lead in after-fabrication hotdip galvanizing. 14. Internationale Verzinkertagung, München 1985, Proceedings S. 6/6–6/12. Zinc Development Association, London.

31 Beguin, P., Bosschaerts, M., Dhaussy, D., Pankert, R. und Gilles, M. (2000) GALVECO, eine Lösung für die Feuerverzinkung von reaktivem Stahl. Proceedings Intergalva Berlin 2000, EGGA, London.

32 Gilles, M. und Sokolowski, R. (1997) The zinc-tin galvanizing alloy: A unique zinc alloy for galvanizing any reactive steel grade. Proceedings Intergalva Birmingham 1997, EGGA, London.

33 Fratesi, R., Ruffini, N. und Mohrenschildt, A. (2000) Use of Zn-Bi-Ni alloy to improve zinc coating appearance and decrease zinc consumption in hot dip galvanizing. Proceedings Intergalva Berlin 2000, EGGA, London.

34 Zervoudis, J. (2000) Feuerverzinkung von reaktivem Stahl mit Zn-Sn-V-(Ni)-Legierungen. Proceedings Intergalva 2000 Berlin, EGGA, London.

35 Reumont, G., Foct, J. und Perrot, P. (2000) Neue Möglichkeiten für die Feuerverzinkung: Zugabe von Mangan und Titan zum Zinkbad. Proceedings Intergalva Berlin 2000. EGGA, London.

36 Katzung, W. und Schulz, W.-D. (2005) Zum Feuerverzinken von Stahlkonstruktionen – Ursachen und Lösungsvorschläge zum Problem der Rissbildung. *Stahlbau*, **74** (4), 258–273.

37 Hasselmann, U. und Speckhardt, H. (1997) Flüssigmetall-induzierte Rissbildung bei der Feuerverzinkung hochfester Schrauben großer Abmessungen infolge thermisch bedingter Zugeigenspannungen. *Mat.-Wiss. Werkstofftech.*, **28**, 588–598.

38 Rädecker, W. (1953) Die Erzeugung von Spannungsrissen in Stahl durch flüssiges Zink. *Stahl Eisen*, **73**, 654–658.

39 Rädecker, W. (1973) Der interkristalline Angriff von Metallschmelzen auf Stahl. *Werkst. Korr.*, **24**, 851–859.

40 Landow, M., Harsalia, A. und Breyer, N.N. (1989) Liquid metal embrittlement. *J. Mater. Energ. Syst.*, **2**, 50.

41 Poag, G. und Zervoudis, J. (2003) Influence of various parameter on steel cracking. AGA Techn. Forum, 8. Oktober 2003. Kansas City, Missouri

42 Feldmann, M., Pinger, T. und Tschickardt, D. (2006) Cracking in large steel structures during hot dip galvanizing. Proceedings Intergalva Neapel 2006. EGGA, London.

43 Köster, D., Adelmann, A. und Landgrebe, R. (2009) Entwicklung eines praxisgerechten Prüfverfahrens zur Untersuchung der Rissbildung von Bauteilen aus Stahl in Zinkschmelzen, Tagung „Werkstoffprüfung" vom 3.–4. Dezember 2009 in Bad Neuenahr, (Hrsg. M. Borsutzki), Stahleisen, Düsseldorf, S. 255–262, ISBN 978-3-514-00769-7.

44 DASt-Richtlinie 022 – Feuerverzinken von tragenden Stahlbauteilen, Deutscher Ausschuss für Stahlbau, Düsseldorf, August 2009

45 Schulz, W-D. und Riedel, G. (2001) in *Korrosion und Korrosionsschutz*, Bd. 2, (Hrsg. E. Kunze), Wiley-VCH, Berlin/Weinheim, S. 1233ff.

46 Roetheli, B.E., Cox. G.L. und Littreal, W.D. (1932) Effect of pH on the corrosion products and corrosion rate of zinc in oxygenated aqeous solutions. *Met. Alloys*, **3**, 73–76.

47 Seiler, J. (1987) Bruch eines Stahldrahtseils durch fehlerhaften Einsatz eines Korrosionsschutzes. *Korrosion (Dresden)*, **18** (5), 270–276.

48 Marberg, J. und Huckshold, M. (2004) Mechanische Eigenschaften von Zinküberzügen, in Zink im Bauwesen, GfKORR-Tagung 2004, Würzburg. GfKORR, Frankfurt/M.

49 Schikorr, G. (1962) Verhalten von Zink an der Atmosphäre, in *Korrosionsverhalten von Zink*, Bd. 1, Metall-Verlag GmbH, Berlin.

50 Haarmann, R. (1968) Maßnahmen gegen das Entstehen von Weißrost auf feuerverzinkten Erzeugnissen. *Industrie-Anzeiger*, **90** (35), 20–22.

51 Knotkova, D. und Porter, F. (1994) Longer life of galvanized steel in the atmosphäre due to reduced SO_2 population in europe. Proceedings Intergalva Paris 1994.

52 Böttcher, H.-J., Friehe, W., Horstmann, D., Kleingarn, J.-P., Kruse, C.-L. und Schwenk, W. (1990) Korrosionsverhalten von feuerverzinktem Stahl. Merkblatt 400 (5. Aufl.), Stahl- Informations-Zentrum, Düsseldorf.

53 Schwenk, W. (1981) Probleme der Kontaktkorrosion – Aufgaben der Materialprüfung für die Anwendung. *Metalloberfläche*, **35** (5), 158–163.

54 Mörbe, K., Morenz, W., Pohlmann, W. und Werner, H. (1987) *Praktischer Kor-*

rosionsschutz, Korrosionsschutz wasserführender Anlagen, Springer, Wien/New York.

55 van Loyen, D. (1996) in *Institut für Korrosionsschutz Dresden: Vorlesungen über Korrosion und Korrosionsschutz von Werkstoffen*, Bd. 1, TAW-Verlag, Wuppertal.

56 DIN EN 12502 (03.05): Korrosionsschutz metallischer Werkstoffe, Abschätzung der Korrosionswahrscheinlichkeit in Wasserverteilungs- und -speichersystemen, Einflussfaktoren für schmelztauchverzinkte Eisenwerkstoffe.

57 Nissing, W. und Schwenk, W. (1994) Korrosion in Trinkwässern, in Korrosion verstehen – Korrosionsschäden vermeiden, (Hrsg. H. Gräfen und A. Rahmel), Verlag Irene Kuron, Bonn, S. 173.

58 Schwenk, W. und Friehe, W. (1972) Korrosionsverhalten verzinkter Bleche mit und ohne Schutzanstrich auf dem Seewasserversuchsstand des Vereins Deutscher Eisenhüttenleute in Helgoland. *Stahl Eisen*, **92**, 1030–1035.

59 Friehe, W. (1969) Ursache der Zinkblasenbildung und Möglichkeiten zu ihrer Vermeidung. *Sanit. Heizungstech.*, **3**, 193–198.

60 Schwenk, W. (1966) Korrosionsschutzeigenschaften von feuerverzinktem Stahlblech in warmen weichen Wässern mit CO, und/oder O_2-Spülung. *Werkst. Korr.*, **17**, 1033–1039.

61 Beccard, K.K., Friehe, W., Kruse, C.-L. und Schwenk, W. (1981) *Das Stahlrohr in der Hausinstallation – Vermeidung von Korrosionsschäden*, Merkblatt 405, Beratungsstelle für Stahlverwendung, Düsseldorf.

62 Hildebrand, H., Kruse, C.-L. und Schwenk, W. (1987) Einflussgrößen der Fremdkathoden aus Bewehrungsstahl in Beton auf die Erdbodenkorrosion von Stahl. *Werkst. Korr.*, **38** (11), 696–703.

63 Heim, G. (1982) Korrosionsverhalten von Erderwerkstoffen. *Elektrizitätswirtschaft*, **81** (25), 875–884.

64 Rehm, G., Nürnberger, U. und Frey, K. (1980) *Zur Nutzungsdauer von Bauwerken aus bewehrter Erde aus korrosionstechnischer Sicht*, Stuttgart, Gutachten der Fa. Bewehrte Erde Betriebsgesellschaft mbH, Frankfurt/M.

65 Nürnberger, U. (1988) *Korrosionsverhalten feuerverzinkter Bewehrungsbänder bei Bauwerken aus Bewehrter Erde*, (Hrsg. Deutscher Verzinkerei Verband e. V. (DVV), Düsseldorf), Forschungs- und Materialprüfungsanstalt Baden-Württemberg/Otto-Graft-Institut (FMPA), Stuttgart.

66 Heim, G. (1982) Korrosionsverhalten von Erderwerkstoffen. *Elektrizitätswirtschaft*, **81** (25), 875–884.

67 von Baeckmann, W. und Schwenk, W. (1999) *Handbuch des kathodischen Korrosionsschutzes*, Verlag Chemie, Weinheim.

68 Schwenk, W. (o. J.) Beurteilung der Korrosionsschutzwirkung einer Feuerverzinkung für Bewehrungsstahl in Beton. Bericht Nr. 134 des Gemeinschaftsausschusses Verzinken, Düsseldorf.

69 Nürnberger, U. (1995) *Korrosion und Korrosionsschutz im Bauwesen*, Bauverlag, Wiesbaden/Berlin.

70 Rehm, G., Nürnberger, U. und Neubert, B. (1988) Chloridkorrosion von Stahl in gerissenem Beton; Auslagerung gerissener, mit unverzinkten und feuerverzinkten Stählen bewehrter Stahlbetonbalken auf Helgoland, Deutscher Ausschuss für Stahlbeton, Heft 390, S. 89–144, Beuth Verlag GmbH, Berlin.

71 Tonini, D.E. und Gaidis, J.M. (1980) *Corrosion of Reinforcing Steel in Concrete*, ASTM, Philadelphia.

72 Riecke, E. (1979) Untersuchungen über den Einfluss des Zink auf das Korrosionsverhalten von Spannstählen. *Werkst. Korr.*, **30** (9), 619–631.

73 Nürnberger, U. (2007) Verhalten feuerverzinkter Bewehrungsstähle in alkalischem Beton unter Berücksichtigung des Alkali und Chromatgehaltes der verwendeten Zemente. *Beton- Stahlbau*, **102** (3), 144–153.

74 Kleingarn, J.-P. (1988) Pflege und Werterhalt von feuerverzinkten Güllesilos, Gülletankwagen und Güllefässern. *Feuerverzinken*, **17** (2), 27–30, (Sonderbeilage).

75 anonym: EGGA-Bulletin (1974) Nr. 14: Feuerverzinkter Stahl in Verarbeitungs-

und Verladeanlagen, EGGA Verlag, Caterham/UK.
76 Wiederholt, W. (1976) Korrosion in der Landwirtschaft. *Verzinken*, **5** (2), 27–32.
77 Kreysa, G. und Schütze, M. (2007) *Corrosion Handbook*, Bd. 9, Wiley-Verlag, Weinheim, S. 316.
78 Schreiber, C. (2010) Forschungsbericht „Korrosionsschutz von Zink gegen Ammoniak", R.-Nr.VF071009. Dresden, Institut für Korrosionsschutz.
79 Wiederholt, W. (1976) Verhalten von Zink gegen Chemikalien, in *Korrosionsverhalten von Zink*, Bd. 3, Metall-Verlag GmbH, Berlin.
80 Pinger, T. (2013) Dünnschicht-Stückverzinkung als resourceneffizientes Korrosionsschutzsystem bei Verkehrs-Rückhaltesystemen. *JOT*, **7**, 449–452.
81 Nünninghoff, R. und Hagebölling, V. (1995) Metallkundliche Untersuchungen des Korrosionsmechanismus einer $ZnAl_5$-Legierung. *Draht*, **46** (3 und 4), 1–19.
82 Schürz, S. (2013) Corrosion behaviour of Zn-Al-Mg alloy coated steel. Dissertation Montanuniversität Leoben, Lehrstuhl für Allgemeine und Analytische Chemie.
83 Paatsch, W. (1990) Funktionelle galvanische Verzinkung, Korrosionsschutz – Testmöglichkeiten und Erläuterungen. *Galvanotechnik*, **81** (7), 2352–2357.
84 Schulz, W.-D., Schütz, A. und Kaßner, W. (2005) Korrosionsprüfung kritisch hinterfragt. *Galvanotechnik*, **96** (11), 2589–2604.

3
Bau und Ausrüstungen von Feuerverzinkungsanlagen

P. Peißker, M. Huckshold, R. Cramer, C. Kaßner, J. Koglin, P. Kordt, F. Nerat, A. Lüling, N. Prinz und F. Schmelz

3.1
Anlagenplanung und Ausführung

Während noch bis Anfang der 1990er-Jahre Feuerverzinkereien in Deutschland, Polen, der Slowakei und Tschechien, ohne zum Teil über den Standort nachzudenken, wie Pilze vom Erdboden gewachsen sind und diese auch genügend Aufträge hatten, ist das unter den heutigen Bedingungen durch die Vielzahl moderner Verzinkereien und dem damit verbundenen starken Wettbewerb nicht mehr möglich. Hinzukommende Verzinkereien können deshalb nur dann wirtschaftlich arbeiten, wenn vorher eine Marktanalyse durchgeführt wird sowie eine optimale, auf die zu verzinkenden Bauteile abgestimmte Logistik und die neueste Technik zum Einsatz kommen. Das ist umso notwendiger, da es ausgehend vom Stand 2015 in Deutschland, aber auch in den Nachbarländern eine Überkapazität gibt.

Reinhardt Jünemann (1989) formuliert die Aufgaben der Logistik wie folgt: „Der logistische Auftrag besteht darin, die *richtige* Menge der *richtigen* Objekte als Gegenstände der Logistik (Güter, Personen, Energie, Informationen) am *richtigen* Ort im System, zum *richtigen* Zeitpunkt, in der *richtigen* Qualität, zu den *richtigen* Kosten zur Verfügung zu stellen". Diese Zielvorgabe ist gemeinhin auch als „die 6 R der Logistik" bekannt. Die Logistik ist in der heutigen Zeit selbst zu einem entscheidenden Wettbewerbsfaktor auch für Feuerverzinkereien geworden. Die Kundenanforderungen sind ständig gestiegen und steigen weiter. Herausragende Logistik bringt Kundenzufriedenheit und sorgt für Gewinn im Unternehmen, wenn es die Verantwortlichen schaffen, das Verhältnis aus Nutzen und Kosten zu maximieren. Schnelligkeit und Qualität lautet die Devise, doch das alles unter dem Stichwort der Nachhaltigkeit unter dem Slogan „Green Logistik". Als Beispiel lässt sich die Reduzierung des CO_2-Ausstoßes durch Optimierung der in- und außerbetrieblichen Transporte, Lagerhaltung, Traversenauslastung, Qualität der Zinküberzüge aufführen.

Handbuch Feuerverzinken, 4. Auflage. Peter Peißker und Mark Huckshold.

3.1.1 Vorplanung

Die Vorplanung beinhaltet die Vorstudie, Intensivstudie und den Genehmigungsantrag. In Abhängigkeit von der Größe und Ausstattung des Unternehmens, das den Bau der Verzinkerei mit entsprechendem Fachpersonal plant, gibt es die Möglichkeit entweder die Vorplanung selbst auszuführen oder aber diese einem auf diesem Gebiet sich auskennenden Ingenieurbüro in Auftrag zu geben.

Es hat sich für die Planung eine kurze Bearbeitung des Genehmigungsantrages als positiv herausgestellt, wenn man im Vorfeld den zuständigen Fachbehörden beim Regierungspräsidium in Kurzform das Vorhaben zusendet, erläutert und mit ihnen bespricht. Zur Wahl des Standortes sollte vor allem auch die Abteilung Umweltschutz mit einbezogen werden.

3.1.1.1 Vorstudie

Ausgehend von der Marktanalyse sollten bei der Vorstudie folgende Parameter festgelegt werden:

- Standort: Gewerbe- oder Industriegebiet, Verkehrswert.
- Bei der Wahl Gewerbe- oder Industriegebiet sollte nicht nur die TA Luft, sondern auch die TA Lärm Berücksichtigung finden, da von 22:00–6:00 Uhr strengere Werte für Lärmemissionen gelten. In Abhängigkeit von der nächstliegenden Entfernung eines Wohngebietes kann es durchaus sein, dass die zuständige Behörde während dieser Zeit keinen innerbetrieblichen Transport im Außenbereich zulässt. Das heißt, Transporte dürfen nur innerhalb einer geschlossenen Halle ausgeführt werden. Die Lärmemission ist auch besonders stark, wenn Stahlbauteile aufeinander fallen, vor allem nachts, wenn keine anderen Lärmquellen vorhanden sind, z. B. Verkehrslärm. Verzinkereien mit einem Kessel $\geq$ 7 m Länge sollten deshalb grundsätzlich in einem Industriegebiet errichtet werden.
- Verkehrsanbindung: Ideal ist eine Verkehrsanbindung mit den kürzesten Wegen vom Kunden zur Verzinkerei und zurück, möglichst mit der Nähe einer Autobahn, für Großverzinkereien mit der Möglichkeit zur Durchführung von Schwerlastverkehr. In der Praxis sind zum Teil Verzinkereien mit weit entfernten Verkehrsanbindungen bis zur nächsten Bundesstraße oder Autobahn anzutreffen, und ein Transport von Bauteilen über 10 m Länge lassen die Straßenverhältnisse nicht zu. Damit wird das zu verzinkende Sortiment wesentlich eingeschränkt und Kunden meiden derartige Anfahrten.
- Größe des Verzinkungskessels: Die optimale Größe des Verzinkungskessels kann aus dem bei der Marktanalyse ermittelten Sortiment berechnet werden, wobei auch die zukünftige Entwicklung des Marktes mit berücksichtigt werden sollte. In der Praxis sind nach wie vor folgende Kesselgrößen mit den unterschiedlichsten Abmessungen anzutreffen: Länge von 1,5 m bis ca. 19 m Länge, Breite: 0,8–2,5 m, Tiefe: 0,8 bis über 3 m). Für mittlere Verzinkungsanlagen haben sich in den letzten Jahren vor allem 7 m lange Kessel mit unterschiedlichen Abmessungen für die Breite und Tiefe bewährt. Bei Großverzinkereien, deren

Kesselgrößen ab einer Länge von ca. 12 m beginnen, sind die Kessel immer länger geworden. Ein Grund dafür sind u. a. die immer größer werdenden Parkhäuser wegen der größer werdenden Pkw. Gegenwärtig ist der größte Kessel 19,5 m lang. Die Breite dieser Kessel beginnt ab ca. 1,2 m und mit einer Tiefe bis ca. 3,5 m.

Im Laufe der Jahre hat sich oft wiederholt gezeigt, dass die Verzinkungskessel nicht lang genug bemessen wurden. Zum Beispiel werden die Abmessungen der Deckenträger für Parkhäuser immer länger, die vom Hersteller am nächsten liegende Verzinkerei hat aber nur einen Kessel mit einer Länge von 15,0 m. Doppeltauchungen (zweimaliges Tauchen der Träger von je einer Stirnseite) sind immer kostenaufwendiger, da während dieser Zeit eine Tauchung verloren geht. Teilweise kann es bei Doppeltauchungen auch zum Verzug der Bauteile und zu nicht den Normen entsprechenden Zinküberzügen kommen. Es gibt auch Aufträge, bei denen nur 10–20 % der Bauteile wegen ihrer Länge nicht in dem vorhandenen Kessel verzinkt werden können. Der Auftraggeber wird aber den Auftrag kaum teilen und nur die Bauteile mit den längeren Abmessungen in eine andere Verzinkerei bringen. Meistens ist dann der gesamte Auftrag verloren.

Bei der Wahl der Abmessungen sind aber stets die damit steigenden Kosten für Energie und die Oberflächenverluste durch Abstrahlung sowie den Kessel, die Abstützungen und andere Ausrüstungen mit einzubeziehen.

Der Durchsatz pro Tauchung ist vor allem abhängig vom Sortiment, der Traversenauslastung, Anzahl der Tauchungen, der Arbeitstage sowie Arbeitsstunden/Tag und kann daher nur näherungsweise angegeben werden. Er beträgt bei einer Anlage mit einem Kessel von

- 7 m Länge ca. 800–1200 kg, ergibt ca. 10 000 t/a
- 15 m Länge ca. 2500–3000 kg, ergibt ca. 30 000–50 000 t/a.

3.1.1.2 **Intensivstudie**

Bei dieser Studie sollte man schon die exakten Größenordnungen der einzelnen Anlagenteile, die Aufstellungsanordnung und damit den Materialfluss und somit schließlich die Hallengröße festlegen. Bei der Ermittlung der Gesamtbaukosten ergeben sich drei Kostenblöcke:

- Einmessung, Bauaushub, Baukörper mit Keller, Heizung und Elektroinstallationen,
- Anlagenteile wie Anlagen zur Oberflächenvorbereitung und Verzinkung, Be- und Entlüftungsanlagen, Entstaubungsanlagen, Krananlagen und Transportmittel, sonstige Anlagen, wie z. B. Flussmittelaufbereitungsanlage usw.,
- Betriebsmittel für den Ersteinsatz, wie z. B. Traversen, Ketten, Verzinkungsgestelle, Bindedraht, Werkzeuge usw.

Für den ersten Kostenblock ist es unumgänglich, ein Architekturbüro und/oder Ingenieurbüro, die sich auf die Planung von Feuerverzinkungsanlagen spezialisiert haben, einzusetzen, die dann gemeinsam den Genehmigungsantrag ausarbeiten.

3.1.2 Vorschriften und Genehmigungen

Eine Feuerverzinkungsanlage ab einem Rohgutdurchsatz von 0,5 t/h ist nach § 4 BImSchG (BImSchG, 2009) in Verbindung mit den Ziffern 3.9.1 bzw. 3.9.2 immissionsschutzrechtlich genehmigungspflichtig. Ohne eine solche Genehmigung ist ein Betrieb nicht möglich. Nachfolgend soll eine kurze – sicher nicht umfassende – Abhandlung zu den notwendigen Genehmigungsverfahren gegeben werden. Ehe der umfangreiche Genehmigungsantrag erstellt wird, sollte auf jeden Fall eine Voranfrage bei der entsprechenden Behörde, d. h. Gewerbeaufsichtsamt/Landratsamt, gestellt werden, um zu klären, ob der Genehmigung einer Feuerverzinkungsanlage grundsätzlich stattgegeben wird. Es hat sich als positiv herausgestellt, im Vorfeld mit allen Fachbehörden die Planung zu besprechen. Die Genehmigungsdauer kann hierdurch wesentlich verkürzt werden. Unnötige Rückfragen, die oft Änderungen im Genehmigungsantrag nach sich ziehen, können vermieden werden.

Durch den Betrieb von Feuerverzinkereien sind folgende Umweltbeeinflussungen möglich, die auf das notwendigste begrenzt werden müssen:

- Luftverunreinigungen im Sinne des § 3 BImSchG, insbesondere aus der Oberflächenbehandlung und dem Verzinkungskessel,
- Lärm durch mechanische Bearbeitung und Transport (BImSchG),
- Gefahren, die aus dem Umgang mit wassergefährdenden Stoffen im Sinne des § 62 ff. Wasserhaushaltsgesetzes und der Anlagenverordnungen der Länder VAwS bzw. der Bundesanlagenverordnung AwSV (AwSV, 2014) entstehen,
- die Erzeugung von gefährlichen Abfallstoffen im Sinne des § 3 Kreislaufwirtschaftsgesetzes (KrWG, 2011) und der Nachweisverordnung (NachweisV, 2011).

In den nachfolgenden Abschnitten soll auf diese verschiedenen Bereiche des Umweltschutzes im Überblick eingegangen werden, wobei eine umfängliche Betrachtung den Rahmen dieses Handbuches sprengt.

3.1.2.1 Vorschriften für Feuerverzinkereien

Das Bundes-Immissionsschutzgesetz (BImSchG) wurde als zentrales Gesetzeswerk zum Umweltschutz angelegt. Zweck des Gesetzes ist es, den Menschen und seine Umwelt vor schädlichen Umwelteinwirkungen zu schützen und darüber hinaus auch Vorsorge gegen das Entstehen solcher Umwelteinwirkungen zu treffen.

Die gesetzlichen Anforderungen zur Luftreinhaltung sind in zahlreichen Rechtsverordnungen und allgemeinen Verwaltungsvorschriften, z. B.

- BImSchG: zentrales Gesetzeswerk zum Umweltschutz,
- TA Luft: Begrenzung der Luftverunreinigungen; Prüfung und Überwachung der Begrenzungen,
- 4. BImSchV: Verordnung über genehmigungsbedürftige Anlagen,

- 9. BImSchV: Grundsätze zur Durchführung von Genehmigungsverfahren,
- 12. BImSchV: Störfallverordnung (gründet auf Seveso-Richtlinie); Begrenzung der Auswirkungen von Störfällen, eventuell Anforderungen an große Verzinkereien,
- UVPG: Umweltverträglichkeitsprüfungen bei Neu- und Änderungsgenehmigungen
- IED-Richtlinie: Industrieemissionsrichtlinie (IED, 2012)

konkretisiert worden.

Nach dem BImSchG sind bestimmte, die Umwelt beeinträchtigende oder die Allgemeinheit oder die Nachbarschaft gefährdende Anlagen genehmigungsbedürftig. Zu diesen Anlagen gehören auch Feuerverzinkungsanlagen.

Auch wesentliche Änderungen und Erweiterungen bestehender, immissionsschutzrechtlich genehmigter Anlagen unterliegen der Genehmigungspflicht.

Durch das Umweltverträglichkeitsprüfungsgesetz werden zudem für das Genehmigungsverfahren Vorprüfungen bzw. vereinfachte oder vollständige Umweltverträglichkeitsprüfungen vorgeschrieben. Der Umfang hängt von der Art des Genehmigungsverfahrens ab und wird von der Behörde auf der Grundlage des UVPG festgelegt, deshalb sollte bei jeder Neu- oder Änderungsgenehmigung einer Verzinkerei der Umfang vor Beginn des Verfahrens mit der Genehmigungsbehörde abgestimmt werden.

Durch die Industrieemissionsrichtlinie (IED, 2012), die europaweit gilt, ist festgelegt, dass bei einer Neugenehmigung oder einer wesentlichen Änderung einer Altanlage ein Ausgangszustandsbericht erstellt werden muss. Weitere Hinweise zu der Industrieemissionsrichtlinie sind im Anhang „Anforderungen der IED-Richtlinie" aufgeführt. Dieser Ausgangszustandsbericht ist entweder dem Genehmigungsantrag beizulegen oder nach Absprache mit der Behörde nachzureichen. Der Ausgangszustandsbericht umfasst eine Untersuchung der Verunreinigungen, die durch die Feuerverzinkungsanlage entstehen könnten, zum Zeitpunkt der Genehmigung: Dies sind in der Regel Zink, ggf. Blei, Kohlenwasserstoffe der Kettenlängen bis C_{40}, Bestandteile des Entfettungsmittels.

Dieser so gefundene Status wird bei einem späteren Rückbau der Anlage als Basis angenommen, in dem das Grundstück durch den Betreiber zurückgesetzt werden muss. Es ist nicht ein primäres Ziel, Altlastenuntersuchungen durchzuführen. Werden jedoch bei den Untersuchungen Schwellenwerte der Bundesbodenschutzverordnung (BBodV, 2009) überschritten, so können weitere Maßnahmen notwendig sein.

Die Anforderungen, denen die genehmigungsbedürftigen Anlagen im Hinblick auf den Immissionsschutz genügen müssen, sind in der TA Luft konkretisiert. Hier sind Grenzwerte für die in Feuerverzinkereien relevanten Stoffe festgelegt. Nach Ziffer 5.4.3.9.1 – Anlagen zum Feuerverzinken – dürfen die staubförmigen Emissionen im Abgas 5 mg/m^3 und die Emissionen an gasförmigen anorganischen Chlorverbindungen (angegeben als Chlorwasserstoff) 10 mg/m^3 nicht überschreiten.

Die von den Emissionen hervorgehenden Luftverunreinigungen sind noch keine ausreichende Basis für die Betrachtung der Schädlichkeit. Von maßgebender Bedeutung sind die Einwirkungen der Schadstoffe entfernt von der Quelle an der Erdoberfläche, die Immissionen. Die TA Luft enthält unter der Ziffer 5.4.3.91 maximale Immissionsgrenzwerte[1), wobei Kurz- und Langzeiteinwirkungen unterschieden sind. Unterhalb dieser Konzentrationswerte sind nach dem heutigen Stand der Wissenschaft keine Schädigungen für Menschen, Tiere, Pflanzen und Sachgüter zu erwarten.

3.1.2.2 **Genehmigungsverfahren**

Gesetze, Verordnungen und Verwaltungsvorschriften, ergänzt durch technische Regeln, Richtlinien und Normen, sind die Grundlage für Regelungen, mit denen festgelegt wird, wie die Verfahrensabläufe zur Genehmigung von Feuerverzinkungsanlagen auszusehen haben, welche Überwachungs- und Kontrollmöglichkeiten notwendig sind und letztlich wie Verstöße gegen diese Bestimmungen oder deren Nichtbeachtung zu ahnden sind.

Da es sich bei Feuerverzinkungsanlagen um genehmigungsbedürftige Anlagen handelt (wenn sie unter die Ziffer 3.9 der 4. BImSchV fallen), muss, nach dem BImSchG, zum Errichten und Betreiben eine Genehmigung gemäß bei der zuständigen Behörde (z. B. Regierungspräsidium, Landratsamt, Ordnungsamt, Staatliches Gewerbeaufsichtsamt, Staatliches Umweltamt u. Ä.) beantragt werden.

Im Rahmen des Genehmigungsverfahrens sind Anforderungen – neben den bereits besprochenen Anforderungen der TA Luft u. a. – folgender Regelwerke zu beachten: der TA Lärm, der Verordnung über Arbeitsstätten (ArbStättV) und der Betriebssicherheitsverordnung sowie der Störfallverordnung (12. BImSchV), der Verordnung über gefährliche Stoffe (Gefahrstoffverordnung – GefStoffV) und das Kreislaufwirtschaftsgesetz (KrWG) sowie das Wasserhaushaltsgesetz mit der jeweiligen Anlagenverordnung. Zu berücksichtigen ist auch das jeweilige Landesbaurecht. Zu den genannten gesetzlichen Regelwerken existieren zur Konkretisierung noch umfangreiche technische Regeln z. B. für Gefahrstoffe (TRGS) und zum Umgang mit wassergefährdenden Stoffen (TRwS). Wichtig ist, dass die erteilte Genehmigung nicht nur den Immissionsschutz, sondern auch die anderen Bestandteile einer Betriebsgenehmigung (Baurecht, Wasserrecht) inkludiert. Die in der Genehmigung erteilten Auflagen über Bauweise und Messungen sind bindend.

Eine immissionsschutzrechtliche Genehmigung gestattet nur die Nutzung und/oder Betriebsweise, die vom Antragsteller zur Genehmigung gestellt und worüber folglich von der Behörde positiv entschieden worden ist.

Abschließend muss betont werden, dass es aus der Erfahrung heraus sehr wichtig ist, den Umfang einer Genehmigung rechtzeitig, d. h. bei Beginn der Planung, mit den zuständigen Genehmigungsbehörden festzulegen. Jede Erhöhung der

1) TA- Luft 5.2.2/5.2.4 (Stand: 07.01.2014): Chlorwasserstoff 0,15 kg/h bzw. 10 mg/m^3, staubförmige Emissionen 5 mg/m^3, bleihaltige Emissionen 0,5 mg/m^3 für Feuerverzinkereien

Verzinkungs- oder Beizkapazität sowie sonstige Änderungen an den genehmigungsbedürftigen Anlagen sind bei geringerer Auswirkung anzeigepflichtig nach § 15 BImSchG, bei wesentlichen Änderungen sogar genehmigungspflichtig nach § 16 BImSchG. Eine Vorprüfung im Sinne des UVPG und weitergehende Untersuchungen können von der Genehmigungsbehörde gefordert werden. Gleiches gilt für eine Beteiligung der Öffentlichkeit an dem Verfahren. Wenn Verzinkereien zudem 100 bzw. 200 t und mehr umweltgefährliche Stoffe z. B. mit dem Gefahrenhinweis nach CLP „H 410", „H 411" („Sehr giftig für Wasserorganismen mit langfristiger Wirkung") besitzen, sind die erhöhten Anforderungen der Störfallverordnung (12. BImSchV) zu erfüllen.

Neben den einzuhaltenden Werten im Immissionsschutz ist auch die Einhaltung der sogenannten Arbeitsplatzgrenzwerte bereits in der Genehmigungs- und Planungsphase zu berücksichtigen. Bei den Arbeitsplatzgrenzwerten handelt es sich um die Grenzwerte zu Schadstoffen am Arbeitsplatz, ab deren technische, im Ausnahmefall organisatorische bzw. persönliche Maßnahmen zu treffen sind. Für eine Feuerverzinkerei sind dies in der Regel die Luftwerte für Chlorwasserstoff und Zink[2)], wobei die zum Zeitpunkt der Planung aktuellen Werte in die Betrachtung zum Genehmigungsantrag, aber auch zu der notwendigen technischen Ausführung in Betracht gezogen werden sollten.

3.1.2.3 **Wesentliche Änderung**

Ab wann ist eine Änderung eine wesentliche Änderung, die eine Änderungsgenehmigung erfordert? Abschließend kann diese Frage an dieser Stelle nicht geklärt werden, da eine Einzelfallentscheidung der genehmigenden Behörde möglich ist. Folgende Anhaltspunkte gelten aber als grundsätzliche Richtschnur:

Erhöhung des Rohgutdurchsatzes um 0,5 t/h entsprechend der Ziffer 3.9.2 des Anhangs der 4. BImSchV (4. BImSchV, 2012) bzw. 30m^3 oder mehr Erhöhung des Wirkbadvolumens der aktiven Becken in der Oberflächenvorbereitung gemäß Ziffer 3.10.1 der 4. BImSchV.

Mit dem Bau sollte erst begonnen werden, wenn die Genehmigung erteilt und alle Bauabschnitte vertraglich gebunden sind. Anderenfalls kann es zu erheblichen Verzögerungen im Bauablauf und erhöhten Kosten kommen. Zudem befindet man sich beim Bauen ohne immisionsschutzrechtliche (Änderungs-)Genehmigung im Straftatbestand. Die Vergabe an einen Generalauftragnehmer mit exakten Fertigstellungsterminen für die einzelnen Objekte und Kosten kann deshalb von Vorteil sein und ist u. a. mit abhängig von der Größe der Feuerverzinkerei.

2) Zum Zeitpunkt der Erstellung waren die Arbeitsplatzgrenzwerte für Chlorwasserstoff 3 mg/m^3, für zinkhaltige Stoffe 2 mg/m^3 (E-Fraktion) und 0,1 mg/m^3 (A-Fraktion), (MAK-Kommissionsvorschlag), für den allg. Staubgrenzwert 10 mg/m^3 (E-Fraktion) und 1,25 mg/m^3 (A-Fraktion) gemäß TRGS 900 Ziff. 2.4ff.

3.1.3 Technische Ausrüstungen sowie bauliche und rechtliche Anforderungen

Technische Ausrüstungen von Stückgutverzinkungsanlagen

Die wesentlichen Ausrüstungen einer Stückgutverzinkungsanlage sind die Behälter zur Oberflächenvorbereitung, der Trockenofen und der Verzinkungsofen mit Verzinkungskessel (Abb. 3.1). In den Anfangsjahren der Stückgutverzinkung (Feuerverzinkung) wurde das Verzinkungsgut von Hand, später zum Teil von manuell bedienten Transporteinrichtungen in die Verfahrensbehälter und den Verzinkungskessel eingebracht. Zur Erhöhung der Wirtschaftlichkeit wurden in den letzten 30 Jahren die Ausrüstungen vor allem mit dem Ziel weiter entwickelt, Arbeitszeit, Energie und Zink einzusparen sowie die Qualität der Zinküberzüge zu erhöhen. Großer Wert wurde dabei auch auf die Einhaltung der gesetzlichen Bestimmungen zum Arbeitsschutz, der Verringerung körperlich schwerer Arbeit und zur Reinhaltung der Luft gelegt. Damit verbunden sind weitere Ausrüstungen wie Transport- und Krananlagen, Anlagen zur Reinhaltung der Luft und andere hinzugekommen. Die nachfolgenden Ausführungen geben einen Überblick zu mechanisierten bis hin zu automatisierten Stückgutverzinkungsanlagen.

Allgemeine bauliche und rechtliche Anforderungen

Es gibt natürlich eine Vielzahl von baulichen Belangen, Rechtsvorschriften und Regelungen, die beim Bau einer Feuerverzinkerei Beachtung finden müssen. Im folgenden Abschnitt werden die für Feuerverzinkereien speziellen Regelungen, die übergreifend für mehrere Bereiche relevant, sind im Überblick dargestellt.

Bei der Errichtung einer Feuerverzinkerei sind zu einem möglichst frühen Zeitpunkt die wesentlichen baulichen Planungen vorzunehmen. Dazu zählt die Auswahl eines geeigneten Grundstücks wie auch die baulichen und genehmigungsrelevanten Aspekte für die Gebäude und Anlagen.

3.1.3.1 Verzinkereigrundstück

Das Grundstück einer Verzinkerei umfasst im Wesentlichen:

- großzügig angelegte Zu- und Abfahrtstraßen einschließlich Radien, damit ein Rangieren der Lkws entfällt,

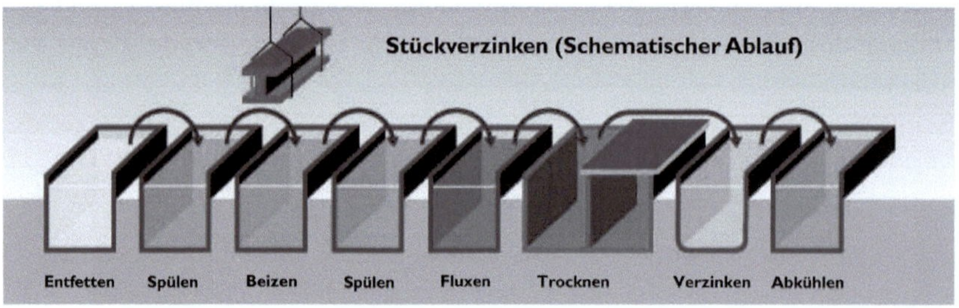

Abb. 3.1 Verfahrensablauf beim Stückverzinken (Institut Feuerverzinken GmbH, Düsseldorf).

- Außenflächen für Schwarz- und Weißlager sind mit Kränen bestückt und/oder mit Flurfördermitteln befahrbar,
- Warenannahme mit Waage und Warenausgabe,
- Verzinkereigebäude mit Kränen bestückt, bestehend aus:
  - Schwarzlager sowie Fläche zum Anschlagen der Bauteile an Traversen, Gestelle und dergleichen,
  - Oberflächenvorbereitungsanlage (Entfetten, Beizen, Fluxen),
  - Trockenofen und Verzinkungsofen mit Verzinkungskessel,
  - Nacharbeitsbereich und Weißlager,
- Büro- und Sozialgebäude.

Bei der Auslegung der o. g. Flächen sollte unbedingt die Logistik einer Verzinkerei ausreichend Beachtung finden, damit diese nicht zu klein ausgelegt werden, sowie Transportwege optimal (kurze und schnelle Wege) angelegt werden können.

3.1.3.2 **Verzinkereihalle**

Das Verzinkereigebäude kann monolithisch oder als Stahlbau ausgeführt werden. Heute dominieren Verzinkereigebäude aus Stahl.

Bei den Ausführungen müssen die Stahlkonstruktionen vor Korrosion gegenüber den mehr oder weniger stark auftretenden aggressiven Salzsäureemissionen geschützt werden. Details zu baulichen Korrosionsschutzanforderungen sind in Abschn. 3.1.3.3 beschrieben.

Bei der Projektierung der Gebäude und Hallen ist vor allem auch darauf zu achten, dass so viel wie möglich Tageslicht einfallen kann.

Die monolithische Bauweise kann z. B. in Fertigbetonteilen oder als Mauerwerk ausgeführt werden. Mit Stahl bewährte Betonfertigteile haben sich in der Praxis nicht immer bewährt, besonders dann nicht, wenn die Betonüberdeckung der Bewehrung unzureichend und diese durch die Salzsäureemissionen der Oberflächenvorbereitung angegriffen wurden.

Sowohl bei der Stahlbauausführung als auch der monolithischen Bauweise ist zu beachten, dass bei offenstehenden Salzsäurebeizbehältern in der Oberflächenvorbereitung ständig Salzsäureemissionen in die Halle gelangen und damit die gesamte Hallenkonstruktion sowie die Hülle, einschließlich der Ausrüstungen (Kräne, Verzinkungskesseleinhausung, Hilfseinrichtungen usw.), starken Korrosionsbelastungen ausgesetzt sind und entsprechend vor dieser starken Korrosionsbelastung passiv geschützt werden müssen. Außerdem fällt dadurch täglich ein hoher Zeit- und Kostenaufwand für Reparaturen an den Ausrüstungen an, teilweise verbunden mit Produktionsausfall. Aus der Praxis ist bekannt, dass allein für Reparaturen an Kränen und der Verzinkungskesseleinhausung täglich bis zu zwei Stunden für Reparaturarbeiten anfallen können. Wird der Korrosionsschutz falsch gewählt, kann erheblicher Zeit- und damit Kostenaufwand zur Erneuerung und Instandhaltung anfallen.

Des Weiteren können sich die Emissionen im Weißmateriallager niederschlagen und dort zur Korrosion der frisch hergestellten Zinküberzüge führen. Offene

Oberflächenvorbereitungsanlagen sollten deshalb der Vergangenheit angehören oder aber immer von der Verzinkungsanlage und dem Weißmateriallager hermetisch getrennt sein.

Die Halle, in der die frisch verzinkten Bauteile gelagert werden, sollte möglichst gedämmt sein. Anderenfalls kann nicht ausgeschlossen werden, dass Kondenswasser von der Kaltdachdecke auf die frisch hergestellten Zinküberzüge tropft, diese angreift und unansehnliche Flecken hinterlässt.

Entgegenwirken kann man diesen Korrosionsbelastungen nur durch Ausschalten der Emissionsquellen im „Status nascendi", d. h. im Entstehungszustand. In der Praxis haben sich seit ca. 25 Jahren eingehauste Oberflächenvorbereitungsanlagen bestens bewährt, die so dicht sind, dass keine schädlichen Gase in die Halle austreten können. Das Weißmateriallager wird meistens in einem gesonderten, gedämmten Gebäudeteil neben der Vorbereitungsanlage untergebracht, teilweise auch die Verzinkungsanlage. So kann z. B. das vorbereitete und gefluxte Verzinkungsgut durch einen Flurquertransporttunnel, der gleichzeitig als Trockenofen ausgebildet ist, in die Nachbarhalle zum Verzinkungsofen und von diesem in den Nacharbeitsbereich sowie das Weißlager transportiert werden. Verschiedene Varianten sind in Abschn. 3.2 beschrieben. Neben der Erhöhung der Qualität der Zinküberzüge werden bei einer gekapselten Anlage chloridhaltige Schadstoffe in der Verzinkereihalle nahezu 100-prozentig ausgeschaltet und somit der Arbeitsschutz deutlich verbessert sowie die o. g. starken Korrosionserscheinungen weitestgehend verhindert. Damit wird die Standzeit der Verzinkereihalle wesentlich verlängert und gleichzeitig entfallen der hohe Zeit- und Kostenaufwand für Reparaturarbeiten und Ersatzinvestitionen.

Auch bezogen auf Außenhülle und Dach sollte wieder zwischen offenen und geschlossenen Oberflächenvorbereitungsanlagen unterschieden werden, wobei erstere wegen der starken Korrosionsbelastungen die größten Schwierigkeiten bereitet. Es gibt mehrere Möglichkeiten an Bauelementen für die Hülle und das Dach. Bei der Auswahl sind vor allem die Korrosionsbelastungen, Lebensdauer und Kosten von Bedeutung. Früher kam vielfach Holz zur Anwendung, was in Bezug auf die Korrosion keine wesentlichen Probleme bereitet hat, da es eine gewisse Dämmung mit sich bringt und Kondensate aufsaugt. Da von der Unterseite des Holzdaches keine Kondensattropfen herunter fallen und die frisch verzinkten Bauteile beaufschlagen, ist dieser Baustoff besonders für das Weißmateriallager von Vorteil.

Auch Eternit kommt zum Einsatz. Ein wesentlicher Nachteil ist die Kondensatbildung an der Unterseite des Daches, sodass in Abhängigkeit von der Wetterlage dieses heruntertropft und die Ausrüstungen aber – besonders die frisch erzeugten Zinküberzüge der Stahlbauteile – nachteilig beeinflusst. Dächer mit Eterniteindeckung sind aber auch in hohem Maße gegenüber Sturm gefährdet. Nicht selten führt Sturm zu Schäden durch Abdeckungen von Eternitplatten.

Bei Anwendung von Betonfertigbauteilen besteht bei unzureichender Wärmedämmung ebenfalls die Gefahr der Kondensatbildung mit den vorgenannten Nachteilen. Gasbetonfertigbauteile haben sich wegen ihres guten Wärme- und

Schalldämmwertes durchaus bewährt, kommen aber wegen ihres Preises nur bedingt zur Anwendung.

Für die Außenhülle und das Dach kommen heute überwiegend mit Kunststoff beschichtete Stahltrapezprofile zum Einsatz. Probleme gibt es bei offenen Oberflächenvorbereitungsanlagen, da alle Profilbleche mit Zink, Galfan oder Galvalume beschichtet sind und von Salzsäureemissionen angegriffen werden, sobald die Kunststoffbeschichtung beschädigt oder durchlässig ist. Keine Probleme treten bei geschlossenen Oberflächenvorbereitungsanlagen auf.

Bei der Auswahl geeigneter Beschichtungssysteme für Stahlblechprofile sollte die DIN 55634:2010 hinzugezogen werden. Sie enthält wichtige Tabellen zu Auswahlkriterien. Anhand von Korrosivitätsklassen kann die vorherrschende Belastung eingeordnet und das entsprechende Material ausgewählt werden. Für die Außenhülle haben sich bei eingehausten Oberflächenvorbereitungsanlagen mit Kunststoff beschichtete Trapezbleche bewährt. In Abhängigkeit von den klimatischen Bedingungen und Forderung des Arbeitsschutzes kommen Isolierpaneele oder auch einfache Blechpaneele zur Anwendung.

Bei Verwendung von Paneelen auf Kunststoffbasis ist Folgendes zu beachten:

- Beständigkeit gegenüber Salzsäureemissionen,
- UV- und Temperaturbeständigkeit und
- Brandschutz.

Die Dacheindeckung sollte isoliert ausgeführt sein, damit eine Taupunktunterschreitung sowie Kondensat- und Tröpfchenbildung vermieden wird. Für das Weißmateriallager ist das eine wesentliche Voraussetzung zur Sicherung der Qualität der Zinküberzüge. Bewährt haben sich dabei hallenseitige Holzverschalungen mit darauf liegenden Dampfsperren aus PE-Folie, und darauf wiederum eine Wärmeisolierung und schließlich als Außenhaut Profilblech.

3.1.3.3 Bauliche Korrosionsschutzanforderungen

Bei der Auswahl des Korrosionsschutzes muss man unterscheiden zwischen Hallen mit offener und geschlossener (eingehauster) Oberflächenvorbereitungsanlage. Bei ersteren kondensieren die Salzsäureemissionen in Abhängigkeit von der Wetterlage teilweise an den Wänden und im Inneren des Daches und führen zu Korrosionsschäden. Deshalb kommt in diesem Fall dem Korrosionsschutz von Stahlkonstruktionen eine besondere Bedeutung zu. Aber auch monolithische Bauten müssen vor den Salzsäureemissionen passiv geschützt werden, denn sie sind alkalischer Natur und werden demnach von den Salzsäureemissionen angegriffen.

Offene Oberflächenvorbereitungsanlagen

Wegen der in Abschn. 3.1.3 beschriebenen starken Korrosionsbelastungen und den damit verbundenen Nachteilen sollten offene Oberflächenvorbereitungsanlagen beim Neubau „auf der grünen Wiese“ der Vergangenheit angehören.

Die Stahlkonstruktion einer Verzinkereihalle mit offenen Beizen kann auf dem heutigen Wissensstand nur mit einem hochwertigen Beschichtungssystem vor den vorliegenden starken Korrosionsbelastungen ausreichend geschützt werden. In der Praxis haben sich z. B. folgende Beschichtungssysteme bewährt (Oberflächenvorbereitung und Applikation der Beschichtung nach Angaben des Beschichtungsstoffherstellers):

- System 1:
  - 4 × 80 μm Zwei-Komponenten-Epoxidharz = 320 μm
  - 2 × 40 μm PUR = 80 μm
  - Gesamtschichtdicke 400 μm
- System 2:
  - 5 × 80 μm Zwei-Komponenten-Epoxidharz = 400 μm

Duplex-Systeme (Zink + organische Beschichtung) sind für Stahlkonstruktionen mit offenen Oberflächenvorbereitungsanlagen nicht geeignet und sollten keinesfalls zur Anwendung kommen.

Beispielsweise wurden in den 1970er- und 1980er-Jahren die Stahlkonstruktionen verzinkt und danach mit ca. 160–240 μm PVC Anstrichstoff beschichtet. Nach ca. zehn Jahren blühte die gesamte beschichtete Oberfläche der Konstruktion in Form von Zinkkorrosionsprodukten unter dem Anstrich mit teilweisen Rotrosterscheinungen auf. Bei Dauerfeuchte kann nicht ausgeschlossen werden, dass die auf der Beschichtung niedergeschlagenen verdünnten Salzsäurekondensate durch die Beschichtung hindurch diffundieren und damit sofort das Zink entsprechend der Reaktionsgleichung

$$Zn + 2HCl \rightarrow ZnCl_2 + H_2$$

angreifen. Das Volumen des entstehenden Zinkchlorids sowie der Wasserstoff drücken den Anstrich regelrecht von dem Zinküberzug ab und nach kurzer Zeit ist der Zinküberzug abgetragen, d. h. durch o. g. Reaktion aufgezehrt. Danach kommt es zum Angriff der Stahloberfläche, und die verdünnte Salzsäure greift den Stahl an.

Verzinkereihallen in monolithischer Bauweise werden in den meisten Fällen mit Epoxidharz versiegelt und mit einem gegen säurehaltige Luft beständige Beschichtung vor Korrosion geschützt. Das Korrosionsschutzsystem sollte mit dem bauausführenden Fachbetrieb auf die vorliegenden Korrosionsbelastungen abgestimmt und festgelegt werden.

Geschlossene Oberflächenvorbereitungsanlagen

In Abhängigkeit von der verwendeten Anlagentechnik zur Verhinderung austretender Salzsäureemissionen (öffnende und verschließbare Deckel, Einhausung) wird die Korrosionsbelastung stark reduziert bzw. z. B. bei Einhausungen nahezu ganz ausgeschlossen (Abschn. 3.4). Der beste Beweis dafür, dass die Korrosionsbelastung durch Salzsäureemissionen nahezu null beträgt, ist die Tatsache, dass bei dieser Korrosionsbelastung der Zinküberzug auf den Stahlkonstruktionen keinerlei oder aber nur geringfügig Weißrost aufweist.

In der Praxis haben sich Stahlbauhallen in verzinkter Ausführung bewährt. Es kann aber auch ein drei- bis vierfacher Epoxidharzanstrich (240 bzw. 320 μm) gewählt werden.

Auch bei Verzinkereihallen in monolithischer Bauweise kann der Korrosionsschutz reduziert werden, wobei auch hier eine Abstimmung mit dem bauausführenden Fachbetrieb vorgenommen werden sollte.

Besondere Vorkehrungen verlangt die Ausführung des Hallenbereiches, in dem die Anlage zur Oberflächenvorbereitung aufgestellt ist. Wurden früher die Behälter zur Oberflächenvorbereitung in eine mit säurebeständigem Material ausgekleidete Auffanggrube gestellt, werden heute eingehauste Vorbereitungsanlagen überwiegend auf dem Hallenboden aufgebaut. Diese Bauweise ist preiswerter, und die Behälter können besser auf ein Leck kontrolliert werden. Die Ausführung der Tragkonstruktion variiert, bedingt durch unterschiedliche Hersteller. So gibt es z. B. Stahlkonstruktionen auf die Isolierpaneelen montiert und auf der Vorbereitungsseite GFK beschichtet sind. Es gibt aber auch Holzkonstruktionen, die auf der Oberflächenvorbereitungsseite mit verschweißten Platten belegt sind. Dabei ist die Auffangtasse immer mit dem Aufbau der Einhausung der Vorbereitungsanlage verbunden. Als Hallenboden kommen häufig versiegelte Betonböden zum Einsatz.

Ein weiteres Problem stellen Verbindungsmittel dar, da auch die meisten Edelstähle wie V2A und V4A von salzsäurehaltigen Medien angegriffen werden. Ein Anhaltspunkt ist der Einsatz von Verbindungsmitteln in Schwimmbädern, in denen ebenfalls Korrosionsbelastungen durch Chloride vorliegen. Dort werden folgende Werkstoffe als Schrauben etc. nach DIN EN 10188-1 eingesetzt und sind nach der allgemeinen bauaufsichtlichen Zulassung Z-30.3-6 genormt.

Folgende Stähle enthalten alle um die 20 % Chrom und meistens 4 % Molybdän, Nickel meistens >15 %:

- 1.4539 X1 NiCrMoCu 25-20-5
- 1.4529 X1 NiCrMoCuN 25-20-7
- 1.4565 X2 CrNiMnMoN 25-18-6-5
- 1.4547 X1 CrNiMoCuN 20-18-7

Eine gute Korrosionsbeständigkeit gegen reduzierende Medien, insbesondere Salzsäure aller Konzentrationen bis zum Siedepunkt, sind Nickel-Molybdän-Legierungen (NiMo28), bekannt unter der Bezeichnung Hastelloy B-2 (2.4617). Hastelloy C-276 (2.4819) ist eine der beständigsten Nickel-Molybdän-Legierungen (NiMo16Cr15W) mit besonderer Beständigkeit gegenüber oxidierenden Angriffen, auch gegenüber Chloriden.

Wegen der hohen Kosten der aus diesen Werkstoffen gefertigten Verbindungsmittel, werden in der Praxis meistens ungeschützte (schwarze) Verbindungsmittel eingesetzt, die kontrolliert und bei Verschleiß ersetzt werden.

3.1.3.4 Anforderungen an Oberflächenvorbereitungsanlage, Lagerbehälter und Abfüllplätze

Die wesentliche rechtliche Grundlage für die Oberflächenvorbereitungsanlage, Lagerbehälter und Abfüllplätze stellt die Anlagenverordnung (bisher VAwS, zukünftig AwSV) dar. Darüber hinaus haben sich über die Jahre bestimmte technische Lösungen im Bereich von Feuerverzinkungsanlagen bewährt.

Hierbei sind folgende Sachverhalte im Sinne einer Checkliste zu beachten:

Bauliche Anforderungen an die Oberflächenvorbereitungsanlage

- Ausrüstung,
- Fachbetriebsvoraussetzungen für alle Arbeiten nach § 62 WHG,
- Material,
- für die Auffangtasse: Ausführung des Betonbauwerks gemäß TRwS 786 und der Betonbaurichtlinie (BUmwS-Richtlinie), die Verwendung von bauaufsichtlich zugelassenen Fugenblechen bzw. Bändern, beständiger Beton,
- Beschichtung der Tasse muss für mineralische Säuren und Öle beständig sein, bauaufsichtlich zugelassen oder
- Auskleidung der Tasse mit einem beständigen Werkstoff, z. B. Polyethylen-Platten durch einen Fachbetrieb,
- Prüfpflichtig durch einen VAwS-Sachverständigen (bei Inbetriebnahme, nach dem ersten Jahr und dann wiederkehrend alle fünf Jahre).

Bauliche und rechtliche Anforderungen an Lagerbehälter für Frischsäure und Altsäure

- Ausrüstung (Überfüllsicherung, Grenzwertgeber, Auffangvolumen des Tankinhaltes oder Doppelwandigkeit),
- Fachbetriebsvoraussetzung für alle Arbeiten, d. h. Fachbetrieb nach § 62 ff. WHG (WHG, 2010),
- Material (beständig, mechanische Belastbarkeit),
- bauaufsichtliche Zulassung des jeweiligen Lagerbehälters für das gelagerte Medium,
- prüfpflichtig durch einen VAwS-Sachverständigen (erstmalig, ggf. alle fünf Jahre wiederkehrend).

Bauliche Anforderungen an den Säureabfüllplatz

- Ausrüstung (Leckagesonde im Pumpensumpf),
- Fachbetriebsvoraussetzungen,
- geeignetes Material,
- bauaufsichtliche Zulassung der Beschichtung bzw.
- Ausführung des Betonbauwerks gemäß TRwS 786 und der Betonbaurichtlinie (BUmwS-Richtlinie),
- prüfpflichtig durch einen VAwS-Sachverständigen (bei Inbetriebnahme, nach dem ersten Jahr und dann wiederkehrend alle fünf Jahre).

Materialauswahl in der Oberflächenvorbereitungslinie

Grundsätzlich haben sich im Bereich der Oberflächenvorbereitung folgende Materialien als beständig erwiesen, wobei auf zukünftige Neuentwicklungen geachtet werden muss:

- Polyethylen,
- Stahl mit Einsatz von Inhibitoren,
- glasfaserverstärkte Kunststoffe, z. B. System Koerner, Österreich,
- bauaufsichtlich zugelassene Beschichtungen, z. B. auf Epoxidbasis.

Das Herstellen von Behältern für die Oberflächenvorbereitung und alle Arbeiten und in der Oberflächenvorbereitung sind fachbetriebspflichtig im Sinne des Wasserhaushaltsgesetzes (WHG, 2010).

Weitere Planungsgrundlagen

Entsprechend der zu erwartenden Neuregelung durch die kommende Anlagenverordnung AwSV (Entwurf AwSV, 2014), sind diese Anlagen vor Inbetriebnahme durch einen Sachverständigen einer amtlich anerkannten Sachverständigenorganisation nach AwSV zu prüfen. Es empfiehlt sich, bei Neuplanung einen Sachverständigen schon in der Planungsphase einzubinden.

Bei der Ausführung von Oberflächenvorbereitungsbehältern und Lagertanks sind folgende Voraussetzungen schon bei der Planung zu berücksichtigen, die wesentliche Rechtsquelle ist auch hier die AwSV (Entwurf AwSV, 2014):

1. Eingesetztes Medium (Beständigkeit gemäß der Medienliste (Medienliste, 2012), Abminderungsfaktoren beachten,
2. aus 1.) abgeleitetes Material, aus dem der Behälter/der Tank bestehen soll,
3. Arbeitstemperatur (z. B. bei Polyethylen wird eine Temperatur größer 50 °C nicht unbedingt empfohlen),
4. mögliche mechanische Belastungen durch Werkstücke bei Oberflächenvorbereitungsbecken,
5. für Oberflächenvorbereitungen ist ein entsprechender Auffangraum erforderlich, der 10 % der Gesamtmenge, aber mindestens das größte Becken aufnehmen kann, wobei Verdrängungsvolumen abgezogen werden müssen.
6. Beschichtungssysteme auf Betonwannen müssen grundsätzlich eine bauaufsichtliche Zulassung mit einer Medienbeständigkeit, z. B. für Salzsäure 33 %, Eisenchlorid, Zinkchlorid, Ammoniumchlorid, Kohlenwasserstoffe C_{10} bis C_{40}, besitzen.
7. Lagertanks benötigen auf jeden Fall auch eine bauaufsichtliche Zulassung.
8. Pumpensümpfe sind gemäß der Grundsatzvoraussetzungen der AwSV dann doppelwandig mit einer Leckagesonde auszurüsten, wenn diese ständig mit Medium beaufschlagt sind. Dies ist z. B. bei einer Abfüllfläche oder einer offenen Oberflächenvorbereitung (Tropfverluste zwischen den Becken) der Fall.
9. Bei Lagerbehältern sind auf jeden Fall bauaufsichtlich zugelassene Grenzwertgeber (Überfüllsicherungen) erforderlich.

Anforderungen an Betonbauwerke in der Oberflächenvorbereitung

Bei Betonbauwerken, wie der Auffangtasse für die Oberflächenvorbereitung, Lagerflächen und der Abfülltasse werden an das Bauwerk besondere Anforderungen gestellt, die in der Betonbaurichtlinie (BUmwS-Richtlinie) und z. B. in der TRwS 786 über Dichtflächen festgelegt sind.

So muss der Beton (ausgeführt als FD-/FDE-Beton[3]) nach DIN 1045)

- bestimmten Festigkeiten genügen, in der Regel C35/45 (Zement),
- eine definierte Rissbreitenbeschränkung von 0,2 mm für beschichteten Beton, bzw. 0,1 mm für unbeschichteten Beton (BUmwS-Richtlinie) und
- bestimmte Expositionsklassen nach DIN 1045 (Zement), z. B. XA3 für hohe chemische Beständigkeit oder XM2 für mittlere mechanische Beständigkeit vorweisen.

Dies sollte in Zusammenarbeit mit einem Fachplaner und einem Sachverständigen schon frühzeitig in der Planungsphase ausgearbeitet werden. Nachrüstungen in diesem Bereich – weil Auflagen des §§ 3 AwSV (AwSV, 2014) nicht eingehalten sind, sind sehr aufwendig und teuer.

3.1.3.5 Anforderungen der Maschinenrichtlinie

Gemäß der Maschinenrichtlinie, Richtlinie 2006/42/EG, (MRL, 2006)[4]) dürfen nur Maschinen in Verkehr gebracht werden, wenn diese mit den geltenden Normen konform sind. Inverkehrbringer ist auch eine Feuerverzinkerei, die eine Maschine selbst entwickelt oder wesentlich verändert und dann ihre eigenen Mitarbeiter mit dieser Maschine arbeiten lässt.

Eine Konformität einer Maschine beinhaltet:

1. Risikobeurteilung (DIN EN ISO 14121-1) unter Einbeziehung vorhandener Vorschriften und Normen (Gefährdungsbeurteilung ist Betreibersache; Risikobeurteilung ist Herstellersache),
2. Unterlagen zur Konstruktion der Maschine (Verbleiben beim Hersteller),
3. Betriebsanleitung,
4. Konformitätserklärung mit CE-Kennzeichnung.

Mit dem CE-Zeichen nach der Maschinenrichtlinie 2006/42/EG zeigt der Hersteller gegenüber der zuständigen Behörde an, dass seine Maschine den einschlägigen EG-Richtlinien entspricht, die eine CE-Kennzeichnung verlangen. Das CE-Zeichen ist kein Qualitätszeichen. Die CE-Kennzeichnung ist auf (fast) allen Produkten anzubringen, die unter den Anwendungsbereich der Maschinenrichtlinie fallen.

3) FD – flüssigkeitsdichter Beton, FDE – flüssigkeitsdichter Beton mit Nachweis gemäß DIN 1045. Überwachte Baustelle der Überwachungsklasse 2 nach DIN 1045 erforderlich.

4) Richtlinie 2006/42/EG des Europäischen Parlaments und des Rates über Maschinen und zur Änderung der Richtlinie 95/16/EG (Neufassung) vom 17. Mai 2006 (ABl. EU vom 9.6.2006 Nr. L 157 S. 24).

Tab. 3.1 Übersicht der zeitlichen Regelung der Maschinenrichtlinie bzgl. Bestandsschutz.

Altmaschine	Gebaut bis 31.12.1992	Hat keine CE-Kennzeichnung, wurde nach deutschen Vorschriften gebaut, gilt als Altanlage, wenn keine wesentliche Änderung nach 1994 vorgenommen wurde. Trotzdem: Der Bestandsschutz ist wesentlich eingeschränkt. Die Vorgaben des Anhang 1 der Betriebssicherheitsverordnung sind einzuhalten; egal, wie alt eine Maschine ist.
Übergangsmaschine	Gebaut zwischen 01.01.1993 und 31.12.1994	Der Hersteller hatte die Wahl ohne CE-Konformität, dann aber nach den deutschen Vorschriften, oder mit CE-Konformität zu bauen. Ist Letzteres gemacht worden, ist dies zu einer Neumaschine gleichwertig.
Neumaschine	Gebaut ab 01.01.1995	CE-Konformität ist verpflichtend.

Schon bei dem Erwerb einer einzelnen Anlage bzw. bei der Planung einer verknüpften Anlage sollte darauf geachtet werden, dass eine gültige Konformitätserklärung über die gesamte Anlage vorliegt. Die nachträgliche Erstellung, z. B. für eine Krananlage mit Steuerung der Oberflächenvorbereitungseinhausung etc., kann sehr teuer und aufwendig sein!

Was sind Altanlagen und was heißt der sogenannte Bestandsschutz im Zusammenhang mit der Maschinenrichtlinie?
Als Regel gilt, dass Anlagen, die vor dem 31.12.1994 gebaut wurden, keine Konformitätserklärung im Sinne der Maschinenrichtlinie benötigen. Hier besteht die Verpflichtung des Anlagenbetreibers aber darin, die Grundsätze des Arbeitsschutzes einzuhalten. Dies wird durch die gesetzlich geforderte Gefährdungsbeurteilung nach § 5 Arbeitsschutzgesetz (ArbSchG) auf der Grundlage des Anhanges 1 der Betriebssicherheitsverordnung (BetrSichV, 2015) sichergestellt, wobei hier eine ausreichende, auf die Anlage bezogene – nicht zu oberflächliche – Betrachtung der Gefährdungen nach DIN EN ISO 12100 erforderlich ist.

In diesem Zusammenhang wurden die Begriffe Alt-, Übergangs- und Neumaschine gemäß Tab. 3.1 eingeführt.

3.2 Anlagenlayout und Aufstellungsvarianten

Es gibt die unterschiedlichsten Layouts und Aufstellungsvarianten, um den individuell optimalen Materialfluss zu realisieren. Von den manuellen, über die in Teilbereichen automatisierten, bis hin zu vollautomatischen Anlagen sind den Möglichkeiten nahezu keine Grenzen gesetzt. Die Einschränkungen werden meistens durch das zur Verfügung stehende Platzangebot und natürlich das Investitionsvolumen gesetzt. Das Verzinkungsgut ist heutzutage nicht mehr allein als Entscheidungshilfe zu sehen. Denn auch mit (teil-)automatischen Anlagen und modernster Technik lassen sich heute Lohnverzinkungen realisieren.

In den folgenden Kapiteln wird eine Kurzbeschreibung der unterschiedlichen Anlagenkomponenten vorgenommen, die heute standardmäßig zum Einsatz kommen. Anschließend werden verschiedene Aufstellungsvarianten erläutert.

- Wie ist der Materialfluss realisiert?
- Welche Vor- und Nachteile bringt die jeweilige Variante mit sich?

Auf diese und auf weitere Fragen wird in den Kapiteln eingegangen.

3.2.1 Geradliniger Durchlauf

Der *geradlinige Durchlauf* (Abb. 3.2) ist eine der einfachsten Layoutvarianten. Je nach Ausführung und dem vorliegenden Verzinkungsgut können hiermit 3–3,5 Tauchungen pro Stunde erreicht werden, abhängig von den Rand- bzw. Prozessparametern. Die Bedienung erfolgt in den meisten Fällen rein manuell, kann aber in Teilbereichen (wie z. B. dem Bereich der Oberflächenvorbereitung und Trockner) automatisiert werden. Ergänzungen für diese Variante wären z. B. ein zusätzlicher Standspeicher für das Zwischenlagern von Traversen oder ein Leertraversenrücktransportsystem. Bei dem geradlinigen Durchlauf werden die Traversen ausschließlich quer transportiert. Somit wird zum Verzinken ein Brückenkran eingesetzt. Dieser „Verzinkungskran" ist in den meisten Fällen mit einer mitfahrenden Einhausung ausgestattet.

Materialfluss

Nach dem Wareneingang wird das Schwarzmaterial händisch zu den Rüstböcken bzw. Hub-Senk-Stationen befördert. An diesen Stationen werden die Traversen mit dem jeweiligen Schwarzmaterial bestückt. Die fertig gerüstete Schwarzwarentraverse wird nun von einem Brückenkran aufgenommen und als nächstes zu dem ersten Kettenförderer transportiert. Der Kettenförderer dient als Übersetzer in die gekapselte Oberflächenvorbereitung. Für den weiteren Traversentransport innerhalb der gekapselten Oberflächenvorbereitung werden ein oder mehrere Beizkrane (Brückenkran in säurebeständiger Ausführung) verwendet. Für eine erhöhte Lebensdauer und Einsatzbereitschaft verfahren diese vorzugsweise über der Einhausung der Oberflächenvorbereitung. Die Steuerung kann sowohl in manueller als auch in automatisierter Ausführung erfolgen. Nach dem Durchlaufen des Oberflächenvorbereitungsprozesses werden die Schwarzwarentraversen von einem der Beizkrane auf einem Kettenförderer im Trockner abgelegt und über diesen durch den Trockenofen befördert. Nach erfolgter Trocknung werden sie von einem Verzinkungskran aufgenommen. Nun findet der eigentliche Verzinkungsvorgang statt. Nach dem Verzinken übernimmt der Verzinkungskran den weiteren Transport der Weißwarentraversen. Die verzinkten Bauteile (Weißware) werden anschließend an den nachgelagerten Abrüstböcken bzw. Hub-Senk-Stationen abgerüstet.

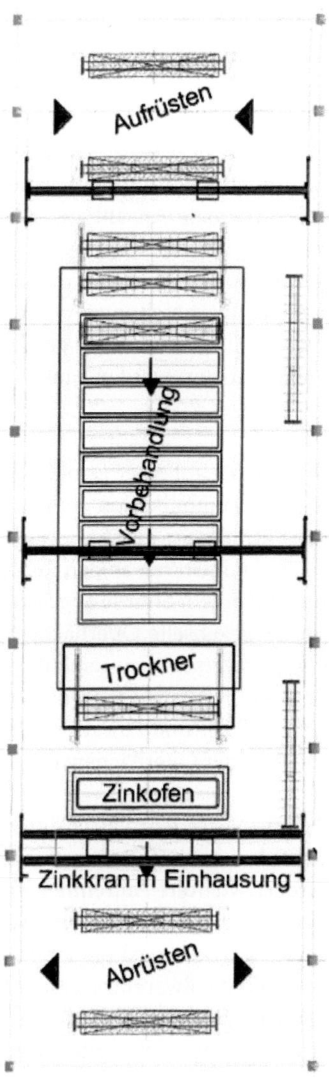

Abb. 3.2 Geradliniger Durchlauf der Bauteile (Quelle: Scheffer Krantechnik GmbH, Sassenberg, mit Erlaubnis).

Vorteile	Nachteile
• Geringes Investitionsvolumen • Geringer Platzbedarf • Oberflächenvorbereitungsbereich automatisierbar • Trocknerbereich automatisierbar	• Teilweise undefinierter Leertraversenrücktransport • Geringe Anzahl an Tauchungen pro Stunde durch hohen Anteil an Leerfahrt des Verzinkungskrans • Kein definierter Schwarzmaterialpuffer • Materialtransport über die Mitarbeiter

3.2.2 Geradliniger Durchlauf mit seitlichem Rüstbereich und Kreisringbahn im Verzinkungsbereich

Diese Variante arbeitet ebenso mit einem *geradlinigem Durchlauf* (Abb. 3.3). Hier ist der Auf- und Abrüstbereich jedoch seitlich angeordnet, wodurch das Layout dadurch kleiner aber breiter wird. Hierbei kann die maximale Anzahl an Tauchungen mit um die 4–4,5 Stück pro Stunde abgeschätzt werden, abhängig von den Rand- und Prozessparametern. Die Bedienung kann sowohl komplett manuell als auch in mehreren Teilbereichen, wie der Oberflächenvorbereitung und dem Trockner, automatisch realisiert werden. Die Besonderheit ist die Kreisringbahn im Verzinkungsbereich, welche ebenso bei Bedarf automatisiert werden kann.

Materialfluss

Das Auf- und Abrüsten der Traversen ist bei dieser Variante auf einer gemeinsamen Hallenseite realisiert. Somit sind eine verbesserte Kommunikation der Mitarbeiter und auch ein vereinfachter Leertraversenrücktransport gegeben. Nach dem Aufrüsten wird die Schwarzwarentraverse von einem Rüstkran an den Rüstböcken bzw. Hub-Senk-Stationen aufgenommen und auf einem Shuttle abgelegt. Das Shuttle befördert die Schwarzwarentraverse in die gekapselte Oberflächenvorbereitungslinie. Dort angekommen übernimmt das Traversenmanagement einer oder mehrere Beizkrane bzw. eine oder mehrere Fahreinheiten (jeweils mit säurebeständiger Ausführung). Für eine erhöhte Lebensdauer und Einsatzbereitschaft verfahren diese vorzugsweise über der Einhausung der Oberflächenvorbereitung.

Die Ausführung erfolgt manuell oder automatisiert. Nach dem Durchlaufen des Oberflächenvorbereitungsprozesses werden die Schwarzwarentraversen auf einem Kettenförderer durch den Trockenofen befördert. Mehrere Fahreinheiten, welche auf der Kreisringbahn verfahren, entnehmen nacheinander die Schwarzwarentraversen aus dem Trockner. Nun werden sie zum Verzinkungskessel transportiert und das Material verzinkt. Anschließend wird die Weißwarentraverse auf einem Shuttle abgelegt und dem Auf- und Abrüstbereich zugeführt. Ein Brückenkran bringt die Weißwarentraverse von dem Shuttle zu einem der Abrüstböcke bzw. Hub-Senk-Stationen.

Vorteile	Nachteile
• Relativ geringes Investitionsvolumen • Auf- und Abrüstbereich in einer Halle • Definierter Leertraversenrücktransport • Oberflächenvorbereitungsbereich automatisierbar • Trocknerbereich automatisierbar	• Materialtransport über die Mitarbeiter • Hoher Platzbedarf der Ringbahn

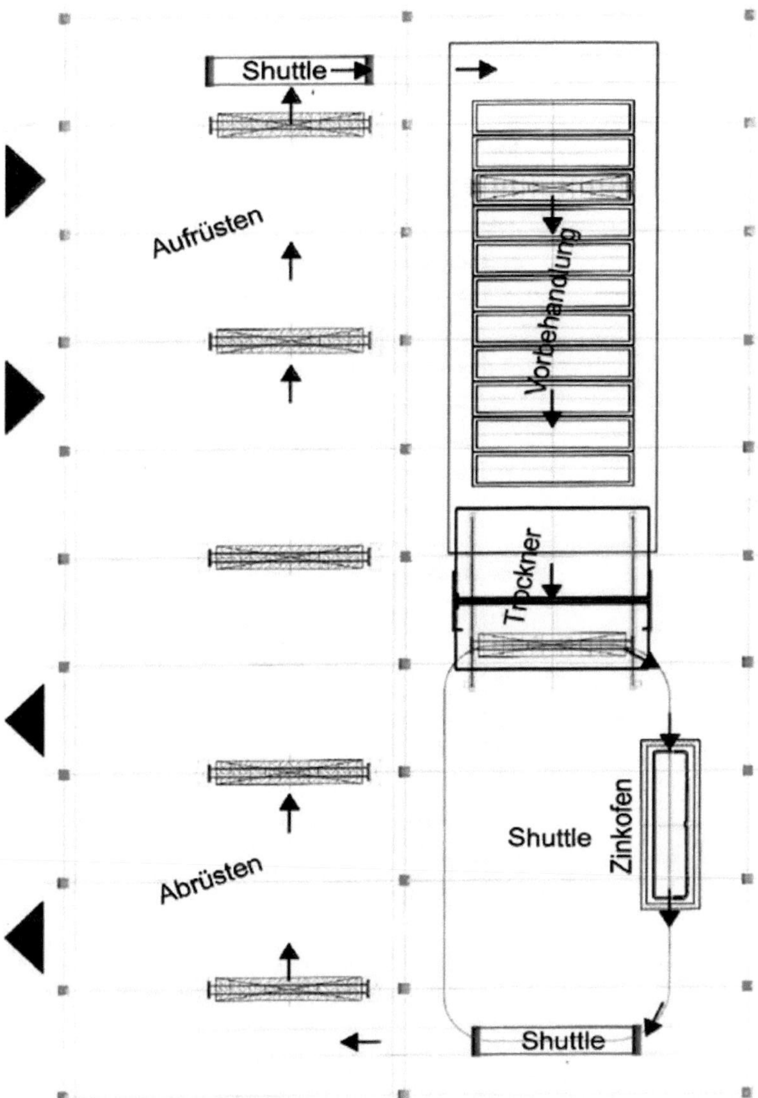

Abb. 3.3 Geradliniger Durchlauf mit seitlich positioniertem Rüstbereich und mit Kreisringbahn (Quelle: Scheffer Krantechnik GmbH, Sassenberg, mit Erlaubnis).

3.2.3
U-Förmiger Durchlauf

Die Rüstböcke bzw. Hub-Senk-Stationen für den Auf- und Abrüstbereich sind getrennt aber trotzdem direkt in zwei nebeneinander liegenden Hallenschiffen positioniert. Der Materialfluss ist *u-förmig* realisiert (Abb. 3.4). Man kann bei dieser Anlage mit sicheren 4–5 Tauchungen pro Stunde rechnen, abhängig von den

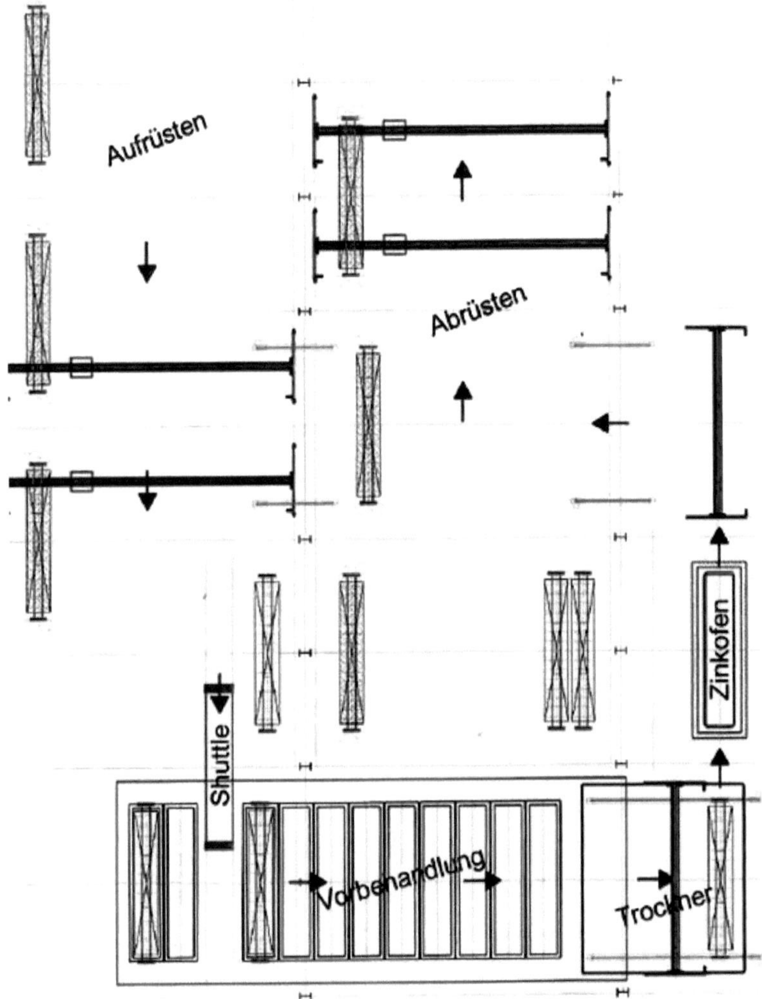

Abb. 3.4 U-Förmiger Durchlauf der Bauteile mit Verschiebebrücken (Quelle: Scheffer Krantechnik GmbH, Sassenberg).

Rand- und Prozessparametern. Die Anlage kann bis auf den Auf- und Abrüstbereich komplett automatisiert arbeiten. Zum Quertransport der Fahreinheiten im Verzinkungsbereich werden Verschiebebrücken eingesetzt.

Materialfluss

Das Auf- und Abrüsten der Traversen an Rüstböcken bzw. Hub-Senk-Stationen ist hier auf einer gemeinsamen Seite aber in zwei getrennten Hallenschiffen realisiert. Nach dem Aufrüsten in Hallenschiff 1 wird die Schwarzwarentraverse von einem manuellen Rüstkran aufgenommen und auf einem Shuttle abgesetzt.

Über das Shuttle wird die Schwarzwarentraverse seitlich in die gekapselte Oberflächenvorbereitungslinie befördert. In der Oberflächenvorbereitung übernehmen ein oder mehrere Beizkrane bzw. eine oder mehrere Fahreinheiten (jeweils mit säurebeständiger Ausführung) das Traversenmanagement. Für eine erhöhte Lebensdauer und Einsatzbereitschaft verfahren diese vorzugsweise über der Einhausung der Oberflächenvorbereitung. Die Bedienung erfolgt manuell oder automatisiert. Nach dem Durchlaufen des Oberflächenvorbereitungsprozesses werden die Schwarzwarentraversen mithilfe eines Kettenförderers durch den Trockenofen befördert. Die in dem nachgelagerten Kreislauf verfahrenden Fahreinheiten heben die Schwarzwarentraversen aus dem Trockner und transportieren sie zum Verzinkungskessel. Die Besonderheit bei dieser Variante ist das in sich geschlossene Verschiebebrückensystem. Zur Querförderung fahren die Fahreinheiten komplett auf ein Teilstück der Einschienenkatzbahn (Monorail), dieses Teilstück (Verschiebebrücke genannt) kann entsprechend in Querrichtung verfahren werden. Somit entsteht ein in sich geschlossener Kreislauf. Dadurch werden in dieser Variante der Trockner, der Verzinkungskessel und der nachgelagerte Kettenförderer erfasst. Nach dem Verzinkungsvorgang werden die Weißwarentraversen über den nachgelagerten manuellen Kettenförderer dem Abrüstbereich zugeführt. Einer der Abrüstkrane bringt die Weißwarentraverse nun zu einem freien Abrüstbock bzw. Hub-Senk-Station. Die leeren Traversen werden über einen Kettenförderer wieder dem Aufrüstbereich zurückgeführt.

Vorteile	Nachteile
• Mittleres Investitionsvolumen • Definierter Leertraversenrücktransport • Von Oberflächenvorbereitungs- bis Verzinkungsbereich komplett automatisierbar • Ein Überfahren der Mitarbeiter kann vermieden werden • Das Verschiebebrückenkonzept ist erheblich platzsparender als das Ringbahnkonzept	• Mit Verschiebebrücken sind nur rechteckige Verzinkungskreisläufe realisierbar • Bei Unachtsamkeit des Bedieners der Rüstkrane kann es zu einem Überfahren der Mitarbeiter kommen

3.2.4
Längliche Aufstellungsvariante mit Automatikverteilerkran und Tunneltrockner, auch Doppeltauchungen möglich

Zur optimierten Kommunikation der Mitarbeiter untereinander sind die Rüstböcke oder Hub-Senk-Stationen auf derselben Seite angeordnet. Die Oberflächenvorbereitung befindet sich seitlich des eigentlichen Ablaufs (siehe Abb. 3.5). Dadurch wird eine längliche Aufstellungsvariante realisiert, welche sich optimal für Grundstücke mit diesen Gegebenheiten eignet. Die Traversen mit langen Bauteilen für Doppeltauchungen werden unterhalb des Verzinkungsofens in ei-

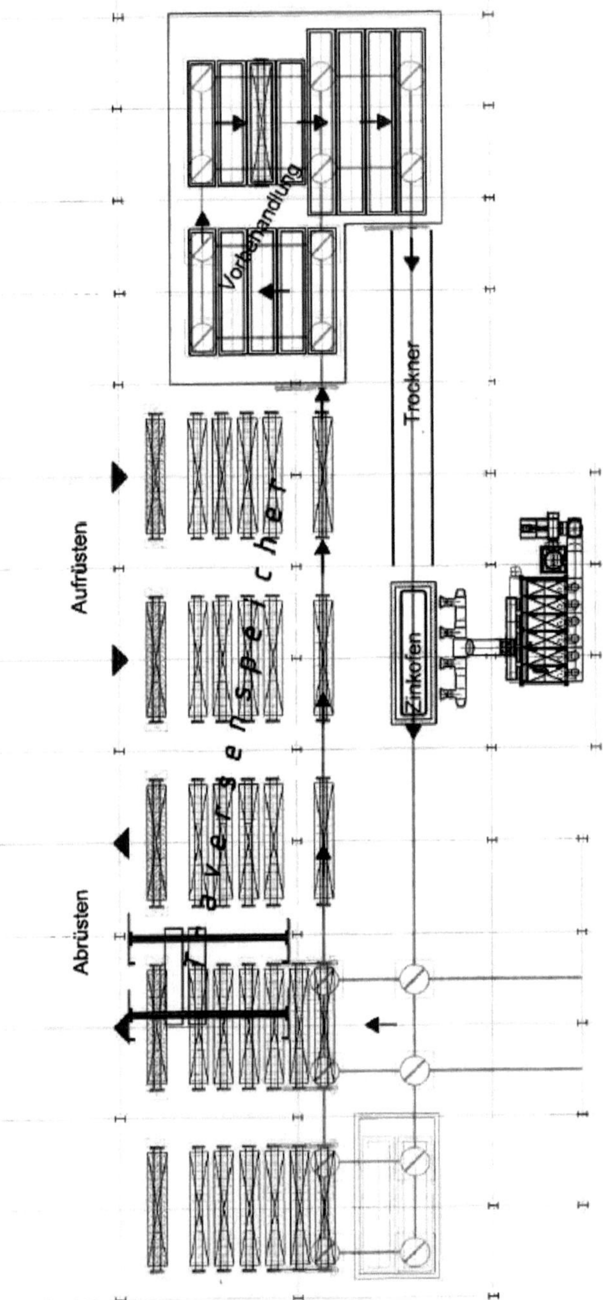

Abb. 3.5 Längliche Aufstellungsvariante mit Tunneltrockner und Doppeltauchungen (Quelle: Scheffer Krantechnik GmbH, Sassenberg; mit Erlaubnis).

nem Bypass aufgerüstet und dort dem Drehweichensystem zugeführt. In Summe können um die 5–6 Tauchungen pro Stunde realisiert werden, abhängig von den Rand- und Prozessparametern. Die Anlage arbeitet in dieser Variante nach dem Aufrüst- bis zum Abrüstbereich vollautomatisch. Der komplette Oberflächenvorbereitungs-, Trocknungs-, Verzinkungs- und eventuell Nachbehandlungsbereich sind über einen zusammenhängenden Kreislauf miteinander verknüpft.

Materialfluss

Nach dem Aufrüsten der Traversen werden diese durch den Verteilerkran (im Automatikprozess eingebunden) aufgenommen und in dem Puffer abgelegt. Der Verteilerkran ist mit zwei Hubwerken ausgestattet, sodass sowohl die Schwarzwarentraverse abgeholt als auch direkt im Anschluss wieder eine leere Traverse abgelegt werden kann. Somit kommt es bei den Mitarbeitern zu deutlich reduzierten Wartezeiten an den Rüstböcken bzw. Hub-Senk-Stationen. Die Schwarzwarentraversen werden entsprechend ihrer Priorität aus dem Puffer von dem Verteilerkran aufgenommen und an einen Kettenförderer übergeben. Dieser führt sie der Einschienenkatzbahn (Monorail) zu. Von nun an übernehmen Fahreinheiten den weiteren Traversentransport. Über ein Drehweichensystem fährt die Fahreinheit mit der Schwarzwarentraverse in die Oberflächenvorbereitung. Dabei durchlaufen sie, wie in allen automatischen Anlagenkonzepten, zur Sicherheit eine Konturenkontrolle, die automatisch das an der Schwarzwarentraverse aufgerüstete Verzinkungsgut kontrolliert. Sofern das Verzinkungsgut korrekt aufgehängt wurde, wird die Schwarzwarentraverse im jeweiligen Oberflächenvorbereitungsbecken abgelegt und entsprechend der in dem Automatikprozess hinterlegten Rezepte vorbehandelt. Nach der Oberflächenvorbereitung durchlaufen die Schwarzwarentraversen an den Fahreinheiten hängend einen Tunneltrockner. Darauf erfolgt der Verzinkungsprozess. Im Anschluss kann die Weißware bei Bedarf noch nachbehandelt werden. Ist der Verzinkungs- bzw. Nachbehandlungsprozess abgeschlossen, wird die Weißwarentraverse über einen Kettenförderer wieder dem Puffer zugeführt. Dort nimmt der Verteilerkran sie auf und legt sie entweder im Puffer ab oder bringt sie direkt zu einem freien Abrüstbock bzw. einer Hub-Senk-Station. Traversen mit langen Bauteilen/Doppeltaucher werden unterhalb des Verzinkungsofens in einem Bypass (dort wo sie auch aufgerüstet werden) wieder abgerüstet und ggf. nachbearbeitet.

Vorteile	Nachteile
• Automatisierbarer Schichtbeginn • Doppeltauchungen möglich • Geringer Personalbedarf durch Vollautomatik • Hohe gleichbleibende Qualität durch Vollautomatik • Geringe Traversenwechselzeiten von Voll- auf Leertraversen	• Erhöhter Investitionsbedarf • Hohe Anzahl von Fahreinheiten erforderlich, da für jede Trocknerposition eine Fahreinheit nötig ist

3.2.5 T-förmiger Durchlauf mit getrennten Rüstbereichen und Drehweichen

Die Rüstböcke bzw. Hub- und Senkstationen für den Auf- und Abrüstbereich sind auf der jeweils gegenüberliegenden Seite des Traversenspeichers positioniert. Der Materialfluss ist in diesem Fall *T-förmig* angeordnet. Man kann mit dieser Variante 6–8 Tauchungen pro Stunde realisieren, abhängig von den Rand- und Prozessparametern. Es handelt sich hierbei um eine vollautomatische Anlage. Für einen Kreislauf, der sowohl die Oberflächenvorbereitung als auch den Verzinkungsbereich abdeckt, werden Drehweichen eingesetzt (Abb. 3.6).

Materialfluss
An den Aufrüstböcken bzw. Hub-Senk-Stationen werden die Traversen mit dem angelieferten Schwarzmaterial behangen. Anschließend werden sie mit einem Schwarzwaren-Automatikverteilerkran dem Traversenspeicher zugeführt. Auch hier arbeitet der Verteilerkran mit zwei Hubwerken, um parallel eine volle Schwarzwarentraverse abzuholen und direkt wieder eine leere mitzubringen. Entsprechend der hinterlegten Prioritäten werden die Schwarzwarentraversen aus dem Speicher über ein Shuttle dem Oberflächenvorbereitungs-/Verzinkungskreislauf zugeführt. Wie in der Layoutvariante zuvor, ist der Traversentransport von nun an über Fahreinheiten realisiert. Bevor die Fahreinheit mit der Schwarzwarentraverse in die gekapselte Oberflächenvorbereitung einfährt, durchläuft sie eine Konturenkontrolle, die automatisch das aufgerüstete Material kontrolliert und erkennt, ob es für den weiteren Verlauf richtig aufgehangen ist. Sind die Vorgaben eingehalten, so wird die Schwarzwarentraverse im jeweiligen Oberflächenvorbereitungsbecken abgelegt und entsprechend den im Automatikprozess hinterlegten Programmen (Rezepte) verarbeitet. Nach der Oberflächenvorbereitung werden die Schwarzwarentraversen auf einem Kettenförderer durch den Trockner befördert. Anschließend werden sie wieder durch eine Fahreinheit aufgenommen und dem Verzinkungskessel zugeführt. Die Weißwarentraverse, sofern sie nicht vorher abgekühlt oder passiviert werden soll, wird auf einem Shuttle abgelegt und somit wieder dem Traversenspeicher zugeführt. Auch im Abrüstbereich verwaltet ein Weißwaren-Automatikverteilerkran den Speicher und die Abrüstböcke bzw. Hub-Senk-Stationen. Der Leertraversenrücktransport ist über einen Kettenförderer vollautomatisch realisiert.

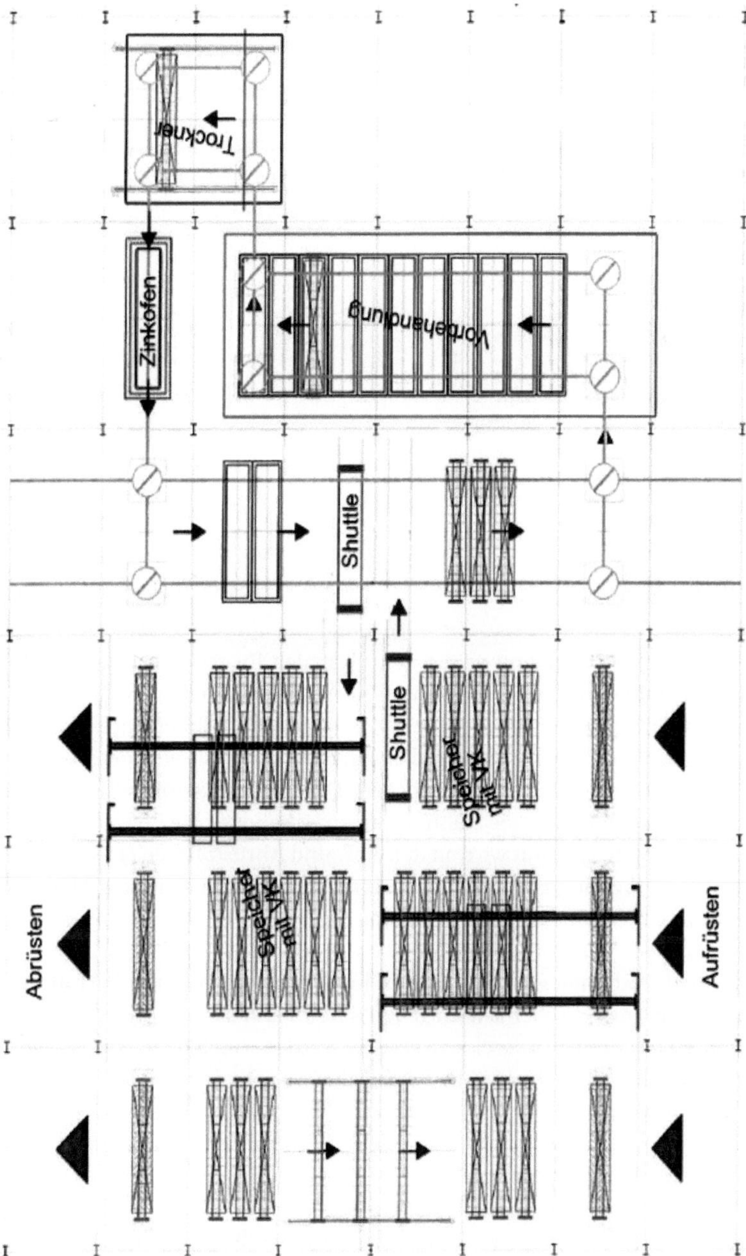

Abb. 3.6 T-förmiger Durchlauf mit getrennten Rüstbereichen und Drehweichen (Quelle: Scheffer Krantechnik GmbH, Sassenberg, mit Erlaubnis).

Vorteile	Nachteile
• Getrennter Schwarz- und Weißwarenbereich • Interessante Lösung für Serienhersteller • Geringer Personalbedarf durch Vollautomatik • Hohe gleichbleibende Qualität durch Vollautomatik • Geringe Traversenwechselzeiten von Voll- auf Leertraversen • Hohe Anzahl von Tauchungen pro Stunde möglich	• Erhöhter Investitionsbedarf

3.3 Innerbetrieblicher Transport

3.3.1 Auf- und Abrüststationen

Für das Auf- und Abrüsten sind neben den normalen Rüstböcken immer mehr und mehr Hub-Senk-Stationen in Feuerverzinkereien anzutreffen (Abb. 3.7). Ihr herausstechender Vorteil liegt in der variablen Höheneinstellung. Nicht nur bei automatischen, sondern auch bei manuellen Anlagen bieten sie eine optimale Alternative zu den sonst genutzten Rüstböcken. Durch die motorische Hub- und Senkbewegung ist es möglich, die Hubhöhe entsprechend auf die Bedürfnisse der Mitarbeiter einzustellen. Somit wird an den Auf- und Abrüstplätzen ein schonendes und sicheres, ergonomisches Arbeiten ermöglicht. Auch schweres Material kann somit ohne Probleme in tiefster Stellung der Station an der Traverse befestigt werden, ohne es weit vom Boden anheben zu müssen.

Die Hub-Senk-Stationen gibt es in unterschiedlichen technischen Ausführungen. Je nach den vorherrschenden Gegebenheiten kann sie z. B. längs verfahrbar oder mit einem Kettenförderer ausgestattet werden. Auch die niedrigste und höchste Hubstellung ist flexibel an die Bedürfnisse vor Ort anpassbar.

3.3.2 Gestelle, Traversen, Hilfsvorrichtungen

Zum Aufrüsten der Bauteile werden teilweise universelle Vorrichtungen, aber auch Spezialvorrichtungen in Feuerverzinkereien eingesetzt. Dazu stehen unterschiedliche Bauarten von Gestellen, Traversen und Hilfsvorrichtungen zur Auswahl.

Dabei ist es durchaus üblich, dass diese Vorrichtungen zur Anpassung an die individuellen Erfordernisse für den Eigengebrauch selbst hergestellt werden. Ins-

Abb. 3.7 Traverse an einer Hub-Senk-Station hängend (Quelle: Scheffer Krantechnik GmbH, Sassenberg; mit Erlaubnis).

besondere hierbei ist zu beachten, dass diese Vorrichtungen Lastaufnahmemittel im Sinne der Maschinenrichtlinie sind und dementsprechend diese Regeln (wie zum CE-Kennzeichnung) Anwendung findet (siehe auch Abschn. 3.1.3.5).

Wesentliche Aspekte für die Auswahl optimaler Vorrichtungen sind:

- Die Art des vorliegenden Verzinkungsgutes,
- Produktivität der Gesamtanlage, optimaler Warenfluss,
- Universalität der Vorrichtung, damit diese in einer Lohnverzinkerei für unterschiedlichste Warengruppen eingesetzt werden kann,
- leichtes Handling und schnelles Aufrüsten/Abrüsten ermöglichen,
- Arbeitsschutzanforderungen, wie aufrichtiges Stehen des Personals und Reduzierung des zu hebenden Gewichtes beim Auf- und Abrüsten der Bauteile; z. B. lässt sich durch geeignete Hubeinrichtungen der Arbeitsaufwand reduzieren und die Produktivität erhöhen. Gleichzeitig werden damit das Unfallrisiko durch herabfallende Teile und der Krankenstand z. B. durch Verheben, reduziert sowie das Arbeitsklima verbessert.

Die meisten Stückgutverzinkereien sind Lohnbetriebe und müssen in ihren Anlagen ein Verzinkungsgut bewältigen, das in Form, Gewicht und Abmessungen sehr unterschiedlich ist. Um diese breite Produktplatte kostengünstig verzinken zu können, kommt dem gesamten innerbetrieblichen Transportsystem eine besondere Bedeutung zu. Moderne und leistungsfähige Förderanlagen können jedoch erst dann sinnvoll und wirtschaftlich eingesetzt werden, wenn das unterschiedliche Verzinkungsgut unter Verwendung geeigneter Hilfsvorrichtungen zu günstigen Partien und Chargen zusammengestellt werden kann. Die Möglichkeiten für den Einsatz von Hilfsvorrichtungen sind natürlich in erster Linie abhängig von den betrieblichen Gegebenheiten und den Schwerpunkten des Verzinkungsprogramms. Wegen der Vielzahl der Einflussfaktoren ist eine allgemein gültige Aussage nicht möglich.

Alle Ausrüstungen zum Verzinken, wie Traversen, Gestelle, Hilfsvorrichtungen, sind Lastaufnahmemittel, an die folgende Grundanforderungen gestellt werden:

- Hilfsvorrichtungen zum Feuerverzinken sollten eine geringe Oberfläche, möglichst keine Profilierungen und tote Ecken sowie ein geringes Gewicht besitzen, um die Zinkausschleppverluste sowie die Heiz- und Entzinkungskosten so niedrig wie möglich zu halten. Diese Forderung lässt sich am ehesten durch die Verwendung von Stabmaterial mit geringer Oberfläche (z. B. Rundmaterial) erfüllen. Ferner ist darauf zu achten, dass keine reaktionsfreudigen Stähle und Elektroden zum Einsatz kommen.
- Hilfsvorrichtungen zum Feuerverzinken sollten so konstruiert sein, dass sie unter Last auf den Rändern der jeweiligen Behandlungsbecken sicher abgesetzt werden können.
- Es ist bei der Konstruktion und Fertigung darauf zu achten, dass es sich um einen Verschleißartikel handelt, der für eine gewisse Anzahl von Durchläufen eine bestimmte Belastung ertragen und dabei unfallsicher bleiben muss.
- Berücksichtigung der Anforderungen der Maschinenrichtlinie (siehe auch Abschn. 3.1.3.5).

3.3.2.1 **Geeignete Werkstoffe für Lastaufnahmemittel in Feuerverzinkereien**

Die eingesetzten Lastaufnahmemittel, wie Traversen und Gestelle, unterliegen aufgrund der Prozessatmosphären in der Oberflächenvorbereitung und beim Verzinken einer besonderen Belastung, die die Nutzungsdauer dieser Bauteile deutlich einschränkt. Aus diesem Grund kommt der Werkstoffauswahl bei der Herstellung dieser Bauteile eine besondere Bedeutung zu.

In der Praxis haben sich für die Herstellung von Lastaufnahmemitteln, wie Gestellen, Haken, die u. a. auch regelmäßig den Beizmedien ausgesetzt werden, folgende Baustähle nach DIN EN 10025 durchaus bewährt:

- S235 JRG,
- S275 JR (höhere Zugfestigkeit als S235 JRG1, aber stärkerer Angriff der Zinkschmelze und damit geringere Lebensdauer).

Des Weiteren können legierte Stähle eingesetzt werden, die eine höhere Beständigkeit, vor allem zum Beizen, aufweisen. Nachteilig sind die damit verbundenen höhere Materialkosten. Folgende legierten Stähle haben sich beispielsweise in der Praxis bereits bewährt:

- X5 CrNiN,
- X8 CrNiMo 18.11 (die Lebensdauer der Gestelle, Haken ist ca. 40 mal höher als bei den aus S235 JRG1 und S275JR),
- X 10 CrNiMoTi 18.10.

Abb. 3.8 Gitterkorb für Stabmaterialhalbzeug.

An dieser Stelle wird noch einmal auf die besonderen Sicherheitsanforderungen bei der Herstellung von Lastaufnahmemitteln hingewiesen. Das bedeutet, dass für die Herstellung von Lastaufnahmemitteln die entsprechenden technischen Regeln, hier insbesondere die Maschinenrichtlinie (MRL) und die DIN EN 13155 „Krane – Sicherheit – Lose Lastaufnahmemittel", eingehalten werden müssen, und diese Arbeiten nur von dafür qualifizierten Fachkräften ausgeführt werden dürfen.

3.3.2.2 Typische Beispiele für Gestelle, Traversen und Hilfsvorrichtungen

Gestelle, Traversen und Hilfsvorrichtungen, vor allem mit dem Ziel den Durchsatz zu erhöhen und den Arbeitsaufwand zu reduzieren, gibt es in Verzinkereien in einer Vielzahl von unterschiedlichen Ausführungen, die jeweils den zu verzinkenden Bauteilen angepasst sind. Dazu nachfolgend einige Ausführungen.

Gestelle

Vorteile:

- Große Chargengewichte,
- Profile werden nicht stark durch ihr Eigengewicht belastet,
- flexibler Einsatz für unterschiedliche Profildimensionen.

Nachteile:

- Asche löst sich mitunter schlecht,
- Kontaktstellen sind teilweise nicht zu vermeiden, deshalb das Gestell in der Schmelze gut auf und ab sowie vertikal und horizontal hin und her bewegen,
- Gegenziehen ist bei offenen Gestellen nicht möglich, Gefahr von Wärmestau im Inneren des Verzinkungsgutes bei zu dichter Packung.

Traggestell mit Steckriegel

Vorteile:

- Einfache Beschickung,
- geringe Oberfläche des Gestells und wenige Kontaktstellen,

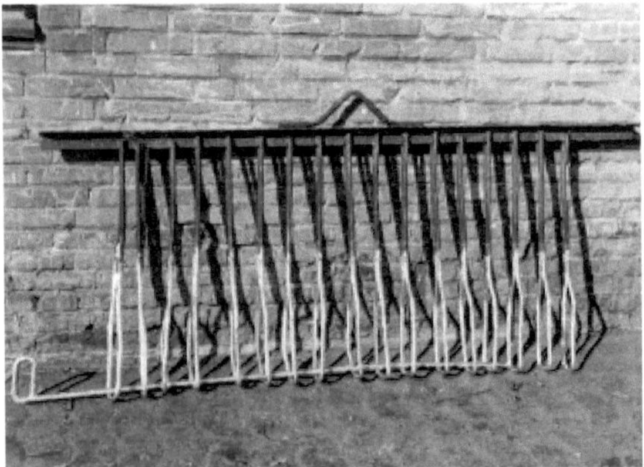

Abb. 3.9 Traggestell mit Steckriegel.

Abb. 3.10 Traverse mit Kettenaufhängung mit Schlupf.

- auch als Langtraverse verwendbar,
- die Abschwimmsicherung gestattet hohe Tauchgeschwindigkeiten.

Typische Nachteile sind:

- In Abhängigkeit vom Verzinkungsgut mitunter Untergestell zum Vorsortieren notwendig und
- teilweise zeitaufwendig.

Kettenaufhängung mit Schlupf

Typisches Hilfsmittel für mittelschwere bis schwere Stahlbauteile.

Vorteile:

- Geringe Herstellungskosten,
- geringe Oberfläche, Asche löst sich gut und schwimmt leicht auf,
- universell einsetzbar,

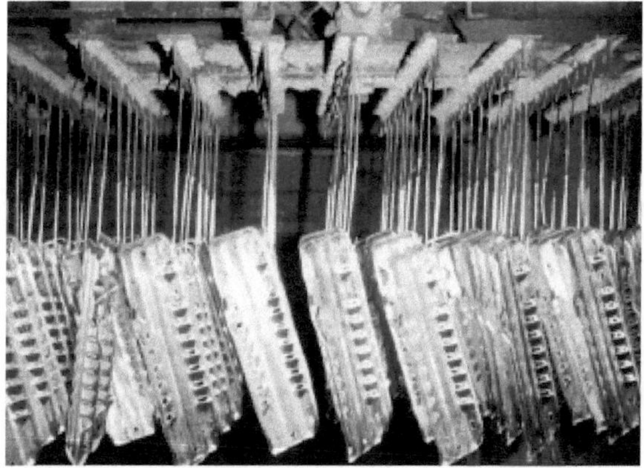

Abb. 3.11 Hakenaufhängung.

- leichte und schnelle Handhabung,
- kontrollierbare Belastbarkeit.

Typische Nachteile sind:

- Kontaktstellen sind unvermeidbar,
- ggf. sind die Bauteile gegen Herausrutschen zu sichern.

Hakenaufhängung
Vorteile:

- Vielseitig einsetzbar,
- hohe Chargengewichte möglich,
- in mehreren Ebenen einsetzbar.

Nachteile:

- Aufhängebohrung erforderlich,
- bei manuellem Anhängen sind nur die Gewichte der Bauteile begrenzt,
- bei hoher Tauchgeschwindigkeit müssen die Bauteile gegen Aushängen gesichert werden.

3.3.3 Krananlagen

Krananlagen sind aus den heutigen Feuerverzinkereien nicht mehr wegzudenken. Sie sind der optimalste Weg, Material und Traversen in und zwischen den verschiedenen Anlagenbereichen zu transportieren. Es gibt sie in den unterschiedlichsten Varianten. Jeweils abgestimmt auf das entsprechende Einsatzgebiet. Auf ein paar Beispiele wird in den nachfolgenden Abschnitten etwas näher eingegangen.

3.3.3.1 Brückenkrane

Brückenkrane sind in nahezu jeder Feuerverzinkerei anzutreffen. Sie ermöglichen den Mitarbeitern ein optimiertes Materialhandling in und zwischen den unterschiedlichen Anlagenelementen. Neben dem Transport von Material werden sie auch – mit entsprechendem Lastaufnahmemittel ausgestattet – für den Transport der Traversen eingesetzt. Brückenkrane können sowohl in Ein-Träger- als auch in Zwei-Träger-Variante vorkommen. Die Bestandteile unterscheiden sich nur in ihrer Anzahl. Grundsätzlich lässt sich sagen, dass jeder Brückenkran mindestens in einfacher Ausführung aus folgenden Bestandteilen besteht: Kranbrücke, Kopfträgerpaar, Katze mit Fahrantrieb, Hubwerk, Lastaufnahmemittel (Abb. 3.12).

In den Bereichen der offenen Oberflächenvorbereitungsanlage und des Verzinkungskessels (hier auch mit mitfahrender Verzinkungskesseleinhausung) sind Brückenkrane ebenso vorzufinden. In diesen, durch eine aggressive Umgebung belasteten Bereichen, ist es jedoch notwendig Krane in einer entsprechend beständigen Ausführung auszuführen. Ebenso müssen alle nachfolgend aufgeführten Ausrüstungen in salzsäurebeständigem Stahl oder Kunststoff ausgeführt werden (siehe Abschn. 3.1.3). Nur so lässt sich die Funktionssicherheit, eine lange Lebenserwartung der Anlage und ein minimales Ausfallrisiko der Krane sicherstellen.

Ein paar Beispiele für notwendige Maßnahmen:

- Säure- und/oder hitzebeständiger Sonderanstrich, z. B. Zwei-Komponenten-Epoxidharz-Beschichtungssystem (siehe Abschn. 3.1.3.3),
- Schaltschränke aus Kunststoff, Kabeleinführung von unten,
- Gitterroste aus GFK an Laufstegen,
- Schrauben aus geeigneten Werkstoffen (siehe Abschn. 3.1.3),

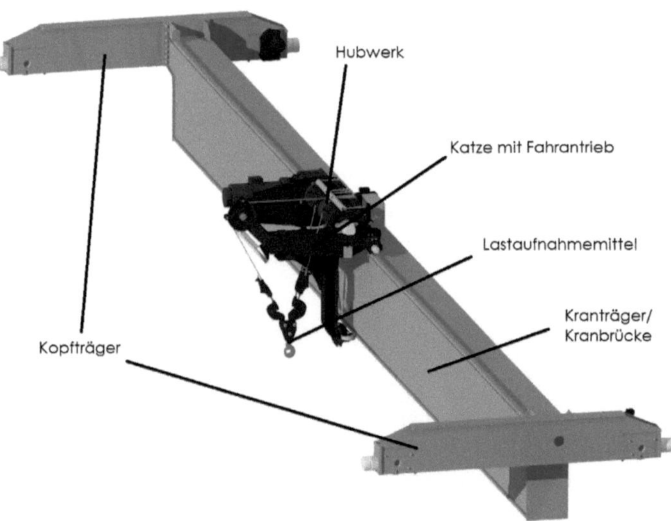

Abb. 3.12 Brückenkran (Quelle: Scheffer Krantechnik GmbH, Sassenberg, mit Erlaubnis).

- alle Schrauben gefettet,
- Verschraubungen mit Silikon abgedichtet,
- Getriebeendschalter in separatem Gehäuse,
- Kabelrinnen in Edelstahl oder Kunststoff (Abschn. 3.1.3),
- nahezu sämtliche Leitungen in Neopren.

3.3.3.2 **Stapelkrane**

Diese Sonderausführung der Brückenkrane ist grundsätzlich im Rüstbereich von Feuerverzinkereien anzutreffen. Sie werden – vereinfacht ausgedrückt – wie normale Gabelstapler eingesetzt, bieten jedoch im direkten Vergleich enorme Vorteile: 360°-Drehungen auf der Stelle, Überfahren von auf dem Boden abgestellten Lasten, platzsparende Lagerung durch geringen Rangierbedarf, integrierte Wiegevorrichtungen mit Lastanzeige etc. Neben einem schnelleren und flexibleren Arbeiten erhöht sich durch eine einfache Bedienung auch deutlich die Arbeitssicherheit für die Mitarbeiter. Die Last wird mittels der Lastgabeln, welche an einem starren Teleskop befestigt sind, aufgenommen (Abb. 3.13). Sie können grundlegend wie die Gabelzinken eines Gabelstaplers betrachtet und eingesetzt werden, inklusive variabler Gabeldistanz und anpassbarem Neigungswinkel. Ein weiterer

Abb. 3.13 Stapelkran (Quelle: Scheffer Krantechnik GmbH, Sassenberg, mit Erlaubnis).

Vorteil gegenüber einem normalen Gabelstapler ist, dass der Bediener nicht auf einem Sitz hinter dem Hubmast sitzt und die auf der Gabel liegende Last optimal von jeder Seite einsehen kann.

3.3.3.3 Verteilerkrane

Verteilerkrane erfüllen die unterschiedlichsten Aufgaben. Sie beliefern die Rüststationen, verwalten den Traversenspeicher und sorgen für Nachschub an Traversen für den Oberflächenvorbereitungs- und Verzinkungsbereich. Sie können mit zwei Katzen für den zeitgleichen Transport von Voll- und Leertraversen ausgestattet werden (Abb. 3.14). Somit werden die Leerlaufzeiten der Rüststationen minimiert, da sie bei jeder Abholung einer gerüsteten schon eine weitere leere Traverse mitbringen. Das alles wird in vielen Anlagen vollautomatisch realisiert (näheres dazu unter Abschn. 3.3.5).

3.3.3.4 Drehkrane

Oft kommt es vor, dass in einer Feuerverzinkerei die Traversen an einer Stelle quer und an einer anderen Stelle in Längsrichtung verarbeitet werden. Dies ist

Abb. 3.14 Verteilerkrane im Einsatz im Bereich einer eingehausten Oberflächenvorbereitung (Quelle: Scheffer Krantechnik GmbH, Sassenberg, mit Erlaubnis).

abhängig von dem Anlagenlayout und dem jeweiligen Materialflusskonzept. Es kann z. B. die Situation gegeben sein, dass die Auf- und Abrüstplätze quer und die nachfolgenden Oberflächenvorbereitungsbecken längs positioniert sind. Um die Traversen in die jeweils andere Ausgangsstellung zu drehen, werden oftmals Drehkrane eingesetzt. Wie der Name schon vermuten lässt, sind diese Krane mit einem Drehwerk ausgestattet und können die Traverse im Ganzen um 90° rotieren.

3.3.3.5 **Fahreinheiten**

Fahreinheiten bestehen aus zwei parallel verfahrenden, miteinander gekoppelten Katzen. Im Unterschied zu den Katzen an einer Kranbrücke verfahren diese jedoch direkt an einem Ein-Schienen-Katzbahn-System (engl. *Monorail*), Abb. 3.15).

In den Aufstellungsvarianten (siehe Abschn. 3.2.2) sind unterschiedliche Einsatzmöglichkeiten dargestellt. Grundsätzlich lässt sich sagen, dass mithilfe von Fahreinheiten sehr flexibel mehrere Anlagenbereiche mit einem zusammenhängenden Transportsystem abgedeckt werden können. Auch können gleichzeitig mehrere Fahreinheiten in so einem Kreislauf verfahren. Dies ermöglicht ein extrem hohes Maß an Flexibilität und vor allem Produktivität durch einen deutlich höheren Traversendurchsatz. Ausgestattet mit sogenannten „Verdrängungskörpern" können Fahreinheiten zudem schonend und nahezu zu 100 % abgedichtet durch die Dichtlippen oberhalb von gekapselten Oberflächenvorbereitungen und Verzinkungskesseln bewegt werden.

3.3.3.6 **Drehweichen**

Um mit den Fahreinheiten einen Richtungswechsel auf der Stelle durchzuführen und die Traversen sowohl in Quer- als auch in Längsrichtung transportieren zu können, kommen in vielen modernen Anlagen Drehweichen zum Einsatz. Hiermit lässt sich ein Kreislauf realisieren, der nicht nur einen Teilbereich

Abb. 3.15 Fahreinheit an einer Ein-Schienen-Kranbahn (Quelle: Scheffer Krantechnik GmbH, Sassenberg, mit Erlaubnis).

Abb. 3.16 Katze an einer Drehweiche (Quelle: Scheffer Krantechnik GmbH, Sassenberg, mit Erlaubnis).

(z. B. Verzinkungsbereich) abdeckt, sondern zwei oder mehr Bereiche in einem Kreislauf vereinen kann. Mithilfe der Drehweichen ist es möglich, durch einen 90°-Richtungswechsel sehr platzsparende Aufstellungsvarianten zu realisieren. Zum Beispiel lässt sich ein Kreislauf abbilden, der die gekapselte Oberflächenvorbereitung, den Trockenofen, den Verzinkungskessel sowie die Abkühl- und/oder Passivierungsbecken miteinander verknüpft. Dies erhöht die Produktivität der Anlage um ein Mehrfaches.

3.3.3.7 **Verschiebebrücken**

Dieses System ist, ebenso wie Drehweichen, auf den Einsatz von Fahreinheiten und den Traversentransport in sowohl Quer- als auch Längsrichtung ausgelegt. Im direkten Vergleich zu Drehweichen ist diese Variante kostengünstiger, jedoch lassen sich hiermit im Regelfall nur rechteckige Kreisläufe realisieren. Meistens wird dieses System über dem Verzinkungsbereich eingesetzt. Dort werden der Trockenofen, der Verzinkungskessel und die Abkühl- und/oder Passivierungsbecken zusammen in einem Kreislauf abgedeckt. Die Fahreinheiten verfahren in Längsrichtung auf die Verschiebebrücke und werden dann in Querrichtung befördert.

Abb. 3.17 Verschiebebrücken (Quelle: Scheffer Krantechnik GmbH, Sassenberg, mit Erlaubnis).

3.3.3.8 Einsatz von Rüttlern

Eine größere Anzahl von Feuerverzinkereien setzt seit Jahren Rüttler (Abb. 3.18) innerhalb der Feuerverzinkerei in unterschiedlichen Bereichen ein. Durch den Einsatz von Rüttlern werden Gestelle und Traversen in Schwingung versetzt und bewirken auf diese Weise ein verändertes Fließ- und Abtropfverhalten der Behandlungsmedien und, vor allen Dingen, des Zinks. Bei Rüttlern handelt es sich üblicherweise heute um Systeme, die zwischen dem Kranhaken und dem Verzinkungsgestell/Traverse oder auf einem separaten Aufhängebalken zwischen den Kranhaken befestigt werden. Der Antrieb erfolgt im Regelfall durch zwei gegenläufig synchron laufende Elektromotoren, die aufgrund der speziellen Anordnung horizontale Schwingungen eliminieren und nur die erwünschten vertikalen Schwingungen entstehen lassen.

Rüttler sind nicht immer und unter allen Bedingungen von Vorteil, in vielen Fällen lassen sich jedoch gute Ergebnisse erzielen. Ob Rüttler eingesetzt werden können, hängt primär von den betrieblichen Voraussetzungen und den zu verzin-

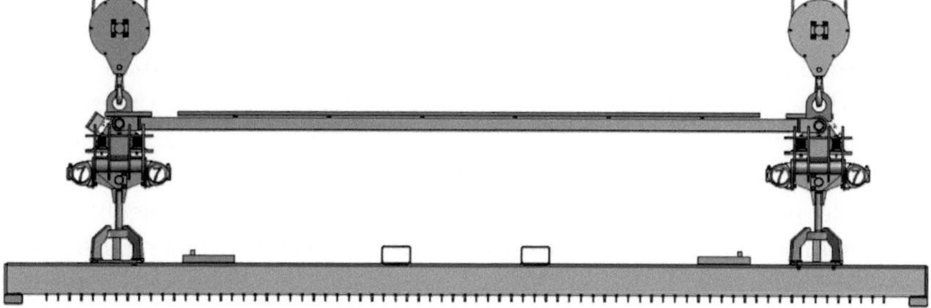

Abb. 3.18 Beispiel für einen Rüttler (Quelle: Scheffer Krantechnik GmbH, Sassenberg, mit Erlaubnis).

kenden Produkten ab. In den meisten Fällen verbessern sie die Verzinkungsqualität und minimieren den Nacharbeitsaufwand. Rüttler können in verschiedenen Bereichen des Verzinkungsprozesses sinnvoll eingesetzt werden, so z. B.

- bei der Oberflächenvorbereitung; kurzes Rütteln gegen Ende der Abtropfphase ermöglicht das bessere Abtropfen der Behandlungsmedien, spart Zeit und reduziert die Verschleppung,
- am Verzinkungskessel; Rütteln erleichtert bei verschiedenen Produkten das Aufschwimmen von Asche- und Flussmittelresten und bietet damit die Möglichkeit, die Tauchzeit zu verkürzen, die Zinkauflage zu reduzieren und die Qualität zu verbessern; die teilweise unvermeidlichen Kontaktstellen zwischen Verzinkungsgut und dem Transportgestell werden minimiert,
- über dem Verzinkungskessel; erleichtert der Einsatz des Rüttlers das Abtropfen der Zinkschmelze, vermeidet die Häufung von Zinkspitzen, erleichtert die Entfernung von Drähten und Ketten, vermeidet große Grate durch Drähte und Ketten; das Zusammenkleben von eng aufgehängten Teilen wird erheblich reduziert; ebenfalls vermindert wird das unerwünschte Zusetzen von kleinen Bohrungen mit Zink; Bohrungen und Innengewinde werden sauberer,
- beim Hartzinkziehen; ermöglicht der mit einem Rüttler ausgerüstete Hartzinkgreifer eine Minimierung des Zinkaustrages, indem während des Ziehvorganges der Rüttelvorgang solange fortgesetzt wird, bis kein schmelzflüssiges Zink mehr aus dem Hartzingreifer abtropft.

Grundsätzlich ist anzumerken, dass sich Rüttler für die Behandlung von leichten, kleinen Teilen besser eignen als für die Behandlung von schweren Stahlkonstruktionen. Wenn es zu Fehlern oder unerwünschten Effekten beim Einsatz von Rüttlern kommt, hängt dieses meist damit zusammen, dass

- entweder zu lange gerüttelt wird oder zum falschen Zeitpunkt oder
- das Verzinkungsgut falsch aufgehängt wurde (Drahtbefestigungen für kleine Teile müssen straff gezogen werden, da andernfalls der Draht Resonanzschwingungen auslöst).

In allen Fällen führt der Einsatz eines Rüttlers, trotz der eingebauten Dämpfungselemente, während des Rüttelns zu einer erhöhten Belastung der Krananlage; es muss daher geprüft werden, ob die Krananlage für die auftretenden Mehrbelastungen ausgelegt ist.

Aufgrund der baulichen Abmessungen des Rüttlers gehen etwa 50 cm Hakenhöhe verloren. Für Sonderfälle gibt es jedoch auch Rüttler, die in die Unterflasche des Krans integriert werden und somit die volle ursprüngliche Hakenhöhe erhalten. Hinsichtlich der Handhabung von Rüttlern hat es sich gezeigt, dass die zur Erzielung des gewünschten Effektes notwendigen Frequenzen unterschiedlich sind. Aus diesem Grunde ziehen es viele Anwender vor, den Rüttler in mehreren kurzen Intervallen zu betätigen, in deren Verlauf zwangsläufig die wirksamen Frequenzbereiche durchfahren werden. Mehrere kurze Rüttelintervalle sind im Regelfall einem langen Intervall vorzuziehen.

3.3.4 Fördereinrichtungen

Im Gegensatz zu den Krananlagen handelt es sich bei den nachfolgend beschriebenen Fördereinrichtungen um Möglichkeiten der Flurbeförderung, also der Beförderung am Boden. Diese Art der Beförderung ist dann notwendig, wenn es um das Übersetzen von Traversen in ein anderes Hallenschiff oder z. B. innerhalb von schlecht zugänglichen Bereichen (z. B. Trockner) geht, die über Krananlagen nicht direkt miteinander verknüpft und befahren werden können. Zum Einsatz kommen u. a. Kettenförderer oder Transportwagen. Nachfolgend wird auf diese Anlagenbestandteile näher eingegangen.

3.3.4.1 Kettenförderer

Kettenförderer kann man überall dort finden, wo es um die Flurbeförderung von Traversen in Quer- oder Längsrichtung geht (Abb. 3.19). Zum Beispiel beim Übersetzen in andere Hallenschiffe oder aber auch im Trockner. Die Traversen können sowohl positionsweise befördert oder auf Anschlag gefahren werden. Dies ist je nach Anlagengegebenheiten unterschiedlich. Auch die Menge der gleichzeitig zu befördernden Traversen kann variieren. In den meisten Fällen werden drei oder mehr Traversen gleichzeitig befördert. Kettenförderer sind auch in verschiedenen Sonderausführungen vorzufinden. Zum Beispiel montiert auf einer Hub-Senk-Station oder auf einem Transportwagen. Sie dienen grundsätzlich immer als Bindeglied zwischen zwei unterschiedlichen Bereichen oder Anlagenelementen.

3.3.4.2 Transportwagen

Transportwagen (engl. *Shuttle*) werden für die Flurbeförderung in Längsrichtung eingesetzt (Abb. 3.20). Ebenso wie die Kettenförderer dienen sie dazu, Traversen zwischen zwei Bereichen oder Anlagenelementen hin und her zu transportieren. Im Gegensatz zu den Kettenförderern sind Transportwagen meist nur für die

Abb. 3.19 Kettenförderer, z. B. in einem Trockentunnel (Quelle: Scheffer Krantechnik GmbH, Sassenberg, mit Erlaubnis).

Abb. 3.20 Transportwagen mit Traverse für den Längstransport in das benachbarte Hallenschiff (Quelle: Scheffer Krantechnik GmbH, Sassenberg, mit Erlaubnis).

gleichzeitige Beförderung von einer einzigen Traverse ausgelegt. Jedoch können sie reversibel verfahren und meist mit deutlich höherer Geschwindigkeit. Diese Vorteile sind bei Kettenförderern nur in seltenen Fällen oder gar nicht gegeben. Wie schon unter dem Abschnitt zuvor erwähnt, können Transportwagen mit einem Kettenförderer ausgerüstet werden. Das ist dann von Vorteil, wenn die Übergabe der Traverse direkt zwischen einem Kettenförderer und dem Shuttle und nicht über einen Brückenkran oder Stapler realisiert ist. In den Aufstellungsvarianten sind unterschiedliche Einsatzmöglichkeiten von Transportwagen dargestellt.

3.3.5 Automatisierungstechnik

Im Laufe der vergangenen Jahre hat die Automatisierungstechnik immer mehr Einzug in die Verzinkungsbranche gehalten. Kommende Richtlinien führen zu einem Umdenken in der Branche, und nötige Änderungen an den Anlagen sind meist keinen großen Schritt von der Automatisierung entfernt. Gerade im Bereich der Protokollierung und Ausgabe von Prozessdaten stehen Anlagenbetreiber oft vor einem Problem was meistens nur durch entsprechend hohe Investitionen zu beheben ist. Die gemachten Erfahrungen mit Automatiksystem zeigen, dass der heutige Entwicklungsgrad bei der Software, der Programmverwaltung (Rezeptverwaltung), dem Traversenmanagement, der Prozessdatenverwaltung und natürlich der technischen Anlagenbestandteile eine enorme Entwicklung hinter sich hat. Zum Beispiel können solche Automatiksysteme auch in den durch hohe Flexibilität geprägten Branchenbereichen wie dem Lohnverzinken mittlerweile entgegen aller Befürchtungen ohne Probleme eingesetzt werden. Diese Erfahrungen der letzten Jahre zeigen deutlich, dass entsprechende leistungsstarke (sowohl in der Produktivität, als auch der Qualität der Ergebnisse) Anlagenmodelle realisiert werden können, ohne auf die nötige Flexibilität verzichten zu müssen.

Wie bei jeder Umstellung von manuellen auf automatische Prozesse ist es natürlich wichtig, sich bewusst zu sein, dass dies einen deutlichen Wandel in den Arbeitsprozessen bedeutet. Das heißt nicht nur ein Umdenken bei der Unternehmensleitung, sondern auch bei den Mitarbeitern selbst. Gerade in der Anfangszeit kommt es ab und an zu Problemen, die sich durchaus verhindern lassen. Sie beruhen meist auf dem Mangel an Vertrauen in das neue System und dem Rückfall in alte Herangehensweisen. Sie sind mit Schulungen des Personals und der Unterstützung durch den richtigen Partner für die Zeit der Eingewöhnung normalerweise leicht und schnell zu beheben.

Mit der heutigen Technik lassen sich unterschiedlichste und in ihrer Vielfalt nahezu unbegrenzte Möglichkeiten abbilden. Diese beruhen grundsätzlich auf den Erfahrungen der Mitarbeiter der jeweiligen Verzinkerei und müssen entsprechend für jeden Feuerverzinker individuell angepasst und abgestimmt werden. Ist dies geschehen und die Mitarbeiter entsprechend auf das System geschult, lässt sich eine gleichbleibende hohe Produktivität bei gleichzeitig durchgängiger hohen Qualität realisieren.

3.3.5.1 **Funktionsweise von automatischen Anlagen**

Das Herzstück einer automatischen Anlage ist die Software im Hintergrund. Sie verwaltet die kompletten Abläufe und Prozesse einer solchen Anlage und sorgt dafür, dass eine gleichbleibende optimale Prozessleistung gegeben ist. Folgende Beispielaufgaben deckt die Software ab:

- Verwaltung von Aufträgen vom Aufrüsten bis zum Abrüsten der Traversen
  - Welches Material hängt an welcher Traverse?
  - Welche Traverse gehört zu welchem Kundenauftrag?
  - ...
- Traversenmanagement
  - Wie lange ist eine Traverse unterwegs und wann ist sie fertig?
  - Wo ist welche Traverse mit welchem Auftrag?
  - ...
- Kompletter Oberflächenvorbereitungsprozess
  - Programmverwaltung (Rezeptverwaltung) für Prozessabläufe,
  - Verwaltung von Tauchzeiten, Abtropfzeiten etc.,
  - ...
- Fehlererkennung und Meldung
  - technische Probleme,
  - Wartungserinnerung,
  - ...
- Prozesskontrolle
  - Kontrolle ob ggf. Material falsch aufgehängt ist,
  - Anpassung von Tauchzeiten an sinkende Säurekonzentration,
  - Kontrolle von Flüssigkeitsverschleppung über Lastmesssystem,
  - ...

- Prioritätenmanagement
  - Welche Traverse muss wann wohin?
  - Welcher Auftrag muss ggf. vorgezogen werden?
  - …

Gerade bei der Erstellung der Programme (Rezepte)x für die Oberflächenvorbereitung ist es wichtig, dass eine enge Zusammenarbeit zwischen Lieferant und Kunde erfolgt. Denn alle für die Rezepte verwendeten Daten (Zeiten usw.) basieren auf den Erfahrungswerten der Mitarbeiter. Nur so lässt sich auch die für z. B. Lohnverzinkungsprozesse nötige Flexibilität, bezogen auf unterschiedlichste Materialgegebenheiten, realisieren.

Ein Funktionsablauf kann z. B. wie folgt aussehen:

- Die Mitarbeiter rüsten das Material an den Rüststationen auf.
- Danach wählen sie an einem Terminal das für den Materialmix am besten passende Rezept aus.
- Die Software weiß nun, dass das gewählte Rezept für genau diese Traverse einzusetzen ist.
- Die Traverse wird von einem Verteilerkran nach Freigabe durch den Mitarbeiter abgeholt und in den Traversenspeicher gelegt.
- Sobald die Traverse an der Reihe ist (Prioritätenmanagement), wird sie wieder durch den Verteilerkran aufgenommen und auf einem Kettenförderer oder Transportwagen abgelegt.
- Dieser befördert die Traverse nun in den Oberflächenvorbereitungsbereich oder zu einer vorgelagerten Aufnahmeposition.
- Die Traverse wird von einer Fahreinheit aufgenommen und nun in die Oberflächenvorbereitung transportiert, dabei durchläuft sie eine sogenannte „Konturenkontrolle“. Diese überprüft mithilfe von Sensoren, ob das Material für die nachfolgenden Prozesse auch richtig aufgehängt ist und kein Material an über die Beckenbreite hinausragt (Prozesskontrolle).
- Wenn ja, wird direkt ein Mitarbeiter über ein Signal informiert (Fehlermeldung) und kann die Aufhängung an einem extra Korrekturplatz entsprechend korrigieren, bevor die Traverse wieder durch eine Fahreinheit aufgenommen wird.
- Nachdem die Traverse nun in der Oberflächenvorbereitung angekommen ist, wird sie entsprechend der in dem Rezept hinterlegten Daten vorbehandelt. Dazu wird sie in einem Becken abgelegt und verweilt dort die jeweilige hinterlegte Dauer. Die Fahreinheit fährt unterdessen weiter und kümmert sich um eine andere, „fertige“ Traverse.
- Nachdem alle Schritte in der Oberflächenvorbereitung durchlaufen sind, wird die Traverse auf einem Kettenförderer in einem Trockenofen abgelegt.
- Nachdem sie eine festgelegte Trockenzeit durch den Ofen befördert wurde, wird sie durch eine andere Fahreinheit wieder aufgenommen.
- Nun wartet sie vor dem Verzinkungsofen auf die Freigabe des Verzinkers. Sobald die Freigabe erfolgt ist, fährt die Fahreinheit mit der Traverse über das Verzinkungsbecken.

- Der Tauchprozess erfolgt im Normalfall manuell, kann aber über eine „TEACH IN“ Funktion auch automatisiert erfolgen.
- Nach dem Tauchvorgang bringt die Fahreinheit die Traverse automatisch zu einem weiteren Kettenförder und legt sie ab.
- Der Kettenförderer befördert die Traverse nun von dem Verzinkungsbereich in den Bereich des Traversenspeichers.
- Der Verteilerkran nimmt die Traverse von dem Kettenförderer auf und legt sie im Speicher oder auf einem freien Abrüstplatz ab.
- Sobald die Traverse abgerüstet ist, wird sie nach Freigabe durch den Mitarbeiter wieder im Speicher abgelegt oder direkt einem freien Aufrüstplatz zugeführt.

3.3.5.2 Simulationstechnik als erster Schritt

Modernste Simulationstechnik ermöglicht es dem Interessenten, ein Anlagenkonzept schon weit vor der Realisierung in allen Einzelheiten darzustellen und somit die Planungsrisiken zu minimieren. Die Simulation wird in 3-D erstellt (Abb. 3.21) und erleichtert somit räumliche Anlagen- und Prozessdarstellung.

Durch die mögliche Ausgabe von verschiedensten Anlagenprozessdaten kann schon vorab gesehen werden, wie die Anlage in ihrer geplanten Ausführung arbeiten würde. Es können Engpässe und auch freie Kapazitäten aufgedeckt und die Anlage somit im frühen Planungsstadium schon wahrheitsgetreu optimiert werden. Die ausgegebenen Faktoren (Abb. 3.21) basieren auf realen Basisdaten, die von dem Zulieferer gemeinsam mit dem Interessenten erstellt und verarbeitet werden.

Dazu gehören z. B.:

- Zu erwartende Materialspezifikationen,
- geplante Produktionsmengen,
- zu verwendende Programmdaten (Rezeptdaten),

Abb. 3.21 Computersimulation einer Verzinkungsanlage in 3-D (Quelle: Scheffer Krantechnik GmbH, Sassenberg, mit Erlaubnis).

- durchschnittliche Leistungsdaten der Mitarbeiter zur Darstellung von manuellen Prozessabschnitten,
- Stillstandzeiten der Anlage (je nach gewünschtem Detaillierungsgrad auch Mittagspausen etc.),
- … und je nach Wunsch viele weitere Daten.

Umso mehr Daten zur Verfügung gestellt werden, desto genauer lässt sich die geplante Anlage in einer Simulation darstellen und für eine spätere Realisierung deutlich genauer optimieren.

3.4
Anlagen zur Oberflächenvorbereitung und Nachbehandlung

Die chemische Reinigung der zu verzinkenden Bauteile hat in modernen Verzinkungsanlagen im Vergleich zur mechanischen Reinigung die bei weitem größte Bedeutung, weshalb im Folgenden nur noch Anlagenteile dieses Verfahrens näher betrachtet werden. Im Weiteren werden die Komponenten beschrieben, die bei einer modernen Oberflächenvorbereitung und Nachbehandlung (im Folgenden werden beide unter dem Begriff „Vorbereitungsanlagen“ zusammengefasst) eingesetzt werden.

3.4.1
Behälter

Wurden früher in Vorbereitungsanlagen Stahlbehälter mit Innenbeschichtung oder Keramikauskleidung eingesetzt, so haben sich in der Praxis Kunststoffbehälter sehr gut bewährt. Bei Verwendung reiner Stahlbehälter ist der Einsatz von geeigneten Inhibitoren, die über die gesamte Standzeit der Beize wirken, unumgänglich.

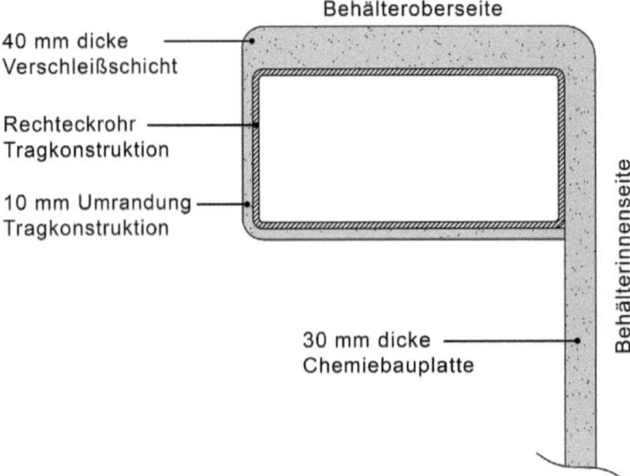

Abb. 3.22 Behälterrandausführung eines KVK-Beizbehälters (ohne Schweißnaht) (Quelle: Koerner Chemieanlagenbau Ges.m.b.H., Wies, Österreich, mit Erlaubnis).

Abb. 3.23 Überlaufwehr zum Abskimmen der Öle und Fette an der Flüssigkeitsoberfläche (Quelle: Koerner Chemieanlagenbau Ges.m.b.H., Wies, Österreich, mit Erlaubnis).

Abb. 3.24 Säureverrohrung einer modernen Beizerei (Quelle: Koerner Chemieanlagenbau Ges.m.b.H., Wies, Österreich, mit Erlaubnis).

Man unterscheidet unterschiedliche Werkstoffe. Einerseits Thermoplaste, wie Polypropylen und Polyethylen, andererseits Duroplaste, die im Wesentlichen aus Speziallaminaten bestehen. Eine weitere Ausführung stellen Behälter in Sandwichbauweise mit besonderen mechanischen und thermischen Eigenschaften dar. Die Stahlprofilunterkonstruktion ist bei allen Anbietern ähnlich. Die Einbindung der Kunststoffteile sowie die Ausführung der Behälterränder und der Außenbeschichtung sind jedoch sehr unterschiedlich.

Idealerweise sind die Wände der Behälter aus einem Teil hergestellt und weisen keinerlei Schweißstellen auf (Abb. 3.22).

Die Behälter können mit zusätzlichem Zubehör ausgestattet werden. Bei einigen Behältern wird die Oberfläche abgeskimmt, um Fett und Verunreinigungen möglichst zu vermeiden (Abb. 3.23).

In den Behältern können, je nach Bauweise der Hersteller, Flansche für das Säurehandling angebracht werden. Damit vermeidet man das offene Hantieren mit Chemikalien (Abb. 3.24).

Ein nicht zu unterschätzendes Thema bei Beizbehältern ist die Brennbarkeit. Speziell bei Thermoplastbehältern muss hier spezielles Augenmerk gelegt werden. Es gibt Kunststoffbehälter, die schwer entflammbar sind, was bei einer Neukonzeptionierung die Erstellung eines Brandschutzkonzeptes erleichtert.

3.4.2 Heizplatten

Vorbereitungsbehälter werden häufig über Raumtemperatur betrieben. Bei gekapselten Systemen ist es auch möglich, die Beizen zu beheizen, was zu einer besseren Ausnutzung der Säure führt und ein flexibleres Beizmanagement ermöglicht. Die Beheizung erfolgt im Normalfall durch Heißwasser, das teilweise aus der Wärmerückgewinnung des Verzinkungsofens gewonnen wird. Der Wärmebedarf, der nicht über die Abwärme abgedeckt werden kann, wird durch Zusatzbrenner erzeugt (mit Gas oder Öl betrieben).

Es kommen einerseits externe Heizaggregate zum Einsatz, wobei die Verfahrenslösung umgepumpt werden muss. Die technisch einfachere und damit auch wirtschaftlichere Variante ist der Einbau eines Wärmetauschers, der vorzugsweise an einer Stirnseite des zu beheizenden Behälters eingebaut wird (Abb. 3.25).

Man nutzt so die natürliche Konvektion, die entsteht, wenn das Medium aufgeheizt wird und durch einen Kamineffekt eine Strömung erzeugt. Die Temperaturverteilung über die Behälterlänge ist auch bei langen Beizbehältern ausreichend, sodass es nicht notwendig ist, an beiden Stirnseiten Heizplatten einzubauen. Au-

Abb. 3.25 Heizplatte mit natürlicher Umwälzung (Quelle: Koerner Chemieanlagenbau Ges.m.b.H., Wies, Österreich, mit Erlaubnis).

Abb. 3.26 Aufgrund mangelnder Reinigung stark verkrustete Heizplatte (Quelle: Koerner Chemieanlagenbau Ges.m.b.H., Wies, Österreich, mit Erlaubnis).

ßerdem sorgt die Tauchung des Verzinkungsgutes für eine sehr gute Durchmischung.

Die Heizplatten sind zumeist mit Kunststoffschläuchen ausgestattet, durch die das Heißwasser fließt. Die Dicke der Heizplatte hängt von der Temperatur der Verfahrenslösung und vom Durchsatz an Verzinkungsgut ab und ist umso geringer, je höher die Vorlauftemperatur ist. Meistens arbeitet man mit Vorlauftemperaturen um ca. 90 °C.

Bei sauren Entfettungslösungen, die zur Verkrustung neigen, ist es ratsam, die Vorlauftemperatur für diese Verfahrenslösung abzusenken und zusätzlich für eine regelmäßige Reinigung zu sorgen (mithilfe einer Druckluftlanze oder ähnlichem). Sollte das nicht beachtet werden, kommt es zu starken Verkrustungen, was den vorzeitigen Austausch der Heizplatte notwendig macht (Abb. 3.26).

3.4.3 Anlagentechnik zur Prozessoptimierung beim Beizen

Es gibt zwei unterschiedliche Ansätze, wie man die Beizdauer verkürzen kann. Einerseits durch Erhöhung der Arbeitstemperatur, was allerdings nur bei gekapselten Systemen auch wirklich umsetzbar ist. Andererseits durch eine Bewegung, die unterschiedlich erzeugt werden kann. Es geht darum, dass man an der chemisch aktiven Kontaktfläche zwischen Material und Beizflüssigkeit einen Stoffaustausch schaffen kann. Dadurch kommt frische Säure an das Material und diese kann den Beizprozess wesentlich verbessern. Es gibt folgende verschiedene Ansätze, die unterschiedlich effizient sind (siehe auch Abschn. 4.5.2).

3.4.3.1 Umwälzung der Verfahrenslösungen

Bei diesem Verfahren wird die Verfahrenslösung an einer Stirnseite des Behälters oberhalb entnommen und an einer anderen Stelle im unteren Bereich wieder in den Behälter gepumpt. Das umgewälzte Volumen ist dabei meist nicht ausreichend, um eine wirksame Umströmung der Bauteile zu bewirken. Der Effekt der Beizzeitverringerung ist unwesentlich.

3.4.3.2 Turbotank

Bei diesem System wird eine sehr große Menge an Verfahrenslösung umgepumpt, wodurch eine effektive Umströmung des zu beizenden Materials erreicht wird. Die Umwälzung erfolgt über ein sehr großes Pumpenlaufrad, das in einer Kammer installiert wird, die unmittelbar parallel zum Beizbehälter angeordnet ist. Der zusätzliche Platzbedarf für die Umwälzkammer ist zu berücksichtigen. Dadurch kann die Beizzeit bis zu 50 % verkürzt werden.

3.4.3.3 Einblasen von Luft

Durch im Behälter angebrachte Zublasleitungen wird Luft in den Beizbehälter eingeblasen. Es entsteht eine Bewegung der Verfahrenslösung, die zur Verkürzung der Beizzeit führen kann. Der Luftsauerstoff wirkt oxidierend, und es kann zu einer erhöhten Schlammbildung kommen. Durch das Einblasen der Luft kommt es zu einer verstärkten Ausgasung der Chloride und somit zu einer höheren Umgebungsbelastung, vor allem durch HCl-Gase und zu einem geringfügig höheren Säureverbrauch. Die Luft sollte aus wirtschaftlichen Gründen mit einem Hochdruckgebläse und nicht mit Druckluft erzeugt werden (siehe Abschn. 4.5.2).

3.4.3.4 Bewegung des Verzinkungsgutes

Diese Relativbewegung zwischen Verzinkungsgut und Verfahrenslösung kann nicht nur durch Bewegung der Verfahrenslösung erfolgen, so wie in den vorher angeführten Varianten, sondern auch durch eine Bewegung des Verzinkungsgutes in der Verfahrenslösung. Sehr einfach ist das durch die Krananlage möglich. Meist ist es aber der Fall, dass der Kran andere Aufgaben hat, als das Verzinkungsgut zu bewegen. Eine technische Lösung bewegt die Traverse, auf der das Verzinkungsgut hängt. Die Traversenaufnahmen sind mit einer Bewegungseinrichtung versehen, die die Traversen und damit das Verzinkungsgut ständig bewegen. Die Antriebselemente müssen unbedingt in einem Bereich untergebracht werden, in dem keine Säuredämpfe vorhanden sind. Nur so kann sichergestellt werden, dass es zu keiner Beschädigung des Antriebs durch aggressive Dämpfe kommt. Bei einem patentierten System (mit Abdichtung) werden die Traversen permanent nur ca. 30 cm gehoben und gesenkt, wodurch sich eine Reduzierung der Beizzeit bis zu 50 % realisieren lässt (siehe Abschn. 4.5.2 und Abb. 3.27).

3.4.4 Einhausung von Vorbereitungsanlagen (gekapselte Systeme)

Oberflächenvorbereitungsbehälter beinhalten häufig Gefahrstoffe, die eine Minderung und ggf. Erfassung der Emissionen aus Sicht des Umwelt- und Arbeitsschutzes erforderlich machen kann.

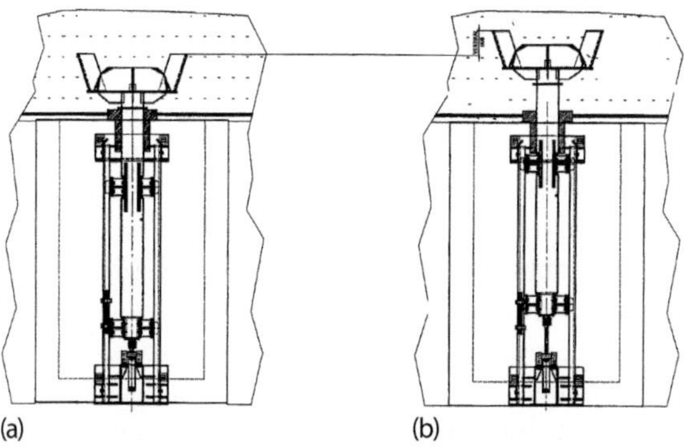

Abb. 3.27 Prinzipzeichnung Traversenbewegungseinrichtung (Quelle: Koerner Chemieanlagenbau Ges.m.b.H., Wies, Österreich, mit Erlaubnis).

Die technischen Möglichkeiten derartiger Luftreinhaltemaßnahmen enthält Abschn. 3.9.

Behälterabdeckungen und Deckellösungen

Emissionen und Dämpfe beheizter Verfahrenslösungen können auch durch Anbringung von Deckeln verringert werden. Auch hier gilt, dass bei geöffneten Deckeln das Austreten von Emissionen nicht verhindert werden kann. Deckellösungen werden hauptsächlich bei Verfahrenslösungen eingesetzt, die bei über 50 °C arbeiten, um den Energieverbrauch zu reduzieren.

Die effizienteste und langfristig wirtschaftlichste Möglichkeit der Emissionserfassung und -vermeidung ist die gekapselte Oberflächenvorbereitung. Dabei werden die Behälter der chemisch aktiven Verfahrenslösungen (Entfettung, Beizen, Flux) in einer separaten Einhausung platziert (Abb. 3.28).

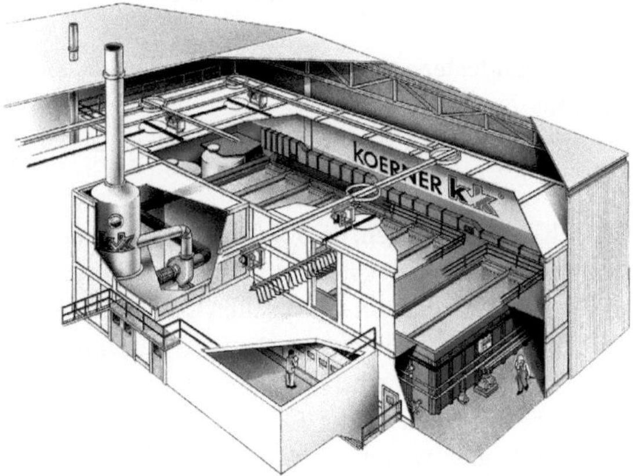

Abb. 3.28 Schematische Darstellung einer gekapselten Oberflächenvorbereitung (Quelle: Koerner Chemieanlagenbau Ges.m.b.H., Wies, Österreich, mit Erlaubnis).

Bei fachgerecht dimensionierten Einhausungen bleiben die aggressiven Säuredämpfe innerhalb dieser Kapselung und verteilen sich nicht im restlichen Hallenbereich, was zu exzellenten Arbeitsplatzverhältnissen führt, die Instandhaltungskosten durch die von den Salzsäuredämpfen verursachte Korrosion gänzlich eliminiert und die Forderungen des Arbeitsschutzes optimal eingehalten werden können. Die Salzsäuredämpfe müssen mithilfe von Abluftanlagen erfasst und gereinigt werden. Einerseits muss die Abluftmenge so groß gewählt werden, dass keine Dämpfe aus der Einhausung austreten können, auch dann nicht, wenn die Tore geöffnet werden, z. B. für den Transport der Bauteile in den Vorbereitungsbereich. Andererseits muss die Absaugmenge groß genug sein, um eine ausreichende Luftwechselrate zu erreichen. Im Vergleich mit Randabsaugungssystemen, wo es notwendig ist, sämtliche Dämpfe zu erfassen, ist es bei gekapselten Systemen das Ziel, gerade so viel abzusaugen, dass keine Säuredämpfe aus der Einhausung austreten können.

Die Absaugmenge, die notwendig ist um zwei Behälter mit Randabsaugung abzusaugen, entspricht ungefähr jener Menge, die man für eine komplette gekapselte Anlage benötigt. Moderne Systeme werden mit einer Unterdruckregelung ausgestattet, die sicherstellt, dass zu jedem Zeitpunkt ausreichend Luft abgesaugt und das Austreten salzsäurehaltiger Luft verhindert wird. Das führt zu erheblichen Kosteneinsparungen. Gekapselte Systeme sind das Optimum in Hinblick auf Umweltschutz, Wirtschaftlichkeit, Flexibilität und Korrosionsschutz. Sollten jedoch in der Auslegung Fehler passieren, so sind die Auswirkungen umso dramatischer, weil dann Säuredämpfe in einer konzentrierten Form die Arbeitsschutzforderungen negativ beeinflussen und starke Korrosion der Ausrüstungen (Krananlagen usw.) verursachen.

Die wichtigsten Kriterien bei der Auslegung einer gekapselten Oberflächenvorbereitung sind:

- Wie groß ist die Rohgaskonzentration in der Einhausung, damit die Abluftanlage richtig dimensioniert werden kann?
- Wie groß muss die Abluftmenge mindestens sein, um sicherzustellen, dass keine Säuredämpfe austreten können?
- Wie groß sind die Massenströme, um einen abwasserfreien Betrieb garantieren zu können?

Ein besonderes Augenmerk ist auch darauf zu legen, dass Nebel in der Einhausung vermieden wird. Eine sorgfältige Auslegung berücksichtigt immer die Klimadaten des Standortes der Anlage. Bei der Ausführung von gekapselten Oberflächenvorbereitungen gibt es grundsätzlich zwei unterschiedliche Ansätze bezüglich der Positionierung der Krananlagen. Bei Variante 1 sind die Brückenkräne im inneren der Einhausung positioniert. Die Ausführung der Oberflächenvorbereitung ist bei diesem System wesentlich einfacher, weil einerseits die Einhausung konstruktiv simpel gemacht werden kann und andererseits Brückenkräne zum Einsatz kommen können. Nachteil dieser Ausführung ist, dass die Kräne permanent den Säuredämpfen ausgesetzt sind und dadurch einem erhöhten Verschleiß durch Korrosion unterliegen. Bei dieser Variante sollte unbedingt darauf geachtet wer-

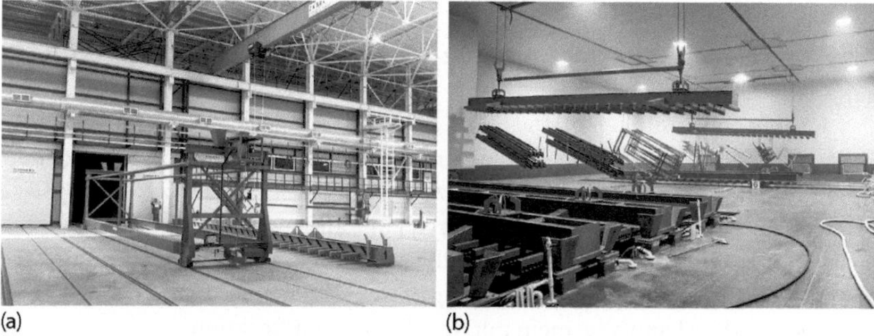

(a) (b)

Abb. 3.29 Gekapselte Einhausung von außen (a) und von innen (b) (Bilder: Koerner Chemieanlagenbau Ges.m.b.H., Wies, Österreich, mit Erlaubnis).

den, dass die Kräne aus der Einhausung herausgefahren werden können, wenn nicht produziert wird.

Bei Variante 2 laufen die Kräne außerhalb der Kapselung und sind so vor den Säuredämpfen geschützt. Hier kommen zumeist Monorail-Fahreinheiten zum Einsatz (Abb. 3.29). Durch die notwendige Zwischendecke ist diese Variante aufwendiger, hat aber den großen Vorteil, dass die Kräne keinen Säuredämpfen ausgesetzt sind und somit auch mit sensiblem Equipment für vollautomatischen Betrieb ausgestattet werden können. Im Zwischendeckenbereich befindet sich ein Deckenschlitz, durch den die Seile oder Ketten geführt werden. Dieser Bereich muss durch ein spezielles Dichtungssystem abgedichtet werden, damit die Säuredämpfe nicht zu den Krananlagen gelangen können (Abb. 3.30).

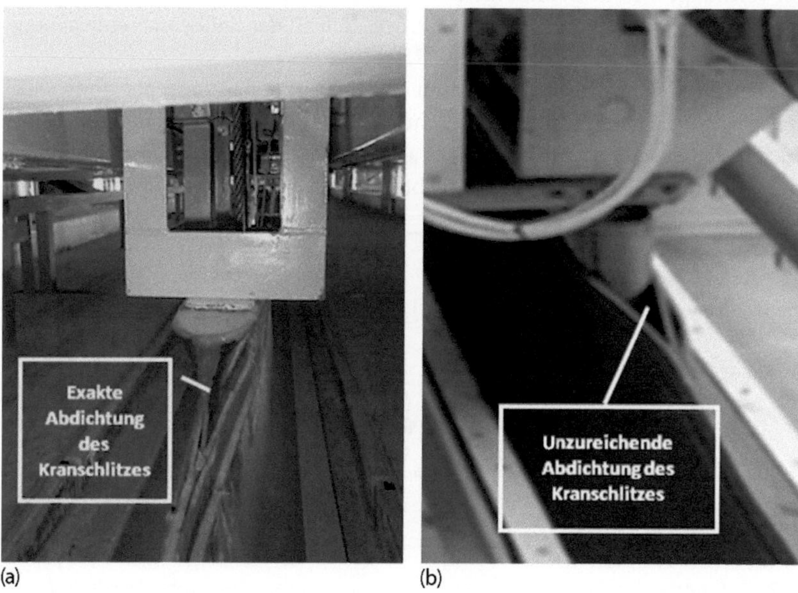

(a) (b)

Abb. 3.30 (a) Patentiertes KVK-Abdichtungssystem (b) und mangelhafte Abdichtung (Bilder: Koerner Chemieanlagenbau Ges.m.b.H., Wies, Österreich, mit Erlaubnis).

3.4.5
Anlagen für die Aufbereitung von Spülwässern

Das aus den Beizlösungen in das Spülwasser ausgetragene Eisen liegt gelöst als Eisen(II)-chlorid ($FeCl_2$) vor. Die dezentrale, kontinuierliche Eisenentfernung aus Spülwässern kann durch den Einsatz von Ionenaustauschern erfolgen. Hierbei wird das eisenhaltige Spülwasser durch ein Kationenaustauscherbett geleitet (Schritt 1). Beim Durchströmen der Spülwässer durch das Kationenaustauscherbett im Reaktor, werden von diesem die positiv geladenen Fe^{2+}-Ionen aufgenommen. Der Prozess kann allgemein mit der chemischen Reaktion

$$2R{-}H + Fe^{2+}Cl_2 \rightarrow R_2{-}Fe + 2HCl \quad (3.1)$$

beschrieben werden. R stellt in der obigen Gleichung die austauschaktive Gruppe dar. Ist die maximale Aufnahmekapazität an Eisenionen des Kationenaustauscherbettes im Ionenaustauscher erreicht, muss dieser regeneriert werden. Das geschieht durch Spülen des Ionenaustauschers mit Säure, in den meisten Fällen wird hierfür Salzsäure eingesetzt (Schritt 2). Beim Regenerationsprozess gehen die im Ionenaustauscher gebundenen Fe^{2+}-Ionen in die Salzsäure über, und H^+-Ionen werden vom Ionenaustauscher aufgenommen. Die Reaktion erfolgt zu:

$$R_2{-}Fe + 2HCl \rightarrow 2R{-}H + FeCl_2 \quad (3.2)$$

Der Regenerationsprozess wird durch einen anschließenden Spülprozess abgeschlossen, bei dem die eisenhaltige Regenerationssäure mit Wasser aus dem Reaktor verdrängt wird und somit nicht wieder in den Spülwasserkreislauf gelangen kann. Nach der Regeneration kann der Prozessschritt der Spülwasserenteisenung direkt wieder gestartet werden (Abb. 3.31).

Bei diesem Verfahren wird das Eisen über den Ionenaustauscher vom Spülwasser in das Regeneriermittel überführt. Die beim Regenerieren entstehende Salzsäure-Eisen(II)-chloridlösung kann als Beizlösung direkt in die Beizbehälter geleitet werden. Die Mengenbilanz bleibt in den meisten Fällen positiv, d. h., die

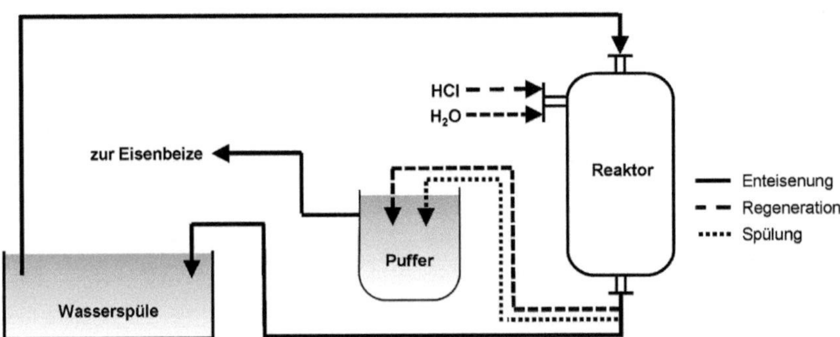

Abb. 3.31 Schema einer kontinuierlich arbeitenden Spülwasseraufbereitung (Quelle: RAM-Engineering + Anlagenbau GmbH, Gelsenkirchen, mit Erlaubnis).

Verdunstungsmengen übersteigen die zusätzlichen Volumina, die aus den Regenerierprozessschritten 2 und 3 resultieren.

Die Kapazität des Regenerierungsprozesses ist nur durch die Menge an eingesetztem Ionenaustauschermaterial limitiert. In Abhängigkeit von der Menge und Art des Verzinkungsgutes und der analytischen Führung der Verfahrenslösungen können Spülwasserenteisenungsanlagen für Verzinkereien beliebiger Kapazität ausgelegt werden. In den meisten Fällen werden dem Ionenaustauscherreaktor Aktivkohlefilter vorgeschaltet, die den Ionenaustauscher vor Kohlenwasserstoffen schützen, die bei bestimmten Oberflächenvorbereitungsverfahren in die Spüle eingetragen werden können.

Durch eisenfreies Spülwasser wird die Verschleppung von Eisen in die nachfolgenden Prozesse und die Zinkschmelze nachhaltig unterbunden. Das führt zu deutlich weniger Anfall von Zinkasche und Hartzink und damit zur Erhöhung der Wirtschaftlichkeit des Verzinkungsprozesses (vergl. Abschn. 4.2.4 und 4.2.6).

Das Fließschema zeigt beispielhaft die Bilanzierung eines realen Enteisenungsprozesses für eine Spülwasserenteisenung einer Verzinkerei mit 25 000 t/a Verzinkungsgut (Abb. 3.32)

3.4.6 Anlagentechnik zur Flussmittelaufbereitung

Die Verschleppung von Eisen in den Verzinkungsprozess durch Eisen(II)-chlorid aus dem Flussmittel führt zu zusätzlicher Hartzink- und Zinkaschebildung im Kessel und auf dem Verzinkungsgut. Stand der Technik ist die Entsorgung der abgearbeiteten Flussmittelprozesslösung oder die kontinuierliche Flussmittelaufbereitung. Als oberen Richtwert für Eisengehalte in der Flussmittellösung wird 5 g/l empfohlen (Abschn. 4.2.6).

Die kontinuierliche Aufbereitung von Flussmittellösungen erfolgt grundsätzlich in drei Schritten: Oxidation, Fällung und Filtration. Die Oxidation des Eisen(II) zu Eisen(III) kann mittels Luftsauerstoff oder Wasserstoffperoxid erfolgen. Für die Oxidation mit Luftsauerstoff wird das Flussmittel mit Druckluft beaufschlagt, bei der Oxidation mit Wasserstoffperoxid wird die wässrige Lösung dem Flussmittel zugegeben. Nach der Oxidation erfolgt die Fällung des gebildeten Eisenhydroxids durch Einstellen des pH-Wertes. Die Reaktionen in diesen Prozessschritten können beschrieben werden mit:

$$\underset{\text{Fällung}}{\overset{\text{Oxidation}}{\mathrm{Fe(II)} \rightarrow \mathrm{Fe(III)}}}: \quad 2H^+ + 2Cl^- + 2Fe^{2+} + 4Cl^- + H_2O_2 \rightarrow 2Fe^{3+} + 6Cl^- + 2H_2O \tag{3.3}$$

$$\mathrm{Fe(III)\ als\ Fe(OH)_3}: \quad 2Fe^{3+} + 6Cl^- + 6NH_4^+ + 6OH^- \rightarrow 2Fe(OH)_3 + 6NH_4Cl \tag{3.4}$$

Bei der Fällung des Eisenhydroxids sinkt demnach der pH-Wert der Lösung ab. Die Fällungsreaktion kommt bei Unterschreitung eines unteren Grenzwertes zum

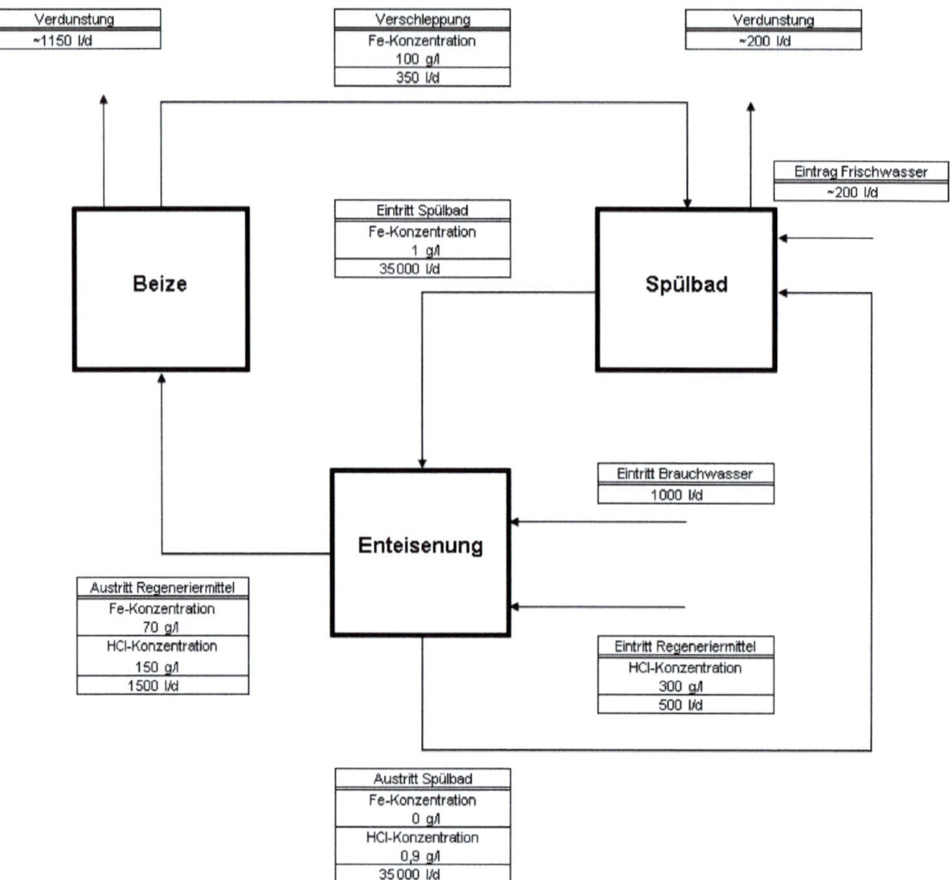

Abb. 3.32 Stoffflussschema eines realen Enteisenungsprozesses für eine Spülwasserenteisenung einer Verzinkerei mit 25 000 t Jahresproduktion (Quelle: RAM-Engineering + Anlagenbau GmbH, Gelsenkirchen, mit Erlaubnis).

Stillstand, zuvor nimmt die Sedimentationsfähigkeit des gefällten Eisenhydroxids mit sinkendem pH-Wert ab. Optimale Ergebnisse werden erzielt, wenn der pH-Wert während des Fällungsprozesses im pH-Bereich zwischen 3 und 4,5 liegt.

Das ausgefällte Eisenhydroxid kann mittels bekannter Filtertechnologien aus dem Prozess ausgeschleust und der Verwertung zugeführt werden. Das durch den Enteisenungsprozess veränderte Salzverhältnis zwischen Ammoniumchlorid (NH_4Cl) und Zinkchlorid ($ZnCl_2$) in der Flussmittellösung muss durch Zugabe von Zinkchlorid ausgeglichen und die Einstellung des pH-Wertes durch Zusatz von NH_4OH vorgenommen werden.

Grundsätzlich kann nach oben beschriebenem Verfahren die Flussmittelaufbereitung dezentral, also direkt in der Verzinkerei mit zwei verschiedenen Anlagentypen realisiert werden. Im diskontinuierlichen Prozess werden definierte Teilvolumina der Flussmittellösung (etwa 0,5–1,5 m^3) in der Aufbereitungsanla-

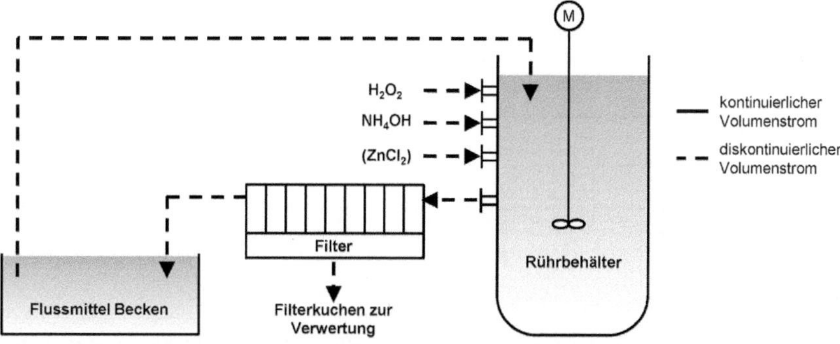

Abb. 3.33 Schema einer diskontinuierlich arbeitenden Flussmittelaufbereitung (Quelle: RAM-Engineering + Anlagenbau GmbH, Gelsenkirchen, mit Erlaubnis).

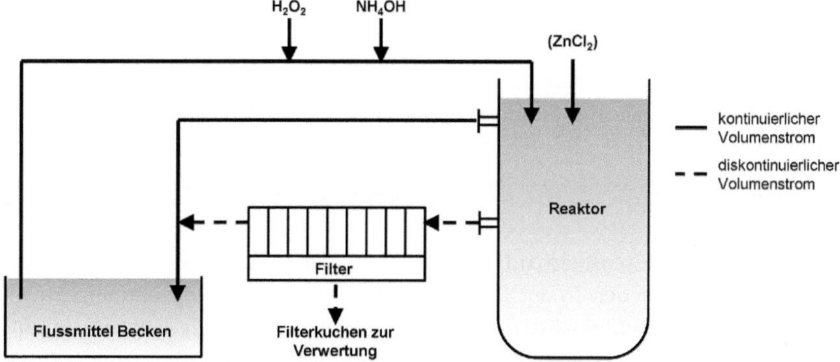

Abb. 3.34 Schema einer kontinuierlich arbeitenden Flussmittelaufbereitung (De-Iron-Unit) (Quelle: RAM-Engineering + Anlagenbau GmbH, Gelsenkirchen, mit Erlaubnis).

ge enteisend und anschließend der Flussmittellösung nach Filtration wieder zugeführt (Abb. 3.33).

Bei kontinuierlich arbeitenden Flussmittelaufbereitungsanlagen wird die Flussmittellösung im Durchflussverfahren aufbereitet und lediglich diejenigen Volumina filtriert, die Feststoffe enthalten (Abb. 3.34). Das entlastet den Filtrationsprozess und erhöht die Kapazität der Gesamtanlage. Der Füllstand im Flussmittelbehälter bleibt hierbei auch bei kleinen Flussmittelbehältern auf einem konstanten Niveau.

Für die Filtration haben sich Kammerfilterpressen durchgesetzt, da sie verfahrensbedingt geringere Restfeuchten im Filterkuchen erzielen als alternative Verfahren wie Bandfilteranlagen, Trommelfilter oder andere Filteranlagen.

Anlagen zur Flussmittelaufbereitung nach oben beschriebenem Verfahren können für alle Flussmittelqualitäten und Zusammensetzungen eingesetzt und auch in bestehende Oberflächenvorbehandlungen nachträglich installiert werden. Auch sehr hohe Eisengehalte im Flussmittel zu Beginn des Betriebes sind

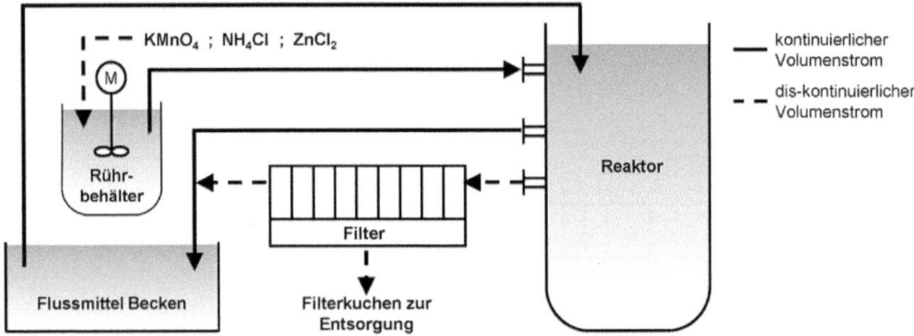

Abb. 3.35 Kontinuierlich arbeitende Flussmittelaufbereitung auf Basis von Kaliumpermanganat (Quelle: RAM-Engineering + Anlagenbau GmbH, Gelsenkirchen, mit Erlaubnis).

bei diesen Anlagentypen möglich, ein Neuansatz von Flussmittel ist hierbei nicht erforderlich.

Neben der Flussmittelaufbereitung mittels Oxidation des Eisens mit Wasserstoffperoxid gibt es am Markt verfügbare Anlagen, die die erforderliche Oxidation des Eisens mit Kaliumpermanganat erreichen. Die zugrunde liegende Reaktion lautet:

$$3FeCl_2 + KMnO_4 + 7H_2O \rightarrow 3Fe(OH)_3 + MnO_2 + KCl + 5HCl \tag{3.5}$$

Das entstehende Eisenhydroxid sowie das gebildete Mangandioxid finden sich im Filterkuchen wieder. In der Praxis wird das Kaliumpermanganat dem Flussmittel als angemaischte, wässrige Lösung zugegeben, die auch Zinkchlorid und weitere Bestandteile zur pH-Wert-Anpassung und Salzgehaltanpassung enthält. Die Zugabe erfolgt in der Regel proportional zur Beschaffenheit und Menge an Verzinkungsgut nach Vorgabe durch den Hersteller des Produktes. Hierzu wird die wässrige Lösung dem Flussmittel innerhalb der Anlage zudosiert, als Vorlage muss ein Rührbehälter eingesetzt werden (Abb. 3.35). Für die Anwendung dieses Verfahrens muss das Flussmittel zunächst neu angesetzt werden oder nahezu eisenfrei sein.

Die Aufbereitung des Flussmittels kann neben den beschriebenen Verfahren (Austausch, Aufbereitung kontinuierlich dezentral) auch mit mobilen Anlagen erfolgen (Oxidation erfolgt hierbei ausschließlich mit Wasserstoffperoxid). Hierbei wird innerhalb weniger Tage das Flussmittel nach oben beschriebenem Verfahren aufbereitet. Die am Markt verfügbaren Anlagen ermöglichen die Aufbereitung von 25 m^3 Flussmittel mit 20 g/l Eisengehalt innerhalb einer Woche (Eisengehalt nach Aufbereitung < 1 g/l). Dem Vorteil der geringen Kosten im Vergleich zur Installation einer kontinuierlichen Flussmittelaufbereitungsanlage steht entgegen, dass sich ein Sägezahnprofil über der Zeit einstellt, in dem der Eisengehalt zwischen den einzelnen Aufbereitungen kontinuierlich ansteigt. Bei Verwendung von Doppelspülen vor dem Fluxen kann eine Aufbereitung mit einer mobilen Anlage angebracht sein, da die Einschleppung von Eisen sehr langsam erfolgt und dementsprechend lang die Zyklen für die Flussmittelaufbereitung sein können.

3.5 Trockenöfen

Ein Trockenofen nach dem Fluxen ist heute Stand der Technik. In der Vergangenheit hatte der Trockenofen nur die Aufgabe, die zu verzinkenden Bauteile zu trocknen und somit das Spritzen beim Eintauchen in das flüssige Zink zu reduzieren. Durch die, wenn auch geringe Vorwärmung, kann ein Trockenofen zum Teil auch einen in der Leistung zu gering ausgelegten Verzinkungsofen unterstützen. Zu beachten ist hier aber, dass der Wärmeübergang durch Konvektion immer niedriger ist als beim Eintauchen in die flüssige Schmelze. Die Umlufttemperaturen liegen in der Regel bei ca. 80–120 °C. Die mittleren Trockenzeiten liegen bei ca. 20 min. In modernen Anlagen ist der Trockenofen unverzichtbar geworden und hat vielfältige weitere Aufgaben zu erfüllen.

In Anlagen mit eingehausten (gekapselten) Oberflächenvorbereitungen kann der Trockenofen die Funktion der Ausgangsschleuse übernehmen. Bei der Verwendung von neu entwickelten Legierungen werden höhere Trockentemperaturen (bis zu 300 °C) erforderlich, die einen anderen Aufbau des Trockenofens bedingen. Beim Verzinken von Bauteilen aus höherfestem Stahl (z. B. Befestigungselemente) ist oftmals eine Vorwärmung der Bauteile auf höhere Temperaturen gewünscht, um den Effekt der Flüssigmetallversprödung zu reduzieren. Die Ausführung des Trockenofens richtet sich nach der Aufstellungsvariante. Mehrkammertrockenöfen ohne Transporteinrichtung eignen sich nur für offene, einfache Anlagen und verlieren daher an Bedeutung.

Durchlauftrockenöfen mit 3–5 Chargenpositionen und Transporteinrichtung (Abb. 3.36 und 3.37) oder überflur angeordnete Trockenöfen, wobei die Charge am Hubwerk der Krananlage verbleibt, werden aktuell eingesetzt. Der Vorteil der überflur angeordneten Trockenöfen ist, dass der Trockenofen direkt an die Einhausung des Verzinkungsofens angeflanscht werden kann und damit Temperaturverluste durch den Transport der Bauteile aus dem Trockenofen zum Verzinkungsofen minimiert werden. Auch sinkt die Emmissionsbelastung durch Abluft aus dem Trockenofen, da die Emissionen während des gesamten Materialtransports, angefangen von der Oberflächenvorbereitung über den Trockenofen bis zum Verzinkungsofen, nahezu vollständig erfasst werden.

Die meisten Trockenöfen arbeiten mit Luftumwälzung, und die Wärmeübertragung erfolgt über Konvektion. Gerade bei Stückverzinkungsanlagen, wo laufend verschiedene Artikel behandelt werden, ist es äußerst schwierig, eine optimale Luftanströmrichtung zu gewährleisten. Bei einem relativ langen Trockenofen könnte man von verschiedenen Richtungen aus anströmen und so auch verdeckt hängende Teile mit Umluft beaufschlagen. Bei Mehrkammertrockenöfen kann man aber wegen der Deckel das Verzinkungsgut nicht von oben anströmen. Man muss bei jedem Bedarfsfall den Ofen individuell gestalten. Bereits bei der Aufhängung der Teile an die Traverse sollte darauf geachtet werden, dass sich keine schöpfenden Ecken bilden.

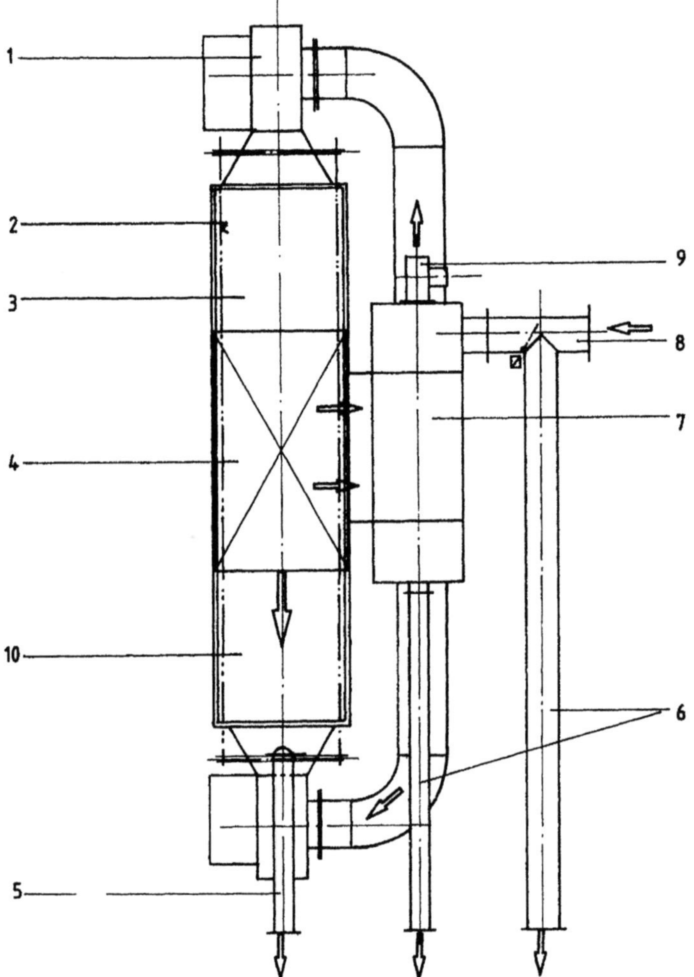

Abb. 3.36 Durchlauftrockenofen mit Traversenlängstransport. 1 – Umluftradialventilator, 2 – Rollentragkette, endlos, 3 – Traverseneingabe, verschließbar, 4 – stationärer Deckel, 5 – Abluftleitung, 6 – Abgasleitung zum Schornstein, 7 – Wärmetauscher, 8 – Abgasleitung vom Verzinkungsofen, 9 – Zusatzbrenner, 10 – Traversenentnahme, verschließbar mittels Schiebedeckels/Klappdeckels.

Wichtig ist vor allem eine ausreichende Umluftmenge. Als Richtwert kann man annehmen: Umluftmenge/h = 750 × Ofenvolumen (m^3). Mehr Umluft und weniger Temperatur ist wirksamer als ein umgekehrtes Verhältnis (Wäsche auf der Leine im Winter bei 0 °C und Luftbewegung trocknet schneller als Wäsche auf der Leine im Sommer bei 30 °C und Windstille). Wichtig ist natürlich, dass ein Teil des Umluftstromes, ca. 10–15 %, kontinuierlich als Abluft ins Freie geleitet und die entsprechende Menge als Frischluft wieder zugeführt wird. Ein reines Umwälzen der Umluft führt in kurzer Zeit zum Waschkücheneffekt.

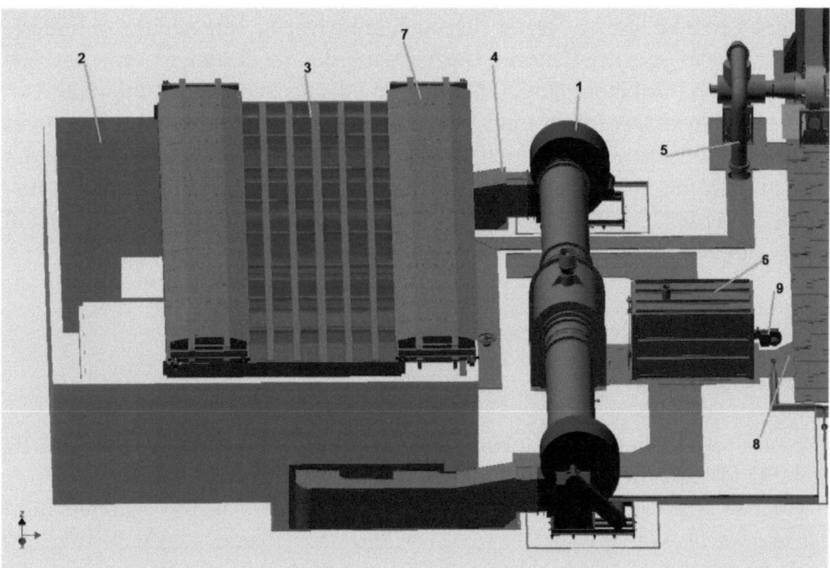

Abb. 3.37 Durchlauftrockenofen mit Traversenquertransport. 1 – Umluftradialventilator, 2 – Traverseneingabe, verschließbar, 3 – Stationärer Deckel, 4 – Abluftleitung, 5 – Abgasleitung zum Schornstein, 6 – Wärmetauscher, 7 – Traversenentnahme, verschließbar mittels Schiebedeckel, 8 – Abgasleitung vom Verzinkungsofen, 9 – Zusatzbrenner.

Eine weitere Möglichkeit ist mit einem Kältetrockner zu arbeiten, bei dem der umgewälzten Luft die Feuchtigkeit entzogen wird. Als problematisch haben sich hier Korrosionserscheinungen am Kondensator herausgestellt. Hier sind noch weitere Untersuchungen mit korrosionsbeständigen Materialien erforderlich.

In der Zukunft sind auch andere Verfahren denkbar, wie Infrarottrocknung oder Mikrowellentrocknung. Der Wärmeübergang bei der Beheizung durch Konvektion lässt sich durch das Prinzip der Prallströmung erhöhen.

Bei der Beheizung der Trockenöfen sollte auf jeden Fall die Wärme der Abgase des Verzinkungsofens für den Trockenprozess oder im Sanitärbereich genutzt werden, indem diesen über Wärmeaustauscher die Wärme entzogen wird. Auf keinen Fall sollten die Abgase direkt in den Trockenofen geleitet werden. Diese können bis zu 60 % Feuchtigkeit enthalten, und es kommt relativ schnell zu dem erwähnten Waschkücheneffekt. Der Trockenofen sollte außen isoliert und innen mit einem säurebeständigen Material ausgekleidet sein.

Bei der Beheizung mit Öl muss zwingend ein Wärmetauscher verwendet werden, da ansonsten Rußpartikel im Umluftstrom zu Verzinkungsfehlern führen können. Eine Abgasbypassleitung sorgt dafür, dass im Leerlaufbetrieb die Abgase direkt in den Kamin geleitet werden. Bei modernen Anlagen erfolgt die Abgasklappenumsteuerung über Stellmotoren. In jedem Fall benötigt der Trockenofen eine zusätzliche Beheizung, um den Trockenofen vor Produktionsstart des Verzinkungsofens aufzuheizen und um die Spitzenlast abzudecken. Durch eine Optimierung des Verzinkungsofens und der Wärmerückgewinnung aus dem Abgas des Verzinkungsofens bietet sich auch immer mehr eine autarke optimierte Beheizung des Trockenofens an. Das Gehäuse des Trockenofens kann bauseits in Stahlbeton (Ortbeton) ausgeführt werden oder als Stahlkonstruktion mit Isolierung erfolgen. Der Innen- und Außenmantel sowie der Boden des Trockners sollte mit einer säurefesten Beschichtung versehen werden. Zusätzlich kann der Boden auch mit herausnehmbaren Elementen, in Form von Tropfschalen, ausgerüstet werden. Diese Bodenelemente können aus hitzebeständigem Kunststoff oder säurebeständigem Stahlblech gefertigt werden.

3.6 Verzinkungskessel aus Stahl

Die hier beschriebenen Verzinkungskessel dienen der Aufnahme des nach DIN EN ISO 1461 schmelzflüssigen Zinks zum Feuerverzinken von Stückgut.

Hochwertige Verzinkungskessel werden aus besonders niedrig legierten Stählen hergestellt (Kohlenstoff (C) max. 0,1 %, Phosphor (P) max. 0,03 %, Silizium (Si) max. 0,03 %). Diese Stähle haben sich als besonders widerstandsfähig gegen die aggressive Zinkschmelze erwiesen. Nach heutigem Stand gilt dies sowohl für reine Zinkschmelzen als auch für die in der Stückverzinkung üblichen, leicht legierten Zinkschmelzen, die der DASt-Richtlinie 022 genügen. Hierbei ist zu beachten, dass Wismut nicht in einer Konzentration höher als 0,1 % eingesetzt werden darf (siehe Abschn. 2.2.7).

Für aluminium- oder magnesiumlegierte Schmelzen, wie sie in der Bandverzinkung eingesetzt werden, existieren chrom- und nickelhaltige Schweißplattierungen, die während der Herstellung des Kessels aufgetragen werden. Ohne diese Plattierung würde ein klassischer Kesselstahl der Schmelze nicht lange widerstehen.

In der Praxis sind die unterschiedlichsten Kesselabmessungen in Bezug auf die Länge, Breite und Tiefe anzutreffen. In den letzten Jahren wurden die Kessel, vor allem aus energiewirtschaftlichen Gründen, immer mehr den zum Verzinken ausgeschriebenen Stahlbauteilen angepasst.

Die gebräuchlichste Wanddicke bei Verzinkungskesseln beträgt 50 mm. Diese Dicke hat sich als guter Kompromiss zwischen Lebensdauer und Wärmedurchlässigkeit erwiesen. In einigen Ländern hat sich auch eine Blechdicke von 60 mm durchgesetzt.

Um die Schweißnähte aus dem Übergang vom Boden zu den senkrechten Seitenwänden und damit aus dem Bereich der höchsten mechanischen Spannungen herauszubringen, werden Kessel nach moderner Bauart aus u-förmigen Mittelteilen und zwei allseitig gebogenen Kopfstücken hergestellt. Dabei können die Verzinkungskessel nach Wunsch des Kunden mit und ohne ausgestelltem Kragen (Abb. 3.38 und 3.39) hergestellt werden. Als besonders schonendes Herstellungsverfahren hat sich das Elektroschlackeschweißen zur Herstellung von Verzinkungskesseln durchgesetzt.

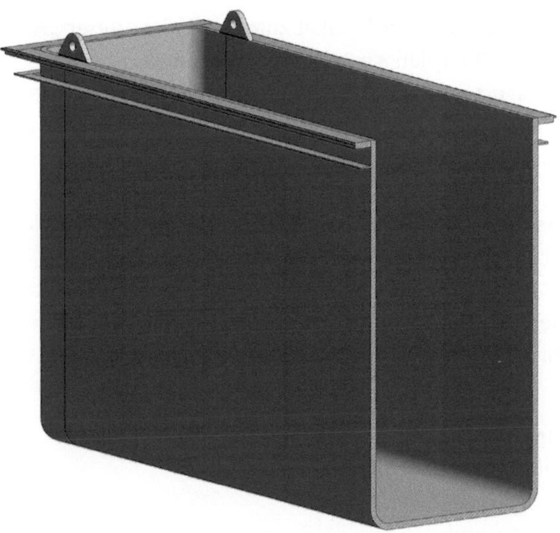

Abb. 3.38 Verzinkungskessel (Quelle: W. Pilling Kesselfabrik GmbH & Co. KG, Altena, mit Erlaubnis).

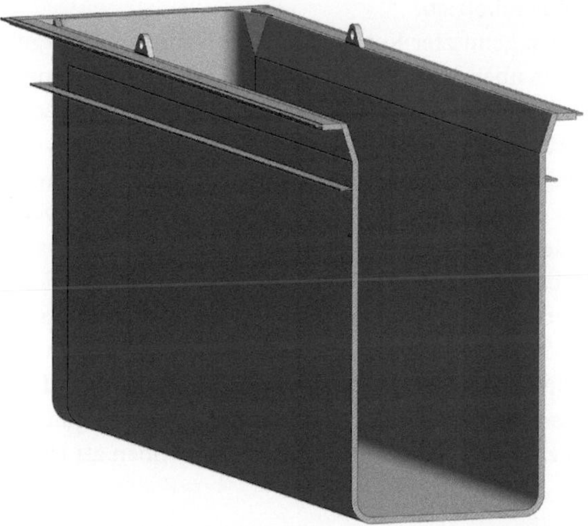

Abb. 3.39 Verzinkungskessel mit ausgestelltem Rand (Quelle: W. Pilling Kesselfabrik GmbH & Co. KG, Altena, mit Erlaubnis).

Während des Verzinkungsprozesses wachsen am oberen Rand des Kessels bis zu ca. 50 mm dicke Zinkkristalle. Dadurch wird die nutzbare Breite des Kessels reduziert und damit das Verzinkungssortiment begrenzt. Deshalb werden heute Verzinkungskessel oft an den oberen Längsseiten nach außen ausgestellt (in der Regel 100 mm weit auf 300 mm Höhe). Als zusätzlicher Vorteil ergibt sich durch die Schräge ein für den Arbeiter günstigerer Winkel zum Abstoßen dieser „Anbackungen", da er sich dabei nicht über den Kesselrand beugen muss.

Soll der Kessel im Freien gelagert werden, ist der Kessel vor Korrosion (durch Feuchtigkeit) zu schützen. Von Korrosion befallene Kesselinnenwandflächen weisen eine höhere Oberflächenrauheit auf und werden durch das schmelzflüssige Zink stärker angegriffen.

Ein beachtenswerter Unterschied der Kesselwerkstoffe zu üblichen Baustählen ist die starke Abnahme der Kerbschlagzähigkeit schon bei Temperaturen um 0 °C. Man sollte daher den Transport bzw. das Anheben von Verzinkungskesseln in kalten Wintermonaten vermeiden. Ansonsten besteht die Gefahr von Rissbildungen. Die Lebensdauer eines Verzinkungskessels ist vor allem von folgenden Einflussgrößen abhängig:

- vom Betrieb des Verzinkungsofens
  - Temperatur der Kesselinnenwand < 480 °C,
  - kritische Heizflächenbelastung < 24 kW/m^2,
- vom Durchsatz pro Zeiteinheit und
- von der Kesselpflege.

Die durchschnittliche Einsatzdauer beträgt ca. sechs Jahre, kann auch bis zu zwölf Jahren betragen, z. B. im Einschichtbetrieb.

Ein unter Normalbedingungen genutzter Kessel zum Verzinken von Stückgut gilt dann als betriebssicher, wenn über den Nutzungszeitraum ein konstanter und gleichmäßiger Werkstoffabtrag von weniger als 3 mm/a vorliegt. Unter Beachtung der Forderungen an die Herstellung des Kessels, das Beheizungssystem, die Temperaturmess- und Steuertechnik, die Inbetriebnahme und die Betriebsweise werden heute Kessel bis zu den größten Abmessungen in Abhängigkeit vom Durchsatz und den vorliegenden Erfahrungen über die Lebensdauer des Kessels während der gesamten Betriebszeit zwischenzeitlich nicht kontrolliert, sondern durch einen neuen Kessel ersetzt. Durch den Wegfall der Kontrollen der Kesselwände durch Auspumpen des Zinks in Warmhalteöfen oder Kokillen entfallen die hohen Kosten für das Umpumpen, die Zinkverluste und den Produktionsausfall.

Die heute auftretenden Kesselhavarien sind eher auf die Betriebsbedingungen als auf die Herstellung zurückzuführen. Folgende Sachverhalte können als Ursachen aufgeführt werden:

- Einsatz von Blei bei Inbetriebnahme eines neuen Kessels bevor sich eine schützende Hartzinkschicht ausgebildet hat,
- zu schnelles Aufheizen in Verbindung mit ungesättigter, zinkhaltiger Bleischmelze kann zu interkristallinen Rissen führen, wobei die Bögen besonders gefährdet sind,
- Zugabe unzulässiger Legierungselemente (siehe Abschn. 2.2.7),
- Betrieb des Kessels im kritischen Temperaturbereich.

Die Folgen davon sind ein unterschiedlich hoher Werkstoffabtrag, örtliche Auswaschungen und ein lokaler Durchbruch des Kesselwerkstoffes. Ein ungeeigneter

Ofen kann zum Wärmestau und damit zu einer ungleichmäßigen Beheizung sowie nicht exakten Temperaturführung führen.

3.6.1 Verzinkungsöfen für Stahlkessel

Bei der Auswahl der Energieträger zur Beheizung eines Verzinkungsofens bzw. einer Verzinkungsanlage, sind neben dem möglichen Wirkungsgrad auch die Verfügbarkeit und die Kosten für den Energieträger am Ort der Aufstellung zu beachten. Aus diesem Grund kann es keine allgemeingültige Aussage zur Auswahl des optimalen Energieträgers geben. Verzinkungsöfen mit Gas- oder Ölheizung können einen Wirkungsgrad von η = ca. 0,75 (für Flächenbrenner) erreichen. Dabei können sowohl Erdgas als auch Flüssiggas verwendet werden. Für die Beheizung mit Öl kommt heute überwiegend Leichtöl (Diesel) zum Einsatz. Bei der Beheizung mit einer elektrischen Widerstandsheizung können bis zu η = ca. 0,9, bei der elektrisch induktiven Heizung sogar bis zu η = ca. 0,95 erreicht werden. Der deutlich höhere Wirkungsgrad der elektrischen Beheizung resultiert aus den nicht vorhandenen Abgasen. Auf der anderen Seite kann der Wirkungsgrad einer modernen Gas oder mit Öl beheizten Verzinkungsanlage, bestehend aus einer gekapselten Oberflächenvorbereitung mit beheizten Verfahrenslösungen, einem Trockenofen und einem Verzinkungsofen, durch Wärmerückgewinnung aus den teilweise über 600 °C heißen Abgasen noch deutlich gesteigert werden.

Bei der Beheizung der Öfen ist zu beachten, dass im oberen Bereich des Kessels mehr Wärme eingebracht wird als im unteren Bereich (Abb. 3.40). Die ideale Verteilung der Wärme ist dabei am ehesten mit einer Anordnung der Brenner in einer Ebene ca. 1/3 von oben sicherzustellen. Bei der Anordnung der Brenner in mehreren Ebenen ist eine sehr exakte Einstellung der Brennerleistung in Abhängigkeit von der Einbauhöhe sicherzustellen, um lokale Überhitzungen sicher zu vermeiden. Der Bereich des Hartzinkspiegels sollte gar nicht beheizt werden. Eine Isolierung dieses Bereiches kann aber auch zu Überhitzungen und Schäden am Kessel führen.

Nach dem heutigen Stand der Technik werden diese Öfen in Kompaktbauweise, d. h. mit keramischer Fasermattenauskleidung, ausgeliefert. Bedingt durch den frei im Ofen stehenden Kessel, lässt sich dieser schnell auswechseln. Auf die Fasermattenauskleidung kann noch ein keramisches Coating aufgetragen werden. Das keramische Coating sorgt für eine höhere Wärmereflexion im Ofenraum und dadurch für eine bessere Ausnutzung der Wärmestrahlung, außerdem beugt es Errosionserscheinungen an der Fasermattenoberfläche vor und reduziert die Bildung von Faserstaub.

Wichtig ist auch eine ausreichende Isolierung unter dem Kessel, um unkontrollierte Wärmeverluste unter dem Kessel zu vermeiden.

Für die Temperaturmessung kann die Zinktemperatur in der Zinkschmelze gemessen werden. Hierzu werden ein oder zwei Thermoelemente mit einem keramischen Schutzrohr in die Schmelze eingetaucht. Bei der Auswahl der Einbau-

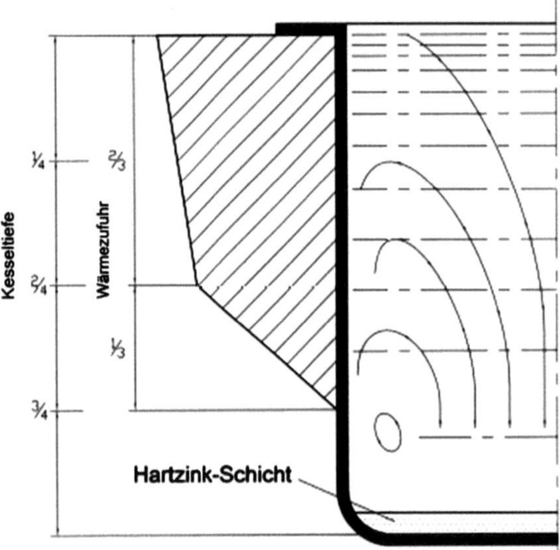

Abb. 3.40 Örtliche Verteilung der Wärmezufuhr im Verzinkungskessel nach Bablik (Quelle: Zink KÖRNER GmbH, Hagen, mit Erlaubnis).

stelle ist neben der Messgenauigkeit auch die Gefahr der Beschädigung durch das Eintauchen von Verzinkungsgut zu beachten.

Durchgesetzt hat sich heute die Temperaturmessung von außen am Verzinkungskessel. Über die Wärmeleitung gibt es einen zuverlässigen Zusammenhang der gemessenen Temperatur auf der Außenseite des Kessels und der Zinkschmelzetemperatur auf der Innenseite des Kessels.

Der Vorteil dieser Messmethode ist, dass die ganze Oberfläche der Zinkschmelze zum Tauchen zur Verfügung steht und eine Beschädigung der Thermoelemente durch Verzinkungsgut ausgeschlossen ist.

Darüber hinaus werden auch berührungslose Temperaturmessverfahren eingesetzt. Es ist ein Trend hin zu sehr viel mehr Messstellen am Kessel und am Ofen zu beobachten. Die dadurch gewonnen Informationen ermöglichen eine genauere Brenner- und Ofensteuerung.

Wie bei einer modernen Ofenanlage üblich, verfügen Verzinkungsöfen über automatische Temperaturregel- und -registriereinrichtungen sowie Über- und Untertemperaturwarnanlagen und Zinkauslaufmeldeanlagen. Meistens wird dies heute über eine SPS-Steuerung mit Visualisierung der einzelnen Funktionen realisiert. Mit entsprechenden Bausteinen kann eine Fernwartung realisiert werden und Alarmmeldungen, z. B. per SMS auf Mobiltelefone, weitergeleitet werden.

Die Abstützung des Kessels erfolgt über starre oder federnd gelagerte Kesselwandabstützungen. Die federnd gelagerten Kesselwandabstützungen geben im Falle eines Druckstoßes im Kessel nach. Das Ofengehäuse selbst kann über horizontale Krafteinleitungen ins Fundament, über einen Ringanker oder über u-förmige Spangen abgefangen werden. Wichtig ist hierbei die ausreichende Dimensionierung, da sehr hohe Kräfte eingeleitet werden.

3.6.2
Verzinkungsöfen für Stahlkessel mit Umwälzbeheizung

In Abhängig von den Kesselabmessungen werden bei Öfen mit Umwälzbeheizung an einer oder an beiden Stirnseiten Heißgasumwälzventilatoren und Brenner (Abb. 3.41) angeordnet. Die Brenngase werden in den Längskanälen umgewälzt und erwärmen den Verzinkungskessel. Die Längskanäle können gemauert sein oder aus hitzbeständigem Blech mit Lochung gefertigt werden. Ein Teil der umgewälzten abgekühlten Brenngase vermischt sich wieder mit aus dem Brenner austretenden heißen Brenngasen, um Überhitzungen zu vermeiden. Die restlichen Abgase werden über den Kamin abgeführt. Um den Verzinkungskessel vor Übertemperatur zu schützen, müssen im Heißgaseintrittsbereich besondere Vorkehrungen getroffen werden. Stirnseitig erfordern diese Öfen relativ viel Platz, konstruktionsbedingt durch die Heißgasumwälzventilatoren. Heute kommt diese Bauform aufgrund der wartungsintensiven Heißgasumwälzventilatoren nur noch selten zum Einsatz.

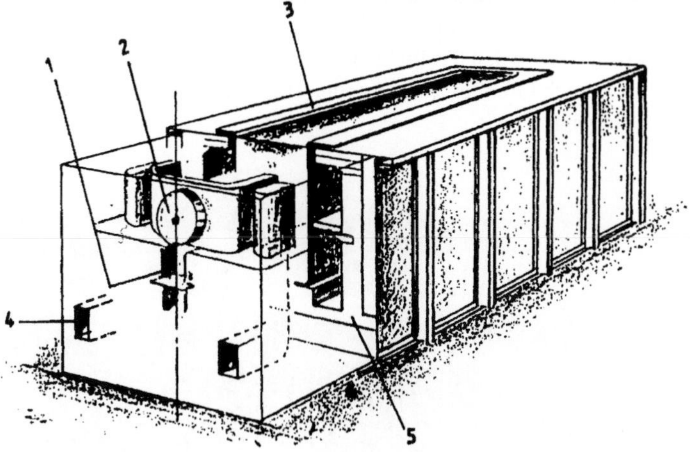

Abb. 3.41 Verzinkungsofen mit Umwälzbeheizung. 1 – Brenner, 2 – Umwälzer, 3 – Verzinkungskessel, 4 – Abgasführung, 5 – Ausmauerung.

3.6.3
Verzinkungsöfen für Stahlkessel mit Flächenbrennerbeheizung

Je nach Kessellänge, Kesseltiefe und Durchsatzleistung werden mehrere sogenannte Strahlwandbrenner, auch Flächenbrenner genannt, eingebaut (Abb. 3.42).

Die Verbrennungsgase rotieren in dem trompetenförmig ausgebildeten Brennerstein und schmiegen sich nach dem Austritt aus dem Brennerstein an die Ofeninnenwandflächen, die einen Teil der Wärme durch Strahlung an den Kessel abgeben. Der Strahlungsanteil, bestehend aus Gas- und Festkörperstrahlung, beträgt ca. 60 %.

Durch den Einbau von Abgaskanälen am Ofenboden kann über eine gleichmäßige Konvektion weitere Wärme genutzt werden. Zusätzlich kann damit eine Überhitzung des Hartzinks wirksam verhindert werden. Mit Abgaskanälen können Abgastemperaturen deutlich unter 600 °C erreicht werden.

Die Brenneranlage kann je nach verwendetem Brenner im Impulsbetrieb (Ein/Aus) oder modulierend gefahren werden. Der Impulsbetrieb hat Vorteile bei der Einstellung der Brenner. Die modulierende Regelung hat Vorteile im Hinblick auf die schonendere Beheizung der Kesselwand.

Einen zusätzlichen Schutz der Kesselwand im Bereich gegenüber den Brennern bieten sogenannte Prall- oder Diffusorplatten, die Hotspots vermeiden.

Diese Öfen werden in Kompaktbauweise mit keramischer Fasermattenauskleidung hergestellt. Bedingt durch den frei im Ofen stehenden Kessel lässt sich dieser schnell auswechseln. Je nach Ofenhersteller werden starre oder elastische Kesselwandabstützungen eingebaut.

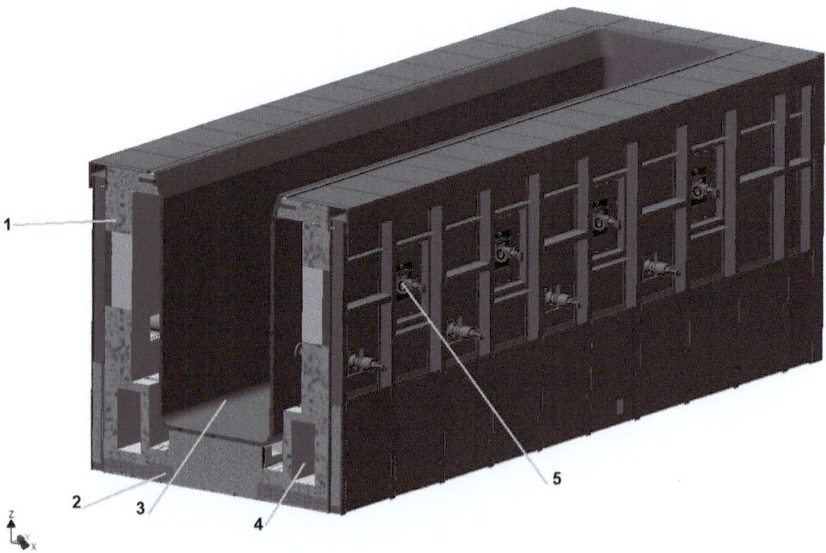

Abb. 3.42 Verzinkungsofen mit Flächenbrenner. 1 – Fasermattenauskleidung, 2 – Bodenisolierung, 3 – Verzinkungskessel, 4 – Abgaskanal, 5 – Flächenbrenner.

3.6.4
Verzinkungsöfen für Stahlkessel mit Impulsbrennerbeheizung

Dieser Ofentyp ist eine Weiterentwicklung des Verzinkungsofens mit Umwälzbeheizung. Durch den Einsatz von sogenannten Impulsbrennern kann auf die Verwendung von wartungsanfälligen Heißgasumwälzventilatoren verzichtet werden. Je nach Kessellänge, Kesseltiefe und Durchsatzleistung werden stirnseitig, gegenüber in versetzter Anordnung, Impulsbrenner eingebaut (Abb. 3.43). Hierbei handelt es sich um Hochgeschwindigkeitsbrenner mit Siliziumkarbidstrahlrohr. Die Rauchgasgeschwindigkeiten liegen bei ca. 150 m/s. Als Heizmedium werden Leichtöl oder Erdgas eingesetzt. Aufgrund der hohen Temperaturen der aus dem Brenner austretenden Brenngase müssen zur Vermeidung von Überhitzungen und damit Schädigungen des Kessels verschiedene Maßnahmen ergriffen werden. Ein Teil der umgewälzten, abgekühlten Brenngase vermischt sich wieder mit aus dem Brenner austretenden, heißen Brenngasen, um eine niedrigere Mischgastemperatur zu erreichen. Dadurch geht Energie verloren, da in allen Betriebszuständen eine hohe Umwälzgeschwindigkeit erforderlich ist und das überschüssige Brenngas in den Kamin abgeführt wird, bevor es die Wärme an den Kessel abgeben kann. Deutlich wird dies in den Abgastemperaturen von mindestens 630 °C, die signifikant über den Abgastemperaturen von Öfen mit Flächenbrennern liegen. Weiterhin müssen, um den Verzinkungskessel vor Übertemperatur zu schützen, im Heißgaseintrittsbereich besondere Vorkehrungen getroffen werden. Dies kann durch Isolierungen oder Hitzeschutzbleche erfolgen. Eine falsche

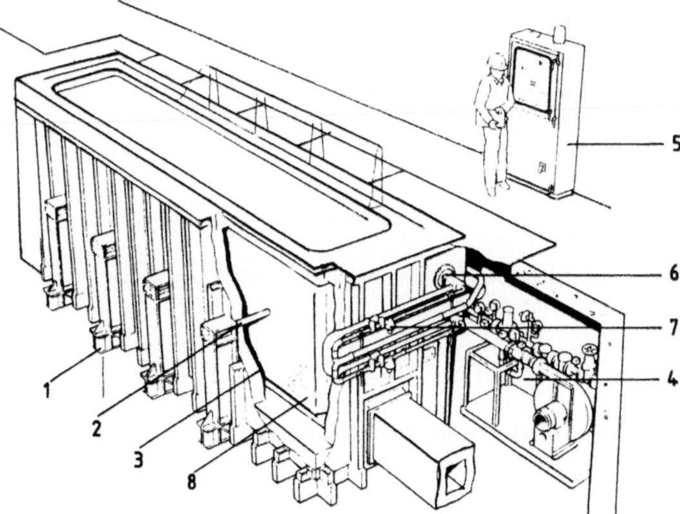

Abb. 3.43 Verzinkungsöfen mit Impulsbrenner. 1 – Stahlprofilstützkonstruktion, 2 – Kesselabstützung, 3 – Isolierung, 4 – Kontroll- und Regeleinheit, 5 – Schaltschrank, 6 – Impulsbrenner, 7 – Gas- und Luftdruckregler, 8 – Verzinkungskessel.

Auslegung dieser Maßnahmen führt zu einem deutlich erhöhten Verschleiß des Kessels in dem betroffenen Bereich.

3.6.5
Verzinkungsöfen für Stahlkessel mit Induktionsbeheizung

In den Fällen wo elektrische Energie preiswert zur Verfügung steht, ist die Induktionsheizung eine der modernsten Beheizungsarten. Die Vorteile liegen vor allem in dem geringen baulichen und technischen Aufwand sowie in der guten Temperaturregelung, schonenden Beheizung und einem Wirkungsgrad von ca. 95 %. Bei der induktiven Beheizung wird durch eine vom Wechselstrom durchflossenen Spule (Induktor) ein magnetisches Wechselfeld erzeugt, das im Material (den Kesselwänden und im Zink) Wirbelströme induziert (Abb. 3.44). Dabei wird der größte Teil der Wärme im Bereich der Eindringtiefe von ca. 7 mm außen in der Kesselwand erzeugt (Skin-Effekt).

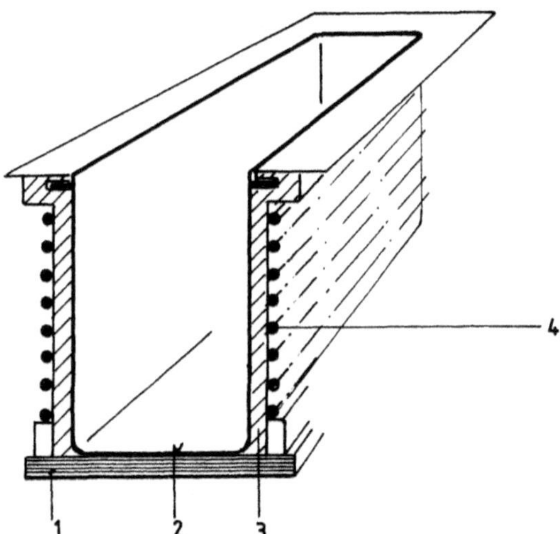

Abb. 3.44 Verzinkungsofen mit Induktionsbeheizung. 1 – Bodenisolierung, 2 – Verzinkungskessel, 3 – Seitenisolierung, 4 – Induktionsspule.

3.6.6
Verzinkungsöfen für Stahlkessel mit Widerstandsbeheizung

Auch diese Beheizungsart ist von den Kosten der elektrischen Energie abhängig. Bei der Widerstandsbeheizung wird die Wärmeenergie durch den im Heizleiter fließenden Strom erzeugt. Dabei kommen formstabile Heizmodule aus keramischen Fasern zum Einsatz, die durch ihren hohen Wärmedämmwert bereits den Hauptanteil der Ofenisolierung übernehmen (Abb. 3.45). Die Vorteile sind analog der Induktionsbeheizung, wobei der Wirkungsgrad bis zu 90 % betragen kann.

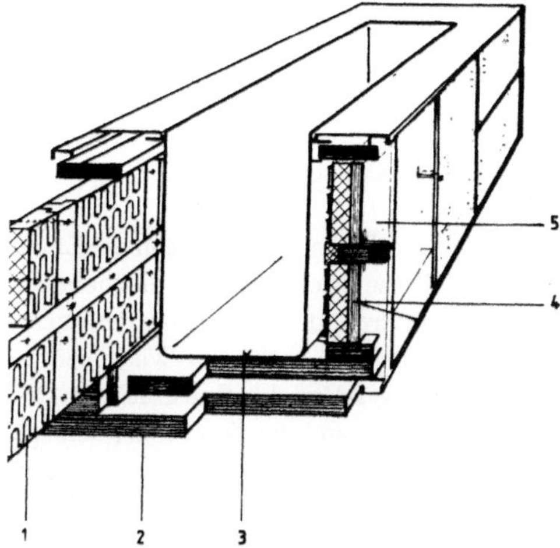

Abb. 3.45 Verzinkungsofen mit Widerstandsbeheizung. 1 – Heizplatte, 2 – Bodenisolierung, 3 – Verzinkungskessel, 4 – Zusatzisolierung, 5 – Elektroinstallationsraum.

3.7
Verzinkungsöfen für keramische Kessel

Bei diesem Bauprinzip des Verzinkungsofens befindet sich das schmelzflüssige Zink in einem keramischen Kessel, der vor Ort aus Spezialsteinen gemauert oder mit Spezialbeton gegossen wird (Abb. 3.47). Im Gegensatz zum Stahlkessel erfolgt kein korrosiver Angriff der Schmelze auf den keramischen Kessel, sodass dieser nahezu unbegrenzt haltbar ist. Lediglich der obere Rand im Bereich des Zinkspiegels unterliegt einem Verschleiß und muss dann repariert werden. Daher können Temperaturen von 430 °C bis zu 620 °C durchgängig gefahren werden.

Bei der Auswahl der Energieträger zur Beheizung eines Verzinkungsofens mit keramischem Kessel sind neben dem möglichen Wirkungsgrad auch die Verfügbarkeit und die Kosten für den Energieträger am Ort der Aufstellung zu beachten. Aus diesem Grund kann es keine allgemeingültige Aussage zur Auswahl des optimalen Energieträgers geben.

Bei einem Verzinkungsofen mit keramischem Kessel kann die Temperatur nur in der Zinkschmelze gemessen werden. Hierzu werden ein oder zwei Thermoelemente mit einem keramischen Schutzrohr in die Schmelze eingetaucht. Bei der Auswahl der Einbaustelle ist neben der Messgenauigkeit auch die Gefahr der Beschädigung durch das Eintauchen von Verzinkungsgut zu beachten.

Bei wechselnden Temperaturen, wie sie bei einem abwechselnden Betrieb zwischen Hochtemperatur- (HT) und Normaltemperaturverzinkung (NT) auftreten, ist zu beachten, dass beim Absenken der Verzinkungstemperatur in Lösung befindliches Hartzink ausfällt und entfernt werden muss. Daneben müssen noch weitere Temperaturen zur Überwachung und Regelung erfasst werden, wie die

Abgastemperaturen bei Tauchbrennern oder die Temperatur im Heizdeckel bei oberflächenbeheizten Öfen.

3.7.1 Verzinkungsöfen für keramische Kessel mit Tauchbrennerbeheizung

Zur effektiven Nutzung der Energie wurden Brenner entwickelt, die in die Zinkschmelze eintauchen (Abb. 3.46). Auf diese Weise erfolgt der Wärmeübergang direkt in die Schmelze. Die Beheizung erfolgt mit Erd- oder Flüssiggas. Die Tauchrohre der Brenner bestehen aus Siliziumkarbid, das sich durch gute Wärmeleitfähigkeit, hohe Temperaturbeständigkeit und geringen Verschleiß auszeichnet. Die Standzeit im Betrieb beträgt 1–2 Jahre. Allerdings sind die Tauchrohre schlagempfindlich. Dies ist beim Eintauchen des Verzinkungsgutes und beim Reinigen der Oberfläche der Zinkschmelze zu beachten. Da die Brenner in die Schmelze eintauchen, wird im Vergleich zu Öfen mit Heizdeckeln keine vergrößerte Oberfläche benötigt. Dementsprechend ist die Menge des aufzuheizenden Zinks geringer. Außerdem bildet sich an der Oberfläche weniger Asche, die den Wärmeübergang behindern würde.

Abb. 3.46 Tauchbrennerbeheizung für Verzinkungskessel (Quelle: Zink KÖRNER GmbH, Hagen, mit Erlaubnis).

3.7.2
Verzinkungsöfen für keramische Kessel mit Oberflächenbeheizung

Bei der Beheizung der keramischen Kessel mit einem Heizdeckel, auch Oberflächenbeheizung genannt, wird die Zinkschmelze in eine Heiz- und eine Arbeitsfläche unterteilt (Abb. 3.47). Der Heizdeckel sitzt über der Heizfläche, deren Größe von der gewünschten Durchsatzleistung und Temperatur der Zinkschmelze abhängt. Die Heizfläche beträgt im Durchschnitt 2/3 der gesamten Oberfläche der Zinkschmelze. Eine Barriere zwischen Heiz- und Arbeitsfläche dichtet den Heizdeckel ab und verhindert, dass Kaltluft in den Heizraum eindringt oder dass Heizgase ausströmen. Im Heizdeckel ist die Brennereinrichtung installiert. Die Zinkschmelze wird durch Strahlung und Konvektion beheizt. Es kann bis zu einer Temperatur der Zinkschmelze von 620 °C gefahren werden (Hochtemperaturverzinkung). Die Temperatur im Heizdeckel darf die Verdampfungstemperatur von Zink (907 °C) nicht überschreiten, da sich dann Zinkoxid bildet und der Zinkverbrauch zunimmt. Leicht- und Schweröl eignen sich zur Beheizung ebenso wie alle technisch reinen Industriegase und elektrische Energie. Bei brennstoffbeheizten Öfen gelangen die Abgase durch ein isoliertes Abgasrohr in den Kamin.

Unter dem Heizdeckel bildet sich Zinkasche, die regelmäßig entfernt werden muss, da die Zinkasche den Wärmedurchgang in die Zinkschmelze reduziert. Der Wirkungsgrad eines oberflächenbeheizten Verzinkungsofens kann deutlich gesteigert werden, wenn die in den Abgasen enthaltene Energie genutzt wird. Das kann über einen Wärmetauscher zur Beheizung von Oberflächenvorbereitungsbecken und Trockenofen geschehen oder über Rekuperativ- bzw. Regenerativbrenner erfolgen, die die im Abgas enthaltene Wärmemenge nutzen, um die Verbrennungsluft vorzuwärmen.

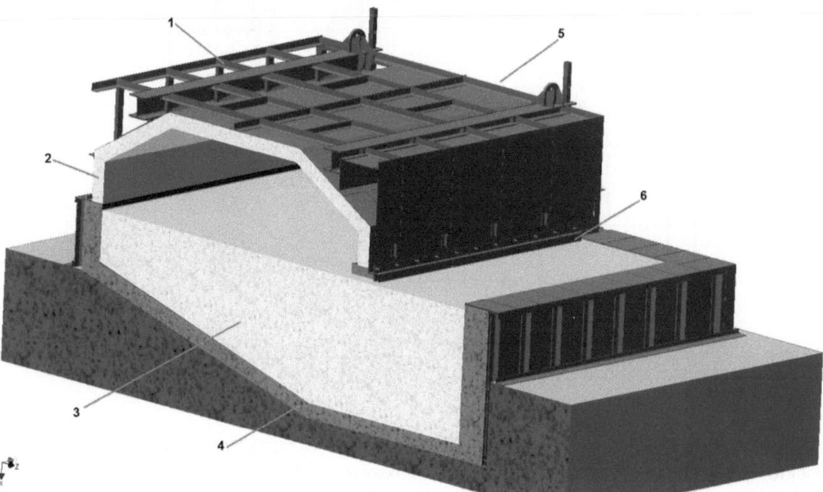

Abb. 3.47 Keramischer Verzinkungsofen. 1 – Heizdeckel, 2 – Isolierung, 3 – Zinkschmelze, 4 – keramische Wanne, 5 – Brenner, stirnseitig, 6 – Barriere.

3.7.3
Verzinkungsöfen für keramische Kessel mit Rinneninduktor

Die Wirkungsweise ist im Prinzip die gleiche wie unter Abschn. 3.6.5 beschrieben. Das von der Primärspule erzeugte Magnetfeld überträgt auf die Rinne und das darin befindliche Zink eine EMK, die bewirkt, dass im Zink Strom fließt (Abb. 3.48). Das Produkt aus dem Quadrat dieses Stromes und dem Widerstand entspricht der in der Rinne induzierten Leistung. Der Einsatzbereich ist vor allem die Bandverzinkung, weniger die Stück- und Kleinteilverzinkung. Der Wirkungsgrad liegt bei ca. 95 %.

Bei einer Schleuderverzinkungsanlage mit einem Bruttodurchsatz (Material + Körbe) von 2500 kg/h und einem Verzinkungskessel von 2200 × 1200 × 1400 mm (L × B × T), T = 560 °C und Zinkinhalt ca. 23 t, ist nur eine Nennleistung von 330 kW erforderlich. Im Vergleich dazu, erfordert ein oberflächenbeheizter Verzinkungsofen, der einen Durchsatz von 2500 kg/h, eine Heizfläche von 11 m^2 und 98 t Zinkinhalt hat, eine Nennleistung von 900 kW.

Vorteile: Geringer Platzbedarf, Wegfall der Abgaskanäle und des Abgasschornsteins, die gesamte Länge und Breite des Kessels kann genutzt werden.

Ein großer Nachteil ist das Anwachsen von Zink an den Wänden der keramischen Rinnen, die den Zinkdurchfluss hemmen und damit die Heizleistung der Induktoren reduzieren und nur unter einem schwierigen Arbeits- und großem Zeitaufwand wieder freigelegt werden können. Dazu muss die gesamte Schmel-

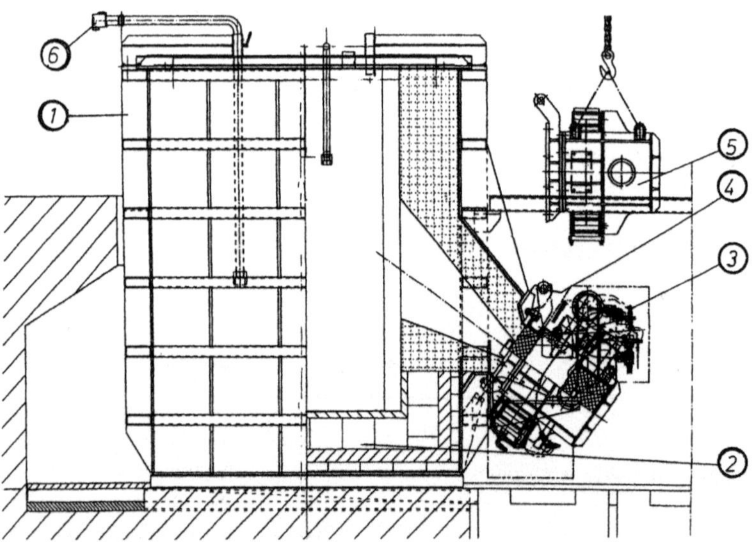

Abb. 3.48 Verzinkungsofen mit Rinneninduktor. 1 – Stahlkonstruktion, 2 – keramische Auskleidung, 3 – Induktorelektroinstallation, 4 – Induktoraufhängung, 5 – Induktorwechsel, 6 – Gasanschluss Aufheizvorgang.

ze ausgepumpt werden, wodurch hohe Zinkverluste auftreten. Diesem Aufwand muss deshalb eine entsprechende Durchsatzleistung gegenüberstehen.

3.8 Verzinkungskesseleinhausungen

Die am Verzinkungskessel entstehenden ammoniumchlorid- und salzsäurehaltigen Abgase sowie Stäube müssen abgesaugt und das am Kessel stehende Personal vor Metallspritzern aus der Zinkschmelze geschützt werden (näheres siehe Abschn. 3.10). Die heute zur Verfügung stehenden und dem Stand der Technik entsprechenden Einhausungen erlauben eine nahezu vollständige Erfassung der staubhaltigen Dämpfe und gewährleisten einen vollständigen Schutz vor Metallspritzern. Die Bemessungsgrundlagen dazu sind in Abschn. 3.10 aufgeführt.

Bedingt durch die Anordnung des Verzinkungsofens gibt es drei Einhausungsvarianten:

- querstehende Einhausungen, stationär,
- querstehende Einhausungen, kranverfahrbar,
- längsstehende Einhausungen.

In den Abb. 3.49–3.53 sind die gebräuchlichsten Einhausungen dargestellt.

3.8.1 Querstehende Einhausung, stationär

Im Falle der stationären Einhausung muss die Charge auf jeden Fall von oben ein- und ausgebracht werden. Dies wird mit einer Einhausung mit Klapp- oder Schie-

Abb. 3.49 Verzinkungskesseleinhausung.

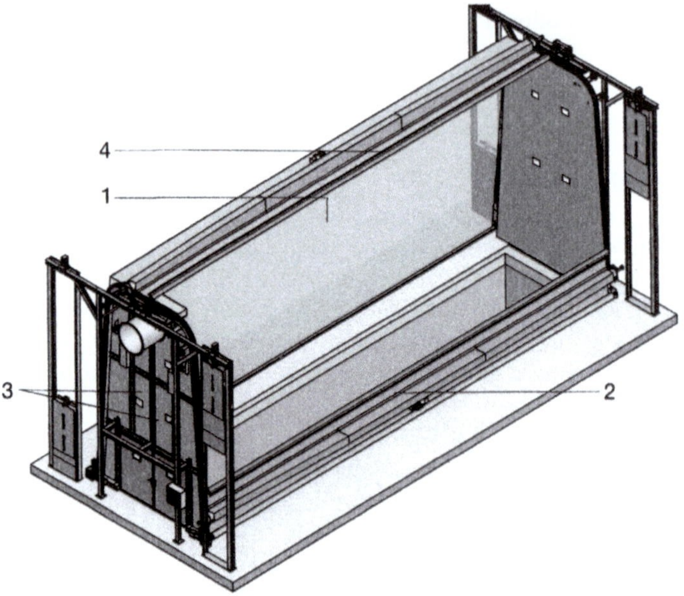

Abb. 3.50 Verzinkungskesseleinhausung (Querbeschickung). 1 – Rolltor 1, 2 – Rolltor 2, geöffnet, 3 – Türen, 4 – Gummiprofilabdichtung (Quelle: BeluTec Vertriebsgesellschaft mbH, Lingen, mit Erlaubnis).

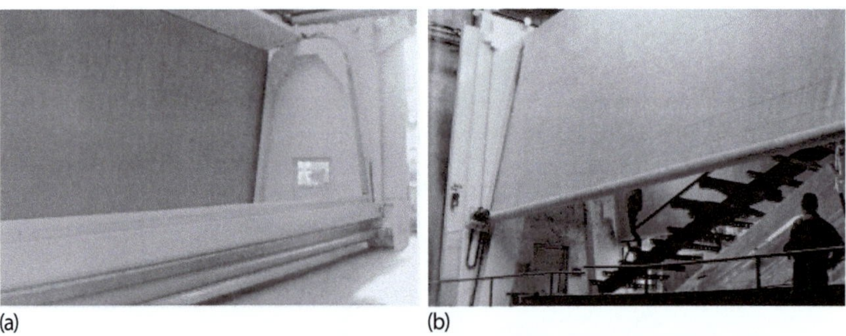

Abb. 3.51 BeluTec-Einhausung bis 24 m lang für Querdurchlauf mit Absaugung, (a) vollständig geöffnetes Rolltor, (b) halbgeöffnetes Rolltor (Quelle: BeluTec Vertriebsgesellschaft mbH, Lingen, mit Erlaubnis).

bedeckel (Abb. 3.49) realisiert. Bei der stationären Einhausung muss die Charge auf jeden Fall von oben ein- und ausgebracht werden. Je nach oberster Hakenstellung und nach Überfahrhöhe kann man die Längshubtüren entweder nach unten oder oben öffnen. Das Verschließen der Einhausung von oben erfolgt mittels Klappdeckel oder Schiebedeckel. Die Absaugung erfolgt durch die Tragholme. Die behördlicherseits geforderte Brüstungshöhe liegt bei mindestens 1000 mm.

Die „BeluTec-Einhausung" (Abb. 3.50 und 3.51) erlaubt ein ungehindertes, schnelles Beschicken des Verzinkungskessels wie ein übliches Vorbereitungsbe-

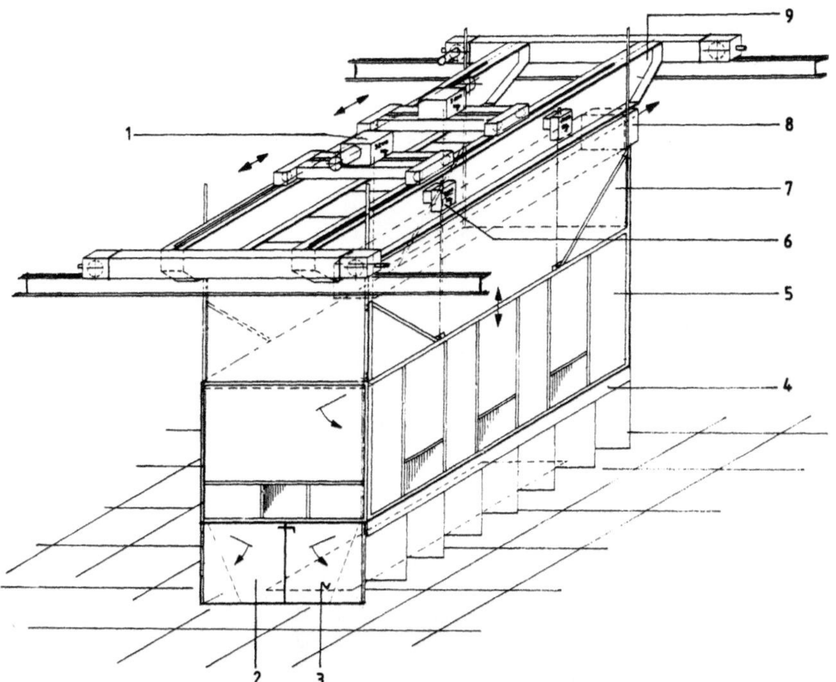

Abb. 3.52 Verzinkungskesseleinhausung, kranverfahrbar. 1 – Hubwerk, 2 – Seitenklappe, stationär, 3 – Verzinkungskessel, 4 – Brüstung, stationär, 5 – Mittelteil, senkrecht verschiebbar, 6 – Elektrokettenzug, 7 – Oberteil, fest am Kran, 8 – Absaugkanal, 9 – 2-Träger-Brückenkran (Quelle: Pneumotec GmbH & Co. KG, Issum, mit Erlaubnis).

cken. Durch ein Rolltorpaar mit flexiblem Spezialbehang entsteht eine geschlossene, tunnelförmige Einhausung. Die Rolltore bestehen aus einem Spezialgummigewebe mit guten Dämpfungseigenschaften gegen die 450 °C heißen Zinkspritzer und -explosionen. Durch das geringe Gewicht werden sehr hohe Öffnungs- und Schließgeschwindigkeiten – bis zu 1 m/s – erreicht. Die Einhausung ist auch für das Verzinken von Überlängen geeignet und kann außerdem auch längs befahren werden. Nach dieser Art können Einhausungen für Verzinkungskessel bis 24 m Länge gebaut werden. Auch Anlagen zur chemischen Oberflächenvorbereitung können nach diesem System eingehaust werden. Gegenwärtig sind mehrere derartige Einhausungen für Verzinkungskessel bis 16 m Länge im Einsatz und haben sich in der Praxis bewährt.

3.8.2 Querstehende kranverfahrbare Einhausung

Bei der kranverfahrbaren Einhausung steht das Unterteil bis +1000 mm stationär am Ofen, das Mittelteil hängt am Kran und das Oberteil ist stationär ebenfalls am Kran befestigt. Die Einhausung besteht somit aus drei Teilen. Der Vorteil ist, dass

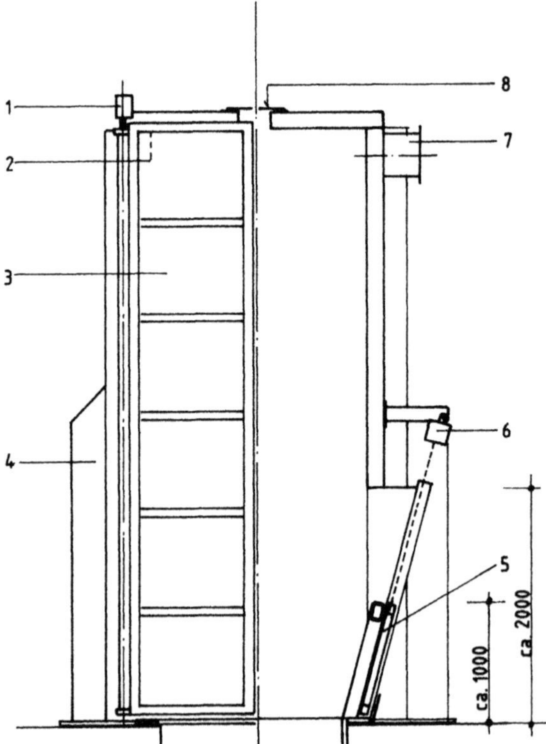

Abb. 3.53 Verzinkungskesseleinhausung für einen längsstehenden Verzinkungsofen. 1 – Drehantrieb, 2 – Halogenstrahler, 3 – Klapptüre, 4 – Rechteckrohr-Eckstützen, 5 – Hubtür, 6 – Elektrokettenzug, 7 – Absaugstutzen, 8 – Durchfahrschlitz mit Bürstenabdichtung (Quelle: Pneumotec GmbH & Co. KG, Issum, mit Erlaubnis).

nur ein relativ leichtes Mittelteil mit verfahren wird. Diese Variante kommt zum Einsatz, wenn bereits Krananlagen vorhanden sind, die keine zusätzliche Lastaufnahme erlauben. Bei einer Neuanlage können das Mittelteil und das Oberteil verfahrbar ausgelegt werden, wobei dann ein entsprechendes Rohrverschlussstück zwecks Verbindung zur Filteranlage eingebaut werden muss.

Auch hier gibt es verschiedene Ausführungsvarianten. So lassen sich z. B. zwei Mittelteile übereinander verschiebbar anordnen, damit Traversenübernahme und -abgabe auf einen Kettenförderer sichergestellt werden. Stirnseitige Klapptüren lassen sich problemlos einbauen.

3.8.3 Längsstehende Einhausung

Bei den längsstehenden Verzinkungskesseln treten keine baulichen Probleme bezüglich der Einhausung auf. Hier kann man die optimale Höhe des Hubwerkes nutzen (Sicherheitsabstand 500 mm). Die stirnseitigen Klapptüren können nach außen oder aber in Fahrtrichtung öffnen. Auch hier können die längsseitigen Bedienungstüren nach unten oder nach oben öffnen. Nach unten öffnend bedeutet, die Hubtür liegt im geöffneten Zustand vor der Brüstung (1000 mm) und ist schräg zum Kesselrand hin angestellt. Im Gegensatz zu der nach oben hin öffnenden Hubtür ist keine Abrollsicherung erforderlich. Je nach Herstellerfirma und Kundenwunsch können für die Betätigung der Hub- und Klapptüren elektromotorische Antriebe, Elektrokettenzüge oder pneumatische und hydraulische Komponenten eingesetzt werden. Der Durchfahrschlitz wird mittels Gummistreifen oder Bürsten abgedeckt.

Durch eingebaute Scheiben in den Längshubtüren kann der Tauchvorgang beobachtet werden. Zur Vermeidung von Zinkanbackungen werden die Innenbleche glatt verschweißt. Im oberen Bereich wird die Absaugleitung eingebaut. Die Einhausung sollte so dimensioniert sein, dass der Zinkaschebehälter mit hineingestellt werden kann. Konstruktiv ist darauf zu achten, dass die Einhausung frei über dem Ofen steht und bei einem Kesselwechsel leicht demontierbar ist. Für eine gute Ausleuchtung innerhalb der Einhausung sollte gesorgt werden.

3.9 Sonstige Ausrüstungen am Verzinkungskessel

3.9.1 Geräte zur Reinhaltung der Zinkschmelze

Hierunter fallen im wesentlichen Zinkascheabstreifer, Zinkaschelöffel, Hartzinkgreifer, -schaufel, Hartzinkformen und -masseln, Hartzinkstampfer, Kokillen.

Zur Reinhaltung der Oberfläche der Zinkschmelze von Oxiden und Verunreinigungen vor dem Tauchen der Bauteile und zum Entfernen der aufsteigenden Zinkasche während des Tauchens und Ziehvorganges sowie zum Abschöpfen der Zinkasche (Zinkschmelzeabschöpfungen) wurden von den Verzinkereien und Anlagenherstellern entsprechende Hilfsmittel entwickelt (Abb. 3.54).

Wichtig ist, dass die Geräte mit einem niedrigen Gewicht gefertigt werden, damit die Arbeit für das Verzinkungspersonal nicht unnötig erschwert wird. Die Abstreifer bestehen aus einem ca. 1,5 mm dicken Blech, an dem ein Rohr angeschweißt ist. Besser ist an Stelle des Bleches ein Rohr, da dieses auf der Oberfläche der Zinkschmelze schwimmt und nicht so tief in die Schmelze eintaucht.

Abb. 3.54 Hilfsmittel zur Reinigung der Oberfläche der Zinkschmelze.

In der Praxis sind aber auch automatisch arbeitende Abstreifer, kombiniert mit einer Ascheaufbereitung im noch heißen Zustand, der Asche anzutreffen. Die Anlagen sind stirnseitig vom Kessel, meistens unter Flur angeordnet.

3.9.2 Geräte zum Ziehen von Hartzink und Hartzinkformen

Für das beim Verzinkungsprozess anfallende Hartzink kommen Hartzinkgreifer (Abb. 3.55), vorteilhafter Hartzinkschaufeln, zum Einsatz. Der Hartzinkgreifer wird pneumatisch betrieben und hängt am Kranhaken.

Dadurch kann er in alle Bereiche des Kessels bewegt werden. Der Bediener steht neben dem Kessel und betätigt die am Ausleger angebrachten Pneumatikventile. Der geöffnete Greiferkorb taucht in den Kessel.

Mit den Schaufeln aus Lochblech wird das Hartzink vom Boden des Kessels gegriffen und ausgehoben. Das Feinzink läuft durch das Lochblech in die Zinkschmelze zurück. Zusätzlich kann das Hartzink mit einem Spaten durchstoßen werden, sodass auch der letzte Rest Feinzink in die Zinkschmelze zurücktropfen kann.

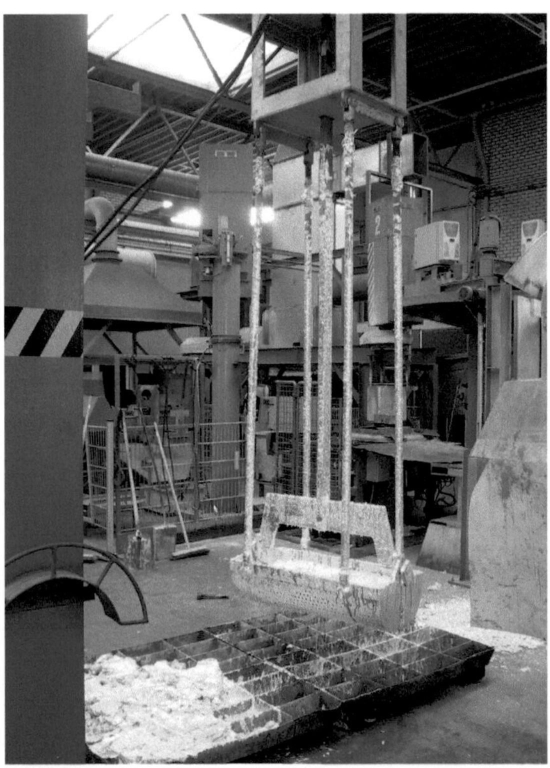

Abb. 3.55 Hartzinkgreifer mit Hartzinkformen (Kokillen) zur Aufnahme des Hartzinks (Quelle: Zink KÖRNER GmbH, Hagen, mit Erlaubnis).

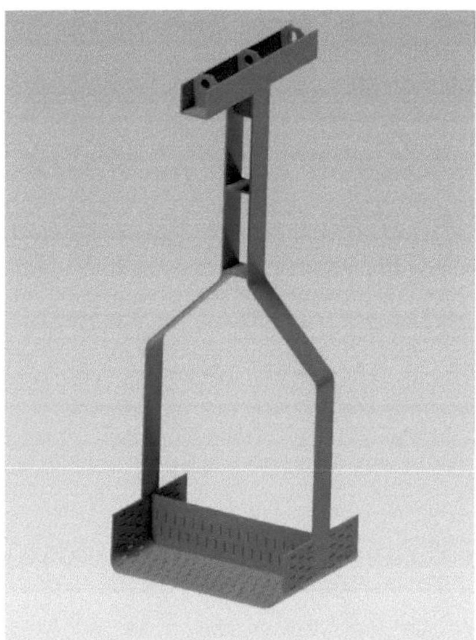

Abb. 3.56 Hartzinkschaufel (Quelle: W. Pilling Kesselfabrik GmbH & Co. KG, Altena, mit Erlaubnis).

Vorteilhafter kann das Hartzink mit einer dem Verzinkungskessel angepassten Schaufel (siehe Abb. 3.56) gezogen werden. Die Schaufel wird individuell an die Breite, Tiefe und an die Radien des Kessels angepasst, womit sichergestellt ist, dass gerade in den Ecken und Radien das Hartzink nahezu vollständig entfernt werden kann. Die Hartzinkschaufel wird, von beiden Stirnseiten ausgehend, über den Boden durch den Kessel gezogen und am Ende des Kessels herausgehoben. Das überschüssige schmelzflüssige Zink kann durch die in der Schaufel integrierten Schlitze zurück in den Kessel abfließen, sodass nur das Hartzink in der Schaufel verbleibt.

In beiden Fällen wird, nachdem das schmelzflüssige Zink aus dem Hartzink in den Verzinkungskessel zurückgelaufen ist, das Hartzink mit einem Spaten in die Hartzinkformen eingebracht. Das Hartzinkziehen kann durch Rütteln wirtschaftlicher gestaltet werden (siehe Abschn. 3.3.3.6).

3.9.3 **Zinkpumpen**

Zinkpumpen werden zum Fördern von schmelzflüssigem Zink verwendet. Bei visuellen Kontrollen eines Kessels oder aber bei einem Kesselwechsel, wird mithilfe der Zinkpumpe das Zink in Warmhalteöfen oder Kokillen gepumpt. Die gängigste Bauform einer Zinkpumpe ist die Radialpumpe (z. B. Typ Dietermann, siehe Abb. 3.57). Hierbei handelt es sich um eine Kreiselpumpe, bei der das Medium senkrecht zur Pumpenwelle aus dem Laufrad austritt. Durch die im Laufrad entstehende Strömungsumlenkung werden hohe Zentrifugalkräfte erzielt, die einen

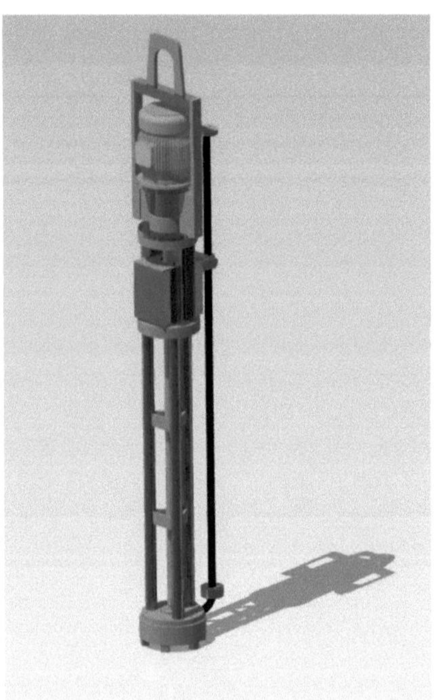

Abb. 3.57 Zinkpumpe (Quelle: W. Pilling Kesselfabrik GmbH & Co. KG, Altena, mit Erlaubnis).

hohen Förderdruck im Steigrohr erzeugen und somit hohe Förderleistungen (bis ca. 8 t/min) ermöglichen. Hochleistungszinkpumpen sind in der Lage, Zink bis zu 10 m hoch und 25 m weit zu fördern. Je nach Leistungsanforderung werden diese von Motoren mit einer Leistung von 0,75–18,5 kW (1150–1500 U/min) angetrieben und können bis zu 8 t/min Zink (ca. 1000 l/min) fördern. Besonders im Falle einer Kesselhavarie sollte auf das Verhältnis zwischen Kesselgröße und Leistung der Zinkpumpe geachtet werden. In diesem Fall empfiehlt es sich, eine Hochleistungszinkpumpe einzusetzen, die es ermöglicht, einen Kessel in weniger als zwei Stunden zu entleeren, um Havarieschäden möglichst gering zu halten.

Beim Einsatz der Pumpe ist auf eine langsame Erwärmung zu achten. Sie ist vor dem Eintauchen kurz über die Zinkschmelze zu hängen, um eine gewisse Temperaturaufnahme zu gewährleisten. Anschließend wird die Pumpe in mehreren Schritten langsam in das flüssige Zink eingetaucht. Durch das Temperaturgefälle beim Eintauchen der Pumpe in die Zinkschmelze blockiert die Antriebswelle zunächst im Pumpengehäuse. Es muss daher abgewartet werden, bis die Pumpentemperatur sich der Schmelzetemperatur angepasst hat und sich die Welle frei drehen lässt. Die Pumpe wird im oberen Drehzahlbereich angefahren und die gewünschte Förderleistung während des Pumpvorgangs, falls nötig, anhand eines Verstellgetriebes oder eines Frequenzumrichters eingestellt. Die Anpassung des Förderstroms an die gewünschte Fördermenge erfolgt immer durch Verringerung der Drehzahl, niemals umgekehrt, da der Förderstrom bei einer zu geringen Wellendrehzahl abreißt und die Gefahr besteht, dass die Schmelze im Förderrohr erstarrt.

3.10 Anlagen zur Luftreinhaltung

Genehmigungspflichtige Anlagen müssen mit Einrichtungen zur Begrenzung der Emissionen ausgerüstet und betrieben werden, die dem Stand der Technik entsprechen. Derartige Maßnahmen sollen sowohl eine Verminderung der von einer Anlage ausgehenden Massenkonzentrationen als auch der Massenströme bewirken und die Entstehung von luftverunreinigenden Stoffen minimieren. Schon in dem Abschn. 3.1.2 wurden die gesetzlichen Grenzwerte aus der TA Luft und die Arbeitsplatzgrenzwerte dargestellt. Hier werden im Wesentlichen die Maßnahmen betrachtet, die zur Einhaltung der Emissionswerte (Anforderung aus dem Genehmigungsbescheid oder die sich aus der TA Luft ergeben) beachtet werden müssen. Der Bereich der Einhaltung der Arbeitsplatzgrenzwerte an den Arbeitsplätzen (Kessel und Oberflächenvorbereitung) ist individuell zu betrachten. Hier werden an anderer Stelle noch allgemeingültige Hinweise gegeben.

Zur Einhaltung der in der TA Luft festgelegten Grenzwerte sind Rückhaltesysteme (z. B. filtrierende Abscheider) erforderlich.

Der Betrieb von Feuerverzinkungsanlagen ist mit gasförmigen und partikelförmigen Emissionen verbunden. So ergeben sich in einer Feuerverzinkerei im Bereich der Oberflächenvorbereitung (Entfetten, Spülen, Beizen, Spülen, Fluxen und Trocknen) primär gasförmige Reaktionsprodukte, und beim Verzinkungsvorgang entstehen dampf-, gas- und partikelförmige luftfremde Stoffe unterschiedlicher Zusammensetzung.

Abbildung 3.58 zeigt den schematischen Aufbau einer Anlage für die Stückverzinkung und enthält Hinweise auf die in den jeweiligen Verfahrensschritten

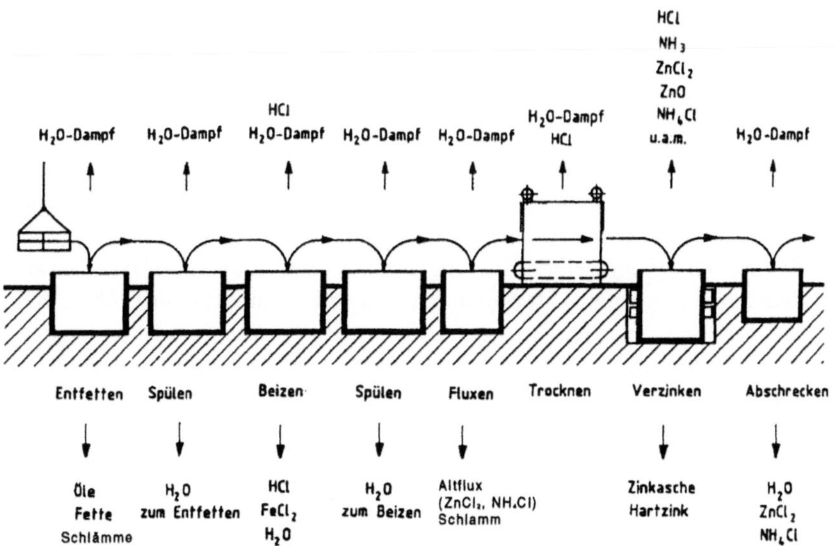

Abb. 3.58 Schematische Darstellung einer Feuerverzinkungslinie (Stückverzinkerei) und der möglichen Emissionen.

auftretenden Emissionen, die zu schädlichen Umwelteinwirkungen im Sinne des Bundes-Immissionsschutzgesetzes (BImSchG) führen können, zu deren Erfassung und Minderung der Einbau von lufttechnischen Einrichtungen erforderlich ist.

Lufttechnische Einrichtungen haben einerseits eine hygienische Aufgabe, indem sie das Wohlbefinden des Menschen am Arbeitsplatz erhalten, und andererseits die Aufgabe, luftverunreinigende Stoffe zu erfassen und zu vermindern. Bei lufttechnischen Einrichtungen wird unterschieden nach

- Lüftungssystemen,
- Erfassungssystemen und
- Rückhaltesystemen.

Hinweise über ausgeführte Beispiele, über Bauarten und Auslegung sind im VDI-Handbuch Lüftungstechnik [1] in der Arbeitsmappe Heiztechnik/Raumlufttechnik/Sanitärtechnik [2], im VDI-Handbuch Reinhaltung der Luft [3] sowie im Taschenbuch für Heizung und Klimatechnik [4] aufgeführt.

3.10.1
Lüftungssysteme

Für die Be- und Entlüftung von Werkhallen werden lüftungstechnische Einrichtungen (freie Lüftung und lufttechnische Anlagen) eingesetzt. In der industriellen Lüftungstechnik wird im Wesentlichen zwischen freier Lüftung und lufttechnischen Anlagen (Lüftung mit maschineller Förderung der Luft) unterschieden. Die wesentlichen Unterscheidungsmerkmale sind:

- *freie Lüftung* – Luftförderung durch Druckunterschied infolge Wind und/oder Temperaturdifferenz zwischen außen und innen,
- *Entlüftung* – Luftförderung durch Absaugung; durch den entstehenden Unterdruck strömt Luft unkontrolliert nach; auf kleine Räume beschränkt, Luftförderung durch Einblasen,
- *Belüftung* – durch den entstehenden Überdruck wird der Zustrom unerwünschter Luft verhindert; auf Räume mit schadstofffreier Raumluft beschränkt (Einhaltung der Emissionsgrenzwerte in der Abluft),
- *Be- und Entlüftung* – Luftförderung durch Absaugen und Einblasen; die aus dem Raum abgesaugte Luft wird durch aufbereitete Zuluft ergänzt (Abb. 3.59); nur dort sinnvoll, wo gefährdende Luftinhaltsstoffe gering sind, Sondersysteme – Luftschleier an Türen, Öfen und Behältern sowie Luftbrausen und Luftoasen.

Die spezifischen Eigenarten von Lüftungssystemen überschreiten den Rahmen dieses Handbuches und sind der einschlägigen Fachliteratur zu entnehmen.

Als Bemessungsgrundlagen für die Berechnung der abzusaugenden Luftmenge werden im Wesentlichen zwei Verfahren angewendet. Das sind die Ermittlungen der Luftmengen durch Aufstellen einer Luftbilanz oder die Berechnung der Abluftmengen nach [1, 4]. Eine Berechnung der benötigten Luftmengen nach einem gewählten Luftwechsel ist unzulässig.

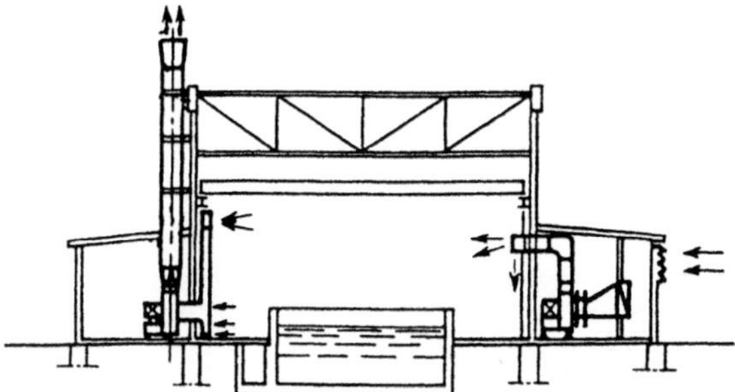

Abb. 3.59 Be- und Entlüftungsanlage.

Die Festlegung des erforderlichen Volumenstromes erfolgt je nach Art der Anlage bzw.

- nach dem stündlichen Außenluftwechsel,
- nach der Luftrate,
- nach der Kühllast und
- nach der Luftverschlechterung.

Kennwerte und Berechnungsgrundlagen wurden von Recknagel, Sprenger und Hönmann erschöpfend dargestellt [4]. Für die Auslegung sind die Arbeitsstättenverordnung (ArbStättV) sowie die Betriebssicherheitsverordnung (BetrSichV) zu berücksichtigen.

3.10.2 Erfassungssysteme

Die Erfassung der luftverunreinigenden Stoffe erfolgt am Entstehungsort durch unterschiedliche Systeme, wie z. B. Hauben, Randabsaugungen, Einhausungen u. ä. Systemen, die den betrieblichen Gegebenheiten angepasst werden müssen.

Die VDI-Richtlinie 2262, Blatt 4 [5] gibt Hinweise auf Bauarten und Auslegung von Erfassungssystemen und zeigt ausgeführte Beispiele.

Für den speziellen Bedarf in der Feuerverzinkungsindustrie haben sich Randabsaugungen und Einhausungen durchgesetzt. Absaughauben, Blasstrahleinrichtungen und Absaugwände haben sich im praktischen Einsatz nur bedingt bewährt (Einschränkung der Handhabung; zu große abzusaugende Volumenströme).

Für den speziellen Bedarf der Feuerverzinkungsindustrie haben sich Einhausungen der Verzinkungskessel und der Oberflächenvorbereitungsbehälter („Beizerei") durchgesetzt. Bei älteren Anlagen finden sich auch noch Randabsaugungssysteme. Im Bereich der Oberflächenvorbereitungsbehälter gibt es eine offene Bauweise oder eine Bauweise mit Einhausung, deren Abluft über einen Gaswäscher geführt wird. Hier wird auf die unten beschriebene Grafik in Abb. 3.60 verwiesen.

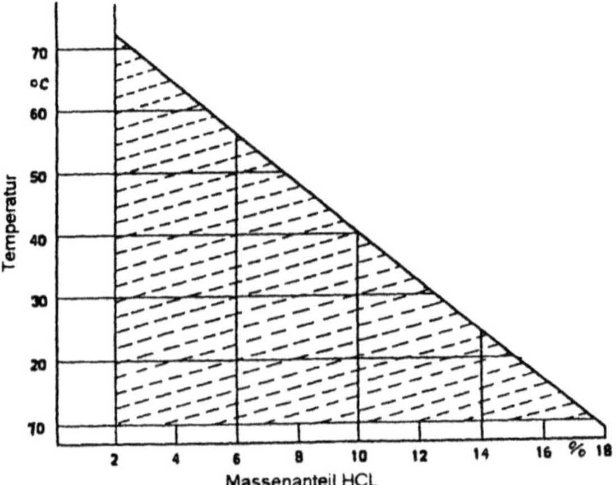

Abb. 3.60 Grenzkurve für den Betriebspunkt von Salzsäurebeizen nach VDI 2579 [6].

3.10.2.1 **Randabsaugungen**

Die in der TA Luft aufgeführten Grenzwerte werden im Bereich der Oberflächenvorbereitung erfahrungsgemäß nicht überschritten, wenn z. B. bei Salzsäurebeizen der Betriebspunkt (Temperatur und Massenanteil) innerhalb der schraffierten Fläche der in Abb. 3.60 dargestellten Grafik [6] liegt. Dies gilt für den Emissionsgrenzwert für 10 mg/m^3 Chlorwasserstoff (Umweltschutzanforderung). Für den Arbeitsplatzgrenzwert von 3 mg/m^3 sind individuelle, arbeitsschutzbezogene Betriebsparameter notwendig, weil dieser ggf. auch überschritten werden kann, wenn an offenen Behältern gearbeitet wird.

Eine Anpassung der Betriebsparameter oder eine am Behälter angebrachte Absaugung (z. B. Randabsaugung) kann notwendig werden, wenn die Arbeitsplatzgrenzwerte überschritten werden. Die in diesem Fall entstehenden Säurenebel können dann mit einer Randabsaugung nahezu vollständig erfasst werden. Zur Einhaltung der festgelegten Emissionsgrenzwerte ist dann ein Rückhaltesystem (z. B. ein Nassabscheider) nachzuschalten. Die von den Materialoberflächen abdampfenden Aerosole werden von diesem Erfassungssystem, wenn überhaupt, nur ungenügend erfasst.

Dieses System wird bisher auch zur Erfassung der am Verzinkungskessel entstehenden Emissionen eingesetzt.

Ein wesentlicher Nachteil der Randabsaugung zeigt sich beim Austauchen des Verzinkungsgutes aus den Verfahrenslösungen. Durch parallel hängende Bauteile oder Hohlkörper sowie durch die vorhandene Thermik werden die luftverunreinigenden Stoffe über die Absaugzone hinaus nach oben abgeleitet. Mit Zusatzeinrichtungen, wie z. B. Schwenkflügel mit Blasschleier (Abb. 3.61), kann der Erfassungswirkungsgrad von Randabsaugungen verbessert werden. Die in letzter Konsequenz technisch und auch wirtschaftlich beste Lösung, im Hinblick auf den Umwelt- und Arbeitsschutz sowie auf die zu installierenden Absaugleistungen, stellt daher die allseitig verschließbare Einhausung der Fremdstoffentstehungs-

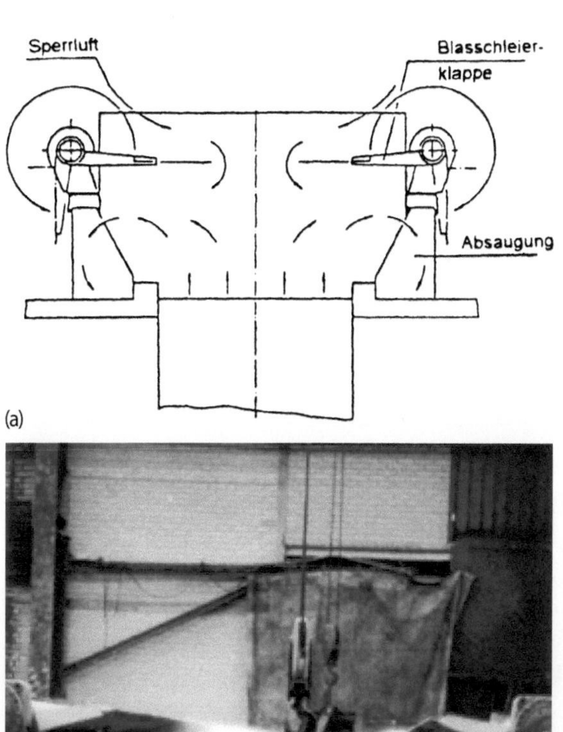

Abb. 3.61 Randabsaugung. (a) Schematische Darstellung der Randabsaugung mit Blasschleierklappen, (b) Randabsaugung mit Blasschleierklappen.

stellen dar. Aus diesem Grund werden für Neuanlagen fast ausschließlich nur vollständige Einhausungen des Verzinkungskessels zugelassen.

3.10.2.2 **Abgesaugte Einhausung**

Zur nahezu vollständigen Erfassung der beim Verzinkungsprozess entstehenden luftverunreinigenden Stoffe wird der Raum über dem Verzinkungskessel eingehaust (Bauarten siehe Abschn. 3.8). Die Höhe H_E solcher Einhausungen hängt von den maximalen Abmessungen des zu verzinkenden Materials ab.

Die vollständige Erfassung der fremdstoffhaltigen Gase durch Einhausungen ist dann sichergestellt, wenn der errechnete Mindestvolumenstrom abgesaugt wird.

(a)

(b)

Abb. 3.62 Verzinkungskesseleinhausung. (a) Verzinkungskesseleinhausung, schematische Darstellung, (b) Verzinkungskesseleinhausung.

Die Abb. 3.62a,b zeigt beispielhaft das Projekt und eine realisierte Ausführung allseitig geschlossener Einhausungen für einen längs zum Stofffluss installierten Verzinkungskessel.

Bemessungsgrundlagen

Randabsaugungen in der Oberflächenvorbereitung Je nach Anordnung der Saugschlitze werden Randabsaugungen wie folgt unterschieden:

Tab. 3.2 Abzusaugende Volumenströme im Bereich der Oberflächenvorbereitung.

Behälter	**Volumenstrom im $m^3\,h^{-1}\,m^{-2}$ Behälteroberfläche bei Breite/Länge =**				
	0,2	**0,4**	**0,6**	**0,8**	**1,0**
Abschreckbehälter	2000	2400	2600	2750	2900
Beizbehälter					
kalt	1550	1800	1950	2050	2150
heiß	2600	3000	3250	3450	3600
Entfettungsbehälter	1300	1500	1600	1700	1800
Wasserbehälter					
nicht kochend	1000	1200	1300	1400	1450
kochend	2000	2400	2600	2750	2900

- einseitige Randabsaugung ohne Flansch bzw. mit Flansch,
- zweiseitige Randabsaugung ohne Flansch und mit Flansch.

Nach [6] und zusätzlichen praktischen Erfahrungen sind zur Erfassung der luftfremden Stoffe, z. B. HCl-Dämpfe, Volumenströme, je nach Ausführung der Randabsaugung zwischen 5000 $m^3\,(m^2\,h)^{-1}$ und 10 000 $m^3\,(m^2\,h)^{-1}$, bezogen auf eine mittlere Erfassungsgeschwindigkeit v_x von etwa 0,5 $m\,s^{-1}$, erforderlich. Bei erwärmten Verfahrenslösungen muss die Erfassungsgeschwindigkeit und damit der abzusaugende Volumenstrom erhöht werden, wie beispielhaft aus der Tab. 3.2 hervorgeht.

Randabsaugungen an Verzinkungskesseln Aus der Literatur [7–9] ist bekannt, dass die aschefreie Oberfläche der Zinkschmelze etwa 21 kW m/s an die Umgebung abstrahlt, wobei ruhende Umgebungsluft ohne Querströmung vorausgesetzt ist. Anhand dieses Wärmestroms kann die Auftriebsgeschwindigkeit des Thermikvolumenstroms berechnet werden [5, 10]. Nach [10] ergibt sich die Auftriebsgeschwindigkeit zu $\approx$ 0,75 m/s.

Die von der Zinkschmelze ausgehende vertikale Thermikströmung ($<$ 1m/s) erfordert im Vergleich zu den Randabsaugungen im Bereich der Oberflächenvorbereitung noch höhere Erfassungsgeschwindigkeiten und damit größere abzusaugende Volumenströme. Es können Volumenströme bis zu 6000 $m^3\,(m^2\,h)^{-1}$ für die Erfassung der luftfremden Stoffe benötigt werden. Die Verwendung von Randabsaugungen an Verzinkungskesseln mit einer Breite von $>$ 2 m ist nur dann sinnvoll, wenn ihre Erfassungswirkung durch Zusatzeinrichtungen, wie z. B. Schwenkflügel mit Blasschleier (siehe Abb. 3.61), unterstützt wird.

Einhausungen an Verzinkungskesseln Aus der betrieblich bedingten Höhe H_E und der Oberfläche A_z der Zinkschmelze resultiert der Rauminhalt bzw. das Volumen E_v der Einhausung. Für Planungen kann das Einhausungsvolumen entspre-

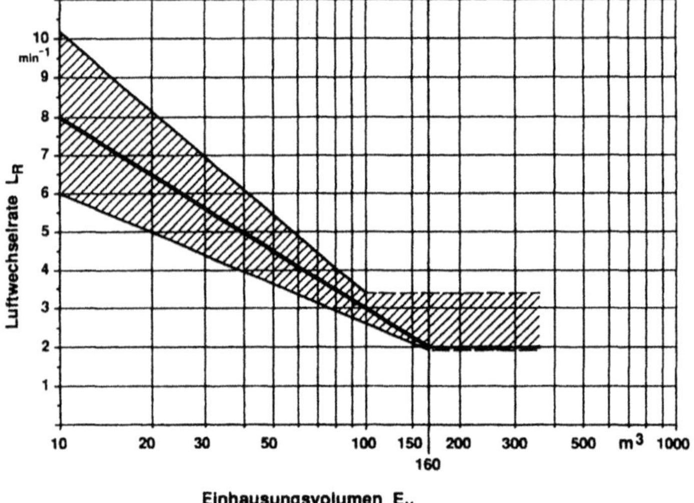

Abb. 3.63 Luftwechselrate L_R in Abhängigkeit vom Rauminhalt bzw. Volumen E_v der an einem Verzinkungskessel zu installierenden Einhausung.

chend der Abhängigkeit

$$E_v = A_z 2{,}12 H_E \quad (m^3)$$

überschlägig berechnet werden.

Für allseitig geschlossene Einhausungen wurde mithilfe einer Regressionsanalyse aus Messungen an verschiedenen Verzinkungsanlagen die Luftwechselrate L_R in Abhängigkeit vom Rauminhalt E_v der Einhausung ermittelt. Das Ergebnis ist in Abb. 3.63 grafisch dargestellt. Die Darstellung im halblogarithmischen Maßstab ergibt eine Gerade, die jedoch nur für ein Einhausungsvolumen E_v von 10–160 m^3 Gültigkeit hat. Zur sicheren Erfassung und zur Ableitung der entstehenden luftverunreinigenden Stoffe sind Luftwechselraten L_R zwischen 10 und 2 min^{-1} erforderlich. Der abzusaugende Mindestvolumenstrom V kann wie folgt berechnet werden:

$$V = E_v L_R \quad (m^3\,min^{-1})$$

Die fremdstoffhaltige Abluft wird an der höchsten Stelle der Einhausung abgesaugt und zur Reinigung einem Rückhaltesystem (z. B. filternder Abscheider) zugeführt.

3.10.3
Rückhaltesysteme

Zur Minderung der verfahrensbedingten, luftverunreinigenden Stoffe finden Rückhaltesysteme (Abscheider) unterschiedlicher Bauarten und Technologien

Anwendung. Sie haben die Aufgabe, feste, flüssige und gasförmige Stoffe aus Trägergasen möglichst vollständig abzuscheiden. Die VDI-Richtlinien 3677 [11, 12] und VDI 3679 [13] geben Hinweise auf Bauarten und die Auslegung unterschiedlicher Rückhaltesysteme.

Für die Reinigung der mit luftverunreinigenden Stoffen beladenen Abluft aus dem Bereich der Oberflächenvorbereitung und der beim Feuerverzinken entstehenden Abluft ist der Einsatz verschiedener Rückhaltesysteme möglich. Im Bereich der Oberflächenvorbereitung mit Salzsäure wird der Grenzwert von 10 mg/m^3 HCl eingehalten [15], wenn sich der Schnittpunkt der HCl-Konzentration und der Temperatur in der schraffierten Fläche der Abb. 3.60 [6] befindet. Ist eine solche, begrenzte Fahrweise der Oberflächenvorbereitung nicht gewünscht, ist eine vollständige Einhausung der Oberflächenvorbereitung und Reinigen der Luft über einen Nassabscheider notwendig. Für die entstehenden Aerosole der Verfahrenslösungen werden nassarbeitende Abscheider eingesetzt, mit denen die Einhaltung der festgelegten Grenzwerte möglich ist.

Aufgrund der Tatsache, dass die beim Verzinkungsvorgang entstehenden luftverunreinigenden Stoffe zu etwa 80 % aus sehr feinen Partikeln bestehen [14], haben sich von den erwähnten Rückhaltesystemen in der Feuerverzinkungsindustrie für die Abgase vom Verzinkungskessel Abreinigungsfilter, insbesondere Schlauchfilter, durchgesetzt. Da es beim Einsatz von Nassabscheidern im Bereich der Oberflächenvorbereitung keine Probleme gibt, wird in den folgenden Ausführungen insbesondere auf die Feststoffabscheidung mit filternden Abscheidern und die damit zusammenhängenden Probleme eingegangen.

3.10.3.1 Nassabscheider

Die abgesaugten Säuredämpfe aus der Oberflächenvorbereitung weisen in der Regel eine wesentliche Beladung mit Salzsäure auf. Diese Abluft muss deshalb gereinigt werden, bevor diese an die Umwelt abgegeben wird. Für diese Reinigung haben sich Nasswäscher sehr gut bewährt. Es werden liegende und stehende Systeme eingesetzt, die bei fachgerechter Dimensionierung gleichermaßen gut funktionieren. Das Funktionsprinzip beruht auf Basis von Absorption. Die mit Salzsäure beladene Luft wird über einen Ventilator abgesaugt, der sich vor oder nach dem Wäscher befinden kann und wird in den Wäscher transportiert. Eine Wasservorlage wird mithilfe einer Wäscherpumpe im Gegenstrom zur Luft im Kreis gepumpt. In einem Kontaktbereich (Wäscherpaket) wird die Oberfläche des Wasserstroms durch Bildung von kleinen Wassertropfen vergrößert und die Salzsäure durch Absorption von diesen aufgenommen. Bevor die gereinigte Luft über den Kamin in die Umgebung ausgeblasen wird, passiert diese noch einen Aerosolabscheider um einen Ausstoß von sehr kleinen Tröpfchen zu verhindern. Das Waschwasser reichert sich mit Salzsäure an und muss bei Erreichen eines auslegungsbedingten Grenzwertes erneuert werden.

Bei fachgerecht ausgelegten Systemen wird das Wasser in die Oberflächenvorbereitungsbehälter rückgeführt und als Wertstoff wiederverwendet. Damit ist ein abwasserfreier Betrieb gewährleistet. Moderne Wäscher in Verzinkereien arbei-

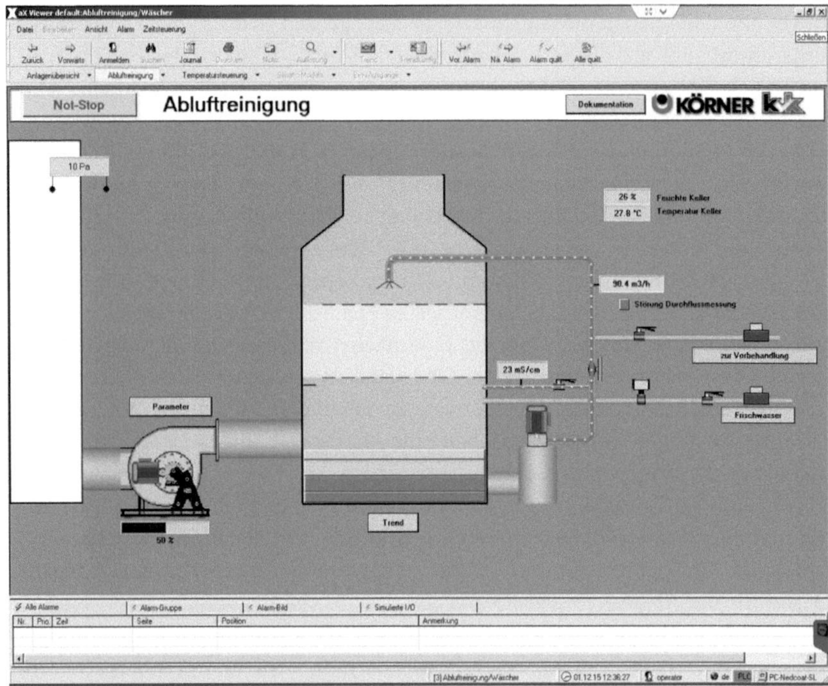

Abb. 3.64 Schematisches Beispiel eines Abluftwäschers (Quelle: Koerner Chemieanlagenbau Ges.m.b.H., Wies, Österreich, mit Erlaubnis).

ten ohne Zusatzchemikalien, wodurch die Verwendung des Waschwassers in der Oberflächenvorbereitung bedenkenlos ist (Abb. 3.64).

3.10.3.2 **Filternde Abscheider**

Filternde Abscheider sind Einrichtungen zur trockenen Staubabscheidung, bei denen das zu reinigende Gas ein Filtermedium durchströmt und die Partikel zurückgehalten werden. Als Filtermedien unterscheidet man einerseits aus Fasern aufgebaute Faserschichten (Filze, Vliese und Gewebe) und andererseits körnige Schichten. Je nach konstruktivem Aufbau und Wirkungsweise des Rückhaltesystems kann man die Filtrationsabscheider in

- Tiefen- oder Speicherfilter (Mattenfilter) und
- Abreinigungsfilter (Schlauch-, Taschen-, Patronen- und Schüttschichtfilter)

unterscheiden, die als Druck- oder Saugfilter ausgeführt werden können.

Tiefen- oder Speicherfilter werden bei niedrigen Partikelkonzentrationen eingesetzt. Die Gasreinigung erfolgt durch die Abscheidung der Partikel in der Faserschicht. Die Filtermatten werden erneuert, wenn die Speicherfähigkeit erschöpft, d. h., wenn Staubsättigung erreicht ist. Bei Sonderbauarten ist die Regeneration der Filterelemente möglich.

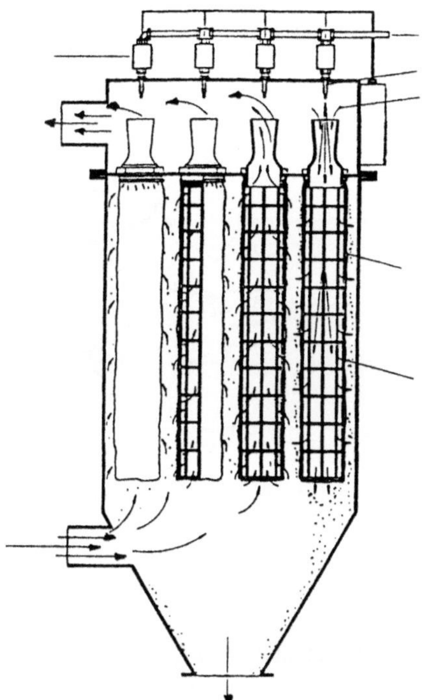

Abb. 3.65 Prinzip des Rückhaltesystems mit Abreinigung durch Druckluftstoß (Impuls), bei dem das Filtermedium in der Filtrationsphase von außen nach innen durchströmt wird.

Abreinigungsfilter sind für Staubkonzentrationen bis zu mehreren Gramm pro Kubikmeter geeignet. Die Gasreinigung erfolgt beim Durchströmen eines oder mehrerer Filterelemente, z. B. Schläuche, Taschen, Patronen, oder einer körnigen Schüttschicht.

Die Staubabscheidung erfolgt vorwiegend an der Oberfläche (innen oder außen) des Filtermediums; es bildet sich eine Staubschicht, die die eigentliche, hochwirksame Filtrationsschicht darstellt. Infolge der zunehmenden Schichtdicke an der Oberfläche des Filterelements steigt der Druckverlust während der Filtrationsphase an. Zur Aufrechterhaltung der Filterfunktion muss das Filtermedium periodisch oder in festgelegten Intervallen regeneriert werden. Es gibt verschiedene Bauarten filternder Abscheider. In Feuerverzinkereien sind bisher vorwiegend Rückhaltesysteme, z. B. Schlauchfilter, Patronenfilter und Taschenfilter zum Einsatz gekommen, bei denen das Filtermedium während der Filtrationsphase von außen nach innen durchströmt wird, der Rohgasstaub also auf der Außenfläche abgeschieden wird. Den Aufbau und die Funktion solcher Filtrationsabscheider (Schlauch- und Patronenfilter) zeigen die Abb. 3.65 und 3.66.

Die Regeneration der Filterelemente (Schlauch oder Patrone) erfolgt durch Druckluftimpulse beim Erreichen bestimmter, vorzugebender Differenzdrücke. Dieser Abreinigungsvorgang kann durch eine vom Differenzdruck gesteuerte Regelung den Betriebsbedingungen angepasst werden. Eine weitere Variante ist

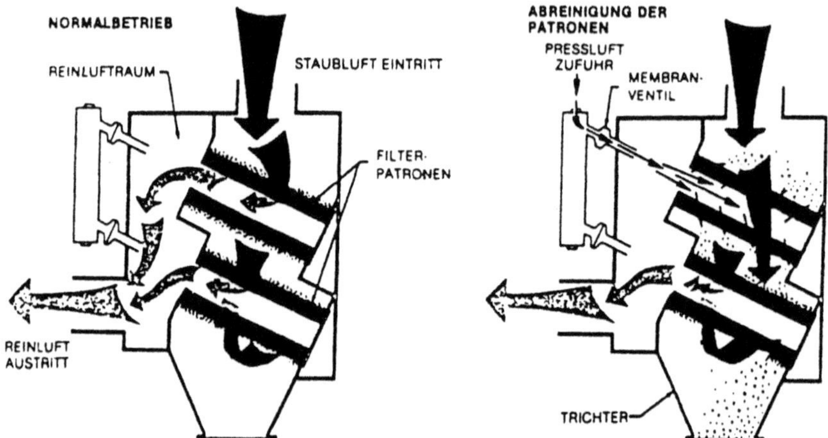

Abb. 3.66 Prinzip eines Patronenfilters mit Abreinigung durch Druckstoß (Impuls), bei dem das Filtermedium in der Filtrationsphase von außen nach innen durchströmt wird.

das Rückhaltesystem (Schlauchfilter), bei dem das Filtermedium von innen nach außen durchströmt wird.

Die Abreinigung der innen angeströmten Filterschläuche erfolgt durch Rütteln und zeitgleiches Rückspülen mit Luft. Das Funktionsprinzip eines solchen Rückhaltesystems zeigt die Darstellung in Abb. 3.67.

Filternde Abscheider können nahezu unbegrenzt eingesetzt werden, wenn die physikalischen und chemischen Eigenschaften der partikelförmigen Stoffe und des Trägergases bei der Auswahl des Filtermediums berücksichtigt worden sind.

Es ist z. B. zu berücksichtigen, ob hygroskopische, öl- oder fetthaltige Stäube entstehen können. In einer Untersuchung im Jahr 2006 durch die LEOMA GmbH [16] in Zusammenarbeit mit der Effizienzagentur NRW konnte gezeigt werden, dass eine funktionierende Entfettung wesentlich den Fettgehalt des Filterstaubes reduziert. Bei einer Menge von 20 g/kg Fett im Filterstaub können Probleme bei der automatischen Abreinigung des Filtermediums auftreten und den Luftdurchlass des Filters frühzeitig vermindern.

Die technische Ausführung des Rückhaltesystems (Schlauch-, Patronen- oder Taschenfilter) hat keinen Einfluss auf die Masse der emittierten Stoffe, sondern die Auswahl des Filtermediums und die Auswahl der Abreinigungsmethode sind ausschlaggebend für die einwandfreie Funktion des Rückhaltesystems. Die Konstruktion der Filterelemente (Schlauch, Tasche oder Patrone) sowie die Regenerationsmethode sind wesentliche Baumerkmale filternder Abscheider.

3.10.3.3 **Filterelemente**

Filterelemente können in unterschiedlichen Konstruktionen, z. B. als Schlauch, Tasche, Patrone (siehe Abb. 3.68), Matten, Kerzen u. ä. eingesetzt werden.

In der Tab. 3.3 sind Kennwerte von Filterelementen zusammengestellt, die in der Feuerverzinkungsindustrie mit Erfolg eingesetzt waren und auch weiterhin

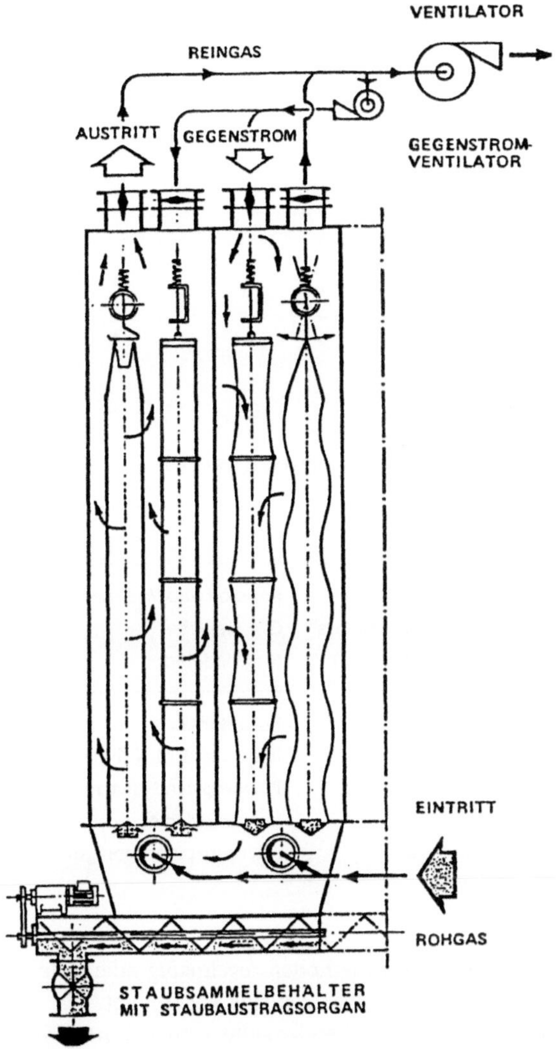

Abb. 3.67 Prinzip des Rückhaltesystems mit mechanischer Abreinigung und Spülluftunterstützung, bei dem das Filtermedium in der Filtrationsphase von innen nach außen durchströmt wird.

eingesetzt werden. Es handelt sich dabei um Filterelemente, die von innen nach außen durchströmt (lfd. Nr. 1, 2 und 3) und durch Rütteln mit Spülluftunterstützung abgereinigt werden, sowie um von außen nach innen durchströmte Filterelemente (lfd. Nr. 4 und 5), die durch Druckluft abgereinigt werden.

3.10.3.4 **Regeneration der Filterelemente**

Um Druckverlust, Volumenstrom und Abscheideleistung eines Rückhaltesystems über die gesamte Betriebszeit möglichst konstant zu halten, werden die Filterele-

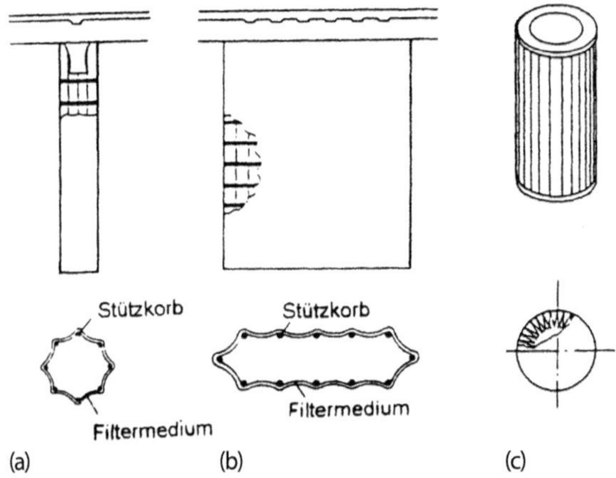

Abb. 3.68 Filterelementbauarten [11, 12]. (a) Schlauch, (b) Tasche, (c) Patrone.

Tab. 3.3 Kennwerte Filterelemente [14].

Lfd. Nr.	Filterelement	Filterelement im Neuzustand Flächengewicht	Luftdurchlass[a)] $1\,(dm^2\,min)^{-1}$	Rohstoff und Verarbeitung als G = Gewebe N = Nadelfilz
1	Schlauch	180	120	Polyester G
2	Schlauch	330	150	Polyacrylnitril N (beschichtet)
3	Schlauch	350	350	Polypropylen N (kalandriert)
4	Schlauch	500	150	Polypropylen N
5	Patrone	180	72	Micronpapier (imprägniert)

a) Gemessen nach DIN 53 887, bei 196 Pa.

mente durch unterschiedliche Regenerationsmethoden regelmäßig oder in festzulegenden Intervallen vom angelagerten Staub befreit bzw. abgereinigt.

Die in einem Rückhaltesystem eingesetzten Filterelemente werden, je nach System, von *außen nach innen* oder von *innen nach außen* durchströmt. Zur Regeneration der Filterelemente gibt es verschiedene Methoden. Es kann prinzipiell zwischen

- mechanischer Abreinigung (Rütteln, Vibrieren),
- Niederdruckspülung (pneumatische Abreinigung) und
- Hochdruckspülung (Druckstoßreinigung)

unterschieden werden. Häufig wird die mechanische Abreinigung mit einer Niederdruckspülung kombiniert.

Zur Regeneration von Schlauchfiltern sind in der Feuerverzinkungsindustrie die in Abb. 3.69 dargestellten Verfahren im Einsatz. Die Regeneration der in der Feuerverzinkungsindustrie eingesetzten Patronenfilter erfolgt entweder nach

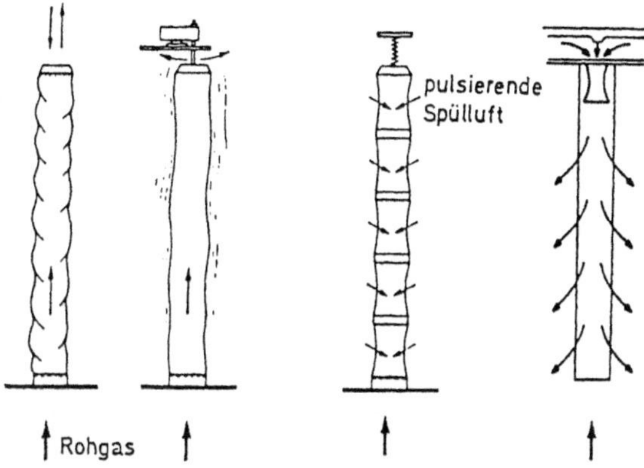

Abb. 3.69 Schematische Darstellung der Abreinigungsverfahren für Schlauchfilter [17].

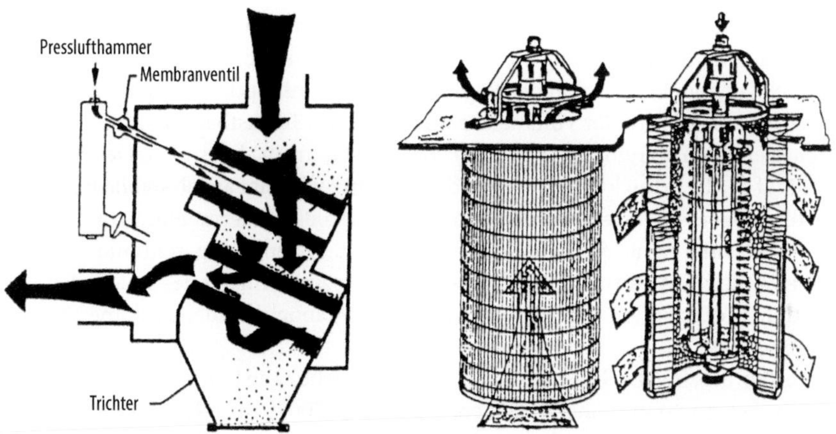

Abb. 3.70 Schematische Darstellung der Abreinigungsverfahren für Patronenfilter.

dem Prinzip der Druckstoßabreinigung oder nach dem Prinzip der Rotationsdüsenabreinigung. Diese beiden Regenerationsmethoden sind in Abb. 3.70 schematisch dargestellt. Abbildung 3.70a zeigt das Prinzip der Druckstoßabreinigung und in Abb. 3.70b wird die Druckluftimpulsabreinigung durch Rotationsdüsen gezeigt. Bei der Regeneration kann unterschieden werden zwischen

- Unterbrechen oder Vermindern des zugeführten Gasstromes, sodass während der Regeneration (Abreinigungsphase) keine Partikel das Innere des Filtermediums oder durch dieses hindurch auf die Reingasseite gelangen, oder
- Durchspülen des Filtermediums (im Gegenstrom), ohne Unterbrechung oder Verminderung des zugeführten Rohgasstromes.

In der Feuerverzinkungsindustrie wird überwiegend die Regeneration durch Druckluftimpulse angewendet. Die Abreinigung erfolgt üblicherweise immer dann, wenn eine vorher eingestellte Druckdifferenz am Filtermedium erreicht ist.

Tab. 3.4 Auswirkung der Regenerationsmethode auf die Verfügbarkeit des Filtermediums [18] bezogen auf den Luftdurchlass und die abgeschiedene Staubmenge. Abreinigung 1 Regeneration bei Vollastbetrieb, Abreinigung 2 Regeneration bei Teillastbetrieb, 1 – Anlieferungszustand (nicht regeneriert), 2 – Ausblasen mit Druckluft, 3 – Auswaschen mit 40 °C warmer Lösung.

Abreinigung	Filterelement Neuzustand Flächengewicht ($g\,m^{-2}$)	Luftdurchlass ($l\,(dm^2\,min)^{-1}$)	Betriebszustand Flächengewicht ($g\,m^{-2}$)			Luftdurchlass ($l\,(dm^2\,min)^{-1}$)		
			1	2	3	1	2	3
1	500	150	1074	909	599	16	28	87
2	500	150	585	546	531	75	120	136

Dabei wird der Volumenstrom vermindert (Teillastbetrieb). Bei den von innen nach außen durchströmten Filterelementen – es kann sich dabei um Gewebe oder Nadelfilz handeln – wird in der Regel mechanisch mit Spülluftunterstützung abgereinigt. Dazu wird der Volumenstrom verringert (Teillastbetrieb) und die zu regenerierende Filtereinheit (Kammer) vom Rohgasstrom abgesperrt. Der zeitliche Verlauf des Restdruckverlustes nach der Abreinigung zeigt an, ob stabile Betriebsbedingungen eingestellt werden können oder ob das Filtermedium zunehmend verstopft und damit die Funktion des Rückhaltesystems eingeschränkt wird. In einer Arbeit von Görnisiewicz [20] wird der Zusammenhang des steigenden Filtrationswiderstandes (Differenzdruck) und des abnehmenden Volumenstroms beschrieben.

In Tab. 3.4 sind die Resultate von Laboruntersuchungen [20] an einem Filtermedium (Schlauch) mit einem Flächengewicht von $500\,g/m^2$ (Neuzustand) gegenübergestellt; es wurde im Betrieb bei Voll- und Teillast regeneriert. Es lässt sich ableiten, dass bei Abreinigung während Vollastbetrieb erhebliche Staubmengen ($1074\,g/m^2$ weniger $500\,g/m^2 = 574\,g/m^2$) im Filtermedium an- und eingelagert werden. Die feinen Staubpartikel dringen in das Filtermedium ein, die Poren füllen sich bis in die Tiefe auf; die Gasdurchlässigkeit verringert sich. Damit verbunden sind die Zunahme des Filtrationswiderstandes und die daraus resultierende verminderte Effektivität der Regeneration [20]. Diese Effekte werden verstärkt, wenn die Regeneration bei voller Rohgasbeaufschlagung (Vollastbetrieb) erfolgt.

Der Unterschied zur Abreinigung bei Teillastbetrieb wird besonders beim Ausblasen des Filtermediums deutlich. Bei Vollastbetrieb verbleiben $409\,g/m^2$ am und im Filtermedium gegenüber $46\,g/m^2$ bei Teillastbetrieb (Tab. 3.4).

Die Regenerationsvorgänge (Filtrationsphase) müssen nicht in gleichen Zeitabständen durchgeführt werden, sondern sind den Betriebsbedingungen anzupassen. Die Produktpalette und der Durchsatz sind maßgebend für das Intervall (Pausenzeit) und die Intensität (Druck) der Abreinigung.

Der Teillastbetrieb lässt sich in den Verzinkungspausen realisieren. Die Anpassung des jeweils erforderlichen Volumenstromes an die unterschiedlichen Betriebsbedingungen – Verzinken und Verzinkungspausen – kann durch unterschiedliche Maßnahmen zur Regelung des abzusaugenden Volumenstromes erfolgen.

3.10.3.5 Filtermedien

Bei Filtermedien handelt es sich um ein strukturiertes, gasdurchlässiges Material, bei dem in der Anfangsphase die Staubabscheidung an den noch unbedeckten Fasern – bei Filtermedien ohne Zusatzausrüstung – erfolgt. Nach kurzer Zeit ergeben sich durch Staubablagerungen (Primärschicht = Filterkuchen oder Filterhilfsschicht genannt) auf dem Filtermedium und durch Einlagerungen im Filtermedium Strukturveränderungen, die den Abscheidegrad und den Druckverlust des Filtermediums und damit des Rückhaltesystems beeinflussen.

Gewebe und Papier sind sogenannte zweidimensionale, Nadelfilz und Vlies sogenannte dreidimensionale Filtermedien, die aus verschiedenen Grundstoffen (natürliche und synthetische Fasern) hergestellt werden können. Abbildung 3.71 zeigt den schematischen Aufbau eines Gewebes und eines Nadelfilzes mit Stützgewebe.

Für die Auswahl der Filtermedien beim Einsatz in der Feuerverzinkungsindustrie sind die Oberflächenvorbereitung der Stahlteile, das verwendete Flussmittel und das Verzinkungsverfahren (Nass- oder Trockenverzinkung) von Bedeutung. Zu beachten ist, dass Mineralsäuren (HCl), Basen (NH_3, KOH), Salze ($CaCl_2$, NaCl, $ZnCl_2$, KCl) und oxidierende Substanzen im zu reinigenden Gas enthalten sein können. Öl- und Fettpartikel, die in der Oberflächenvorbereitung (Entfettung und Beizen) nicht entfernt werden, die chemische Zusammensetzung des Flussmittels (die Bestandteile konventioneller oder raucharmer Flussmittel) und schließlich das Verzinkungsverfahren (Nass-, Einstreu-, Tauchflux- oder Trockenverzinkung) und die dabei entstehenden Gasinhaltsstoffe können die Wirksamkeit der eingesetzten Filtermedien beeinflussen. Deshalb ist eine wirkungsvolle, entfettende Oberflächenvorbereitung für die einwandfreie Funktion eines Filters wesentlich [15]

Die Leistungsfähigkeit eines Filtrationsentstaubers wird von der Auswahl der richtigen Grundstoffe für die Filtermedien (s. Tab. 3.5; [19]) und deren eventueller Modifizierung durch Weiterbehandlung bestimmt. Diese dient, neben

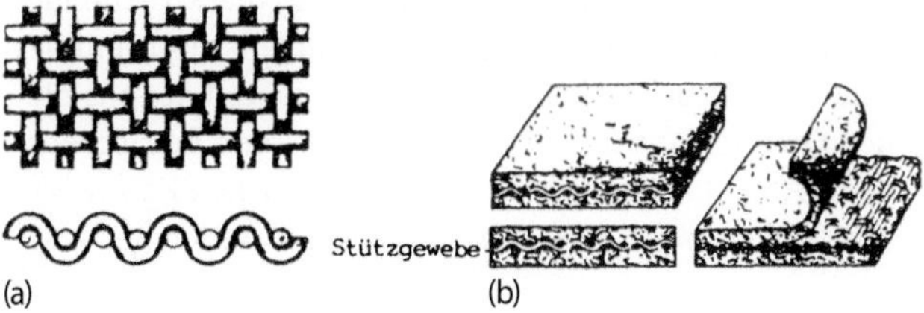

Abb. 3.71 (a) Schematischer Aufbau eines Gewebes und (b) eines Nadelfilzes mit Stützgewebe.

Tab. 3.5 Beständigkeit von Filtermedien gegenüber Chemikalien, die in der am Verzinkungskessel abgesaugten Abluft enthalten sein können [19]. × – beständig, 0 – bedingt beständig, – nicht beständig.

Lfd. Nr.	Rohstoffbezeichnung	Gasinhaltsstoffe							
		HCl	NH_4OH	NH_4Cl	KOH	$CaCl_2$	NaCl	$ZnCl_2$	KCl
1	Polyester	×	–	×	0	×	×	–	×
2	Polyethylen	×	×	×	×	×	×	×	×
3	Polypropylen	×	×	×	0	×	×	×	×
4	Polytetrafluorethylen	×	×	×	×	×	×	×	×
5	Polyvinylchlorid	×	×	×	×	×	×	×	×
6	Papier	×	0	×	0	×	×	×	×

der Grundkonstruktion der Filtermedien (Gewebe oder Filz), der optimalen Anpassung an den jeweiligen Anwendungsfall. Modifizierungen werden in Form von Zusatzausrüstungen angeboten. So gibt es die Zusatzausrüstung, bei der die Oberfläche des Filtermediums verändert wird (Glättung oder Beschichtung), oder Zusatzausrüstung durch Chemikalien oder über Beimischung spezieller Fasern. Durch Zusatzausrüstungen (mechanische, thermische oder chemische Behandlung) können die Filtrationsfähigkeit der Filtermedien verbessert und ggf. die Anpassung an die verfahrensspezifischen Betriebsbedingungen in der Feuerverzinkungsindustrie (Nass- und Trockenverzinkungsverfahren) erreicht werden. In der Feuerverzinkungsindustrie sind, aus Kostengründen, überwiegend aus Polypropylen (PP) hergestellte Filtermedien im Einsatz. Bei Verzinkungslinien, deren Oberflächenvorbereitung (Entfetten, Spülen, Beizen, Spülen, Fluxen und Trocknen) optimal arbeitet, kann ggf. auch Polyester (PE) als Filtermedium eingesetzt werden. Die Eigenschaften der entstehenden luftverunreinigenden Stoffe sind bestimmend für das einzusetzende Filtermedium. Dabei ist zu berücksichtigen, ob hygroskopische, öl- oder fetthaltige Stäube entstehen können.

3.10.3.6 **Bemessungsgrundlagen**

Rückhaltesysteme in der Oberflächenvorbereitung

Für die Auslegung von Rückhaltesystemen ist primär der abzusaugende Volumenstrom maßgebend. Falls erforderlich, sind Volumenströme bis zu 6000 $m^3\,h^{-1}\,m^{-2}$ Behälteroberfläche abzusaugen [4], für die das Rückhaltesystem (nassarbeitender Abscheider) auszulegen ist. Neben dem abzusaugenden Volumenstrom sind das Flüssigkeits-Luft-Verhältnis, der Druckverlust des Abscheiders und der aus diesen Faktoren resultierende Energieaufwand für die Investitions- und Betriebskosten zu berücksichtigen. Aus Abb. 3.72 können die charakteristischen Kennwerte für verschiedene nassarbeitende Abscheidertypen entnommen werden [21].

Typ	Waschturm	Wirbelwäscher	Rotationszerstäuber	Venturi
	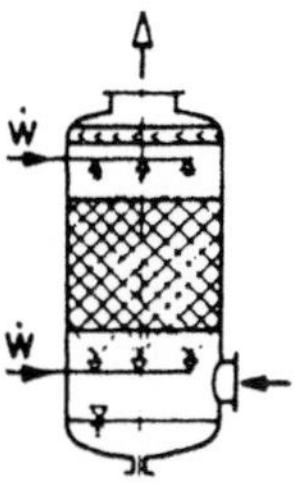	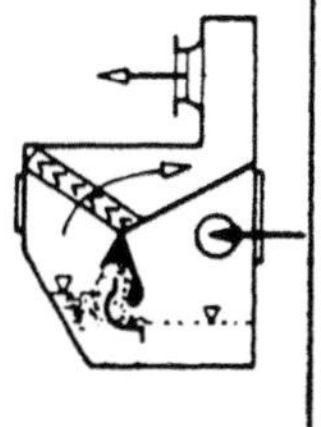	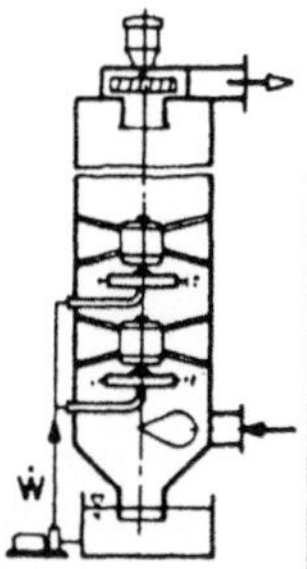	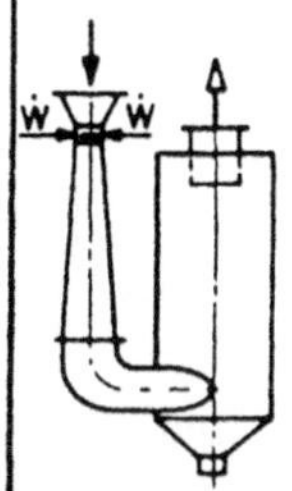
Grenzkorn μm für $\rho = 2{,}42\ g\ cm^{-3}$	0,7…1,5	0,6…0,9	0,1…0,5	0,05…0,2
Relativgeschwindigkeit, $m\ s^{-1}$	1	8…20	25…70	40…150
Druckverlust, mbar	2…25	15…28	4…10	30…200
Wasser/Luft, $l\ m^{-3}$ (*pro Stufe)	0,05…5	unbest.	1…3*	0,5…5
Energieaufwand, $kWh/1000\ m^3$	0,2…1,5	1…2	2…6	1,5…6

Abb. 3.72 Ausführungsbeispiele und Kennwerte von Nassabscheidern [21].

Rückhaltesysteme für die beim Verzinken entstehende Abluft

Die Höhe des erforderlichen abzusaugenden Volumenstromes ist vom Verzinkungsverfahren, von der Art der Erfassung der luftverunreinigenden Stoffe, von der Geometrie des Verzinkungsgutes und von dessen Flussmittelbeladung abhängig. Die in der VDI-Richtlinie 2579 [6] unter Ziffer 2.2 aufgeführten Richtwerte für den erforderlichen abzusaugenden Volumenstrom können nur bei Idealbedingungen gelten.

Die beim Verzinken entstehenden luftverunreinigenden Stoffe bestehen zu ca. 80 % aus Partikeln, die aufgrund ihres Kornspektrums den Feinststäuben zuzuordnen sind. Das bedeutet, dass niedrige Filtrationsflächenbelastungen anzustreben sind, wie aus der Grafik in Abb. 3.73 ersichtlich ist.

Die Filtrationsflächenbelastung wird durch das Verhältnis des abzusaugenden Volumenstromes und der dafür erforderlichen Filterfläche bestimmt. Für den Einsatz in der Feuerverzinkungsindustrie sind Filtrationsflächenbelastungen anzustreben, die für Schlauchfilter $1{,}2\ m^3\ (m^2\ min)^{-1}$ und für Patronenfilter $0{,}25\ m^3\ (m^2\ min)^{-1}$ nicht überschreiten sollten [14]. Um eine Schädigung des Filtermediums zu vermeiden, sollten bis zu 25 % höhere Flächenbelastungen allenfalls nur zeitweise in Kauf genommen werden, da bei länger andauernden, höheren Flächenbelastungen mit Störungen zu rechnen ist. Die Staubbeladung der am Verzinkungskessel abgesaugten fremdstoffhaltigen Abluft hängt von der Qualität der Oberflächenvorbereitung, von der Art des Verzinkungsverfahrens

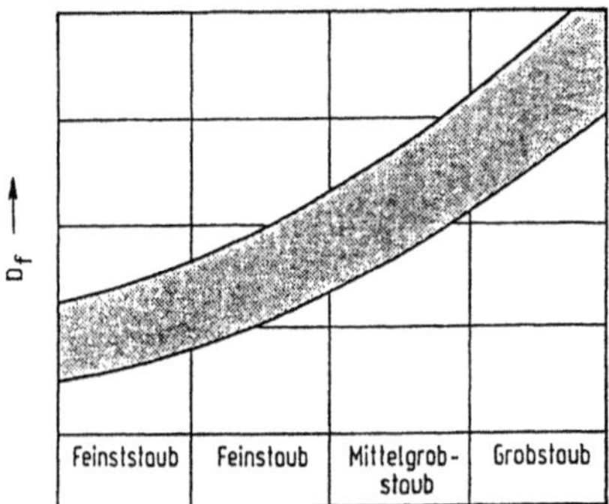

Abb. 3.73 Zusammenhang zwischen Filtrationsflächenbelastung b_f in $m^3\,(m^2\,h)^{-1}$ und der Staubart.

und Größe der zu verzinkenden Oberfläche, sowie von der Flussmittelzusammensetzung und dem Flussmittelverbrauch ab und schwankt in der Regel zwischen 100 und 500 $g/(m^3)$ [14]

Aufgrund der niedrigen ($< 1\,g\,m^{-3}$) Staubkonzentration in der ungereinigten Abluft (Rohgas) von Feuerverzinkungsanlagen und unter Berücksichtigung der für Feinststäube anzusetzenden niedrigen Fitrationsflächenbelastungen ergeben sich geringe Staubbelastungen in $g\,m^{-2}$ Filtrationsfläche.

Somit ist für den Aufbau der erforderlichen Primärschicht durch den abzuscheidenden Staub (Filterkuchen oder Filterhilfsschicht genannt) eine entsprechend lange Zeitspanne, in der nicht abgereinigt werden soll, erforderlich. Die Abreinigungsintervalle und die Intensität der Regeneration sind dem geringen Staubanfall anzupassen [22, 23].

Um sicherzustellen, dass das installierte Rückhaltesystem voll funktionsfähig und ständig verfügbar ist, ist ein streng einzuhaltender Wartungsplan zu erstellen [22]. Insbesondere ist hierbei darauf zu achten, dass vor größeren Reparaturen, die mit einem längeren Stillstand des Rückhaltesystems verbunden sind, eine gründliche Reinigung vorgenommen wird.

3.10.4
Saugzuggebläse

Die Absaugung der über die Erfassungssysteme, z. B. Einhausungen, erfassten luftfremden Stoffe, die Zuführung zum Rückhaltesystem und die Ableitung der Restemissionen über Schornsteine erfolgen durch Saugzuggebläse (Ventilatoren).

Aufgrund der in Stückverzinkereien unterschiedlichen Betriebsbedingungen (Volllast, Teillast, Abreinigungsphase, Verzinkungspause, Stillstand u. ä.) ist es sinnvoll, die Antriebgeber für die Rückhaltesysteme erforderlichen Saugzuggebläse (Ventilatoren) mit Steuereinrichtungen auszurüsten, die eine stufenlose Anpassung an die jeweiligen Betriebsbedingungen zulassen. Zur Anpassung an die unterschiedlichen Betriebsbedingungen unterscheidet man drei wichtige Regelungsarten, so z. B.

- Regulierung durch Drosselklappe,
- Regulierung durch Drallregler,
- Regulierung durch Drehzahlregelung,

mit denen der abzusaugende Volumenstrom verändert werden kann.

Die Drossel- oder Drallregelung ist unwirtschaftlich, da in beiden Fällen Energie vernichtet wird. Durch die Drehzahlregelung mittels statischen Frequenzumformers können Ventilatoren mit Drehstrommotoren verlustarm in der Drehzahl gesteuert werden.

Bei konstant bleibendem Motordrehmoment lässt sich durch ein proportionales Verstellen von Motorspannung und Motorfrequenz die Motordrehzahl und damit die Ventilatordrehzahl stufenlos verstellen. Einen Vergleich der erwähnten Regelungsarten zeigt Abb. 3.74; es wird der Leistungsbedarf p/p_n in Abhängigkeit zum Volumenstrom $\dot{V}$ für die Drosselregelung (7), die Drallregelung (2), die Drehzahlregelung (3) und für einen polumschaltbaren Antrieb (4) grafisch dargestellt [24]. Beim Einsatz eines Frequenzumformers muss die Motorleistung um mindestens 10 % über der maximalen Wellenleistung liegen. Bei den Frequenzumformern wird nach Spannungsumrichter (U-Umrichter) und Stromumrichter (I-Umrichter) unterschieden. Die Arbeitsweise eines Frequenzumformers, wie er in der Feuerverzinkungsindustrie zum Einsatz kommen kann, zeigt das Schema in Abb. 3.75 [25, 26]. Dabei wird ein Drehstrombrückengleichrichter an das Versorgungsnetz mit den Phasen R, S und T angeschlossen. Der Gleichrichter formt die Wechselspannung in eine Gleichspannung um. Die erzeugte Gleichspannung wird über einen Messkreis einem Wechselrichter zugeführt, der diese wieder in eine dreiphasige Wechselspannung mit variabler Frequenz umformt. Die wesentlichen Vorteile beim Einsatz von Frequenzumformern für den Antrieb von Ventilatoren sind:

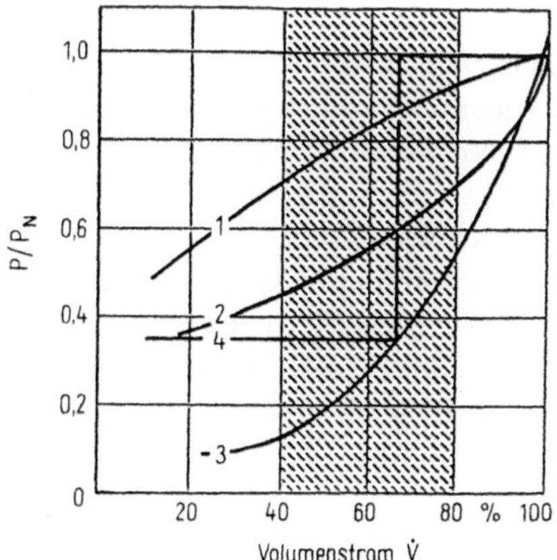

Abb. 3.74 Leistungsbedarf verschiedener Regelverfahren [24]. p_n = Leistungsbedarf bei $\dot{V}$ = 100 %, P = Leistungsbedarf bei $\dot{V}$ =< 100 %

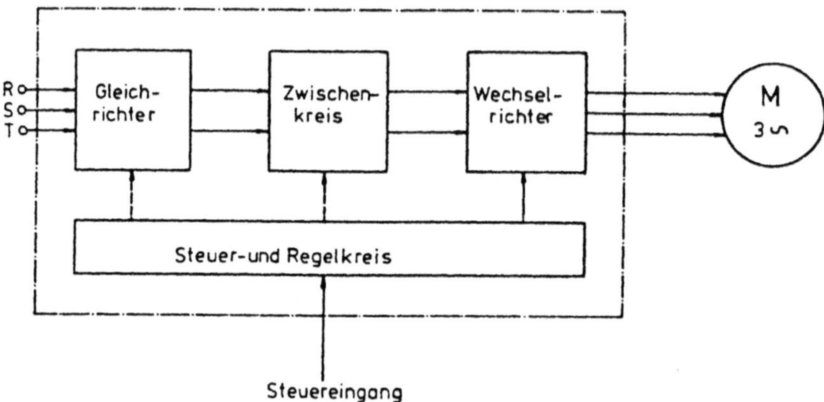

Abb. 3.75 Arbeitsweise eines Frequenzumformers.

- Energieeinsparung bei unterschiedlichen Betriebspunkten,
- Betreiben des Motors über die Nenndrehzahl,
- Geräuschentwicklung in den Teillastbereichen deutlich geringer,
- Belastung von Lagern und Kupplungen/Riemenantrieb geringer, längere Lebensdauer, wartungsarm,
- Belastung des Motors maximal mit dem Nennstrom,
- Einsparungen bei der elektrischen Installation.

3.10.5 Ableitung der Emissionen

Die gereinigten Gase sind in der Regel über einen Schornstein abzuleiten. Zur Bestimmung der Mindestschornsteinhöhe bei idealisierten Ausbreitungsverhältnissen dient gemäß TA Luft das Nomogramm (Abb. 3.76).

Aufgrund der zulässigen niedrigen Massenkonzentrationen ($< 5\,\text{mg Staub/m}^3$ und $< 10\,\text{mg HCl/m}^3$) und den daraus resultierenden geringen Massenströmen, die aus Feuerverzinkereien emittiert werden, würde – nach Abb. 3.76 – eine Schornsteinmindesthöhe PT von 10 m ausreichend sein.

Die Hallenhöhe der Verzinkerei, deren Dachform und -neigung erfordern jedoch meist eine Korrektur der Schornsteinhöhe (siehe TA Luft, 5.5.3 Nomogramm zur Bestimmung der Schornsteinhöhe, Abs. 2), dabei wird die aus dem Nomogramm (Abb. 3.76) bestimmte Schornsteinhöhe H^1 um den Zusatzbetrag J erhöht. Der Wert J (in m) ist aus dem Diagramm in Abb. 3.77 zu ermitteln (siehe TA Luft, Ziffer 2.4).

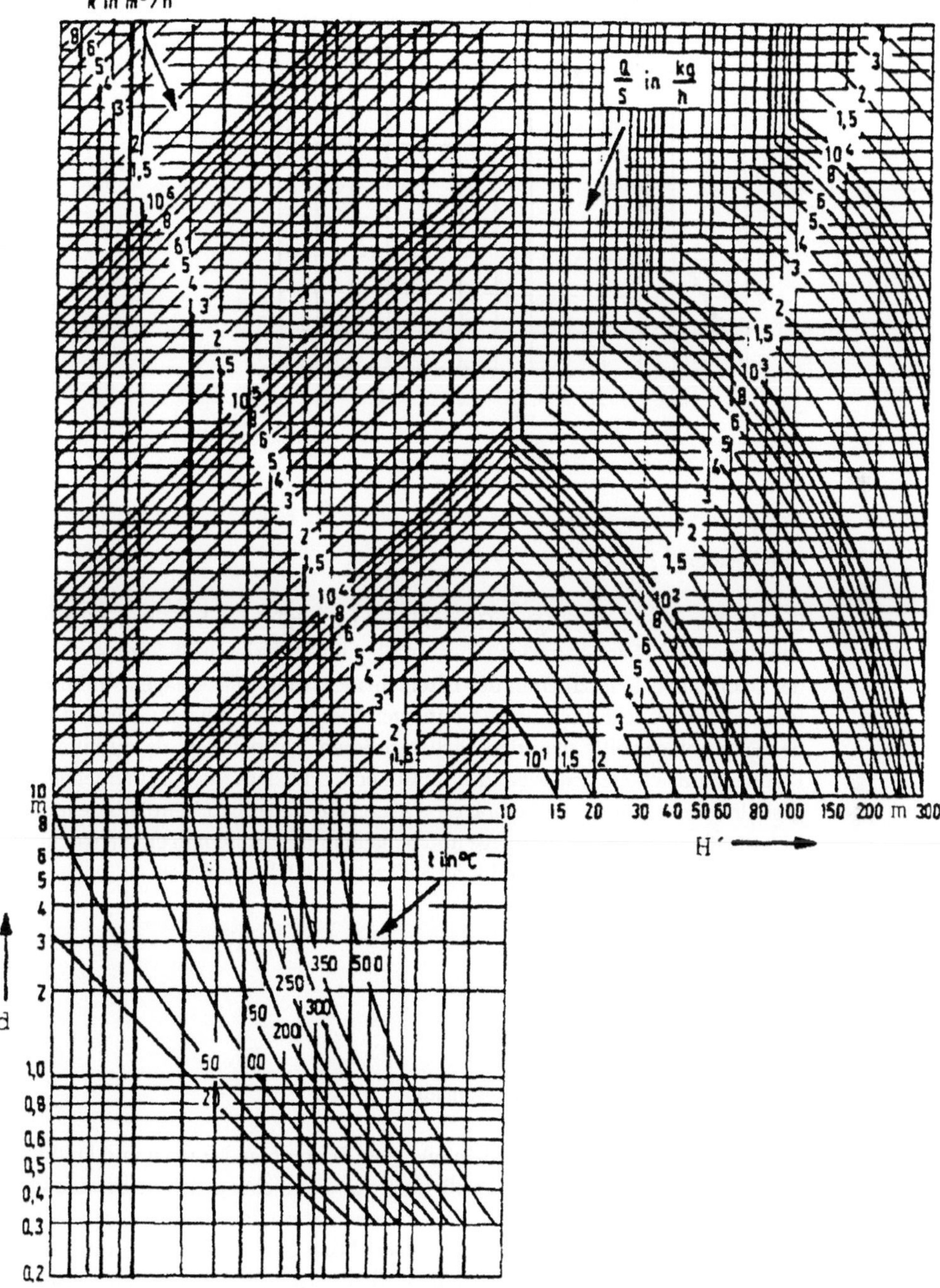

Abb. 3.76 Nomogramm zur Ermittlung der Schornsteinhöhe.

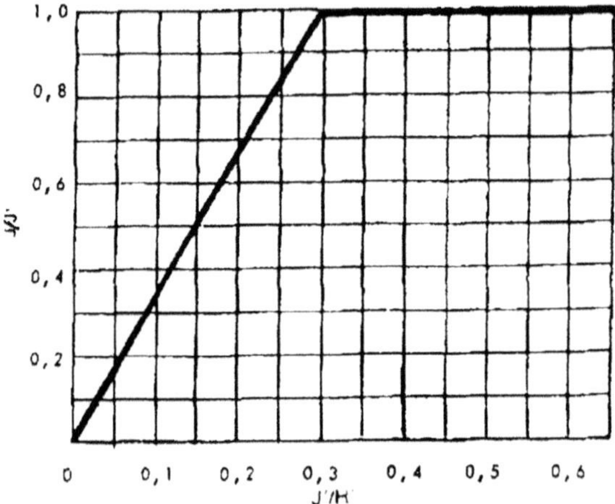

Abb. 3.77 Diagramm zur Ermittlung des Wertes *J*.

3.10.6 Filteranlagen

Der Aufbau der hier gezeigten Filteranlagen ist ähnlich (Abb. 3.78 und 3.79). Bei annähernd gleicher Filterflächenbeaufschlagung differieren die Anlagen nur in der Bauhöhe, d. h. letztlich in der Filterschlauchlänge. Die Anlagen sind mit automatischen Druckluftabreinigungsanlagen ausgestattet. Bei der Größenauswahl der Filteranlage sollte man den nächstgrößeren Typ nehmen, da mithilfe eines Frequenzumrichters jederzeit die tatsächlich erforderliche Absaugmenge eingestellt werden kann. Die komplette Anlage, einschließlich Ventilator, eventuell Kältetrockner, Kompressoranlage und Schalldämpfer, sollten in einem trockenen Raum aufgestellt werden. Abbildung 3.80 zeigt die Filterfunktion.

3.11 Anlagen für Sonderverfahren

3.11.1 Automatische Kleinteilverzinkungsanlage

Bei der Feuerverzinkung von Kleinteilen wie Schrauben, Muttern und Drahtstiften ist heute neben der Wirtschaftlichkeit vor allem eine gleichbleibenden Qualität, die Reproduzierbarkeit und die Dokumentation der Verzinkungsparameter immer wichtiger, wenn nicht sogar unverzichtbar geworden. Diese Anforderungen lassen sich nur in automatischen Kleinteilverzinkungsanlagen umsetzen. Dabei ist es wichtig, dass die Anlagen so variabel sind, dass sie der Vielfalt der zu verzinkenden Kleinteile angepasst werden können. Die Steuerung der gesamten

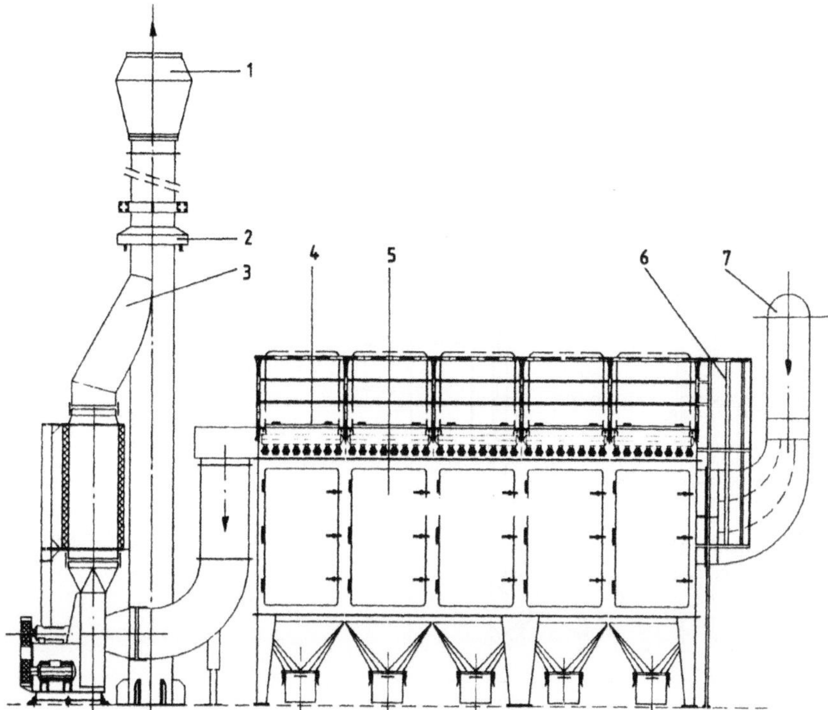

Abb. 3.78 Filteranlage, Kompaktbauweise (Quelle: Niederhausen, Voerde). 1 – Deflektorhaube, 2 – Regenhaube, 3 – Reinglasleitung, 4 – Inspektionstüren oben, 5 – Inspektionstüren vorn, 6 – Steigleiter, 7 – Rohgasleitung.

Anlage, einschließlich Trockenofen, Zentrifuge, Wasserbehälter, Wägeeinrichtung und Korbreinigungsbehälter erfolgt elektronisch über eine speicherprogrammierbare Steuerung (SPS). Ein Prozessleitsystem gibt die in Programmen zusammengefassten Verzinkungsparameter vor und speichert die Istwerte ab. Das Prozessleitsystem kann mit der Arbeitsvorbereitung verbunden werden.

Die zu verzinkenden Teile werden, nachdem sie chemisch vorbereitet worden sind, über eine Vibrationsrinne mit nachgeschalteter Wägeeinrichtung automatisch in die Verzinkungskörbe am Trockenofen gefördert. Die pneumatisch betätigte Greiferzange entnimmt den gefüllten und getrockneten Verzinkungskorb dem Trockenofen, nachdem die Greiferzange einen Leerkorb eingebracht hat. Danach fährt der Auslegerarm über die Zinkschmelze. Während des Überfahrens taucht ein Zinkschmelzeabstreifer – der vor der Greiferzange angeordnet ist – geringfügig in die Zinkschmelze ein und säubert die Oberfläche der Zinkschmelze von Oxiden u. a. Verunreinigungen. Danach wird der Verzinkungskorb von der Greiferzange in die Zinkschmelze getaucht.

Innerhalb der Verweilzeit in der Zinkschmelze werden kurzhubige Vertikalbewegungen eingeleitet, die die an dem Verzinkungsgut anhaftende Zinkasche an die Oberfläche der Zinkschmelze befördert und damit ein manuelles Bewegen

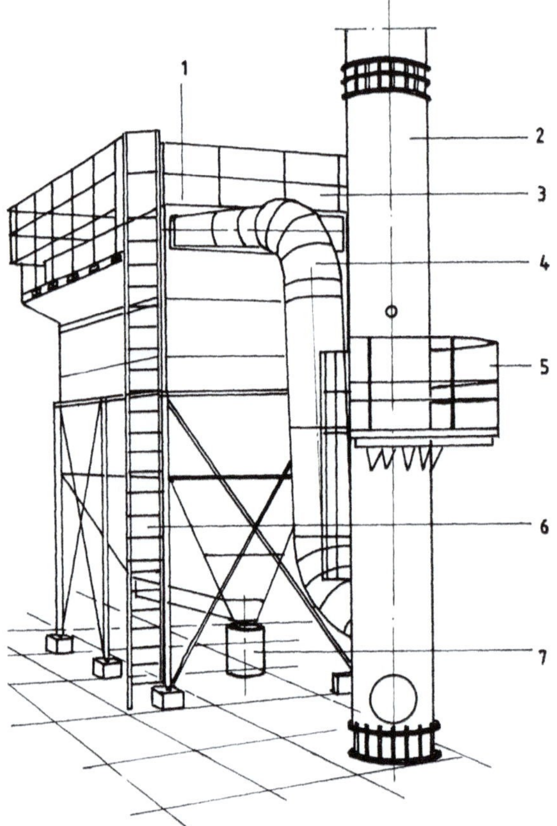

Abb. 3.79 Filteranlage (Quelle: Hosokawa Mikro Pul, Köln). 1 – Filterschlauchwechsel von oben, 2 – Abluftschornstein, 3 – Wartungsbühne, 4 – Reingasleitung, 5 – Messbühne, 6 – Steigleiter, 7 – Staubsammelbehälter.

der Schmelze unnötig macht. Kurz vor Ablauf der eingestellten Tauchzeit fährt der Auslegerarm mit dem Korb innerhalb der Zinkschmelze in Richtung Stirnseite des Kessels vor, säubert nochmals die Oberfläche der Schmelze und zieht dann den Korb durch die gereinigte Oberfläche der Zinkschmelze vertikal heraus. Danach fährt der Auslegerarm ohne Wartezeit bis zur Zentrifuge und setzt in diese den Korb ein. Nachdem die Greiferzange eingezogen ist, wird die Zentrifuge durch einen horizontal verfahrbaren Deckel geschlossen.

Nach Beendigung des Zentrifugierens wird der Korb automatisch ausgehoben und auf einer Korbeinstellvorrichtung abgestellt (Abb. 3.81). Die Greiferzange wird gelöst, und der Schleuderkorb kippt das verzinkte Gut in einen mit Wasser gefüllten Behälter, um ein Zusammenbacken der Teile zu vermeiden. Danach fallen die Teile in ein Schwenksieb, je nach Art der Teile werden diese nach kurzer Verweilzeit automatisch in Behälter ausgekippt und weiter gefördert oder aber nochmals in einem Trockentunnel nachgetrocknet. Der leere Korb wird in dem

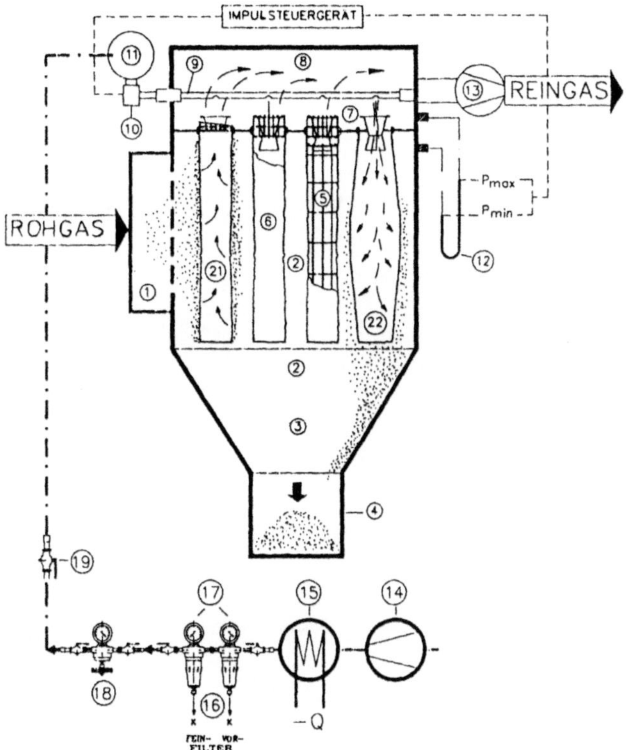

Abb. 3.80 Filteraufbau/Filterfunktion (Quelle: Niederhausen, Voerde). 1 – Rohgasprallschacht, 2 – Rohgaskammer, 3 – Staubsammeltrichter, 4 – Staubbehälter, 5 – Stützkorb, 6 – Filterschlauch, 7 – Venturi-Düse, 8 – Reingaskammer, 9 – Druckluftblasrohr, 10 – Magnetventile, 11 – Druckluftverteilrohr, 12 – Differenzdruckmessgerät, 13 – Ventilator, 14 – Kompressor, 15 – Nachkühler, 16 – Wasserabscheider, 17 – Feinfilter, 18 – Manometer, 19 – Absperrventil, 20 – Impulssteuergerät, 21 – Staubabscheidungsphase, 22 – Filterschlauchabreinigungsphase.

auf die Verzinkungszeit abgestimmten Takt von der zurückgeschwenkten Korbeinstellvorrichtung automatisch abgehoben, wie bereits beschrieben erneut gefüllt und wieder in den Trockenofen eingebracht. Bei diesem Ablauf können ca. 50 Körbe pro Stunde verzinkt werden. Das Füllgewicht der Körbe hängt dabei vom Verzinkungsgut ab. Das Füllgewicht für Teile mit einem hohen Schüttgewicht sollte niedrig gewählt und dafür die Anzahl der Körbe erhöht werden. Bei Teilen mit einem niedrigen Schüttgewicht kann das Füllgewicht höher gewählt werden, bei einer niedrigeren Anzahl Körbe pro Stunde.

3.11.2 Automatische Roboterschleuderverzinkungsanlagen, Korb- und Gestellverzinkung

Für das Verzinken von Bauteilen wie Befestigungselemente und Schrauben können auch vollautomatische Verzinkungsanlagen eingesetzt werden. Durch das

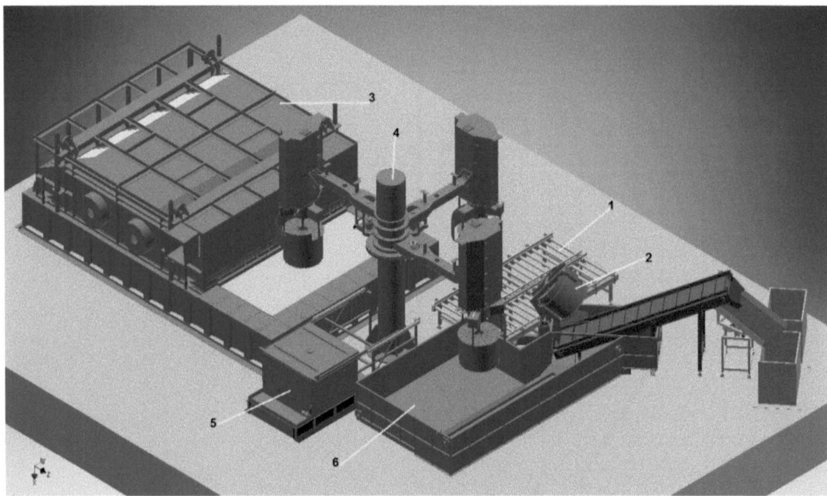

Abb. 3.81 Automatische Kleinteilverzinkung. 1 – Füllstation, 2 – Verzinkungskorb, 3 – Verzinkungsofen, 4 – Zinc Elephant, 5 – Zentrifuge, 6 – Wasserbad.

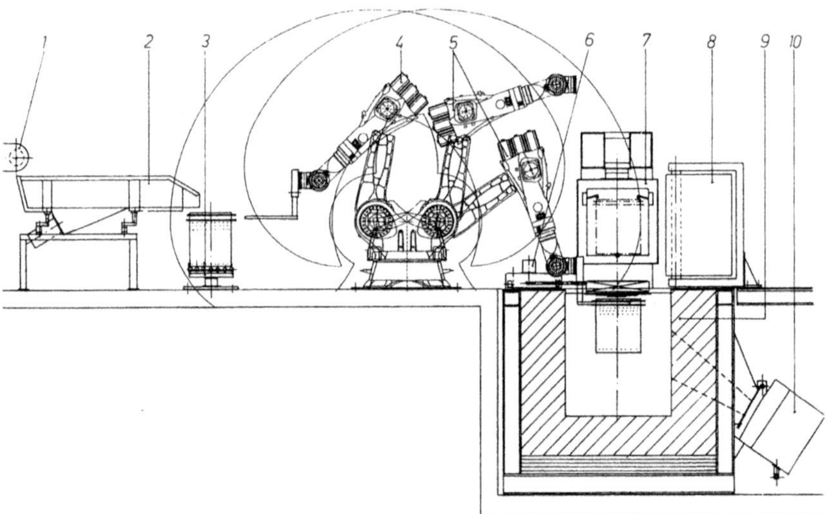

Abb. 3.82 Roboterschleuderverzinkungsanlage. 1 – Zuführförderband, 2 – Schwingförderrinne mit Wägeeinrichtung, 3 – Schleuderkorbabgabe und -übernahme, 4 – Roboter 2, 5 – Roboter 1, 6 – Zinkascheabstreifer, 7 – Überbadzentrifuge, 8 – Verschlussmantel Zentrifuge, 9 – Verzinkungsofen mit Rinneninduktor, 10 – Rinneninduktor

schnelle Handling der Körbe und Gestelle erzielen diese Anlagen einen Durchsatz von bis zu 5 t/h. Zur Vermeidung von Bauteilbeschädigungen können empfindliche Teile in speziellen, dem Verzinkungsgut angepassten Gestellen, verzinkt werden. Vom Aufnehmen der Körbe und Gestelle über das Eintauchen in die Zinkschmelze und das Zentrifugieren bis zum Abschrecken im Wasserbehälter laufen alle Prozessschritte automatisch ab. Integrierte Prozessleitsysteme steuern die Anlagen mit Rezepturen, erfassen alle Anlagenzustände und archivieren die Daten für jeden einzelnen Korb. So ist die durchgängige Rückverfolgbarkeit der einzelnen Chargen gewährleistet. Da Prozessparameter wie beispielsweise die Tauchzeit durch das Prozessleitsystem gesteuert werden, erzielen diese Anlagen einen gleichmäßigen Zinküberzug.

Die Oberfläche der Zinkschmelze wird vor dem Eintauchen des Korbes in die Schmelze und nach dem Abkochen automatisch von Zinkasche und Verunreinigungen gereinigt, sodass die Oberfläche der aus der Zinkschmelze gezogenen Teile frei von jeglichen anhaftenden Verunreinigungen bleibt. Das schonende Handling vermeidet Beschädigungen der Teile, sodass beispielsweise die Gewinde von Schrauben nicht nachgerollt werden müssen. Besonders für hochfeste Stähle, die beispielsweise im Offshoreeinsatz vermehrt verwendet werden, erfolgt die Vorbereitung der Teile mechanisch (ohne Salzsäure) oder in inhibierter Salzsäure. So werden die Wasserstoffversprödung des Stahls und daraus resultierende Sprödbrüche vermieden.

3.11.3 Rohrverzinkungsanlagen

Die Rohre werden größtenteils im Bund in die Oberflächenvorbereitungsbehälter getaucht. Anschließend wird jedes einzelne Rohr im vorgegebenen Takt durch die Verzinkungsanlage geführt (Abb. 3.83). Dabei durchläuft es zuerst die Trocken-

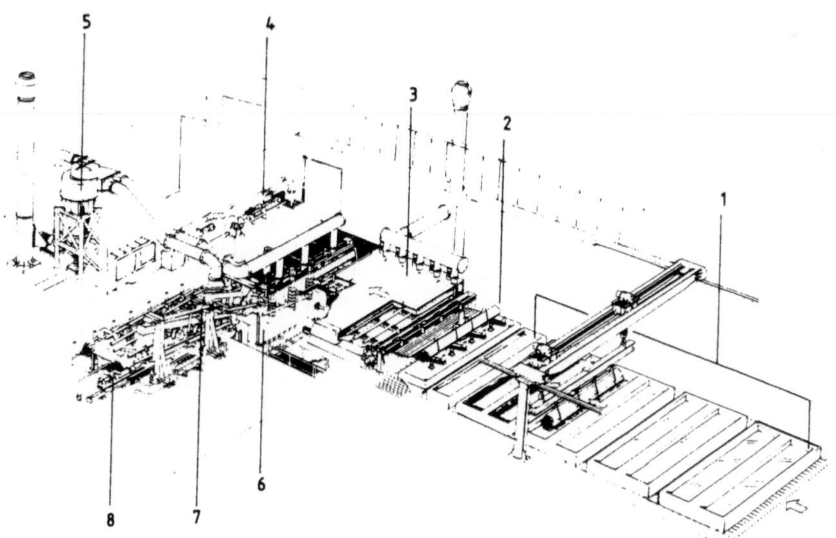

Abb. 3.83 Automatische Rohrverzinkungsanlage. 1 – Oberflächenvorbereitungsanlage, 2 – Rohrzuteilvorrichtung, 3 – Trockenofen, 4 – Regelstrecke, 5 – Filteranlage, 6 – Verzinkungsofen, 7 – Rohrausziehmaschine, 8 – Dampfausblasstation

einrichtung (nicht bei der Nassverzinkung), danach wird es automatisch in die Zinkschmelze getaucht und nach einer bestimmten Tauchzeit automatisch oder manuell aus der Zinkschmelze gezogen und der schräg angeordneten Ausziehbahn zugeführt. Innerhalb dieser Bahn passiert es eine Ringdüse, die überschüssiges Zink mit Druckluft abbläst und dadurch gleichzeitig die Rohraußenfläche glättet. Danach erreicht das Rohr die Ausblasstation, in der überschüssiges Zink aus dem Rohrinnern entfernt wird; gleichzeitig wird die Innenfläche geglättet. Das entfernte Zink bzw. der abgesaugte Zinkstaub werden separiert. Nach dem Rohrausblasvorgang gelangen die Rohre in ein temperiertes Wasserbad, werden abgekühlt und den Folgeeinrichtungen übergeben.

Literatur

1 VDI-Handbuch Lüftungstechnik, Springer VDI-Verlag GmbH, Düsseldorf.

2 Arbeitsmappe Heiztechnik/Raumlufttechnik/Sanitärtechnik, Springer VDI-Verlag GmbH, Düsseldorf.

3 VDI-Handbuch Reinhaltung der Luft, Springer VDI-Verlag GmbH, Düsseldorf.

4 Recknagel H., Sprenger, E. und Hönmann, W. (1992) *Taschenbuch für Heizung und Klimatechnik*, R. Oldenbourg-Verlag, München.

5 VDI 2262 Blatt 4 (2006) Luftbeschaffenheit am Arbeitsplatz – Minderung der Exposition durch luftfremde Stoffe – Erfassen luftfremder Stoffe, Beuth-Verlag GmbH, Berlin.

6 VDI 2579 (2008) Emissionsminderung Feuerverzinkungsanlagen, Beuth-Verlag GmbH, Berlin.

7 Gröber H. und Erk, S. (1933) *Die Grundgesetze der Wärmeübertragung*, Springer, Berlin.

8 Heiligenstaedt, W. (1951) *Wärmetechnische Rechnungen für Industrieöfen*, Verlag Stahleisen m.b.H., Düsseldorf.

9 Schack, A. (1983) *Der industrielle Wärmeübergang*, 8. Aufl., Verlag Stahleisen m.b.H., Düsseldorf.

10 Hemeon, W.C.L (1963) *Plant and Process Ventilation*, 2. Aufl., The Industrial Press, New York.

11 VDI 3677 Blatt 1:2010-11: Filternde Abscheider – Oberflächenfilter; Beuth-Verlag GmbH, Berlin.

12 VDI 3677 Blatt 3:2012-11: Filternde Abscheider – Heißgasfiltration; Beuth-Verlag GmbH, Berlin.

13 VDI 3679 Blatt 2:2014-07: Nassabscheider – Abgasreinigung durch Absorption (Wäscher); Beuth-Verlag GmbH, Berlin.

14 Köhler, R. (1989) Untersuchungen zum Einsatz filtrierender Abscheider in Feuerverzinkereien. GAV-Forschungsbericht, Dez. 1989.

15 Kaßner, C: Studie über die Einhaltung der HCl Emissionsgrenzwerte in Feuerverzinkereien im Rahmen der Bearbeitung der VDI 2579, Düsseldorf: Industrieverband Feuerverzinken, 2006 (nicht veröffenlicht).

16 Ötting C. und Kaßner, C. (2006) Pilotprojekt zum Contracting für Entfettungen in der Oberflächenbehandlung am Beispiel von Feuerverzinkungsbetrieben, LEOMA/Effizienzagentur NRW, Hattingen.

17 Löffier, F. (1988) *Staubabscheiden*, Georg Thieme Verlag, Stuttgart und New York.

18 N. N.: Laboruntersuchungen von Filterelementen, Firmenschrift, Kayser KG, Schalksmühle.

19 N. N.: Kennwerte gebräuchlicher Filtermedien, Firmenschrift, Kayser KG, Schalksmühle.

20 Görnisiewicz, S. (1971) Berechnung der Gasströmungsgeschwindigkeit eines Gewebefilters unter Berücksichtigung der Kennlinie von Gebläse und Leitungssystem, Staub-Reinhaltung der Luft, Berufsgenossenschaft Institut für

Arbeitsmedizin (BIA), Hauptverband der Gewerblichen Berufsgenossenschaft e. V., Sankt Augustin, VDI-RdL Düsseldorf 31, S. 13–18.

21 Holzer, K. (1974) Erfahrungen mit naßarbeitenden Entstaubern in der chemischen Industrie. Staub-Reinhaltung der Luft Hauptverband der Gewerblichen Berufsgenossenschaft e. V., Sankt Augustin; VDI-RdL Düsseldorf 34.

22 Kohn, H. (1966) Planung, Betrieb und Wartung von Gewebefiltern. Aufbereitungs-Technik 5, Vereinigte Fachverlage Mainz, S. 257–264.

23 Seyfert, N. und Leidinger, G. (1988) Betriebliche Optimierung von impulsabgereinigten Gewebefiltern. *Staub-Reinhaltung der Luft*, **48**, 13–18.

24 N. N.: Leistungsbedarf verschiedener Regelverfahren, Reliance Electric GmbH, Kempen.

25 Döppert, M. (1990) Drehzahlverstellbare Drehstromantriebe für die Verfahrenstechnik. Verfahrenstechnik 24, Vereinigte Fachverlage Mainz.

26 Gölz, G. (1982) Wirtschaftlicher Einsatz von drehzahlstellbaren Antrieben in der Industrie. *Elektronische Zeitschrift*, **103**.

4
Betrieb von Feuerverzinkungsanlagen

P. Peißker, M. Huckshold, R. Cramer, H. Herwig, C. Kaßner, A. Lüling, F. Nerat, N. Prinz und W.-D. Schulz

Die Stückverzinkungsanlagen bestehen aus den Bereichen Oberflächenvorbereitung und Feuerverzinkung (siehe Abb. 3.1). Voraussetzung für die Erzeugung qualitätsgerechter Zinküberzüge nach DIN EN ISO 1461 ist eine metallisch blanke Oberfläche.

Unter Oberflächenvorbereitung von Stahloberflächen für die Durchführung von Korrosionsschutzmaßnahmen versteht man die Reinigung der Stahloberfläche von allen arteigenen und artfremden Verunreinigungen (Tab. 4.1) sowie das Herstellen einer auf die Korrosionsschutzmaßnahme abgestimmten Rauheit. Derartige Verunreinigungen auf der Metalloberfläche wirken als Trennschicht zwischen Metall und Beschichtung und beeinträchtigen oder verhindern die Haftung des Zinküberzuges.

Man unterscheidet drei unterschiedliche Verfahren der Oberflächenvorbereitung [2]:

- Reinigen mit Wasser, Lösemitteln sowie mit Chemikalien, z. B. Hochdruckwasserreinigung, Dampfstrahlen, aber auch Beizen mit Säuren,
- mechanische Oberflächenvorbereitung einschließlich Strahlen,
- Flammstrahlen.

Tab. 4.1 Mögliche Verunreinigungen auf Metalloberflächen [1].

Deckschichten arteigene Auflagen	Fremdschichten artfremde Auflagen durch Adsorption aus Umgebung	Konservierungsmittel	Stanz- und Ziehhilfsmittel
Rost, Zunder, Reaktionsschichten	Wasser, Staub, Schmutz, Flugasche, Materialreste	Wachse, Silikone, Öle, Fette, Überzugslacke	Schmierseifen, Emulsionen, Öle, Fette, Grafit, Molybdändisulfid

Handbuch Feuerverzinken, 4. Auflage. Peter Peißker und Mark Huckshold.

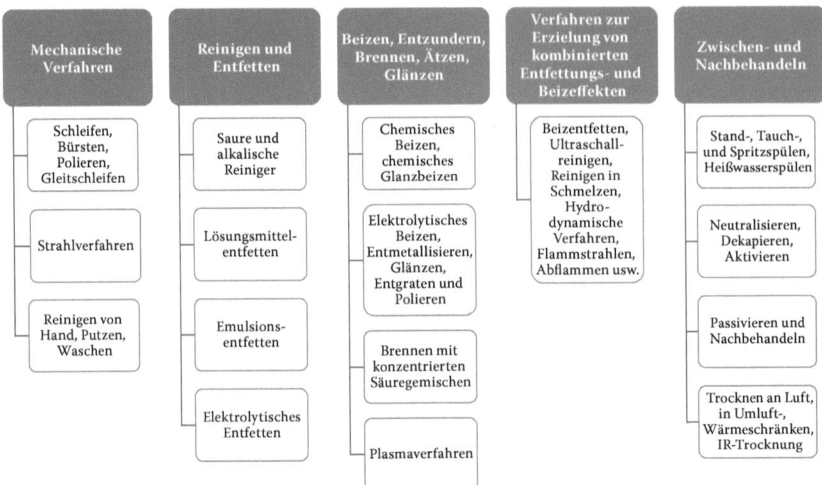

Abb. 4.1 Übersicht zu den wichtigsten Verfahren der Oberflächenvorbereitung und Nachbehandlung [2].

Die Einteilung der Verfahren kann nach Abb. 4.1 vorgenommen werden. Die Auswahl ist abhängig von den Substratmaterialien (Metalle, Keramiken, Kunststoffe), ihren Verunreinigungen und der Oberflächentopografie (Ebenheit, Welligkeit, Rauheit) [1].

Als wirtschaftliches Verfahren hat sich in der jahrelangen Verzinkungspraxis die nasschemische Oberflächenvorbereitung (Entfetten, Spülen, Beizen, Spülen, Fluxen) bewährt. Zur Betriebsweise der konventionellen alkalischen und sauren Reiniger, Salzsäurebeizen, Flussmittellösungen und Zinkschmelzen sowie deren Wechselwirkungen liegen in einem Umfang Erfahrungen vor, die eine wirtschaftliche Voraussetzung zum Aufbringen qualitätsgerechter Zinküberzüge gewährleisten. Durch eine komplexe stoffwirtschaftliche Betrachtung – Konstruktion und Anlieferungszustand der Stahlbauteile, Prozessoptimierung (z. B. abwasserfreie Technologie), Verwertung bzw. Entsorgung der Reststoffe – soll bei niedrigsten Betriebskosten und hoher Qualität der geringste Abproduktanfall gewährleistet werden [2–13].

4.1 Wareneingang, Lagerung, Auf- und Abrüstung

4.1.1 Wareneingang und Lagerung unverzinkter Bauteile

Eine sinnvoll durchdachte Ausführung dieses Arbeitsschrittes entscheidet schon im Vorfeld wesentlich über die Wirtschaftlichkeit der Feuerverzinkung. Im Wareneingang (WE) sollten vor allem folgende Kriterien geprüft werden:

- Stückzahl, durchschnittliche Materialdicke,

- Gewicht und geeignete Anschlagpunkte unter Beachtung der zulässigen Lastaufnahmen der Transportmittel und Hebezeuge; die Bauteile müssen ohne Manipulation, transportiert und in die Verfahrenslösungen sowie Zinkschmelze getaucht werden können,
- Abmessungen unter Beachtung der Abmessungen der Behälter und des Verzinkungskessels,
- Doppeltauchungen infolge zu langer Abmessungen der Bauteile sollten vermieden werden, sie sind immer mit einem erhöhten Arbeits- und Zeitaufwand sowie Sicherheits- und Qualitätsrisiko verbunden (Fehlverzinkungen, Verzug usw.),
- Eignung zum Feuerverzinken, wie Legierungsbestandteile im Stahl, verzinkungsgerechte Konstruktion und Fertigung (siehe Abschn. 5.4),
- Oberflächenverunreinigungen, dabei ist auf artfremde Verunreinigungen zu achten, die durch die in der Verzinkerei üblichen Oberflächenvorbereitungsverfahren nicht beseitigt werden können (z. B. Anstrichstoffe, Schweißschlacke, Ölkreide), anderenfalls mechanische Oberflächenvorbereitung,
- Hohlkörper (Geländer, Wärmeübertrager, Boiler etc.): Vorhandene und richtige Anordnung von Durchfluss- und Entlüftungsöffnungen müssen gewährleistet sein, anderenfalls kann es durch Platzen des Hohlkörpers zum Herausspritzen von Zinkschmelze kommen (verzinkungsgerechte Ausführung nach Abschn. 5.4). Die Verfahrenslösungen und das schmelzflüssige Zink müssen die gesamte Oberfläche, auch alle Hohlräume der Bauteile, so schnell wie möglich und unbehindert benetzen sowie ein-, ab- bzw. auslaufen können.

Eine alles umfassende Prüfung, z. B. der Stahlzusammensetzung und der mechanischen Eigenschaften, kann in der Verzinkerei nicht erfolgen. Die Prüfung dieser Sachverhalte und Bereitstellung dieser Informationen unterliegt nach DIN EN ISO 1461, Anhang A dem Fertigungsbetrieb, sofern diese für die Qualität der Verzinkung relevant sind. Für tragende Stahlbauteile gemäß DASt-Richtlinie 022 ist seitens des Auftraggebers (AG) bei der Auftragsvergabe eine Bestellspezifikation mitzuliefern [4].

Fehler im WE können zu einem erhöhten Arbeitsaufwand bei der Oberflächenvorbereitung, zu Fehlbeschichtungen, erhöhtem Suchaufwand, Nichteinhaltung der Fertigstellungstermine (durch unübersichtliche Kennzeichnung und Ausweisung im Fertiglager) sowie Problemen mit dem AG führen.

Vor allem bei der Lagerung der Bauteile kann der Arbeitsaufwand für das Aufrüsten reduziert werden. Vorteilhaft ist es, die Bauteile beim Entladen vom Fahrzeug gleich an die entsprechenden Vorrichtungen zum Verzinken anzuschlagen, sofern das die Bauteile und Gegebenheiten zulassen. Anderenfalls sollten aber die Bauteile übersichtlich nach Aufträgen so gelagert werden, dass diese ohne weiteres zusätzliches Handling an die Verzinkungsvorrichtungen (Traversen u. a.) angeschlagen werden können. Jede zusätzlichen Arbeiten für das Umschlagen und Transportieren der Bauteile zum Zwecke des Aufrüstens führen zu einem zusätzlichen Arbeitsaufwand und zu Mehrkosten, die mit den Abmessungen und dem Gewicht der Bauteile stark zunehmen.

4.1.2 Auf- und Abrüsten

Beim Auf- und Abrüsten kann durch eine optimale Logistik viel Zeit gespart und die Qualität der Zinküberzüge wesentlich beeinflusst werden. Die Arbeitsschutzanforderungen in Abschn. 4.7 sind zu beachten (Schutzhelm, Schutzanzug, Arbeitsschuhe, Handschuhe). Nachfolgend werden wesentliche Kriterien genannt.

Aufrüsten

Die zur Anwendung kommenden Traversen, Gestelle, Körbe usw. (Vorrichtungen) sind Lastaufnahmemittel und müssen dafür zugelassen, gekennzeichnet und geeignet sein (siehe Abschn. 3.3.2). Zum Anschlagen von Lasten dürfen ausschließlich nur sichere Arbeitsmittel (siehe Abschn. 4.7.3.2) verwendet werden. Das Personal muss für diese Arbeiten entsprechend geschult und eingewiesen sein. Bei Verwendung von Bindedraht und Haken sind die einschlägigen arbeitssicherheitstechnischen Anforderungen an die Drahtgüte und Lastvorgaben zu berücksichtigen (siehe Abschn. 4.7.3.2).

- Im Interesse einer ökonomischen Beizwirtschaft (Beizen werden frei von Zink gehalten) sollten die Vorrichtungen frei von Zink aber auch von Verunreinigungen sein, die während des Verzinkungsprozesses abschwimmen und die Qualität des Zinküberzuges nachteilig beeinflussen können.
- Die Bauteile sollten noch einmal auf ihre Verzinkungseignung und entfernbaren Oberflächenverunreinigungen geprüft werden.
- An die Vorrichtungen sollten möglichst nur Bauteile ohne große Gewichtsunterschiede und Materialdicken angebracht werden, aber auch so viele wie möglich, ohne dass diese sich berühren oder die Qualität der Zinküberzüge nachteilig beeinflussen können.
- Die Bauteile müssen an den Vorrichtungen so angebracht werden, dass die Verfahrenslösungen und das schmelzflüssige Zink ohne Manipulieren deren Oberfläche so schnell wie möglich bedeckt, beim Ziehen auch so schnell wie möglich und restlos wieder abfließen sowie die Zinkasche leicht aufschwimmen und entfernt werden kann. Sie müssen gegen Abschwimmen und Verrutschen gesichert werden.

Abrüsten

- Nachdem die Bauteile die Zinkschmelze verlassen haben und abgesetzt wurde sollte sofort, im noch warmen Zustand, die Zinkasche mit dafür geeigneten Werkzeugen entfernt werden. Meistens reicht schon eine Bürste. Sobald die Bauteile erkalten, reagiert die Zinkasche mehr oder weniger stark mit der Feuchtigkeit der Luft, sie wird aggressiv, greift die Zinkoberfläche an, lässt sich immer schwerer entfernen und es entstehen hässliche graue Flecke.

- Entfernen der Bauteile von den Vorrichtungen und auf geeigneten Aufnahmeböcken vereinzeln zum Verputzen zur Kontrolle der Qualität und eventuellen Ausbessern des Zinküberzuges.
- Die Bauteile entsprechend dem vorliegenden Auftrag zusammenstellen, falls erforderlich, kollieren und so schnell wie möglich aus der Atmosphäre der Verzinkerei in das Weißlager abtransportieren.

4.1.3 Lagern verzinkter Bauteile

Die hohe Korrosionsbeständigkeit von Zinküberzügen an der Atmosphäre basiert auf der Ausbildung dünner, grauer Deckschichten aus festhaftenden, schwer löslichen, karbonatischen Korrosionsprodukten, die sich in mehr oder weniger langer Zeit an der Atmosphäre ausbilden. Diese Vorgänge sind in Kapitel. 2 ausführlich beschrieben. Bei frisch verzinkten Bauteilen spricht man von Zinküberzügen im „jungfräulichen" Zustand. Diese Zinküberzüge besitzen noch keine schützenden Deckschichten und sind stark korrosionsgefährdet, vor allem gegenüber der mehr oder weniger starken salzsäurehaltigen Atmosphäre in und zum Teil auch im Außenbereich der Feuerverzinkerei sowie bei nicht ausreichender Belüftung und gegenüber Kondenswasser, das bei Kaltdächern im Hallenbereich von der Dachunterseite tropfen kann. In diesen Fällen werden Zinkhydroxide gebildet und es entsteht der sogenannte Weißrost. Das kann zu einem echter Qualitätsmangel gegenüber den geltenden Normen und im äußersten Fall dazu führen, dass die Bauteile vom AG nicht abgenommen werden. Ein fachgerechtes Entfernen dieser Korrosionsprodukte ist nur unter hohem Arbeitsaufwand möglich, wobei fast immer sichtbare Flächen zurück bleiben.

Resultierend daraus sollten Verzinkereien unbedingt mit einer Lagerhalle für verzinkte Bauteile ausgerüstet sein, deren Klima eine Korrosion (Bildung von Weißrost) verhindert. Im Wesentlichen sollte folgendes beachtet werden:

- Verzinkte Bauteile so schnell wie möglich in das Weißlager transportieren und gut belüftet lagern.
- Im Freien die Bauteile so lagern, dass stauende Nässe auf deren Oberfläche ausgeschlossen werden kann.

Werden Bauteile aus wirtschaftlichen Gründen zum Transport unbelüftet zusammengestellt, z. B. kolliertes Stabmaterial, so sollten diese bei Ankunft beim AG, auf der Baustelle usw. so bald als möglich vereinzelt und nach den o. g. Hinweisen gelagert werden, damit eine Korrosion der Zinküberzüge ausgeschlossen wird.

4.2 Technologie der Oberflächenvorbereitung

Der Einfluss der Oberflächenvorbereitung auf die Beschichtung wird oft unterschätzt. Sie hat jedoch einen großen Einfluss auf den Zinkverbrauch sowie die Qualität der Zinküberzüge. Eine nicht qualitätsgerechte Oberflächenvorbereitung kann nicht durch den Zinküberzug und eine Nachbehandlung korrigiert werden und führt meistens zum Abbeizen des Zinküberzuges und einer wiederholten Verzinkung.

4.2.1 Einflussgrößen

Die Einflussgrößen auf die Oberflächenvorbereitung in alkalischen und sauren Verfahrenslösungen zeigt Abb. 4.2. Es bestehen Wechselwirkungen zwischen den Prozessparametern der eingesetzten Chemikalien, Grundchemikalien (Builder) und Tenside), der Applikation, d. h., wie wird die Verfahrenslösung optimal an die Oberfläche der Teile herangeführt, z. B. Tauch-, Spritzverfahren (zeitabhängig), Bewegung der Verfahrenslösung und/oder des Verzinkungsgutes sowie der Temperatur.

Zur Erläuterung:

- Wird die Temperatur gesenkt, z. B. bei den Niedrigtemperaturentfettern, müssen leistungsfähigere Builder und Tenside zur Anwendung kommen und/oder die Bewegung intensiviert werden. Reicht das nicht aus, kann nur noch die Expositionszeit verlängert werden.
- Soll z. B. das Material nicht angegriffen werden, müssen schwächer wirkende Builder eingesetzt werden, wodurch die Expositionszeit verlängert wird. Das wiederum kann nur durch intensiver wirkende Tenside und Bewegung sowie Erhöhung der Temperatur ausgeglichen werden.

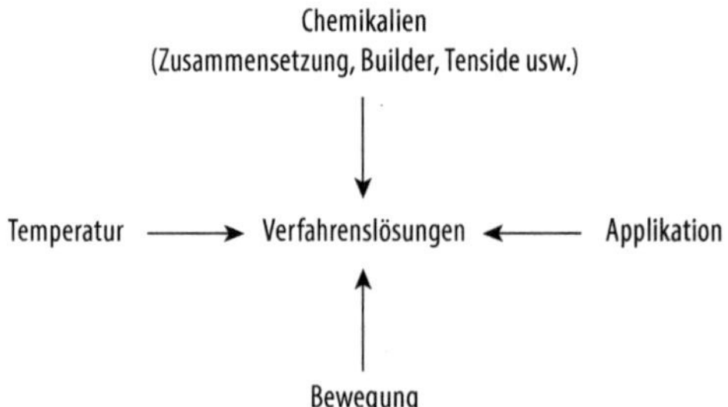

Abb. 4.2 Einflussgrößen auf das Reinigen und Entfetten der Stahlbauteile.

4.2.1.1 Einfluss der chemischen Zusammensetzung des Grundwerkstoffs

Der Silizium- und Phosphorgehalt im Stahl hat neben den verfahrenstechnischen Parametern beim Verzinken sowie der Topografie der Stahloberfläche den größten Einfluss auf die Ausbildung des Zinküberzuges. Nach DIN EN ISO 1461 lassen sich die meisten Stähle zufriedenstellend verzinken. Mitunter kann es jedoch zu erheblichen Abweichungen im Aussehen, in der Struktur und in der Dicke von Zinküberzügen kommen, die sowohl für die Gebrauchseigenschaften als auch für die optische Akzeptanz eine erhebliche Rolle spielen können. In der Literatur [4, 10] werden dazu nähere Ausführungen gemacht, deshalb wird hier nicht weiter darauf eingegangen. Hinweise zu den Einflussgrößen Silizium und Phosphor enthalten zum Teil auch folgenden Vorschriften: DIN EN ISO 14713-2 und DIN EN 10025. Vereinzelt kommen auch höherfeste Baustähle z. B. S690 oder sogar vergütete Stähle mit Zugfestigkeiten oberhalb von 1000 MPa in feuerverzinkter Ausführung zum Einsatz. Prominentes Beispiel sind feuerverzinkte HV-Schrauben der Festigkeitsklasse 10.9, die seit mehreren Jahrzehnten feuerverzinkt werden. Dazu sind die Einflüsse auf Werkstoffe, Konstruktion, Fertigung und Verzinkung aufeinander abzustimmen. Hochfeste Schrauben sowie Feinkornbaustähle nach DIN EN 10025-3 (2005-02), DIN EN ISO 8501-1, 8501-2 bzw. DIN 55928 mit höheren Streckgrenzen erfordern wegen der möglichen Wasserstoffversprödung spezielle Parameter bei der Technologie der Oberflächenvorbereitung. Diese Anforderungen sind in der DIN EN ISO 10684 und in der DSV-GAV-Richtlinie geregelt. Es wird vorgeschlagen, für alle weiteren Bauteile im Einzelfall die Eignung der Feuerverzinkung zu erarbeiten. Dabei sollten die folgenden Aspekte mit in die Betrachtung einbezogen werden:

- Bei fehlenden Spezifikationen und Erfahrungswerten ist bei Bauteilen aus hochfesten Stählen eine Probeverzinkung unter Produktionsbedingungen mit anschließender Bauteilprüfung zu empfehlen.
- Kerben auf der Werkstoffoberfläche oder Werkstoffinhomogenitäten erhöhen das Schadensrisiko. Aus diesem Grund sollten die Fertigungsverfahren dahingehend ausgesucht und eingesetzt werden, dass diese kritischen Werkstoffzustände ausgeschlossen werden.
- Durch gezielte Maßnahmen der Oberflächenvorbereitung, wie Einsatz von Inhibitoren, der Einhaltung definierter Parameter für den *Salzsäure- und Eisengehalt, die Beizzeit und Temperatur* lässt sich das Gefahrenpotenzial durch wasserstoffbedingte Schäden deutlich reduzieren (siehe Abschn. 4.2.5.2).

4.2.1.2 Oberflächenbeschaffenheit

Durch Beizen in einer Salzsäurelösung wird eine nach DIN EN ISO 1461 gerechte metallisch blanke Oberfläche der Stahlbauteile vor dem Eintauchen in die Zinkschmelze erreicht. Brennschnittkanten sind durch Strahlen oder Schleifen zu bearbeiten. Gussteile sollten von Oberflächenporen und Lunkern weitgehend frei sein. Diese können während des Verzinkungsprozesses zum Ausgasen aufgenommener Verfahrenslösungen und zu fehlerhaften Zinküberzügen führen. In die-

Tab. 4.2 Ausgangszustände (Rostgrade) von bisher unbeschichteten Stahloberflächen (Rostgrad) nach DIN EN ISO 8501-1 bis -2 bzw. DIN 55928.

Rostgrad	Charakteristik
A	Stahloberfläche weitgehend mit festhaftendem Zunder[a)] bedeckt, aber im Wesentlichen frei von Rost.
B	Stahloberfläche mit beginnender Rostbildung und beginnender Zunderabblätterung.
C	Stahloberfläche, von der der Zunder abgerostet ist oder sich abschaben lässt, die aber nur ansatzweise für das Auge sichtbare Rostnarben aufweist.
D	Stahloberfläche, von der der Zunder abgerostet ist und die verbreitet für das Auge sichtbare Rostnarben aufweist.
	Andere Oberflächenzustände sind durch ergänzende Angaben zu beschreiben (z. B. „D mit Schichtrost").

a) Zunder oder Beschichtungen gelten als festhaftend, wenn sie sich nicht durch Unterfahren mit einer Taschenmesserklinge abheben lassen.

sem Fall sollte die chemische Oberflächenvorbereitung durch Reinigungsstrahlen oder ein anderes mechanisches Verfahren ersetzt werden.

Arteigene Verunreinigungen

Hierbei handelt es sich um die Reaktionsprodukte des Eisens in Form von Zunder und Rost. Deren Anfall und Zustand auf der Oberfläche der Stahlbauteile enthält die DIN EN ISO 8501-1 bis -2 (Tab. 4.2). Vor dem Feuerverzinken sind grundsätzlich alle vier Rostgrade zulässig.

Artfremde Verunreinigungen

Die Oberfläche der angelieferten Stahlteile muss frei sein von Verunreinigungen, die mit der in den Feuerverzinkereien zur Anwendung kommenden üblichen chemischen Verfahren nicht entfernt werden können, z. B. Anstrichstoffreste, Brünnierschichten, Spachtel, Teer, Schweiß- und Glühschlacke, Formmasse, Grafit, Signierungen (außer mit Schulkreide ausgeführte Signierungen), Ziehhilfsmittel und in einem gewissen Umfang Wachse, Öle und Fette sowie Rost und Zunder, der in einer Salzsäurelösung mit 10–15 g/l HCl, 40–80 g/l Fe und $T = 18–20\,°C$ in 1,5–2 h nicht zum Oberflächenvorbereitungsgrad „Be" nach DIN EN ISO 12944-4 (Tab. 4.3) führt.[1)] Anderenfalls besteht ggf. die Gefahr der Wasserstoffversprödung und Beeinflussung der Topografie (unebene, raue Oberfläche). Die Bewertung der vorbereiteten Oberflächen erfolgt durch repräsentative fotografische Vergleichsmuster nach DIN EN ISO 8501-1

Obwohl eine breite Palette von chemischen Industriereinigern zur Verfügung steht, können wegen der unterschiedlichsten, oft starken Verunreinigungen aus

1) Walzhaut/Zunder, Rost und Rückstände von Beschichtungen sind vollständig entfernt, Beschichtungen müssen vor dem Beizen mit Säure mit geeigneten Mitteln entfernt werden.

Tab. 4.3 Vorbereitungsgrade für die primäre Oberflächenvorbereitung nach DIN EN ISO 12944.

Oberflächenvorbereitungsgrad	Verfahren	Beschreibung
Sa 1	Strahlen	Lose Walzhaut/loser Zunder, loser Rost, lose Beschichtungen und lose artfremde Verunreinigungen sind entfernt.
Sa 2		Nahezu alle Walzhaut/aller Zunder, nahezu aller Rost, nahezu alle Beschichtungen und nahezu alle artfremden Verunreinigungen sind entfernt. Alle verbleibenden Rückstände müssen fest haften.
Sa 2 1/2		Walzhaut/Zunder, Rost, Beschichtungen und artfremde Verunreinigungen sind entfernt. Verbleibende Spuren sind allenfalls noch als leichte, fleckige oder streifige Schattierungen zu erkennen.
Sa 3		Walzhaut/Zunder, Rost, Beschichtungen und artfremde Verunreinigungen sind entfernt. Die Oberfläche muss ein einheitliches metallisches Aussehen besitzen.
St 2	Hand/maschinelle Vorbereitung	Lose Walzhaut/loser Zunder, loser Rost, lose Beschichtungen und lose artfremde Verunreinigungen sind entfernt.
St 3		Lose Walzhaut/loser Zunder, loser Rost, lose Beschichtungen und lose artfremde Verunreinigungen sind entfernt. Die Oberfläche muss jedoch viel gründlicher bearbeitet sein als für St 2, sodass sie einen vom Metall herrührenden Glanz aufweist.
Fl	Flammstrahlen	Walzhaut/Zunder, Rost, Beschichtungen und artfremde Verunreinigungen sind entfernt. Verbleibende Rückstände dürfen sich nur als Verfärbung der Oberfläche (Schattierungen in verschiedenen Farben) abzeichnen.
Be	Beizen	Walzhaut/Zunder, Rost und Rückstände von Beschichtungen sind vollständig entfernt, Beschichtungen müssen vor dem Beizen mit Säure mit geeigneten Mitteln entfernt werden.

Umweltschutz- und Kostengründen nur wenige alkalische Reiniger in einer Feuerverzinkerei eingesetzt werden. Überwiegend kommen saure Beizentfetter zum Einsatz. Vor der Anlieferung der Stahlbauteile sollten die technologischen Zusammenhänge abgestimmt werden, die zwischen den Fertigungshilfsmitteln der spanenden und spanlosen Bearbeitung sowie der temporären Korrosionsschutzstoffe einerseits und einer effektiven Reinigung und Entfettung der Stahloberfläche andererseits bestehen [4, 9]. Der Transport und das Zwischenlagern der vorbereiteten Stahlbauteile im Freien vor dem Feuerverzinken sollte kurz bemessen sein, damit eine erneute Korrosion und Verschmutzung der Stahloberfläche weitgehend ausgeschlossen wird.

Fehlstellen in der Stahloberfläche
In der oberflächennahen Schicht der Stahlbauteile befindliche Fehlstellen, z. B. Überlappungen, Narben, Riefen, Einschlüsse u. a. werden nach dem Feuerverzinken deutlich sichtbar. Abbildung 4.3 zeigt Beizblasen einer in Abb. 4.4 dokumentierten Schlackenzeile. Im Gegensatz zur Wasserstoffversprödung des Stahls kann dieser Fehler nicht kompensiert werden. Das Auftreten von „Riefen" im Zinküberzug von Profilen erklärt man durch kritische Silizium und/oder Phosphorgehalte in der Oberflächenzone des Stahls [14]. Nach nochmaligem Beizen und dem damit verbundenen Materialabtrag kann die Qualität des Zinküberzuges in einigen Fällen verbessert werden (siehe Abschn. 4.2.5).

4.2.1.3 Rauheit der Stahloberfläche
Mit zunehmender Rauheit der Stahloberfläche wird das Reinigen in alkalischen Entfettungslösungen erschwert. Außerdem kann mit zunehmender Rauheit (R_{y5} > 40 µm) die Dicke, Struktur und das Aussehen des Zinküberzuges negativ beeinflusst werden, indem es während des Verzinkungsprozesses zu höheren Wachstumsgeschwindigkeiten des Zinküberzuges kommt und damit dickere, zum Teil auch raue, graue Zinküberzüge entstehen können, verbunden mit ei-

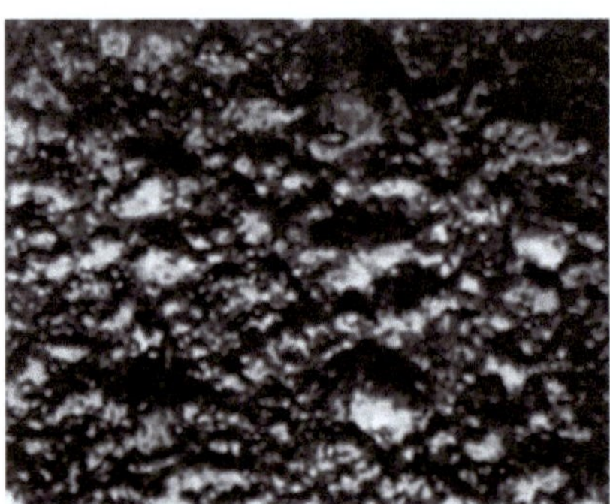

Abb. 4.3 Beizblasen im Stahlblech.

Abb. 4.4 Schlackenzeile im Stahl als Ursache für Beizblasen [14].

nem höheren Zinkverbrauch (abhängig von der Zusammensetzung des Stahls, der Zinkschmelze sowie deren Temperatur) [10, 14–22].

Stahlteile mit inhomogener Oberfläche die Schalen, Schuppen, Risse, Dopplungen, Zunder- und Rostnarben usw. aufweisen, sollten bereits vor der Oberflächenvorbereitung aussortiert werden. Sie können in den üblichen chemischen Verfahrenslösungen einer Feuerverzinkerei nicht entfernt werden und bleiben daher nach der Beschichtung im Zinküberzug erkennbar bzw. können dadurch erst sichtbar oder aber verstärkt sichtbar werden. Brennschnitte verändern die Stahlzusammensetzung und Struktur des Stahls in der Wärmeeinflusszone in der Weise, dass die nach DIN EN ISO 1461 geforderten Schichtdicken mitunter zum Teil nicht erreicht werden können. Zur Sicherstellung der geforderten Schichtdicken im Bereich der Brennschnittflächen hilft ein mechanisches Abtragen der entkohlten Zone.

4.2.2 Mechanische Oberflächenvorbereitungsverfahren

Mechanische Vorbereitungsverfahren werden vor allem zum Entfernen von Schweißschlacke, starken Rost- und Zunderschichten sowie Sand- und Grafitrückständen angewendet. Durch entsprechende Parameterwahl beim Strahlmittel und der Strahlanlage (vor allem Strahlmitteldurchmesser, dessen Abwurfgeschwindigkeit und Strahlwinkel) kann die mittlere Rauheit Rys der Stahloberfläche so beeinflusst werden, dass diese nicht über 40 µm ansteigt [15]. Mechanische Reinigungsverfahren sind immer kostenaufwendiger als chemische.

4.2.2.1 Reinigungsstrahlen

Strahlverfahren sind Fertigungsverfahren, bei denen Strahlmittel (als Werkzeuge) in Strahlgeräten unterschiedlicher Strahlsysteme beschleunigt und zum Aufprall auf die zu bearbeitende Oberfläche eines Gegenstandes (Bauteils), des sogenannten Strahlgutes, gebracht werden. Als wirtschaftliche Verfahren haben sich das Strahlen in Schleuderrad- und Druckluftstrahlanlagen (DIN EN ISO 8504-2) mit metallischen oder mineralischen Strahlmitteln nach DIN EN ISO 11124-1 bis -4 bzw. DIN EN ISO 11126-1, -3 bis -8 bewährt. Für die Wirtschaftlichkeit sind vor allem die Wahl des Strahlmittels (Hartguss, Stahlguss, Stahldrahtkorn, Edelstahl, NE-Metalle) und des Strahlsystems ausschlaggebend (Druckluftstrahlen, Schleuderradstrahlen), wobei letzteres eine wesentlich höhere Durchsatzleistungen ermöglicht. Die Reinigungsleistung kann nach der Formel $k = m/2v^2$ berechnet werden. Die Formel zeigt, dass die Geschwindigkeit v mit dem Quadrat und die Masse m einfach (und damit der Durchmesser mit der dritten Potenz) in die kinetische Energie k eingeht und damit die Strahlleistung vor allem durch die Abwurf- und Auftreffgeschwindigkeit und durch den Durchmesser des Strahlmittels beeinflusst wird [3]. In den letzten Jahren wurden leistungsstarke Strahlanlagen entwickelt. Die Parameter Strahlsystem, Strahlmittelart, -korngröße und Abwurfgeschwindigkeit des Strahlmittels sind von mehreren Faktoren abhängig [22–28].

Tab. 4.4 Flächenleistung verschiedener Verfahren zum Entrosten und Entzundern von unlegiertem Walzstahl [15].

Oberflächenvorbereitungsverfahren	Leistung pro Arbeitskraft (m^2/h)
Handentrostung mit Drahtbürste	0,5–3
Entrosten und Entzundern mit mechanischen Werkzeugen	0,5–8
Druckluftstrahlen an stationären Stahlkonstruktionen	2–8
Schleuderradstrahlen	15–100
Flammstrahlen	0,5–4
Beizen	6–500

In der Praxis sollten vor allem Stahlbauteile einem mechanischen Reinigungsverfahren unterzogen werden, bei denen die Beizzeit zum Erreichen des geforderten Oberflächenvorbereitungsgrades „Be" wesentlich über 1,5 h liegt. Bei einem anschließenden Beizen ist ein Strahlen bis zum Oberflächenvorbereitungsgrad „Sa 2" (DIN EN ISO 12944-4) ausreichend, jedoch dürfen keine artfremden Verunreinigungen mehr vorhanden sein, die durch das anschließende Reinigen und Entfetten sowie Beizen nicht entfernt werden können. Das wirtschaftlichste Verfahren ist das Reinigen in Schleuderradstrahlanlagen mit im Kreislauf geführten metallischen Strahlmitteln.

In Abhängigkeit von der Anzahl, Profilierung, Bedeckungsdichte u. a. Einflussfaktoren können auch andere Verfahren zur Anwendung kommen, die zum gleichen Ergebnis führen. Die Wirtschaftlichkeit der einzelnen Verfahren ist vor allem abhängig vom Rostgrad (Tab. 4.2) sowie von der Art (metallische, nicht metallische Strahlmittel) und den Eigenschaften (Verschleißfestigkeit) des Strahlmittels. In Tab. 4.4 sind bezüglich der Leistungsfähigkeit der mechanischen Reinigungsverfahren besonders wichtige Kennziffern zusammengestellt.

Vor dem Feuerverzinken sollten die gestrahlten Teile zur Säuberung von Strahlstaub und Aktivierung der Oberfläche in einer 4- bis 6 %igen Beize gespült werden, anderenfalls wird das Flussmittel unnötig mit Eisen angereichert.

4.2.2.2 **Gleitschleifen**

Für das Reinigen, Entzundern, Entrosten, Entgraten und Beizen von kleinen und mittelgroßen Bauteilen bietet das Gleitschleifen leistungsfähige Verfahren und Anlagen, die auch verkettet und automatisiert werden können. Die Bearbeitung erfolgt im Wasser, dem entsprechend dem Werkstoff und der Form der Bauteile sowie dem gewünschten Endzustand der Oberfläche chemische Zusätze (Compounds) und keramisch oder mit Kunstharz gebundene Schleifkörper (Chips) mit unterschiedlicher Geometrie und Schleifwirkung zugesetzt werden. Durch Vibration wird die Relativbewegung zwischen Teil und Chip intensiviert. Dazu stehen je nach Bauteillänge Rund- und Trogvibratoren zur Verfügung. Das Gleitschleifen ist gegenüber der konventionellen Trommelbehandlung bezüglich der Bearbeitungszeit, des Handlings, der Produktivität und des möglichen breiteren Teilesortimentes überlegen.

Für die Behandlung der mit Metallabrieb emulgierten Öle, Tenside, Schwebeteilen und anderen Wasserschadstoffen gibt es sichere Recyclingverfahren. Ebenso ist eine Kreislaufführung des Wassers möglich [6, 15].

4.2.3
Chemisches Reinigen und Entfetten

Zur Erzeugung einer metallisch blanken Oberfläche, als Voraussetzung der Erzeugung von Zinküberzügen entsprechend der DIN EN ISO 1461, kommen überwiegend alkalische und saure Entfetter im Tauch-, seltener im Spritzverfahren zum Einsatz. Das Ziel der Reinigung besteht in der Beseitigung von Anhaftungen und Verschmutzungen der Bauteile. Hierzu zählen u. a. natürliche und synthetische Fette, Öle und Wachse, aber auch Späne, Löt- und Schweißrückstände, Staub, Ruß, Salze, Sand, Algen, Pilze und Bakterien. Für die vielfältigen Reinigungsaufgaben können die unterschiedlichsten Techniken unter Verwendung verschiedenster Reinigungsmittel zur Anwendung gelangen. Beim Entfetten werden die auf der Oberfläche der Teile haftenden Öle, Fette und Wachse, die eine direkte Wechselwirkung von Beschichtungen mit der Oberfläche der betreffenden Teile verhindern, verseift, emulgiert und dispergiert.

Die Praxis der Feuerverzinkung zeigt, dass die Kosten der Chemikalien für den Prozess „Reinigen und Entfetten" im Endeffekt durch das Vermeiden von Fehl- und Wiederholverzinkungen sowie Verlängerung der Standzeit des Flussmittels keine zusätzlichen Kosten verursachen. Im Gegenteil, die Qualität der Zinküberzüge entspricht den Vorschriften und die Kosten werden durch die nachfolgend aufgeführten Effekte reduziert.

Effekte

Gleichmäßigerer sowie sofortiger Angriff der Beize und damit Verkürzung der Beizzeit, Verlängerung der Standzeit der Beizen sowie des Flussmittels und damit geringere Kosten für die Entsorgung der fettfreien Beizen

- Keine Fehlverzinkungen infolge nicht blank gebeizter Stahlbauteile und damit Reduzierung des Zinkverbrauches durch Wiederholverzinkungen,
- Minimierung der Kosten für Luftfiltereinsätze und deren Entsorgung durch eine wesentlich höhere Lebensdauer infolge Minimierung der im Abgasluftstrom mitgeführten verbrannten Fette und Öle, die auf der Oberfläche des Filtermaterials kondensieren und diese zusetzen,
- kein Überschreiten des Grenzwertes für Dioxin, das beim Verbrennen von Öl und Fett bei den Temperaturen der Zinkschmelze entstehen kann.

Eine Reinigungs- und Entfettungslösung muss vor allem folgende Kriterien erfüllen [2, 6]: Reduzierung der Oberflächen- und Grenzflächenspannung, hohes Schmutztragevermögen sowie Komplexbindevermögen für Härtebildner und Metallionen und eine gute Wasserabspülbarkeit.

In Feuerverzinkereien kommen überwiegend folgende chemischen Oberflächenvorbereitungsverfahren zur Anwendung:
Verfahren 1 mit alkalischer Reinigung:

- Alkalische Entfettung mit biologischer Aufbereitung (Abschn. 4.2.3.1 und 4.2.3.2),
- Spülen mit Wasser entsprechend Abschn. 4.2.4
- Beizen in einer Salzsäurelösung entsprechend Abschn. 4.2.5.2,
- Spülen mit Wasser entsprechend Abschn. 4.2.4 effektiver in zwei, besser drei Spülwasserbehältern zwischen Beiz- und Flussmittelbehälter. Damit kann der Gehalt an Eisen im Flussmittel unter 10 bzw. 5 g/l gehalten werden.

Verfahren 2 mit saurer Beizentfettung (siehe Abschn. 4.2.3.2):

- Beizentfetten in einer Salzsäurelösung mit entfettungswirksamen Zusätzen,
- Spülen im Behälter mit Wasserüberführung (Abschn. 4.2.4); nach Möglichkeit sollen die Bauteile nicht ohne zu spülen in die nachfolgenden Beizen eingebracht werden, Gefahr der Verunreinigung der Bauteiloberfläche mit Öl und Fett, das in die Beize, das Flussmittel und die Zinkschmelze weiter verschleppt wird und zu den o. g. Nachteilen führt,
- Beizen, Spülen und Flussmittelbehandlung wie in *Verfahren 1* beschrieben.

Bevor die Auswahl für ein Entfettungsmittel getroffen wird, ist es wichtig zu wissen, dass es keinen Universalentfetter gibt, der für alle Oberflächenverunreinigungen geeignet ist. Auf die geforderte Oberflächenreinheit wirken zu viele Einflussgrößen wie die Dichte, Viskosität, Polarität, Kohäsion und Adhäsion der Öle und Fette sowie die zum Teil kompliziert ablaufenden Grenzflächenvorgänge mit den Entfettungschemikalien. An den Grenzflächen von zwei Phasen treten infolge unterschiedlicher molekularer Wechselwirkungen gegenüber den reinen Phasen Grenzflächenspannungen auf, auch als Oberflächenspannung bezeichnet. Des Weiteren ist die Kenntnis einiger Wirkmechanismen von Bedeutung, wie Adsorption, Emulsion, Dispersion und Benetzung. Bei der Auswahl eines Entfettungsmittels sind diese Wechselwirkungen des Gesamtsystems, also auf die wechselseitigen Beziehungen von Zusammensetzung des Entfetters, dessen Konzentration, Temperatur, Bewegung, der Art der zu entfettenden Bauteile und zu entfernenden Verunreinigungen mit einzubeziehen. Auch die Niedrigtemperaturentfetter (NT) stellen kein Allheilmittel dar. Deshalb sind teilweise Entfettungsversuche unter Beachtung vorgenannter Kriterien notwendig (siehe Abschn. 4.2.1).

Zur Optimierung der Oberflächenvorbereitung sind an eine Traverse bzw. Charge möglichst nur Teile mit nahezu gleichen Expositionszeiten und Materialdicken anzubringen, damit ein Überbeizen sowie zum Teil zu lange Tauchzeiten in der Zinkschmelze vermieden werden. Dabei sind die Stahlbauteile so an die Anschlagmittel anzubringen, dass diese so schnell wie möglich in die Verfahrenslösungen und Zinkschmelze getaucht sowie gezogen werden können und die zuletzt aus den Medien austauchende Fläche so gering wie möglich ist. Zum Teil sind dazu ausreichend große Freischnitte sowie Ein- und Auslaufbohrungen, zusätzlich anzubringende Anschlagösen und dergleichen erforderlich. Bei zu langen Zeiten für das Tauchen der Bauteile in die Schmelze kann das Flussmittel auf der Oberfläche verbrennen und zu Fehlverzinkungen führen.

4.2.3.1 **Alkalische Reinigung**

Zusammensetzung

Die Zusammensetzung des Industriereinigers bestimmt für die angesetzte Lösung den pH-Wert, die Arbeitstemperatur, die zulässige Intensität einer Bewegung (zur Vermeidung der Schaumbildung), den entfernbaren Schmutz und weitere Gebrauchseigenschaften. Als robuste, universell einsetzbare Entfettungsmittel zeichnen sich die preiswerten stark alkalischen Reiniger mit einem pH-Wert 11–14 aus. Das Entfettungsmittel besteht aus einem abgestimmten, synergetisch wirkenden Gemisch anorganischer Salze (Builder) und organischer Verbindungen [6, 12, 15, 26–37]. Als wesentliche Grundchemikalien werden Alkalihydroxide wie Natriumhydroxid, Natriumkarbonat (Verseifung), Alkalikarbonate wie Natriumkarbonat, Kaliumkarbonat (Emulgierwirkung), Phosphate wie Trinatriumphosphat, Pentanatriummetaphosphat (Emulgier- und Suspendiervermögen), Silikate wie Natriumsilikat, Natriumdisilikat (starke Emulgier- und Dispergierwirkung) eingesetzt. Sie dienen der Alkalisierung sowie der Verseifung natürlicher Fette und Öle, zum Dispergieren von unlöslichem Schmutz und zur Wasserenthärtung. Die organischen Substanzen haben Oberflächen- bzw. grenzflächenaktive Eigenschaften, sie vermindern die Oberflächenspannung und führen zu erhöhter Emulgier- und Dispergierwirkung mit guter Stabilität (Tenside, Netzmittel) [6, 15] oder sie sind Komplexbildner. Verschiedene Tenside schäumen wässrige Lösungen stark auf, sodass sie bei Anlagen mit einer intensiven Umwälzung nicht eingesetzt werden können bzw. dem Industriereiniger muss zusätzlich eine schaumbremsende Substanz zugegeben werden. Aufgrund der möglichen Umweltbelastung der anionischen und nicht ionogenen Tenside wird von den zum Einsatz gelangenden Stoffen eine biologische Abbaubarkeit von durchschnittlich mindestens 90 % verlangt. Neben den funktionsbedingten Tensiden der Entfettungslösung gelangen durch den Eintrag emulgatorhaltiger Fette, Öle, Gleit- und Schmierstoffe weitere Substanzen mit Grenzflächenaktivität in die Lösung, die im Zusammenwirken fördernd oder hemmend sein können.

Industriereiniger stehen als Pulver bzw. in flüssiger Form gebrauchsfertig zur Verfügung (Tab. 4.5). Die Auswahl eines Entfettungsverfahrens erfolgt primär nach Kosten-Leistungs-Kriterien beim Reinigen, jedoch muss gleichzeitig der Aspekt der Standzeitverlängerung und dem Recycling mit einbezogen werden, da diese Bereiche die Gesamtkosten erheblich beeinflussen. Für eine rationelle Entfettung bleiben unter Umständen Experimente nicht aus oder man bezieht die Lieferfirma des Industriereinigers in die Versuche zur Optimierung des Reinigungsprozesses mit ein. Die Arbeitslösungen werden mit einer Konzentration von 40–60 g/l hergestellt, bezogen auf den Feststoffgehalt.

Eine Besonderheit in der Feuerverzinkung ist die Zinkanreicherung in dem stark alkalischen Reiniger. Bei einem pH-Wert über 11 wird das Zink von den bereits verzinkten Gestellen, Körben und nachzubearbeitenden Bauteilen gelöst

Tab. 4.5 Beispiele für die Zusammensetzung alkalischer Reiniger.

Bestandteil	Zusammensetzung (g)		
	Beispiel 1 [a)]	Beispiel 2 [b)]	Beispiel 3 [c)] [1]
Na_2CO_3	20–30	20–30	10–20
Na_3PO_4	50–60	10–20	10–20
NaOH	10–20	10	20–40
$Na_5P_3O_{10}$	–	5–15	
Na_2SiO_3	10–20	–	10–15
Komplexbildner	–	2–4	2–4
Tenside	Natriumlaurylsulfat	0,2 (nicht ionogen)	0,2 (nicht ionogen)
Arbeitsbedingungen			
pH-Wert	13–14	10–11	13–14
Temperatur (°C) [d)]	80–90	70–90	90
Expositionszeit (min) [d)]	10–15	10–15	5–15

a) Besonders geeignet für schwere Verschmutzungen auf Stahl.
b) Geeignet für Stahl.
c) Geeignet für leichte Verschmutzungen auf Stahl sowie für Kupfer und Kupferlegierungen.
d) *Anmerkung:* Bei Bewegung der Stahlteile und/oder Verfahrenslösung kann, wenn erforderlich, mit einer niedrigeren Temperatur gearbeitet werden.

und das auf den Traversen befindliche lose Zink fällt zum Teil in die Entfettungslösung und verunreinigt diese.

Wasser

Die Wasserhärte wird in Grad Deutscher Härte (°dH) angegeben (Tab. 4.6). Der Ansatz der Entfettungslösung erfolgt üblicherweise mit nicht aufbereitetem Wasser. Die Entfettungs- und Spülwirkung ist umso besser, je weicher das Wasser ist, nach Möglichkeit ≤ 15 °dH.

Tab. 4.6 Wasserhärtebereiche.

Härtegrad (°dH)	Eigenschaften
0–4	sehr weich
4–8	weich
8–12	mittelhart
12–18	ziemlich hart
18–30	hart
> 30	sehr hart

Es gelten folgende Äquivalenzen:

$$1\,°dH = 10{,}00\,mg/l\ CaO \text{ entspricht } 7{,}15\,mg/l\ Ca^{2+} \text{ entspricht } 0{,}357\,mval/l$$
$$= 7{,}19\,mg/l\ MgO \text{ entspricht } 4{,}34\,mg/l\ Mg^{2+} \text{ entspricht } 0{,}357 mval/l$$

Mit der Gesamthärte (*GH*) wird der Gehalt aller Calcium- und Magnesiumverbindungen angegeben [23]. Ihrem Verhalten nach unterscheidet man in

- Karbonathärte (*KH*) = temporäre bzw. vorübergehende Härte, die sich aus den Karbonaten und Hydrokarbonaten dieser Elemente ergibt und
- Nichtkarbonathärte (*NKH*) = permanente bzw. bleibende Härte, die sich aus den Sulfaten, Chloriden und Nitraten dieser Elemente errechnet.

Arbeitsbedingungen

Temperatur Die Temperatur hat einen sehr großen Einfluss auf die Wirkung der Entfettung. Hohe Temperaturen bewirken eine starke Erniedrigung der Viskosität der Öle und Fette, bei Vertretern mit einer natürlichen Herkunft eine schnellere Verseifung und insgesamt eine Intensivierung des Prozesses. Die rapide steigenden Verdunstungsverluste des Wassers sind u. a. ein Ausdruck für den gleichzeitig einsetzenden hohen Energiebedarf zum Heizen, der zur Kritik an den Hochtemperaturreinigern (HT) führte und dem die Niedrigtemperaturreiniger (NT) gegenübergestellt wurden. Die letzten enthalten ein Gemisch an anionenaktiven und nicht ionogenen Tensiden mit einem niedrigen Trübungspunkt. Bei den NT-Reinigern können sich längere Expositionszeiten, aber auch unzureichende Entfettungsergebnisse ergeben [6, 15, 27–31]. Bei Bauteilen mit leichter oder leicht verseif-, emulgier- und dispergierbarer Befettung hat die Praxis gezeigt, dass die NT-Reiniger bei T = 50–70 °C teilweise den HT-Reinigern (T = 90–100 °C) gleichgesetzt werden können, zum Teil bei gleicher Expositionszeit.

Die Entscheidung über die zu wählende Temperatur ist ein Kompromiss zwischen den geschilderten gegensätzlichen Argumenten, wobei die Art und Menge der Verunreinigung auf den Bauteilen und die zur Verfügung stehende Anlagenkapazität ausschlaggebend sind. Dieser Kompromiss ist insofern tragbar, da die Kosten zur Beheizung der Entfettung vernachlässigbar klein (unter 1 % der gesamten Verzinkungskosten) sind. Zur Beheizung sollte die Abwärme des Verzinkungskessels genutzt werden. Die festzulegende Temperatur muss über dem Schmelzpunkt der jeweiligen Befettung liegen. Bis zu einer Temperatur von 45 °C kann in den meisten Fällen eine Abluftabsaugung am Entfettungsbehälter entfallen.

Bewegung Ein reines Tauchen in eine wallende Entfettungslösung (T = 100 °C) war nur bei dem früher üblichen Verfahren der Abkochentfettung vertretbar und sollte der Vergangenheit angehören. Gegenüber den NT-Reinigern und der erforderlichen Absaugung fallen dabei wesentlich höhere Kosten an.

Bei niedrigeren Temperaturen muss durch die Bewegung der Entfettungslösung Umpumpen oder Einblasen von Luft und/oder Bewegung der mit Bauteilen bestückten Traversen ein Flüssigkeitsaustausch an der Metalloberfläche herbeigeführt werden. Zweckmäßig ist beim Umpumpen der Lösung eine Kopplung von Heizen, Fluten und Oberflächenreinigung.

Expositionszeit Der Abschluss einer Entfettung wird durch die vollständige Benetzung der Metalloberfläche mit Wasser angezeigt (Wasserbruchtest). Die dazu erforderliche Zeit ist abhängig von der Form sowie Art und Größenordnung der Befettung der betreffenden Stahlbauteile, den verwendeten Chemikalien, der Konzentration, Temperatur und dem Fremdstoffgehalt der Verfahrenslösung sowie der Bewegung der Stahlbauteile und/oder Verfahrenslösung.

Die qualitätssichernde Expositionszeit sollte mit der Taktzeit des technologischen Ablaufs übereinstimmen. Trotz optimaler Parameter für das Entfetten können Pigmente, Grafit und dergleichen hartnäckig auf der Stahlteiloberfläche haften bleiben. In diesem Fall hilft oft nur ein Abspülen, Trocknen und partielles Behandeln oder Strahlen (Abschn. 4.2.2).

Analytische Kontrolle und Standzeit

Zur Minimierung der bei der Feuerverzinkung entstehenden verbrauchten Verfahrenslösungen und Abwässer sowie Kosten für die Entsorgung besteht die Forderung, diese so lange wie möglich zu nutzen und eine abwasserfreie Technologie anzustreben. Dazu ist aber eine analytische Überwachung der Verfahrenslösungen notwendig.

Analytische Kontrolle In den meisten Fällen werden die Analyse der Entfettungslösung sowie die sich daraus ergebenden notwendigen Korrekturen vom Lieferanten der Chemikalien durchgeführt, überwiegend kostenfrei. Anderenfalls genügt zur Überwachung der Entfettungslösung die Bestimmung der Gesamtalkalität durch Titration mit Salzsäure oder die Ermittlung der Dichte bei 20 °C mit einem fein graduierten Aräometer. Zur Auswertung der Ergebnisse werden die „Normwerte“ eines Neuansatzes zugrunde gelegt. Zur Durchführung der Bestimmungen und zur Berechnung der zu zusetzenden Chemikalien in Gramm pro Liter stellen die Lieferfirmen Vorschriften zur Verfügung, bzw. diese kann man anhand von Fachliteratur selbst erarbeiten [11, 38]. Vor der Entnahme der Analysenprobe muss gewährleistet sein, dass der Füllstand dem Sollwert entspricht und die Lösung homogen durchmischt ist. Für große Flüssigkeitsvolumen hat sich eine automatische Überwachung und Zudosierung der fehlenden Chemikalien bewährt [15].

Standzeitverlängerung ohne Entsorgung Die Standzeit einer Entfettungslösung ist von der Art und Menge der eingetragenen Befettung, der Fett-/Ölbelastbarkeit des Reinigers in Gramm pro Liter und von Maßnahmen zur Regenerierung abhängig. Eine technisch einfache Lösung zur Verlängerung der Standzeit ist die zwei- und dreistufige Reinigung in einem Kaskadensystem. Diese Ausführung ist besonders dann von Vorteil, wenn aus Kapazitätsgründen ohnehin mehrere Behälter erforderlich sind. In diesem Fall sollte ein Industriereiniger mit einer hohen Ölaufnahme, d. h. mit starken Emulgatoren, eingesetzt werden. Der Schlamm der mit Öl gesättigten Lösung im ersten Behälter kann kontinuierlich in kleinen Mengen (nach mehrstündiger Beruhigung) vom Behälterboden mit einer Schlammpumpe nahezu vollständig beseitigt werden. Bei der erstgenannten Variante wird der Entfettungsprozess mit dem geringsten Chemikalienbedarf bei nahezu konstanten Leistungsvermögen gefahren. Das fehlende Volumen wird aus dem zweiten Behälter übergeleitet. Der Einbau einer Oberflächenreinigung am ersten Behälter ist vorteilhaft. Nach diesem Prinzip wurden Feuerverzinkereien im Zwei- und Dreischichtbetrieb, in Abhängigkeit vom Durchsatz, über ein Jahr ohne Neuansatz betrieben [29]. Eine über zweijährige Standzeit einer Entfettungslösung ohne einen generellen Neuansatz (Never-Dump-Betrieb) ist aus einer französischen Feuerverzinkung bekannt.

Standzeitverlängerung mit Recycling Eine andere Variante der Standzeitverlängerung stellt die wiederholte Abtrennung der öligen Verunreinigungen und der festen Bestandteile von der funktionsfähigen Lösung dar. Dieser Weg ist besonders bei stark verschmutzten Bauteilen, d. h. bei hohem täglichen Öleintrag bzw. großem täglich auszutauschenden Entfettungsvolumen, wirtschaftlich. Das Spülwasser kann hier ebenfalls in den Reiniger gegeben werden. Für diese Technologie wurden Industriereiniger mit einer Tensidkombination entwickelt, die zwar eine gute Benetzung, jedoch nur eine mäßige Emulgierung besitzen und daher das Fett/Öl leicht aufrahmen lassen. Aus einer Vielzahl vorgeschlagener Trennverfahren haben sich in Feuerverzinkereien überwiegend die Schwerkraftabscheider und mechanische Filter bewährt. Zentrifugalseparatoren sind wegen des hohen Anlagenpreises von 25–50 T € nur für hohe Durchsatzleistungen wirtschaftlich [6, 31, 32, 34]. Bei einer Optimierung aller Verfahrensschritte, beginnend bei den Fertigungsprozessen der Teile bis zur Entfettung, kann sogar das beim Recycling anfallende Öl wieder in der Fertigung eingesetzt werden. Die Ausführungen in Abschn. 4.2.3.1, *Analytische Kontrolle und Standzeit* zur Standzeitverlängerung der Entfettungslösungen und zum wirtschaftlichen Spülen zeigen mehrere rationelle und umweltfreundliche Technologien auf. Entscheidungskriterien für die Auswahl einer Entfettungs- und Spültechnologie sind in [15] aufgeführt.

Biologische Aufbereitung

In den letzten 20 Jahren kommen auch in Feuerverzinkereien biologische Aufbereitungsverfahren zur Anwendung. Bei diesem Verfahren folgt im Anschluss an eine alkalische Entfettung eine biologische Entfettungsspüllösung. Der Behälter mit dieser Spüllösung stellt einen Bioreaktor dar, in dem die Spülwasserqualität durch die Aktivität von Mikroorganismen erhalten wird, sodass weder die Entfettungslösung noch ein ölhaltiger Schlamm zu entsorgen ist. Hierbei werden die Kenntnisse der Betreiber von Erdölförderstätten genutzt [15, 39–43].

Die in die biologische Entfettungsspüllösung eingetragenen organischen Verunreinigungen (Fette, Öle, Tenside) werden von Mikroorganismen weitgehend verzehrt. Feststoffe (Eisenoxide, Kieselsäure, Biomasse) werden aus der Verfahrenslösung über eine kontinuierliche, parallel geschaltete Abscheideanlage (Lamellenklärer) ausgetragen und von Zeit zu Zeit in einer Kammerfilterpresse aufkonzentriert. Voraussetzung für den Betrieb der biologischen Entfettungsspüllösung ist das Einhalten konstanter verfahrenstechnischer Parameter, wie: Temperatur, pH-Wert-Einstellung mit saurer bzw. alkalischer „BIO-Lösung, diese enthält auch für die Mikroorganismen die notwendigen Nährstoffe, Sauerstoffgehalt, Versorgung durch Eindüsen von Luft.

Die Praxis hat gezeigt, dass die alkalische Vorentfettung und die biologische Spülung zusammen eine Entfettungskaskade ergeben. Neben dem Abbau der aus der alkalischen Vorentfettung abgelösten und emulgierten Fette findet durch das biologische Spülen der Bauteile eine weitere Oberflächenreinigung statt.

Die wesentlichen Vorteile der biologischen Aufbereitung der alkalischen Spüllösung sind:

- Verkürzung der Beizzeit und Erhöhung der Beizqualität. Die öl- und fettfreie Oberfläche gewährleistet ein gleichmäßiges, effektives Beizen und Reduzierung der Fehlverzinkungen.
- Es gibt kaum eine Verschleppung (Öl, Fett) in die nachfolgenden Lösungen (Beizen, Spülen, Fluxen) und somit keine Rückbefettung beim Ausheben der betreffenden Teile, verbunden mit der Vermeidung ölhaltiger Schlämme und einer Kosteneinsparung für das Recycling und den Neuansatz der Beizen und des Flussmittels.

Den Vorteilen stehen folgende Nachteile gegenüber:

- Höherer Energie- und Wasserverbrauch als beim Beizentfetten in einer Salzsäurelösung, resultierend aus den höheren Temperaturen der Verfahrenslösungen,
- höherer Arbeitsaufwand für die Überwachung.

Die Investitionskosten sind abhängig vom Durchsatz und sollen sich in 1–1,5 Jahren amortisiert haben (schätzungsweise 100–150 T €, je nach Anlagenkapazität).

4.2.3.2 **Saure Reinigung – Beizentfetten**

Ziel des Beizentfettens ist das Vereinigen der zwei Prozessstufen Reinigen/Entfetten und Beizen zu einer Prozessstufe in der möglichst alle lose haftenden Verunreinigungen auf der Bauteiloberfläche entfernt werden können. Als Säuren kommen vor allem verdünnte Salz- oder Schwefelsäure mit entfettungswirksamen Zusätzen zum Einsatz. Die Standzeit und Wirtschaftlichkeit sind abhängig von der Art und Menge der eingetragenen Oberflächenverunreinigungen (Tab. 4.7).

In Feuerverzinkereien wird das Beizentfetten überwiegend anstelle einer alkalischen Reinigung und Entfettung vor dem Beizen eingesetzt. Zur Erzielung einer langen Standzeit der Beizentfetterlösung sollte diese so angesetzt und betrieben werden, dass in ihr nur eine Reinigungs- sowie Entfettungswirkung und möglichst keine Beizwirkung erzielt wird. Bei einer Eisenanreicherung > 130 g/l sind

Tab. 4.7 Vor- und Nachteile der Reinigung und Entfettung in Beizentfettungslösungen auf Basis von Salzsäure gegenüber in alkalischen Verfahrenslösungen.

Verfahrenstechnische Parameter	Salzsäurebeizentfettungslösungen	Alkalische Verfahrenslösungen
Anlieferung	30–33 %ige HCl	Salz oder flüssig
Dichte	1,16 g/cm^3	
Transport und Lagerung	• Stahlbehälter (bei HCl unter Zusatz von Inhibitoren nach Angaben des Herstellers) • Ausgekleidet mit Kunststoff, Hartgummi • Behälter aus Kunststoff, glasfaserverstärktem Polyester	
Arbeitsbedingungen:		
Arbeitstemperatur	20–50 °C	70–95 °C
Konzentration	5–8 %	3–6 %
Dichte	1,025–1,040 g/ml	1,020–1,040 g/ml
Tmax ohne Absaugung	40–45 °C	45 °C
Entfettungswirksame inhibierende Substanz	1,5–2 %	
Reinigungs- und Entfettungswirkung	Gut bis sehr gut	Gut bis sehr gut
Maximal zulässiger Eisengehalt	$\geq$ 130 g/l	Kein Eisenangriff
Metallangriff	Gering	Kein Eisenangriff
Behandlung der verbrauchten Verfahrenslösung	Entsorgung durch zugelassenen Fachbetrieb	Neutralisation oder Entsorgung durch zugelassenen Fachbetrieb
Anlagekosten	Niedrig	Hoch (Absaugung erforderlich, bei $T \geq 45$ °C)
Heizkosten	Niedrig	Hoch

die emulgierenden und dispergierenden Eigenschaften der entfettungswirksamen Substanzen erschöpft und der Beizentfetter muss verworfen sowie entsorgt werden. Ein Nachschärfen (mit Tensiden) bringt keinen Erfolg. Das Beizen sollte aus wirtschaftlichen Gründen deshalb grundsätzlich in entsprechenden Beizlösungen vorgenommen werden. Eine Feuerverzinkerei sollte über eine ausreichende Anzahl, wenigstens über sechs Beizbehälter, verfügen. Bei Beiztemperatur > 22 °C kann die Zahl entsprechend reduziert werden.

Bewährt haben sich Beizentfetter auf Basis von Salz- und Schwefelsäure mit entfettungswirksamen Zusätzen. In deutschen Feuerverzinkereien werden zum Beizen überwiegend Salzsäure und Beizentfetter auf Basis von Salzsäure eingesetzt.

Zusammensetzung und Arbeitsbedingungen:

- HCl-Gehalt: 5–8 % = 50–80 g/l,
- Tenside und Netzmittel: 1–2 % (nach Angaben des Herstellers),
- Wasserqualität: Frischwasser, kein Spülwasser wegen Eisenanreicherung,
- pH-Wert: < 1,
- Expositionszeit: 5–20 min, stark abhängig von der Art, Größenordnung und Zusammensetzung der Öl- und Fettschicht sowie Temperatur und Bewegung,
- Nachschärfen mit konz. HCl: bei < etwa 5 % HCl (Erfahrungswert), sofern die Lösung noch nicht verbraucht ist (Öl und Fett darf noch nicht aufschwimmen).

Zum Einsatz kommen nicht ionogene und anionenaktive Tenside. Letztere bewirken eine starke Inhibierung und Dispergierung an der Metalloberfläche. In Abhängigkeit von der Temperatur der Beizentfetterlösung wird die Öl- und Fettschicht mehr oder weniger stark verflüssigt, verdrängt, emulgiert und dispergiert, sodass bei der Entnahme keine Öl-/Fettschichten u. a. auf der Oberfläche der Teile haften, anderenfalls ist der Salzsäuregehalt der Beizentfettungslösung fehlerhaft oder sie ist mit Öl und Fett gesättigt und muss ggf.entsorgt werden. Ein Nachschärfen mit Säure ist dann meistens unwirksam, da die entfettungswirksamen Zusätze keinen Verunreinigungen mehr aufnehmen. Nach dem Beizentfetten sollten die Teile gut gespült werden, damit keine mit Öl und Fett beladenen Tenside in die Beizlösungen gelangen.

Wegen des Nichtvorhandenseins eines Spülbehälters (aus Unkenntnis oder Platzmangel) wird teilweise auf das Spülen verzichtet. Dadurch wird mehr oder weniger viel Fett und Öl in die darauffolgenden Beizlösungen eingetragen. Wird das Spülwasser nicht entsorgt, sollte es zum Ersetzen der Verschleppungs- und Verdunstungsverluste aus dem Beizentfettungsbehälter verwendet und wegen der Öl- und Fettbelastung nicht in die Salzsäurebeize gegeben werden.

4.2.3.3 **Weitere Reinigungsverfahren**

Partielle Verschmutzungen auf der Oberfläche der Stahlteile können teilweise durch vorgenannte Reinigungsverfahren nicht entfernt werden und Schwierigkeiten bereiten.

Möglichkeiten zur Reinigung derartiger Teile:

- Abstrahlen mit einem Hochdruckreiniger mit erwärmten Wasser, dem nicht schäumende Reiniger zugesetzt werden.
- Abwaschen mit einem handelsüblichen nicht toxischen, nicht brennbaren Lösungsmittel.
- Bestreichen und Bearbeiten (reiben) mit einer wässrigen Aufschlämmung eines Entfettungsbreis und Abspülen mit Wasser. Ein derartiger Brei kann aus Soda, Trinatriumphosphat, leichtem Scheuermittel (Schlämmkreide oder Bimsmehl) und einem Netzmittel selbst hergestellt oder über den Handel bezogen werden.

Halogenierte Kohlenwasserstoffe (HKW) dürfen wegen ihrer Gesundheitsgefährdung und Waschbenzin wegen der Brandgefährdung nur in dafür zugelassenen

Anlagen und Räumen eingesetzt werden (hohe Investitionskosten) und werden daher in Feuerverzinkereien kaum eingesetzt.

4.2.4 Spülen

Das Spülen ist mit dem zunehmenden Umweltbewusstsein zu dem Prozess geworden, dem die größte Aufmerksamkeit gewidmet wird, zumal er für eine abwasser- und abfallfreie Technologie entscheidend ist. Nicht qualitätsgerechtes Spülen kann durch eingetragene Öle, Fette, Eisen u. a. Verunreinigungen in die nachfolgenden Verfahrenslösungen zu Fehlverzinkungen, zur Reduzierung der Standzeit der Beizen und Flussmittellösung sowie zu höheren Entsorgungskosten, höherem Hartzinkanfall, Zusetzen der Filter sowie Dioxinbildung führen (vgl. auch Abschn. 4.2.3 und 4.2.3.2). Zur optimalen Lösung ist der zu einer Spüle zugehörige Stofffluss zu untersuchen. Dazu stehen bewährte mathematische Rechenmethoden zur Verfügung [5, 11, 15, 26, 43–47].

Wesentliche Maßnahmen zur optimalen Wassereinsparung:

- Minimierung der Verschleppung von Verfahrenslösungen in den Spülbehälter, Einhaltung einer Tauchzeit von ca. 40–60 s (siehe Abschn. 4.2.4.1),
- Kaskadenspülung – Mehrfachspülung (zwei oder drei Behälter) im Gegenstrom,
- Abspritzen der Stahlbauteile (bei konstruktiv einfachen Teilen) oder zusätzlich beim Ausziehen der Teile aus dem Spülwasser.

Die Spülwasserberechnung und Bestimmung der geeigneten Technologie sowie Bilanzierung der Volumenströme kann nach [3, 6, 11, 15, 27] vorgenommen werden.

4.2.4.1 Verschleppung

Oberflächenangabe

Zur Verschleppung einer Prozesslösung tragen alle benetzten Oberflächen (Bauteile, Gestelle, Befestigungen, Trommeln, Körbe) bei. Sie wird in Liter pro Quadratmeter angegeben, deshalb ist mit einem vertretbaren Aufwand der Flächendurchsatz, zweckmäßig in Quadratmeter pro Stunde ausgewiesen, um die Kapazität der Spüle zu ermitteln. Für den auf Tonnageangaben eingestellten Fachmann werden folgende Orientierungsgrößen zur Umrechnung gegeben.

Schwerer Stahlbau	20–30 m^2/t
Schmiedestücke	80–90 m^2/t
Gitterroste, leichter Stahlbau	90 m^2/t
Wärmeübertrager	100–150 m^2/t

Mithilfe von Abb. 4.5 kann bei Stahlblechen die Umrechnung vorgenommen werden; für die Vielzahl von Profilen empfiehlt sich die Verwendung geeigne-

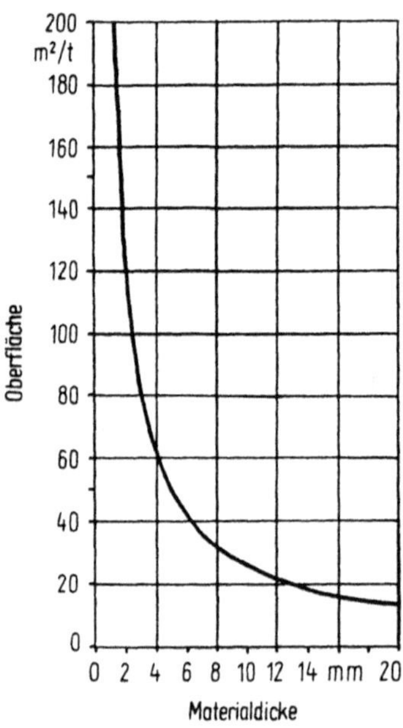

Abb. 4.5 Diagramm: Bestimmung der Oberfläche bei Stahlblech bis 20 mm Materialdicke [33].

ter Tabellenbücher [11, 33, 39]. Die Aushubgeschwindigkeit des Vezinkungsgutes und Temperatur der Verfahrenslösungen wirkt sich merklich auf die Verschleppungsmenge aus. Die in Abschn. 5.4 gegebenen Hinweise sind zu beachten (genügend große Ein- und Auslaufbohrungen). Die Abtropfzeit soll beim Stückverzinken mindestens 10 s und bei Massenteilen in Körben und Trommeln mindestens 20 s betragen. Günstig wirkt sich ein Rütteln über der Verfahrenslösung aus, oder man stoppt die Traverse beim Ausheben am höchsten Punkt schlagartig. Beides setzt eine stabile Befestigung der Stahlbauteile sowie das Nichtübertragen von Schwingungen auf die Krananlage voraus.

Verschleppung, Ausheben, Abtropfen

Als Richtwerte für die spezifische Verschleppung wurden bei einer Abtropfzeit von 10 s in der Praxis ermittelt:

Großflächige und glatte Bauteile, günstige Aufsteckung	0,040–0,080 l/m^2
Leicht profilierte Konstruktion	0,080–0,120 l/m^2
Stark profilierte Konstruktion und Teile mit rauer Oberfläche (Guss) oder Kleinteile	0,120–0,200 l/m^2

Werden bei handbedienten Anlagen die Traversen sofort nach dem Ausheben aus den Verfahrenslösungen weitergefahren, können sich die genannten Werte bis zum Doppelten erhöhen. Bei Beizanlagen mit einer Abluftabsaugung kann das

Tab. 4.8 Wasserbedarf bei verschiedenen Spülprozessen ($D = 400\,m^2/h$, $V = 0{,}080\,l/m^2$), 5 %ige Entfettungslösung, Salzsäurebeize mit 125 g/l Eisen und < 50 g/l HCl [26].

Spültechnologie	**Wasserbedarf *Q* in l/h nach dem**	
(*R* – Spülkriterium)	**Entfetten mit $R = 20$**	**Beizen mit $R = 30$**
Einstufiges Spülen	640	960
Zweistufiges Gegenstromspülen	143	175
Dreistufiges Gegenstromspülen	68	

nachfolgende Spülwasser zur Gaswäsche in eine Abgasreinigung gespritzt werden.

4.2.4.2 **Spülvarianten**

In der Praxis werden nach dem Beizentfetten ein Standspülbehälter und nach einer alkalischen Entfettung sowie nach dem Beizen auch zwei Spülen eingesetzt, die im Gegenstrom betrieben werden. Das heißt, das Frischwasser läuft entgegen dem Materialfluss von dem einen Behälter über einen Überlauf in den Behälter neben dem Entfetter oder der Beize. Besondere Aufmerksamkeit sollte dem Spülen nach dem Beizen gewidmet werden, damit keine Verunreinigungen, vor allem Eisensalze, in das Flussmittel gelangen. Vom Flussmittelhersteller wird ein Eisengehalt ≤ 5 g/l vorgeschrieben (siehe Abschn. 4.2.6), aber selbst bei bis zu 13 g/l Eisen fand man keine Beeinträchtigung der Qualität der Zinküberzüge [2], was aber bestimmt auch von der Stahlzusammensetzung sowie der Topografie der Oberfläche u. a. abhängig sein kann. Mit steigendem Eisengehalt im Flussmittel wird aber auf jeden Fall mit den Bauteilen mehr Eisen in die Zinkschmelze eingetragen, wodurch der Hartzink- sowie Zinkascheanfall und damit der Zinkverbrauch merklich steigen [6, 10, 15, 31–47]. Hartzink besteht aus der ζ-Phase FeZn13, daraus ergibt sich: 1 g Eisen bindet ca. 15 g Zink oder 1 kg Eisen bindet 15 kg Zink. In Abhängigkeit von der Größe und dem Gewicht der Hartzinkkristalle sinkt ein Teil auf den Kesselboden und ein Teil schwimmt in der Schmelze. Diese werden in die Zinkschicht mit eingebaut, können aber auch auf der Oberfläche des Zinküberzuges haften bleiben und zu rauen Zinküberzügen führen.

Außerdem können die auf der Bauteiloberfäche noch anhaftenden zweiwertigen Eisenverbindungen nach kurzer Zeit an der Luft in Eisen(II)-hydroxid und Säure und anschließend in Eisen(III)-hydroxid umgewandelt werden. Die bei dieser Reaktion frei werdende Säure fördert die Korrosion, sodass auf der Bauteiloberfläche in kurzer Zeit eine Flugrostschicht entsteht [15].

Erfahrungswerte aus der Praxis haben gezeigt, dass beim Spülen in einer Standspüle der Eisengehalt bis zu 35 g/l, bei zweistufigem Gegenstromspülen bis zu 10 g/l und bei dreistufigem Gegenstromspülen bis zu 5 g/l ansteigt (Tab. 4.8). Daraus ist ersichtlich, dass ein mehrfaches Spülen wesentlich kostengünstiger ist als das Regenerieren oder gar ein Austausch des Flussmittels und der höhere Zinkverbrauch.

4.2.5 Beizen

Beizen ist für die Feuerverzinkung das wichtigste und wirtschaftlichste Verfahren zur Oberflächenvorbereitung. Während des Beizvorganges werden die arteigenen Verunreinigungen wie Rost und Zunder von der Oberfläche der Stahlbauteile entfernt und der für das Feuerverzinken notwendige Oberflächenvorbereitungsgrad „Be" erzeugt. Zu diesem Zweck werden in deutschen Feuerverzinkereien überwiegend Salzsäurebeizen eingesetzt. Es gibt aber auch Länder, die Schwefelsäure zum Beizen einsetzen, z. B. wenn Schwefelsäure kostengünstiger als Salzsäure bezogen werden kann. Das Beizen in Schwefelsäure bringt aber die Gefahr des Eintrages von Fremdionen (Sulfationen) in das chloridhaltige Flussmittel mit sich. Diese erhöhen den Schmelzpunkt des Flussmittels und erniedrigen die Fließeigenschaften des schmelzflüssigen Zinks. In Tab. 4.9 werden die Eigenschaften von Salz- und Schwefelsäure gegenübergestellt. Zum Beizen von gusseisernen Teilen (Entfernen von Sand) haben sich Flusssäure- und Salzsäure-Flusssäure-Beizlösungen bewährt. Letztere sind besser beherrschbar.

Das Abbeizen (Entzinken) von Teilen mit fehlerhaften Zinküberzügen erfolgt ebenfalls in einer Salzsäurelösung (Abschn. 4.2.5.4).

4.2.5.1 Werkstoff und Oberflächenzustand

Struktur der Oxidschicht

Zunder ist, wie Abb. 4.6 zeigt, ein Gemisch der Eisenoxide [48]

FeO	Wüstit, gut in Salzsäure löslich,
$FeO \cdot Fe_2O_3$	Magnetit, in Salzsäure löslich,
Fe_2O_3	Hämatit, in Salzsäure löslich.

Das zutreffende Mischungsverhältnis ist von der Stahlzusammensetzung und vor allem von seinen Verarbeitungsbedingungen (Glühen, Walzen, Ziehen, Abküh-

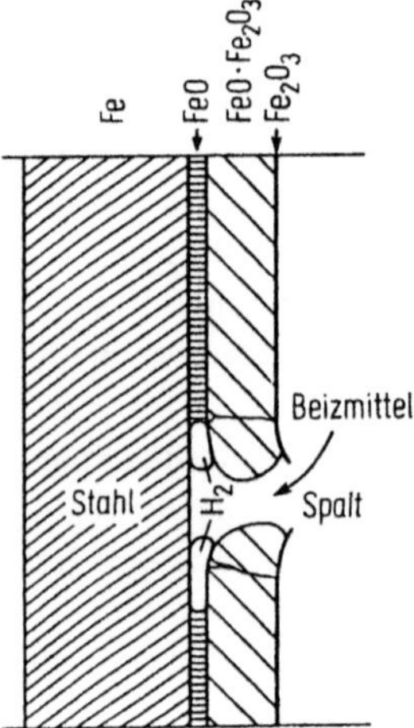

Abb. 4.6 Die Oxidformen des Eisens in einer Zunderschicht [48].

Tab. 4.9 Gegenüberstellung wesentlicher Eigenschaften von Salz- und Schwefelsäure.

Eigenschaften	Salzsäure (HCl)	Schwefelsäure (H_2SO_4)
Masse-% im konz. Zustand	30–33	94–96
Dichte im konz. Zustand (g/cm^3)	1,16	1,84
Transport und Lagerung der konzentrierten Säure	Behälter aus Stahl mit Kunststoffauskleidung, aus Kunststoff oder Keramik	Behälter aus Stahl, ungeschützt oder aus Keramik
Säurenebel im konz. Zustand Beizbedingungen:	Schon bei Raumtemperatur	Nicht flüchtig
Ansatz (Masse-%)	13–15	15–25
Arbeitstemperatur (°C)	20–25 (bei > 25 Absaugung erforderlich)	45–80 (Absaugung erforderlich)
Maximal zulässiger Eisengehalt (g/l) Fe^{2+}	90–160	80–100
Metallangriff	Gering	Stark
Zunderangriff	Stark, löst alle drei Eisenoxide	Gering, vor allem Eisen wird angegriffen, H-Sprengwirkung
Beizfehler	Treten selten auf	Häufig
Löslichkeit der Eisensalze	Gut	Weniger gut
Bildung von Beizschlamm	Wenig	Viel
Aussehen der Stahloberfläche	Silbrig hell bis hellgrau	Matt bis dunkelgrau
Beizgeschwindigkeit	Gut	Weniger gut
Abspülbarkeit der Säure von der Stahloberfläche	Gut	Weniger gut
Einfluss zurückbleibender Beizlösung auf der Stahloberfläche	Chloridionen haben keinen störenden Einfluss, da Flussmittel auf Basis von Zinkammoniumchlorid aufgebaut ist	Sulfationen wirken sich nachteilig auf das Flussmittel und den Verzinkungsprozess aus
Werkstoffe für Beizgestelle und dergleichen	Baustahl, Stahl gummiert, X8 NiCrMoCuTi18.11	X5 NiCrMoCuTi20 18.1. 4506 u. a. hochlegierte Stähle, Bronzen
Verbrauch an Säure (kg/t) Beizgut		
• ohne Regeneration	ca. 45	ca. 20
• mit Regeneration	ca. 27	ca. 10

len) abhängig. Begleitelemente des Stahls sind in dieser Schicht mit enthalten. Die Zunderschichten liegen in einer Auflage von 44 bis ca. 100 mg/m^2 und bei einer Dicke von 8–20 µm vor. Innerhalb eines Bandes oder einer Blechtafel können erhebliche Unterschiede auftreten. Neben der inneren Struktur des Zunders beeinflusst auch die Porosität das Beizverhalten. Eine dünne, aber dichte Schicht kann eine längere Beizzeit als eine porige, dicke erfordern. Der Rost bildet sich an normaler feuchter Atmosphäre, wobei Industrieabgase den Vorgang beschleunigen. Frischer Rost bildet locker aufliegende Schichten unterschiedlicher Zusammensetzung; die allgemeine Formel wird mit FeO(OH) angegeben. Bei Alterung entstehen gut haftende kompakte Rostschichten mit einer Masse von ca. 300–590 g/m^2. Rost ist in Mineralsäuren löslich [15].

Sind auf der Oberfläche der Stahlbauteile unterschiedliche Walz-, Glüh-, Rost- und Bearbeitungszustände, kann nach dem Beizen eine fleckige Oberfläche auftreten. Diese kann zu einem ungleichmäßigen farblichen Aussehen des Zinküberzuges führen (glänzend silbrig bis matt grau).

Werkstoff Stahl

Für das Beiz- und Verzinkungsverhalten der Stahlbauteile hat die chemische Zusammensetzung der Stahloberfläche im Mikrometerbereich, die vom Stahlkern abweichen kann, einen großen Einfluss [4, 7, 10, 11, 45–48]. Die Praxis hat gezeigt, dass z. B. Zinküberzüge mit einem rauen, streifigen, grauen Aussehen durch ein- oder mehrmaliges Ent- und Verzinken zu ansehnlichen Zinküberzügen führen können. Das gleiche Ergebnis kann auch durch mechanisches Entfernen der Oberflächenschicht vor dem Verzinken erreicht werden. Auch Schnittkanten werden von der Salzsäurebeize besonders stark angegriffen. Während reines, nicht verzundertes Eisen in Mineralsäuren nur langsam angegriffen wird, wirken sich Legierungselemente unterschiedlich aus (siehe Tab. 4.10). Folgende Bearbeitungsverfahren des Stahls aktivieren die Oberfläche und beschleunigen dadurch die Eisenauflösung:

- Eine Wärmebehandlung des Stahls führt zur Heterogenität im Gefüge, eine Kaltbearbeitung zur Verfestigung des Stahls.
- Mechanische Bearbeitungsverfahren, wie Drehen, Fräsen, Schleifen, Schnittkanten, auch Brennschnitte haben einen großen Einfluss und führen zu einem ungleichmäßigen, teilweise lochfraßartigem Angriff.

Topografie

Einen besonderen Einfluss auf das Beizverhalten haben neben der Gefügeausbildung des Stahls die Oberflächenrauheit, Poren und Risse in der Zunder- und Rostschicht sowie aktive Zentren. Die Beizgeschwindigkeit ist an den aktiven Zentren der Stahloberfläche am intensivsten und höchsten. Durch das Beizen wird das Mikroprofil der Stahloberfläche vergrößert, die Rauheit bleibt jedoch deutlich unter den Werten einer üblichen mechanischen Bearbeitung (Tab. 4.11). Der durch das Beizen erreichte Oberflächenvorbereitungsgrad „Be“ und das Mikroprofil ergeben die besten Voraussetzungen zum Erreichen qualitätsgerechter Zinküberzüge nach DIN EN ISO 1461. Demgegenüber können Stähle mit glatten Oberflächen Schwierigkeiten bereiten. Eine Erklärung dafür wäre, dass beim Walzen des Stahls Crackprodukte von Fertigungshilfsstoffen (Öl usw.) in die Stahloberfläche eingewalzt werden und diese glatte Oberfläche von der Beize nur wenig angegriffen

Tab. 4.10 Einfluss der Stahlbegleiter auf das Beizverhalten des Eisens [10, 48].

Element	Wirkung, Bemerkung
Mangan (Automatenstahl)	bereits ab 0,2 % leichter löslich
Kupfer	Rost- und Zunderschichten sind dichter und haften besser, sodass das Beizen erschwert wird. Bei gleichzeitigem Phosphor- und Schwefelgehalt wird das Beizverhalten stärker vermindert
Chrom	geringe Gehalte ohne Einfluss
Nickel	erhöht Beständigkeit gegenüber Mineralsäuren, Verlängerung der Beizzeit
Wolfram, Molybdän, Vanadium	erhöhen bei geringen Gehalten die Löslichkeit; erst bei höheren Gehalten tritt Schutzwirkung ein
Kohlenstoff	mit zunehmendem Gehalt steigt die Löslichkeit; bereits bei Kohlenstoffgehalten von 0,069 % lassen sich nach dem Beizen Kohlenstoffrückstände auf der Oberfläche nachweisen [50]
Phosphor, Schwefel	erhöhen (bei Abwesenheit von Kupfer) die Löslichkeit; Schwefel begünstigt die Wasserstoffversprödung (siehe Abschn. 2.2 und [10])
Silizium	in beruhigten Stählen sind 0,2–0,9 %, in Guss bis 3 % Silizium; geringe Gehalte sind ohne Wirkung, höhere inhibieren

Tab. 4.11 Rautiefe unterschiedlich vorbehandelter Oberflächen von Stahlproben mit Siliziumgehalten von 0,08 und 0,12 % [15].

Siliziumgehalte Gew.-%	Oberflächenvorbereitung	Rautiefe Rt (µm)
0,08	Beizen	12
	Strahlen: Mikroglaskugeln	20
	Feinkorund	21
	Grobkorund	75
0,12	Beizen	9
	Strahlen: Mikroglaskugeln	16
	Feinkorund	21
	Grobkorund	65

werden kann. Beim Feuerverzinken werden diese Randschichten durch die radikal angreifende FeZn-Reaktion im Laufe der Zeit abgetragen und es kommt zur Ausbildung normaler Zinküberzüge [10, 15] (s. Auch Abschn. 2.2).

Tab. 4.12 Dichte und Konzentrationsangaben zu Salzsäure.

Dichte (g/ml)	HCl (Gew.-%)	HCl (g/l)	Dichte (g/ml)	HCl (Gew.-%)	HCl (g/l)
1,000	0,12	2	1,115	22,86	255
1,005	0,15	12	1,120	23,82	267
1,010	2,15	22	1,125	24,78	279
1,015	3,12	32	1,130	25,75	291
1,020	4,13	42	1,135	26,70	302
1,025	5,15	53	1,140	27,66	315
1,030	6,15	63	1,142	28,14	321
1,035	7,15	74	1,145	28,61	328
1,040	8,16	85	1,150	29,57	340
1,045	9,16	96	1,152	29,95	345
1,050	10,17	107	1,155	30,55	353
1,055	11,18	118	1,160	31,52	366
1,060	12,19	129	1,163	32,10	373
1,065	13,19	140	1,165	32,49	379
1,070	14,17	152	1,170	33,46	391
1,075	15,16	163	1,171	33,65	394
1,080	16,15	174	1,175	34,42	404
1,085	17,13	186	1,180	35,39	418
1,090	18,11	197	1,185	36,31	430
1,095	19,06	209	1,190	37,23	443
1,100	20,01	220	1,195	38,16	456
1,105	20,97	232	1,200	39,11	469
1,110	21,92	243			

4.2.5.2 **Salzsäurebeize**

In Feuerverzinkereien wird zum Beizen der Stahlteile aufgrund der in Tab. 4.9 genannten Vorteile nahezu ausschließlich konzentrierte technische Salzsäure eingesetzt (30–32 Gew.-% = 345–372 g HCl, Dichte: 1,15–1,16 g/ml). Aus Preisgründen wird auch Abfallsäure aus der chemischen Industrie eingesetzt. Diese sollte aber vorher bezüglich ihres Gehaltes an HCl und den enthaltene Verunreinigungen geprüft werden. Letztere können den Beizprozess und das Einhalten der MAK-Werte nachteilig beeinflussen (s. VDI-Richtlinie 2579). So kann die Abfallsalzsäure z. B. aus der Extraktion Essigsäure enthalten und zu starken Geruchsbelästigungen führen.

Zusammensetzung

Zur Berechnung des Ansatzes einer Beize bzw. zur eventuellen Korrektur bedient man sich des Mischungskreuzes [26] (Abb. 4.7).

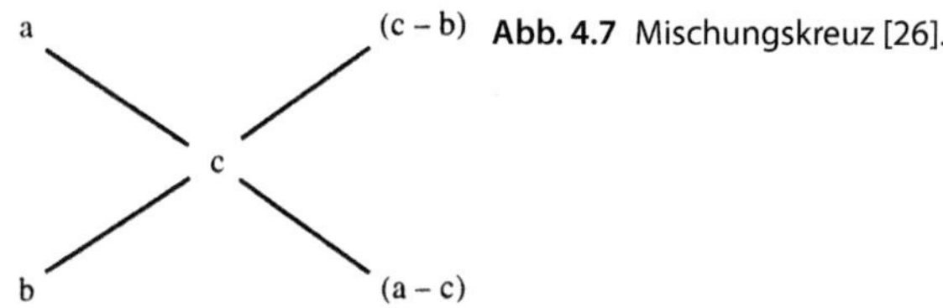

Abb. 4.7 Mischungskreuz [26].

Um aus einer a-prozentigen und einer b-prozentigen Lösung eine c-prozentige Lösung zu erhalten ($a > b$) muss man ($a - c$) Teile der a-prozentigen Lösung mischen. Teile bedeuten dabei Masseteile, wenn die Konzentration in Masseprozent angegeben ist oder Volumenteile, wenn die Konzentration in Volumenprozent vorgegeben wird. Bei der Größe b ist der Säuregehalt des rückzuführenden Spülwassers zu berücksichtigen (siehe Abschn. 3.4.3).

Der Ansatz der Beize und damit die Konzentration an HCl muss bei Anlagen ohne Absaugung der in der VDI-Richtlinie 2579 ausgewiesenen temperaturabhängigen Höchstgehalte erfolgen (siehe Abschn. 3.10.2.1). Danach beträgt bei 20 °C die maximale Konzentration an HCl 160 g/l = 15 Gew.-%.

Es gibt Länder, in denen Feuerverzinkereien zum Beizen konzentrierte Salzsäure verwenden und diese bei ca. 12 % HCl verwerfen. Es dürfte jedem klar sein, dass das wirtschaftlich nicht vertretbar ist. In Beizen, die mit konzentrierter Salzsäure angesetzt sind, ist der Angriff auf die Oxide und den Zunder sehr gering und es entstehen lange Beizzeiten. Ebenso verhält es sich mit neu angesetzten Beizen, die kein gelöstes Eisen enthalten. Für den Neuansatz sollte das Beizspülwasser verwendet werden. Wird damit der Eisengehalt von 60–65 g/l nicht erreicht, kann auch Beizlösung aus einer Beize oder Eisenpulver zugegeben werden. Das Eisen dient als Katalysator, damit verkürzen sich die Beizzeiten bei einem Neuansatz. Zinkgehalte bis > 1 g/l haben auf das Beizergebnis keinen signifikanten Einfluss, dasselbe trifft für einen Zinkgehalt von 12 g/l in 7,5–10 Gew.-% HCl zu [62]. Jedoch hat der Zinkgehalt für die wirtschaftliche Entsorgung einen außerordentlich großen Einfluss (siehe Abschn. 4.5.3 und 4.5.4).

Ansatz der Salzsäurebeize:

Salzsäure HCl:	140–160 g/l = 13–14,5 % Ma-% (höchstzulässiger HCl-Gehalt bei 20 °C nach VDI-Richtlinie 2579)
Dichte bei 20 °C:	1,065–1,075 g/ml
Eisen (Fe):	60–65 g/l (wirkt als Katalysator)
Zink (Zn):	< 0,2 g/l
Inhibitor:	1–2 % (siehe Abschn. 4.2.5.2, *Inhibition, Wasserstoffversprödung, Spannungsrisskorrosion*)

Beizbedingungen

Während des Beizens wird die Beizlösung mit Eisen angereichert und HCl wird verbraucht (Abb. 4.8) [52].

In den letzten Jahren wurde die KVK-Beizkurve entwickelt (Abb. 4.9). Sie ist eine Erweiterung des in der Branche allseits bekannten „Kleingarn-Diagramms“ (Abb. 4.8). Mithilfe der KVK-Beizkurve ist es möglich, eine Abschätzung der Beiz-

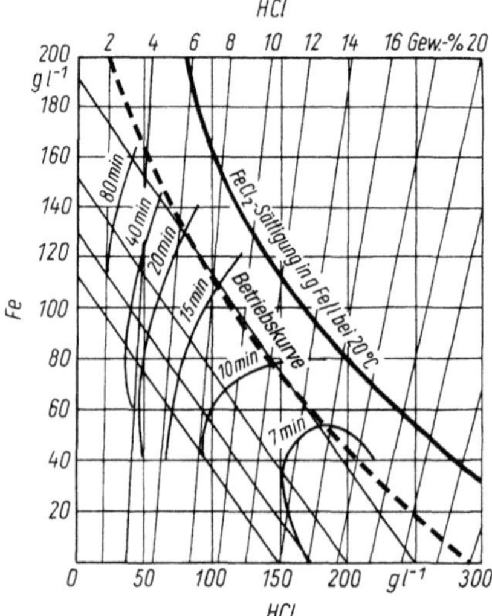

Abb. 4.8 Abhängigkeit der Beizzeit von der Zusammensetzung der Salzsäurebeize bei 20 °C, sogenanntes „Kleingarn-Diagramm" [52].

zeiten in Abhängigkeit des Betriebspunktes (HCl-Konzentration, Fe-Konzentration) sowie der Temperatur vorzunehmen.

Die optimale Beizkurve ist temperaturunabhängig. Die im Diagramm dargestellten „Muschelkurven" sind Kurven gleicher Beizgeschwindigkeit bzw. gleicher Beizdauer. Da es nicht möglich ist, eine absolute Aussage über die Beizgeschwindigkeit zu machen, wird hier ein Bezug zu einem Referenzpunkt hergestellt.

In diesem Diagramm ist ein Referenzpunkt bei 20 °C und einer HCl-Konzentration von 160 g/l und einer Fe-Konzentration von 65 g/l festgelegt. Dieser Punkt liegt auf dem Beizoptimum, d. h. kürzeste Beizdauer bei einer bestimmten HCl-Konzentration. Alle anderen Punkte sind als Werte im Verhältnis zum Referenzpunkt zu verstehen.

Ein Beispiel: Ein Punkt mit 100 g/l HCl und 110 g/l Fe, der auch auf der optimalen Linie liegt, entspricht einer Beizdauer von 130 % bei 20 °C (siehe Linie 4).

Um die Beizdauer zu verringern und beispielsweise wieder 100 % Beizdauer zu erreichen, müsste man die Temperatur auf ca. 23 °C (genauer Wert aus der Tabelle 93,7 % bei 25 °C) erhöhen.

So kann man für jeden beliebigen Betriebspunkt und jede Temperatur eine Abschätzung der Beizdauer vornehmen. Dieses Beizdiagramm steht am Markt mit entsprechender Softwarelösung zur Verfügung und stellt eine gute Unterstützung beim Beizmanagement in der Feuerverzinkerei dar [72].

Zur Konstanthaltung optimaler Beizbedingungen sollte nach Durchsätzen von 50–100 m^2 Oberfläche/l HCl die Dichte, der HCl- und Eisengehalt analytisch bestimmt werden. Bei fehlendem HCl-Gehalt ist die Beize mit Frischsäure bis zu einem Punkt auf der Betriebskurve nachzuschärfen, aber nur bis zu einem Umfang, dass bei der Entsorgung der Beize (Fe = 150–200 g/l) der HCl Gehalt nur

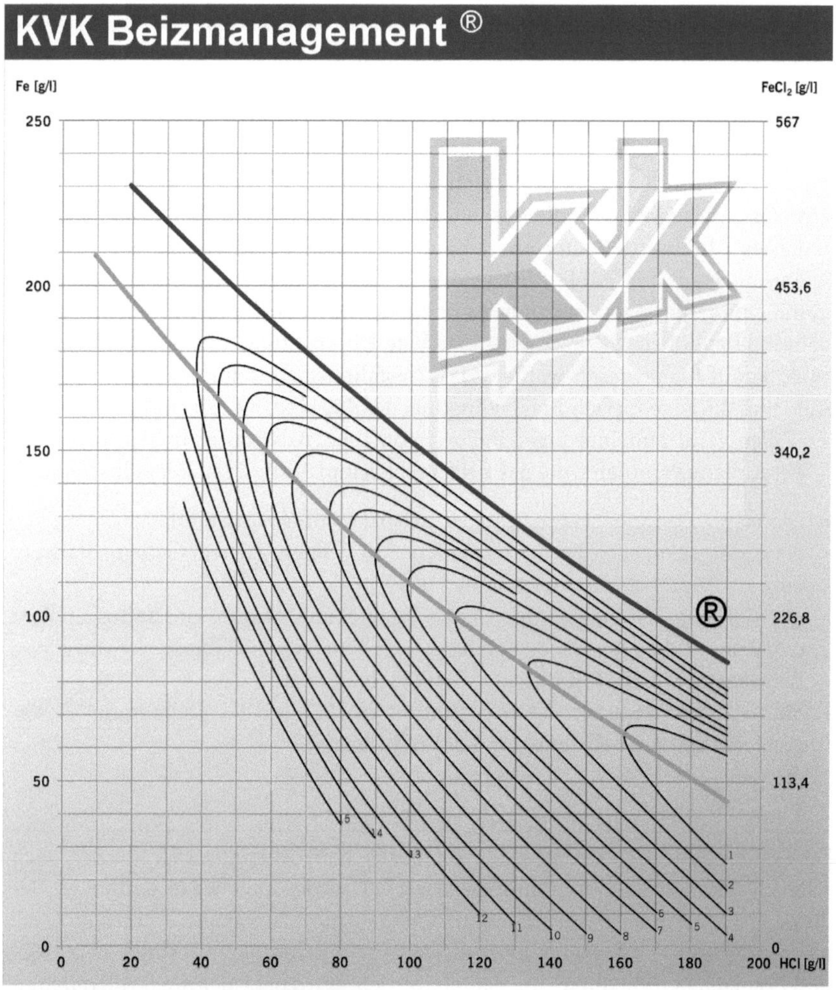

KVK Beizmanagement ®

Fe [g/l] · $FeCl_2$ [g/l] · HCl [g/l]

— Sättigungslinie 20° C
— Optimale Beizlinie

relative Beizzeit in %						
	15 °C	20 °C	25 °C	30 °C	35 °C	40 °C
1	138,7	100	72,1	52,0	37,5	27,0
2	152,6	110	80,4	58,0	41,8	29,8
3	166,3	120	86,8	62,5	45,0	32,4
4	180,4	130	93,7	67,8	49,0	35,2
5	194,0	140	102,1	73,6	52,5	37,8
6	207,7	150	108,2	78,0	56,7	40,5
7	222,0	160	115,4	83,2	60,0	43,3
8	251,2	180	129,8	93,6	67,5	49,0
9	278,9	200	144,2	104,0	75,0	54,4
10	305,7	220	158,6	144,5	82,5	59,6
11	334,1	240	173,0	124,8	90,8	65,1
12	360,0	260	187,5	135,2	97,5	70,2
13	387,6	280	201,9	145,6	105,5	75,6
14	415,0	300	215,8	156,0	112,4	80,9
15	456,2	330	239,1	171,5	123,8	88,9

KOERNER

KOERNER Chemieanlagenbau Ges.m.b.H.
Am Bahnhof 26, 8551 Wies, Austria

www.koerner.at

Abb. 4.9 KVK-Beizkurve für Salzsäurebeizen beim Feuerverzinken (Quelle: Koerner Chemieanlagenbau Ges.m.b.H. Wies, Österreich, mit Erlaubnis).

noch 2 Gew.-% beträgt. Bei dieser Arbeitsweise wird die Salzsäure zu 75–90 % ausgenutzt. Die verlängerte Beizzeit mit zunehmendem Eisengehalt kann bei einem HCl-Gehalt < 70 g/l durch Temperaturerhöhung der Beize bis 40 °C kompensiert werden, ohne den Gefahrenpunkt zu überschreiten.

Das Eisen liegt in der HCl-Beize nahezu vollständig zweiwertig vor, da dreiwertige Ionen bei Kontakt mit metallischem Eisen nach Gl. (4.7) reagieren. Bei Zutritt von Luftsauerstoff oxidiert es jedoch wieder zum dreiwertigen Eisenion. Die in diesem Abschnitt erläuterten Parameter des Beizvorganges sind überwiegend Erfahrungen aus der Stahlindustrie, die für Salzsäurebeizen in Feuerverzinkereien mit einem niedrigen Zinkgehalt uneingeschränkt übertragen werden können, während bei höheren Konzentrationen eine Überprüfung notwendig ist. Weiter muss darauf hingewiesen werden, dass Verfahrensdaten nur für den jeweiligen Stahl und die zugehörigen Beizbedingungen gültig sind, jedoch sind in den meisten Fällen Verallgemeinerungen in Form von Tendenzbeschreibungen vertretbar.

Wesentliche Parameter, die das Beizergebnis und die Beizzeit beeinflussen sind:

- Die Stahlzusammensetzung (Legierungsbestandteile im Stahl),
- die vorangegangenen Fertigungsstufen [53]: Walzen, Ziehen, Glühen, Stanzen, Gießen, Zuschnitt, Brennschneiden u. a.,
- der Ausgangszustand der Oberfläche: In welcher Art und Weise bedecken Rost und Zunder die Oberfläche der Teile, liegt eine fettfreie Oberfläche vor,
- Beizzusätze wie Inhibitoren und Beizbeschleuniger,
- die Arbeitsbedingungen (Konzentration an HCl und Fe, Temperatur, Bewegung der Stahlbauteile oder/und der Beizlösung).

Salzsäure- und Eisengehalt, Beizzeit, Temperatur Damit unter Einhaltung der DAST-Richtlinie 022 der geforderte Oberflächenvorbereitungsgrad „Be“ nach DIN EN ISO 12944-4 bei minimaler Beizzeit sowie unter wirtschaftlichen Bedingungen (minimaler Verbrauch an Energie und Chemikalien) erreicht wird, müssen optimale Parameter beim Beizen für die Temperatur sowie den HCl- und Eisengehalt unbedingt eingehalten werden. Wird bei einer noch vertretbaren Beizzeit der geforderte Oberflächenvorbereitungsgrad „Be“ nicht erreicht, bleibt nur noch eine vorherige mechanische Reinigung übrig, z. B. Reinigungsstrahlen (siehe Abschn. 4.2.2.1).

Nach Untersuchungen über die Zeit zum Abbeizen von Zunder auf warmgewalzten, beruhigt vergossenem SM-Stahl bestehen folgende Zusammenhänge [54]:

- Bei eisenfreien Beizen sinkt die Beizzeit mit steigendem Salzsäuregehalt bedeutend,
- ein zunehmender Eisengehalt erhöht bis zu einem Grenzbereich in Abhängigkeit von der Salzsäurekonzentration die Auflösegeschwindigkeit,
- oberhalb dieses Grenzbereiches verlängern sich die die Beizzeiten erheblich, eine Salzsäurezugabe ist fast wirkungslos und die Beize sollte verworfen und entsorgt werden,

- der Temperatureinfluss auf die Beizzeit ist signifikant; die mittleren Beizzeiten verhalten sich bei 20, 40 und 60 °C wie 12,3 : 3 : 1.

Der Beizprozess kann durch eine Steigerung der Temperatur wesentlich mehr intensiviert werden als durch die Erhöhung der Salzsäurekonzentration. Demgegenüber führt eine Beiztemperatur unter 20 °C zu unvertretbar langen Beizzeiten. Deshalb sollte unbedingt die Möglichkeit der Beheizung der Beizlösungen bestehen, denn im Winterhalbjahr sinken die Temperaturen der Beizlösungen unter 20 °C.

Zur Intensivierung des Beizprozesses können der Beize Beizbeschleuniger zugesetzt werden. Das sind Tenside, die benetzende, emulgierende, suspendierende sowie grenzflächen- und oberflächenspannungserniedrigende Wirkungen erzeugen. Sie erfüllen in der Beize folgende Aufgaben:

- Bildung kleiner Wasserstoffbläschen, die Rost und Zunder absprengen, schnell zur Oberfläche aufsteigen und austreten und damit die Gefahr der Wasserstoffversprödung reduzieren,
- Bildung stabiler Emulsionen von Inhibitoren,
- Verringerung der Ausschleppverluste aus durch Reduzierung der Oberflächenspannung,
- inhibierende Wirkung, indem diese auf der Metalloberfläche und nicht auf den Oxidschichten haften.

Änderung der chemischen Zusammensetzung Während des Beizens laufen die folgenden chemischen Reaktionen ab:

$$FeO + 2HCl \rightarrow FeCl_2 + H_2O \tag{4.1}$$

$$Fe_2O_3 + 6HCl \rightarrow 2FeCl_3 + 3H_2O \tag{4.2}$$

$$Fe_3O_4 + 8HCl \rightarrow FeCl_2 + 2FeCl_3 + 4H_2O \tag{4.3}$$

$$2FeO(OH) + 6HCl \rightarrow 2FeCl_3 + 4H_2O \tag{4.4}$$

$$Fe + 2HCl \rightarrow FeCl_2 + H_2 \tag{4.5}$$

Als Sekundärreaktion treten auf:

$$2FeCl_3 + Fe \rightarrow 3FeCl_2 \tag{4.6}$$

$$2FeCl_3 + 2H \rightarrow 2FeCl_2 + 2HCl \tag{4.7}$$

In der Hauptreaktion (4.3) werden zur Auflösung von 1 g Magnetit Fe_3O_4 (= 0,72 g Fe) 1,26 g HCl benötigt, aus denen letztendlich 2,18 g FeO_2 (= 0,96 g Fe) entstehen. Eisen(II)-chlorid hat auf auf die Zunder- und Eisenauflösung eine beschleunigende Wirkung. Während die Bildung des dreiwertigen Eisenions nach den Gln. (4.3)–(4.5) unvermeidbar ist, kann seine Entstehung durch Oxidation der zweiwertigen Form durch Luftsauerstoff eingeschränkt werden [15].

Abbildung 4.8 und 4.9 zeigen bei abnehmendem Salzsäure- und steigendem Eisengehalt deutlich die einhergehende Verlängerung der Beizzeit. Diese negative Auswirkung kann durch folgende Maßnahmen kompensiert werden:

- Temperaturerhöhung der Beize: nur möglich, wenn durch geeignete Maßnahmen keine HCl-Dämpfe in den Arbeitsbereich gelangen können, z. B. durch Einhausung der Beizanlage, Beachtung der VDI-Richtlinie 2579.
- Nachschärfen der Beize durch Zugabe von konzentrierter HCl: Geringste Beizzeiten erreicht man, indem die Beize HCl-Gehalte aufweist, die nicht wesentlich von der Betriebskurve abweichen (Abb. 4.8 und 4.9). HCl-Gehalte unter oder über der Betriebskurve führen zur Verlängerung der Beizzeit.
- Optimale Beizbedingungen werden durch die Realisierung beider Maßnahmen erreicht (Abb. 4.8 und 4.9).

Werkstoffe, die zur Wasserstoffversprödung neigen (siehe Abschn. 4.2.5.2, *Inhibition, Wasserstoffversprödung, Spannungsrisskorrosion*) und deshalb so kurz wie möglich zu beizen sind, können in einer eingearbeiteten Beizlösung mit optimalen Beizbedingungen oder in einer Zweistufenbeize gebeizt werden (Beachtung der DSV-GAV-Richtlinie). In [37] wird angegeben, dass bei dieser Verfahrensweise die Beize in Abhängigkeit von den Beizbedingungen bis zu 200 (< 170 g) Fe/l und 70 g HCl/l betrieben werden kann. Bei Verwendung von Stahlbehältern für inhibierte Beizen zählt der Klammerwert [55].

Bewegung: Die Relativbewegung Werkstück–Beize ist ein Parameter, der in herkömmlichen Tauchanlagen immer noch unterschätzt wird, obwohl seit langem bekannt ist, dass sich damit das Absetzen von Beizschlamm auf den Teilen vermindert, der Angriff an der Oberfläche durch Vermeidung eines Über- bzw. Unterbeizens gleichmäßiger abläuft und der Prozess beschleunigt wird. Jüngere Literatur weist auf den Vorteil der Vibration beim Beizen hin: Verringerung der Beizzeit bis zu 70 %, Reduzierung der Verschleppung um etwa 50 % (siehe Abschn. 4.2.4.1) sowie sauberes und glatteres Aussehen der gebeizten Oberfläche. Wenn auch die beim Drahtbundbeizen gefundenen interessanten Werte nicht formal auf Stückverzinken übertragen werden können, so bleibt die generell positive Tendenz gültig [50, 51]. Der positive Einfluss der Bewegung auf die Beizzeit sollte vor allem beim Verzinken hochfester Stähle beachtet werden.

Als Alternativen zur Vibration sind die energiearme Schaukelmechanik und das Umpumpen der Beize zu nennen. Rohre und Hohlprofile werden längs ihrer Achse geflutet. Vor allem bei Körben mit dichter Packung an Bauteilen ist eine Bewegung erforderlich, während Kleinteile in einer rotierenden Trommel einen guten Flüssigkeitsaustausch erhalten. Abzulehnen ist die Luftbewegung der Beize, da nach Gl. (4.8)

$$4FeCl_2 + O_2 + 4HCl \rightarrow 4FeCl_3 + 2H_2O \qquad (4.8)$$

unter zusätzlichem Verbrauch von Salzsäure dreiwertige Eisenionen entstehen, die gemäß Gl. (4.5) zu weiteren Materialverlusten beitragen. In ruhenden Beizen bildet sich eine obere sauerstoffreichere Schicht, die zu einem stärkeren Abtrag an den Bauteilen führt [15]. Weiterhin führt eine Bewegung zur Verdrängung von Luftsäcken bei ungünstig geformten Bauteilen.

Inhibition, Wasserstoffversprödung, Spannungsrisskorrosion

Grundlagen Die Gl. (4.5) stellt die Auflösung des Eisens in Salzsäure summarisch in einer vereinfachten Form dar. Zum tieferen Verständnis des Ablaufes sei erläutert, dass innerhalb des elektrochemischen Korrosionsprozesses die Teilvorgänge

$$Fe \rightarrow Fe^{2+} + 2e^- \tag{4.9}$$

und

$$2H^+ + 2e^- \rightarrow 2H \tag{4.10}$$

zwar nebeneinander existieren, jedoch nach verschiedenen Reaktionsmechanismen ablaufen. Das bedeutet, dass die der Beize zugesetzten bzw. aus dem Stahl gelösten Substanzen jeden Teilschritt unterschiedlich blockieren (inhibieren) oder aktivieren (promovieren) können. Für den nach Gl. (4.10) gebildeten atomaren Wasserstoff entscheiden die jeweiligen Milieubedingungen in der Grenzschicht Beize/Werkstoff, ob er sich zu Molekülen zusammenlagert und als Gasblase aus der Beize entweicht, oder ob er in das Eisen diffundiert. Im letzten Fall bildet er mit dem Eisen Einlagerungsmischkristalle, die ihm eine hohe Diffusionsgeschwindigkeit im Gefüge vermitteln. Der molekulare Wasserstoff hat ein deutlich größeres Volumen als der atomare und kann deswegen nicht im Metallgitter eingelagert werden. Seine Speicherung erfolgt stattdessen in Gitterfehlstellen, inneren Hohlräumen wie Korngrenzen, Schlackeneinschlüssen, Lunkern, Materialversetzungen, Rissen und ähnlichen Defektstellen, die in der eingeschlossenen Gasblase erhebliche Drücke erzeugen können und zu den bekannten Beizblasen (Abb. 4.1 und 4.2) führen [10, 56].

Ist der Werkstoff nicht in der Lage auf diesen Druckaufbau entsprechend zu reagieren, z. B. weil die inneren Kohäsionskräfte zu schwach sind oder eine zu geringe Elastizität im Inneren des Werkstoffes besteht (Wasserstoffversprödung hochfester Stähle), sind Schäden im Werkstoffgefüge möglich. Die konkrete Situation ist oft schwierig zu beurteilen. Im Allgemeinen sind Bauteile mittlerer Festigkeit und größerer Homogenität am wenigsten gefährdet. Die Wasserstofflöslichkeit im Eisengitter ist temperaturabhängig. Mit zunehmender Temperatur nimmt die Löslichkeit von Wasserstoff in Metallen zu und bei abnehmender ab. Das bedeutet aber auch, dass beim Abkühlen z. B. nach dem Verzinken die Wasserstofflöslichkeit im Bauteil abnimmt und Wasserstoff aus dem Stahl austreten kann. Manche Abplatzungen des Zinküberzuges oder Blasen zwischen Stahl und Zinküberzug haben darin ihre Ursache. Das verzögerte Auftreten derartiger Schäden, teilweise erst nach Stunden oder Tagen, ist ein sicheres Indiz dafür (siehe Abschn. 2.2) [10].

Wasserstoff kann aus sehr unterschiedlichen Gründen in ein Stahlbauteil gelangen: Feuchte Erze und Rohstoffe bei der Stahlherstellung sowie feuchte Elektroden beim Schweißen sind Möglichkeiten im Vorfeld der Feuerverzinkung. Beim Verzinken selbst sind es vor allem die sauren Verfahrens- und Flussmittellösungen zur Oberflächenvorbereitung. Dabei müssen es nicht immer nur die offensichtlich sauren Prozessstufen wie Beizen in Salzsäure sein, die zur Wasserstoffaufnahme führen, sondern bereits die Lagerung in salzsaurer Atmosphäre kann zur Wasserstoffaufnahme beitragen. Für die Feuerverzinkung besonders wichtig ist der Einfluss der Legierungselemente im Stahl. Insbesondere durch Silizium wird die Wasserstoffdiffusion gehemmt, d. h. auch die Wasserstoffdiffusion aus der Metalloberfläche, weil keine entsprechende Nachdiffusion erfolgen kann.

Bei hochfesten Stählen mit einer Zugfestigkeit über 1000 N/mm^2 kann bei vorliegender Anfälligkeit im Zuge örtlicher Anreicherung von atomaren Wasserstoff und plötzlicher Zugbeanspruchung wasserstoffinduzierte Spannungsrisskorrosion (engl. HISCC, Hydrogen Induced Stress Corrosion Cracking), vereinfacht Wasserstoffversprödung, auftreten. Die HISCC wird hauptsächlich von der Festigkeit und Härte des Stahls sowie den Legierungselementen im Stahl beeinflusst (siehe Abschn. 2.2.6). Das Gebiet der Wasserstoffversprödung ist sehr umfangreich und kann hier nicht weiter abgehandelt werden. Ausführlich wird diese Problematik in [10] behandelt.

Inhibition der Eisenauflösung Beim Beizen treten erwünschte Reaktionen (Reaktion der HCl mit dem Zunder und Rost, chemische Gln. (4.1)–(4.4)) und unerwünschte auf (chemische Gln. (4.5) und (4.6)). Zur Reduzierung der unerwünschten Reaktionen beim Beizen (Salzsäure/Eisen) mit ihren negativen Begleiterscheinungen – der Wasserstoffentwicklung und Diffusion in den Stahl – wurden Hemmstoffe in Salzsäurebeizlösungen getestet und weniger wissenschaftlich entwickelt sowie nach ihrem Hemmwert bewertet. Ein Inhibitor ist demzufolge ein Hemmstoff, der die unerwünschten Reaktionen verlangsamen, hemmt oder noch besser verhindert, aber die gewünschten Reaktionen möglichst nicht nachteilig (die Beizzeit verlängernd) beeinflussen soll.

Die Inhibition des Eisenabtrages in einer Mineralsäure durch organische Zusätze (sogenanntes Sparbeizen) ist bereits seit langem technisch eingeführt [3–5, 10, 46, 47], und es sind zahlreiche wirkungsvolle Stoffe vorgeschlagen worden. Trotzdem sind die Kenntnisse zum Verhalten der Inhibitoren unter den praktischen Bedingungen, z. B. bei Gegenwart von Fe(II)- und Fe(III)-Ionen oder der Stahlbegleiter Schwefel und Phosphor recht lückenhaft. In Gegenwart von gelöstem Eisen, insbesondere von dreiwertigen Eisenionen, wird die Hemmschutzwirkung stark gemindert, oder die Substanzen können wirkungslos werden [62].

Für die Auswahl eines geeigneten Inhibitors und zu dessen Überwachung im Betrieb bleiben gezielte Untersuchungen nicht aus. Beizinhibitoren sind u. a. Verbindungen aus Alkohol, Schwefel, Tanin, Leim. In [3, 7, 10, 57] sind weitere Inhibitoren sowie Prüfverfahren zur Bewertung des Wasserstoffgefährdungspotenzials und der Inhibitoren beschrieben.

Ein Inhibitor sollte folgende Forderungen erfüllen:

- Wirkungsbereich vom Neuansatz der Beize bis zur Sättigung mit Eisen,
- keine Beeinträchtigung des Regenerationsverfahrens,
- Funktionsfähigkeit bei 15 °C bis mindestens 40 °C,

- keine wesentliche Beizzeitverlängerung zur Zunder- und Rostauflösung,
- leichte Entfernbarkeit beim anschließenden Spülen und keine nachteilige Beeinträchtigung des Flux- und Verzinkungsprozesses,
- es dürfen sich keine Reaktionsprodukte bilden, die den Beizprozess stören (Bildung von Wasserstoffpromotoren) oder zu Geruchs- und Umweltbelastungen führen (Bildung von „adsorbierbaren organischen Halogenverbindungen" AOX) [7].

Für die Verzinkung von hochfesten Verbindungsmitteln der Festigkeitsklasse 10.9 verweist die DIN EN ISO 10684 zur Vermeidung von Schäden auf die Notwendigkeit der Verwendung von Inhibitoren im Zuge der Beizbehandlung und schränkt zusätzlich die Anwendung der Hochtemperaturfeuerverzinkung für Schraubenabmessungen bis einschließlich M24 ein. Demzufolge dürfen Schrauben der Abmessung M27 und darüber nur nach dem Verfahren der Normaltemperaturfeuerverzinkung verzinkt werden. Weitere Anforderungen an HV-Schrauben werden in der DSV-GAV-Richtlinie geregelt. Außerdem werden dazu in [4, 10] weitere Ausführungen gemacht.

Wasserstoffinduzierte Spannungsrisskorrosion Die Menge des in das Stahlgefüge diffundierenden Wasserstoffs ist u. a. von folgenden Faktoren abhängig [4, 6, 10, 55–58]:

- Korrosionsrate des Eisens gemäß Gl. (4.5), d. h., dass bei deren Inhibition prinzipiell weniger atomarer Wasserstoff vorliegt,
- Gehalt an HCl, Fe(II)- und Fe(III)-Ionen,
- der Stahlzusammensetzung [10, 58],
- der Gegenwart von Promotoren, insbesondere von Schwefel bzw. von Inhibitoren der Wasserstoffdiffusion,
- von etwaigen Werkstoffpaarungen an Schweißstellen.

Der Einfluss des Zinks in der Beize kann vernachlässigt werden [73]. Die in den Stahl diffundierende Wasserstoffmenge wird durch Messung des Wasserstoffpermeationsstromes bestimmt. Mit dem gleichen Prinzip kann die Wirkung von Inhibitoren auf die Diffusion bewertet werden; auf dieser Basis strebt man eine betriebliche Überwachung der Beizen an. Durch eine Verminderung der Eisenauflösung durch Salzsäure nach Gl. (4.5) wird nicht gleichzeitig ausgeschlossen, dass die verbleibende atomare Wasserstoffmenge bei etwaiger Einlagerung im Stahl für einen späteren Sprödbruch ausreichend ist. Bei der Oberflächenvorbereitung hochfester Stähle ist deshalb der einzusetzende Inhibitor bezüglich Metallabtrag und Wasserstoffpermeation zu prüfen und zu bewerten [58].

Der gegenwärtige Kenntnisstand lässt folgende Empfehlungen zu (DSV-GAV-Richtlinie):

- Gesondertes Beizen für hochfeste und andere Stahlsorten,
- Salzsäurekonzentration: 15–8 Gew.-% = 160–80 g HCl/l, Eisengehalt: 120–40 g/l, Nachschärfen mit Säure ist nicht erlaubt,

- Beizzeit: 30 min, bei Raumtemperatur, sie ist durch geeignete Maßnahmen so zu optimieren, dass diese nicht wesentlich überschritten wird (Fettfreiheit der Stahloberfläche, Temperatur, Bewegung der Beizlösung und/oder der Stahlteile),
- Einsatz von Inhibitoren, die den Eisenabtrag vermindern und die Wasserstoffpermeation senken, zumindest nicht aktivieren,
- der Schwefelgehalt des Stahls soll niedrig sein.

Sollte die Wasserstoffdiffusion in Größenordnungen liegen die die Stahlbauteile beeinträchtigen, so kann diesen der Wasserstoff durch Tempern bei 180–240 °C und etwa 1,5–2 h entzogen werden (ist z. B. in der Galvanotechnik üblich). Der im Stahl befindliche molekulare Wasserstoff kann auch erst nach längerer Zeit unter hohem Druck aus dem Werkstoff austreten und den Zinküberzug abheben. Besonders beizempfindlich sind höher gekohlte, unberuhigte Stähle und siliziumhaltige Automatenstähle [4, 10].

Analytische Kontrolle

Zur Überwachung der Beize bestimmt man im Allgemeinen die Dichte bei 20 °C und titriert den Gehalt an freier Salzsäure [3, 38]. Aus beiden Größen wird mithilfe des Nomogrammes in Abb. 4.10 der Eisengehalt ermittelt. Zur Berechnung der für eine etwaige Regenerierung erforderlichen Salzsäuremenge bedient man sich des Mischungskreuzes (Abb. 4.7). Anderenfalls beauftragt man damit ein Labor, aber auch die Salzsäurelieferanten und Entsorgungsfirmen führen derartige Analysen aus, meistens sogar kostenlos.

Zur Überwachung der Salzsäurebeize wird auch die Messung der spezifischen elektrischen Leitfähigkeit vorgeschlagen. Bei deren Anwendung und gleichzeitiger Dichtebestimmung kann auf nasschemische Methoden verzichtet werden. Während beim Stückverzinken die Überwachung der Beize turnusmäßig durchzuführen ist, lohnt sich bei großem Durchsatz eine automatische Kontrolle, die mit gleichzeitiger Salzsäuredosierung gekoppelt ist [50].

Bei der in einer Stückgutverzinkerei üblichen abwasserfreien Oberflächenvorbereitung – Einsatz eines salzsauren Beizentfetters, Verwendung des Spülwassers für Neuansätze zum Ergänzen der Verdunstungsverluste – fallen ausschließlich saure eisen- und zinkhaltige Beiz- und Entfettungslösungen an. Die zur Anwendung kommenden Recyclingverfahren erfordern das Einhalten von Grenzwerten für Zink, Öl und Fett. Anderenfalls erhöhen sich die Kosten für das Entsorgen. Deshalb ist jede Verzinkerei daran interessiert, diese nicht zu überschreiten.

4.2.5.3 Oberflächenvorbereitung von Gusswerkstoffen

Unter Gusswerkstoffen versteht man zahlreiche Sorten von Gusseisen mit 2–4,5 % Kohlenstoff und Stahlguss mit < 2 % Kohlenstoff [3, 56, 62]. Die Oberfläche der Werkstücke besteht aus einer bis zu 3 mm dicken Haut aus Eisenoxiden und den in Salzsäure schwer bzw. unlöslichen Eisensilikaten sowie Formsand, Grafit und Temperkohle. Bereits bei der Herstellung der Gussformen (Porosität und Feuchtigkeit der Form, getrocknete Kerne) kann man auf die spätere Feuerverzin-

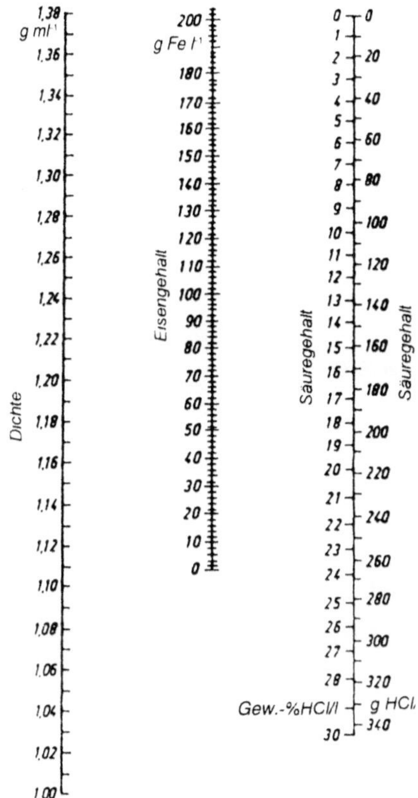

Abb. 4.10 Nomogramm zum Zusammenhang von Dichte, Eisen- und Salzsäuregehalt bei 20 °C.

kung günstig Einfluss nehmen. Bei einer Serienfertigung empfiehlt sich zwischen der Gießerei und der Feuerverzinkerei eine technologische Abstimmung der Parameter [15].

Zur Oberflächenvorbereitung kommen das Reinigungsstrahlen (siehe Abschn. 4.2.2.1) oder das Beizen bzw. beides in Kombination zur Anwendung. Das Strahlen kann bei Bauteilen mit einer starken Gusshaut oder sichtbaren Grafitbelägen eingesetzt werden, jedoch kann es bei kompliziert geformten Teilen nur bedingt wirken. Die Entfernung von Formsand aus Lunkern und Poren bereitet ebenfalls Schwierigkeiten. Wird durch Strahlen auf der Stahlteiloberfläche der Oberflächenvorbereitungsgrad „Be" (Tab. 3.4) erzielt, können die Teile, nach Absaugen des Staubes, direkt in das Flussmittel und die Zinkschmelze eingebracht werden. Die Zeit nach dem Strahlen und Fluxen darf 10 min nicht überschreiten. Anderenfalls kann das durch Strahlen erreichte und für den Verzinkungsprozess notwendige Aktivierungspotenzial der Stahloberfläche soweit gegen 0 mV tendieren, dass eine Diffusion Zink-Eisen-Zink gestört oder nicht abläuft und keine qualitätsgerechten Zinküberzüge erreicht werden. Wegen des Aufwandes für die Ausrüstungen und der Zeit für das Absaugen des Staubes von der Gussteilober-

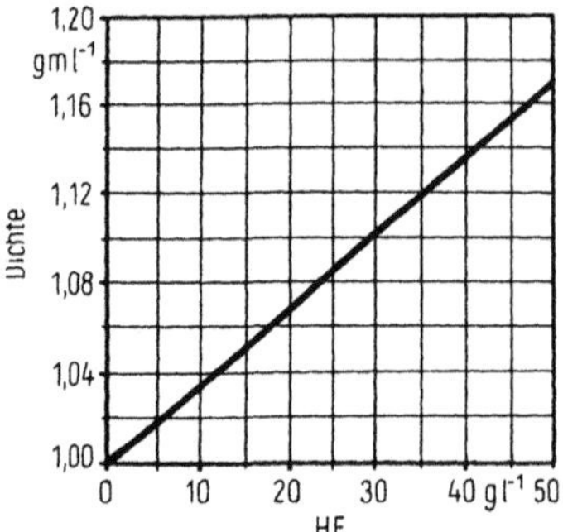

Abb. 4.11 Dichte vom System Flusssäure-Wasser bei 20 °C [15].

fläche werden diese nach dem Strahl überwiegend in Salzsäure-Flusssäure-Beizen gebeizt. Die flusssäurehaltige Salzsäure löst silikatische Bestandteile gut auf, und die Fluoridionen greifen die Magnetithaut rasch an [15], ohne das Eisen wesentlich abzutragen. Die Zusammensetzung der Beize kann unter der Maßgabe einer kurzen Beizzeit und unter Anpassung an den Ausgangszustand der Gussoberfläche innerhalb des folgenden Bereiches gewählt werden:

Gehalt Salzsäure: 35–140 g/l HCl (3,15–13,2 Gew.-%)
Gehalt Flusssäure: 20–50 g/l HF

Reaktion der Flusssäure

$$SiO_2 + 6HF \rightarrow H_2SiF_6 + 2H_2O \tag{4.11}$$

(H_2SiF_6 = Hexafluorwasserstoffsäure, wasserlöslich).

Die Metalloxide der Zunderschicht werden zu Metallfluorid umgesetzt und der Kohlenstoff (Grafit) fällt als Schlamm im Beizbehälter aus. Angesetzt wird mit technisch reinen Chemikalien; die Flusssäure wird 40–50 %ig gehandelt, die Dichte kann aus der Abb. 4.11 entnommen werden.

Zur analytischen Überwachung der Salzsäure-Flusssäure-Beize stehen Vorschriften zur Verfügung [38]. Das Beizen erfolgt bei Raumtemperatur und es ist die kürzeste Zeit einzuhalten, um Zerklüftungen des Werkstoffes zu vermeiden. Wenn es die Form und Größe der Bauteile erlauben, können diese vorteilhaft in einer rotierenden Trommel behandelt werden. Nach dem Beizen sollten die Bauteile wegen der Porosität des Grundmaterials mindestens 1 min in rotierenden Trommeln oder einem mit Luft bewegtem Spülwasser behandelt werden.

4.2.5.4 **Entzinken**

Stahlteile mit fehlerhaften Zinküberzügen sowie Verzinkungsvorrichtungen (Traversen, Gestelle, Ketten) können in einer Salzsäurelösung entzinkt werden.

Zusammensetzung der Entzinkungsbeize und Arbeitsbedingungen:

- HCl: 3–5 % = 30–50 g/l,
- Dichte: 1,015–1,025 g/ml,

- Fe : Zn > 8 : 1, siehe Abschn. 4.5.3 unter Recycling,
- Inhibitor: 0,5–2 % (nach Angaben des Herstellers),
- pH-Wert: < 1,
- Temperatur: 17–20 °C,
- Beizgeschwindigkeit bei 30 g HCl/l, $T = 20\,°C$: 50–70 $g/(m^2\,h)$,
- Entsorgung: siehe Abschn. 4.5.3.

Abbildung 4.12 zeigt die Dichte einer wässrigen Zinkchloridlösung. Im Interesse einer kostengünstigen Entsorgung ist die Belastung der Entzinkungslösung mit für die Aufarbeitung störenden Verunreinigungen (z. B. Eisen, Öl, Fett) so gering wie möglich zu halten.

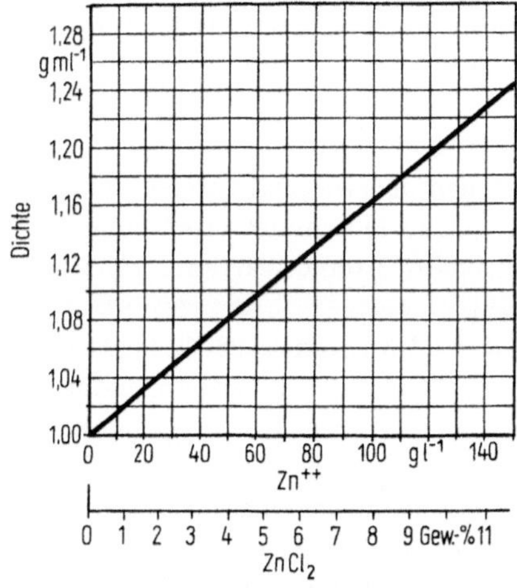

Abb. 4.12 Dichte einer wässrigen Zinkchloridlösung bei 20 °C [15].

Dazu folgende Hinweise:

Die Reaktion $Zn + 2HCl \rightarrow ZnCl_2 + H_2$ ist mit einer heftigen Wasserstoffentwicklung verbunden. Deshalb sind hierbei, aber auch generell in der Beizerei, alle Zündquellen auszuschließen, die zu einer Explosion und zum Brand führen können.

Auch über dem Abbeizbehälter angeordnete stromführende Schleifleitungen für Kräne können durch Funkenbildung das Auslösen eines Brandes verursachen.

Dazu einige Hinweise:

- Einsatz eines wirkungsvollen, nicht schäumenden und entsorgungsfreundlichen Inhibitors für Eisen (sollte mit Entsorgungsfirma abgestimmt werden). Damit wird gleichzeitig einer möglichen Wasserstoffversprödung vorgebeugt.
- Sofortige Entnahme der Bauteile nach Abschluss des Entzinkungsprozesses, damit der Eisengehalt in der Beize und damit die Entsorgungskosten auf ein Minimum gehalten werden

- Für Kleinteile können Körbe aus den gleichen Werkstoffen wie zur Oberflächenvorbereitung eingesetzt werden (Reinnickel, Nickel-Kupfer-Legierung, Eisen-Silizium-Legierung, PVC, Polypropylen, Stahllegierung X8CrNiMoTi 18.11).

4.2.6 Flussmittelbehandlung

Bei jeder Art der Feuerverzinkung von Stückgut sind zum einwandfreien Ablauf der Verzinkungsreaktion Flussmittel notwendig. Diese stellen eine Art Feinbeize dar und haben außerdem die Aufgabe, das gebeizte und gespülte Verzinkungsgut so zu aktivieren, damit dieses schnell und auf die Gesamtoberfläche bezogen homogen mit der Zinkschmelze reagieren kann.

4.2.6.1 Flussmittel auf Basis $ZnCl_2/NH_4Cl$ und $ZnCl_2/NH_4Cl/KCl$

So lange industriell feuerverzinkt wird, dienen überwiegend Salzgemische der chemischen Zusammensetzung $ZnCl_2/NH_4Cl$ als Flussmittel. Das Schmelzverhalten derartiger Flussmittel kann dem bekannten Zustandsdiagramm von Hachmeister [63] entnommen werden (Abb. 4.13).

Danach erniedrigt sich der Schmelzpunkt des $ZnCl_2$ von ca. 280 °C bei NH_4Cl-Zugabe auf ca. 230 °C bei etwa 12 Masse-% NH_4Cl, die Schmelztemperatur des ersten Eutektikums E_1. Ein weiteres Eutektikum E_2 mit einem Schmelzpunkt von ca. 180 °C liegt bei 49–27 Masse-% NH_4Cl, was in etwa einem Gemisch von 70 : 30 entspricht. In der heutigen Praxis der Feuerverzinkung finden beide Salzgemische allerdings kaum noch Anwendung, sondern es werden konzentrierte Salzgemische mit einem höheren Gehalt an NH_4Cl eingesetzt, etwa im Verhältnis 56 : 44

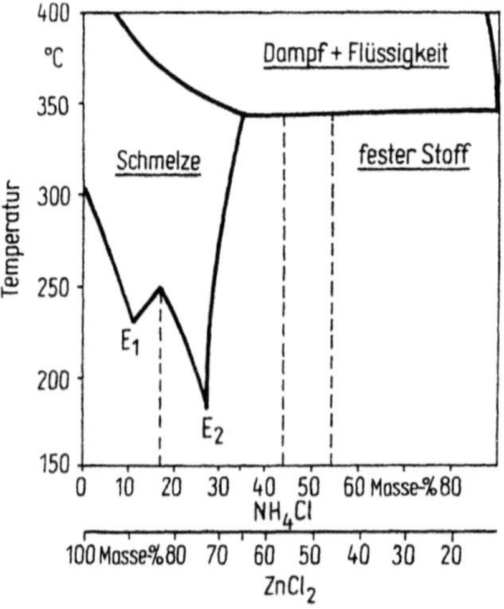

Abb. 4.13 Das binäre System $ZnCl_2/NH_4Cl$ nach Hachmeister [63].

(sogenanntes Doppelsalz), da diese aufgrund ihres erhöhten NH_4Cl-Anteils eine größere Beizwirkung haben.

Prinzipiell beruht die Flussmittelwirkung von $ZnCl_2/NH_4Cl$-Salzgemischen auf zwei Effekten [64]. Beim Trocknen bilden sich auf einem flussmittelbehandelten Teil zunächst stark saure Clorohydroxozinksäuren vom Typ $H_2/Zn(OH)_2Cl_2$, die bis ca. 200 °C dominieren und die sogenannte *1. Beizstufe* sichern, was besonders bei der Nassverzinkung wichtig ist. Bei höheren Temperaturen – insbesondere oberhalb 340 °C – entsteht durch thermische Spaltung dann HCl-Gas, das die *2. Beizstufe* bewirkt. Diese 2. Beizstufe ist besonders beim Trockenverzinken wichtig. Die Auflösung von Zinkoxidresten auf der Zinkschmelze erfolgt nach analogem Mechanismus.

4.2.6.2 **Trockenverzinken**

Beim Trockenverzinken wird das mit wässriger Flussmittellösung versehene Bauteil getrocknet in die Zinkschmelze getaucht. Dabei hat das Flussmittel die folgenden Aufgaben:

- Lösen der am Verzinkungsgut eventuell noch haftenden Eisensalze während des Eintauchens in die Flussmittellösung,
- Schutz des Verzinkungsgutes vor Luftoxidation zwischen Fluxen, Trocknen und Tauchen in die Zinkschmelze,
- Nachreinigung der Oberfläche beim Eintauchen in die Zinkschmelze unter gleichzeitigem Abschmelzen/Verbrauch des Flussmittels,
- Auflösen des sich an der Oberfläche der Zinkschmelze gebildeten Zinkoxides während des Eintauchvorganges.

Um diese Aufgaben zu erfüllen, müssen Flussmittel bestimmte Eigenschaften aufweisen:

- Gute Wasserlöslichkeit,
- niedrige Trocknungstemperatur, damit schon bei geringer Erwärmung des Verzinkungsgutes ein trockener Flussmittelfilm entsteht,
- gute Oxidationsschutzwirkung bei hohen Temperaturen, damit beim Trocknen das Verzinkungsgut gegen Reoxidation geschützt wird,
- gute Benetzung des Verzinkungsgutes (Netzmittel zugeben),
- nur geringe Wasseraufnahme des Flussmittelfilms bei Raumtemperatur, damit zwischen Trocknung und Verzinkung ein möglichst wasserarmer Flussmittelfilm erhalten bleibt,
- niedrige Schmelztemperatur zur Verbesserung der Abkocheigenschaften.

Als Flussmittel werden in der Praxis trotz ihres auf etwa 340 °C erhöhten Schmelzpunktes sogenannte Doppelsalze (s. o.) bzw. Trippelsalze (44 : 56) eingesetzt, also Salze mit unterschiedlichem NH_4Cl-Gehalt. Diese Flussmittel sind jedoch anfällig gegen zu hohe Aluminiumgehalte in der Zinkschmelze. Ab 0,02 % Aluminium in der Schmelze, bei Trippelsalze aufgrund ihres höheren NH_4Cl-Gehaltes schon ab 0,005 % Aluminium, kommt es zu Problemen, also zu schwarzen unverzinkten Stellen und zu Ascheanhaftungen. Außer dieser Einschränkung bei Aluminium können die Flussmittel aber bei allen anderen üblichen Legierungszusätzen angewendet werden.

Die genannten Flussmittel haben aufgrund ihres hohen NH_4Cl-Gehaltes den Vorteil einer hohen Nachbeizwirkung und niedrigerer Trocknungstemperaturen (ab ca. 50 °C). Bei Trocknungstemperaturen über 140 °C verbrennen die Flussmittel und beginnen, sich thermisch zu zersetzen, sind funktionsuntüchtig und es kommt zu Fehlbeschichtungen.

Höhere Aluminiumgehalte (bis 0,2 %) und Trocknungstemperaturen (bis 180 °C) vertragen Flussmittel mit geringen NH_4Cl-Gehalten und Flussmittel, denen zusätzlich Alkalichloride (KCl, NaCl) zugemischt werden [65]. Der Vorteil dieser Flussmittel ist, dass nur ein geringer Teil des Flussmittels mit dem Aluminium reagieren kann. Das gebildete $AlCl_3$ wird von Kaliumchlorid ($AlCl_3 + KCl \rightarrow KAlCl_3$) gebunden und liegt als Schmelze vor. Aus diesem Grund entstehen geringere Abgasemissionen als bei den $ZnCl_2/NH_4Cl$-Flussmitteln. Nachteil dieser Flussmittel ist die geringere Nachbeizwirkung, die eine intensivere Oberflächenvorbereitung inklusive der Trocknung erfordert, was nur mit einem zusätzlichen Aufwand verbunden ist. Zusätzlich wirken sich Eisengehalte im Flussmittel von mehr als 5 g/l ebenfalls negativ auf das Abkochverhalten des Flussmittelfilms aus.

Flussmittelkonzentrationen und Temperaturen

Die anzuwendende Flussmittelkonzentration ist in erster Linie von der Materialdicke des Verzinkungsgutes abhängig. Für Verzinkungsgut mit mehr als 4 mm Dicke wird eine Flussmittelkonzentration von 30 °Be, für dünnwandiges Material nur von 25–27 °Be benötigt. Der Grund hierfür ist die längere Abkochzeit bei dickwandigem Material. Das bedeutet, dass das Flussmittel auch eine längere Zeit den hohen Temperaturen ausgesetzt ist, bevor es abkochen kann. Dadurch besteht die Gefahr, dass das Flussmittel zumindest teilweise verbrennt. Die Folge sind Ascheanhaftungen (schwarze klebrige Asche) und schwarze unverzinkte Stellen. Idealerweise sollte die Asche ein dunkel- bis hellgraues Aussehen haben und trocken sein.

Grundsätzlich sollten die Flussmittel mit einer Konzentration von 400–500 g/l eingesetzt werden. Lediglich bei der Drahtverzinkung sind niedrigere Konzentration (100–250 g/l) möglich.

Neben den besseren Abkocheigenschaften erzielen hohe Konzentrationen auch einen besseren Schutz gegen Reoxidation während des Transportes zum Verzinkungskessel inklusive der Trocknung. Unabhängig davon ist aber davon auszugehen, dass zahlreiche andere Einflussfaktoren, wie z. B. die Trocknung, starken Einfluss auf den Zinkascheanfall haben (siehe Abschn. 4.2.7).

Flussmittel können sowohl heiß als auch kalt gefahren werden. Die obere Temperaturgrenze liegt wegen der zunehmenden Verdunstung etwa bei 80 °C. Heiße Flussmittellösungen (50–70 °C) haben gegenüber kalten Lösungen den Vorteil, dass durch die Vorwärmung des Verzinkungsgutes ein schnelleres Auftrocknen des Flussmittels beim anschließenden Trockenprozess erfolgt. Erwärmte Flussmittellösungen sollten aber nie als Zwischenlager verwendet werden, da mit stei-

Tab. 4.13 Fehler bei der Flussmittelbehandlung.

Fehler	**Ursache und Folgen**	**Abhilfe**
Flussmittelfilm • Grüne Färbung, schlechtes Abkochverhalten	Starke Reoxidation durch zu hohe Luftfeuchtigkeit im Trockenofen. Bildung von Fe(II)-Hydroxiden. Verschlechterung des Abkochverhaltens	Luftmenge/-strom optimieren, Luftfeuchtigkeit im Trockenofen senken
Flussmittelfilm • Braune Färbung, schlechtes Abkochverhalten	Der Oxidationsschutzwert des Flussmittels ist zu gering, es kommt zur Bildung von Fe(III)-Hydroxiden.	Konzentration des Flussmittels entsprechend Herstellerangaben einstellen
Schlecht abkochende Asche, Ascheanhaftungen	• Unsaubere Oberfläche	Herstellen einer metallisch sauberen Oberfläche
	• Konzentration des Flussmittels zu niedrig • Verhältnis $ZnCl_2/NH_4Cl$ gestört	Konzentration Flussmittel einstellen
	• Unzureichende Trocknung	Trocknung verbessern
	• Aluminiumgehalt in der Zinkschmelze ist zu hoch	0,002–0,006 oder 0,01–0,02 % Aluminium einstellen
Schwarze klebrige Asche und schwarze unverzinkte Stellen	• Flussmittel ist verbrannt, z. B. durch zu langsames Tauchen • Flussmittelkonzentration zu gering • Unzureichende Trocknung • Zu hohe Trocknungstemperatur	Verfahrensparameter einhalten
	• Aluminiumgehalt in der Zinkschmelze ist zu hoch	0,002–0,006 oder 0,01–0,02 %
Dunkelbraune flüssige Asche schwimmt auf der Zinkschmelze	Flussmittelkonzentration zu hoch	Flussmittelkonzentration verringern

gender Temperatur und Tauchzeit ein verstärkter Eisenabtrag vom Verzinkungsgut erfolgt. Die wesentlichen Fehler enthält Tab. 4.13.

Flussmittelpflege

Ungenügende Wasserspülung nach dem Beizen führt in der Flussmittellösung zur Erhöhung des Eisengehaltes und zur Verringerung des pH-Wertes. Beides wirkt sich negativ auf das Verzinkungsergebnis aus. Um eine optimale Führung einer Flussmittellösung für die Feuerverzinkung zu gewährleisten, sollte der pH-Wert bei ca. 4,0 liegen. Der Eisengehalt in der Flussmittellösung sollte niedrig sein; ein Wert von max. 5 g/l wird oft als Richtgröße angegeben. Um einen dauerhaft niedrigen Eisengehalt zu gewährleisten, kann eine diskontinuierliche und kontinuierliche Flussmittelenteisenung durchgeführt werden (siehe auch Abschn. 3.4.6). Dazu muss gelöstes zweiwertiges Eisen in dreiwertiges Eisen überführt werden. Eine optimale Ausfällung ist bei pH-Werten oberhalb 3,5 möglich.

Die bei der Oxidationsreaktion gebildete Säure muss z. B. mit Ammoniakwasser (NH_4OH) neutralisiert werden. Hierbei ergibt sich ein Überschuss an Ammoniumchlorid, der durch Zugabe von Zinkchlorid ausgeglichen werden muss. Zinkchlorid kann direkt als Salz der Prozesslösung zugegeben werden. Die Dosierung von Ammoniakwasser (NH_4OH) und Wasserstoffperoxid (H_2O_2) sollte über Dosierpumpen erfolgen. Das Neutralisieren mit Zinkbarren ist nicht zu empfehlen, da sich diese zu langsam auflösen. Auf keinen Fall sollten aber zusammengekehrtes verspritztes Zink oder Zinkabfälle verwendet werden, dadurch würde das Flussmittel stark verunreinigt und in seiner Wirkung negativ beeinträchtigt.

Folgende Probleme bzw. Gefahren können sich ergeben:

- Bei einem pH-Wert < 3,5 ist die Eisenausfällung nicht vollständig.
- Bei einem pH-Wert < 2,5 wird Eisen gar nicht ausgefällt.
- Unter einem pH-Wert von ca. 2,0 besteht die Gefahr, dass durch das Oxidationsmittel Wasserstoffperoxid Chlorgas gebildet wird, welches giftig ist. Durch die Zugabe großer Mengen Ammoniakwasser gelangt viel gesundheitsschädliches Ammoniak in die Umgebungsluft.
- Auf dem Markt stehen auch Flussmittel zur Verfügung, die ohne zusätzliche Chemikalien wie Ammoniakwasser und Wasserstoffperoxid diese Aufgaben lösen können, ohne dabei die Zusammensetzung des Flussmittels zu verändern.

4.2.6.3 **Nassverzinken**

Beim Nassverzinken wird mit einer etwa 10–20 cm dicken Flussmitteldecke auf der Zinkschmelze gearbeitet. Diese besteht aus NH_4Cl und $ZnCl_2$ etwa im Verhältnis 1 : 2 sowie deren Zersetzungsprodukten. Bedingt durch die schlechte Wärmeleitfähigkeit der Flussmitteldecke besteht in dieser ein starkes Temperaturgefälle, d. h., gegenüber der Zinkschmelztemperatur von etwa 450–460 °C liegt die Temperatur im Inneren der Flussmittelschicht deutlich tiefer. Auf der Oberfläche beträgt sie maximal 100–150 °C. Zum einen können sich im Flussmittel komplexe Chlorhydroxozinksäuren bilden, die eine starke Beizwirkung haben, zum anderen spaltet sich bei den herrschenden Temperaturen ab etwa 200 °C aber auch HCl aus dem Flussmittel ab, das auf dem nicht getrockneten, nass eintauchenden und zu verzinkenden Bauteil eine besonders hohe Beizwirkung entfaltet. Die Flussmitteldecke stellt dabei zusätzlich einen Spritzschutz dar, wodurch das Eintauchen nicht getrockneter, nasser Bauteile in die Zinkschmelze überhaupt erst möglich wird. Aufgrund der ständigen Berührung der Flussmitteldecke mit der Zinkschmelze darf die Schmelze nur einen maximalen Aluminiumgehalt 0,001 Masse-% aufweisen. In manchen Verzinkereien wird dem Flussmittel beim Nassverzinken ein Gemisch aus Natriumchlorid und Kaliumchlorid zugegeben. Die Wirkung dieser Salze besteht darin, dass der Schmelzpunkt des Flussmittels gesenkt wird, was zu einer besseren Benetzung des zu verzinkenden Teiles führt.

Flussmittelseitig kann der Unterschied zwischen Trocken- und Nassverzinkung etwa wie folgt zusammengefasst werden. Die Trockenverzinkung ist technisch einfach zu handhaben und analytisch gut zu kontrollieren, sie setzt allerdings vor dem Eintauchen in die Schmelze den Oberflächensäuberungsgrad „Be“ sowie gut getrocknete Bauteile voraus, gestattet aber das Arbeiten mit schwach aluminiumlegierten Zinkschmelzen. Der Anfall an Zinkasche und Hartzink ist relativ gering. Bei der Nassverzinkung entfällt eine separate Flussmittelbehandlung, die Teile können und müssen nass durch die Flussmitteldecke in die Zinkschmelze eingefahren werden und stellen an den Oberflächensäuberungsgrad infolge der sehr guten Flussmittelwirkung nicht so hohe Anforderungen wie die Trockenverzinkung. Allerdings verträgt die Zinkschmelze nur geringe Aluminiumgehalte, die entstehenden Zinküberzüge sind auch dicker und spröder und die Überwachung des Flusses auf der Zinkschmelze für einen stabilen Betrieb ist analytisch aufwendiger.

4.2.6.4 Das System $ZnCl_2$/NaCl/KCl

NH_4Cl-haltige Flussmittel neigen mehr oder minder stark zur Rauchentwicklung und sind somit wenig umweltfreundlich, außerdem reagieren sie empfindlich auf Aluminium in der Zinkschmelze. Deshalb wird immer wieder versucht, andere Salzgemische als Flussmittel einzusetzen. Als teilweise geeignet haben sich dabei sogenannte „raucharme“ Flussmittel auf der Basis $ZnCl_2$/NaCl/KCl erwiesen [45]. Der Schmelzpunkt dieses Dreistoffgemisches liegt zwischen 210–300 °C. Das System besitzt eine niedrige Dichte, geringe Oberflächenspannung, damit gute Benetzungseigenschaften und die Neigung zur Bildung stark saurer Chlorozinksäuren, wodurch die 1. Beizstufe gesichert wird. $ZnCl_2$/NaCl/KCl-Flussmittel werden meistens als Salzschmelzen in der kontinuierlichen Feuerverzinkung von Draht eingesetzt, da dabei relativ leicht zu verzinkende Oberflächen vorliegen.

In der Praxis werden sogenannte raucharme Flussmittel auf der Basis des Vier-Komponenten-Systems $ZnCl_2$/NH_4Cl/NaCl/KCl angeboten. Flussmittel dieser Art vereinen alle positiven und negativen Eigenschaften der beiden Flussmittelgruppen in sich, sie sind also sowohl rauchärmer als reine $ZnCl_2$/NH_4Cl-Flussmittel, aber auch weniger aggressiv als diese, sodass letztendlich immer der Ausgangszustand des zu verzinkenden Gutes, dessen Art und Oberflächenvorbereitung über die anzuwendende Flussmittelmischung entscheiden.

4.2.7 Trocknen

Es ist wichtig, dass die Oberfläche der Bauteile so schnell wie möglich getrocknet wird und ein qualitätsgerechter Flussmittelfilm mit mausgrauem Aussehen entsteht.

Trockenöfen (Trockeneinrichtungen) mit hoher Luftfeuchtigkeit erzeugen eine starke Reoxidation, die sich durch eine grüne Färbung des Flussmittelfilms bemerkbar macht. Das bedeutet, dass sich Eisenhydroxid gebildet hat. Eisenhydroxid ist stark hygroskopisch und lässt sich sehr schlecht trocknen, außerdem verschlechtern sich die Abkocheigenschaften des Flussmittels. Auch kann es beim Tauchen feuchter bis nasser Bauteile in die Schmelze zum Herausspritzen von Zink und damit ebenfalls zu einem höheren Zinkverbrauch und zum Teil auch zu fehlerhaften Zinküberzügen sowie zur Unfallgefahr kommen. In der Praxis werden sehr oft Trockenöfen angetroffen, die einer qualitätsgerechten Trocknung nicht gerecht werden und mit hoher Wahrscheinlichkeit auch nicht nach dem dafür bekannten „Mollier-Diagramm" berechnet wurden. Vielfach wird zum Trocknen auch die Gasflamme direkt in den Trockenofen eingeleitet, wodurch zusätzlich Wasser eingetragen und die Trocknung weiterhin erschwert und verzögert wird, da bei der Verbrennung von Methan immer auch Wasser entsteht ($CH_4 + 2O_2 \rightarrow CO_2 + 2H_2O$). Teilweise ist aber auch die Wärmemenge ausreichend, aber die eingeblasene Luft ist bereits gesättigt und kann keine Feuchtigkeit mehr aufnehmen (siehe Mollier-Diagramm), d. h., die vorhandene Luftmenge ist zu gering. Eine Erhöhung der Luftmenge würde in vielen Fällen schon Abhilfe schaffen und die Luftfeuchtigkeit reduzieren. Oft ist aber auch die Temperatur so hoch, dass der auf der Oberfläche befindliche Flussmittelfilm teilweise oder auch ganz verbrennt und unwirksam wird. Derartige Trockenöfen mit ihrem negativen Ergebnis der Trocknung, die die Wirksamkeit des Flussmittels herabsetzt, machen ein noch so gutes Ergebnis der Oberfächenvorbereitung zunichte, da es nochmals zum Beizen kommt. Daraus kann folgendes abgeleitet werden:

- Zu lange Trockenzeiten und eine noch feuchte Oberfläche führen zur Reoxidation mit einer starken Beizwirkung und es entsteht Eisenhydroxid mit den o. g. negativen Folgen.
- Vermindertes und unzureichendes Abkochverhalten des Flussmittels, das zum Teil zu Ascheanhaftungen, rauen Zinküberzügen und unverzinkten Stellen führen kann.
- Unvollständig getrocknetes Verzinkungsgut neigt zur Ausbildung ungleichmäßiger, rauer, oft auch dicker und poriger Zinküberzüge [10].

Der Trockenprozess muss so ablaufen, dass der nassen Bauteiloberfläche das Wasser sowie die Feuchtigkeit so schnell wie möglich entzogen wird. Ein einwandfreies Auftrocknen des Flussmittelfilmes auf der Bauteiloberfläche ist nur dann gegeben, wenn die Oberflächentemperatur der Bauteile nach dem Trocknen zwischen minimaler und maximaler Trocknungstemperatur des verwendeten Flussmittels liegt. Die minimale Trocknungstemperatur ist die Oberflächentemperatur, bei der der Flussmittelfilm einen Gleichgewichtswassergehalt von ca. 5 % aufweist.

Die maximale Trockentemperatur ist die Oberflächentemperatur, bei der die Oxidationsschutzwirkung des Flussmittelfilms soweit abgesunken ist, dass sich die Oberfläche innerhalb kurzer Zeit durch die Bildung von Eisenoxiden braun färbt. Zur Erzielung einer optimalen Trocknung sollte die relative Luftfeuchtigkeit im Trockenofen bei ca. 5 % liegen. Die ideale Oberfläche nach dem Trocknen hat eine mausgraue Farbe und eine kristalline Struktur.

4.3 Technologie der Feuerverzinkung

Der Begriff „Feuerverzinken" kommt noch aus der Zeit, in der die Verzinkungsöfen mit festen Brennstoffen beheizt wurden, vorwiegend mit Kohle oder Koks. Der letzte Ofen dieser Art wurde bis etwa 1990 in einer Verzinkerei einer Werft an der Ostsee betrieben. Obwohl heute die Kessel mit Gas, Öl oder Elektroenergie betrieben werden, hat man den Begriff „Feuerverzinken" für dieses Verfahren beibehalten. In der Literatur verwendet man teilweise auch dafür die Begriffe „Schmelztauchverzinken" und in der englischen Literatur „Hot Dip Galvanizing".

Beim Feuerverzinken üblicher Baustähle nach DIN EN ISO 1461 entstehen durch Tauchen von Stahlbauteilen aus unlegiertem und niedriglegiertem Stahl sowie Stahlguss in entkohlter oder neutraler Glühatmosphäre, wärmebehandeltem Temperguss und Gusseisen in konventionellen Zinkschmelzen, nach Benetzen der Bauteiloberfläche durch die Reaktion des schmelzflüssigen Zinks mit dem Eisen Eisen-Zink-Legierungsphasen entsprechend den Gesetzmäßigkeiten des Zustandsschaubildes Eisen-Zink (siehe Abschn. 2.1, Abb. 2.3). Dieses Verfahren bezeichnet man auch als „Stückverzinken", welches zu einem technisch hoch industriellen, abfallfreien Verfahren entwickelt wurde, bei dem nur etwa 12 % Reststoffe anfallen, die dem Recycling zugeführt werden. Außerdem treten keine Materialverluste auf, wie das z. B. beim Spritzverzinken der Fall ist.

4.3.1 Verfahrenstechnische Varianten

Es gibt mehrere verfahrenstechnische Möglichkeiten, Zinküberzüge zum Zwecke des Korrosionsschutzes auf die o. g. Erzeugnisse aufzubringen. Nachfolgend werden nur die Varianten der Feuerverzinkung und vorwiegend die Feuerverzinkung von Stückgut beschrieben. Dabei wird zwischen kontinuierlichen und diskontinuierlichen Verfahren unterschieden. Voraussetzung bei allen Verfahren ist, dass die Bauteiloberfläche frei von Verunreinigungen ist, den Oberflächenvorbereitungsgrad „Be" hat und so wenig wie möglich gelöstes Eisen mit der Bauteiloberfläche in die Zinkschmelze eingetragen wird. Möglichkeiten zum Erreichen dieses Säuberungsgrades enthält Abschn. 4.2.1.

4.3.1.1 Kontinuierliches Feuerverzinken von Bandstahl und Stahldraht

Es kommen konventionelle Zinkschmelzen als auch legierte Zinkschmelzen zum Einsatz (siehe Abschn. 2.2.5). Seit einigen Jahrzehnten verwendet man als Überzugmetall auch Legierungen aus ca. 55 Masse-% Aluminium, 43,4 Masse-% Zink und 1,6 Masse-% Silizium, auf dem Markt bekannt geworden als „Galvalume", aber je nach Lizenznehmer auch unter zahlreichen anderen Namen im Handel anzutreffen.

Eine andere Entwicklung ist der Einsatz einer Legierung bei der Beschichtung von Stahlbreitband und Draht aus ca. 95 Masse-% Zink, 5 Masse-% Aluminium und Spuren der Mischmetalle Cer und Lanthan, bekannt geworden als „Galfan". Die Verfahrenstechnik der Aufbringung dieser Aluminium-Zink- bzw. Zink-Aluminium-Überzüge entspricht grundsätzlich Abb. 4.14. Die Vorteile dieser Legierungsüberzüge liegen in einem zum Teil verbesserten Umformverhalten und in einer höheren Korrosionsbeständigkeit bei Temperaturbelastung und bei hoher atmosphärischer Korrosionsbelastung. Die Einsatzgebiete bandverzinkter bzw. -legiertverzinkter Feinbleche liegen primär in der Bauindustrie, in der Automobil- und in der Haushaltsgeräteindustrie sowie im Maschinenbau. In Deutschland werden jährlich mehr als 2 Mio. t feuerverzinkte und legiert verzinkte Feinbleche erzeugt.

Bandstahl

In modernen, kontinuierlich arbeitenden Bandverzinkungsanlagen läuft das Band vom Coil durch einen Glühofen mit Verbrennungs-, Oxidations- und Reduktionszone. Danach wird es unter Schutzgasatmosphäre der Zinkschmelze zugeführt (Abb. 4.14).

Nach dem Austreten des Bandes aus der Zinkschmelze passiert es Abstreifwalzen oder -düsen, durch die der Zinküberzug gleichmäßig geglättet wird.

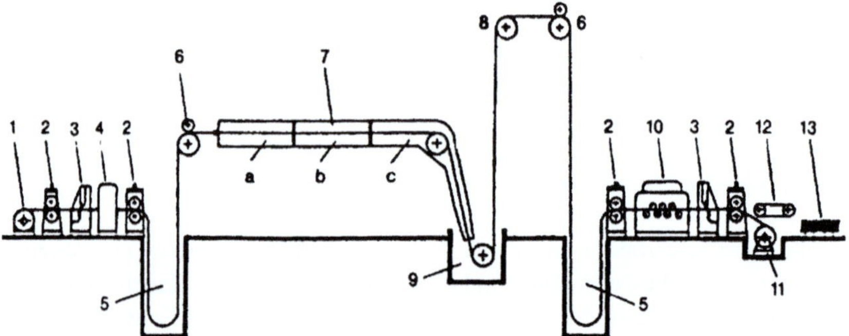

Abb. 4.14 Aufbringen von Schmelztauchüberzügen auf Band im kontinuierlichen Durchlauf, schematisch. 1 – Abhaspelvorrichtung, 2 – Antriebsrolle, 3 – Schere, 4 – Schweißmaschine, 5 – Ausgleichsschlingengrube, 6 – Treibrolle, 7 – Glühofen, a, b, c, 8 – Umlenkrolle, 9 – Metallschmelze, 10 – Richtmaschine, 11 – Aufwickelhaspel, 12 – Transportband, 13 – Sortierung und Stapelung (Quelle: Gemeinschaftsausschuss Verzinken e. V., Düsseldorf).

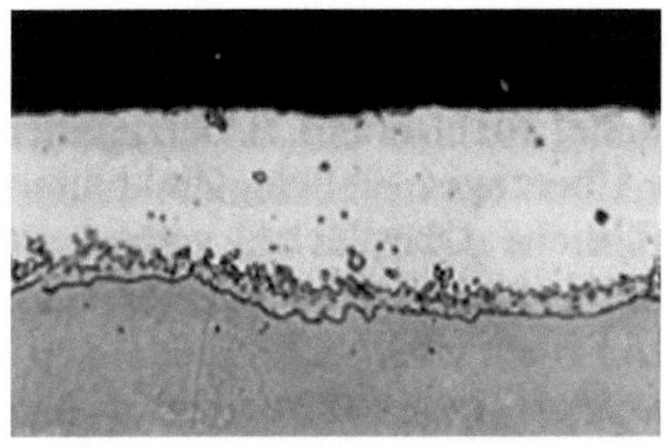

Abb. 4.15 Schliff durch einen Zinküberzug auf bandverzinktem Feinblech, Überzugdicke ca. 30 µm (Quelle: Institut für Korrosionsschutz Dresden).

Nach Durchlaufen einer Kühlstrecke wird das Band wieder aufgecoilt. Damit der Durchlauf durch den Glühofen und die Metallschmelze kontinuierlich erfolgen kann, sind vor und hinter dem Metallschmelzkessel Schlingengruben angeordnet, in denen die erforderliche Bandreserve Platz hat, um am Beginn der Linie das Anschweißen des Bandanfangs an das Endes des vorherigen Coils und am Ende der Linie das Trennen zu ermöglichen. Es sind Durchlaufgeschwindigkeiten von bis zu 200 m/min und mehr möglich, je nach Dicke des Bandes und gewünschter Überzugsdicke.

Die Breite des Bandes beträgt üblicherweise bis 1650 mm und die Blechdicke bis zu 3 mm. Die Dicke des Zinküberzuges ist in weiten Grenzen variierbar (etwa 5–40 µm), die Dickenangabe erfolgt meistens in Gramm pro Quadratmeter, und zwar beidseitig, d. h., 10 µm entsprechen in etwa 140 g/m^2. Durch verfahrenstechnische Varianten ist auch ein nur einseitiges Verzinken oder ein Verzinken mit unterschiedlichen Überzugdicken auf beiden Seiten des Bandes realisierbar. Ebenso ist es möglich, die Zinkblumenbildung auf dem erstarrenden Überzug zu beeinflussen.

Als Folge der hohen Durchlaufgeschwindigkeit des Bandes ist die Reaktionsdauer zwischen Stahl und Zinkschmelze sehr kurz, was zur Folge hat, dass sich nur außerordentlich dünne Eisen-Zink-Legierungsphasen bilden (Abb. 4.15). Der überwiegende Teil des Überzuges besteht aus Zink entsprechend der Zusammensetzung der Zinkschmelze. Das hat den Vorteil, dass das feuerverzinkte Band eine gute Kaltumformbarkeit und Fernschutzwirkung an den Schnittkanten aufweist. Das Band wird nach dem Verzinken je nach den Erfordernissen nachgewalzt, gerichtet, chemisch passiviert und/oder geölt.

Drahtverzinkung

Das Drahtverzinken erfolgt im kontinuierlichen Durchlauf und wird in konventionellen sowie legierten Zinkschmelzen (meistens aber mit der Galfanlegierung) ausgeführt, wobei der Verfahrensablauf üblicherweise einer Mischung der Verfahrensabläufe nach Abb. 4.13 entspricht.

4.3.1.2 Diskontinuierliches Feuerverzinken – Stückverzinken

Das Stückverzinken nach DIN EN ISO 1461 erfolgt nach einem prinzipiellen Verfahrensablauf gemäß Abb. 3.1 und zwar heutzutage üblicherweise im „Trockenverzinkungsverfahren". Nur in Ausnahmefällen setzt man auch noch das ursprüngliche „Nassverzinken" ein.

Folgende Hinweise sollten beim Tauchen der Bauteile in die Zinkschmelze beachtet werden:

- Alle Bauteile, Gegenstände und dergleichen, die in die Zinkschmelze eingebracht werden, müssen absolut trocken sein. Anderenfalls kann es durch die Erhöhung des Dampfdruckes in der Schmelze zu einem explosionsartigen Herausschleudern von schmelzflüssigem Zink kommen.
- Das Gewicht der zum Tauchen der Bauteile in die Schmelze notwendigen Vorrichtungen sollte im Interesse eines sparsamen Umgangs mit Energie und Zink sowie minimalem Anfall an Zinkasche so gering wie notwendig gehalten werden.
- Alle Vorrichtungen aus Stahl, die in die Schmelze eintauchen, sollten grundsätzlich so konstruiert sein, dass sie nur eine geringe Oberfläche aufweisen, das Zink gut ablaufen und sich keine Asche und Zinkschmelze in toten Ecken ansammeln kann. Außerdem sollten sie verzinkt sein.

Trockenverzinkungsverfahren

Beim Trockenverzinken werden die nach Abschn. 5.4 konstruierten und nach Abschn. 4.2.3 vorbehandelten Bauteile in eine Zinkschmelze eingetaucht. Der Vorteil dieses Verzinkungsverfahrens sind die technisch beherrschbare Technologie, hohe Produktivität und Qualität der Zinküberzüge. Die Dicke des Zinküberzuges ist von der Geschwindigkeit der Reaktion Eisen/Zink abhängig. Die Reaktionsgeschwindigkeit wiederum und damit die Dicke des Zinküberzuges ist vor allem von der Temperatur und Zusammensetzung der Zinkschmelze, Tauchdauer der Bauteile in der Zinkschmelze sowie von den Parametern des Stahls abhängig (siehe Abschn. 2.2). Das Stückverzinken erfolgt im Allgemeinen bei Temperaturen von 440 bis 460 °C und wird als Normaltemperaturverzinken (NT), oberhalb 530 °C als Hochtemperaturverzinken (HT) bezeichnet.

Nassverzinkungsverfahren

Bei der älteren Nassverzinkung ist ein Teil der Oberfläche (ca. 30 %) der Zinkschmelze mit Flussmittel abgedeckt. Die Flussmitteldecke wird durch einen Profilrahmen von der freien Fläche der Zinkschmelze getrennt. Die zu verzinkenden Bauteile werden nass durch die Flussmitteldecke hindurch in die Zinkschmelze eingetaucht und nach dem Verzinken außerhalb des Flussmittelbereiches herausgezogen.

Vorteile dieses Verfahrens gegenüber der Trockenverzinkung sind:

- Die Technologie ist einfacher zu handhaben,
- geringerer Platzbedarf und niedrigere Investitionskosten,
- keine Trocknung der Bauteile vor dem Verzinken erforderlich, die Bauteile werden nass in die Flussmitteldecke getaucht,

- hohe Beizwirkung des Flusses aufgrund der 100–150 mm hohen Flussmitteldecke, die eine doppelte Beizwirkung durch die entstehende Hydroxozinksäure und den Chlorwasserstoff besitzt,
- eine mangelhafte Oberflächenvorbereitung wird zum Teil durch die Reaktion in Gl. (4.12) ausgeglichen.

Nachteile:

- Das Zulegieren von Aluminium zur Zinkschmelze ist nur bis zu einem Gehalt von etwa 0,001 % möglich, anderenfalls kommt es zu Fehlverzinkungen (schwarze unverzinkte Stellen),
- höherer Zinkverbrauch und Hartzinkanfall durch die zweifache Beizwirkung des Flusses,
- bis zu 1/3 der nutzbaren Kesseloberfläche geht für den Salmiakkasten verloren,
- niedrigere Arbeitsproduktivität.

Wirkprinzip Reaktion der Flussmitteldecke:

$$ZnCl_2 + 2H_2O \leftrightarrow Zn(OH)_2Cl_2 + H_2 \qquad (4.12)$$

Die Flussmitteldecke (Decke) kann dünnflüssig oder schäumig sein. Letztere kommen überwiegend zum Einsatz. Wegen der schlechten Wärmeleitfähigkeit der Decke besteht zwischen ihren Grenzflächen mit der Zinkschmelze und der Luft ein großer Temperaturunterschied, sodass die Temperatur an der Oberfläche der Decke nur etwa 100 °C beträgt. Dadurch wird das Wasser an der Oberfläche der Bauteile beim Eintauchen in die Decke weitestgehend ohne Spratzen verdampft. Außerdem wird durch den geringen Salmiakdruck im oberen Teil der Decke die Emission gegenüber dünnflüssigen Decken herabgesetzt. Die Decke sollte im Hinblick auf die unerwünschte fortlaufende Reaktion ihrer Bestandteile mit dem schmelzflüssigen Zink, und besonders stark mit dem darin enthaltenen Aluminium, nicht größer als unbedingt notwendig gehalten und bei längeren Arbeitspausen von der Zinkschmelze abgenommen werden.

Vorschlag eines Ansatzes für die Flussmitteldecke.

- $ZnCl_2 : NH_4Cl = 1 : 1$ bis $1 : 2$,
- Glyzerin oder Glykol: 0,5–1 kg auf 100 kg $ZnCl_2 + NH_4Cl$ oder
- NH_4Cl + Glyzerin: 0,5–1 kg auf 100 kg NH_4Cl,
- Verbrauch von Ammoniumchlorid: 12–14 kg/t; 120–140 kg/m^2.

Regenerieren Die Decke ist in gewissen Zeitabständen von groben Feststoffen zu befreien, z. B. mit einem Sieblöffel. Danach sollte eine Aktivierung durch Zugabe von NH_4Cl bzw. $NH_4Cl + ZnCl_2$ vorgenommen werden, sodass die Decke innerhalb von etwa 8 h einmal erneuert wird. Danach muss auch die Höhe der Decke durch Zugabe von Glyzerin oder Glykol eingestellt werden. Das Abnehmen der Decke wird mit einem entsprechenden Schöpflöffel vorgenommen, der in Stahlkokillen entleert wird. Diese *Mutterdecke* wird bei Bedarf wieder eingeschmolzen.

Was die jeweils konkret anzuwendende Verzinkungstechnologie betrifft, so richtet sich diese nach der Art der zu verzinkenden Bauteile und den vorhandenen anlagentechnischen Möglichkeiten. Zu beiden Problemkreisen werden in den jeweiligen Abschnitten dieses Buches Hinweise gegeben. Eine allgemein gültige Vorschrift für das Stückverzinken zu formulieren ist aufgrund der Vielfalt der Einflussgrößen grundsätzlich nicht möglich.

4.3.1.3 Sonderverfahren

Für bestimmte Erzeugnisse wurden Einzweckanlagen entwickelt, die sich vor allem in Bezug auf die Auslegung der Verzinkungsanlage und Verfahrenstechnik von den Stückverzinkungsanlagen für Stahlbauteile unterscheiden. Es handelt sich dabei vor allem um das Verzinken von Serienerzeugnissen, Gitterosten, Rohren, Fittings und ähnlichen Erzeugnissen.

Kleinteileverzinkung – Massenteileverzinkung

Zur Zeit ist bekannt, dass Verbindungsmittel und ähnliche Teile sowie Fittings, Nägel und Teile, die in größeren Serien vorliegen, bis zu folgenden Abmessungen und Gewichten wirtschaftlich verzinkt und in Zentrifugen behandelt werden können:

- Durchmesser: 5–20 mm,
- Länge: 8–750 mm,
- Gewicht: bis zu 30 kg.

In Abhängigkeit von den Stückzahlen durchlaufen die Kleinteile in dafür geeigneten und säureresistenten Körben die Anlagen zur Oberflächenvorbereitung entsprechend Abschn. 4.2.3 Danach, noch vor dem Trocknen, wird durch Wiegen das feststehende Gewicht an Kleinteilen ermittelt und diese in für das Verzinken geeignete Körbe geschüttet, getrocknet und verzinkt. Direkt nach dem Ziehen der Körbe aus der Zinkschmelze werden diese in eine Zentrifuge gesetzt in der das überschüssige Zink abgeschleudert wird (siehe Abschn. 3.3.1). Größere Serien Kleinteile durchlaufen in teil- oder vollautomatisierten Anlagen die Verfahren der Oberflächenvorbereitung und Feuerverzinkung.

Die Herstellung feuerverzinkter Verbindungsmittel wie Schrauben-Mutter-Garnituren für den Stahlbau werden in der Norm DIN EN ISO 10684 „Verbindungselemente – Feuerverzinkung" geregelt. Es handelt sich dabei um Verbindungsmittel, die beim Feuerverzinken unmittelbar nach dem Herausfahren aus der Zinkschmelze zentrifugiert (geschleudert) werden. Damit wird sichergestellt, dass der Zinküberzug die Passfähigkeit, vor allen Dingen im Bereich der Gewinde, nicht negativ beeinträchtigt.

Die Mindestdicke des Zinküberzugs liegt unabhängig von der Gewindeabmessung bei 50 µm im Mittel. Die Schichtdicke bei Einzelabmessungen muss nach DIN EN ISO 10684 mindestens 40 µm betragen. Das Passvermögen der Verbindungsmittel wird im Regelfall dadurch sichergestellt, dass komplette Garnituren, bestehend aus Schraube und Mutter, gefertigt werden; hierbei kann das Muttergewinde mit Übermaß geschnitten werden. Für das Verzinken von hochfesten Verbindungsmitteln der Festigkeitsklasse 10.9 verweist die Norm zur Vermeidung von Schäden auf die Notwendigkeit der Verwendung von Inhibitoren im Zuge der Beizbehandlung und schränkt die Anwendung der Hochtemperaturfeuerverzinkung auf Schraubenabmessungen bis einschließlich M24 ein. Demzufolge dürfen Schrauben der Abmessungen M27 und darüber nur nach dem Verfahren der Normaltemperaturfeuerverzinkung verzinkt werden (DIN EN ISO 10684) [4].

Weitere Informationen und Anforderungen für die Herstellung und Feuerverzinkung von hochfesten Verbindungsmitteln sind in der Richtlinie des Deutschen Schraubenverbandes DSV und des Gemeinschaftsausschusses Verzinken e. V. DSV-GAV-Richtlinie „Herstellung feuerverzinkter Schrauben“ enthalten. Die Richtlinie gilt für feuerverzinkte HV-Schrauben der Festigkeitsklassen 4.6, 5.6, 8.8 und 10.9. Sie beschreibt den Stand der Technik bezüglich der Anforderungen an die Verwendung, die Herstellung, an das Feuerverzinken (Oberflächenvorbereitung, Verzinkung) und die Tragfähigkeit von HV-Schrauben. Darüber hinaus enthält diese Richtlinie (Ausgabe 07-2009) die Beschreibung eines Prüfverfahrens, den „Wellensicherungsring-Verspannungsversuch“, zur Bestimmung der Wirksamkeit der Oberflächenvorbereitung beim Feuerverzinken zur Vermeidung von einer Wasserstoffversprödung des Schraubenwerkstoffs [4].

Rohrverzinkung

Das Rohrverzinken, normiert nach DIN EN 10240, erfolgt in Analogie zu Abb. 4.2 in automatischen Anlagen zur Oberflächenvorbereitung und Verzinkung nach dem Nass-, aber meistens dem Trockenverzinkungsverfahren. Während des Ausziehvorganges durchlaufen die Rohre eine Ringdüse, in der überschüssiges Zink von der Außenseite der Rohre abgeblasen wird. Unmittelbar danach durchlaufen die Rohre eine Ausblasvorrichtung, in der der Zinküberzug innen mit einem Wasserdampfdruckstoß geglättet wird. Danach werden die Rohre zum Teil in eine passivierende Verfahrenslösung getaucht, die eine Weißrostbildung verhindern soll [10, 15].

Teilweise werden kleinere Mengeneinheiten Rohre auch nach dem üblichen Stückverzinkungsverfahren verzinkt. Hierbei werden die Rohre in entsprechende Vorrichtungen eingebracht. Bei dieser Art Verzinkung kommt es nahezu immer zu Qualitätsmängeln bezüglich der Abzeichnung von Aufliegestellen im Zinküberzug aber vor allem zu Ascheeinschlüssen im Inneren der Rohre und unverzinkten Stellen. Letztere sind kaum kontrollierbar und können auch nicht ausgebessert werden. Sie sind deshalb für Trinkwasserinstallationen überwiegend ungeeignet.

Verzinken von Grauguss, Temperguss und Stahlguss

Grauguss (Gusseisen) mit etwa 1,7–4,5 % Kohlenstoff bereitet wegen seines hohen Kohlenstoffgehalts beim Verzinken Schwierigkeiten. Der beim Beizen freigelegte Grafit beeinträchtigt bei normalen Tauchzeiten den Diffussionsvorgang Zink/Eisen und verhindert das Haften des Zinküberzuges. Grauguss muss demzufolge einem Oberflächenvorbereitungsverfahren unterzogen werden, mit dem der geforderte Oberflächenvorbereitungsgrad „Be" erreicht aber das Freilegen von Grafit an der Oberfläche verhindert wird. Deshalb werden Bauteile aus Grauguss überwiegend gestrahlt (siehe Abschn. 4.2.2) und seltener in einer Beize mit Flusssäure oder in einem Salzsäure-Flusssäure-Gemisch gebeizt, höchstens in einer schwachen Salzsäure-Flusssäure-Lösung dekapiert (siehe Abschn. 4.2.5.3).

Auf Bauteilen aus Grauguss mit gestrahlter Oberfläche werden festhaftende Zinküberzüge erreicht. Unabhängig davon in welcher Form der Grafit in Oberflächennähe vorliegt, dringt das Zink längs der Lamellen ein. Man kann sogar vereinzelte Gusspartikel innerhalb des Zinküberzuges nachweisen. Es scheint daher sicher zu sein, dass die Neigung zur Bildung von Hartzink umso stärker ist, je größer die Zahl der Grafitpartikel ist (Lamellen oder Sphärolite). Das so eindringende Zink ist der Grund dafür, dass bei unzureichend entzunderten Gussteilen die normale Tauchdauer nicht ausreicht, sondern eine längere Tauchzeit erforderlich ist. Die längere Tauchzeit und auch eine höhere Temperatur der Zinkschmelze bewirken eine Intensivierung der Eisen-Zink-Reaktion auf der mit Grafit verunreinigten Oberfläche. Das Gefüge des Zinküberzuges ist das gleiche, wie es auf Stahl erhalten wird.

Temper- und Stahlguss ist im Gegensatz zu dem an der Oberfläche stark grafithaltigen Grauguss leichter zu verzinken. In der Gießerei wird der Guss jedoch nur grob geputzt, sodass auf der Oberfläche noch Sand u. a. Verunreinigungen vorhanden sein können, die die Verzinkung stören und beseitigt werden müssen. Auch hier ist zu empfehlen, die Oberfläche mechanisch zu reinigen.

4.3.2
Einstellen der Zinkschmelze

Eine weitere Voraussetzung zur Erzeugung von Zinküberzügen entsprechend den geltenden Normen ist das Tauchen der Bauteile in eine *homogene Zinkschmelze.* Zum besseren Verständnis werden deshalb nachfolgende physikalische Grundlagen vorangestellt.

Bei Erwärmung eines Metalls erwärmt es sich in dem Maße wie ihm Wärme zugeführt wird bis zu seinem Schmelzpunkt unter Beibehaltung der Temperatur. Erst danach steigt bei weiterer Wärmezufuhr die Temperatur der Schmelze weiter an. Am Verdampfungs- oder Siedepunkt geht dann unter erneuter Beibehaltung der Temperatur die Schmelze des Metalls in die Gasphase über. Für das Feuerverzinken hat der Siedepunkt von 907 °C keine Bedeutung, wohl aber der Schmelzpunkt von 419,5 °C (Tab. 4.14).

In Schmelzen ist die starre Ordnung des Metallgitters durch Zunahme der Teilchenenergie aufgehoben und wird durch eine Nahordnung ersetzt, die nur losen Regeln gehorcht. In welchem Maße eine Nahordnung vorliegt, hängt weniger von der Art des Metalls ab, sondern vielmehr von der Temperatur der Schmelze. Je näher die Temperatur der Schmelze dem Schmelzpunkt ist, umso größer ist auch die Nahordnung in der Schmelze. In der Praxis hat die Existenz einer Nahordnung u. a. zur Folge, dass alle Diffusionsvorgänge knapp über dem Schmelzpunkt

Tab. 4.14 Physikalische Eigenschaften von Stahl und Zink.

Physikalische Metallkonstanten	Stahl	Zink
Relative Atommasse		55,9654
Schmelzpunkt (°C)	1536	419
Siedepunkt (°C)	2861	907,0
Dichte, im festen Zustand (kg/dm^3)	7,86	7,12
Dichte, geschmolzen (kg/dm^3)		6,6
Schmelzwärme (kcal/kg)		27,5
Spezifische Wärme (0–450 °C) (kcal/kg °C)		0,16
Wärmeinhalt bei 450 °C (kcal/kg)		72,0
Oxidationswärme (kcal/kg)		1275,0
Vickershärte HV		60

nur sehr langsam ablaufen und die Vermischung aller Bestandteile in der Schmelze eher zögerlich erfolgt. Das ist auch der Grund dafür, dass sich Zinkschmelzen nur schwierig zu einer völlig homogenen Schmelze mischen lassen, die aber für eine optimale und qualitätsgerechte Feuerverzinkung unbedingt notwendig ist. Deshalb sollte diesem Vorgang in der Praxis große Aufmerksamkeit gewidmet werden, denn die Arbeitstemperatur der Zinkschmelze liegt in der Regel nur 20–40 °C über dem Schmelzpunkt des Zinks [10].

Aus diesem Grund sollten alle Legierungselemente grundsätzlich als Vorlegierungen (z. B. Aluminium als AlZn4, Pb1) vorliegen und erst dann eingeschmolzen werden, wenn sich an den Wänden des Verzinkungskessels eine festhaftende stabile $\delta 1$-Phase ausgebildet hat (Gefahr der Spannungsrisskorrosion!), siehe Abschn. 2.2.6 und 2.2.7. Das Einschmelzen der Legierungsmetalle (Vorlegierungen) sollte mit einer dafür geeigneten Vorrichtung vorgenommen werden, die bis zum Abschmelzen der Metalle im Verzinkungskessel in Längsrichtung hin und her sowie in der Tiefe auf und ab bewegt werden sollte, mit Zwischenhalt und so, dass kein Hartzink aufgewirbelt wird. Ob die Legierungselemente nach dem Einschmelzen homogen verteilt in der Schmelze vorliegen, kann nur durch eine Analyse nachgewiesen werden. Das Ergebnis der Analyse wird wesentlich von der Probennahme aus der Zinkschmelze beeinflusst.

Nach dem Neuansatz sowie der Zugabe der Legierungselemente und der Reinigung der Schmelze sollte sicherheitshalber eine Analyse durchgeführt, das Ergebnis entsprechend ausgewertet und auf dessen Grundlage eine Arbeitsunterweisung für das Zusetzen von verbrauchten Schmelzmetallen erarbeitet werden. In Abhängigkeit von der Größe des Verzinkungskessels erfolgt die Probenahme in Längsrichtung etwa alle 3 m sowie in der Tiefe etwa 200 mm unter Oberkante Schmelze und danach alle 300 mm. Im laufenden Betrieb sollten die Analysen so lange in festzulegenden Zeitabständen wiederholt werden, bis sich eine homogene Schmelze eingestellt hat (abhängig vom Durchsatz). Bei ordnungsgemäßer Betriebsführung der Schmelze bezüglich dem Zusatz von Zink und den Legierungselementen sowie der Reinigung ist meistens keine Analyse oder aber nur in größeren Zeitabständen notwendig.

Ein typisches Beispiel beim Neuansatz der Zinkschmelze, aber auch beim Zusetzen von Zink in die Schmelze, ist das Zulegieren von Aluminium, auch bei der Vorlegierung $ZnAl_4$, aber besonders stark ist das zu beobachten beim Zusetzen von Reinaluminium. Das gilt auch für das Zusetzen von anderen Legierungselementen. Sind diese Legierungselemente nach dem Zusetzen nicht homogen innerhalb der gesamten Schmelze verteilt, kann es vor allem zu Fehlbeschichtungen in Form von schwarzen Flecken sowie milchig aussehenden, grauen und rauen Zinküberzügen kommen. Teilweise wird beim Neuansatz der Schmelze zu den Zinkblöcken auch Aluminium mit beigegeben unter der Annahme, dass dieses mit dem Zink schmilzt und sich homogen in der Schmelze verteilt. Dem ist nicht so. Nachdem die Schmelze gereinigt und die ersten Bauteile getaucht werden, kommt es dann meistens zu fehlerhaften Zinküberzügen in Form von schwarzen Stellen (ab Größe einer Stecknadelkuppe sowie raue Stellen im Zinküberzug). Oft wird auch die Meinung vertreten, dass beim Einschmelzen nicht die volle berechnete Menge an Aluminium eingeschmolzen werden soll, sondern erst in längeren Zeitabständen. Aber auch die dabei beim Verzinken auftretenden Fehler im Zinküberzug sind überwiegend auf eine inhomogene mit Aluminium legierte Zinkschmelze zurückzuführen.

Ein weiteres Beispiel für eine nicht homogene Verteilung des Aluminiums in der Schmelze ist, wenn beim Verzinken auf der Oberfläche des Zinküberzuges raue und schwarze Stellen entstehen, aber diese nach mehreren Tauchungen abnehmen. Durch die Tauchvorgänge wird die Schmelze durchmischt und homogener, d. h., das Aluminium wird in der Schmelze gleichmäßiger verteilt.

Sowohl für das Einschmelzen der Legierungsmetalle als auch das Verzinken ist neben einer homogenen Zinkschmelze eine gleichmäßige Temperaturverteilung in der Schmelze Grundvoraussetzung zur Erzeugung normgerechter Zinküberzüge. Aussagen, dass sich die Temperatur in der Schmelze bei fachgerechter Einstellung der Brenner nach Inbetriebnahme gleichmäßig verteilt, ist bedenklich. Die Praxis zeigt an zwei Temperaturmessungen in Zinkschmelzen, dass dem nicht so ist:

a) Messergebnisse in Zinkschmelzen mit induktiv beheiztem Verzinkungskessel

Abmessungen des Verzinkungskessels: $L = 4{,}0\,\text{m}, B = 1{,}4\,\text{m}, T = 1{,}6\,\text{m}$:

Es wurden Temperaturunterschiede von 20 °C gemessen. Gemessen wurde 150 mm unter Oberkante (OK) Schmelze $T = 450\,°\text{C}$ und 250 mm über dem Kesselboden $T = 465\,°\text{C}$.

Abmessungen: $L = 6{,}0\,\text{m}, B = 1{,}3\,\text{m}, T = 3{,}2\,\text{m}$:

Es wurden Temperaturunterschiede von 55 °C gemessen. Gemessen wurde 150 mm unter OK Schmelze $T = 455\,°\text{C}$ und danach alle 500 mm. Bis 500 mm über dem Kesselboden war das Zink bei $T =$ ca. 400 °C eingefroren.

Die Ursache in beiden Fällen waren die nicht an die Gegebenheiten des Kessels angepassten Induktionsspulen.

b) Messergebnis in der Schmelze eines mit Gas beheizten Verzinkungskessels
Abmessungen: $L > 10\,\text{m}, B = 1{,}9\,\text{m}, T = 3{,}2\,\text{m}$:

Nach dem Abgleich der Gasbrenner wurden noch Temperaturunterschiede in der Tiefe von durchschnittlich 10 °C festgestellt. Gemessen 150 mm unter OK Schmelze in Abständen von 500 mm bis etwa 100 mm über dem Kesselboden und über die gesamte Länge in Abständen von 1000 mm.

Bevor der Verzinkungsofen abgenommen und mit der Verzinkung begonnen wird, sollten vom Ofenhersteller in der Schmelze Temperaturmessungen vorgenommen, ein Messprotokoll vorgelegt und, wenn erforderlich, auf der Grundlage der Messergebnisse die Brenner bzw. Induktionsspulen entsprechend eingestellt werden.

In der Praxis haben sich in Abhängigkeit von den Abmessungen des Kessels für die Temperaturmessungen in Zinkschmelzen folgende Abstände bewährt:

In Längsrichtung des Kessels ca. alle 500–1000 mm, in der Tiefe 150 mm von OK Schmelze und danach etwa alle 500 mm sowie unmittelbar am Boden und bei Vorhandensein von Hartzink ca. 50 mm über dem Hartzinkspiegel.

4.3.2.1 Erzeugung einer Zinkschmelze für den Produktionsbetrieb

Grundlage bilden ausschließlich die in Abschn. 2.2.5 beschriebenen Zinkschmelzen auf der Grundlage der DIN EN ISO 1461 (Sollgehalt an Zn: 98 % Summe Begleitelemente 1,5 % mit Ausnahme von Fe und Sn). Bis etwa in die 1990er-Jahre wurden nahezu alle Kessel mit einem am Boden befindlichen etwa 100 mm hohen Bleisumpf betrieben. Heute arbeiten immer weniger Verzinkereien mit einem Bleisumpf. Dabei wächst zwar Hartzink auf dem Kesselboden auf, das sich aber auch ziehen lässt, ohne Nachteile für die Zinkschmelze und Qualität der Zinküberzüge.

Die eingesetzte Zinkschmelzelegierung ist ein wesentliches Charakteristikum einer Stückverzinkungsanlage, die maßgeblich für die Qualität und Eigenschaften des erzeugten Zinküberzuges verantwortlich ist. Aus diesem Grund stellen wissenschaftliche Arbeiten zur Optimierung der Zinkschmelze hinsichtlich:

- Zinkverbrauch (Reduzierung der Dicke des Zinküberzuges),
- Qualität des Zinküberzuges, z. B. dekoratives Aussehen und mechanische Eigenschaften (Verschleißschutz, Umformbarkeit, Härte etc.),
- Korrosionsbeständigkeit, einschließlich Beständigkeit gegen die Bildung von Weißrost und
- Beschichtbarkeit von Zinküberzügen durch organische Beschichtungssysteme

einen wesentlichen Beitrag zur Weiterentwicklung des Stückverzinkungsverfahrens dar.

Bei diesen Arbeiten ist grundsätzlich zu unterscheiden zwischen den Legierungsentwicklungen innerhalb der Grenzen des Stückverzinkungsverfahrens nach DIN EN ISO 1461, in der die Summe der Legierungselemente neben Zink auf 2 % begrenzt wird, und den Verfahren, die mehr als 2 % Legierungselemente nutzen. Erstere werden in diesem Fachbuch thematisiert und intensiv behandelt.

Verfahren mit mehr als 2 % Legierungselementen werden hier nicht behandelt, da sich diese wesentlich von ersteren unterscheiden und sich die Gesetzmäßigkeiten des Stückverzinkens nicht einfach übertragen lassen. Knauschner [68] zeigt in seinen wissenschaftlichen Arbeiten zu Zink-Aluminium-Legierungen die Probleme auf, die noch durch wissenschaftliche Untersuchungen geklärt werden müssen. Ein Problem ist z. B. die Ausbildung unregelmäßiger Dicken der Zink-Aluminium-Überzüge. Diese werden für den Korrosionsschutz umso bedeutender, je dünner der Zink-Aluminium-Überzug insgesamt wird.

Durch die Europäische Vereinigung der Feuerverzinkungsindustrie (EGGA, European General Galvanizers Association) wird jährlich eine europäische Jahreskonferenz und alle drei Jahre eine internationale Verzinkungskonferenz zum Stückverzinken veranstaltet, bei der in den letzten Jahrzehnten eine Vielzahl von wissenschaftlichen Arbeiten zu Legierungsentwicklungen vorgestellt wurden. Einige davon konnten in die Praxis umgesetzt werden. Viele davon haben das Labor aber auch nie verlassen. Die wesentlichen praxisrelevanten Erkenntnisse dieser Arbeiten zum Stückverzinken nach DIN EN ISO 1461 werden in diesem Fachbuch vorgestellt.

4.3.2.2 **Zusetzen von Legierungsbestandteilen**

Der Zinkverbrauch pro Tonne Verzinkungsgut ist von der Zusammensetzung des Stahls abhängig, insbesondere von deren Silizium- und Phosphorgehalt. Bei üblichen Baustählen variiert er zwischen 5 und 8 %. Entsprechend dem Zinkverbrauch ist der Schmelze dosiert und kontinuierlich Zink sowie die äquivalente Menge an Legierungselementen (eventuell nach einer vorher durchgeführten Analyse) in Form von Vorlegierungen zuzusetzen. Es ist zweckmäßig, das Einschmelzen der Metalle in den Arbeitspausen oder nach Feierabend auszuführen, da sich nach dem Einschmelzen die Schmelze erst beruhigen muss, bevor wieder verzinkt werden kann. Damit wieder eine homogene Schmelze entsteht, sollte das Einschmelzen wie in Abschn. 4.3.3 beschrieben ausgeführt werden (hin und her sowie auf und ab bewegen des Gestells). Anderenfalls kann es z. B. beim Zusatz von Aluminium oder auch ZnAl4-Legierungen zu Aluminiumanreicherungen in der Schmelze kommen, die zu unverzinkten Stellen (Schwarzfleckigkeit) führen können. Die Schwarzfleckigkeit kann sich im Zinküberzug in Form der Größe einer Stecknadelkuppe schwarzer, dicht verstreuter Punkte bis zu größeren Flecken darstellen.

Beim Arbeiten mit einem Bleisumpf stellt sich automatisch ein Bleigehalt von etwa 1 % in der Schmelze ein. Heute wird immer mehr ohne Bleisumpf gearbeitet, sodass zum Absenken der Oberflächenspannung in zeitlichen Abständen Blei und/oder ca. 0,1 % Wismut zugesetzt wird. Auch hierbei muss für eine homogene Durchmischung der Schmelze gesorgt werden, da örtlich höhere Konzentrationen zu Kesselschäden führen können. Der Gehalt an Wismut, aber auch an Aluminium sollte analytisch überwacht werden.

Beim Feuerverzinken werden Stahl und vor allem legierte Stähle von schmelzflüssigem Zink mehr oder weniger stark angegriffen, dass im Interesse eines wirtschaftlichen Verbrauchs an Zink zwingend berücksichtigt werden sollte und in Abschn. 2.2.5 beschrieben wird. Ausgehend von dieser Tatsache werden auch Verzinkungskessel überwiegend aus unlegiertem Stahl eingesetzt, die aus speziell dafür hergestellten Kesselblechen nach einem dafür entwickelten Verfahren gefertigt werden (siehe Abschn. 3.6). Forschungsarbeiten auf dem Gebiet Verzinken in legierten Zinkschmelzen führen zu dem Ergebnis, dass die in Abschn. 2.2.5 aufgeführten Elemente eine mehr oder weniger positive Wirkung auf die Ausbildung der Zinküberzüge ausüben, aber ab einem bestimmten Prozentgehalt die Wände des Verzinkungskessels angreifen und bei kritischen Parametern sogar zu einem Kesseldurchbruch führen können [10, 15]. Für legierte Zinkschmelzen, wie sie bei der Band- und Drahtverzinkung zum Einsatz kommen, werden keramische Kessel oder Stahlkessel mit legierten Auftragsschweißungen eingesetzt. Der Verzinkungskessel ist das Herz einer Verzinkerei, und eine Kesselhavarie verursacht hohe Kosten für den Ersatz des Kessels, durch den Produktionsausfall, die Zinkverluste sowie den hohen technischen, Zeit- und Materialaufwand. Deshalb ist es wichtig, in der Schmelze die Voraussetzungen zu schaffen, dass sich bei der Inbetriebnahme auf den Kesselinnenwänden schützende Zink-Eisen-Schichten ausbilden können und diese auch während des Verzinkungsbetriebes aufrecht erhalten bleiben (siehe Abschn. 2.2.7).

Zur Herstellung und zum Erhalten einer homogenen Zinkschmelze für den Produktionsbetrieb sollte deshalb folgendes beachtet werden:

- Einhalten der DIN EN ISO 1461 in Bezug auf den Sollgehalt für Zink (98 %) und die Summe der Begleitelemente (1,5 %, mit Ausnahme von Fe und Sn).
- Das Zink sollte fachgerecht in den Verzinkungskessel eingestapelt werden (siehe Abschn. 4.3.2.1).
- Alle Legierungselemente sollten grundsätzlich entsprechend Abschn. 4.3.3 zugegeben und eingeschmolzen werden. Gefahr der Spannungsrisskorrosion (siehe Abschn. 2.2.7)!
- Damit keine Verunreinigungen in die Schmelze eingetragen werden, sollten die Vorrichtungen metallisch blank, am besten verzinkt sein.
- Alle Erzeugnisse und Gegenstände, die in die Schmelze eintauchen, müssen unbedingt trocken sein, anderenfalls kann es durch Wasserdampfdruckerhöhung beim Eintauchen in die Schmelze zum Herausspritzen von Zinkschmelze kommen! Deshalb sollten die Vorrichtung und auch alle Metalle grundsätzlich trocken gelagert werden.

Aluminium

Zur Aufrechterhaltung des Aluminiumgehaltes, z. B. von 0,01 %, in der Schmelze muss beim Einschmelzen eines feststehenden Gewichtes an Zink ein ca. fünffach höherer Anteil an Aluminium eingeschmolzen werden, als es für den Sollwert rechnerisch erforderlich ist. Daraus resultieren 12,5 kg ZnAl4 pro Tonne Zink. Der Grund dafür ist, dass die Zinkschmelze durch folgende Reaktionen stärker an Aluminium verarmt:

- Die bevorzugte Oxidation des Aluminiums auf der Oberfläche der Zinkschmelze,
- den verstärkten Umsatz mit dem Flussmittel,
- die Bildung fester aluminiumhaltiger Zink-Eisen-Verbindungen, die zum Kesselboden sinken,
- den Aluminiumanteil in der Reinzinkschicht.

Der Aluminiumgehalt sichert den zinktypischen Glanz der Überzüge und führt bei stark mit Silizium beruhigten Stählen zu einer allerdings nur geringen Verlangsamung des Schichtwachstums. Ein zu hoher Aluminiumgehalt in der Schmelze kann z. B. durch Aufspritzen von Wasser beseitigt werden.

Blei, Wismut

Blei und Wismut sollten am zweckmäßigsten erst nach etwa zwei Tagen und als Vorlegierung Pb1, in Form kleiner Kugeln (etwa 3–5 mm Durchmesser) oder als Umschmelzzink vorgenommen werden (zu beziehen auch über den Zinklieferanten). Die Löslichkeit von Blei in Zink beträgt bei 450 °C etwa 1 %. Über 1 % Pb führen aufgrund seiner höheren Dichte (11,3 g/cm^3) zum Absinken auf den Boden des Verzinkungskessels. Der Bleisumpf am Boden (etwa 50 mm) soll das Auflegieren von Hartzink auf dem Kesselboden verhindern und das Hartzinkziehen erleichtern. Auf Dauer stellt sich in der Schmelze automatisch eine Konzentration von etwa 1 % Pb ein. Durch Zugabe von etwa 0,1 bis 0,2 % Wismut kann man auch die Oberflächenspannung der Zinkschmelze absenken. In diesem Fall bildet sich kein Bleisumpf auf dem Boden des Kessels, sodass die Konzentration des Wismuts und ggf.auch die des in geringen Mengen vorhandenen Bleis durch Analysen ständig überwacht werden müssen. Übermäßige örtliche Konzentrationen an Wismut sind zu vermeiden, da es dadurch zu Kesselschäden kommen kann. [10].

4.3.2.3 **Regenerieren der Zinkschmelze**

Beim Verzinken der Stahlbauteile entstehen durch die Reaktionen Schmelze/Luftsauerstoff sowie Zink/Eisen/Flux, in Abhängigkeit vom Durchsatz, Zinkasche (Zinkbadabschöpfung) und Hartzink sowie in der Schmelze schwimmende Verunreinigungen, die den Verzinkungsprozess nachteilig beeinflussen können. Der mengenmäßige Anfall beider Komponenten wird von den Verzinkereien unterschiedlich vorgenommen. Die einen beziehen den Anfall auf die verzinkte Tonnage, die anderen auf den Zinkverbrauch. Betrachtet man aber den Zinkverbrauch, der beim Verzinken von Stahlbauteilen in Großverzinkereien bei 3,8–4,8 % Zink/t Verzinkungsgut liegt und der bei Stückgutverzinkereien bis zu 8 % ansteigt, ist zu erkennen, dass bei einer Bewertung des Anfalls von Zinkasche und Hartzink die Angabe bezogen auf den Zinkverbrauch aussagefähiger ist.

Erfahrungswerte für den Verbrauch an Zink sowie Anfall an Zinkasche und Hartzink pro Tonne Verzinkungsgut:

- Zink: 5–8 %,
- Hartzink: 0,5–2 % bzw. 6–12 % bezogen auf den Zinkverbrauch,
- Zinkasche: 0,5–2 %, bzw. 6–12 % bezogen auf den Zinkverbrauch.

Der Einfluss der Flussmittelkonzentration auf die Zinkaschebildung ist aufgrund der Komplexität der dabei ablaufenden Vorgänge und Einflussfaktoren sehr kompliziert. Darauf ist auch zurückzuführen, dass Katzung und Rittig [45] in einer Arbeit im Labormaßstab ermittelt haben, dass an gut getrockneten Bauteilen der Zinkascheanfall bei hoher Flussmittelkonzentration am niedrigsten ist, jedoch Schulz und Schmidt in einer Literaturauswertung zu einem gegenteiligen Ergebnis kommen [64, 66].

Die Menge an anfallender Asche ist vor allem abhängig von:

- Dem Eisengehalt im Flussmittel und dessen Zusammensetzung,
- dem Eisengehalt auf der Bauteiloberfläche unmittelbar beim Tauchen in die Zinkschmelze,
- der Reinheit der Bauteiloberfläche sowie dem Gehalt an Eisen pro Quadratmeter nach dem Trocknen, d. h. beim Tauchen in die Schmelze; durch eine nicht qualitätsgerechte Trocknung der Bauteile kann es zur Bildung von Salz- und Hydroxozinksäuren und somit zum erneuten Beizen der Stahloberfläche und Bildung von Eisensalzen kommen,
- der Temperatur der Zinkschmelze und Tauchdauer der Bauteile,
- der Sauberkeit der Oberfläche der Zinkschmelze,
- der Bewegung des schmelzflüssigen Zinks und der Luft an der Oberfläche der Schmelze,
- der Anzahl und qualitativen Ausführung der Abstreif- und Abschöpfvorgänge.

Ziehen der Zinkasche

Zinkasche, teilweise auch als Zinkbadabschöpfung bezeichnet, besteht überwiegend aus Zink und Zinkverbindungen (ZnO, $Zn(OH)_2$ und $ZnCl_2$). Die Menge (4–6 kg/t) der beim Verzinken anfallender Asche ist abhängig von der Qualität der gesamten Oberflächenvorbereitung, vor allem aber vom Eisengehalt auf der Oberfläche der Bauteile unmittelbar beim Tauchen derselben in die Schmelze. Dieser Eisengehalt ist abhängig vom Eisengehalt im Flussmittel und der Qualität der Trocknung. Der Flussmittelverbrauch in der Stückverzinkung liegt bei ca. 1 kg/t. Ca. 80 % des Flussmitteleinsatzes gehen in die Zinkasche. Dabei macht das Flussmittel aber nur einen Anteil von 10–20 % der anfallenden Asche aus. Die Restmenge an Asche entsteht durch das Abstreifen der Zinkschmelzeoberfläche und Abschöpfen der Asche [64, 68].

Bevor die Bauteile in die Schmelze getaucht werden sowie beim Ziehen derselben aus der Schmelze, muss die Asche von den Bauteilen weggehalten und mit dafür geeigneten Geräten (siehe Abschn. 3.9.1) an eine, bei Kessellängen etwa über 16 m an beide Stirnseiten des Kessels geschoben und dort abgelagert werden.

In der Praxis sind vor allem folgende zwei Varianten der weiteren Verarbeitung der Asche anzutreffen:

- Hat sich eine entsprechende Menge Asche angesammelt, wird diese durch siebartig gestaltete Löffel (Lochdurchmesser etwa 15–20 mm) abgeschöpft. Wichtig ist, dass die Löcher im Schöpflöffel immer offen gehalten werden, da-

mit das in der Zinkasche noch vorhandene metallische Zink weitestgehend in die Zinkschmelze zurücklaufen kann. Danach wird die Asche in einem an der Kesselstirnseite stehenden Behälter eingebracht und, wenn er voll ist, in einem überdachten Raum abgestellt. Achtung! Zinkasche ist stark hygroskopisch. Es lässt sich jedoch nicht vermeiden, dass etwa 30–40 % metallisches Zink in der Zinkasche verbleiben [10].
- Die Asche wird entsprechend Abschn. 4.5.6.1 regeneriert.

Teilweise ist noch anzutreffen, dass Zinkasche oder Kehrzink zum Einstellen des pH-Wertes beim Flussmittel verwendet werden. Wegen dem damit verbundenen hohen Eintrag von Eisen u. a. Verunreinigungen ist davon unbedingt abzuraten.

Ziehen des Hartzinks

Hartzink (ζ-Phase) entsteht in der Zinkschmelze durch die Reaktion schmelzflüssiges Zink/Eisen mit der Oberfläche der Wände des Verzinkungskessels und der Stahlbauteile sowie dem mehr oder weniger hohen Anteil verschleppten Eisens aus dem Flussmittel und einem nicht qualitätsgerechtem Trockenprozess. Das Eisen reagiert mit dem schmelzflüssigen Zink zu FeZn13 (Hartzink) und beträgt, in Abhängigkeit vom Verfahren (Trocken- oder Nassverzinkung), etwa 0,5–1,4 % bezogen auf den Durchsatz an Bauteilen, kann aber bei der Nassverzinkung darüber liegen. Daraus ergibt sich, dass 1 g Eisen mit etwa 20–25 g Zink zu Hartzink reagieren. Die zusätzliche Bildung von Hartzink durch verschlepptes Eisen und mangelhaftes Spülen nach dem Beizen erhöht nicht nur den Verbrauch an Zink, sondern kann auch die Qualität des Zinküberzuges in Bezug auf die Dicke und das Aussehen nachteilig beeinflussen.

Der Gehalt der Zinkschmelze an gelöstem Eisen beträgt bei 450 °C etwa 0,03 Masse-%. Die weitere Eisenzufuhr aus der Reaktion des Zinks mit dem Verzinkungsgut bzw. den Kesselwänden bewirkt eine Übersättigung der Zinkschmelze. Als Folge scheiden sich Zink-Eisen-Kristalle mit etwa 6,2 Masse-% Eisen ab (ζ-Kristalle) [4]. In Abhängigkeit von der Größe und dem Gewicht der Hartzinkkristalle sinken diese zum Kesselboden, aber sie können sich auch auf dem Zinküberzug niederschlagen, und es entstehen raue Zinküberzüge (siehe Abschn. 4.3.4) vor allem dann, wenn das Hartzink auf dem Kesselboden zu hoch angewachsen ist und die Bauteile beim Tauchen das Hartzink berühren und/oder beim Tauchen Turbulenzen erzeugt werden, die das Hartzink aufwirbeln. Hartzink kann von der Oberfläche des Zinküberzuges nur unter hohem Arbeitsaufwand entfernt werden und hat nahezu immer negative Auswirkungen auf das Aussehen und die Qualität des Zinküberzuges.

Bei einer kritischen Höhe der Hartzinkablagerung, d. h., wenn die Gefahr besteht, dass die Bauteile das Hartzink aufwirbeln oder in dieses eintauchen, muss das Hartzink aus dem Kessel gezogen werden. Das fehlende Volumen wird danach gleich durch Zusatz von Zink wieder ergänzt, bis die Schmelze etwa 50–100 mm unter der Oberkante des Kessels steht. Bevor wieder mit dem Verzinken begonnen werden kann, sollte unbedingt eine Ruhepause von etwa 12 h eingelegt werden. Deshalb sollte man das Hartzinkziehen vorzugsweise an einem Wochenende durchführen. Anderenfalls kann es durch noch in der Schmelze schwimmende Hartzinkkristalle zu rauen Zinküberzügen kommen. Zum Ziehen des Hartzinks haben sich in der Praxis Hartzinkschaufeln bewährt, die mit Schlitzen versehen sind, damit das schmelzflüssige Zink aus dem Hartzink zurück in die Schmelze laufen kann. Sie sollten genau an die Rundungen des Kesselbodens und der Stirnseiten des Kessels angepasst sein, damit so viel wie möglich Hartzink erfasst und gezogen werden kann. Mit diesen Schaufeln können je nach Kesselgröße bis zu etwa 500 kg/Schöpfung und etwa 2–5 t/Turnus gezogen werden (siehe Abschn. 3.9.2).

Hartzinkgreifer werden in der Praxis immer weniger eingesetzt, da diese nicht an die Rundungen des Verzinkungskessels angepasst sind und somit nicht alle Bereiche des Kessels erreicht werden können. Das dadurch verbleibende Hartzink wächst an den Kesselwänden auf, vor allem an den Rundungen der Stirnseiten. Von diesen können sich im Laufe der Zeit einzelne Hartzinkkristalle lösen, in der Schmelze schwimmen und beim Verzinken am Zinküberzug der Bauteile haften bleiben. Außerdem kann dadurch die nutzbare Kesselabmessung eingeschränkt werden.

Die Menge des anfallenden Hartzinks ist wie beim Ziehen der Zinkasche vor allem von folgenden verfahrenstechnischen Parametern abhängig:

- Von den in Abschn. 4.3.2.3, *Ziehen der Zinkasche* unter Zinkasche genannten ersten drei Punkten,
- der Einhaltung der optimalen Tauchzeit,
- dem Verzinkungsgut, in Bezug auf den Anteil kritischer Legierungselemente,
- von den in die Schmelze hineingefallenen und für längere Zeit verbliebenen Bauteilen – deshalb sollten in die Schmelze gefallene Bauteile sofort herausgeholt werden,
- der Temperaturkonstanz, Vermeidung kritischer Temperaturen von $T \geq 460\,°C$ an der Innenseite der Kesselwände.

Durchführung des Ziehens von Hartzink:

- Die Schlitze der Hartzinkschaufel müssen frei und dürfen nicht durch Hartzink verschlossen sein.
- Mit der trockenen Schaufel (eventuell über dem Verzinkungskessel erwärmen und trocknen) an einer Stirnseite des Kessels in die Zinkschmelze eintauchen und nach dem Aufsetzen auf dem Boden in Längsrichtung bewegen, bis diese voll mit Hartzink gefüllt ist.
- Die Hartzinkschaufel langsam und vorsichtig aus der Zinkschmelze ziehen, damit kein Hartzink verloren geht und die Schmelze verunreinigt wird. Kurz über der Schmelze anhalten und so lange verweilen, bis kein schmelzflüssiges Zink mehr aus den Schlitzen der Schaufel herausläuft.
- Die Hartzinkschaufel über die auf dem Boden stehenden Hartzinkformen fahren und so lange öffnen, bis das gesamte Hartzink herausgelaufen ist (siehe Abschn. 3.9.2).

- Hartzink in Höhe der Formen glatt streichen und mit einem Stampfer verfestigen, sodass möglichst viel von dem noch im Hartzink befindlichen schmelzflüssigen Zink in die unter den Hartzinkformen befindlichen Auffangpfannen laufen kann. Die Größe der Hartzinkmasseln muss mit dem Entsorgungsbetrieb abgestimmt werden.
- Der Hartzinkziehvorgang ist solange zu wiederholen, bis kein Hartzink mehr spürbar ist oder mit einem Stab aus Stahl gefühlt werden kann.
- Danach werden die Schlitze der Schaufel von überschüssigem Zink und die gesamte Schaufel gereinigt, die Hartzinkmasseln aus den Formen entnommen und nach dem Erkalten gestapelt sowie das in die Pfannen gelaufene Zink der Zinkschmelze wieder zugesetzt.

Reinigen der Zinkschmelze

Durch die Oxidhaut der Metalle Zink sowie der Vorlegierungen, der Bauteiloberfläche und andere Umstände gelangen Verunreinigungen in die Zinkschmelze, die den Verzinkungsprozess nachteilig beeinflussen können. Da diese Verunreinigungen spezifisch leichter sind als Zink, schwimmen diese in der Zinkschmelze und können sich beim Tauchen der Bauteile in die Schmelze auf dem Zinküberzug ablagern und zu rauen, mit Pickeln versehenen, Zinküberzügen führen. Derartige Verunreinigungen sollten deshalb von Zeit zu Zeit entfernt werden oder aber zumindest dann, wenn visuell derartige Fehler im Zinküberzug wahrgenommen werden.

Zum Reinigen der Zinkschmelze müssen die in der Schwebe befindlichen Verunreinigungen an die Oberfläche befördert werden. Dieser Prozess, bei dem in der Metallurgie Metallschmelzen durch Chemikalien zum Wallen gebracht werden, wird in der Metallurgie als *Polen* bezeichnet.

In Verzinkereibetrieben wurden dazu noch bis etwa in die 1980er-Jahre ausschließlich Birkenholz, Kartoffeln, Rüben und andere pflanzliche Produkte verwendet. Diese geben viel Wasser ab, bringen so die Schmelze zum Wallen und die Verunreinigungen an die Oberfläche, von wo sie abgeschöpft und wie Zinkasche behandelt werden. Jeder Verzinker hat dabei seine eigene Methode zur Reinigung der Zinkschmelze „erfunden“ und verteidigt, sodass zum Teil auch heute noch Verzinkereibetriebe auf diese Methode schwören und anwenden. Beim Tauchen von frischem Holz in die Zinkschmelze entstehen *Polgase* (Wasserdampf, Zersetzungsprodukte des Holzes), die ein Durchmischen der Schmelze und Aufsteigen der Verunreinigungen zur Oberfläche bewirken.

In der Metallurgie werden zum Polen (Reinigen von Metallschmelzen) schon seit längerem sogenannte *Ausschmelz-*, *Desoxidations-* und *Raffinationsprodukte* auf *Basis von Alkali- und Erdalkalichloriden* verwendet. Das Polen hat nicht nur eine mechanische Wirkung, sondern auch eine chemische, die allerdings bei den organischen Produkten wesentlich geringer und vernachlässigbar ist als bei den chemischen Salzen, bei denen Reduktions- (Kohlenstoff, Kohlenwasserstoffe) und Oxidationsvorgänge (Luftsauerstoff) stattfinden, wobei sich Fremdkomponenten in den Reduktionsprodukten anreichern. Die Hersteller der Ausschmelzsalze nennen als weiteren Vorteil eine Erhöhung der Viskosität, Fließfähigkeit und Benetzungsfähigkeit der Metallschmelzen.

Das Polen hat nun auch etwa seit den 1990er-Jahren in den Verzinkereibetrieben immer mehr an Bedeutung gewonnen, da es ökologisch, produktiv und reproduzierbar ist. Wichtig ist, dass das Ausschmelzsalz bis kurz über das Hartzink in die Schmelze eingebracht und solange exponiert wird, bis das Wallen der Schmelze beendet ist. Es ist auch vorgekommen, dass Verzinkereibetriebe das Ausschmelzsalz auf die Oberfläche der Schmelze gestreut und mit einem Abstreifer eingearbeitet haben. Das sind vergeudete Zeit und Kosten. Eine entsprechende Vorrichtung zum Einschmelzen des Ausschmelzsalzes, an der sich meistens mehrere Körbe oder perforierte Rohre zur Aufnahme des Salzes befinden, dürfte über Anbieter für Verzinkereiausrüstungen erhältlich sein oder aber eventuell auch die Konstruktionszeichnung dafür.

Teilweise wird zum Polen auch Stickstoff verwendet. Stickstoff ist ein Inertgas, d. h., es geht keinerlei chemische Reaktionen ein. Außerdem kann es in der Schmelze nicht so homogen verteilt werden wie das Ausschmelzsalz, bei dem in der gesamten Schmelze verteilt zahlreiche kleinere Blasen entstehen und das Wallen der Schmelze wesentlich intensiver ist als beim Einleiten von Stickstoff.

Die Ausschmelzsalze geben in der Zinkschmelze meistens Wasser und Salzsäure ab und reinigen so durch eine zusätzliche chemische Reaktion die Schmelze. Nach Angaben der Lieferfirmen wird die Schmelze dadurch auch fließfähiger. Bei Verwendung des inerten Stickstoffs beruht die Wirkung ausschließlich auf dem physikalischen Aufschwimmen der spezifisch leichteren Verunreinigungen an die Oberfläche der Schmelze. Die aufschwimmenden Verunreinigungen werden wie Asche abgezogen und behandelt. Die Vorrichtung zum Einschmelzen sollte verzinkt sein, da anderenfalls viel Abbrand entsteht und die Vorrichtung nach dem Gebrauch mit Gekrätz behaftet ist. Sie muss aber unbedingt trocken sein, bevor sie in die Schmelze eintaucht. Deshalb sollte sie nach dem Gebrauch trocken gelagert werden.

Durchführung:

- Einbringen der vorgeschriebenen Menge an Ausschmelzsalz in die Aufnahmen der Vorrichtung.
- Tauchen der Vorrichtung bis zum Hartzinkspiegel und sofort ziehen bis zu einem Abstand von 100 mm zwischen Ausschmelzsalz und Hartzink.
- Das zu Beginn starke Wallen der Schmelze geht nach etwa 25 min gegen null.
- Danach kann die der Vorrichtung aus der Schmelze gezogen werden.
- Abziehen und entfernen der Asche von der Oberfläche der Zinkschmelze (s. Abschn. 4.3.2.3, *Ziehen der Zinkasche*).
- Entfernen der Asche- und Salzreste (kann mit zur Zinkasche gegeben werden).
- Zusetzen der fehlenden Menge an Zink und Vorlegierungen.

4.3.3 Betriebsweise des Verzinkungskessels

An die Verzinkungskessel wird die Forderung nach einer langen Lebensdauer bei gleichzeitig hoher Durchsatzleistung gestellt. Auf der Grundlage von Ergebnissen aus der Forschung [10] in Zusammenarbeit mit langjährigen Erfahrungen aus der Praxis können heute diese Forderungen erfüllt werden, vor allem durch den Einsatz geeigneter Werkstoffe, Konstruktionen und Fertigungsverfahren sowie schonende Beheizungssysteme und Betriebsweise. Ein Kesselausfall verursacht hohe Kosten vor allem durch Produktionsausfall, Zinkverluste, Reparaturaufwand bzw. Ersatzinvestition. Weitere Ausführungen dazu und zu den nachstehenden Abschnitten können aus [73]entnommen werden.

Während der Aufheizperiode besteht bis zum Erreichen der Betriebstemperatur die Gefahr der Rissbildung durch Flüssigmetallversprödung. Deshalb sind die in den Abschn. 2.2.6, 2.2.7 und 4.3.3.2 dazu gegebenen Ausführungen unbedingt zu beachten.

Der Transport des Verzinkungskessels sollte nicht unter –10 °C vorgenommen werden, da ansonsten mit Sprödbruchrissen im Zusammenhang mit hohen Eigenspannungen zu rechnen ist (gilt auch für die Inbetriebnahme). Eine diesbezügliche Abstimmung mit dem Kesselhersteller ist zweckmäßig.

Bei der Lagerung des Kessels im Freien sind Wasseransammlungen durch Überdachungen etc. zu vermeiden.

4.3.3.1 Optimaler Betrieb

Die Kesselnutzungsdauer ist bei den heute zum Einsatz kommenden Kesseln in hohem Maße von der Temperaturführung der Zinkschmelze abhängig. Die sich in der Zinkschmelze einstellende Temperatur entspricht dem Gleichgewichtszustand zwischen der der Zinkschmelze entzogenen und der ihr zugeführten Wärme. Der Wärmeeintrag erfolgt dadurch, dass sich infolge der nur endlichen Wärmeleitfähigkeit in der Kesselwand ein Temperaturgefälle in Richtung des Wärmeflusses bildet, dessen Höhe von der Wärmeleitzahl des Kesselwerkstoffes und der hindurchfließenden Wärmemenge bestimmt wird (Abb. 4.16).

Es ist bekannt, dass bei Temperaturen zwischen 480 und 530 °C (kritischer Temperaturbereich) ein besonders großer Eisenabtrag zu verzeichnen ist. Deshalb muss die Wärmezuführung gleichmäßig erfolgen und so, dass an der Innenfläche diese Temperaturen niemals erreicht werden. Die Temperatur an der Innenwand (Grenzfläche Eisen-Zink) ist in der Regel höher als die in der Zinkschmelze gemessene Temperatur. Deshalb sind nach Inbetriebnahme und von Zeit zu Zeit Temperaturmessungen über die gesamte Länge und Tiefe wichtig. Auch die Beobachtung des Hartzinkanfalls lässt Rückschlüsse auf einen erhöhten Angriff auf die Kesselwände zu. Ist die Hartzinkbildung plötzlich höher als normal, und dafür ist keine Ursache ermittelbar, so besteht sicher ein erhöhter Angriff des schmelzflüssigen Zinks auf die Kesselwände durch eine zu hohe Grenzflächentemperatur. Heute gibt es Temperaturmess- und -regelgeräte die

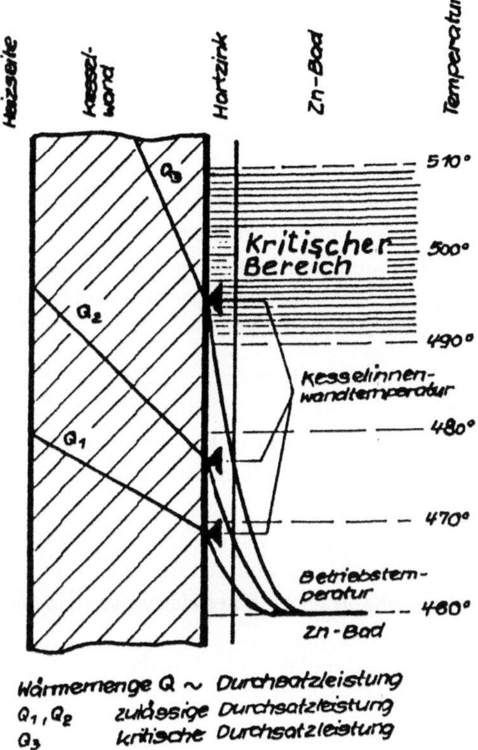

Abb. 4.16 Temperaturverlauf innerhalb einer beheizten Kesselwand bei verschiedenen Wärmedurchgängen.

eine exakte Temperaturführung gewährleisten. Außerdem muss die Durchsatzleistung derart überwacht werden, dass die projektierte Heizflächenbelastung nicht überschritten wird.

In der Praxis wird überwiegend mit Temperaturen zwischen 445 und 455 °C verzinkt. Wesentlich ist, dass der Durchsatz logistisch so gesteuert wird, dass ein Mix an zu verzinkenden Bauteilen zum Verzinken zusammengestellt wird und nicht über längere Zeit nur schwere Stahlbauteile verzinkt werden.

Die Zinkschmelze ist immer in Bewegung. Sie strömt an den beheizten Kesselwänden hoch und sinkt in der Mitte des Kessels wieder nach unten. Die ζ-Kristalle (Hartzink) setzen sich zum größten Teil am Kesselboden ab. Ein Teil des aufwärts strebenden Zinks wird an der Oberfläche der Zinkschmelze abgelenkt, da an dieser Stelle dem Zink keine Wärme zugeführt wird. Mitgeführte ζ-Kristalle setzen sich demzufolge an der Kesselwand ab und bilden ca. 100 mm unterhalb der Oberfläche der Schmelze einen Streifen von porösem Hartzink. Wird dieser Hartzinkstreifen zu dick, muss er sorgfältig entfernt werden. Wichtig ist auch, dass das Zink und die Legierungselemente entsprechend den Ausführungen in Abschn. 4.2.3

zugegeben werden, damit das Zink aufgrund der Dichteunterschiede zwischen festem und flüssigem Zink (7,2 zu 6,6 g/cm^3) nicht zum Boden sinkt.

4.3.3.2 Betriebssicherheit

Bei Konstanthaltung der Temperatur der Zinkschmelze muss die dem Ofen zugeführte Wärme im Gleichgewicht stehen zu der abgeführten Wärme.

Ein unter Normalbedingungen genutzter Kessel zum Verzinken von Stückgut gilt dann als betriebssicher, wenn über den Nutzungszeitraum ein konstanter und gleichmäßiger Werkstoffabtrag von weniger als 3 mm/Jahr vorliegt. Die heute auftretenden Kesselhavarien sind weniger auf den Kesselhersteller als vielmehr auf folgende Ursachen zurückzuführen (s. auch Abschn. 2.2.6):

- Einsatz von Blei bei Inbetriebnahme eines neuen Kessels bevor sich eine schützende Hartzinkschicht ausgebildet hat – Gefahr der Flüssigmetallversprödung.
- Zu schnelles Aufheizen in Verbindung mit gesättigter zinkhaltiger Bleischmelze kann zu interkristallinen Rissen führen, wobei die Radien besonders gefährdet sind.
- Zugabe unzulässiger Legierungselemente (siehe Abschn. 2.2.5 und 4.3.2.2).
- Der Kessel wird im kritischen Temperaturbereich gefahren. Die Folgen davon sind ein unterschiedlich hoher Werkstoffabtrag, erhöhter Hartzinkanfall, örtliche Auswaschungen und Durchbruch.
- Ungeeigneter Ofen, der zu Wärmestau führt und eine gleichmäßige Beheizung sowie exakte Temperaturführung nicht gewährleistet.
- Zu eng gestapeltes Zink beim Einschmelzen.

4.3.3.3 Wirtschaftlicher Energieverbrauch

Das Feuerverzinken ist energieintensiv. Die Energiekosten umfassen ca. ein Drittel der Gesamtkosten. Es lohnt sich deshalb, Energieverluste weitestgehend auszuschalten. Der durchschnittliche Energieverbrauch wurde aus Angaben aus der Praxis mit 100 kWh/t Verzinkungsgut ermittelt.

Erforderliche Leistung zur Erwärmung von 1 t Stahl und 1 t Zink von 20 auf 450 °C:

- Stahl: 60 kW,
- Zink: 70 kW,
- Abstrahlungsverluste:
  - blanke Oberfläche: 15 kW/m^2, ca. 54 000 kJ/m^2,
  - Abdeckung mit isoliertem Deckel: 3 kW/m^2, ca. 10 800 kJ/m^2,
  - Seiten-, Stirnwände und Boden: 0,3–0,5 kW/m^2, ca. 1080–1800 kJ/m^2.

In der Praxis trifft man noch Verzinkungsöfen mit unzureichender Isolierung der Seitenwände des Ofens an, und im Keller des Ofens werden bis zu 35 °C gemessen.

Maßnahmen zur Reduzierung der Energieverluste:

- Abdecken der Kesseloberfläche bei Pausen über 20 min mit einer wärmeisolierten Behälterabdeckung (siehe vorgenannte Abstrahlungsverluste). Dabei ist darauf zu achten, dass kurzfristig vor dem Abdecken keine hohen Durchsätze gefahren werden. Hierdurch lässt sich ein „Überschießen" der Temperatur der Zinkschmelze von über 455 °C bzw. das Überschreiten der kritischen Temperatur von 480 °C wirksam vermeiden. Ausgenommen hiervon sind lediglich Kessel, die in einer Ofenanlage mit entsprechender Temperatursicherung installiert sind.
- Reduzierung der Absaugleistung am Kessel nach dem Eintauchen der Bauteile in die Zinkschmelze auf ca. ein Drittel der elektrischen Leistung des Motors (bereits nach 1–2 min ist die durch die Wirkung des Flussmittels entstehende Rauchentwicklung vorüber) und Abschalten in den Pausen.
- Einsatz einer Einhausung. Sie verbraucht nur ca. 25 % der Energie gegenüber einer Randabsaugung.
- Nutzung der Verlustwärme zum Beheizen des Trockenofens, der Verfahrenslösungen oder im Sanitärbereich.
- Produktionsorganisatorische Maßnahmen, z. B.
  - Minimierung der Masse der Lastanschlagmittel, die mit in die Schmelz eintaucht.
  - Optimale Sortimentszusammenstellung zur Auslastung des Kessels bis in die Nähe der kritischen Heizflächenbelastung.
  - Ermittlung und Vorgabe optimaler Tauchzeiten.

Die in der Praxis teilweise noch anzutreffende Meinung, man müsste, um Energie einzusparen, während längerer Betriebspausen die Temperatur der Zinkschmelze herunterfahren, ist falsch. Bei fachgerechter Abdeckung der Kesseloberfläche wird für den Beharrungszustand weniger Energie benötigt als zum Aufheizen der Schmelze von 430–455 °C. Bei Absenkung der Temperatur der Schmelze wird auch die Löslichkeit von Eisen und Zink reduziert. Dadurch entstehen sehr feine Hartzinkkristalle, die beim Aufheizen nicht wieder in Lösung gehen, in der Schmelze schweben und die Qualität der Zinküberzüge negativ beeinflussen.

4.3.3.4 **Außerbetriebnahme, Entleeren, Prüfung, Reparaturen und Kesselwechsel**

Der Kessel wird zum Zweck der Revision oder eines Wechsels außer Betrieb genommen. Während der geplanten Nutzungsdauer sind verschiedene Verfahrensweisen bezüglich einer Kesselrevision möglich. Unter wirtschaftlichen Gesichtspunkten sollte eine Außerbetriebnahme des Kessels während seiner geplanten Nutzungsdauer möglichst nicht vorgenommen werden. Diese ist immer mit zusätzlichen Kosten, Produktionsausfall und einem Havarierisiko verbunden. Eine derartige Verfahrensweise erfordert jedoch ein sichere Betriebsführung und gesammelte Erfahrungen, damit eine Havarie nahezu ausgeschlossen werden kann. Auch eine teilweise praktizierte Außerbetriebnahme an den Wochenenden wirkt sich negativ auf die Kesselstandzeit aus.

Eine höhere Sicherheit wird durch eine Revision erreicht, die nach einer durch Kesselgröße, Durchsatz und Betriebserfahrung bestimmten Betriebszeit durchgeführt wird. Dadurch können auch eventuelle Mängel in der Betriebsführung erkannt und abgestellt werden.

Außerbetriebnahme und Kesselwechsel

Bei der Außerbetriebnahme ist sicherzustellen, dass zuvor bei abgesenkter Temperatur der Zinkschmelze (ca. 440 °C) gründlich Hartzink gezogen und die Temperatur vor Pumpbeginn wieder auf mindestens 465–470 °C erhöht wird. Weiterhin ist bei der Auswahl der Pumpe auf eine genügend große Pumpkapazität zu achten. Die Leistung sollte so bemessen sein, dass der Kessel in max. 2 h entleert werden kann. Eine zu geringe Leistung kann die erforderliche Pumpzeit derart verlängern, dass ein Einfrieren des im Kessel befindlichen Restzinks eintritt.

In der Praxis hat sich das Umpumpen der Zinkschmelze in einen beheizbaren Reservekessel oder Warmhalteöfen bewährt, die u. a. auch vom Kesselhersteller angeboten werden. Dadurch ist bei Kesselwechsel, einschließlich Reparaturarbeiten, ein minimaler Produktionsausfall von fünf Tagen möglich. Außer einem Zeitvorteil werden die Kosten für das Vorhalten von neuem Zink, das Einstapeln und die Energie zum Einschmelzen des Zinks eingespart. Des Weiteren fällt kaum Zinkoxid an, und die Verunreinigung der Zinkschmelze wird gering gehalten. Beim Zurückpumpen des schmelzflüssigen Zinks sind einige Zinkbarren auf dem Kesselboden auszulegen, damit der Zinkstrahl nicht direkt auf den Kesselboden auftrifft.

Vor dem Auspumpen sind folgende Voraussetzungen zu realisieren:

- Ausreichende Kapazität der unbedingt trockenen Warmhalteöfen und Zinkpumpe,
- ausreichende Energieversorgung,
- ausreichende Kranhakenhöhe – die Pumpe soll senkrecht in die Schmelze eingetaucht werden,
- geringe Entfernung zwischen den Warmhalteöfen und Verzinkungskessel.

Das Zurückpumpen in den reparierten oder gewechselten Kessel kann erfolgen, sobald die Temperatur des Kessels ca. 300 °C erreicht hat. Das Aufheizen des Kessels muss ähnlich wie bei einer Neuinbetriebnahme unter Berücksichtigung der jeweiligen Grenztemperaturen und nach den Empfehlungen des Ofenbauers erfolgen. Sofern zusätzlich Zinkblöcke eingestapelt werden, muss sichergestellt sein, dass selbiges, vor allem im Bodenbereich, möglichst wenig Kontakt mit dem Kesselmaterial aufweist.

Wanddickenmessung bei in Betrieb befindlichem Kessel

Seit einigen Jahren gibt es spezielle Ultraschallmessverfahren, die es ermöglichen, Wanddickenmessungen an mit schmelzflüssigem Zink gefüllten Verzinkungskesseln vorzunehmen. Hierbei werden die Seitenflächen des Kessels mittels einer

Sonde in einem zuvor festgelegten Raster „abgefahren" und gemessen, wobei Genauigkeiten von ±1 mm garantiert werden.

Ein Abfahren der Kesselwände mit einem Stahlhaken kann zu falschen Ergebnissen und damit zu Fehlentscheidungen führen, indem dieser z. B. ausgepumpt wurde und danach festgestellt werden musste, dass die Kesselwände noch in einem einwandfreien Zustand sind und nur eine erhabene Schweißnaht als Anfressung gewertet wurde.

Ausführung von Reparaturarbeiten am Kessel

Nach Inspektion der Kesselwände (z. B. Dicke der Wände, Auswaschungen und deren Größe, Kerben) wird entschieden, ob der Kessel verworfen wird oder sich eine Reparatur durch eine Auftragsschweißung lohnt. Diese Arbeiten sollten auf jeden Fall von einer Fachkraft oder dem Kesselhersteller ausgeführt werden.

Die vorbereitenden Maßnahmen dazu umfassen das Entfernen der Hartzinkschicht und das Beschleifen der Stahloberfläche sowie das Beseitigen von noch anhaftenden Zinkresten. Die Durchführung der Auftragsschweißung muss mit dem gleichen Werkstoff, aus dem der Kessel besteht, erfolgen. Der dadurch entstehende Übergangsbereich zur unbehandelten Stahloberfläche ist zum Zweck der Beseitigung von Kerben zu beschleifen.

Vorbeugende Instandhaltung

Unter vorbeugender Instandhaltung versteht man eine fachgerechte Temperaturmessung, das Vermeiden der kritischen Temperatur von 480 °C an den Kesselinnenwänden, das regelmäßige Hartzinkziehen, das Entfernen von Ascheanbackungen am oberen Kesselrand, das Reinigen der Pyrometerrohre sowie die Überwachung der Legierungsbestandteile in der Schmelze entsprechend Abschn. 2.2.5, 4.3.2.1 und 4.3.2.2.

4.3.3.5 Wiederinbetriebnahme einer eingefrorenen Zinkschmelze

In diesem Zusammenhang wird darauf hingewiesen, dass ein Einfrieren der Zinkschmelze im Kessel während des Betriebs unbedingt zu vermeiden ist. Bei längerem Energieausfall ist in der Mitte der Schmelze in Längsrichtung ein Spalt zu schaffen, z. B. durch Einbringen von Zinkjumbos, die nachträglich wieder gezogen werden können, und die Schmelze ist außer mit dem Deckel zusätzlich mit einer optimalen Menge Zinkasche abzudecken. Sollte es trotzdem zu einem Einfrieren der Zinkschmelze im Kessel gekommen sein, so kann nur versucht werden, diesen mit einer Aufheizrampe von maximal 3 °C/h wieder anzuheizen. Allerdings lassen sich aufgrund der in diesen Fällen auftretenden Spannungen im Kesselkörper mögliche interkristalline Rissbildungen nicht immer ausschließen.

4.3.3.6 Havarie

Im Falle einer Havarie kommt dem Faktor Zeit eine große Bedeutung zu. Um ein schnelles und überlegtes Handeln zu ermöglichen, empfiehlt es sich, einen für alle im Betrieb beschäftigten Mitarbeiter zugänglichen Havarieplan gut sichtbar auszuhängen sowie diese turnusmäßig zu schulen. Darüber hinaus sollten alle benötigten Hilfsmittel wie Zinkpumpen, Rohre, Kokillen etc. sowie zum Vorwärmen der Pumpe und Rohre benötigte Brenner voll funktionsfähig und in der Nähe des Kessels verfügbar sein. Sofern nicht genügend Behältnisse verfügbar sind, kann das Zink in Ausnahmefällen auf den zuvor mit Sanddämmen versehenen Fußboden gepumpt werden. Allerdings muss hierbei in Kauf genommen werden, dass das Zink erheblich verunreinigt wird.

Eine wesentlich schnellere und wirksame Möglichkeit eine Leckage zu stoppen, bietet eine seit kurzem im Markt verfügbare Zinkauslaufsperre, die mittels einer Mechanik zwischen den Kesselwänden verkeilt werden kann. Hierdurch erreicht man in der Regel eine deutliche Schadensminderung und verschafft sich darüber hinaus Zeit für ein übersichtliches und geordnetes Handeln im Hinblick auf die dann noch auszuführenden Notfallmaßnahmen. Unter Umständen ist sogar eine eingeschränkte Produktion möglich. Nicht zu unterschätzen sind hierbei auf jeden Fall die positiven Auswirkungen auf Unfallverhütung und Arbeitssicherheit. Auch heute kommt es noch vor, dass bei einer Havarie nicht alle Geräte zur Verfügung stehen und die Zinkpumpe funktionsuntüchtig ist, sodass eine große Menge Zink ausläuft und der Rest meistens einfriert. Die Wiederherstellung des Produktionsbetriebes ist meistens nur mit einem sehr hohen Aufwand an Zeit, Kosten und Produktionsausfall verbunden.

Wichtig ist, dass eine Kesselhavarie sofort bemerkt wird. Der Verzinkungsofen muss deshalb mit entsprechenden Einrichtungen ausgerüstet sein, die auslaufendes Zink sofort registrieren und akustischen sowie sichtbaren Alarm auslösen.

4.3.4 Der Verzinkungsvorgang

Für das Stückverzinken gilt die Norm DIN EN ISO 1461, die in Abhängigkeit von der Materialdicke Überzugsdicken von mindestens 45–85 µm vorschreibt. Für feuerverzinkte Verbindungselemente, die wegen der geforderten Passfähigkeit nach dem Verzinken zentrifugiert werden, gelten die DIN EN ISO 10684 und die DSV-GAV-Richtlinie HV-Schrauben, die eine örtliche Schichtdicke von mindestens 40 µm und die mittlere Schichtdicke des Loses von mindestens 50 µm fordert. Nach DIN EN ISO 1461 muss die Zinkschmelze hauptsächlich aus Zink (mind. 98 %) bestehen. Die Summe der Begleitelemente (mit Ausnahme von Eisen und Zinn) in der Zinkschmelze darf 1,5 % (Massenanteil) nicht übersteigen.

Aus Gründen der Arbeitssicherheit und Sicherung der Qualität nach den o. g. Vorschriften müssen an die zum Verzinken vorgesehenen Stahlbauteile vor allem die in Abschn. 4.1 und die nachfolgend aufgeführten Voraussetzungen gegeben sein:

- Die Bauteile müssen den Verzinkungsvorrichtungen festsitzend, aber so angeschlagen sein, dass sie beim Tauchen in die Zinkschmelze soweit aufschwimmen können, dass das schmelzflüssige Zink die Auflagepunkte erreichen kann und diese im Zinküberzug nicht in Erscheinung treten.

- Die Oberfläche der Bauteile muss metallisch sauber sein (Oberflächenvorbereitungsgrad „Be") und einen geschlossenen, mausgrau aussehenden und trockenen Flussmittelfilm aufweisen (außer bei der Nassverzinkung).
- Die Oberfläche der Zinkschmelze muss vor dem Eintauchen und dem Ziehen der Bauteile metallisch blank sein, d. h., Oxide sowie andere Verunreinigungen sollten vor dem Tauchen der Bauteile beseitigt werden.
- Einhaltung der verfahrenstechnischen Parameter der Schmelze (Temperatur, Zusammensetzung).

4.3.4.1 Ausführung des Verzinkungsvorganges

In der Praxis ist zu beobachten, dass angelieferte Stahlbauteile zum Verzinken mit einem kritischen Siliziumgehalt immer mehr zunehmen. Damit nehmen aber auch ungewollt die Dicke des Zinküberzuges und der Zinkverbrauch immer mehr zu. Der Verzinkereibetrieb aber auch der Fertigungsbetrieb steht dem größtenteils machtlos gegenüber. Deshalb ist es besonders wichtig, dass im Interesse des Verbrauchs an Zink, aber auch an Energie sowie der Qualität und Produktivität, die Tauchzeiten so kurz wie notwendig gehalten und nach Möglichkeit durch Kontrollen der Schichtdicke optimiert werden. Vor allem beim Verzinken von Serienerzeugnissen macht sich das bezahlt. Wesentliche beeinflussende Parameter dafür sind: Temperatur der Zinkschmelze, Tauch- und Ausziehwinkel, Tauch- und Ziehgeschwindigkeit.

Trockenverzinkung

Ausführung:

- Säubern der Oberfläche der Schmelze von Verunreinigungen durch Abstreifen.
- Zügiges Tauchen der Bauteile in die Zinkschmelze unter einem möglichst steilen Eintauchwinkel und einer optimalen Geschwindigkeit, d h., die Bauteile müssen so schnell wie möglich in die Schmelze getaucht werden, da anderenfalls das Flussmittel verbrennt und nicht mehr wirken kann, wobei das Aufschwimmverhalten der Bauteile zu berücksichtigen ist.
- Verweilen der Bauteile bis zum restlosen Abkochen des Flussmittels bzw. bis zum Erreichen der Temperaturgleichheit zwischen der Zinkschmelze und den Bauteilen. Als Faustregel kann je nach Bauteilart und Konstruktion 30 s bis 1,5 min pro mm Wanddicke genannt werden. Das ist ungefähr der Punkt, bei dem die Zinkschmelze aufhört zu wallen.
- Während des Verzinkungsvorganges sind die Bauteile im Kessel solange zu bewegen (in Längsrichtung und quer sowie auf und ab), bis keine Zinkasche mehr aufsteigt. Die aufschwimmende Asche wird in Richtung Stirnseite des Kessels abgestreift und von dort mit dem Aschelöffel entnommen.
- Sichtbare Fehlstellen im Zinküberzug weisen auf eine nicht qualitätsgerechte Oberflächenvorbereitung oder/und Trocknung hin und werden auch heute zum Teil noch durch Aufstreuen von Ammoniumchlorid auf die Fehlstel-

len und nochmaliges Tauchen beseitigt. Das nochmalige Tauchen führt vor allem zu dickeren, zum Teil auch rauen Zinküberzügen, einen höheren Zeit- und Kostenaufwand für den Mehrverbrauch an Zink und Ammoniumchlorid sowie einer starken Rauchentwicklung und höheren Belastung der Filter. Es geht auch ohne Ammoniumchlorid! Den Beweis dafür liefert eine Vielzahl von Verzinkereien, die ihre Oberflächenvorbereitung optimiert haben, bei denen heute kein Ammoniumchlorid mehr am Verzinkungskessel steht und die trotzdem fehlerfreie Zinküberzüge erzeugen (bezogen auf Deutschland).

- Die Intensität der Bewegung der Bauteile in der Schmelze darf keinesfalls so stark sein, dass das am Boden des Kessels befindliche Hartzink aufgewirbelt wird und sich auf dem Zinküberzug ablagern kann. Teilweise werden dafür auch Rüttler (siehe Abschn. 3.3.3.6) eingesetzt, die zwischen Kran und Traverse oder auf der Traverse befestigt werden (Beachtung der dafür geltenden Sicherheitsbestimmungen).
- Das Ziehen der verzinkten Bauteile aus der Schmelze muss relativ langsam und unter einem optimalen Winkel von etwa 30–60° oder senkrecht erfolgen, damit ein ungehinderter Zinkablauf und somit eine gleichmäßig aussehende Oberfläche gewährleistet wird (etwa 0,5–1,5 m/min, abhängig von der konstruktiven Gestaltung der Bauteile)
- Während des Ziehvorganges sollte das von den Bauteiloberflächen ablaufende Zink immer eine Verbindung zur Zinkschmelze aufweisen und nicht abreißen. Dadurch können übermäßige Zinkanhäufungen (Zinktropfen und Zinkspitzen) an der Unterseite und den Profilierungen der Bauteile weitestgehend vermieden werden. Anderenfalls sind diese mit geeigneten Abstreifern ständig und restlos zu entfernen. Zum Teil werden dafür auch Rüttler eingesetzt, die überschüssiges Zink abschütteln (siehe Abschn. 3.3.3.6).
- An dieser Stelle muss darauf hingewiesen werden, dass das Abstreifen der Zinkanhäufungen im schmelzflüssigen Zustand äußerst wichtig ist, da das Verputzen derselben aufgrund der Eigenschaften des Zinks (lässt sich nur schwer mechanisch bearbeiten) sehr arbeitsintensiv, zeit- und kostenaufwendig ist und außerdem immer die Gefahr besteht, dass der Zinküberzug verletzt wird und ausgebessert werden muss. Ein Teil von Verzinkereibetrieben hat das erkannt und daraufhin für die am Kessel arbeitenden Personen einen finanziellen Anreiz in Abhängigkeit von der Qualität der Zinküberzüge eingeführt.
- Teilweise wird zum Beseitigen der Zinktropfen auch pulverisiertes Ammoniumchlorid verwendet, wodurch es zu zwei Reaktionen kommt. Einmal wird die Oxidhaut zerstört, und infolge des sauren Charakters kommt es zur Reaktion mit dem Zink unter Entstehung von Wärme (exotherme Reaktion), die ein Aufschmelzen des Zinks bewirkt, sodass zum Teil glattere Zinküberzüge entstehen. Mit dem Aufblasen des Ammoniumchlorids wird aber gleichzeitig kalte Luft an den Zinküberzug geblasen, die einen Teil der positiven Wirkung des Ammoniumchlorids eliminiert. Dabei ist nicht 100 %ig auszuschließen, dass auf der Oberfläche des Zinküberzuges Ammoniumchlorid verbleibt und bei der Lagerung, in Abhängigkeit von der Höhe der Luftfeuchtigkeit, zur Bildung von Weißrost führen kann, da es stark hygroskopisch ist.

- Das Abblasen der Zinktropfen mit Druckluft sollte unterbleiben, das es die schmelzflüssigen Zinktropfen stark abkühlt und diese sofort erstarren und als Tropfen haften bleiben
- Mit einem Abstreifer ist die Oberfläche der Zinkschmelze ständig sauber zu halten, die Asche an die Stirnseite des Kessels zu bewegen und von dort mit dem Aschelöffel in den Aschebehälter zu geben. Dabei müssen die Löcher des Aschelöffels freigehalten und dieser beim Abschöpfen der Asche auf den Kesselrand mehrmals aufgeschlagen werden, damit möglichst viel schmelzflüssiges Zink aus der Asche zurück in den Kessel laufen kann.
- Nachdem das schmelzflüssige Zink restlos von den Bauteilen über der Kesseloberfläche abgelaufen ist, werden diese, sofern keine Nachbehandlung vorgesehen ist, auf entsprechende Ablagen abgesetzt.
- **Wichtig:** Auf der Oberfläche der Bauteile anhaftende Zinkasche sollte sofort nach dem Absetzen der Bauteile, noch im warmen Zustand, mit geeigneten Bürsten entfernt werden. Zinkasche ist stark hygroskopisch und bei Anwesenheit von Feuchtigkeit aggressiv, sodass nach kurzer Zeit der Zinküberzug angegriffen werden kann. Wird die Asche danach entfernt, können graue Flecken sichtbar werden.
- Nach dem Abkühlen sollten die Bauteile möglichst sofort aus der mit Salzsäure angereicherten Luft der Verzinkerei herausgebracht und in einer Atmosphäre gelagert werden, in der der Zinküberzug nicht angegriffen wird. Anderenfalls kommt es auf dem Zinküberzug zur Bildung von Weißrost.
- Abkühlen: In Abhängigkeit von den Legierungselementen im Stahl und dem Verwendungszweck lässt man die Bauteile an der Luft abkühlen oder schreckt sie in Wasser ab (siehe Abschn. 2.2.3 und 4.3.5.4).

Nassverzinkung

Voraussetzungen:

- Eine nasse Bauteiloberfläche für die Wirksamkeit der Flussmitteldecke, wobei diese noch geringfügige Anteile Flugrost aufweisen darf, sofern diese in der Flussmitteldecke abgebeizt und keine Fehlbeschichtungen zur Folge haben.
- Eine funktionsfähige Flussmitteldecke entsprechend Abschn. 4.2.6.3.

Ausführung:

- Tauchen der Bauteile durch die Flussmitteldecke (Höhe etwa 100–150 mm) hindurch in die Zinkschmelze.
- Bauteile unter dem Profilrahmen hindurch tauchen.
- Bei Temperaturgleichheit Zinkschmelze/Bauteile und restlosem Abschmelzen und Beseitigen der Asche von der Oberfläche der Zinkschmelze können die Bauteile gezogen werden (siehe Abschn. 4.3.2.3, *Ziehen der Zinkasche*).

4.3.5 Nachbehandlung von feuerverzinktem Stahl

Unter Nachbehandlung wird das nachträgliche Herstellen von speziellen Schichten auf der feuerverzinkten Oberfläche verstanden, mit dem Ziel der Glanzerhaltung und des zusätzlichen, temporären Schutzes z. B. zur Verhütung von Weißrost. Es handelt sich dabei grundsätzlich um zusätzliche Leistungen außerhalb des Verzinkungsauftrages, die mit der Verzinkerei gesondert vereinbart werden müssen, sofern bestimmte dekorative Forderungen zu erfüllen sind.

Beim Feuerverzinken üblicher Baustähle in konventionellen Zinkschmelzen, erhält man in Abhängigkeit von der Temperatur der Zinkschmelze und Expositionszeit sowie der Stahlzusammensetzung Zinküberzüge mit großen Unterschieden nicht nur hinsichtlich der Schichtdicke, des Wachstums und der Gefügeausbildung, sondern auch im Aussehen. Sie können ein silbrig glänzendes bis silbrig mattes, hell bis dunkelgraues Aussehen aufweisen. Auf das Korrosionsverhalten des Zinküberzuges hat das keinen signifikanten Einfluss.

Eine Nachbehandlung der Zinküberzüge bringt gewisse Schwierigkeiten mit sich. Nahezu alle bekannten und wirtschaftlichen Nachbehandlungsverfahren beruhen darauf, dass es sich dabei um mehr oder weniger flüssige, meistens wässrige Medien handelt. Die dabei aufgetragenen Schichten enthalten Feuchtigkeit und müssen unbedingt getrocknet werden, da sie anderenfalls die Korrosion des Zinküberzuges fördern statt verhindern. Dieser Trockenprozess kann in Abhängigkeit von der konstruktiven Gestaltung der Bauteile sehr kostenintensiv werden, da restlos alle, auch die verwinkelten Stellen, Ecken und dergleichen, getrocknet werden müssen. Die Anforderungen an derartige Verfahrenslösungen sind hoch. Sie dürfen durch das Tauchen der ca. 440 °C heißen Bauteile und den mit eingetragenen sowie sich anreichernden Zinkascheresten (Zinkoxid, Zinkhydroxid, Zinkchlorid) in ihrer Wirkung keinesfalls negativ beeinträchtigt werden.

4.3.5.1 Normative Vorgaben zur Nachbehandlung

Im nationalen Anhang der DIN EN ISO 1461 sind Regelungen zur Kurzbezeichnung der Nachbehandlung aufgeführt. So heißt es bei „t Zn o“, dass eine Feuerverzinkung ohne Anforderung an eine Nachbehandlung zu liefern ist. Hieraus ergibt sich, dass es dem Feuerverzinkungsbetrieb freigestellt ist, ob eine und ggf. welche Art der Nachbehandlung durchgeführt wird. Sofern keine Vereinbarung zur Nachbehandlung getroffen wird, stellt eine Ausführung gemäß „t Zn o“ den Regelfall dar.

Als weiteres Kurzzeichen wird in der Norm die Kurzbezeichnung „t Zn b“ aufgeführt. Dies ist bei einer zusätzlichen Beschichtung der Verzinkung zu verwenden. Es bedeutet, dass das Werkstück feuerverzinkt und beschichtet auszuliefern ist (Duplex-System). Allerdings werden keine hinreichenden Festlegungen über die Art und die Durchführung der zusätzlichen Beschichtung gegeben.

Mit der Kurzbezeichnung „t Zn k“ wird definiert, dass der Verzinker keine Nachbehandlung vornehmen darf, beispielsweise Abkühlen in Wasser, Chromatieren, Eintauchen in Ölemulsionen zum Weißrostschutz u. a. m. Die Anwendung dieses Kurzzeichens kann beispielsweise sinnvoll sein, wenn die feuerverzinkten Teile außerhalb des Verantwortungsbereiches des Feuerverzinkungsunternehmens zusätzlich beschichtet werden sollen [70].

4.3.5.2 **Anforderungen an die Eigenschaften der Nachbehandlung**

In den einschlägigen Verzinkungsnormen gibt es bislang keine normativen Anforderungen an eine Nachbehandlung. Demzufolge ist hierbei auf individuelle Vereinbarungen zwischen Kunden und Lieferanten hinzuweisen. Vor dem Hintergrund einer fachlichen Betrachtung lassen sich folgende allgemeingültige Anforderungen formulieren:

Durch die Art der Nachbehandlung soll ein temporärer Schutz insbesondere zur Verhinderung der Weißrostbildung auf feuerverzinkten Oberflächen aufgetragen werden, wobei die ursprünglichen Eigenschaften des Zinküberzuges nicht nachteilig verändert werden sollen. In diesem Zusammenhang sind grundsätzlich folgende Sachverhalte zu berücksichtigen:

- *Farbe* – Der Nachbehandlungsfilm soll transparent sein, um das Erscheinungsbild der Feuerverzinkung nicht zu verändern. Milchige und farbige Nachbehandlungsschichten sind nicht geeignet.
- *Glanzerhaltung* – Es sollte keine Reaktion zwischen der Nachbehandlungsschicht und der Zinkschicht stattfinden, die eine Glanzverminderung nach sich zieht.
- *Beständigkeit* – Die Nachbehandlung sollte wasserbeständig, fest haftend und gegenüber mechanischen Belastungen beim Lagern und Transportieren beständig sein.
- *Umweltverträglichkeit* – Der Nachbehandlungsfilm soll keine Stoffe enthalten (z. B. Chrom(VI)), die eine Veränderung der umweltrelevanten Eigenschaften der Feuerverzinkung und damit verbundener Anwendungen von feuerverzinkten Produkten mit sich bringt.
- *Temperaturbeständigkeit* – Eine möglichst hohe Temperaturbeständigkeit ist von Vorteil. Es ist wahrscheinlich, dass durch die Nachbehandlung der Anwendungsbereich einer Feuerverzinkung (bis max. 200 °C) eingeschränkt wird.
- *Beschichtbarkeit* – Oft werden feuerverzinkte Überzüge anschließend mit Beschichtungen versehen. Die Nachbehandlungsprodukte müssen dann für eine nachträgliche Beschichtung geeignet sein.

Zur Erzielung dieser Eigenschaften haben sich in den letzten Jahren mehrere Produkte am Markt auf organischer und anorganischer Basis entwickelt, die mit steigender Tendenz in die Praxis Einzug halten.

4.3.5.3 **Art der Applikation**

Bei der Nachbehandlung von feuerverzinktem Stahl wird auf den feuerverzinkten Überzug eine dünne Schutzschicht aufgebracht. Die Applikation kann grundsätzlich als Tauchbehandlung in einem separaten Becken, aber auch als Sprühbehandlung in einer dafür geeigneten Einrichtung erfolgen. Die technischen Anforde-

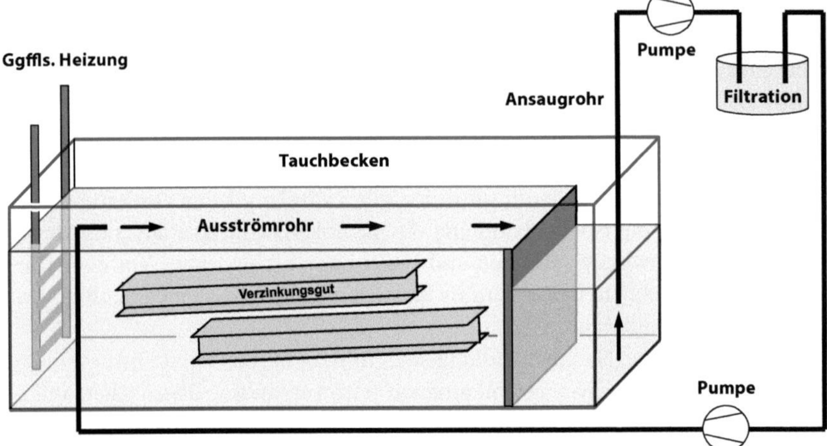

Abb. 4.17 Schematische Darstellung einer Nachbehandlungsanlage im Tauchverfahren [71] (Quelle: Institut Feuerverzinken GmbH, mit Erlaubnis).

rungen an die Durchführung einer solchen Nachbehandlung sind stark von der Applikationsart abhängig und werden im Folgenden separat behandelt [73].

Bei Nachrüstung von bestehenden Anlagen wird empfohlen, im Vorfeld mit den zuständigen Behörden die bestehende Baugenehmigung als auch die Genehmigung nach Bundes-Immisionsschutzgesetz (BImSchG) zu überprüfen und ggf. anzupassen.

Tauchverfahren

Beim Tauchverfahren werden die Bauteile, ähnlich wie in der Oberflächenvorbereitung, in die Nachbehandlungslösung eingetaucht. Unter Umständen erfordert dies ein zusätzliches Tauchbecken nach dem Verzinkungskessel, es sei denn, das bereits vorhandene Abkühlbecken kann dafür benutzt werden (Abb. 4.17). Die Nutzung eines vorhandenen Abkühlbeckens ist allerdings nur dann möglich, wenn die Nachbehandlungslösung es erlaubt, direkt mit dem sehr heißen, verzinkten Material beschickt zu werden. Andernfalls kann es zu Störungen im Materialfluss in der Verzinkerei kommen.

Spritzverfahren

Beim Spritzverfahren werden die Bauteile in einer Spritzkabine oder in einem Behälter gleichmäßig mit der Nachbehandlungslösung besprüht (Abb. 4.18).

Eine Gegenüberstellung der unterschiedlichen Applikationstechniken ist Tab. 4.15 zu entnehmen.

4.3.5.4 Abkühlen an der Luft und Abschrecken in Wasser

In Abhängigkeit vom Verwendungszweck der verzinkten Bauteile, des geforderten visuellen Aussehens des Zinküberzuges und der Zusammensetzung des Stahls (vor allem Siliziumgehalt) werden die Bauteile an der Luft abgekühlt oder

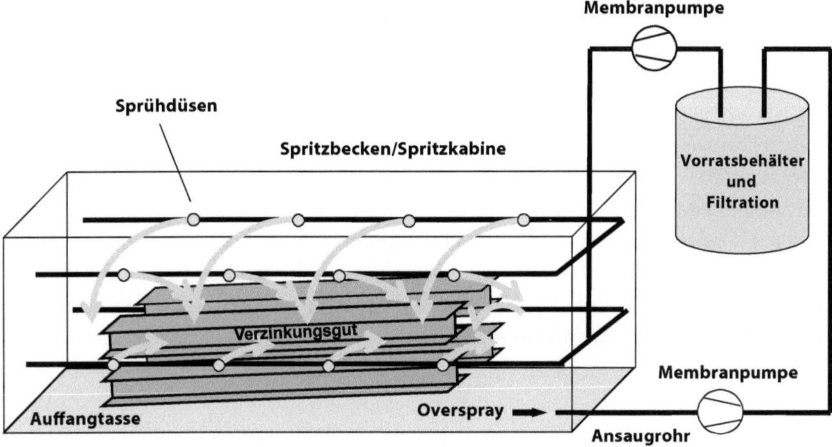

Abb. 4.18 Schematische Darstellung einer Nachbehandlungsanlage im Spritzverfahren [71] (Quelle: Institut Feuerverzinken GmbH, mit Erlaubnis).

Tab. 4.15 Tauch- und Spritzbehandlung im Vergleich [71].

Applikation	Vorteile	Nachteile
Tauchbehandlung	• Rundumschutz – die Bauteile werden auch an schwer zugänglichen Stellen nachbehandelt	• Hohe Anschaffungskosten durch zusätzlichen Behälter (entfällt bei Nutzungsmöglichkeit des Abschreckbeckens) und Neuansatz der Prozesslösung • Kontinuierliche chemische Überwachung der Prozesslösung notwendig
Spritzbehandlung	• Nur geringe Mengen nötig (dadurch geringere Fixkosten) • Als manuelle Einzelbehandlung durchführbar	• Spritzdüsen neigen zum Verstopfen • An schwer zugänglichen Stellen kann die Nachbehandlung nicht sichergestellt werden (stark abhängig von der Art der Bauteile und der Behängung der Traversen)

in Wasser abgeschreckt und danach zum Versand oder bei Vorhandensein von Zinkspitzen, -anhäufungen zum Verputzen weitergeleitet. Bei Stählen mit steigendem Phosphor- und Schwefelgehalt wächst die ζ-Phase während des Abkühlvorganges bis zu einer Temperatur von etwa 250–200 °C mehr oder weniger durch die η-Phase hindurch, die η-Phase verschwindet und damit auch der Glanz des Zinküberzuges (siehe Abschn. 2.2.3) [4, 10].

Beim Abkühlen ist aber zu beachten, dass Bauteile aus Niedrigsilizium-Stahl und Sebisty-Stahl besonders gefährdet sind. Während bei ersterem ein schnelles Abkühlen der Rissbildung entgegen wirkt, ist bei Bauteilen aus Sebisty-Stahl der Riss meistens während des Verzinkens schon soweit fortgeschritten, dass es beispielsweise beim Abschrecken des verzinkten Bauteils in Wasser sogar zum Abplatzen des Zinküberzuges kommen kann. In diesem Fall ist es angeraten, die Verzinkungsdauer soweit wie möglich zu verkürzen. Es handelt sich hierbei um den *Kirkendall-Effekt* (Rissbildung) innerhalb und zwischen den intermetallischen Phasen der Zinküberzüge, hervorgerufen dadurch, dass die Hauptbestandteile der intermetallischen Phasen – Zink und Eisen – bei erhöhten Temperaturen unterschiedlich schnell diffundieren [10].

Beispiele hierfür sind, wenn verzinkte Bleche nach dem Verzinken so übereinander gestapelt werden, dass sie nur sehr langsam abkühlen. Betroffen sind besonders Stähle, bei denen sich beim Verzinken deutlich voneinander abgesetzte Phasen bilden, wie das beispielsweise bei siliziumarmen Stählen der Fall ist, aber auch dickwandige Bauteile aus Stahl mit 0,12–0,28 % Silizium sind gefährdet.

4.3.6 Nacharbeit und Ausbessern

Das Aussehen des Zinküberzuges ist in der DIN EN ISO 1461 unter Punkt 6 festgelegt. Danach müssen alle wesentlichen Flächen auf dem Verzinkungsgut, bei erster Betrachtung mit dem unbewaffneten Auge bei einem Abstand von nicht weniger als 1 m, frei von Verdickungen/Blasen (z. B. erhabene Stellen ohne Verbindung zum Metalluntergrund), rauen Stellen, Zinkspitzen (falls sie eine Verletzungsgefahr darstellen) und Fehlstellen sein. Flussmittelrückstände sind nicht zulässig. Zinkverdickungen und Zinkascherückstände sind unzulässig, falls sie den bestimmungsgemäßen Gebrauch des Bauteils oder die Korrosionsschutzanforderung (s. DIN EN ISO 14713-1 für Korrosionsschutzdaten) beeinträchtigen. Anderenfalls müssen die Bauteile nachgearbeitet werden. Das Nacharbeiten – oder auch Verputzen – ist eine zeit- und kostenaufwendige Arbeit. Außerdem besteht dabei die Gefahr der Verletzung des Zinküberzuges, z. B. wenn dafür nicht die zweckentsprechenden Werkzeuge genommen werden oder aber das Verputzen nicht sachgemäß ausgeführt wird (siehe Abschn. 4.3.4.1). Auch hier muss nochmals darauf hingewiesen werden, dass das Entfernen des an den Bauteilen zusammengelaufenen, überschüssigen Zinks im schmelzflüssigen Zustand leichter und ohne hohen Arbeitsaufwand beseitigt werden kann als durch Verputzen.

In Abhängigkeit von der konstruktiven Gestaltung der Stahlbauteile kann es beim Ziehen der Bauteile aus der Zinkschmelze zu Anhaftungen von Flussmittelrückständen und Zinkasche sowie zur Bildung von Zinktropfen und Zinkverdickungen kommen, die den weiteren Verwendungszweck nachteilig beeinflussen können (z. B. Flansche), obwohl der Verzinkungsvorgang ordnungsgemäß ausgeführt wurde. Auch diese Bauteile werden nachgearbeitet.

Durchführung der Nacharbeit (Verputzen):

- Abnehmen der Bauteile von den Verzinkungsvorrichtungen und auf zweckentsprechenden Auflagen zum Verputzen und Ausbessern absetzen.
- Entfernen des Anbindedrahtes und der Zinkasche mit geeigneten Werkzeugen, die eine Beschädigung des Zinküberzuges ausschließen (Hebelschneider). In der Praxis hat sich das Entfernen der Zinkasche in Hohlkörpern durch Einblasen von flüssigem Sauerstoff bewährt.
- Entfernen der Zinkspitzen und -verdickungen mit für das Bearbeiten von Zink geeigneten Werkzeugen (Zinkhobel, Bürsten, aber keine Stahldrahtbürsten und dergleichen). Es dürfen keinesfalls Werkzeuge verwendet werden, die zur Beschädigung des Zinküberzuges führen.
- Von Passflächen, zugelaufenen Bohrungen und dergleichen muss zur Sicherung der Gebrauchseigenschaften störendes Zink beseitigt werden, falls das mit dem AG nicht anders vereinbart wurde.
- Qualitätskontrolle und Zurückführen der Bauteile, die nicht den Qualitätsforderungen entsprechen, zum Entzinken und wiederholten Verzinken.
- Abtransport der Bauteile zum Versand (bei Lagerung auf gute Belüftung und nicht aggressive Atmosphäre achten) bzw. zur Ausbesserung von Fehlstellen.

Ausbessern

Die DIN EN ISO 1461 legt fest, dass die Summe der Bereiche ohne Überzug, die ausgebessert werden müssen, 0,5 % der Gesamtoberfläche eines Einzelteils nicht überschreiten darf. Ein einzelner Bereich ohne Überzug darf in seiner Größe 10 cm^2 nicht übersteigen. Falls größere Bereiche ohne Überzug vorliegen, muss das betreffende Bauteil neu verzinkt werden, falls keine anderen Vereinbarungen zwischen dem Kunden (AG) und dem Feuerverzinkungsunternehmen getroffen werden.

Ein erneutes Verzinken erfordert einen hohen Aufwand an Zeit und vor allem auch Verbrauch an Salzsäure, die danach kostenaufwendig entsorgt werden muss. Hier sollte im Rahmen einer Interessenabwägung beider Seiten objektspezifisch entschieden werden, ob die berechtigten Qualitätsansprüche des AG auch durch eine hochwertige Ausbesserung, z. B. thermisches Spritzen mit Zink, erfüllt werden können. Die Entzinkung und Neuverzinkung sollte nur dann vorgenommen werden, wenn andere Lösungen nicht zur Verfügung stehen oder für den AG unzumutbar sind [4].

Das Ausbessern sollte durch thermisches Spritzen mit Zink (z. B. DIN EN ISO 2063) oder durch eine geeignete Zinkstaubbeschichtung, wobei die Zinkstaubpigmente der DIN EN ISO 3549 entsprechen müssen (innerhalb der praktikablen Grenzen solcher Systeme) oder mittels geeigneter Zink-Flake-Beschichtung oder Zinkpaste erfolgen. Die Verwendung von Loten auf Zinkbasis ist ebenfalls möglich. Die Schichtdicke des ausgebesserten Bereiches muss mindestens 100 μm betragen, falls keine anders lautenden Vereinbarungen getroffen wurden. Von den aufgeführten Ausbesserungsverfahren wird die Zinkstaubbeschichtung am meisten eingesetzt, da die anderen Verfahren, vor allem das thermische Spritzen, in Bezug auf den Aufwand für die Anlagentechnik, Zeit und Kosten wesentlich aufwendiger sind. Die Fehlstellen müssen mit einer Überlappung bis in den intakten Bereich ausgebessert werden, aber nicht wesentlich darüber hinaus. In der Praxis werden meistens die Fehlstellen viel zu großflächig ausgebessert, und der Kunde vermutet eine Fehlstelle, die größer ist als die nach o. g. Norm ausgebessert werden darf.

Nach o. g. Norm müssen die Fehlstellen vor dem Ausbessern unbedingt mechanisch vorbereitet (in der Regel Bürsten, ggf. Schleifen etc.) werden. Wurden gesonderte Anforderungen vereinbart, z. B. das Auftragen zusätzlicher Beschichtungen, muss der Kunde über die Art der Ausbesserung informiert werden. So kann z. B. eine Ausbesserungsschicht die nachträglich applizierte Schicht nachteilig beeinflussen oder aber eine Ausbesserung ist überhaupt nicht erforderlich, wenn z. B. die Schichtdicke der Ausbesserungsstelle die gleiche Dicke aufweisen soll wie die der Zinküberzüge. An den ausgebesserten Stellen muss ein hinreichender Korrosionsschutz sichergestellt sein.

Zinküberzüge sind gegenüber mechanischen Belastungen besser beständig als organische Beschichtungen. Dennoch sind örtlich begrenzte Fehlstellen und Schichtdickenunterschreitungen, z. B. an den Angriffspunkten der Hebezeuge (Abdrücke der Anschlags- und Transporthilfsmittel), selbst bei größter Sorgfalt technisch nicht zu vermeiden. Bei nicht begehbaren Hohlkonstruktionen sind die Innenoberflächen ausgenommen, da sie kaum oder nicht zu kontrollieren sind und mangels Zugänglichkeit auch nicht fachgerecht ausgebessert werden können. Bauteile mit Fehlstellen, die nicht wegen ihrer Größe nicht ausgebessert werden dürfen, werden zum Entzinken und wiederholtem Verzinken weitergeleitet. Weitere Ausführungen zum Ausbessern werden in [4] gemacht.

4.3.7 Kollieren

Unter Kollieren versteht man die Zusammenfassung der Bauteile zu einer vorgegebenen Lager- und Transporteinheit zur Gestaltung verlustfreier, platzsparender und ökonomischer Transport-, Umschlag- und Lagerprozesse sowie zur Vermeidung der Bildung von Weißrost.

Durchführung und Hinweise

Die Bauteile werden in Abhängigkeit von der Größe und des Gewichtes manuell bzw. mithilfe eines Hebezeuges im Fertiglager ausreichend belüftet gestapelt oder z. B. als Bündel mit Stahlspannband zusammengehalten, in Spannrahmen oder Container eingebracht. Kleinteile werden in Behälter geschüttet.

- Die zum Einsatz kommenden Stapel und Transporteinrichtungen sowie Spannband usw. müssen sauber und sollten möglichst verzinkt sein, damit eine Verunreinigung des Zinküberzuges ausgeschlossen wird. Behälter müssen am Boden Wasserablauflöcher aufweisen.
- Komplettierung der Bauteile entsprechend dem vorliegenden Auftrag unter Beachtung des zulässigen Gewichtes entsprechend der Tragkraft der Hebezeuge und des Transportfahrzeuges.

- Die Bauteile müssen so gestapelt werden, dass eine ausreichende Belüftung gewährleistet wird und Wasseransammlungen ausgeschlossen werden.
- Bei Verwendung von Verpackungsmaterial wie Papier, Kartonagen, Kunststofffolien, Zwischenlagen etc. ist darauf zu achten, dass dieses keine Bestandteile enthält, die den Zinküberzug angreifen, z. B. Holzschutzmittel.
- Zwischenlagen sollten eine Mindestdicke von 6 mm aufweisen.
- Die Bauteile müssen in den Kolli in sicherer Lage eingebracht und so verspannt werden, dass ein Verrutschen ausgeschlossen wird. Beim Verspannen mit Draht, Spannband etc. dürfen keine Verformungen der Bauteile auftreten.

4.4 Lagern von Chemikalien und Hilfsstoffen

Für den Betrieb einer Feuerverzinkerei sind auch Lagerflächen notwendig zum Lagern von

- flüssigen Chemikalien, z. B. wie Entfettungsmittel,
- Schmelzmetall (Zink und ggf. andere Zusätze) und Hilfsmaterialien,
- Zinkasche und Hartzink,
- Lagertanks für Frisch- und Altsäure.

An dieser Stelle wird auch auf den Abschn. 3.1.3.4 verwiesen, in dem auch kurz auf einige Grundlagen für Lagerbehälter (z. B. Frischsäure, Altsäure) eingegangen wird.

Zunächst gilt, dass die Lagerflächen zum einen Nebenanlagen zu den genehmigungspflichtigen Anlagen nach Ziffer 3.9 und 3.10 der 4. BImSchV sind. Damit muss der Betrieb dieser Läger genehmigt oder zumindest angezeigt sein. Im Rahmen der Umweltinspektionen nach der IED-Richtlinie werden diese Lagerflächen mit den Lagermengen abgeglichen. Sind Flächen nicht entsprechend angemeldet, führt dies in der Regel bis zu erheblichen Mängeln im Inspektionsbericht.

Die Ausführung von Lagerflächen sind in der Anlagenverordnung zum Umgang mit wassergefährdenden Stoffen (Entwurf AwSV, 2014, bzw. bis zur Verabschiedung VAwS-Anlagen Verordnung der Länder für Anlagen zum Umgang mit wassergefährdenden Stoffen) geregelt und die meisten dieser Flächen unterliegen vor Inbetriebnahme und teilweise auch fünfjährig wiederkehrend einer Prüfpflicht durch einen Sachverständigen einer nach AwSV amtlich anerkannten Sachverständigenorganisation. Gleichzeitig ist es wichtig, dass die gelagerten Mengen auch in die Summenregel der Störfallverordnung (12. BImSchV, 2015) Berücksichtigung finden. So dürfen z. B. nicht mehr als 100 bzw. 200 t Stoffe mit dem Gefährlichkeitsmerkmal H 410 bzw. R 50/53 (stark umweltgefährdend, Wassergefährdungsklasse 3) bzw. H 412 bzw. R 51/53 (umweltgefährdend, Wassergefährdungsklasse 2) vorhanden sein[2)]. Werden also in der Regel schon 20 t z. B. eines stark umweltgefährdenden Stoffes gelagert, wäre man mit einem 80 m^3 Fluxbe-

2) Achtung hier die Quotientenregel aus der Störfallverordnung (siehe oben) beachten. Da meistens eine Summe von Stoffen verschiedener Stoffe vorhanden ist, sind die Mengen von R50/53 bzw. R 51/53 Stoffe niedriger.

cken (auch R 50/53) schon in den Grundpflichten der Störfallverordnung. Ein Management der Lagermengen ist an dieser Stelle schon aus diesem Grund unerlässlich.

Für flüssige Stoffe muss die Lagerung auf Auffangwannen erfolgen, die 10 % des Gesamtvolumens und mindestens das größte Gebinde aufnehmen müssen. Diese Wannen müssen über eine bauaufsichtliche Zulassung oder gleichwertige Zulassung verfügen. Werden brennbare Stoffe gelagert, muss geklärt werden, ob eine Löschwasserrückhaltung entsprechend der (LöRüRL, 2002) erforderlich ist. Dies ist im Einzelfall zu klären und kann an dieser Stelle nicht detailliert abgehandelt werden.

Bei festen Stoffen muss eine dichte Fläche nach der AwSV vorhanden sein. Die Ausführung hängt von der Gefährlichkeit der gelagerten, festen Stoffe ab. Abläufe dürfen nicht vorhanden sein, und es muss sichergestellt werden, dass die Lagerung absolut trocken erfolgt, also z. B. nicht im Freien.

4.5 Behandlung von Abfällen

4.5.1 Allgemeines

Nach dem heutigen Stand der Technik lässt sich in einer Feuerverzinkerei ein hoher Grad der Verwertung der anfallenden Abfälle erreichen. Im Wesentlichen gilt, dass eine Feuerverzinkerei abwasserfrei betrieben werden kann, aber es fallen teilweise gefährliche Abfälle an. Das Abfallrecht unterscheidet nach gefährlichen und nicht gefährlichen Abfällen. In Tab. 4.16 sind die wesentlichen Abfälle einmal dargestellt. Für die gefährlichen Abfälle gelten nach der Nachweisverordnung[3] eine besondere Nachweispflicht, wobei bei einigen Stoffen der Ausnahmetatbestand nach § 26 Kreislaufwirtschaftsgesetz (KrWG) der freiwilligen Rücknahme durch den Hersteller von gefährlichen Abfällen (z. B. Säuren) genutzt wird. In diesem Fall hat der Hersteller z. B. der Säuren eine Genehmigung zur Rücknahme der gebrauchten Verfahrenslösungen, ohne dass ein Nachweisverfahren notwendig wird.

Bei den als gefährlich eingestuften Abfällen muss das Entsorgungsnachweisverfahren im Sinne der Nachweisverordnung durchgeführt werden. Für die Abfallarten sind die Abfallschlüsselnummern nach der Abfallverzeichnisverordnung angegeben (siehe Tab. 4.16). Hierbei ist die Zusammenarbeit mit einem Entsorgungsfachbetrieb ratsam, da hier Vereinfachungen beim Entsorgungsnachweisverfahren möglich sind. Eine Ausnahme von dem Entsorgungsnachweisverfahren sind freiwillige Rücknahmen z. B. von Altsäuren durch die Hersteller (siehe § 26 Kreislaufwirtschaftsgesetz). Grundsätzlich gilt, dass bei mehr als 20 t gefährlichen

3) Verordnung über Nachweisführung bei der Entsorgung von Abfällen (Nachweisverordnung NachwV, 2015).

Tab. 4.16 Feste und flüssige Abfälle/Reststoffe aus Stückverzinkereien mit üblichen Einstufungen.

Verfahrensschritt	Abfall/Reststoff	EAK[a] Abfallschlüssel	Inhaltsstoffe	Gefährlicher Abfall
Entfettung	Verbrauchte Entfettungsbäder sauer oder alkalisch	1101 oder 110111 oder 110113 oder 110107	• Säuren oder Laugen • Tenside • Öle/Fette, frei und emulgiert	Ja Ja
	Separierte Öle und Fette	110113	• Freie Öle/Fette • Bestandteile der Entfettungslösung	Ja
Beizen	Altbeize, sauer	110105	• Eisenchlorid • Zinkchlorid • Freie Salzsäure • Beizinhibitoren • Verschleppte Öle/Fette • Legierungsbestandteil des Verzinkungsguts • AOX oder Schwermetalle aus HCl-Produktion	Ggf. ja
Flussmittelbehandlung	Verbrauchtes Flussmittel	110504	• Ammoniumchlorid • Zinkchlorid • Kaliumchlorid • Eisenchlorid	Ja
	Eisenhydroxidschlamm aus Flussmittelregenerierung	110109	• Eisenhydroxid • Flussmittelsalze	Ggf. ja
Verzinkung	Hartzink, Zinkasche, Spritzzink Zinkasche, grob Zinkasche, fein	110501 110502 110503	• Zink • Eisen • Zinkoxid • Aluminium	Nein, wenn Bleigehalt vernachlässigt
Abluftfilter	Filterstaub (Flussmittelrauch, staubförmig)	110503	• Ammoniumchlorid • Zinkchlorid • Kaliumchlorid • Verschleppte Öle/Fette	Ja
	Filterschläuche	150202	• Kunststoffgewebefilter mit Anhaftungen von Filterstaub	Ja

a) Verordnung über das Europäische Abfallverzeichnis (Abfallverzeichnis-Verordnung, AVV) vom 24.2.2012.

Abfällen (außer bei der freiwilligen Rücknahme) das elektronische Nachweisverfahren angewendet werden muss.

4.5.2 Stahl- und Zinkstaub

Bei den mechanischen Oberflächenreinigungsverfahren fallen mehr oder weniger grobe Stäube an bestehend aus Eisenverbindungen (Rost und Zunder) sowie verschlissenem Strahlmittel. Ähnlich verhält es sich beim Sweepen von verzinkten Bauteiloberflächen zum Zwecke der Oberflächenvorbereitung vor dem Beschichten mit Anstrichstoffen oder Pulvern (Duplex-Beschichtung). Hierbei fallen Stäube bestehend aus Zinkoxiden und -hydroxiden sowie verschlissenen Strahlmitteln, die meistens aus Edelstahl bestehen, an. Bei beiden Stäuben handelt es sich um Abfälle, die von dafür zugelassenen Fachfirmen entsorgt und dem Recycling zugeführt werden.

4.5.3 Entfettungslösungen

Erschöpfte alkalische oder saure Entfettungslösungen enthalten Natriumhydroxid, Karbonate, Phosphate, Silikate oder Salzsäure und Tenside sowie freie und emulgierte Öle und Fette sowie gebundene und in der Lösung schwimmende Fette und Öle und Verunreinigungen. Bei Entfettungsanlagen mit Ölabscheidern u. a. Trennverfahren können auch verunreinigte Öle und Fette anfallen. In den meisten Verzinkereien schwimmen die nicht emulgierten Öle und Fette auf der Oberfläche der Entfettungslösungen und können mit Skimmern mechanisch entfernt werden.

Alle beim Entfettungsprozess anfallenden Abfälle müssen, sofern sie nicht im eigenen Betrieb aufbereitet und wieder verwendet werden, grundsätzlich durch einen dafür zugelassenen Fachbetrieb entsorgt werden (Altöl-Verordnung, AltölV). Verbrauchte Entfettungsbäder sind als gefährliche Abfälle eingestuft.

4.5.4 Beizlösungen/Altbeizen

In Verzinkereien, die das Verzinkungsgut in separaten Beizlösungen beizen (getrennte Säurewirtschaft), fallen eisenreiche Altsäuren, die nur geringe Zinkanteile aufweisen sowie zinkreiche Abfallsäuren mit geringem Eisengehalt an. Dieses Verfahren gilt mittlerweile als Stand der Technik und wird – da wo es möglich ist – behördenseitig gefordert. Zinkreiche Altbeizen enthalten in der Regel Beizinhibitoren. Sofern die Beizlösungen nicht verwertet werden, stellen diese gefährliche Abfälle dar, die sich aber teilweise wiederverwerten lassen. Umso besser die Trennung der Säuren nach zink- und eisenhaltigen Verfahrenslösungen erfolgt, umso eher ist eine Verwertung möglich. Die Entsorgungskosten für Mischbeizen liegen in der Regel deutlich über den Entsorgungskosten reiner Ei-

Tab. 4.17 Qualitätseinstufungen der Fa. Chemie Wocklum für die Entsorgung hocheisenhaltiger, zinkfreier Beizlösungen (frei von Schlamm und organischen Verunreinigungen) (Persönliche Mitteilung, Fa. Chemie Wocklum, Balve, 2015).

	Eisenbeize I. Qualität	**Eisenbeize II. Qualität**	**Eisenbeize III. Qualität**
Fe	min. 130 g/l	min. 130 g/l	min. 130 g/l
Zn	max. 1 g/l	1–max. 5 g/l	5–max. 10 g/l
HCl	max. 70 g/l	max. 70 g/l	max. 70 g/l
NH_4	max. 500 mg/l	max. 1000 mg/l	max. 1000 mg/l
Phosphor	1000 mg/l	1000 mg/l	1000 mg/l
Pb	max. 100 mg/l	max. 300 mg/l	max. 300 mg/l
Chrom	max. 150 mg/l	–	–
Sonst. Schwermetalle	max. 500 mg/l	–	–

Tab. 4.18 Qualitätseinstufungen der Fa. Chemie Wocklum für die Entsorgung hochzinkhaltiger, eisenarmer Beizlösungen (frei von Schlamm und organischen Verunreinigungen) (Persönliche Mitteilung, Fa. Chemie Wocklum, Balve, 2015).

	Zinkbeize I. Qualität	**Zinkbeize II. Qualität**
Zn	> 150 g/l	> 75 g/l
Zn : Fe	> 8 : 1	> 5 : 1
NH_4Cl	< 5 g/l	< 5 g/l
HCl	< 50 g/l	< 75 g/l
Ni	Ni (g effektiv): Zn (in 100 kg effektiv) < 360	Ni (g effektiv): Zn (in 100 kg effektiv) < 360
sonstige Schwermetalle	< 100 ppm	< 300 ppm

sen- und Zinkbeizen. Aus diesem Grund hat sich in Mitteleuropa mittlerweile die getrennte Beizwirtschaft (Trennung von Eisen- und Zinkbeizen statt Mischbeizen) als Stand der Technik etabliert, und die Beizen werden einer Verwertung – Gewinnung von Eisen(III)-chlorid und Zinkchlorid – zugeführt.

So gibt z. B. für die Entsorgung die Fa. Chemie Wocklum, Balve die in den Tab. 4.17 und 4.18 aufgeführten Qualitätseinstufungen an. Die jeweils erste Qualität ist natürlich auch der jeweils günstigste Entsorgungspreis, und die Mischsäure ist am teuersten. Ganz wichtig: Für alle Qualitäten gilt frei von Schlamm und organischen Verunreinigungen.

Entsorgung von Mischsäure
Bezüglich der Qualitätseinstufung von Mischsäure werden von der Fa. Chemie Wocklum folgende Angaben gemacht, wobei jegliche Abweichungen möglichst frühzeitig abgesprochen und die entsprechenden Entsorgungskonditionen festgelegt werden sollten (Persönliche Mitteilung, Fa. Chemie Wocklum, Balve, 2015):

- Zn < 100 g/l
- Fe > 100 g/l

Die Entsorgungsfirmen übernehmen nahezu alle Abfälle aus der Oberflächenvorbereitung und -nachbehandlung (auch z. B. Schlamm mit organischen Verunreinigungen und Ammonium, Filterstaub, Filterschläuche etc.) zu entsprechenden Konditionen, die vorher vereinbart werden sollten.

4.5.5 Flussmittellösungen

Bei korrekter Einhaltung der vom Flussmittelhersteller vorgegebenen technischen Daten und Sollwerte für Zinkchlorid, Ammoniumchlorid und Eisen, die durch eigenes Regenerieren mit den entsprechenden Chemikalien konstant gehalten werden können, muss ein Flussmittel grundsätzlich nicht entsorgt werden und sollte auch nicht, da ein Entsorgen sowie die Neubeschaffung hohe Kosten verursacht. Nur im äußersten Fall, d. h., wenn das Flussmittel wirklich unbrauchbar geworden ist, z. B. durch einen hohen Anteil an Öl, Fett, Eisen und Verunreinigungen, überwiegend hervorgerufen durch eine nicht fachgerechte Oberflächenvorbereitung, sollte es entsorgt werden. Die Entsorgung wird meistens dem Flussmittelhersteller überlassen, der auch den Neuansatz übernimmt. Verbrauchte Flussmittellösungen werden unabhängig von ihrem Entsorgungsweg als gefährlicher Abfall im Sinne der Abfallverzeichnisverordnung eingestuft. Stand der Technik ist eine Verwertung bzw. Wiederaufbereitung des Flussmittels. Es hat sich über die Jahre durchgesetzt, die Standzeit des Flussmittels durch eine Fällung des enthaltenen Eisens und eine aktive Nachschärfung zu steigern. Eine Entsorgung der anfallenden Schlämme durch die Aufbereitung erfolgt dann in der Regel unter dem Abfallschlüssel 110109.

4.5.6 Zinkhaltige Abfälle

4.5.6.1 Zinkasche (Zinkbadabschöpfungen)
Unter Zinkasche fallen alle auf der Oberfläche der Zinkschmelze entstehenden festen Verbindungen, deren spezifisches Gewicht geringer ist als das von Zink und deshalb auf der Schmelze aufschwimmen. Sie besteht überwiegend aus Zinkoxid, Zinkchlorid, Aluminiumoxid und Verunreinigungen. Beim Entfernen der Zinkasche von der Oberfläche der Schmelze werden verhältnismäßig große Zinkmengen mit ausgetragen. Die trocken gelagerte Zinkasche enthält noch 30–40 %

metallisches Zink und außerdem Zinkoxid sowie Zinkhydroxid und fällt unter den Abfallschlüssel 110502. Zinkasche ist für die Recyclingindustrie ein wichtiger Reststoff, aus dem Sekundärzink sowie Produkte für die Farben und Pharmaindustrie hergestellt werden. Wegen des hohen Zinkgehaltes wird die Zinkasche in der Regel als Wertstoff zur Verhüttung abgegeben.

Das Aufarbeiten im eigenen Betrieb, z. B. Ausmahlen in Kugelmühlen oder das Ausschmelzen in speziellen Schmelzöfen, erfordert einen hohen Arbeits- und Energieaufwand, außerdem bleiben als Abfall oxidische Zinkverbindungen zurück, die auch entsorgt werden müssen. Diese sogenannten feinen Zinkaschen sind in der Regel durch den niedrigen Anteil metallischen Zinks gefährliche Abfälle.

4.5.6.2 **Hartzink**

Hartzink enthält 95 und 98 % Zink und wird wegen des hohen Wertstoffgehaltes in der Regel zur Aufarbeitung an Zinkhütten abgegeben. Für die Produktion von Zink im Zuge des Recyclings ist Hartzink ein begehrter Sekundärrohstoff und auch kein gefährlicher Abfall, d. h., er unterliegt keiner besonderen Nachweisführung.

Hartzink FeZn13 enthält 90–95 % Zink, 6 % Eisen und Spuren von anderen Begleitelementen. Es wird überwiegend verkauft, seltener in einem Schmelzofen im eigenen Betrieb aufgearbeitet (hoher Energie- und Arbeitszeitaufwand) und fällt unter die Abfallverordnung mit dem Abfallschlüssel 110501. Der Entsorgungsbetrieb verlangt, dass das Hartzink in Masseln mit vorgegebenen Abmessungen gegossen wird. Nach diesen Vorgaben müssen auch die Hartzinkmasseln gefertigt werden.

4.5.6.3 **Salmiakschlacke**

Salmiakschlacke entsteht beim Nassverzinken durch die Reaktion des Flusses an der Oberfläche der Zinkschmelze mit der Oberfläche der Bauteile beim Tauchen in die Schmelze. Ist der Fluss unwirksam, wird er von der Oberfläche der Schmelze abgenommen. Dieser unwirksame Fluss enthält noch metallisches Zink und wird nahezu immer verkauft, da eine Aufbereitung oft unwirtschaftlich ist. Der Gehalt an Zink in der Salmiakschlacke steigt vor allem mit dem Eintrag von Salzsäure mit den Bauteilen in die Flussmittelschmelze. Diese sogenannte Salmiakschlacke ist gefährlicher Abfall, der der Abfallschlüsselnummer 110504 zugeordnet werden kann.

4.5.7 Weitere Abfälle, Reststoffe

Im Zuge des Verzinkungsprozesses fallen noch an einigen anderen Stellen Abfälle und/oder Reststoffe an, so z. B.

- Filterstaub,
- Filterschläuche,
- Schrott von verzinkten Gestellen, Ketten, Bindedraht und dergleichen.

Bei dem Filterstaub erfolgt in der Regel eine Wiederverwertung, wenn keine störende Verunreinigung mit Ölen und Fetten vorliegt. Trotzdem wird dieser als gefährlicher Abfall in der Regel unter der Schlüsselnummer 110503 eingestuft.

Auch hier ist zunächst zu prüfen, ob eine Verwertung dieser Stoffe möglich ist, anderenfalls sind sie entsprechend ihrer Klassifizierung als Abfall zu entsorgen. Des Weiteren gibt es noch weitere Abfälle und Reststoffe, die jedoch nicht feuerverzinkungsspezifisch sind, wie z. B. Ölfilter, Verpackungsfolie, Altpapier usw.

4.5.7.1 Öl- und fetthaltige Schlämme sowie Konzentrate

In den meisten Betrieben schwimmen die nicht emulgierten Öle und Fette auf der Oberfläche der Verfahrenslösungen und werden mit Skimmern mechanisch entfernt. Der abgezogene Schlamm setzt sich aus den Ölen und Fetten, die mit den Werkstücken eingetragen werden, Entfettungslösung und sonstigen Verunreinigungen (Zunder, Rost, Staub) zusammen. Sofern eine Verwertung nicht möglich ist, handelt es sich bei diesen Schlämmen oder Ölkonzentraten um gefährliche Abfälle. Die Entsorgung hat nach den abfallrechtlichen Bestimmungen getrennt von anderen Abfällen zu erfolgen (Altöl-Verordnung, AltölV).

4.5.7.2 Eisenhydroxidschlamm

Wird eine betriebsinterne Regenerierung der Flussmittellösung durchgeführt, entsteht Eisenhydroxidschlamm. Sofern dieser nicht mit Schadstoffen belastet ist, handelt es sich um nicht gefährlichen Abfall. Die Einstufung der Gefährlichkeit und die Zulässigkeit der verschiedenen Entsorgungswege sowie die Notwendigkeit von Oberflächenvorbereitungsmaßnahmen sind im Einzelfall zu prüfen. Im Regelfall werden Eisenhydroxidschlämme aus Feuerverzinkereien von Entsorgungsunternehmen als Sonderabfall entsorgt. Eine Regenerierung von Flussmittellösungen ist sowohl intern als auch extern möglich und wird auch auf beiden Wegen praktiziert.

4.6 Umweltschutz

In diesem Kapitel werden die Umweltschutzanforderungen für den täglichen Betrieb behandelt. Im Rahmen der Genehmigung nach Bundes-Immissionsschutzgesetz sind bereits Auflagen für den Betrieb auferlegt worden, die unbedingt einzuhalten sind. Diese sind genauso rechtlich bindend, wie die gesetzlichen Anforderungen (siehe Abschn. 3.1.2.2). Es wird an dieser Stelle nochmals darauf verwiesen, dass sobald eine in der EU anerkannte Zusammenfassung der BREF[4] für Feuerverzinkungsbetriebe vorhanden ist, diese Anforderungen an den Stand der Technik innerhalb von vier Jahren nach der Veröffentlichung einzuhalten sind – ohne eine gesonderte behördliche Auflage (siehe Kapitel zu Genehmigungen). In-

4) Best Available Techniques Reference.

formationen hierzu erhält man z. B. als Mitglied im Industrieverband Feuerverzinken oder über das Internet auf den einschlägigen Seiten der EU-Kommission.

Weiterhin hat der Betreiber einer Feuerverzinkerei nach der IED-Richtlinie (IED, 2012) eine Aufstellung aller Genehmigungsauflagen zu erstellen und die Einhaltung dieser Auflagen zu überwachen. In einem Jahresbericht stellt der Betreiber seine Maßnahmen hierzu zusammen. Sollten Verstöße oder Abweichungen von diesen Genehmigungsauflagen vorhanden sein, hat der Betreiber dies der Behörde unverzüglich mitzuteilen.

Alle ein bis drei Jahre findet eine Umweltinspektion durch die überwachende Behörde statt, bei der die Einhaltung von Genehmigungsauflagen und Prüfungen kontrolliert wird. Der hieraus entstehende behördliche Bericht kann auch veröffentlicht werden, obwohl zum Zeitpunkt der Veröffentlichung diese Buches noch ein Verfahren gegen die Bezirksregierung Arnsberg gegen die Veröffentlichung von Inspektionsberichten anhängig war. Es empfiehlt sich, eine solche Inspektion ordentlich vorzubereiten, sodass alle wesentlichen Dokumente griffbereit sind und die Produktion problemlos begangen werden kann.

Zusammenfassend und nicht abschließend sind folgende Sachverhalte wesentlich:

1. Lärmschutzmaßnahmen und Einhaltung der Lärmgrenzwerte entsprechend des Genehmigungsbescheides: Hier TA Lärm sind dies z. B. für Industriegebiete Tag/ Nacht: 70 dB(A), für Gewerbegebiete Tag: 55 dB(A) und Nacht 45 dB(A), Auflagen der Genehmigung beachten, z. B. Schließen der Hallentore, Einhaltung des Betriebsbeginns in der Regel um 6.00 Uhr, Instandhalten der Ladeflächen zur Verringerung des Lärms durch Stapler.
2. Emissionswerte einhalten für Chlorwasserstoff, Staub und die Kesselfeuerung entsprechend der Genehmigung. Alle drei Jahre Emissionsmessungen durchführen lassen. Der Kamin der Kesselbeheizung wird durch den Schornsteinfeger nach der 1. BImSchV (BImSchV) jährlich vermessen.
3. Alle vier Jahre für das zurückliegende Jahr eine Emissionserklärung erstellen.
4. Jedes Jahr die Stoffströme in das PRTR-Kataster (Kataster) einpflegen und elektronisch melden.
5. Einhaltung der gesetzlichen Entsorgungswege für Abfälle, siehe oben.
6. Jährliche Jahresberichte der Beauftragten (Abfall, Gefahrgut) und entsprechend der IED-Richtlinie über die Einhaltung der Genehmigungsauflagen und gesetzlichen Auflagen.
7. Prüfpflichtige Anlagen und Geräte regelmäßig durch sachkundige Personen oder, wenn gefordert, durch amtlich anerkannte Sachverständige prüfen lassen:
   a) Krananlagen (jährlich),
   b) Flurförderzeuge (jährlich),
   c) Anlagen mit wassergefährdenden Stoffen (in der Regel alle fünf Jahre).

Anforderungen und Beispiele für den betrieblichen Umweltschutz, deren Einhaltung oder Umsetzung in jeder Feuerverzinkerei erfolgen sollte, enthalten die Tab. 4.19 und 4.20.

4.6.1
Immissionsschutz im Betrieb

Als wesentlicher Punkt für den Immissionsschutz im Betrieb gilt die Einhaltung des bestimmungsgemäßen Betriebes. Der bestimmungsgemäße Betrieb bedeutet, dass die Feuerverzinkerei und ihre Anlagen entsprechend der Genehmigung, der technischen Auslegung und ihrer Bestimmung betrieben werden. Hierzu gehören alle Anlagen und Nebenanlagen. Auf die wichtigsten Aggregate soll nachfolgend eingegangen werden.

Die Kesselfeuerung ist durch regelmäßige Wartung so instand zu halten, dass der Abgasverlust unterhalb des in der Genehmigung angegebenen Grenzwertes, in der Regel 10 Vol-%, gehalten wird.

Für die geschlossene Oberflächenvorbereitung, die eine sogenannte gefasste Emissionsquelle (= der Abluftkamin des Gaswäschers) besitzt, ist dies die ordnungsgemäße Funktionsweise des Gaswäschers, der dazugehörenden Sauggebläse entsprechend der Genehmigung und die Dichtigkeit der Einhausung.

Bei offenen Anlagen, d. h. mit Oberflächenvorbereitung ohne Kapselung, muss der Grenzwert von derzeit 10 mg/m^3 Chlorwasserstoff durch die Einstellung der Konzentration der Salzsäure in Abhängigkeit zu der Bädertemperatur erfolgen: Der Dampfdruck der Säure und damit die gasförmige Chlorwasserstoffkonzentration muss so niedrig sein, dass der Grenzwert von 10 mg/m^3 sicher eingehalten wird. Die offene Oberflächenvorbereitungsanlage wird als diffuse oder nicht gefasste Emissionsquelle eingestuft, die nur über die Konzentration der Säurebäder bzw. deren Temperatur kontrolliert werden kann.

Gemäß der noch geltenden VDI 2579:2008 wird der Grenzwert sicher eingehalten, wenn sich die Säurekonzentration in Abhängigkeit von der Temperatur in der schraffierten Fläche der Abb. 4.19 befindet.

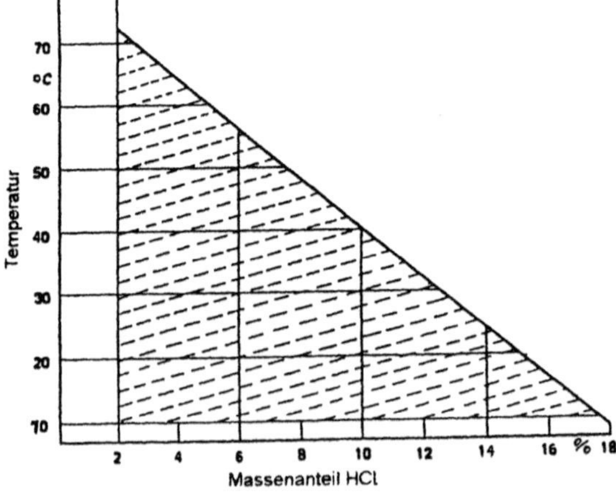

Abb. 4.19 Abhängigkeit der Säurekonzentration zur Temperatur, innerhalb der schraffierten Fläche wird der Grenzwert von 10 mg/m^3 sicher eingehalten.

Für die Absaugung des Kessels über eine Einhausung und den angeschlossenen Staubfilter sind folgende Punkte zu beachten:

1. Undichtigkeiten in der Einhausung des Kessels sind zu vermeiden, insbesondere an der Führungsöffnung für den Kran.
2. Bei dem Verzinkungsvorgang ist die Einhausung vollständig zu schließen.
3. Bei der Staubfilteranlage darf der vom Hersteller angegebene Differenzdruck nicht überschritten werden, und es muss die vorgesehene Absaugleistung erreicht werden. Gegebenenfalls sind die Filtermedien, meist Filterschläuche, zu tauschen oder die Sauggebläse zu ertüchtigen. Zudem wird eine jährliche Wartung der Anlage durch fachkundiges Personal empfohlen (häufig auch Nebenbestimmung in der Genehmigung nach BImSchG).

4.6.2 Wartung und Instandhaltung, Prüfpflichten

Die Einhaltung der Wartungsintervalle, der Instandhaltung und der Prüfpflichten sind Bestandteil der Aufrechterhaltung des bestimmungsgemäßen Betriebes und damit Bestandteil der Genehmigungsauflagen. In der nachfolgenden Tab. 4.19 sind die wichtigsten Wartungs- und Prüfpflichten aufgeführt.

Tab. 4.19 Wichtige Prüfpflichten.

Prüfpflicht	Intervall	Grundlage
Emissionsmessung der Staubemission (Kessel) und der Chlorwasserstoffemission (Oberflächenvorbereitung)	Alle drei Jahre von Betrieb an	Genehmigungsbescheid nach BImSchG
Messung der Kesselfeuerungsanlage durch den Schornsteinfeger	Jährlich	1. BImSchV
Prüfung der Krananlage durch Sachverständigen und dann wiederholend durch Sachkundigen	Jährlich	Betriebssicherheitsverordnung
Prüfung von Rolltoren durch Sachkundigen	Jährlich	Betriebssicherheitsverordnung
Prüfung ortsfester elektrischer Anlagen und nicht ortsfester, elektrischer Anlage	Nicht ortsfest – jährlich Ortsfest – alle drei Jahre	Betriebssicherheitsverordnung DGUV Vorschrift 3
Prüfung von Flurförderzeugen	Jährlich	DGUV Vorschrift 68
Prüfung der Anlagen zum Umgang mit wassergefährdenden Stoffen durch einen Sachverständigen	Alle fünf Jahre, gerechnet von der Inbetriebnahme	Anlagenverordnung VAwS bzw. AWSV

4.6.3
Praktische Maßnahmen zum Umweltschutz

Aus den geltenden Umweltschutz- und Arbeitsschutzvorschriften ergibt sich für den Mitarbeiter in einer Feuerverzinkerei die Notwendigkeit, bestimmte Maßnahmen zu ergreifen. Je nach Art des Problems und seiner Lokalisierung ergibt sich eine Vielzahl von Handlungsansätzen (siehe Tab. 4.20).

Tab. 4.20 Beispiele praktischer Maßnahmen zum Umweltschutz.

Problembereich	Lösung oder Lösungsansatz
Schwarzlager Verunreinigung des Bodens durch dem Schwarzgut anhaftende Öle und Fette	Möglichst wasserundurchlässig befestigter Untergrund und Regenwassererfassung
Entfettung	• Maßnahmen zur Standzeitverlängerung, funktionierende Fett-/Ölabscheidung • Abgestimmte Fette speziell entsorgen (Öl-Wasser-Emulsion-Lagerung in speziellen Behältern) • Spülwasserlösung zum Neuansatz der Entfettungslösung verwenden • Kundenaufklärung und Erziehung
Beize • HCl-Emissionen aus Beizlösungen einer nicht gekapselten Anlage	• Ansatz der Säure gem. VDI-Richtlinie 2579 und entsprechender Luftwechsel
• Verschmutzung der Beize durch Zink, dadurch Entsorgung teuer	• Zum Entzinken einen gesonderten Verfahrensbehälter verwenden • Hinweis an Kunden • Organisatorische Maßnahmen und analytische Kontrolle der Beizlösungen auf Zink
• Weitgehende Nutzung der Beize, damit Reststoffminderung	• Organisatorische Maßnahmen und analytische Kontrolle
• Tropfsäure	• Separat erfassen und zurückpumpen
Spülwasser	• Soweit möglich, zum Neuansatz der Beize benutzen
Fluxlösung	• Flussmittellösung nicht in Abwasser gelangen lassen: Komplexbildung durch NH_4-Ionen, Stickstoffbelastung • Lösungen aus dem Tropfbereich zurück in das Flussmittelbecken • Kontrolle der Fluxlösung • Recyclingmöglichkeit für Altflux prüfen

Tab. 4.20 Fortsetzung.

Problembereich	Lösung oder Lösungsansatz
Zinkschmelze	
• Beheizungsabgase	• Einrichten einer leicht zugänglichen Messstelle; bei öl- und gasbeheizten Bädern: regelmäßige, z. B. wöchentliche, Kontrolle der Abgase auf CO_2, CO, CH_4, Ruß mit Schornsteinfegerausrüstung oder Dräger-Röhrchen • Aufzeichnen der Werte • Optimal: kontinuierliche Kontrolle der Gasanalyse und Rauchdichtemesser (ca. 16 000 €), über Abwärmenutzung nachdenken
• Spezifischer Energieverbrauch	• Abdeckung der Zinkschmelze in längeren Verzinkungspausen (größer 30 min) • Isolation prüfen • Abgaswärmeverluste prüfen • Kaminzug regeln
• Fehlverzinkungen	• Kontrolle des Oberflächenreinheitsgrades „Be", der gefluxten Bauteiloberfläche und Trocknung • Das Aufstreuen von NH_4Cl vermeiden durch Einhaltung der verfahrenstechnischen Parameter bei der Oberflächenvorbereitung, der Flussmittelbehandlung und beim Trocknen • Falls nachträglich gefluxt werden muss: NH_4Cl als hochkonz. Lösung aufsprühen oder aufpinseln
Filter	
• Reingasstaub	Kontrolle des Druckverlustes und der Rauchdichte, z. B. Fireeye (ca. 2000 €) am besten registrierend
• Filterschlauchstandzeit	• Taupunktunterschreitung vermeiden • Abreinigung differenzdruckgesteuert • Abschalten oder Gebläse nach Verzinkung • Oder Gebläse mit minimaler Tourenzahl zur Ansaugung von Warmluft benutzen • Filtermaterialienstandzeit bestimmen durch Aufzeichnen der Positionen, Einbaudatum und Qualität • Filterweise neu bestücken • Nur wenn Filtermaterial noch zu gebrauchen: eventuell Reparatur/Reinigung
• Filterstaub	Intelligent entsorgen, d. h. Möglichkeiten der Wiederverwertung prüfen, entsprechend der vorgesehenen Weiterverwendung am Austrag verpacken
• Alte Filterschläuche	
• Zinkasche	Lagerung nur unter Dach; Anlieferung (lose, Bigbags, Mulde usw.) mit Aufkäufer absprechen

Tab. 4.20 Fortsetzung.

Problembereich	Lösung oder Lösungsansatz
Zinkabbeize	
• Verunreinigung mit Eisen vermeiden	• Organisatorische Maßnahmen, *optimal:* Verfahrensweg so gestalten, dass Rückfahren in Schwarzbeize und Einfahren von Schwarzgut in Abbeize unmöglich wird • Eisengehalte regelmäßig kontrollieren • Tropfbereich separat erfassen und rückführen
Weißlager	
• Zinkabtrag durch Regen und Verdreckung, Verätzungen	Lager vom übrigen Betriebsbereich räumlich getrennt halten, Überdachung
Produktionsreststoffe	
• Filterstäube	• Separat und trocken lagern • Verpackung mit Empfänger abstimmen • GGVSE beachten
• Zinkasche	• Nur in überdachten Lagerplätzen aufbewahren • Verpackung mit Empfänger abstimmen
• Altbeizen, $ZnCl_2$-Abbeize	• Lagerung in entsprechenden Tanks • Tanklager in einer der WGK-Klasse entsprechenden Ausführung • GGVSE beachten bei Verladung
Abwasserbehandlung	
• Abwasserqualität, Menge	• Entstehung von Prozessabwässern möglichst vermeiden • Menge ermitteln • Betriebsverbräuche erfassen und dokumentieren • pH-Wert (zwei Sonden) registrieren • Zinkwert kontrollieren, z. B. Teststreifen (Merck, Dr. Lange o. Ä.) • Schlamm filtern und weitgehend entwässern • Wiederverwertung des Schlammes prüfen, dazu gehört Prüfung, ob NaOH oder Kalkmilch zur Neutralisation eingesetzt wird
• Menge	• Aktion durchführen, z. B. Knopfdruck statt Hähne • Ersatz von stark wasserverbrauchenden Aggregaten • Möglichkeiten der Wassermehrfachnutzung prüfen
Grundwasser	• Regelmäßige Kontrolle von Peilbrunnen auf pH, Zink, Eisen, Kohlenwasserstoffe
Werkstättenreststoffe	• Getrennte Sammlung von Kabelschrott • Altpapier • Eisen • Altöl • Altöl/Wasseremulgationund entsprechende Lagerung

Tab. 4.20 Fortsetzung.

Problembereich	Lösung oder Lösungsansatz
Einkauf	• Bei gleicher Eignung den umweltfreundlichen Produkten den Vorzug geben • Getränke in Mehrwegflaschen • Quecksilberfreie Batterien • Recyclingstoffen eine Chance geben; weitere Hinweise in [78]
Mitarbeiter	• Aufklärung der Mitarbeiter • Motive zur qualitativ hochwertigen Arbeit fördern • Umweltschutz in das betriebliche Vorschlagswesen einbeziehen
Öffentlichkeitsarbeit	• Teilnahme an örtlichen Ausstellungen ganz bewusst mit Thema „Produkt und Umweltschutz" • Produktinformation und Werksbroschüre • Tag der offenen Tür einrichten für örtliche Vereine, Parteien, Schulen • Bei Verzinkung von Außenkonstruktionen: Möglichkeit eines Firmensymbols nutzen und anbringen • Nennung eines Ansprechpartners und Vertreters für eventuelle Beschwerden • Eventuellen Beschwerden nachgehen und Berichterstattung an den Beschwerdeführer
Werk und Umfeld	• Akzeptanz in der Umgebung verbessern, z. B. durch Anlage von Grünflächen, besser noch Bepflanzung mit Sträuchern oder Bäumen auf unmittelbar nicht benötigten Flächen; eventuell auch Anlage eines bepflanzten Walles (Lärmschutz) • Überprüfung der Logistik des An- und Abtransports, eventuell selber einen Fahrdienst einrichten, um damit Kleinlieferer zu bedienen: Verringerung der Geräuschbelastung • Imagepflege: d. h. Zink und Verzinkung überall da, wo es sinnvoll ist • Produktdarstellung, z. B. zwei gleiche Teile, Skulpturen oder Ähnliches, schwarz und feuerverzinkt mit Aufstelldatum im öffentlich sichtbaren Bereich

4.7 Arbeitssicherheit

4.7.1 Gesetzliches Regelwerk im Arbeitsschutz in der Übersicht

Um Arbeitsunfälle verhüten zu können, müssen innerhalb des Feuerverzinkungsunternehmens die baulichen Voraussetzungen dafür gegeben sein. Für die Art der baulichen Ausführung von Feuerverzinkungsanlagen gelten allgemein die Bestimmungen des Bauordnungsrechtes. Hinsichtlich weiterer Anforderungen an die Arbeitsplätze und Maschinen/Anlage siehe u. a.

- Arbeitsstättenverordnung,
- Arbeitsschutzgesetz,
- Vorschriften der Berufsgenossenschaften BGV, insbesondere

Neue Bezeichnung	Titel	Alte Bezeichnungen
DGUV Vorschrift 1	Grundsätze der Prävention	BGV A 1
DGUV Vorschrift 2	Betriebsärzte und Fachkräfte für Arbeitssicherheit	BGV A 2 (bisher: BGV A 6/A 7)
DGUV Vorschrift 3	Elektrische Anlagen und Betriebsmittel	BGV A 3 (bisher: BGV A 2/VBG 4)
DGUV Vorschrift 6	Arbeitsmedizinische Vorsorge	BGV A 4 (bisher: VBG 100)
DGUV Vorschrift 2	Fachkräfte für Arbeitssicherheit	BGV A 6 (bisher: VBG 122)
DGUV Vorschrift 2	Betriebsärzte	BGV A 7 (bisher: VBG 123)
DGUV Vorschrift 9	Sicherheits- und Gesundheitsschutzkennzeichnung am Arbeitsplatz	BGV A 8 (bisher: VBG 125)
DGUV Vorschrift 52	Krane	BGV D 6 (bisher: VBG 9)
DGUV Vorschrift 54	Winden, Hub- und Zuggeräte	BGV D 8 (bisher: VBG 8)
DGUV Vorschrift 68	Flurförderzeuge	BGV D 27 (bisher: VBG 36)
DGUV Grundsatz 308-001	Ausbildung und Beauftragung der Fahrer von Flurförderzeugen mit Fahrersitz und Fahrerstand.	BGG 925 (bisher: ZH 1/554)
DGUV Regel 109-016	Richtlinien für das Feuerverzinken	ZH 1/411

- Arbeitssicherheitsgesetz,
- Betriebssicherheitsverordnung,
- Verordnung über die Zulassung von Personen zum Straßenverkehr,
- Gefahrstoffverordnung,
- Mutterschutzverordnung,
- Lärm- und Vibrationsarbeitsschutzverordnung,
- Lastenhandhabungsverordnung.

Arbeitsschutz ist ein wesentlicher Bestandteil der Unternehmerpflichten und ist gesetzlich geregelt. Es ist die Verpflichtung der Verantwortlichen in einer Verzinkerei, den Arbeitnehmern sichere Arbeitsplätze und sichere Arbeitsmittel zur

Verfügung zu stellen. Aufgrund der gesetzlichen Regelung ist es Pflicht des Unternehmers

- für sichere Arbeitsplätze zu sorgen und
- nach Maßgabe seiner Möglichkeiten an der Arbeitssicherheit mitzuwirken.

In diesem Kapitel soll auf die wesentlichsten Gefährdungen in einer Verzinkerei eingegangen werden, dies sind z. B.:

- schwere Lasten, nicht ergonomische Arbeitsplätze durch schweres, unhandliches Verzinkungsgut, deren Form sich von Auftrag zu Auftrag ändert (Betriebssicherheitsverordnung (BetrSichV, 2015), Lastenhandhabungsverordnung (LasthandV, 2015)),
- chemische Gefahren, z. B. durch ätzende Stoffe in der Oberflächenvorbereitung,
- Gefahren durch hohe Temperaturen (z. B. am Verzinkungskessel),
- Gefahren durch schwebende Lasten,
- Gefahren durch händische Tätigkeiten (Schneiden, Quetschen, Scheren),
- Gefahren durch elektrischen Strom im Zusammenhang mit einer chemisch aggressiven und feuchten Umgebung.

Zu jedem Arbeitsplatz sind diese Gefährdungen in einer Gefährdungsbeurteilung durch den Arbeitgeber zu beurteilen und mit geeigneten Maßnahmen zu belegen. Hierbei ist die Maßnahmenhierarchie technische – vor organisatorische – vor persönliche Maßnahmen zu beachten. Aus den Gefährdungsbeurteilungen leiten sich dann Betriebsanweisungen ab. Gesetzliche Grundlage ist hier zum einen das Arbeitsschutzgesetz (ArbSchG) in Verbindung mit der Betriebssicherheitsverordnung (BetrSichV, 2015) und zum anderen für die eingesetzten Gefahrstoffe die Gefahrstoffverordnung (GefStoffV, 2015). Die Gefährdungsbeurteilungen müssen auf die individuellen Gegebenheiten jedes einzelnen Arbeitsplatzes eingehen. Nur so ist es z. B. möglich, geeignete technische Maßnahmen für schwere Lasten zu bestimmen oder die richtige persönliche Schutzausrüstung (wie Handschuhe, Helmpflicht etc.) festzulegen. An dieser Stelle wird auch auf das autonome Regelwerk der Berufsgenossenschaften, insbesondere auf die DGUV Vorschrift 1 – Unfallverhütungsvorschrift Grundsätze der Prävention (bisher: BGV A1) hingewiesen. Bei der Erstellung der Gefährdungsbeurteilung ist die zuständige Fachkraft für Arbeitssicherheit und der Betriebsarzt nach DGUV 2 hinzuziehen. Fehlt das Grundlagenwissen zur Erstellung dieser Gefährdungsbeurteilungen im Unternehmen, ist es empfehlenswert, sich wesentliche Hilfestellung durch die Fachkraft für Arbeitssicherheit einzuholen. Bei Lärmarbeitsplätzen ist zudem ein Lärmkataster zu erstellen und die Lärm- und Vibrationsarbeitsschutzverordnung (LärmVibrationsArbSchV) in den Gefährdungsbeurteilungen zu berücksichtigen.

Nachfolgend wird auf einige wesentliche Aspekte des Arbeitsschutzes in Feuerverzinkereien eingegangen, die aber nicht umfassend sein können. Insbesondere kann an dieser Stelle auf eine neue DGUV-Informationsschrift „Stückverzinken“ verwiesen werden, welche sich als Neuerscheinung im Jahr 2016 in Vorbereitung befindet. Diese Schrift ersetzt die berufsgenossenschaftliche Regel ZH 1/411 aus dem Jahr 1989 und enthält eine Reihe von Konkretisierungen zum Arbeitsschutz in Feuerverzinkereien.

4.7.2
Lärm und Lärmschutz

Von Feuerverzinkungsanlagen geht normalerweise keine extreme Lärmbelastung aus, allerdings kann es durch Transport und Handling des Verzinkungsgutes zu Belastungsspitzen kommen, die es notwendig erscheinen lassen, sich mit dem Lärmschutz zu befassen. Die Arbeitsstättenverordnung (ArbStättV) fordert im Anhang zum § 3 Abs. 1 Ziffer 3.7:

> „In Arbeitsstätten ist der Schalldruckpegel so niedrig zu halten, wie es nach der Art des Betriebes möglich ist. Der Schalldruckpegel am Arbeitsplatz in Arbeitsräumen ist in Abhängigkeit von der Nutzung und den zu verrichtenden Tätigkeiten so weit zu reduzieren, dass keine Beeinträchtigungen der Gesundheit der Beschäftigten entstehen."

Die Richthöchstwerte der Beurteilungspegel in der Arbeitsstättenverordnung berücksichtigen neben der Gehörgefährdung auch die Auswirkungen auf das Nervensystem des Menschen und die damit verbundene Beeinträchtigung von Arbeitssicherheit und Leistungsfähigkeit. Im Rahmen des § 3 Arbeitsstättenverordnung und LärmVibrationsArbSchV sind ferner insbesondere VDI-Richtlinien und die Unfallverhütungsvorschrift „Lärm" (BGV B3) anzuwenden.

- Lärmbereiche ($L_r \geqq 80$ dB(A) oder Höchstwert des nicht bewerteten Schalldruckpegels $\leqq 135$ dB) sind fachkundig zu ermitteln und die gefährdeten Beschäftigten festzustellen.
- Lärmbereiche sind zu kennzeichnen, wenn der ortsbezogene Beurteilungspegel 85 dB(A) den Höchstwert des nicht bewerteten Schalldruckpegels 137 dB erreicht oder Arbeitsmittel mit gefährdender Impulshaltigkeit des Lärms verwendet werden; das Expositionsrisiko ist durch Zugangsbeschränkungen zu mindern.
- Im Lärmbereich beschäftigte Arbeitnehmer sind zu unterweisen (z. B. über die Gefahren durch Lärm, wirksame Maßnahmen gegen Lärm).
- In Lärmbereichen Beschäftigten sind geeignete Gehörschutzmittel zur Verfügung zu stellen, wenn $L_r \geqq 80$ dB(A) ist. Bei Pegelwerten $\geqq 85$ dB(A) müssen die Arbeitnehmer gemäß UVV Lärm persönliche Schallschutzmittel verwenden.

4.7.2.1 Persönliche Schutzausrüstung

Das Unternehmen muss versuchen, mit technischen oder organisatorischen Maßnahmen die vorstehenden Werte einzuhalten. Ist dieses nicht möglich, hat das Unternehmen den Mitarbeitern geeignete persönliche Schutzausrüstungen zum Schutz vor Lärm zur Verfügung zu stellen; die Beschäftigten haben diese zu benutzen. Die Art des Gehörschutzes ergibt sich aus den oben erwähnten Gefährdungsbeurteilungen. Es handelt sich hierbei primär um die Arbeitsbereiche der

Fahrzeugbe- und -entladung sowie um die Arbeitsplätze im Bereich des Verzinkungskessels. Hier handelt es sich erfahrungsgemäß um Arbeitsplätze mit einer höheren Lärmexposition. Ebenfalls bei automatischen Rohrverzinkungsanlagen kommt es zu hohen Lärmbelastungen, wenn die Rohre nach dem Verlassen des Verzinkungskessels mit Dampf ausgeblasen werden. Hierbei können Lärmbelastungen von bis zu 110 dB(A) auftreten.

4.7.2.2 **Betriebliche Maßnahmen**

In jedem Entstehungsbereich lassen sich durch technische Maßnahmen zu hohe Lärmpegel reduzieren. So ist es z. B. möglich, Gabelstapler mit spezieller Bereifung auszurüsten, die einen erschütterungsärmeren Warentransport ermöglicht. Auch die Beseitigung von Schlaglöchern oder Kanten und Absätzen im Fahrbahnbelag der Transportwege können dazu beitragen, Erschütterungen und damit Lärm beim Transport von Verzinkungsgut erheblich zu mindern.

Bei Krananlagen ist es häufig Verschleiß in den hochbelasteten Zahnradpaaren oder Bremsen, der zu einer ansteigenden Geräuschbelastung beim Betrieb von Kranen führt. Auch der Betrieb von Kranen selbst kann zu einem Problem werden, wenn jemand beim Krantransport unkundig oder gedankenlos Verzinkungsgut gegeneinander schlagen lässt. Ventilatoren oder Lüfter können in vielen Fällen in besonders schallgedämmten Ausführungen beschafft werden. Auch einfachste Maßnahmen, wie z. B. die Reduzierung der Fahrgeschwindigkeit beim Transport von Verzinkungsgut oder das Schließen von Fenstern und Türen, kann dazu beitragen, die Entstehung von Lärm zu mindern oder zumindest seine Ausbreitung einzudämmen. Zu beachten ist ferner, dass es in der jeweiligen Genehmigung nach BImSchG der Feuerverzinkerei auch klare Nebenbestimmungen zu den Lärmemissionen gibt (z. B. Geschlossenhalten der Hallentore, Schalldämpfer an Ventilatoren). Die Einhaltung dieser Nebenbestimmungen sollte den Betreibern allgegenwärtig sein, da die Einhaltung bindend und eine Missachtung zu behördlichen Sanktionen führen können.

4.7.3 **Arbeitsräume und -bereiche**

Fußböden im Tropf- und Spritzbereich offener Behälter müssen widerstandsfähig gegen die verwendeten Stoffe oder Zubereitungen und rutschfest sein. Behälter und Rohrleitungen müssen im Arbeits- und Verkehrsbereich gegen mechanische Beschädigungen geschützt sein.

4.7.3.1 **Offene Behälter**

Der Rand offener Behälter (in der Oberflächenvorbereitung) muss mindestens 1,0 m über der Standfläche des Arbeiters angeordnet sein, wenn nicht durch andere Maßnahmen ein Hineinstürzen verhindert wird. Im Bereich offener Behälter ist das Betreten von Umwehrungen und Randleisten verboten (Abb. 4.20). Auf das Verbot ist durch entsprechende Warnzeichen hinzuweisen. Unbefugten ist der

Aufenthalt in Arbeitsräumen mit Verzinkungskesseln verboten; bei großen Hallen entspricht dies dem Gefahrenbereich um die Behälter. Auch auf dieses Verbot ist durch die Anbringung eines Verbotszeichens hinzuweisen. Alle Verbots-, Warn- und Zusatzzeichen müssen der DGUV Vorschrift 9 (bislang: BGV A8 „Sicherheits- und Gesundheitsschutzkennzeichnung am Arbeitsplatz“) entsprechen.

Abb. 4.20 Betreten des Beckenrandes (zumal noch in Gummistiefeln) ist verboten.

4.7.3.2 **Sichere Arbeitsmittel zum Anschlagen von Lasten**

Lastaufnahmemittel (*Gestelle* und *Traversen*) (siehe Abschn. 3.3.2) müssen so beschaffen sein, dass sie den auftretenden chemischen und thermischen Belastungen standhalten. Hierfür gelten in der Regel die Anforderungen der Maschinenrichtlinie (MRL) und der Produktsicherheitsverordnung (9. ProdSichV), wonach sich eine Reihe von Voraussetzungen für den Betrieb von Lastaufnahmemitteln ergeben (siehe Tab. 4.21).

Lastaufnahmemittel sind gemäß DGUV Vorschrift 52 und DGUV Vorschrift 54 (bislang: BGV D6, BGV D8) jährlich durch sachkundige Personen zu prüfen. Nur geprüfte Lastaufnahmemittel dürfen verwendet werden. Beschädigte Mittel sind zu entfernen, entweder ordnungsgemäß instandzusetzen, sodass sie wieder den Voraussetzungen in Tab. 4.21 entsprechen oder zu entsorgen (z. B. beschädigte Gurte). Es ist darauf zu achten, dass die zulässige Traglast des Lastaufnahmemittels durch die tatsächliche Belastung eingehalten wird.

Ketten

Bei *Ketten,* die der Zinkschmelze ausgesetzt sind, sind nur geprüfte Rundstahlketten der Güteklasse 2 nach DIN 32891 „Rundstahlketten, Güteklasse 2, nicht lehrhaltig, geprüft“ sowie Ketten aus nicht vergüteten Sonderlegierungen der Güteklasse 5 nach DIN 5687, Teil 1 „Rundstahlketten, Güteklasse 5, nicht lehrhaltig, geprüft“ zulässig. Es dürfen nur Werkstoffe verwendet werden, die weitgehend beständig sind gegen Wasserstoffversprödung und flüssigmetallinduzierte Rissbildung. Rundstahlketten der Güteklasse 8 (auch aus Sonderlegierungen) sind grundsätzlich nicht zulässig.

Tab. 4.21 Voraussetzungen für die Inbetriebnahme/den Betrieb von Lastaufnahmemitteln gemäß Maschinenrichtlinie und Produktsicherheitsverordnung.

Nr.	Maßnahme	Zweck
1	Risikobeurteilung	Herstellernachweis, dass: • Alle Sicherheits- und Gesundheitsschutzanforderungen erfüllt sind, • Der Stand der Technik eingehalten ist, • Gefährdungen beseitigt oder vertretbar reduziert sind.
2	Technische Unterlagen	Ermöglichen die Beurteilung, inwieweit das Lastaufnahmemittel mit den Anforderungen der Richtlinie bzgl. Konstruktion, Bau- und Funktionsweise übereinstimmt.
3	Betriebsanleitung	Sicherstellung des bestimmungsgemäßen Gebrauchs des Lastaufnahmemittels durch Hinweise • Zur Verwendung, • Auf Einsatzbeschränkungen, • Auf die zulässige Tragkraft und • Zur Wartung.
4	Konformitätsbewertungs-verfahren	Beurteilung des Herstellers und seiner Fertigungskontrolle, dass das Lastaufnahmemittel mit den allgemeinen Anforderungen der Maschinenrichtlinie übereinstimmt.
5	EG-Konformitätserklärung	Erklärung des Herstellers, dass das Lastaufnahmemittel mit den allgemeinen Anforderungen der Maschinenrichtlinie übereinstimmt.
6	CE-Kennzeichnung	Mit dem CE-Kennzeichen auf dem Lastaufnahmemittel zeigt der Hersteller gegenüber der zuständigen Behörde an, dass es den einschlägigen für Lastaufnahmemittel zutreffenden EG-Richtlinien entspricht.

Hinweise für die Nutzung von Ketten in Feuerverzinkeien sind in einer Betriebsanweisung individuell zu regeln. Dabei sind in Feuerverzinkereien geeignete Ketten und Hinweise zu deren Bestellung festzulegen.

Ketten unterliegen den Regelungen der Maschinenrichtlinie. Beim Kauf neuer Ketten, ist daher auf

- die CE-Kennzeichnung,
- die Betriebsanleitung gem. Ziffer 1.7.4. MRL und
- der EG-Konformitätserklärung gemäß Anhang II Teil 1 Abschnitt A der Richtlinie 2006/42/EG.

zu achten.

Bindedraht

Bindedraht muss für den Einsatz in Feuerverzinkereien geeignet sein und ist nur für die einmalige Verwendung zulässig. Bindedraht sollte mit folgenden Eigenschaften bestellt werden:

Werkstoff/Güte:

- Gerichteter Bindedraht nach DIN EN 10277-2 (DIN 1652),
- Güte S235 JR, DIN EN 10025, DIN EN 10016-2,
- weichgeglüht, Zugfestigkeit 350–450 N/mm^2,
- Bruchdehnung ($L = 5 \times d$): 25 %; Wickelprobe um einmal Drahtdurchmesser mindestens acht ohne Bruch,
- Bruchdehnung ($L = 100 \times d$): 15 %; Wickelprobe um einmal Drahtdurchmesser (mindestens acht Windungen) ohne Bruch,
- Angabe der Güteklasse nach Tab. 4.22 (Güteklasse 1 sollte bevorzugt verwendet werden).

Tab. 4.22 Güteklasse für Bindedraht nach Analysenwerte.

Güte 1	Güte 2
C = 0,6–0,12	C ≤ 0,1
Si ≤ 0,05	Si = max 0,3
Mn = 0,25–0,5	Mn ≤ 0,5
P = max 0,04	P = max 0,07
S = max 0,05	S = max 0,05

In Tab. 4.23 sind beispielhafte Empfehlungen für Belastungswerte bezogen auf die senkrechte Drahtanbindung angegeben. Diese dienen nur der Orientierung, da die wirkliche Tragfähigkeit von weiteren Einflussfaktoren, wie Art der Anbindung, Geometrie des Bauteils etc. beeinflusst werden kann.

Tab. 4.23 Tragfähigkeit für Bindedraht für jeweils einen Anhängepunkt [79].

Drahtdurchmesser (mm)	Querschnittsfläche (mm^2)	Tragfähigkeit bei einsträngigem Lastfall (kg)
2	3,14	35
2,5	4,91	55
3	7,07	80
4	12,57	145
5	19,64	225

Haken

Zur Stückverzinkung von Serienteilen oder konstruktiv ähnlichen Kleinteilen werden aus wirtschaftlichen Gründen auch Haken eingesetzt. Die Hakenformen werden aus Draht, Rundmaterial oder Vierkantmaterial hergestellt.

Hinweise für die Nutzung von Haken in Verzinkungsbetrieben sind in einer Betriebsanweisung individuell zu regeln. Dabei sind u. a. folgende Inhalte festzulegen:

Festlegung geeigneter Haken, Hakenform, Material

- Drahtdurchmesser und max. zulässige Belastung,
- Hinweise zum Einsatz,
- Kontrolle vor Gebrauch,
- Kennzeichnung der Haken,
- Hinweise zur Prüfung,
- Lagerung der Haken,
- Vorgaben zur Ablegereife und Nachweis der regelmäßige Kontrolle durch einen geschulten Mitarbeiter,
- befähigte Person zur Prüfung.

Drahtqualität für Haken aus Draht Für Haken aus Draht sind folgende Anforderungen an den zu verwendenden Werkstoff zu stellen:

- Unlegierter Edelstahl nach EN 10020 (z. B. C 10 D2 Werkstoff-Nr. 1.1114),
- alterungsbeständig,
- Zugfestigkeit ca. 400–600 N/mm^2,
- Drahtqualität bestätigen durch Werksbescheinigung 3.1b nach DIN EN 10204.

Hakenformen aus Draht Übliche Hakenformen die in Abhängigkeit vom Durchmesser der Drähte, die in der praktischen Anwendung zum Einsatz kommen, sind z. B. S-, C- und W-Haken aus Draht ø3 bis 12 mm.

Für die unterschiedlichen Hakenformen sind die zulässigen Belastungen und Durchmesser entsprechend der betrieblichen Erfahrungen vorzugeben. In Abhängigkeit von der Hakenform und der Hakengeometrie (Hakenlänge, Biegeradien etc.) schwanken die Vorgaben für die Belastung bei gleichem Durchmesser in der Praxis sehr stark.

In Tab. 4.24 sind beispielhafte Werte aus der Betriebspraxis aufgeführt. Diese Werte dienen nicht als Vorgabewerte für zulässige Belastungen.

Tragfähigkeitsermittlung Die Haken sind bei Raumtemperatur mit der dreifachen Einsatzbelastung zu prüfen. Diese ermittelten Werte sind mit einem Sicherheitsfaktor von 0,6 zu multiplizieren, der die verminderte Tragfähigkeit der durch die Zinkschmelze erwärmten Haken berücksichtigt. Die so ermittelten Werte stellen die zulässige Tragfähigkeit der Haken dar.

Tab. 4.24 Beispiele für Belastungen für Haken aus der Betriebspraxis.

Drahtdurchmesser (mm)	3	4	5	6	8	10	12
Belastungswerte aus der Praxis (kg)	3–5	3–8	8–10	15–20	25–30	30–60	40–100

4.7.4 Betriebsanweisungen/Unterweisungen

Aufgrund des § 3 der Betriebssicherheitsverordnung hat der Unternehmer eine Gefährdungs- und Belastungsanalyse sowie *Betriebsanweisungen* für den gefahrlosen Betrieb von Einrichtungen zum Feuerverzinken zu erstellen. Hinsichtlich der Gestaltung dieser Betriebsanweisungen sind auch die Technischen Regeln für Gefahrstoffe TRGS 555 und die Vorgaben des § 14 GefStoffV zu berücksichtigen.

Ein Beispiel für eine Betriebsanweisung zeigt Abb. 4.21 für den Bereich der Oberflächenvorbereitung in Feuerverzinkereien und den Umgang mit den dort vorhandenen Gefahrstoffen. Für andere Arbeitsbereiche, Stoffe und Zubereitungen sind entsprechende Betriebsanweisungen zu erstellen. Die Betriebsanweisungen sind in verständlicher Form und in der Sprache der Versicherten abzufassen. Sie sind an geeigneter Stelle in der Verzinkerei bekannt zu machen und von den Versicherten zu beachten.

Durch eine *Unterweisung* hat das Unternehmen die Versicherten vor Aufnahme ihrer Tätigkeit über die mit dem Betrieb von Feuerverzinkungsanlagen verbundenen Gefahren und die Maßnahmen zu ihrer Abwendung zu unterweisen. Die Unterweisung ist mindestens einmal jährlich zu wiederholen. Über die Themen der Unterweisung sowie die Namen der Teilnehmer ist ein Nachweis zu führen.

4.7.5 Persönliche Schutzausrüstungen

Das Unternehmen hat, soweit Gefahren nicht durch anderweitige Maßnahmen ausgeschlossen werden können, den Mitarbeitern geeignete persönliche Schutzausrüstungen zur Verfügung zu stellen; die Mitarbeiter haben diese zu benutzen. Die zu benutzende persönliche Schutzausrüstung ist in Abb. 4.22 beispielhaft wiedergegeben. Sie sollte durch die Gefährdungsbeurteilung des jeweiligen Arbeitsplatzes ermittelt werden.

Beauftragte Dritte, wie beispielsweise Monteure, Inspektoren etc., die im Unternehmen tätig werden, sind in gleicher Art und Weise entsprechend zu unterweisen. Darüber ist ein Nachweis mit Unterschrift zu führen. Die Aufenthaltsberechtigung sollte/kann auf einzelne Unternehmensbereiche beschränkt werden.

Persönliche Verhaltensregeln

Die wesentlichen Verhaltensregeln zum Schutz am Arbeitsplatz sind in den jeweiligen Betriebsanweisungen enthalten. Allgemein gilt:

BTA Nr.:FVZ-03 Stand 11/2014	**BETRIEBSANWEISUNG** gemäß §14 GEFSTOFFV **Geltungsbereich und Tätigkeiten** Ansetzen, Umschlagen und Nachschärfen der Eisenbeize, Eintauchen der Werkstücke	Ersteller: Unterschrift

GEFAHRSTOFFBEZEICHNUNG

Eisenbeize

Enthält: < 16 % Salzsäure CAS 7647-01-0, < 35% Eisen(II)chlorid CAS 13478-10-9

GEFAHREN FÜR MENSCH UND UMWELT

Verursacht schwere Verätzungen der Haut und schwere Augenschäden.
Kann die Atemwege reizen.
Kann gegenüber Metall korrosiv sein.
Wirkt schwach wassergefährdend.

Gefahr

SCHUTZMASSNAHMEN UND VERHALTENSREGELN

Allgemeine Schutzmaßnahmen / Schutzausrüstung:
Chemikalienschutzhandschuhe aus Nitrilkautschuk (zugelassen nach EN374), geeignete Schutzkleidung und geeignete Schutzbrille / Gesichtsschutz tragen.

Handhabung:
Kontakt mit Augen, Haut, Schleimhäuten und Kleidung vermeiden. Dämpfe nicht einatmen. Spritzer beim Eintauchen / Herausziehen der Werkstücke vermeiden. Ansetzen, Befüllen oder Umfüllen nur auf Anweisung des Vorgesetzten durchführen. Nur zugelassene Pumpen und Schläuche verwenden, Dichtheit überwachen. Nicht verschütten, nicht in Kanalisation einleiten, Freisetzung in die Umwelt vermeiden. Beim Nachschärfen immer erst die notwendige Menge an Wasser vorlegen und danach die Salzsäure mit einem Schlauch (der in der Flüssigkeit endet) zudosieren. Die Salzsäure niemals mit Laugen mischen! Spritzen beim Umfüllen vermeiden.

Hygienevorschriften:
Vorbeugender Hautschutz (Hautschutzplan beachten). Verunreinigte Kleidung sofort wechseln. Am Arbeitsplatz nicht essen, trinken, rauchen. Vor den Pausen und bei Arbeitsende Hände waschen.

VERHALTEN IM GEFAHRFALL **Notruf: 112**

Allgemeine Verhaltensregeln:
Gefahrenstelle verlassen, gefährdete Personen warnen und **sofort** Vorgesetzten / Betriebsleitung informieren. Gegebenenfalls Notarzt, im Brandfall Feuerwehr verständigen. Selbstschutz beachten.

Maßnahmen bei unbeabsichtigter Freisetzung:
Schutzausrüstung tragen. Flüssigkeit mit Bindemitteln aufnehmen bzw. größere Mengen in separates Gefäß pumpen u. der Entsorgung zuführen. Nicht in Kanalisation, Gewässer, Erdreich gelangen lassen.

Maßnahmen zur Brandbekämpfung:
Schutzausrüstung tragen. Löschmittel auf Umgebungsbrand abstimmen. Kontaminiertes Löschwasser sammeln! Gefährdete Behälter mit Wasser kühlen. Entweichende Dämpfe mit Wasser niederschlagen. *Hinweis f. d. Feuerwehr: Umgebungsluftunabhängiges Atemschutzgerät & Chemieschutzanzug tragen.*

VERHALTEN BEI UNFÄLLEN - ERSTE HILFE **Notruf: 112**

Bei Unfall oder Unwohlsein ist ein Arzt hinzuziehen und die Betriebsanweisung vorzuzeigen.

Hautkontakt: Benetzte Haut sofort mit viel Wasser abwaschen. Verunreinigte Kleidung sofort wechseln. Bei großflächigem Kontakt Notdusche benutzen. Bei andauernder Hautreizung Arzt aufsuchen.
Augenkontakt: 10 Minuten unter fließendem Wasser bei weit gespreizten Lidern unter der Augendusche spülen (mit beiden Händen weit aufhalten). Evtl. vorhandene Kontaktlinsen zwischendurch entfernen und weiter spülen. Sofort Augenarzt hinzuziehen.
Verschlucken: Mund ausspülen. KEIN ERBRECHEN auslösen. Reichlich Wasser trinken. Sofort Arzt hinzuziehen.
Einatmen: Frischluftzufuhr. Bei anhaltenden Beschwerden Arzt aufsuchen.

SACHGERECHTE ENTSORGUNG

Für die ordnungsgemäße Entsorgung bitte mit Abfallbeauftragtem / Vorgesetzten Rücksprache halten!

Abb. 4.21 Betriebsanweisung: Oberflächenvorbereitung (Beispiel).

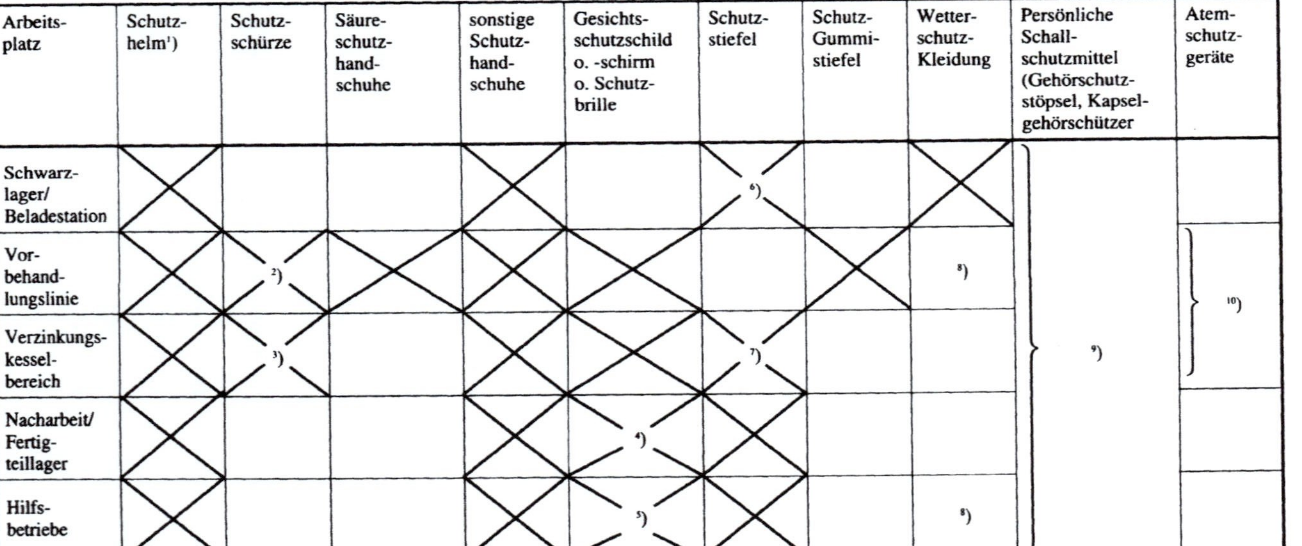

Arbeitsplatz	Schutzhelm[1])	Schutzschürze	Säureschutzhandschuhe	sonstige Schutzhandschuhe	Gesichtsschutzschild o. -schirm o. Schutzbrille	Schutzstiefel	Schutz-Gummistiefel	Wetterschutz-Kleidung	Persönliche Schallschutzmittel (Gehörschutzstöpsel, Kapselgehörschützer	Atemschutzgeräte
Schwarzlager/ Beladestation	X			X		X [6])		X	[9])	
Vorbehandlungslinie	X	X [2])	X	X	X		X	[8])	[9])	[10])
Verzinkungskesselbereich	X	X [3])		X	X	X [7])			[9])	[10])
Nacharbeit/ Fertigteillager	X			X	X [4])	X			[9])	
Hilfsbetriebe	X			X	X [5])	X		[8])	[9])	

Abb. 4.22 Persönliche Schutzausrüstungen in Feuerverzinkereien. 1 – Erforderlich bei allen Tätigkeiten, bei denen durch herabfallende, umfallende oder fortgeschleuderte Gegenstände, durch pendelnde Lasten und durch Anstoßen an Hindernisse Kopfverletzungen auftreten können. Im Kesselbereich ggf.Schutzhelme mit Gesichtsschutz aus Plastik oder Drahtgewebe einsetzen. Für Mitarbeiter, die normale Schutzhelme nicht tragen können, gibt es spezielle Schutzhelme mit Versehrtenausstattung. 2 – Je nach Betriebsbedingungen gegebenenfalls Säureschutzanzug oder Säureschutzhemd, 3 – mindestens schwerentflammbare Schutzschürzen (besser: zusätzlich hitzereflektierend), 4 – Schutzbrille, 5 – je nach Betriebsbedingungen; z. B. in Schlosserei beim Schleifen, 6 – möglichst mit durchtrittsicherer Sohle, 7 – auch leicht abwerfbare Gamaschen oder überfallende, schwerentflammbare Hosen, 8 – je nach Betriebsbedingungen, 9 – Bereitstellung bei Beurteilungspegel über 80 dB(A); Benutzungspflicht bei Beurteilungspegel ab 85 dB(A), 10 – Bereithalten geeigneter Atemschutzgeräte, wenn die Möglichkeit besteht, dass in Sonderfällen die AGW-Werte überschritten werden.

1. Am Arbeitsplatz muss Ordnung gehalten werden! Es soll nur Werkzeug und Material vorhanden sein, das für den unmittelbaren Fortgang der Arbeit benötigt wird.
2. Keine beschädigten Arbeitsgeräte benutzen! Beschädigungen müssen sofort dem Vorgesetzten gemeldet werden (Abb. 4.23).
3. Vorsicht beim Transport von Hand! Ist der Transport von Hand unumgänglich, Schutzhandschuhe tragen. Vorsicht bei nachrutschendem Material!
4. Verkehrswege freihalten! Auf den Verkehrswegen darf kein Material gelagert werden. Die Ein- und Ausgänge, besonders die Fluchtwege, Notausgänge und Zugänge zu Notschaltern dürfen nicht verstellt werden (Abb. 4.24).
5. Der Gefahrenbereich der Oberflächenvorbereitung und des Verzinkungskessels darf nicht durch Unbefugte betreten werden. Es besteht Verletzungsgefahr durch Gefahrstoffe und herausspritzendes Zink.
6. Persönliche Schutzausrüstung muss auch getragen werden, nur dann kann sie einen wirksamen Schutz bieten.
7. Kein Alkoholgenuss am Arbeitsplatz.
8. Kein Essen und Trinken am unmittelbaren Arbeitsplatz zulässig.
9. Unfälle sofort dem Vorgesetzten melden, auch wenn sie auf den ersten Blick als nicht so schlimm angesehen werden.
10. Auf betriebsfremde Personen achten.
11. Nur zugelassene und intakte Lastaufnahmemittel benutzen.
12. Material fachgerecht stapeln; Abrutschen und Umkippen vermeiden (Abschn. 4.1.3, Abb. 4.25).
13. Hebezeuge fachgerecht handhaben und nicht überlasten (Abschn. 3.3).

Wird der Arbeitsplatz gewechselt, so sind die für den neuen Arbeitsplatz erforderlichen persönlichen Schutzausrüstungen zu benutzen.

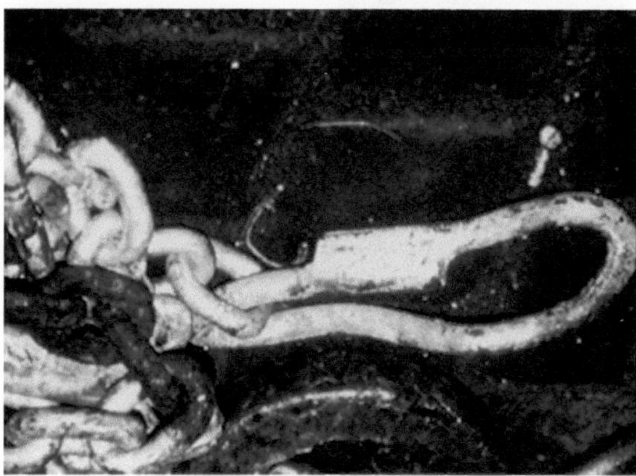

Abb. 4.23 Unfachmännisch repariertes Kettenauge (unzulässig).

Abb. 4.24 Verstellter Notausgang.

Abb. 4.25 Gefährlich gestapeltes Verzinkungsgut.

4.7.6
Umgang mit Gefahrstoffen

In Feuerverzinkungsbetrieben werden zum Teil Stoffe und Zubereitungen verwendet, die gefährliche Eigenschaften wie ätzend oder reizend besitzen. Diese sind z. B. die verwendeten Salzsäurebeizen und das Entfettungsmittel. In der Gefahrstoffverordnung sind der Umgang und die Pflichten des Arbeitgebers und Arbeitnehmers beschrieben. Nach der Gefahrstoffverordnung sind für die verwendeten Gefahrstoffe eine Gefährdungsbeurteilung zu erstellen. Hier bietet sich das vereinfachte Schutzstufenkonzept der Bundesanstalt für Arbeitsmedizin und Arbeitssicherheit (BAuA) an.[5)] Es wird empfohlen, dieses Konzept durch einen Sachkundigen, z. B. der Sicherheitsfachkraft, erstellen zu lassen. Ein Ergebnis des Schutzstufenkonzeptes, insbesondere für die Schutzstufen 3 und 4 für Gefährdungen im Bereich Haut und Atmung, kann auch die Überwachung der Einhaltung von Arbeitsplatzgrenzwerten durch repräsentative Messungen sein. Weiterhin werden aus den im Schutzstufenkonzept abgeleiteten Maßnahmen unter Zuhilfenahme der Sicherheitsdatenblätter nach § 14 Gefahrstoffverordnung Betriebsanweisungen erstellt, die konkrete Handlungshinweise enthalten müssen und auch die Kennzeichnung der Behälter mit Gefahrstoffen festlegen. Eine beispielhafte Betriebsanweisung ist in Abb. 4.21 dargestellt.

4.7.7 Sicherheitskennzeichnung am Arbeitsplatz

Beim Umgang mit Gefahrstoffen, aber auch im Zusammenhang mit anderen Gefahren des Feuerverzinkungsprozesses, sind Verbots-, Gebots-, Warn- und Rettungszeichen in der Verzinkerei anzubringen und die darin enthaltenen Informationen zu beachten.

Alle Kennzeichnungen sind gemäß DGUV Vorschrift 9 (bislang: BGV A 8 „Sicherheits- und Gesundheitsschutzkennzeichnung am Arbeitsplatz“) durchzuführen. Die jeweils aktuellen Zeichen können über den Fachhandel bezogen werden, und es soll darauf geachtet werden, dass jeweils die neuesten Formen verwendet werden, da diese gewissen, regelmäßigen Änderungen unterliegen.

4.7.8 Gesetzliche Beauftragte im Umwelt- und Arbeitsschutz

Um dem Arbeitgeber beratende Personen für Umwelt- und Arbeitssicherheit zur Seite zu stellen, hat der Gesetzgeber die Bestellung der nachfolgend aufgeführten Beauftragten für Feuerverzinkereien verbindlich vorgeschrieben:

1. Sicherheitsfachkraft im Sinne des § 5 und 6 Arbeitssicherheitsgesetzes und BGV A2,
2. Betriebsarzt im Sinne des § 2 und 3 Arbeitssicherheitsgesetzes und BGV A 2,
3. Sicherheitsbeauftragte nach § 20 der BGV A1,
4. Immissionsschutzbeauftragter nach § 53 Bundes-Immissionsschutzgesetz (gilt gemäß 5. BImSchV § 1 und Anhang I Ziffer 19a für Verzinkereien ab 10 t Rohgutdurchsatz pro Stunde),
5. Abfallbeauftragter gemäß § 59 Kreislaufwirtschaftsgesetz,
6. Gefahrgutbeauftragter gemäß GGVSEB (ADR 2007 vom 01.01.2015).

5) Siehe aktuelle Fassung unter www.baua.de.

Sie beraten den Unternehmer in ihren Fachgebieten über die Einhaltung der gesetzlichen Vorgaben und über die Erreichung von Verbesserungen. Sie sind zwar eine Schnittstelle zu den Behörden, sind aber zu keiner Meldung von Verstößen an die Behörden verpflichtet. Ihre Tätigkeit weisen die Beauftragten – außer Sicherheitsbeauftragte – durch Begehungsberichte und Jahresberichte nach. Im Bereich des Arbeitsschutzes ist zudem nach § 11 Arbeitssicherheitsgesetz bei mehr als 20 Beschäftigen ein Arbeitsschutzausschuss zu bilden, dem neben dem Betriebsarzt/der Betriebsärztin, die Sicherheitsfachkraft, die Sicherheitsbeauftragten, die Unternehmensleitung und Mitglieder des Betriebsrates angehören. Der Arbeitsschutzausschuss dient der gemeinsamen Erörterung von Problemen und Verbesserungen im Arbeitsschutz.

4.8 Managementsysteme in Feuerverzinkereien

Als Managementsystem werden diejenigen organisatorischen Mechanismen benannt, die eine Steuer- und Kontrollfunktion unterschiedlicher Unternehmensbereiche erfüllen.

Das heute bekannteste Managementsystem ist das Qualitätsmanagementsystem nach DIN EN ISO 9001. Darüber hinaus haben sich in den letzten Jahrzehnten weitere Managementsysteme entwickelt, die nach und nach in den Unternehmen eingeführt wurden.

Managementsysteme sind auch in der Feuerverzinkungsindustrie heute nicht mehr neu. Ein Qualitätsmanagementsystem gehört heute für ein gut aufgestelltes Unternehmen mittlerweile zum Standard. Darüber hinaus befinden sich weitere Managementsysteme zum Umweltschutz, Arbeitsschutz und Energie vereinzelt in der Anwendung. Die Entwicklung schreitet dabei weiter zu sogenannten integrierten Managementsystemen, wobei mehrere Ansätze unter einen Hut gebracht werden.

4.8.1 Qualitätsmanagementsystem nach DIN EN ISO 9001

Das Qualitätsmanagementsystem nach DIN EN ISO 9000ff. ist in den Industriestaaten am stärksten verbreitet. Viele Unternehmen machen die erfolgreiche Zertifizierung nach dem Regelwerk DIN EN ISO 9001 zur Bedingung für Verträge mit ihren Lieferanten.

DIN EN ISO 9001 legt die Mindestanforderungen an ein Qualitätsmanagementsystem (QM-System) fest, denen eine Organisation zu genügen hat, um Produkte und Dienstleistungen bereitstellen zu können, welche die Kundenerwartungen sowie behördliche Anforderungen erfüllen. Zugleich soll das Managementsystem einem stetigen Verbesserungsprozess unterliegen.

Der prozessorientierte Ansatz basiert auf den vier Hauptprozessen einer Organisation, welche einen Input (z. B. schwarzer Stahl) in einen Output (z. B. verzinkter Stahl) umwandelt. Die Norm betrachtet diese Prozesse und vergleicht die Sollvorgaben mit den Istwerten. Bei Abweichungen werden Verbesserungen und Veränderungen definiert und geplant. Somit schließt sich der Kreis, der so genannte PDCA-Zyklus. PDCA-Zyklus steht dabei für **P**lan (Planen) – **D**o (Umsetzen)– **C**heck (Überprüfen) – **A**ct (Handeln).

Im Jahr 1979 wurde mit der britischen Norm BS 5750 der erste Standard für ein Qualitätsmanagementsystem geschaffen, welche als Vorläufer der ISO 9000er-Serie gilt. Im Jahr 2015 wurde eine neu gegliederte und vollständig überarbeitete Qualitätsmanagement-Norm DIN EN ISO 9001:2015-11 veröffentlicht. Diese löst die in der Fassung von 2008 eingeführte Vorgängerfassung der DIN EN ISO 9001 ab. An die Veröffentlichung schließt sich eine dreijährige Übergangsfrist an, bis zu der alle alten QM-Systeme auf die neue Fassung umgestellt sein müssen.

Die Struktur der neuen Fassung orientiert sich an der neuen festgelegten Grundstruktur für Managementsystem-Normen. Sie hat jetzt zehn statt bisher acht Kapitel (siehe Tab. 4.25). Die einzelnen Unterkapitel können dabei dem PDCA-Zyklus, wie in Tab. 4.25 dargestellt, zugeordnet werden.

Die neue Norm orientiert sich deutlich stärker am PDCA-Zyklus als dies bislang der Fall war (Tab. 4.25). Obwohl der prozessorientierte Ansatz schon mit der Revision 2000 eingeführt wurde, gab es doch erhebliche Probleme in der Umsetzung. Außerdem fordert die Norm einen verstärkt risikobasierten Ansatz. Die umfassende Überarbeitung der Norm soll aber auch eine Reihe von Erleichterungen mit sich bringen. So ist in Zukunft ein formales Qualitätsmanagementhandbuch beispielsweise nicht mehr notwendig, wenn die Organisation in anderer Weise eine angemessene Dokumentation vornimmt. Weiterhin muss es auch einen „Beauftragten der obersten Leitung“ nicht mehr geben.

Der Übergang von der Norm aus dem Jahre 2008 auf die Norm 2015 steht nun für viele Unternehmen in den nächsten drei Jahren an. Zur Hilfestellung wurde dazu eine Gegenüberstellung der Gliederung der beiden Normen mit jeweiliger Zuordnung erstellt, die im Anhang C des Buches dargestellt ist.

4.8.2 Umsetzung der DIN EN ISO 9001 in Feuerverzinkereien

Die umfassenden Neuregelung der DIN EN ISO 9001 im November 2015 führt dazu, dass bislang keine breite umgesetzte Praxiserfahrung zum neuen QM-System in Feuerverzinkereien vorliegt. Aus diesem Grund kann die vertiefende Betrachtung der Neuregelungen unter Berücksichtigung von [74] nur abstrakt gehalten werden. Der organisatorische Ablauf in einer Feuerverzinkerei unter Maßgabe der Erstellung einer Qualitätsmanagementsystems kann wie in Abb. 4.26 dargestellt werden.

Die Anforderungen der Norm an das Qualitätsmanagementsystem sind in den Kapiteln 4–10 enthalten, die im Folgenden näher erläutert werden.

Tab. 4.25 Struktur und Kernelemente der DIN EN ISO 9001:2015.

Schritt im PDCA-Zyklus	Kapitel in DIN EN ISO 9001:2015	Unterkapitel
	Kap. 1 Anwendungsbereich **Kap. 2** Normative Verweise **Kap. 3** Begriffe	
Plan	**Kap. 4** Kontext der Organisation	4.1 Verstehen der Organisation und ihres Kontextes 4.2 Verstehen der Erfordernisse und Erwartungen interessierter Parteien 4.3 Festlegen des Anwendungsbereichs des Qualitätsmanagementsystems 4.4 Qualitätsmanagementsystem und dessen Prozesse
	Kap. 5 Führung	5.1 Führung und Verpflichtung 5.2 Qualitätspolitik 5.3 Rollen, Verantwortlichkeiten und Befugnisse in der Organisation
	Kap. 6 Planung für das Qualitätsmanagementsystem	6.1 Maßnahmen zum Umgang mit Risiken und Chancen 6.2 Qualitätsziele und Planung zur deren Erreichung 6.3 Planung von Änderungen
	Kap. 7 Unterstützung	7.1 Ressourcen 7.2 Kompetenz 7.3 Bewusstsein 7.4 Kommunikation 7.5 Dokumentierte Information
Do	**Kap. 8** Betrieb	8.1 Betriebliche Planung und Steuerung 8.2 Bestimmen von Anforderungen an Produkte und Dienstleistungen 8.3 Entwicklung von Produkten und Dienstleistungen 8.4 Kontrolle von extern bereitgestellten Produkten und Dienstleistungen 8.5 Produktion und Dienstleistungserbringung 8.6 Freigabe von Produkten und Dienstleistungen 8.7 Steuerung nichtkonformer Prozessergebnisse, Produkte und Dienstleistungen
Check	**Kap. 9** Bewertung der Leistung	9.1 Überwachung, Messung, Analyse und Bewertung 9.2 Internes Audit 9.3 Managementbewertung
Act	**Kap. 10** Verbesserung	10.1 Allgemeines 10.2 Nichtkonformität und Korrekturmaßnahmen 10.3 Fortlaufende Verbesserung

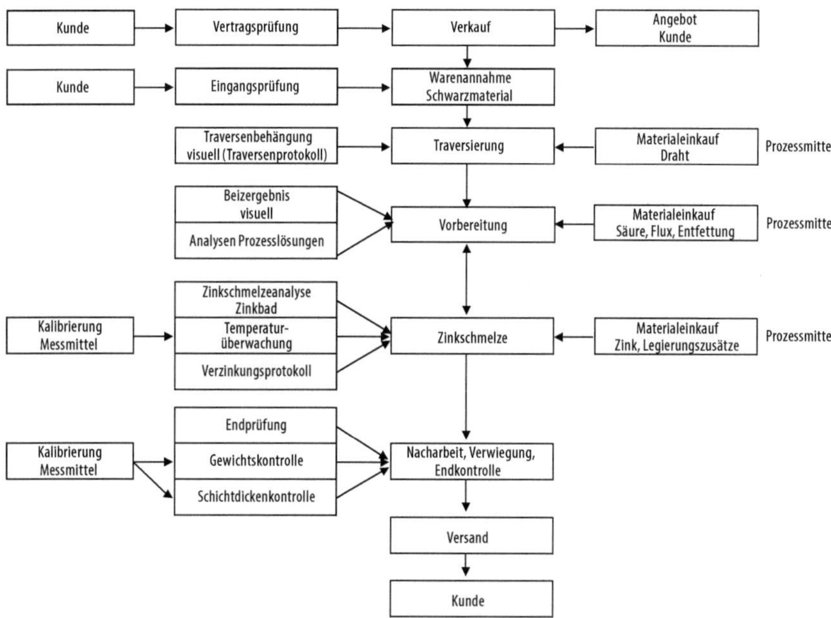

Abb. 4.26 Organisationsablaufschema: Wechselwirkung der Prozesse beim Feuerverzinken [75].

Kapitel 4 – Kontext der Organisation

Das Kapitel 4 stellt mit dem Kontext, dem Umfeld des Unternehmens, umfassende neue Anforderungen. Es geht um das Warum ein Unternehmen tätig ist. Für Feuerverzinkereien geht es in erster Linie immer um die Erbringung der Dienstleistung „Feuerverzinken“, dies muss aber nicht notwendigerweise abschließend sein. Auch sämtliche weiteren Dienstleistungen und Services, wie z. B. Farbbeschichtungen, die heute teilweise selbstverständlich sind, können dazugehören.

Festlegung des Anwendungsbereichs des Qualitätsmanagementsystems beschreibt den Anwendungsbereich des QM-Systems. Dieser bestimmt sich aus dem Umfang (Komplexität) des Unternehmens, dem Umfeld (Kontext), d. h. den internen und externen Bedingungen (4.1), den Anforderungen interessierter Parteien (4.2) und den Produkten und Dienstleistungen. Der beschriebene Anwendungsbereich muss als dokumentierte Information vorliegen. Diese dokumentierte Information muss Produkte und Dienstleistungen des QM-Systems und Begründungen für die eventuelle Nichtanwendung von Anforderungen (früher Ausschlüsse genannt) enthalten. Das Unternehmen kann jedoch selbst mit Begründung festlegen, warum eine oder mehrere Anforderungen nicht gelten.

Im *Kapitel 4.4 „Qualitätsmanagementsystem und dessen Prozesse“* wird nun der prozessorientierte Ansatz konsequent mit klar beschriebenen Anforderungen unter Einbeziehung der Risiken und Chancen eingefordert. Unter anderem müssen die Risiken und Chancen von Prozessen bestimmt werden. Eingaben und Ergeb-

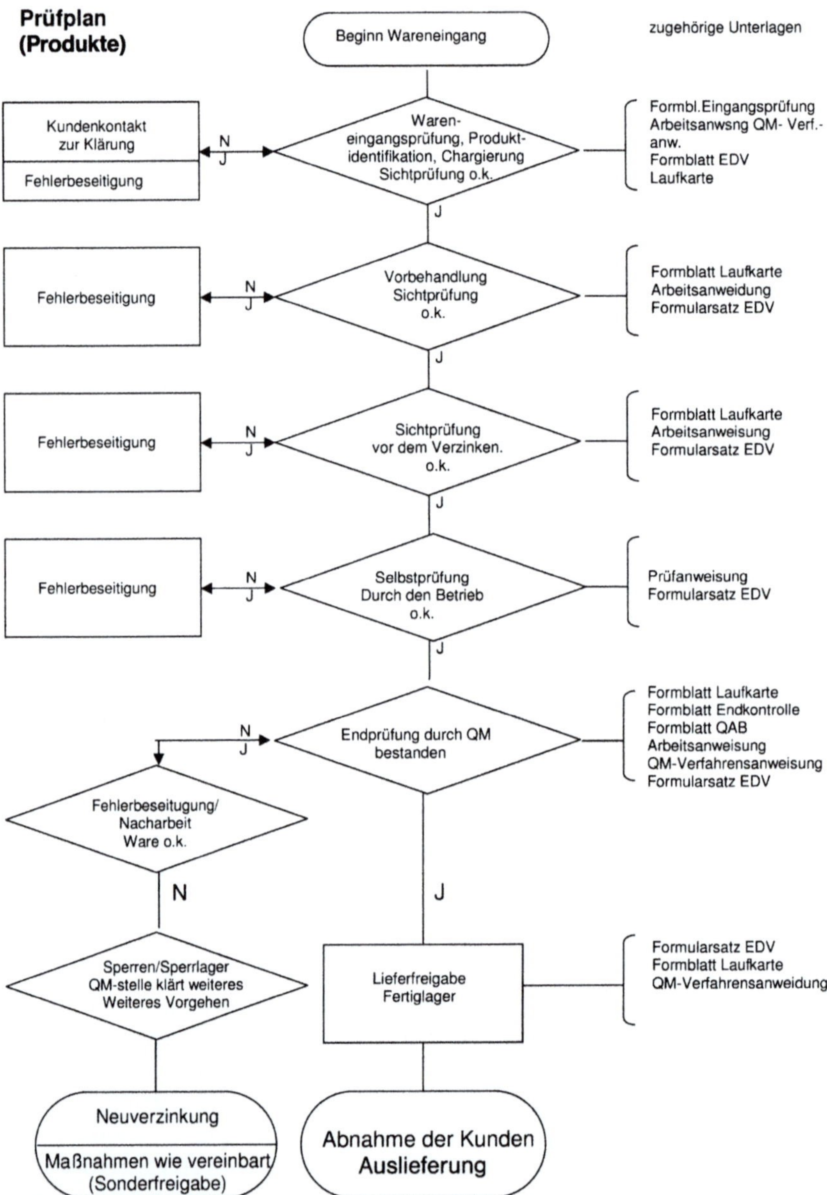

Abb. 4.27 Produktprüfplan (systematisch) [76].

nisse des jeweiligen Prozesses sind zu bestimmen. Prozessverantwortliche und deren Befugnisse sind festzulegen (siehe z. B. auch Abb. 4.28).

Ein Qualitätsmanagementhandbuch, wie bisher, wird nicht mehr gefordert. Das Unternehmen muss jedoch seine für das QM-System erforderlichen Prozesse samt Eingabe, Ergebnis, Tätigkeiten bzw. Ablauf, Reihenfolge, Wechselwir-

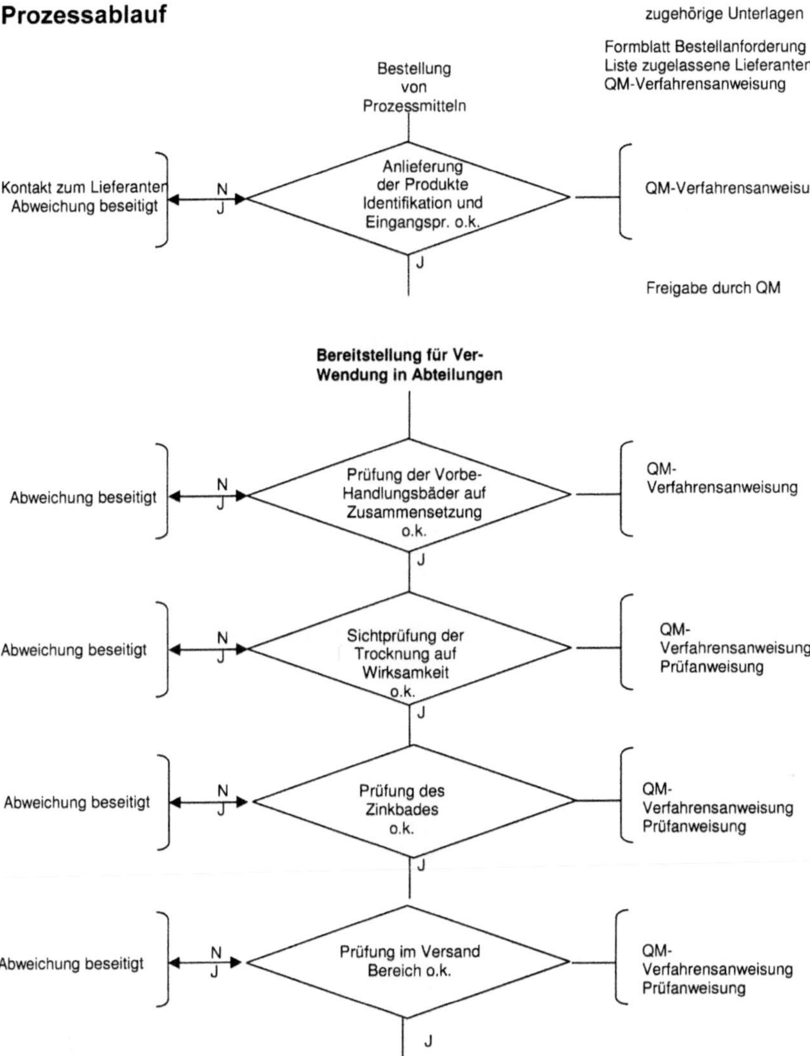

Abb. 4.28 Prozessablaufplan [76].

kungen, Kennzahlen, Verantwortungen und Befugnisse unter Berücksichtigung von Risiken und Chancen als dokumentierte Information nachweisen und aufbewahren. Dazu sind unterschiedliche Arten der Umsetzung möglich, wenngleich EDV-basierte Systeme dazu deutlich verstärkt im Einsatz sind.

Dazu zählt auch eine laufende Aktualisierung aller Unterlagen und Dokumente. In einer Verteilerliste wird die Lenkung der Dokumente geregelt, d. h., es wird festgelegt, wer welche Unterlagen zu welchem Zweck erhält. Ein Änderungsdienst sorgt dafür, dass in der Feuerverzinkerei immer aktuelle Normen, Regelwerken, Betriebsvorschriften, Vertragsdokumente etc. vorhanden sind.

Kapitel 5 – Führung

Durch *Kapitel 5.1 „Führung und Verpflichtung“* wird die oberste Leitung, die Geschäftsführung stärker für das QM-System in die Verantwortung und Verpflichtung genommen. Sie hat nun die nicht delegierbare Verantwortung für das Qualitätsmanagementsystem, für die „Qualität des Unternehmens“. Dies schließt eine Delegation von Aufgaben nicht aus, ausgenommen bleibt jedoch die Delegation von Verantwortung! Bei Audits ist diese verstärkte Verantwortung und Verpflichtung der obersten Leitung in Form von Mitarbeit am und Unterstützung für das QM-System nachzuweisen, z. B. mittels Qualitätspolitik und Qualitätszielen mit Ausrichtung an der Strategie und dem Kontext des Unternehmens.

Ein entscheidender Punkt ist immer die Zurverfügungstellung der erforderlichen Ressourcen. Dies umfasst die Unterstützung für Personen, damit diese ihren Beitrag für ein wirksames QM-System leisten können. Die oberste Leitung muss die fortlaufende Verbesserung fördern. Bezüglich der Kundenorientierung sind Risiken und Chancen mit Einfluss auf die Konformität von Produkten bzw. Dienstleistungen und Verbesserung der Kundenzufriedenheit zu bestimmen.

Gemäß *Kapitel 5.2 „Qualitätspolitik“* muss die oberste Leitung die Qualitätspolitik als dokumentierte Information festlegen und auch überprüfen und aufrechterhalten.

Kapitel 5.3 „Rollen, Verantwortlichkeiten und Befugnisse“ fordert nicht mehr den Beauftragten der obersten Leitung (BoL), umgangssprachlich bezeichnet als Qualitätsmanagementbeauftragter (QMB). Die Aufgaben, Verantwortung und Befugnisse des QMB werden jedoch nicht gestrichen. Die neue Norm spricht nun von Rollen, Verantwortlichkeiten und Befugnissen, die von der obersten Leitung zur Aufrechterhaltung der Wirksamkeit des QM-Systems festzulegen sind. Sollten mehrere Mitarbeiter die bisherigen Aufgaben des alleinigen QMB übernehmen, so ist die Verteilung der Aufgaben, Verantwortungen und Befugnisse zu beschreiben.

Kapitel 6 – Planung für das Qualitätsmanagementsystem

Die Anforderungen an das Planen eines QM-Systems sind teilweise neu oder wesentlich erweitert worden. Die Berücksichtigung von Risiken und Chancen in Bezug auf die Konformität von Produkten und Dienstleistungen sowie der Kundenzufriedenheit erhält einen höheren Stellenwert.

Gemäß *Kapitel 6.1 „Maßnahmen zur Erkennung von Risiken und Chancen“* muss das QM-System im Sinne des risikobasierten Denkens nun Risiken und Chancen beachten und mit planen. Die Maßnahmen sind in die QM-Prozesse einzubauen und in den Prozessen umzusetzen sowie deren Wirksamkeit zu bewerten.

Kapitel 6.2 „Qualitätsziele und Planung zu deren Erreichung“ fordert ein Festlegen messbarer Qualitätsziele im Einklang mit der Qualitätspolitik und nimmt damit eine deutliche Erweiterung der Anforderungen an die Qualitätsziele vor. Insbesondere die Planung für das Erreichen der Qualitätsziele ist neu. Maßnahmen (Was?), Ressourcen (Welche?), Verantwortung (Wer?), Abschlusstermin (Wann?)

und Ergebnisbewertung (Wie?) sind festzulegen. Die Qualitätsziele müssen anwendbare Anforderungen berücksichtigen, vermittelt und überwacht werden und bei Bedarf aktualisiert werden.

Kapitel 6.3 „Planung von Änderungen am QM-System" erweitert die Anforderungen an die Planung von Änderungen am QM-System. Änderungen sind zu planen und auf systematische Weise umzusetzen. Dabei sind das Ziel der Änderung und die möglichen Konsequenzen (Risiken) zu berücksichtigen.

Kapitel 7 – Unterstützung

Für das Aufbauen, das Umsetzen, das Aufrechterhalten und das fortlaufende Verbessern des Qualitätsmanagementsystems sind die erforderlichen Ressourcen zu bestimmen und bereitzustellen. Das Qualitätsmanagement sollte von keinem Mitarbeiter „nebenbei" mit erledigt werden. Von internen Ressourcen sind die Fähigkeiten und Beschränkungen, von externen Anbietern (Dienstleister) deren Angebote zu beachten. Am Ende ist es für jedes Unternehmen entscheidend, dass das eingeführte Managementsystem von den Mitarbeitern auch „gelebt" wird.

Die Norm fordert das Wissen, welches für das Durchführen der Prozesse und für das Erreichen der Konformität von Produkten und Dienstleistungen nötig ist, zu bestimmen, aufrechtzuerhalten und in ausreichendem Umfang zu vermitteln. Sich ändernde Erfordernisse und Trends müssen zu einer Anpassung des Wissens führen. Auf das Wissen muss ein Zugriff möglich sein. Wissen steht dabei für gesammelte, verfügbare Informationen, d. h. für als bedeutend bewertete Daten. Angewendete Informationen erzeugen Wissen durch einen Lerneffekt.

Im *Kapitel 7.3 „Bewusstsein"* benennt die Norm weitergehende konkrete Anforderungen. Personen, die unter Aufsicht des Unternehmens arbeiten, müssen sich bewusst sein über die Qualitätspolitik, die relevanten Qualitätsziele, die Vorteile verbesserter Qualitätsleistung, über ihren Beitrag zur Wirksamkeit des QM-Systems und die Folgen nicht erfüllter Anforderungen.

Kapitel 7.4 „Kommunikation" fordert eine angemessene interne Kommunikation über die Wirksamkeit des QM-Systems, dies bezieht sich sowohl auf eine interne als auch auf eine externe Kommunikation betreffend das QM-System. Das „Worüber", „Wann", „Wer" mit „Wem", „Wie" kommuniziert, ist entsprechend festzulegen.

Kapitel 7.5 „Dokumentierte Information" lockert die (formellen) Anforderungen an die Dokumentation. Die Unternehmen haben nun die Pflicht, erforderliche schriftliche Vorgaben und Nachweise für die Sicherstellung der Wirksamkeit des QM-Systems in Eigenverantwortung festzulegen. Die Anforderungen betreffend Erstellung und Aktualisierung (7.5.2) und Lenkung dokumentierter Information (7.5.3) werden detaillierter.

Kapitel 8 – Betrieb

Kapitel 8 „Betrieb" führt das risikobasierte Denken ein. Neu ist demnach das Betrachten und das Umgehen mit Risiken und Chancen. Dies betrifft die Risiken und Chancen der betrieblichen Planung und Steuerung (8.1). Hierzu gehört beispielsweise die Klärung, ob die Verzinkerei in der Lage ist und sicherstellen kann, dass die vom Kunden gestellten Anforderungen erfüllt werden können.

Die Bestimmung von Anforderungen an Produkte und Dienstleistungen (8.2) muss, falls zutreffend, eine Kundenkommunikation für Notfälle vorsehen. Wer muss wie informiert werden, für den Fall, dass der Auftrag nicht wie geplant abgearbeitet werden konnte oder ein Fehler aufgetreten ist. Nicht nur die Produktion und Dienstleistungserbringung (8.5), sondern auch Liefertätigkeiten (Logistik) und Tätigkeiten nach der Lieferung (8.5.5) sind unter beherrschten Bedingungen umzusetzen. Eine geeignete Lieferantenbewertung ist die Basis für eine sichere, funktionierende Beschaffung. Beispielsweise darf der Einkauf von Betriebsstoffen (Zink, Säure, Flux, Draht usw.) nur bei vorher zugelassenen Lieferanten erfolgen.

Ungeplante Änderungen mit Einfluss auf die Produktion oder Dienstleistungserbringung und Konformität mit den Anforderungen sind nach 8.5.6 „Überwachung von Änderungen" zu bewerten und überwachen. Die Freigabe von Produkten und Dienstleistungen (8.6) für den Kunden darf erst nach der Verifikation der Konformität (Erfüllung Anforderungen) erfolgen, es sei denn, es liegt eine Kundengenehmigung oder die Freigabe einer zuständigen Stelle vor. Die Produktüberwachung und die Prozessüberwachung sind die beiden zentralen Bereiche der Qualitätsprüfung. Die Produktüberwachung erfasst den gesamten innerbetrieblichen Prüfaufwand, der am Verzinkungsgut durchgeführt werden muss. Die einzelnen Schritte der Produktüberwachung müssen möglichst frühzeitig erfolgen, umso früh wie möglich Fehler zu entdecken und sie zu korrigieren. Fehler, die erst am Verzinkungskessel oder sogar erst danach entdeckt werden, lassen sich erfahrungsgemäß nur noch mit erheblichem Kostenaufwand beseitigen; unter Umständen sind bereits größere Stückzahlen eines Produktes feuerverzinkt und mit dem gleichen Fehler behaftet [76].

Die Steuerung nicht konformer Ergebnisse (8.7), d. h. Korrekturmaßnahmen, betrifft Produkte, Dienstleistungen und Prozesse. Die Prozessüberwachung muss sicherstellen, dass alle Prozessparameter, die Einfluss auf die Verzinkungsqualität haben können, lückenlos überwacht werden. So kann ein nicht überwachter Beizprozess zur Oberflächenvorbereitung seine Beschaffenheit im Laufe der Nutzung so verändern, dass Beizfehler am Verzinkungsgut entstehen. Die Prozessüberwachung muss den gesamten Prozessbereich von der Beschaffung bis zur Prüfung im Versand und ggf. nachgeschalteter Servicearbeiten umfassen.

In der Feuerverzinkerei gibt es nur relativ wenige Prüfmittel (z. B. Schichtdickenmessgeräte, Temperaturschreiber, Waagen etc.). Derartige Prüfmittel müssen regelmäßig überwacht und dabei deren einwandfreie Funktionalität regelmäßig nachgewiesen werden [76].

Kapitel 9 – Bewertung der Leistung

Kapitel 9.1 „Überwachung, Messung, Analyse und Bewertung" fordert vom Unternehmen unter Berücksichtigung der Anforderungen zusätzlich festzulegen, was zu überwachen und zu messen ist. Für gültige Ergebnisse sind Methoden für das Überwachen, Messen, Analysieren und Bewerten festzulegen. Der Zeitpunkt von

Überwachung, Messung, Analyse und Bewertung ist zu definieren. Als Nachweis der Ergebnisse sind geeignete dokumentierte Informationen aufzubewahren. Diese Ergebnisse bilden eine Eingabe für die Managementbewertung der obersten Leitung und müssen u. a. eine erfolgreiche Umsetzung der Planung aufzeigen, die Leistungen der Prozesse bewerten.

Kapitel 9.2 „Internes Audit“ fordert, dass Auditergebnisse der zuständigen Leitung berichtet werden. Diese bilden eine Eingabe für die Managementbewertung der obersten Leitung. Man unterscheidet drei Arten von Audits, nämlich System-, Verfahrens- und Produktaudits. Bei einem Systemaudit wird die Anwendung des gesamten Systems mit allen seinen Elementen beurteilt. Beim Verfahrensaudit wird das Feuerverzinkungsverfahren im jeweiligen Betrieb oder eine einzelne Feuerverzinkungsanlage analysiert. Bei einem Produktaudit werden feuerverzinkte Produkte untersucht, um dadurch die Wirksamkeit des QM-Systems beurteilen zu können. Hierbei werden in erster Linie freigegebene und versandfertige Teile auf ihre Übereinstimmung mit den Spezifikationen des Auftraggebers untersucht.

In einer Feuerverzinkerei müssen Messungen am Produkt (Abb. 4.27), z. B. Schichtdickenmessungen nach DIN EN ISO 1461 und Prozessüberwachungen (Abb. 4.28), z. B. Zusammensetzung der Zinkschmelze nach DASt-Richtlinie 022, durchgeführt werden.

Kapitel 9.3 „Managementbewertung“ bringt eine Erweiterung der Anforderungen an die von der obersten Leitung durchzuführende Managementbewertung. Für die Qualitätsleistung sind Trends und Kennzahlen anzugeben. Das QM-System und dessen strategische Ausrichtung betreffende Änderungen sind zu behandeln. Die Wirksamkeit von Maßnahmen, die Risiken und Chancen betreffen, muss berichtet werden. Die Managementbewertung muss als Ergebnis Entscheidungen und Maßnahmen zu Chancen der fortlaufenden Verbesserung und bei Änderungen am QM-System zu Ressourcen enthalten.

Kapitel 10 – Verbesserung

Kapitel 10.1 „Allgemeines“ fordert zusätzlich das Erfüllen der Anforderungen der Kunden und ein Verbessern der Kundenzufriedenheit sowie ein Verbessern von Produkten, Dienstleistungen und Prozessen.

Kapitel 10.2 „Nichtkonformität und Korrekturmaßnahmen“ fordert eine Bestimmung des möglichen Auftretens (Risiko) vergleichbarer Nichtkonformitäten (ähnliche Produkte, gleiches Funktionsprinzip). Für aufgetretene Nichtkonformitäten und deren Auswirkungen sind angemessene Korrekturmaßnahmen umzusetzen, um ein Wiederauftreten zu vermeiden. Kein Fehler sollte zweimal gemacht werden.

Kapitel 10.3 „Fortlaufende Verbesserung“ fordert zusätzlich das fortlaufende Verbessern der Eignung und der Angemessenheit des QM-Systems. Es sind Methoden auszuwählen und anzuwenden, welche eine Bestimmung der (Haupt-) Ursachen der Minderleistung sowie der fortlaufenden Verbesserung ermöglichen.

Fazit
Auch für Feuerverzinkungsunternehmen gehört heute ein funktionierendes QM-System zum Standard. Zum einen zielt dies darauf ab, sich am Markt zu behaupten und damit die Anforderungen seiner Kunden zu erfüllen, zum anderen dient es – und zwar mit steigender Tendenz – aber auch dazu, die Abläufe und Tätigkeiten in der Verzinkerei durchzuplanen und geregelt und kontrolliert umzusetzen im Sinne des Unternehmenserfolges. Der Faktor „Zufall“ wird dadurch eliminiert und die Prozesse transparenter.

4.8.3 Umweltmanagementsysteme

Die mit einem Unternehmen und seinen Produkten und Dienstleistungen in Zusammenhang stehenden Umweltschutzthemen haben in den letzten Jahren einen sehr starken Zuwachs bekommen. Hierbei geht es nicht mehr nur um die Einhaltung von Umweltstandards, wie z. B. Luftgrenzwerte. Zu systemtischen Organisation der Planung, Steuerung und Kontrolle der Unternehmensaktivitäten in diesem Bereich haben sich Umweltmanagementsysteme seit vielen Jahren bewährt.

Innerhalb des Umweltmanagementsystems werden die Vorgaben der Unternehmensleitung hinsichtlich des Umweltschutzes umgesetzt. Hierzu werden entsprechende Anforderungen im Managementhandbuch, in diversen Anweisungen und/oder in Prozessbeschreibungen festgelegt, deren Umsetzung und Überwachung dann durch das Umweltmanagementsystem erfolgt. Inhaltliche Aspekte sind im Abschn. 4.6 beschrieben.

Das Umweltmanagementsystem wiederum kann frei oder gemäß einer Vorgabe erfolgen. Bislang haben sich Umweltmanagementsysteme nach der Umweltmanagementnorm DIN EN ISO 14001 und nach der EMAS-Verordnung in Feuerverzinkereien etabliert. EMAS (steht für **E**co-**M**anagement and **A**udit **S**cheme) ist ein freiwilliges Instrument der Europäischen Union, das Unternehmen und Organisationen jeder Größe und Branche dabei unterstützt, ihre Umweltleistung kontinuierlich zu verbessern.

Die Umweltmanagementnorm ISO 14001 wurde im Jahr 2015 neu gefasst und ist jetzt sehr ähnlich strukturiert wie die Norm für Qualitätsmanagementsysteme – DIN EN ISO 9001. Qualitätsmanagementsysteme können daher vergleichsweise einfach um das Umweltmanagement ergänzt werden. Man spricht dann von einem „Integrierten Managementsystem“ (siehe Abschn. 4.8.4).

Die im Umweltmanagement üblichen sogenannten Vorgabedokumente (Managementhandbuch, Anweisungen, Beschreibungen etc.) legen neben den zur Erreichung der Ziele der betrieblichen Umweltpolitik notwendigen Vorgaben auch die jeweiligen Zuständigkeiten (Verantwortlichkeiten) fest. Wie im Management generell üblich, beinhaltet das Umweltmanagement ebenfalls die Schritte Planung, Ausführung, Kontrolle und ggf. Optimierung (PDCA: Plan-Do-Check-Act), (siehe Abschn. 4.8.2).

4.8.4 Weitere Managementsysteme

Das Qualitätsmanagement spielt in Feuerverzinkereien eine führende Rolle gefolgt vom Umweltmanagementsystem. Darüber hinaus haben sich in den letzten Jahren zwei weitere Bereiche in herausgebildet, die nach und nach in Form von Managementsystemen in Feuerverzinkereien organisiert werden, die Rede ist vom Arbeitsschutzmanagement und vom Energiemanagement.

Energiemanagement
Zur Planung, Betrieb und Steuerung von energietechnischen Erzeugungs- und Verbrauchseinheiten, wie sie in Feuerverzinkungsprozess vorkommen, werden heute verstärkt Energiemanagementsysteme zum Einsatz gebracht. Ziele sind sowohl die Ressourcenschonung als auch Klimaschutz und Kostensenkungen, wobei die Verfügbarkeit und die Sicherstellung des Energiebedarfs Priorität haben. Als normative Grundlage steht die DIN EN ISO 50001 weltweit zur Verfügung, die den Rahmen zum Aufbau eines systematischen Energiemanagements gibt. Des Weiteren bietet dies auch die Möglichkeit der Zertifizierung des Energiemanagementsystems [77].

Arbeitsschutzmanagement
Im Bereich des Arbeitsschutzmanagements hat sich mittlerweile eine Reihe von Systemen herausgebildet, wobei dies meist Insellösungen für einzelne Industriebereiche sind. Das am stärksten verbreitete System ist das OHSAS 18001 (**O**ccupational **H**ealth and **S**afety **A**ssessment **S**eries). Dieses lehnt sich stark an die DIN EN ISO 9001(Qualität) und DIN EN ISO 14001 (Umwelt) an. Im Jahr 2007 wurde OHSAS 18001 als britische Norm veröffentlicht. Die internationale Anerkennung und Einführung steht noch aus.

Integriertes Managementsystem
Das Integrierte Managementsystem „IMS“ verbindet die ursprünglich getrennten Systeme zu einem Managementsystem, das alle Aspekte und Aufgaben des Managements ganzheitlich umfasst.

Dazu bietet die DIN EN ISO 9004 eine gute Basis, deren Struktur sich in den anderen Aspekten und Normen wiederholt, die sich so einfacher integrieren lassen: Ziele bestimmen, Kennzahlen festlegen, Prozesse beschreiben und umsetzen, kontinuierliche Verbesserung betreiben. So lassen sich Qualitätsmanagement, Umweltmanagement, Energiemanagement, Arbeitssicherheit, Risikomanagement, Kundenmanagement, Personalmanagement, Lieferantenmanagement usw. als einzelne Sichtweisen auf das große Ganze verstehen und umsetzen.

Entscheidend für die Umsetzung ist die integrative ganzheitliche Haltung und Praxis der obersten Leitung und die Abbildung in der mittleren Führungsebene. Stolperstein sind oft die in den einzelnen Normen vorgeschriebenen einzelnen „Beauftragten für Qualität, Hygiene, Datenschutz, Arbeitssicherheit, Umweltschutz, Energiemanagement usw.", die bisweilen mehr damit beschäftigt sind, sich gegeneinander abzugrenzen statt zu kooperieren.

Werden bestehende Managementsysteme lediglich zentral verwaltet, so spricht man auch von dem *„integrativen"* Management. Dieses bietet neben einer einfacheren Verwaltbarkeit keine wesentlichen Vorteile. Hier bestehen die einzelnen Managementsysteme nach wie vor nebeneinander, aber werden auf einer gemeinsamen EDV-Plattform abgebildet. Daten über Prozesse, Kennzahlen, Formulare, Termine etc. werden gemeinsam vorgehalten und ausgetauscht.

Literatur

1 Hofmann, H. und Spindler, J. (2004) *Verfahren der Oberflächenvorbereitung*, Fachbuchverlag Leipzig.

2 Schulz, W.-D. (1997) Vorlesung über Korrosion und Korrosionsschutz von Werkstoffen: Teil II: Korrosionsschutz Dresden. TAW-Verlag, Wuppertal.

3 Maaß, P. und Peißker, P. (1989) *Korrosionsschutz, Oberflächenvorbehandlung und metallische Beschichtung*, Deutscher Verlag für Grundstoffindustrie, Leipzig.

4 Huckshold, M. und Thiele, M. (2011) *Korrosionsschutz Feuerverzinken*. Deutsches Institut für Normung e. V., Beuth Verlag GmbH, Berlin, Wien, Zürich.

5 Schmidt, G.-H. (1991) Schadstoffarmes Feuerverzinken hat Vorrang. *Z. Korrosion*, **22**, 35–40.

6 Gaida, B., Andreas, B. und Aßmann, K. (2007) *Galvanotechnik in Frage und Antwort*, 6. aktualisierte Aufl., Eugen G. Leuze Verlag, Bad Saulgau.

7 N.N. (2001) Neue Forschungsergebnisse zum Feuerverzinken, Gemeinschaftsveranstaltung Institut für Korrosionsschutz Dresden und Technische Akademie Wuppertal 24.10.2001.

8 Ternes, H., Winkel, E. und Winzer, H. (1963) Erfahrungen mit der Kreislaufführung von salzsauren Beizereispülwässern in einer Feinblech-Verzinkerei. *Z. Stahl Eisen*, **83** (14), 856–859.

9 Stieglitz, U. (2001) Voraussetzungen zur Stoffkreislaufschließung beim Feuerverzinken-Spülverfahren. Institut für Korrosionsschutz Dresden GmbH.

10 Schulz, W.-D. und Thiele, M. (2012) *Feuerverzinken von Stückgut*, 2. Aufl., Eugen G. Leuze Verlag KG., Bad Saulgau.

11 Meyer, D. (2001) Problematik chemischer Analysen konzentrierter Vorbehandlungslösungen, Institut für Korrosionsschutz Dresden.

12 Lutter, E. (1992) *Die Entfettung*, 2. Aufl., Eugen G. Leuze Verlag, Bad Saulgau.

13 Peißker, P. (1982) Volkswirtschaftliche Notwendigkeit und Möglichkeiten der Senkung des Zinkverbrauchs beim Feuerverzinken. *Z. Neu Hütte*, **27** (3), 99–10.

14 Hänsel, G. (1991) Unregelmäßigkeiten im Zinküberzug auf feuerverzinkten Profilen, Vortrags- und Diskussionsveranstaltung 1990 des GAV, (Hrsg.: Gemeinschaftsausschuss Verzinken e. V. Düsseldorf), S. 91–114.

15 Maaß, P. und Peißker, P. (2012) *Handbuch Feuerverzinken*, 3. Aufl., Wiley-VCH Verlag GmbH & Co. KGaA, Weinheim.

16 Thiele, M., Schulz, W.-D. und Schubert, P. (2006) Schichtbildung beim Feuerverzinken zwischen 435 °C und 620 °C in konventionellen Zinkschmelzen – eine ganzeinheitliche Darstellung. Sonderdruck aus *Z. Mater. Corr.*, **57** (11), Bericht Nr.: 154, Gemeinschaftsausschuß Verzinken e. V., GAV – Nr.: FC 21.

17 Peißker, P. und Aretz, H. (1983) Einfluss der Rauheit und des Siliziumgehaltes des Stahles sowie der Verzinkungsdauer auf die Dicke der Zinkschicht und den Eisenverlust beim Feuerverzinken. *Z. Inf. Metalleichtbauk.*, **22**, 2–9.

18 Horowitz, I. (1982) *Oberflächenbehandlung mittels Strahlmitteln*, Bd. I, Die Grundlagen der Strahltechnik, 2. Aufl., Vulkan-Verlag.

19 Peißker, P. (1979) Erhöhung der Effektivität des Reinigungsstrahlens von Stahl in Schleuderradanlagen. *Z. Neue Hütte*, **24** (12), 471–475.

20 Bablik, H., Götzl, F. und Neu, E. (1955) Die Rauhigkeit verschiedener vorbehandelter Oberflächen und ihre Bedeutung für das Feuerverzinken. *Z. Metalloberfl.*, **9** (5), 69–71.

21 Wohlfahrt, H. und Kroll, P. (2000) *Mechanische Oberflächenvorbehandlung*, Wiley-VCH, Weinheim.

22 N.N. (2003) Neue Strahlanlagen, erweiterte Produktion. *Z. Bleche, Rohre, Profile*, **02** 46.

23 N.N. (2004) Strahltechnik für perfekte Oberflächen. *Z. Bleche, Rohre, Profile*, **06**, 34.

24 N.N. (2003) Mehr Leistung beim Strahlen. *Z. Bleche, Rohre, Profile*, **03**, 54.

25 Spielvogel, E. (1990) Strahlmittel heute, so aktuell wie gestern. *Z. Draht*, **41** (2), S. 119–122.

26 Strauch, A. (1982) *Autorenkollektiv: Galvanotechnisches Fachwissen*, VEB Deutscher Verlag für Grundstoffindustrie, Leipzig

27 Krieg, M. (2007) Berlin: Kein alter Hut. *Strahlverf. Reinig. Strahltech.*, **61** (3), 4.

28 Böttcher, H.-J. (1989) *Feuerverzinkung, Jahrbuch Oberflächentechnik*, Bd. 45, Eugen G. Lenze Verlag KG, Bad Salzgau, S. 290.

29 Rossmann, C. (1985) Rationelle Vorbehandlung durch kontinuierlichen Betrieb von Entfettungsbädern. *Z. Metalloberfl.*, **39** (2), 41–44.

30 Kresse, J. (1988) *Silikathaltige Produkte für die industrielle Reinigung. Jahrbuch Oberflächentechnik*, Bd. 44, Eugen G. Lenze Verlag KG, Bad Salzgau, S. 14–47.

31 Hartinger, L. 1991 *Handbuch der Abwasser- und Recyclingtechnik*, 2. Aufl., Carl Hanser Verlag, München/Wien.

32 Winkel, P. (1992) *Wasser und Abwasser*, 2. Aufl., Eugen G. Leuze Verlag, Saulgau.

33 Langhammer, E. (1990) *Beschichtungsflächen-Tabellen*, 3. Aufl., Verlag Stahleisen mbH, Düsseldorf.

34 Stäche, H. (1990) *Tensid-Taschenbuch*, 3. Aufl., Carl Hanser Verlag, München/Wien.

35 Kiechle, A. (1991) Methoden der Standzeitverlängerung wässriger Reiniger. *Z. JOT*, **31** (9), 62–68.

36 Jansen, G. (1988) Niedrig-Temperatur-Reinigung. *Z. Metalloberfl.*, **42** (1), 9–13.

37 Wittel, K. (1986) Die automatische Regelung von Vorbehandlungsbädern. *Z. Metalloberfl.*, **40** (12), 507–510.

38 Maaß, P. und Peißker, P. (1985) *Oberflächenvorbehandlung und metallische Beschichtung – Analytik, Prüfmethoden*, Deutscher Verlag für Grundstoffindustrie, Leipzig.

39 Süß, M. (1992)Bestimmung elektrolytspezifischer Ausschleppverluste. *Z. Galvanotech.*, **83** (2), 462–465.

40 Camex Engeneering AB, Norköpping, Schweden, Firmenschriften.

41 Projektbericht – Reststoffvermeidung durch ein biologisches Entfettungsspülbad in einer Feuerverzinkerei. Projektträger: Henssler GmbH & Co. KG, Feuerverzinkerei Beilstein.

42 Amot, H., Rinsing and cleaning method fo industrial goods. Europ. Patentanmeldung 0588282.

43 Süß, M. (1990) Technologische Maßnahmen zur Minimierung von Ausschleppverlusten. *Z. Galvanotech.*, **81** (11), 3873–3877.

44 Sjoukes, F. (1977) Die Rolle des Eisens beim Feuerverzinken. *Z. Metall*, **31** (9), 981–986.

45 Katzung, W. und Rittig, R. (1998) Abhängigkeit der Zinkaschebildung und der Zinkauflage beim Feuerverzinken von den Prozessparametern der Vorbehandlung. Institut für Stahlbau Leipzig GmbH. *Z. Metall*, **52** 5.

46 Machu, W. (1957) *Oberflächenvorbehandlung von Eisen- und Nichteisenmetallen*, 2. Aufl., Akademische Verlagsgesellschaft Geest & Portig K.-G., Leipzig.

47 Vogel, O. (1951) *Handbuch der Metallbeizerei*, Bd. II, 2. Aufl., Verlag Chemie GmbH, Weinheim.

48 Mannesmannröhren-Werke (Hrsg.) (1971) Lexikon der Korrosion, Bd. 1.

49 Katzung, W. und Rittig, R. (1997) Zum Einfluss von Si und P auf das Verzinkungsverhalten von Baustählen. *Z. Materialwiss. Werkstofftech.*, **28** (2997), 575–587.
50 Nieth, F. (1991) Unregelmäßigkeiten im Zinküberzug auf feuerverzinkten Profilen, s. [19], S. 31–63.
51 Horstmann, D. (1983) *Fehlererscheinungen beim Feuerverzinken*, 2. Aufl., Verlag Stahleisen mbH, Düsseldorf.
52 Hake, A. (1964) Die Salzsäureregeneration – Verfahren, allgemeine Anwendung und Ergebnisse in einem Verzinkungsbetrieb. *Z. Bänder Bleche Rohre*, 1, 9–13.
53 Schröder-Rentrop, I. (2006) Entwicklung eines praxisgeeigneten Prüfverfahrens zur Bewertung des Wasserstoffgefährdungspotenzials von Salzsäurebeizen und Vergleich der Wirksamkeit von Inhibitoren. Bericht aus Z. Werkstofftechnik Band 2/2006.
54 Meuthen, B., von Arnesen, J.H. und Engeil, J.H. (1965) Das System Salzsäure-Eisen(II)-chlorid-Wasser und das Verhältnis von warmgewalztem Stahlband beim Beizen in derartigen Lösungen. *Z. Stahl Eisen*, **85** (26), 1722–1729.
55 W. Pilling Kesselfabrik & Co. KG.: Stahlbehälter für die chemische Oberflächenvorbehandlung in Feuerverzinkungsanlagen (April 2000), Firmenschrift.
56 Schumann, H. (1991) *Metallographie*, 13. Aufl., Deutscher Verlag für Grundstoffindustrie, Leipzig.
57 Schröder-Rentrop, J. (2005) Entwicklung eines praxisgeeigneten Prüfverfahrens zur Bewertung des Wasserstoffgefährdungspotenzials von Salzsäurebeizen und Vergleich der Wirksamkeit von Inhibitoren. Bericht aus Z. Werkstofftechnik Band 2/2005.
58 Schmitt, G. (1991) H-induzierte Spannungsrißkorrosions-Inhibition der Beize und deren Kontrolle, Vertrags- und Diskussionsveranstaltung 1990 des GAV, 1. Aufl., Hrsg.: Gemeinschaftsausschuss Verzinken e. V. Düsseldorf.
59 Förster, H.L. (1991) Verwertung und Behandlung von Abfällen aus der Galvanotechnik, Reports UBA-91-052 Wien, Hrsg.: Umweltbundesamt Wien.
60 Paatsch, W. (1977) *Probleme der Wasserstoffversprödung hochfester Stähle durch Oberflächenvorbehandlungsverfahren, Jahrbuch Oberflächentechnik*, Bd. 33, Eugen G. Lenze Verlag KG, Bad Salzgau.
61 Bablik, H. (1941) *Das Feuerverzinken*, Verlag Julius Springer, Wien.
62 Renner, M. (1978) Feuerverzinken von Gußwerkstoffen. *Z. Metalloberfl.*, **32** (3).
63 Hachmeister, K. (1919) *Z. anorg. allg. Chem.*, **109**, 21, 1277–1279.
64 Schulz, W.-D. und Schmidt, G.H. (1985) Zum technisch-wissenschaftlichen Stand konventioneller wässriger Flussmittellösungen zum Feuerverzinken. *Korrosion (Dresden)*, **16** (3), 149–143.
65 Schulze, G., Bräutigam, G. und Pohl, D. (1982) *Korrosion (Dresden)*, **13** (5), 223–228.
66 Schmidt, G.H. und Schulz, W.-D. (1988) Zur Bildung von Zinkasche beim Feuerverzinken und zu Möglichkeiten ihrer Verminderung. *Z. Metall*, **41** (9), 885.
67 Cephanecigil, C. (1983) Untersuchungen zur Verringerung der Umweltbelastung beim Feuerverzinken von Stahlteilen, Dissertation, Technische Universität Berlin.
68 Schmidt, G.H. und Schulz, W.-D. (1988) Zur Bildung von Zinkasche beim Feuerverzinken und zu Möglichkeiten ihrer Verminderung. *Z. Metall*, **41** (9), 885.
69 N.N. (2014) *Arbeitsblätter Feuerverzinken*, Institut Feuerverzinken GmbH, Düsseldorf.
70 Huckshold, M. und Thiele, M. (2011) *Korrosionsschutz Feuerverzinken*, Beuth Verlag, Berlin.
71 N.N. (2007) *Leitfaden – Nachbehandlung von feuerverzinktem Stahl*, Institut Feuerverzinken GmbH, Düsseldorf.
72 Nerat, F. und Maierhofer, M. (2013) Firmenbroschüre „Pickling Optimizer“, Koerner Chemieanlagenbau Ges.m.b.H., 8551 Wies, Österreich.
73 N.N. (1991) *Verzinkungskessel – Empfehlungen für den Betreiber*, W. Pilling Kesselfabrik GmbH & Co KG, Altena.
74 Kirsch, P.U. (2015) Kirsch Managementsysteme – Interim Management & Consulting, http://kirsch-managementsysteme.de/blog/2014/10/11/

wesentliche-anpassungen-iso-9001-2015/, (15.11.2015).

75 Maaß, P. und Peißker, P. (2008) *Handbuch Feuerverzinken*, 3. Aufl., Wiley-VCH, Weinheim.

76 Wieking, H. (2004) Muster-Qualitätsmanagement-Handbuch für Feuerverzinkereien nach ISO 9001, Industrieverband Feuerverzinken e. V. (interne Schrift, nicht veröffentlicht), Düsseldorf.

77 Reimann, G. (2013) *Erfolgreiches Energiemanagement nach DIN EN ISO 50001*, Deutsches Institut für Normung (DIN), Berlin.

78 Foth, M. und Kant, H. (1991) *Das umweltfreundliche Unternehmen: Ein Leitfaden für kleinere und mittlere Betriebe mit 14 Checklisten*, Campus Verlag

79 N.N. (2004) Leitfaden zur Anwendung von Lastaufnahmeeinrichtungen in Feuerverzinkereien, Mitgliederinformation des Industrieverbandes Feuerverzinken (nicht veröffentlicht), Düsseldorf.

5
Anwendung der Feuerverzinkung

M. Huckshold

5.1
Eigenschaften feuerverzinkter Überzüge

Um die Einsatz- und Anwendungsmöglichkeiten von feuerverzinktem Stahl einschätzen zu können, ist es wichtig, dessen Eigenschaften detailliert zu kennen. Die Verbindung aus Stahl und Zinküberzug ist eine Symbiose zweier Werkstoffe, die ihr jeweils großes eigenes Leistungspotenzial durch ihre Kombination noch deutlich steigern können. Der feuerverzinkte Überzug fügt dem Stahl zahlreiche positive Eigenschaften hinzu. Daraus ergibt sich für feuerverzinkte Stähle aus den unterschiedlichsten Gründen ein sehr breites Anwendungs- und Einsatzgebiet.

Die wesentlichen Eigenschaften werden wie folgt zusammengefasst und im Nachgang erläutert:

- Feuerverzinkter Stahl ist mechanisch stark belastbar, bietet einen langanhaltenden und wartungsfreien Korrosionsschutz.
- Auch bei Beschädigungen des Überzuges gibt es durch die kathodische Schutzwirkung des Zinküberzuges noch einen Korrosionsschutz.
- Zinküberzüge sind auch thermisch in hohem Maße beständig.
- Die Feuerverzinkung ist ein besonders wirtschaftlicher Korrosionsschutz.
- Feuerverzinken ist nachhaltig und ressourceneffizient.

Feuerverzinken – mechanisch belastbar, langanhaltender und wartungsfreier Korrosionsschutz

Eine Feuerverzinkung (Stückverzinkung) ist im Gegensatz zu vielen anderen Korrosionsschutzarten ein extrem langlebiger Korrosionsschutz ohne Wartungs- und Instandhaltungszwang. Schutzzeiten von 50 Jahren und mehr sind üblich. Detaillierte Angaben zur Korrosionsschutzdauer findet man in Abhängigkeit von der korrosiven Belastung am Einsatzort in aktuellen Normen wie DIN EN ISO 14713-1 und in Veröffentlichungen (z. B. „Nutzungsdauern von Bauteilen zur Lebenszyklusanalyse des Bewertungssystems Nachhaltiges Bauen für Bundesgebäude (BNB)“ des Bundesbauministeriums, siehe dazu [1]). Diese Angaben werden auch durch unzählige Praxisbeispiele belegt.

Handbuch Feuerverzinken, 4. Auflage. Peter Peißker und Mark Huckshold.

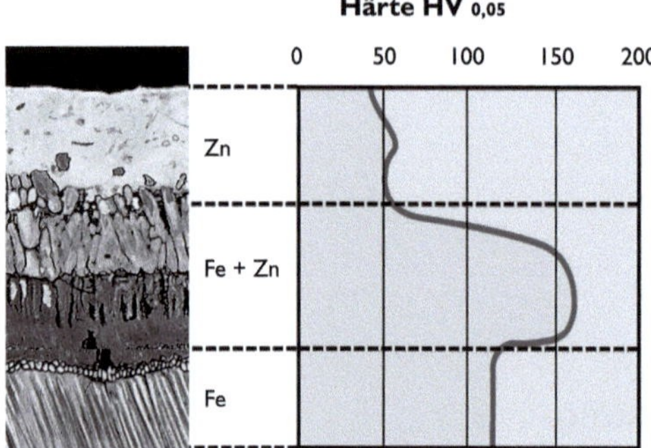

Abb. 5.1 Härteverlauf eines Zinküberzuges (Quelle: Institut Feuerverzinken GmbH, Düsseldorf, mit Erlaubnis).

Beim Feuerverzinken werden Überzüge erzeugt, die teilweise oder ganz aus Eisen-Zink-Legierungsschichten bestehen. Wie Abb. 5.1 zeigt, liegt die Härte dieser Legierungsschichten teilweise deutlich über der Härte normaler Baustähle. Deshalb bietet eine Feuerverzinkung auch einen zuverlässigen Schutz gegen viele mechanische Einflüsse. Anwendungen mit erheblichen mechanischen Belastungen wie z. B. bei feuerverzinkten Gerüstbaustützen oder feuerverzinkten Gitterrosten sind meist tolerierbar. Untersuchungen zeigen, dass im direktem Vergleich zu einer durchschnittlichen, organischen Beschichtung eine Feuerverzinkung 20-mal härter, 10-mal abriebbeständiger, 8-mal steinschlagbeständiger und bis zu 4-mal haftfester ist [2].

Beim Korrosionsschutz durch organische Beschichtungen stellen Kanten in der Regel Problemzonen dar, da flüssige Beschichtungsstoffe aufgrund ihrer Oberflächenspannung dazu neigen, sich von Kanten zurückzuziehen. Dieses Phänomen nennt man Kantenflucht. Beim Feuerverzinken tritt das nicht auf (Abb. 5.2), da der diffusionsgesteuerte Schichtbildungsprozess beim Feuerverzinken unter direkter Beteiligung des Grundwerkstoffes Stahl stattfindet und nach Einsetzen der Schichtbildung weitestgehend unabhängig von der Oberflächenspannung

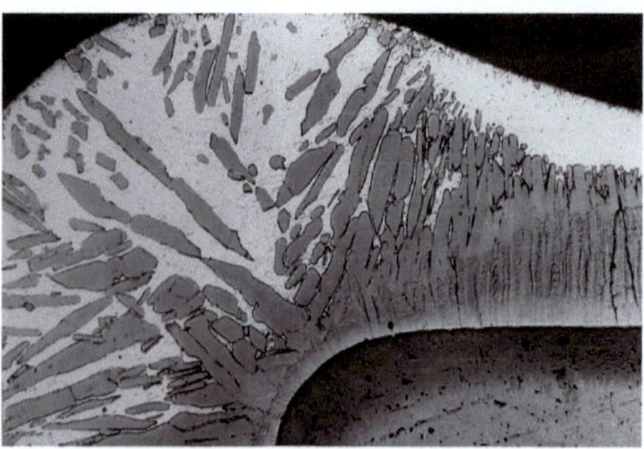

Abb. 5.2 Kantenflucht tritt beim Feuerverzinken nicht auf (Quelle: Institut Feuerverzinken GmbH, Düsseldorf, mit Erlaubnis).

Abb. 5.3 Hohlprofile sind Innen wie Außen vor Korrosion geschützt (Quelle: Institut Feuerverzinken GmbH, Düsseldorf, mit Erlaubnis).

verläuft. Der feuerverzinkte Überzug bildet sich auch an Kanten mindestens genauso dick aus wie auf der Fläche – in der Regel meist sogar etwas dicker (siehe Abb. 5.2) – und schützt damit Bauteilkanten optimal.

Weitere Informationen zur chemischen Beständigkeit siehe Abschn. 2.3 dieses Buches.

Auch Bauteile mit Hohlräumen sind im Gegensatz zu vielen anderen Verfahren beim Feuerverzinken durch den Tauchvorgang rundum geschützt. Durch das Eintauchen werden alle Bereiche einer Konstruktion benetzt, wodurch auch unzugängliche und besonders korrosionsgefährdete Bereiche wie Hohlräume optimal vor Korrosion geschützt werden (Abb. 5.3).

Schutz auch bei Beschädigungen – kathodische Schutzwirkung

Kommt es an einer Feuerverzinkung zu Beschädigungen, wirkt der sogenannte kathodische Schutz, der auf elektrochemischem Wege Schadstellen vor Korrosion schützt. Zink ist elektrochemisch unedler als Eisen. Wird im Zuge einer Beschädigung der Stahl freigelegt, so kommt es beim Vorhandensein einer ausreichenden Feuchtigkeitsmenge (Elektrolyt) zur Bildung eines galvanischen Elementes. Das bedeutet, dass sich bei einem verzinkten Bauteil an der beschädigten Stelle das umgebende Zink „opfert" und so den Stahl schützt. In der Praxis hat dieser Schutz an Beschädigungen eine Reichweite bis ca. 2–5 mm. Die Dauer des Schutzes hängt von der zur Verfügung stehenden Zinkmenge und damit von der Zinkschichtdicke ab.

Thermische Beständigkeit

Eine Feuerverzinkung hat eine sehr gute thermische Beständigkeit, sowohl gegenüber niedrigen als auch hohen Temperaturen.

Feuerverzinkte Stahlkonstruktionen, wie z. B. in der Antarktis, an diversen Skiliften oder auf der Zugspitze in den bayrischen Alpen haben sich bestens bewährt. Aber auch bei erhöhten Temperaturen bietet die Feuerverzinkung einen wirksamen Schutz. Im Bereich der atmosphärischen Belastung wird die Temperaturgrenze üblicherweise mit 200 °C angegeben.

Feuerverzinken ist wirtschaftlicher Korrosionsschutz

Das Feuerverzinken ist ein industrieller Korrosionsschutz ab Werk, der unter definierten Bedingungen hergestellt wird. Anforderungen an die Eigenschaften und Zuverlässigkeit der Feuerverzinkung sind damit eindeutig festgelegt. Witterungs- und jahreszeitbedingte Einflüsse auf der Baustelle wirken sich beim Feuerverzinken nicht auf die Qualität des Korrosionsschutzes aus.

Unter wirtschaftlichen Aspekten ist eine Feuerverzinkung nahezu unschlagbar. Die Feuerverzinkung verursacht in der Regel keine Folgekosten (Abb. 5.4) und ist auch häufig bei den Erstkosten günstiger. Das ist im Vergleich mit organischen Beschichtungen nach DIN EN ISO 12944 meist auch dadurch bedingt, dass die chemische Oberflächenvorbereitung immer günstiger ist als eine adäquate Oberflächenvorbereitung durch Strahlen.

Feuerverzinken ist nachhaltig und ressourceneffizient

Eine Feuerverzinkung ist nicht nur langlebig, wirtschaftlich und robust, sondern auch besonders nachhaltig und ressourceneffizient. Das belegen Studien, Untersuchungen und eine Umweltproduktdeklaration, siehe Abb. 5.5 [3, 4].

Auch im direkten Vergleich mit anderen Verfahren können feuerverzinkte Überzüge bei sogenannten ökobilanziellen Vergleichen durch geringere Umweltwirkungen punkten [4].

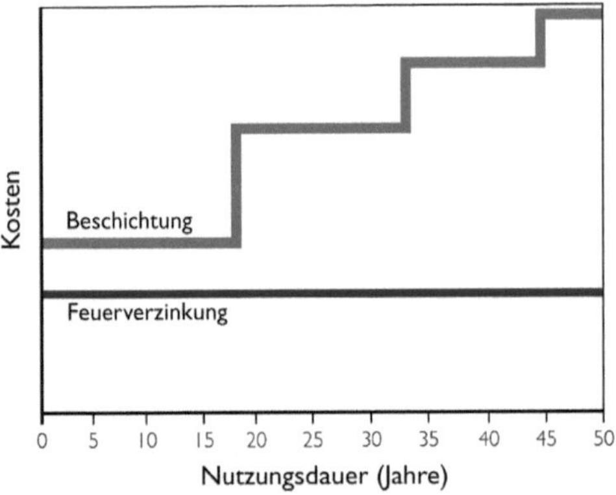

Abb. 5.4 Feuerverzinken ist wirtschaftlich bei Erst- und Folgekosten (Quelle: Institut Feuerverzinken GmbH, Düsseldorf, mit Erlaubnis).

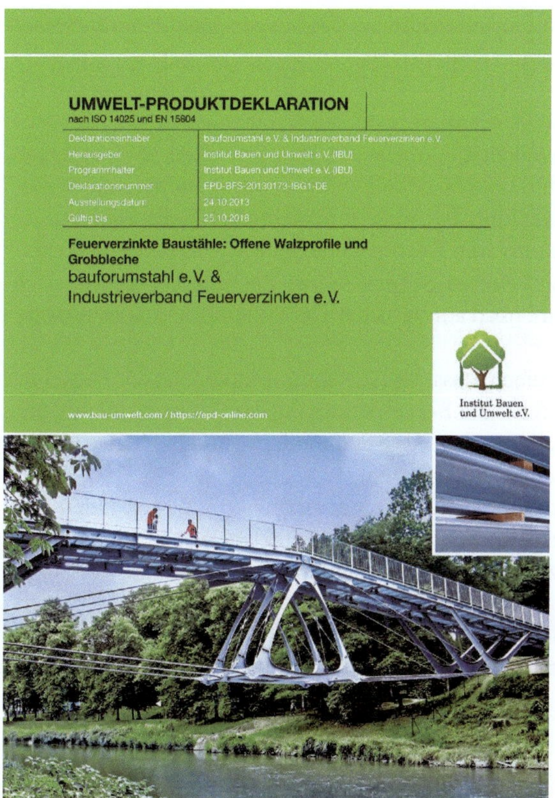

UMWELT-PRODUKTDEKLARATION
nach ISO 14025 und EN 15804

Deklarationsinhaber	bauforumstahl e.V. & Industrieverband Feuerverzinken e.V.
Herausgeber	Institut Bauen und Umwelt e.V. (IBU)
Programmhalter	Institut Bauen und Umwelt e.V. (IBU)
Deklarationsnummer	EPD-BFS-20130173-IBG1-DE
Ausstellungsdatum	24.10.2013
Gültig bis	25.10.2018

Feuerverzinkte Baustähle: Offene Walzprofile und Grobbleche
bauforumstahl e.V. &
Industrieverband Feuerverzinken e.V.

Institut Bauen und Umwelt e.V.

www.bau-umwelt.com / https://epd-online.com

Abb. 5.5 Umweltproduktdeklaration „Feuerverzinkte Baustähle“ (Quelle: Institut Feuerverzinken GmbH, Düsseldorf, mit Erlaubnis).

5.2 Anwendungsmöglichkeiten und Beispiele für die Feuerverzinkung

5.2.1 Allgemeines

Die Feuerverzinkung ist die erste Wahl bei schweren Korrosionsschutzaufgaben für Bauteile und Gegenstände aus Eisen und Stahl. Neben der extrem langen Schutzdauer, die häufig mit der Nutzungsdauer übereinstimmt, überzeugt die Wartungsfreiheit dieses Systems. Korrosionsschutzdauern von 50 Jahren und mehr sind üblich, wie zahlreiche Referenzen belegen. Hinzu kommt eine hohe mechanische Beständigkeit des metallischen Zinküberzuges.

Diese Eigenschaften führen zu zahlreichen Anwendungen des Metall- und Stahlbaus, in der Verkehrsinfrastruktur, in der Energietechnik, in der Landwirtschaft, im Maschinen- und Fahrzeugbau und weiteren Außenanwendungen.

Die Feuerverzinkung als Korrosionsschutzsystem ist vorwiegend in ruhend beanspruchten Stahlbauwerken und Bauteilen etabliert. Unter Berücksichtigung der VDI 2230 und [5] für feuerverzinkte HV-Schrauben und [6] für feuerverzinkten Bewehrungsstahl ist auch die Anwendung und der entsprechende Nachweis für zyklische Beanspruchungen möglich. Aktuelle Forschungsergebnisse [7, 8] zeigen weiterhin, dass mit Bezug auf DIN EN 1993-1-9 (Eurocode 3), in dem die Feuerverzinkung bislang nicht aufgeführt ist, auch der Nachweis für die Eignung der Feuerverzinkung unter dynamischen Beanspruchungen, wie z. B. im Verkehrsbrückenbau möglich ist. Des Weiteren gibt es Ansätze, die Feuerverzinkung auch stärker als bisher im Maschinenbau auf Basis der FKM-Richtlinie zu berücksichtigen [9].

Diese aktuellen Arbeiten zeigen, dass das Anwendungspotenzial der Feuerverzinkung noch nicht erschöpft ist. Bei Berücksichtigung der Feuerverzinkung unter zyklischen Betriebslasten können weitere ökonomische und ökologische Vorteile der Feuerverzinkung erschlossen werden.

Neben diesen technischen Vorzügen wird feuerverzinkter Stahl seit vielen Jahren als gestalterisches Element von Planern und Architekten in baulichen Anwendungen bevorzugt eingesetzt, da hierbei die metallische Authentizität des Stahls erhalten bleibt.

Einen Überblick über die wichtigsten Einsatzbereiche der Feuerverzinkung wird im folgenden Abschnitt gegeben.

5.2.2 Metallhandwerk

Das Metallhandwerk ist die Wiege der Feuerverzinkung. Klassische Anwendungen ergeben sich für individuell gestaltete Konstruktionen aus Eisen und Stahl, die den Witterungseinflüssen ausgesetzt sind. Typische Beispiele sind Geländer, Tore, Balkone, Carports, Einfriedungen, Gitterroste und weitere individuelle Bauten des Schlosser- und Metallbauerhandwerkes (Abb. 5.6).

Abb. 5.6 Metallbaukonstruktionen werden besonders häufig feuerverzinkt (Quelle: Institut Feuerverzinken GmbH, Düsseldorf, mit Erlaubnis).

5.2.3 Stahlbau

Der Stahlbau ist eine Domäne des Feuerverzinkens. Hierbei vereinen sich die Vorteile aus wartungsfreiem Korrosionsschutz und Wirtschaftlichkeit im Vergleich zu alternativen Korrosionsschutzsystemen. Bevorzugte Einsatzbereiche ergeben sich im Hallenbau, bei Parkhäusern, im Geschoss- und Industriebau sowie allgemein im Stahl- und Verbundbau (Abb. 5.7),

Abb. 5.7 Freibewitterte Stahlbauten gehören zu einer Hauptanwendung des Feuerverzinkens (Quelle: Institut Feuerverzinken GmbH, Düsseldorf, mit Erlaubnis).

5.2.4 Fassaden

Fassaden machen Stahlanwendungen sichtbar (Abb. 5.8). Seit der Neufassung der Norm DIN 18516 „Hinterlüftete Fassaden" kann feuerverzinkter Stahl im Fassadenbau für die Unterkonstruktion, für Verbindungsmittel und für die Fassadenbekleidung als Werkstoff eingesetzt werden. Mit der Feuerverzinkung hat man auch die Möglichkeit, den metallischen Charakter eines Stahlbauteils zu unterstreichen. Eine Feuerverzinkung sorgt für den lang anhaltenden Korrosionsschutz auch in kritischen Bereichen. So werden beispielsweise die nicht zugängliche Unterkonstruktion und die Verbindungsmittel bei hinterlüfteten Fassaden dauerhaft vor Korrosion geschützt. Diese Produkteigenschaften ermöglichen dem Planer nahezu grenzenlose Gestaltungsmöglichkeiten, sei es als planebene Bleche, Streckmetallfassasen, Gitterroste oder Lochbleche. Der Phantasie sind kaum technische Grenzen gesetzt.

Abb. 5.8 Fassadenbekleidung, Unterkonstruktion und Verbindungsmittel aus feuerverzinktem Stahl (Quelle: Institut Feuerverzinken GmbH, Düsseldorf, mit Erlaubnis).

5.2.5 Energietechnik

In der Energietechnik kommt feuerverzinkter Stahl seit vielen Jahrzehnten bei freistehenden Tragkonstruktionen, wie z. B. Strommasten für Überlandleitungen, zum Einsatz. Auch bei den jüngeren Anwendungen in der regenerativen Energieerzeugung, wie Fotovoltaik-, Solarthermie-, Biogas- und Windenergieanlagen sorgt feuerverzinkter Stahl für wartungsfreien Korrosionsschutz der Stahlkonstruktionen und unterstützt damit sehr die Wirtschaftlichkeit dieser Anwendungen, da Wartungsarbeiten im Amortisationszeitraum in der Regel nicht anfallen (Abb. 5.9).

Abb. 5.9 Feuerverzinkter Stahl in der regenerativen Energieerzeugung oder für Energieverteilnetze – hierbei kann sich ein Strommast auch mal als Kunstobjekt sehen lassen (Quelle: Institut Feuerverzinken GmbH, Düsseldorf, mit Erlaubnis).

5.2.6 Verkehrstechnik

Im Bereich der Verkehrsinfrastruktur ist die Feuerverzinkung der Standardkorrosionsschutz. Vielseitige Anwendungen wie feuerverzinktes Straßenmobiliar in Form von Laternenmasten, Schutzplanken jeglicher Formen und Ausbildungen, Tragkonstruktionen von Verkehrsleiteinrichtungen, wie Schilderbrücken machen dies deutlich (Abb. 5.10).

Abb. 5.10 Breites Anwendungsspektrum in der Verkehrstechnik von der feuerverzinkten Schutzplanke bis zu feuerverzinkten Straßenausrüstungen (z. B. Laternenmaste) (Quelle: Institut Feuerverzinken GmbH, Düsseldorf, mit Erlaubnis).

5.2.7 Feuerverzinkter Betonstahl

Im Betonbau bietet das Feuerverzinken bei korrosiv anspruchsvollen Aufgaben einen wirkungsvollen, langlebigen Schutz für Bewehrungsstahl. Beispielhafte Anwendungen sind Verkehrsbauten mit Tausalzbelastung wie Brücken und Parkhäuser, bei Bauten in maritimer Atmosphäre, bei dünnwandigen Konstruktionen und bei Sichtbetonkonstruktionen wie Weißbetonfassaden (Abb. 5.11). Es gibt bereits Bestrebungen und vereinzelte Anwendungen, bei denen der zusätzliche Schutz, den die Verzinkung der Bewehrung liefert, dazu genutzt wurde, um die normenmäßige Betondeckung zu minimieren (insbesondere bei filigranen Bauteilen) oder die Betongüte (Dichtigkeit) zu reduzieren [10].

5.2.8 Landwirtschaft

Anwendungen in der Landwirtschaft zählen seit Jahr und Tag zu den Einsatzbereichen der Feuerverzinkung. Bedingt durch die hohe mechanische Beständigkeit und Korrosionsbeständigkeit in diesem Anwendungsbereich behauptet die Feu-

Abb. 5.11 Feuerverzinkter Betonstahl macht Stahlbetonbauten dauerhafter, wie beispielsweise Brücken und Weißbetonflächen (Beispiel rechts: Fassade vom Bundeskanzleramt in Berlin) (Quelle: Institut Feuerverzinken GmbH, Düsseldorf, mit Erlaubnis).

erverzinkung einen führenden Platz unter den Korrosionsschutzsystemen. Neben den Tragkonstruktionen für den Stall- und Hallenbau kommen insbesondere feuerverzinkte Ausrüstungsgegenstände, wie z. B. Stalleinrichtungen, und Anwendungen im Landmaschinenbau z. B. für Spezialfahrzeuge, wie Jauchewagen und Erntegeräte, zum Einsatz.

Für Transportaufgaben von Produkten aus der Landwirtschaft ist darauf zu achten, dass der Zinküberzug für diese Produkte geeignet ist. Das ist in der Regel dann gegeben, wenn der pH-Wert der Stoffe (wie Gülle, Maische aus Biogasanlagen etc.) im Bereich 6,5–12,5 liegt (Abb. 5.12).

Abb. 5.12 In der Landwirtschaft kommt feuerverzinkter Stahl im Stall- und Landmaschinenbau zum Einsatz (Quelle links: Institut Feuerverzinken GmbH, Düsseldorf; Quelle rechts: Firma Fliegl, Mühldorf, mit Erlaubnis).

5.2.9 Maschinenbau

Auch im Maschinenbau, wo hochfeste Stahlwerkstoffe und Spezialstähle zum Einsatz kommen, hat sich das Feuerverzinken als Korrosionsschutz etabliert. Hauptanwendungen sind stark beanspruchte Konstruktionen, wie Skilifte, Bau-

Abb. 5.13 Im Maschinenbau kommt die Feuerverzinkung vielfältig zur Anwendung (Quelle: Institut Feuerverzinken GmbH, Düsseldorf, mit Erlaubnis).

kräne, aber auch Kleinbauteile wie feuerverzinkte HV-Schrauben der Klasse 10.9, die mittlerweile zum Standardsortiment gehören (Abb. 5.13).

5.2.10 Fahrzeugbau

Im Fahrzeugbau hat die Feuerverzinkung durch innovative Anwendungen neue Maßstäbe gesetzt. Dies gilt sowohl für PKW, LKW und Spezialfahrzeuge.

Anwendungen im Landmaschinenbau sind z. B. Spezialfahrzeuge wie Jauchewagen und Erntegeräte (Abb. 5.14).

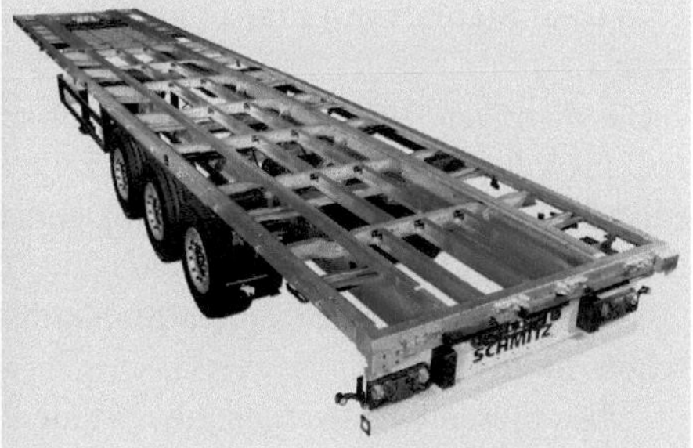

Abb. 5.14 Bei Anwendungen im Fahrzeugbau setzt die Feuerverzinkung seit einigen Jahren Maßstäbe (Quelle links: Institut Feuerverzinken GmbH, Düsseldorf; Quelle rechts: Schmitz Cargobull, Horstmar, mit Erlaubnis).

5.2.11 Duplex-Systeme

Duplex-Systeme kombinieren eine Feuerverzinkung mit einem organischen Beschichtungssystem und vereinen den hochwertigen Korrosionsschutz der Feuerverzinkung damit auch mit den Möglichkeiten der Farbgebung. Als Zusatznutzen kann der Korrosionsschutz durch das zusätzliche Beschichten noch einmal nennenswert erhöht werden, z. B. bei hohen korrosiven Belastungen in der chemischen Industrie. Neben konventionellen Flüssigbeschichtungen haben sich in den letzten Jahren vermehrt auch meist hochdekorative Pulverbeschichtungen auf feuerverzinktem Stahl etabliert (Abb. 5.15).

Abb. 5.15 Duplex-Systeme kommen nahezu in allen Einsatzbereichen zur Anwendung (Quelle links: Institut Feuerverzinken GmbH, Düsseldorf; Quelle rechts: Seppeler Holding und Verwaltungs GmbH & Co. KG, Rietberg, mit Erlaubnis).

5.3
Normen und Regelwerke zum Feuerverzinken

Das Stückverzinken als Korrosionsschutzverfahren für vorgefertigte Bauteile aus Eisen und Stahl ist in unterschiedlichen Normen zu Produkten oder Verfahren erfasst.

Die wichtigste Norm zum Stückverzinken stellt die 2009 neu gefasste DIN EN ISO 1461 dar. Diese Norm regelt alle zentralen Anforderungen an feuerverzinkte Produkte. Darüber hinaus wurde in Deutschland Ende 2009 für den bauaufsichtlich geregelten Bereich ein neues Regelwerk eingeführt – die DASt-Richtlinie 022 „Feuerverzinken von tragenden Stahlkonstruktionen" (DASt – Deutscher Ausschuss für Stahlbau).

Neben diesen Regelwerken gibt es eine Reihe zusätzlicher Normen, die entweder spezielle feuerverzinkte Produkte regeln oder zusätzliche Information zum Korrosionsschutz Feuerverzinken bereitstellen.

5.3.1
DIN EN ISO 1461

Als derzeit aktuelle Norm für den Bereich des Stückverzinkens gilt die DIN EN ISO 1461 „Durch Feuerverzinken auf Stahl aufgebrachte Zinküberzüge (Stückverzinken)" in der Ausgabe August 2009. Diese Norm wurde im Jahre 2015 vom zuständigen Normungskomitee ISO TC 107 erneut für weitere fünf Jahre bestätigt.

Die DIN EN ISO 1461 legt alle Anforderungen und Prüfungen fest, die an das Stückverzinken von Stahlteilen gestellt werden. Es geht hierbei um das Feuerverzinken von Einzelteilen im diskontinuierlichen Verfahren. Die Norm regelt sowohl die Anforderungen an Zinküberzüge (z. B. Dicke des Zinküberzuges, Ausbesserungen usw.), sie legt aber auch Prozeduren fest, mit denen die Übereinstimmung der Feuerverzinkung mit dieser Norm nachgewiesen werden kann.

Die Norm gilt nicht für andere Verfahrensvarianten des Feuerverzinkens, die in anderen Normen geregelt sind. So gilt z. B. für das Feuerverzinken von Stahlrohren für Installationszwecke, die in automatischen Anlagen feuerverzinkt werden, die DIN EN 10240 (früher DIN 2444) und das kontinuierliche Feuerverzinken ist in DIN EN 10346 geregelt. Das Feuerverzinken von Stahldraht erfolgt nach DIN EN 10244-2. Das Feuerverzinken von Verbindungsmitteln (Schrauben, Muttern) ist Gegenstand der internationalen Norm DIN EN ISO 10684.

Die DIN EN ISO 1461 regelt die Leistungen, die von der Feuerverzinkerei zu erbringen sind, sie gilt jedoch nicht automatisch auch für nachfolgende Teilleistungen. So ist z. B. die Feuerverzinkerei für die Ausbesserung der von ihr zu vertretenden Fehlstellen (unverzinkte Stellen) zuständig, hingegen jedoch nicht für die Ausbesserung von Schäden am Zinküberzug, die durch den Transport oder die Montage entstehen.

Die DIN EN ISO 1461 ist in der deutschen Ausgabe mit nationalen Anhängen versehen, die u. a. zusätzliche Informationen zu historischen Kurzbezeichnungen, wie „t Zn o", enthält, die immer noch Bedeutung in der Kurzspezifikation des Korrosionsschutzes in technischen Zeichnungen oder Ausschreibungen haben. Dabei steht die Abkürzung „t" für „thermisch", „Zn" steht für das Verfahren des Feuerverzinkens und das Kurzzeichen „o" steht für „ohne Anforderung an die Nachbehandlung". Das Kurzzeichen „t Zn b" steht für „Feuerverzinken und Beschichten", das Kurzzeichen „t Zn k" für „Feuerverzinken und keine Nachbehandlung vornehmen".

Darüber hinaus wird im nationalen Anhang der DIN EN ISO 1461 ein Überblick über weitere, zum Feuerverzinken relevante Normen und Regelwerke gegeben. So wird dort auch die ausschließlich in Deutschland verbindliche DASt-Richtlinie 022 „Feuerverzinken von tragenden Stahlbauteilen" erwähnt.

5.3.2
DIN EN ISO 14713, Teile 1 und 2

In der Normenreihe DIN EN ISO 14713 wurden im Mai 2010 drei neue Teile veröffentlicht. Die Aufteilung in mehrere Normenteile wurde notwendig, um die Vielzahl von neuen Informationen besser zu strukturieren und zu ordnen. Die neue Normenreihe bezieht sich ausschließlich auf Zinküberzüge; Überzüge aus Aluminium werden nicht mehr aufgeführt. Mit dem Bezug zum Feuerverzinken sind die folgenden Teile 1 und 2 von Relevanz:

- DIN EN ISO 14713-1; Zinküberzüge – Leitfäden und Empfehlungen zum Schutz von Eisen- und Stahlkonstruktionen vor Korrosion – Teil 1: Allgemeine Konstruktionsgrundsätze und Korrosionsbeständigkeit.
- DIN EN ISO 14713-2; Zinküberzüge – Leitfäden und Empfehlungen zum Schutz von Eisen- und Stahlkonstruktionen vor Korrosion – Teil 2: Feuerverzinken.

Mit dieser Normenreihe stehen aktuelle Normen mit übergreifenden Informationen zu Zinküberzügen, wie z. B. Korrosionsschutzdauer in unterschiedlichen Anwendungsbereichen, zur Verfügung. Darüber hinaus ist mit dem Teil 2 eine zusätzliche Norm zum Stückverzinken entstanden, die eine Reihe von Informationen wie Einfluss des Grundwerkstoffes, Grundsätze der feuerverzinkungsgerechten Konstruktion etc. enthält.

Die Norm DIN EN ISO 14713-1 „Zinküberzüge – Leitfäden und Empfehlungen zum Schutz von Eisen- und Stahlkonstruktionen vor Korrosion – Teil 1: Allgemeine Konstruktionsgrundsätze und Korrosionsbeständigkeit" ist ein normatives und informatives Regelwerk zum Korrosionsschutz von Eisen- und Stahlkonstruktionen einschließlich ihrer Verbindungsmittel durch Zinküberzüge. Die Empfehlungen sind verfahrensübergreifend und behandeln die folgenden Schwerpunkte:

- Übersicht Verzinkungsverfahren zum Korrosionsschutz,
- allgemeine Gestaltungsgrundsätze zur Vermeidung von Korrosion,
- Hinweise zu Korrosionsvorgängen und zu Korrosionsbelastungen in verschiedenen Medien (Luft, Boden, Wasser),
- tabellarische Darstellung der Korrosionsschutzdauern von Zinküberzügen in Abhängigkeit von der Überzugsdicke und der Korrosivitätskategorie,
- Hinweise zur Kontaktkorrosion von Zinküberzügen bei Kontakt zu anderen Baumetallen.

Die Belastung, der ein Korrosionsschutzsystem standzuhalten hat, ist stark abhängig vom Einsatzort und den dort vorherrschenden Bedingungen. Aus diesem Grund ist bei der Auswahl der anzuwendenden Zinküberzüge systematisch vorzugehen und es sollten folgende Gesichtspunkte dabei beachtet werden:

a) Die allgemeine Umgebung (Makroklima), in der die Überzüge eingesetzt werden,
b) die örtlichen Schwankungen der Umgebungsbedingungen (Mikroklima), einschließlich der vorhersehbaren zukünftigen Veränderungen und aller Sonderbelastungen,
c) die geforderte Schutzdauer bis zur ersten Instandsetzung des Zinküberzuges,
d) die Notwendigkeit zusätzlicher Maßnahmen,
e) die Notwendigkeit, einer Nachbehandlung zum temporären Schutz,
f) die Notwendigkeit einer Beschichtung, entweder im Zuge der Fertigung (Duplex-Systeme) oder im Rahmen der Instandsetzung bei Annäherung an das Ende der Schutzdauer des Zinküberzuges zum Zwecke der Kostenminimierung,

g) die Verfügbarkeit und die Kosten,
h) die Möglichkeit der einfachen Instandsetzung für den Fall, dass die Schutzdauer bis zur ersten Instandsetzung des Überzuges kürzer als die für das Bauteil geforderte Lebensdauer ist.

Die Schutzdauer eines Zinküberzuges ist unter den verschiedenen atmosphärischen Belastungen der Überzugsdicke annähernd proportional. Somit erreichen die Verzinkungssysteme mit den stärksten Schichtdicken des Zinküberzuges auch die längsten Schutzdauern. Bei der Stückverzinkung liegt die Schutzdauer dabei in den meisten Anwendungen mit der Nutzungsdauer des Bauteils gleich.

Der Teil 2 dieser Normenreihe DIN EN ISO 14713-2 „Zinküberzüge – Leitfäden und Empfehlungen zum Schutz von Eisen- und Stahlkonstruktionen vor Korrosion – Teil 2: Feuerverzinken" bezieht sich ausschließlich auf Zinküberzüge, die nach dem Stückverzinkungsverfahren hergestellt werden. Die Norm enthält wesentliche Informationen zu:

1. Gestaltung für das Feuerverzinken,
2. Gestaltungshinweise für Lagerung und Transport,
3. Einfluss des Zustands des Verzinkungsguts auf die Qualität der Feuerverzinkung,
4. Einfluss des Feuerverzinkens auf das Verzinkungsgut.

Somit stellt dieses Werk den Planer, Konstrukteur, den Fertigungsbetrieben und den Feuerverzinkereien sehr detaillierte Informationen für die fachgerechte Planung und Ausführung von feuerverzinkten Bauteilen zur Verfügung.

5.3.3 DASt-Richtlinie 022

Vereinzelte kritische Schadensfälle an feuerverzinkten Stahlbauteilen aus Sicht der Tragsicherheit haben in der Vergangenheit die Bauaufsicht in Deutschland veranlasst, zusätzliche Regeln für die Planung, Konstruktion, Fertigung und Feuerverzinken von tragenden Stahlbaukonstruktionen einzuführen.

Unter dem Titel „Feuerverzinken von tragenden Stahlkonstruktionen" wurde die Richtlinie Nummer 022 des Deutschen Ausschuss für Stahlbau (DASt), die über einen Zeitraum von drei Jahren erarbeitet wurde, im November 2009 veröffentlicht und im Dezember 2009 bauaufsichtlich eingeführt.

Mit der Aufnahme in die Bauregelliste A ist diese DASt-Richtlinie 022 auch verbindlich in Kraft getreten und ist für tragende, feuerverzinkte Bauprodukte ergänzend zu den weiteren bereits geltenden Regelwerken DIN EN ISO 1461 und DIN EN ISO 14713 verbindlich anzuwenden.

Die DASt-Richtlinie 022 gilt für das Feuerverzinken von tragenden vorgefertigten Stahlbauteilen, die entsprechend der DIN EN 1993 und DIN EN 1090-2 bemessen und gefertigt sind. Sie ist an den Planer, Hersteller und Verzinker gerichtet und behandelt Maßnahmen, mit denen Einbußen der Tragsicherheit und der Gebrauchstauglichkeit durch Rissbildung, speziell flüssigmetallinduzierte Spannungsrisskorrosion (siehe auch Abschn. 2.2) beim Verzinkungsprozess verhindert werden sollen. Die DASt-Richtlinie 022 gilt für die Stahlsorten S235, S275, S355, S420, S450 und S460 nach DIN EN 10025 Teil 1–5 sowie die nach DIN 18800 zu verwendenden Werkstoffe für Stahlbauten.

Die DASt-Richtlinie 022 gibt in ihrem Hauptteil für häufig vorkommende konstruktive Ausbildungen der zu verzinkenden Bauteile und Standardbedingungen für den Verzinkungsprozess (z. B. Zusammensetzung der Zinkschmelze) schnell ablesbare zulässige Lösungen an.

Um die Gefahr von Rissbildungen beim Feuerverzinken zu minimieren, ist nachzuweisen, dass die zuvor gefertigten Bauteile unter Beachtung der Rahmenbedingungen für das Feuerverzinken rissfrei verzinkbar sind. Dieser Nachweis kann vereinfacht ohne Berechnungen durchgeführt werden, wenn die Anforderungen der DASt-Richtlinie 022 erfüllt sind für:

a) Planung, Halbzeug, konstruktive Gestaltung und Fertigung der Stahlkonstruktion,
b) Oberflächenvorbereitung der Stahlkonstruktion vor dem Feuerverzinken,
c) Zusammensetzung der Zinkschmelze und Tauchgeschwindigkeit,
d) Sichtprüfung und bei Bedarf die Magnetpulverprüfung (MT-Prüfung) nach dem Verzinken.

Sowohl der Stahlbauer als auch der Feuerverzinker müssen bestätigen, dass ihrerseits die Vorgaben der DASt-Richtlinie 022 eingehalten werden. Der Stahlbauer hat dies gegenüber dem Feuerverzinker über eine Bestellspezifikation zu dokumentieren. Der Feuerverzinker bestätigt die Einhaltung der DASt-Richtlinie 022 durch die Vergabe eines Ü-Zeichens auf dem Lieferschein der feuerverzinkten Stahlbauteile. Aus diesem Grund dürfen mit Inkrafttreten der DASt-Richtlinie 022 nur noch diejenigen Feuerverzinkereien Bauteile gemäß Bauregelliste verzinken, die ein Ü-Zeichen gemäß ÜZ-Verfahren (Übereinstimmungszertifikat durch eine anerkannte Zertifizierungsstelle auf der Grundlage einer werkseigenen Produktionskontrolle und einer regelmäßigen Fremdüberwachung) erworben haben.

Es ist davon auszugehen, dass in Anbetracht des Geltungsbereiches der neuen DASt-Richtlinie 022 grundsätzlich alle Schlossereien, Metall- und Stahlbauer und Feuerverzinker dieses Regelwerk zu beachten und umzusetzen haben.[1)]

Neben der eigentlichen Richtlinie wurden „Erläuterungen zur DASt-Richtlinie 022“ erarbeitet, die im Sommer 2010 veröffentlicht wurden [11]. Diese konkretisieren die Regelungsinhalte der Richtlinie und tragen somit zum besseren Verständnis und zur leichteren Umsetzung in der Praxis bei. Sie stellen auch Möglichkeiten dar, wie einzelne Sachverhalte der Richtlinie vereinfacht umgesetzt werden können (z. B. vereinfachte Bestellspezifikation). Ferner werden häufig auftretende Fragen in einem Frage-Antwort-Katalog abgehandelt.

In den Jahren 2014–2015 erfolgte eine umfassende Überarbeitung der Richtlinie, die weitere Erleichterungen in der praktischen Umsetzung beinhaltet. Die bauaufsichtliche Einführung der neuen Ausgabe wird für 2016 erwartet.

1) Zusammenfassende Informationen zur DASt-Richtlinie 022 finden Sie unter www.dast022.de.

5.3.4 Feuerverzinkte Verbindungsmittel nach DIN EN ISO 10684

Die DIN EN ISO 10684 „Verbindungselemente – Feuerverzinkung" regelt das Feuerverzinken von Schrauben, Muttern und sinngemäß auch von Unterlegscheiben. Es handelt sich dabei um Verbindungsmittel, die unmittelbar nach dem Verlassen der Zinkschmelze zentrifugiert (geschleudert) werden, um den Zinküberzug, vor allen Dingen im Bereich der Gewinde, in einem passfähigen Zustand zu fertigen.

Die Mindestdicke des Zinküberzuges liegt unabhängig von der Gewindeabmessung bei 50 µm. Das Passvermögen der Verbindungsmittel wird im Regelfall dadurch sichergestellt, dass komplette Garnituren, bestehend aus Schraube und Mutter, gefertigt werden; hierbei kann das Muttergewinde mit Übermaß geschnitten werden.

Weitere Anforderungen für die Herstellung und Feuerverzinkung von hochfesten Verbindungsmitteln, der Festigkeitsklassen 4.6, 5.6, 8.8 und 10.9 gehen aus der DSV-GAV-Richtlinie „Herstellung feuerverzinkter Schrauben" hervor. Die Richtlinie des Deutschen Schraubenverbandes (DSV) und des Gemeinschaftsausschusses Verzinken e. V. (GAV) beinhaltet weitere Informationen und Anforderungen für die Herstellung und Feuerverzinkung von hochfesten Verbindungsmitteln. Diese Industrierichtlinie bedarf der vertraglichen Vereinbarung und dient der Regelung der Anforderungen beider Vertragsparteien, d. h. sowohl des Schraubenherstellers gegenüber dem Feuerverzinkungsunternehmen als auch umgekehrt.

Die Richtlinie gilt für feuerverzinkte HV-Schrauben der Festigkeitsklassen 4.6, 5.6, 8.8 und 10.9. Sie beschreibt den Stand der Technik bezüglich der Anforderungen an die Verwendung, die Herstellung (Werkstoff, Formgebung, Vergütung etc.), an das Feuerverzinken (Vorbehandlung, Verzinkung) und die Tragfähigkeit von HV-Schrauben. Darüber hinaus enthält diese Richtlinie seit der aktuellen Ausgabe 07-2009 die Beschreibung eines Prüfverfahrens zur Bestimmung der Wirksamkeit der Inhibitoren bei der Oberflächenvorbereitung durch Beizen zur Vermeidung einer Wasserstoffversprödung des Schraubenwerkstoffes.

5.3.5 Feuerverzinkte Rohre nach DIN EN 10240

Die DIN EN 10240 „Innere und/oder äußere Schutzüberzüge für Stahlrohre – Festlegungen für durch Schmelztauchverzinken in automatisierten Anlagen hergestellte Überzüge" gilt für feuerverzinkte Zinküberzüge, die auf Installationsrohre aufgebracht werden. Hierbei werden besondere Anforderungen in erster Linie aus hygienischen Gründen des Trinkwassers gefordert. Die chemische Zusammensetzung des Zinküberzuges ist in dieser Norm gesondert festgelegt. Der geforderte Oberflächenzustand des Zinküberzuges lässt sich nur durch ein Abblasen der Rohre mithilfe von Druckluft und ein zusätzliches Ausblasen der Rohrinnenseiten mittels Dampf erreichen. Zur Gütesicherung sind Eigenprüfungen vorgeschrieben. In Deutschland gibt es weitergehende nationale Regelungen zur Anwendung von feuerverzinkten Installationsrohren für den Trinkwassereinsatz. Diese sind in der Norm DIN 50930-6:2013 geregelt, wo weitergehende Einschränkungen an die Anwendungsgrenzen (Trinkwasserparameter) und Produkteigenschaften (Zusammensetzung der Zinkschmelze) festgelegt werden. Darüber hinaus befindet sich in Deutschland eine gesetzliche Regelung unter der Hoheit des Umweltbundesamtes zum Einsatz trinkwasserhygienisch geeigneter Werkstoffe in der Vorbereitung (siehe [12]), die ebenfalls Regelungen zu feuerverzinkten Installationswerkstoffen in sehr starker Anlehnung an DIN 50930-6 enthält.

5.3.6 Feuerverzinkter Betonstahl – Normen und Regelwerke

5.3.6.1 Nationale allgemeine bauaufsichtliche Zulassung Z-1.4-165

Auf nationaler Ebene können in Deutschland Bauprodukte durch sogenannte allgemeine bauaufsichtliche Zulassungen (abZ) bauaufsichtlich eingeführt werden. Die Anforderungen für die Herstellung und Verwendung von feuerverzinktem Betonstahl sind in einer derartigen allgemeinen bauaufsichtlichen Zulassung vom Deutschen Institut für Bautechnik in Berlin (DiBt) mit der Zulassungsnummer Z-1.4-165 geregelt. Diese Zulassung wurde erstmals 1984 erteilt und durch eine regelmäßige Anpassung an den Stand der Technik schrittweise ohne Unterbrechungen verlängert. Zulassungsinhaber ist das Institut Feuerverzinken GmbH, Düsseldorf.

Feuerverzinkte Betonstähle, die für Stahlbetonbauwerke nach DIN 1045 verwendet werden, müssen die Anforderungen dieser Zulassung erfüllen. Dazu haben der Herstellbetrieb (Feuerverzinkerei), der planende Ingenieur und das ausführende Unternehmen (Stahlbetonbauer) besondere Anforderungen an die Planung, Herstellung und Überwachung und Verwendung derselben zu erfüllen.

Die Verzinkerei muss eine eigens dafür bestimmte, den Vorgaben der Zulassung genügende, werkseigene Produktionskontrolle einrichten und sich durch eine für dieses Bauprodukt anerkannte Prüfungs-, Überwachungs- und Zertifizierungsstelle (PÜZ-Stelle) fremdüberwachen lassen. Nach bestandener Fremdüberwachung erhält das Unternehmen ein Übereinstimmungszertifikat. Damit ist das Unternehmen berechtigt, das Übereinstimmungszeichen, das sogenannte „Ü-Zeichen“ auf dem Lieferschein zu führen und die fertiggestellten Produkte damit zu kennzeichnen. Das bedeutet im Umkehrschluss auch, dass Feuerverzinkungsunternehmen, die sich nicht fremdüberwachen lassen, nicht berechtigt sind, dieses Bauprodukt zu verzinken. Für die Ausführung der Verzinkung wurde eigens eine eigene Spezifikation erarbeitet, die von den ausführenden Verzinkereien zwingend zu beachten ist.

Darüber hinaus gibt die Zulassung zusätzliche Vorgaben für den Einsatz und die Verwendung von feuerverzinktem Betonstahl. Diese sind für den planenden Ingenieur und für die für die Baudurchführung verantwortlichen Personen von Bedeutung und sind von diesen zu beachten.

5.3.6.2 Europäische Regelungen zu feuerverzinkten Betonstahl

Unter dem Titel „Steel for reinforcement of concrete – Galvanized Rebar“ (Stahl für die Bewehrung von Beton – Verzinkter Betonstahl) läuft seit dem Jahr 2005 mit einer längeren Unterbrechung ein europäisches Normungsvorhaben zur Beschreibung des Standes der Technik. Mit dem Ausgabedatum 2006-06 wurde bereits ein erster Entwurf der Norm DIN EN 10348 vorgelegt, dessen weitere Bearbeitung andauert und dessen Fertigstellung und Veröffentlichung jedoch noch aussteht.

5.3.7 Bandverzinken nach DIN EN 10346 und DIN EN 10143

Neben dem Stückverzinken hat auch die kontinuierliche Feuerverzinkung von Stahlband eine sehr große volkswirtschaftliche Bedeutung. Die DIN EN 10346 „Kontinuierlich schmelztauchveredelte Flacherzeugnisse aus Stahl – Technische Lieferbedingungen“ regelt Anforderungen an diese kontinuierlich schmelztauchveredelten Erzeugnisse. Bei der Verwendung von Zinkschmelzen im Sinne der DIN EN 10346 ist umgangssprachlich oft von Bandverzinken (früher häufig „Sendzimir-Verzinkung“) die Rede. Die Norm wurde letztmalig in Jahr 2015 überarbeitet und veröffentlicht.

DIN EN 10346 ist eine europäische Norm. Die Norm legt technische Lieferbedingungen an kontinuierlich schmelztauchveredelte Flacherzeugnisse aus weichen Stählen zum Kaltumformen, Stählen für die Anwendung im Bauwesen, Stählen mit hoher Dehngrenze zum Kaltumformen mit folgenden Überzügen:

- Zink (Z),
- Zink-Eisen-Legierung (ZF),
- Zink-Aluminium-Legierung (ZA),
- Aluminium-Zink-Legierung (AZ),
- Aluminium-Silizium-Legierung (AS) oder
- Zink-Magnesium-Legierung (ZM)

sowie aus Mehrphasenstählen zum Kaltumformen mit den o. g. Überzügen fest.

Nach dieser Norm sind Überzüge mit einer Auflage zwischen 100 und 600 g/m^2 (zweiseitig, dies entspricht ca. 7–42 μm Schichtdicke) lieferbar; verschiedene Ausführungen des Überzuges (insbesondere unterschiedliche Zusammensetzung), Oberflächenarten und Oberflächenbehandlungen sind möglich. Die nach dieser Norm behandelten Bleche und Bänder werden üblicherweise für Verwendungszwecke eingesetzt, bei denen die Umformbarkeit (Falzen, Ziehen, Tiefziehen) und der Schutz vor Korrosion von vorrangiger Bedeutung sind. Bandverzinkte Produkte unterscheiden sich grundsätzlich von stückverzinkten Produkten. Unter anderem sind die Schichtdicken des Zinküberzuges bei stückverzinkten Bauteilen oft um den Faktor 5 dicker. Zu beachten ist auch, dass an bandverzinkten Produkten die Schnittkanten, Stanzkanten u. ä. prinzipiell ungeschützt sind.

Als weitere Norm für die Spezifikation bandverzinkter Erzeugnisse findet die DIN EN 10143 „Kontinuierlich schmelztauchveredeltes Blech und Band aus Stahl – Grenzabmaße und Formtoleranzen“ in der Ausgabe von 2006 Anwendung. Damit kann in Ergänzung zur DIN EN 10346 das gesamte Lieferprogramm hinsichtlich Materialstärke, Abmessungen und Toleranzen spezifiziert werden.

5.3.8 Duplex-Systeme

5.3.8.1 DIN EN ISO 12944, Teile 1–8

Die Normenreihe DIN EN ISO 12944 „Korrosionsschutz von Stahlbauten durch Beschichtungssysteme“ behandelt den Korrosionsschutz von Stahlbauten (einschließlich Verbindungen) durch Beschichtungssysteme – hier ausschließlich auf Basis von Nassbeschichtungen, d. h. auf Basis von Farben und Lacken. Sie gilt für Stahlbauten, d. h. Konstruktionen aus Stahl, die einen Tragsicherheitsnachweis erfordern. Aufgrund der umfassenden Thematik des Korrosionsschutzes gliedert sich diese Norm in acht Teile, die alle Schritte des Korrosionsschutzes, beginnend bei der Definition der Korrosionsbelastung über die korrosionsschutzgerechte Gestaltung, die Vorbereitung und Durchführung der Korrosionsschutzarbeiten bis hin zur Prüfung und Überwachung von Korrosionsschutzarbeiten beinhalten.

Im Zusammenhang mit der Feuerverzinkung (Stückverzinkung) sind insbesondere Teil 4 „Arten von Oberflächen und Oberflächenvorbereitung“ und Teil 5 „Beschichtungssysteme“ von Bedeutung. Hinsichtlich der Feuerverzinkung werden keine von der DIN EN ISO 1461 abweichenden Forderungen gestellt, es ergeben sich jedoch wichtige Ergänzungen, z. B. im Hinblick auf die Anwendung des Duplex-Systems. Zu Duplex-Systemen siehe auch Abschn. 6 dieses Buches.

5.3.8.2 Pulverbeschichtung nach DIN 55633

Die Norm DIN 55633 „Beschichtungsstoffe – Korrosionsschutz von Stahlbauten durch Pulver-Beschichtungssysteme – Bewertung der Pulver-Beschichtungssysteme und Ausführung der Beschichtung“ stellt das Pendant der Pulverbeschichtungssysteme zur DIN EN ISO 12944 dar. Damit werden Duplex-Systeme basierend auf Pulverbeschichtungen auf unbehandelten und auf feuerverzinktem Stahl genormt. Die Norm schafft die Grundlage für die Auswahl, Bewertung und Spezifikation von Pulverbeschichtungssysteme zum Zwecke des Korrosionsschutzes.

5.3.8.3 DIN EN 13438

Die Norm DIN EN 13438 „Beschichtungsstoffe – Pulverbeschichtungen für verzinkte oder sherardisierte Stahlerzeugnisse für Bauzwecke“ wurde wegen des wachsenden Bedarfs an Erzeugnissen aus pulverbeschichtetem feuerverzinktem Stahl auf europäischer Ebene ausgearbeitet. Sie wurde im Hinblick auf die Funktion von Beschichtungen erstellt und versucht nicht, ein Verfahren für die Pulverbeschichtung von feuerverzinkten Stahlerzeugnissen festzulegen. Um die Fertigung von pulverbeschichteten feuerverzinkten Gegenständen mit der besten Qualität zu ermöglichen, hat die Erfahrung gezeigt, dass es wichtig ist, einen ausreichenden Informationsaustausch zwischen Planer, Auftraggeber, Hersteller, Verzinker und Pulverbeschichter zum frühest möglichen Zeitpunkt sicherzustellen. Diese Informationslücke soll durch diese Norm ausgefüllt werden.

Entsprechend dem Anwendungsbereich der Norm werden Leistungsanforderungen an Pulverbeschichtungsstoffe festgelegt, die auf feuerverzinkte Stahlerzeugnisse aufgetragen wurden und für Zwecke der Architektur (Innen- und Außenanwendung) sowie für allgemeine Bauzwecke vorgesehen sind. Anforderungen an die Reinigung und Vorbehandlung der Stahlerzeugnisse vor dem Pulverbeschichten sind ebenfalls Gegenstand dieser Norm. Diese Norm gilt nicht für Gegenstände mit Zink-Aluminium-Überzügen oder Aluminium-Zink-Überzügen sowie für kontinuierlich feuerverzinkten Draht.

5.3.8.4 **DIN EN 15773**

Diese Norm DIN EN 15773 „Industrielle Pulverbeschichtung von feuerverzinkten und sherardisierten Gegenständen aus Stahl [Duplex-Systeme] – Spezifikationen, Empfehlungen und Leitlinien" gilt für das Herstellen von Pulverbeschichtungen auf feuerverzinkten Überzügen durch industrielle Prozesse. Darunter zählen feuerverzinkte Erzeugnisse, verzinkt nach EN ISO 1461 und EN 10240, oder für Erzeugnisse, sherardisiert nach EN 13811. Sie gilt auch für Teile aus diesen Erzeugnissen, hergestellt aus Blechen und Bändern, die nach EN 10346 kontinuierlich feuerverzinkt oder bandverzinkt sind.

Die Norm befasst sich maßgeblich mit den vielfältigen ästhetischen Anforderungen und Leistungsanforderungen an Duplex-Systeme auf Basis von Pulverbeschichtungen. Dazu werden in der Norm zu folgenden Gesichtspunkten bezüglich der Lieferung und Applikation der Systeme Anforderungen beschrieben:

- Herstellung und Zusammensetzung des Werkstoffes,
- Eigenschaften des Zinküberzuges,
- Glätte der Oberfläche zum Beschichten,
- Umgebungsbedingungen während Lagerung, Transport und Applikation,
- Vorbehandlung der Zinkoberfläche,
- Pulverbeschichtungssystem,
- Verpackung, Lagerung und Transport von Fertigerzeugnissen,
- Montage,
- Kontrolle von Fertigprodukten.

Diese Norm legt Angaben über Spezifikationen, Empfehlungen und Richtlinien für Vereinbarungen, die zwischen dem Kunden und dem Verzinker, den Chemikalienlieferanten sowie den Ausführenden für die Vorbehandlung und die Pulverbeschichtungssysteme (falls diese nicht identisch sind) fest. Sie beschreibt auch die technischen Forderungen an verzinkte Gegenstände, auf die Pulverbeschichtungssysteme aufgetragen werden sollen.

5.3.9
Weitere Regelwerke

Darüber hinausgehend sind für die Herstellung/den Einsatz von feuerverzinkten Bauteilen u. a. folgende Normen und Vorschriften zu berücksichtigen:

DIN EN ISO 1460	Feuerverzinken auf Eisenwerkstoffen, Gravimetrisches Verfahren zur Bestimmung der flächenbezogenen Masse
DIN 50978	Prüfung metallischer Überzüge, Haftvermögen von durch Feuerverzinken hergestellten Überzügen
DIN EN ISO 2178	Nichtmagnetische Überzüge auf magnetischen Grundmetallen – Messen der Schichtdicke – Magnetverfahren (ISO 2178:1982); Deutsche Fassung EN ISO 2178:1995
DIN EN 10025-2	Warmgewalzte Erzeugnisse aus Baustählen – Teil 2: Technische Lieferbedingungen für unlegierte Baustähle; Deutsche Fassung EN 10025-2:2004
DIN EN 10204	2005-01: Metallische Erzeugnisse – Arten von Prüfbescheinigungen; Deutsche Fassung EN 10204:2004

5.4
Feuerverzinkungsgerechtes Konstruieren und Fertigen

5.4.1
Allgemeines

Eine rechtzeitige enge und vertrauensvolle Zusammenarbeit zwischen Architekten, Planern, Fertigungsbetrieb (Stahlbau, Metallbau oder Schlosserei) und dem Feuerverzinkungsunternehmen ist die grundlegende Voraussetzung für einen optimalen Korrosionsschutz durch Feuerverzinken.

Für einen hochwertigen Korrosionsschutzes durch Feuerverzinken sind neben der korrosionsschutzgerechten Gestaltung zusätzliche Anforderungen entsprechend der feuerverzinkungsgerechten Konstruktion und einer feuerverzinkungsgerechten Fertigung nach DIN EN ISO 14713 zu berücksichtigen.

Das Feuerverzinken ist ein Tauchverfahren, das bei einer Temperatur von etwa 450 °C durchgeführt wird. Verschiedene Rahmenbedingungen müssen bereits bei der Planung und der Herstellung eines Stahlteils berücksichtigt werden, um ein fehlerfreies Verzinkungsergebnis zu erzielen und um die Vorteile dieses Verfahrens richtig nutzen zu können. Man muss wissen, wie das Feuerverzinken funktioniert und welche Wechselwirkungen zwischen Stahlteil und Verzinkungsverfahren ablaufen.

Nähere Einzelheiten zur Verfahrenstechnik können dem Kapitel 4 dieses Buches entnommen werden. Besondere Beachtung muss dabei sowohl der Reaktion zwischen Eisen und Zink gewidmet werden, denn die Stahlzusammensetzung beeinflusst das Ergebnis beim Feuerverzinken ganz erheblich (siehe Abschn. 2.2) als auch einer möglichst spannungsarmen Konstruktion, um einen Verzug des Bauteils oder sogar Schäden am Bauteil zu verhindern. Es ist von großer Bedeutung, dass die entsprechenden Anforderungen gleich von Anfang an richtig umgesetzt werden, da im Nachhinein die Bauteile oft gar nicht oder nur mit erheblichen Kosten und Qualitätseinbußen nachgebessert werden können.

Einige grundlegende Hinweise, die später unter Zuhilfenahme von [13] noch ausführlicher erläutert werden, seien hier in einer Übersicht zusammengefasst (siehe auch Abschn. 5.4.4).

Überblick über Hinweise zum feuerverzinkungsgerechten Konstruieren und Fertigen

- Nur Stahlwerkstoffe verwenden, die zum Feuerverzinken geeignet sind (siehe DIN EN 10025-2),
- Beachtung des nur geringen Unterschiedes im spezifischen Gewicht zwischen Stahl und Zink,
- Tragfähigkeit der vorhandenen Hebezeuge berücksichtigen,
- Spannungsarm fertigen, ggf. für das Schweißen einen Schweißfolgeplan aufstellen,
- nur Werkstoffe mit geringen Eigenspannungen verwenden, massive Kaltumformung vermeiden,
- stark unterschiedliche Materialdicken vermeiden,
- Konstruktionen möglichst symmetrisch aufbauen,
- bei Blechkonstruktionen Ausdehnmöglichkeiten vorsehen, um Verzug zu vermeiden,
- große Blechfelder durch Sicken oder Abkantungen versteifen,
- tote Ecken und Winkel vermeiden,
- sperrige Konstruktionen auf geeignete Weise untergliedern,
- auf geeignete Anordnungen von Entlüftungsöffnungen bei Rohrkonstruktionen achten,
- Größe und Anzahl von Durchflussöffnungen dem Volumen der Hohlkonstruktion anpassen,
- Beachten der Abmessungen der zur Verfügung stehenden Verzinkungskessel,
- Mehrfachtauchungen sind kostenaufwendiger und nur in Absprache mit der Verzinkerei einzuplanen,
- bei schweren Stahlkonstruktionen geeignete Aufhängemöglichkeiten vorsehen,
- Rückstände auf der Stahloberfläche wie Schweißschlacke, Altbeschichtungen usw. entfernen,
- Größe der Verfahrensbehälter beachten,
- Längenausdehnung des Stahls während des Verzinkungsvorgangs beachten (5 mm pro m Länge),
- unterschiedliche Erwärmungsdauern von dünnen und dickem Material und die damit unterschiedliche Längenausdehnung des Materials beachten,
- Realisierung einer möglichst hohen Eintauchgeschwindigkeit der Konstruktion in die Schmelze zur Reduzierung der Spannungen beim Verzinkungsvor-

gang und Realisierung genügend großer Ein- und Auslauföffnungen; erhöhte Viskosität von Zinkschmelzen beachten,
- Sonderanforderungen mit dem Feuerverzinkungsunternehmen frühzeitig beraten.

5.4.2 Stahlsortenauswahl

Stahlkonstruktionen, die feuerverzinkt werden sollen, müssen aus Stählen gefertigt werden, die zum Feuerverzinken geeignet sind. Der verwendete Werkstoff kann den Ablauf der Reaktionen zwischen Stahl und Zink während des Verzinkungsvorganges allerdings entscheidend beeinflussen.

In DIN EN ISO 14713-2 heißt es dazu:

> „Bestimmte Elemente, besonders Silizium (Si) und Phosphor (P), können auf der Stahloberfläche dazu führen, dass sich beim Feuerverzinken die Reaktion zwischen dem Eisen und dem geschmolzenen Zink verlängert. Deshalb können bestimmte Stahlzusammensetzungen gleichmäßigere Überzüge hinsichtlich des Aussehens, der Dicke und der Ebenheit (Glattheit) ergeben."

Nähere Einzelheiten siehe Abschn. 2.2 dieses Buches.

Die Verwendung unterschiedlicher Baustähle am gleichen Bauwerk bedingt unterschiedliches Aussehen (Abb. 5.16). Es sollten deshalb nur Stähle zur Anwendung kommen, die gemäß DIN EN 10025-2, Abschn. 7.4.3, in Verbindung mit DIN EN ISO 14713-2 als zum Feuerverzinken geeignet eingestuft sind (siehe auch Tab. 5.1). Eine entsprechende Vereinbarung ist bereits bei der Stahlbestellung zu treffen. DIN EN 10025-2 vermerkt hierzu: *Anforderungen bezüglich Schmelztauchverzinken müssen zwischen Hersteller und Besteller vereinbart werden.*

Abb. 5.16 Verschweißte und feuerverzinkte Vierkantrohre aus unterschiedlichen Baustählen zusammengesetzt (Quelle: Institut Feuerverzinken GmbH, Düsseldorf, mit Erlaubnis).

Tab. 5.1 Unterscheidung der Reaktivität von Stählen nach Silizium- und Phosphorgehalt in Kategorien in Anlehnung an DIN EN ISO 14713-2 (siehe auch Abschn. 2.2 dieses Buches).

Kategorie	Bezeichnung und Gehalte von Silizium und Phosphor im Stahl (Gew.-%)	Reaktion und Überzugseigenschaften
A	Niedrigsilizium-Bereich: ≤ 0,04 % Si und < 0,02 % P	Normale Eisen-Zink-Reaktion, silbriges, glänzendes Aussehen, niedrige Schichtdicke
B	Sebisty-Bereich: > 0,14 % bis 0,25 % Si	Normale Eisen-Zink-Reaktion, silbriges, glänzendes bis mattes Aussehen, mittlere Schichtdicke
C	Sandelin-Bereich: > 0,04 % bis ≤ 0,14 % Si	Beschleunigte Eisen-Zink-Reaktion, graues, mattes zum Teil grießiges Aussehen, sehr hohe Schichtdicke
D	Hochsilizium-Bereich: > 0,25 % Si	Beschleunigte Eisen-Zink-Reaktion, graues, mattes Aussehen, hohe Schichtdicke, ab > 0,35 Si sehr hohe Schichtdicke

Sollten andere Werkstoffe als nach DIN EN 10025-2 zur Anwendung kommen, so ist deren Eignung zum Feuerverzinken mit dem Feuerverzinkungsunternehmen abzustimmen.

Wenn die Eignung der zu verwendenden Werkstoffe zum Feuerverzinken unklar ist oder besondere Anforderungen an die Qualität oder das Aussehen gestellt werden, sollte möglichst eine Stückanalyse erstellt oder eine Probeverzinkung von Musterteilen unter praxisgerechten Bedingungen durchgeführt werden. Gegebenenfalls sollte eine Probe als Muster (Rückstellmuster) hergestellt, mit dem AG abgestimmt und bis zum Ende des Auftrages aufbewahrt werden.

Bei der Verwendung von hochfesten Stählen (oberhalb S460) sind folgende Punkte besonders zu beachten:

- Die Informationen über den zu verarbeiteten Werkstoff und die Konstruktionsdetails sind der Verzinkerei mitzuteilen.
- Bauteile, die aufgrund ihrer großen Masse eine lange Tauchdauer in der Zinkschmelze erfordern, können kritischer sein als Konstruktionen aus den üblichen Baustählen. Das gilt auch für konstruktive Kerben und geschweißte dickwandige Bauteile mit hoher Steifigkeit.
- Profile und Bleche sollten bereits vor der Verarbeitung gestrahlt werden. Das bietet einmal Vorteile für die schweißtechnische Fertigung im Stahlbaubetrieb und ermöglicht zum anderen eine kurze Beizzeit in der Feuerverzinkerei.

Bei hochfesten und damit für die Wasserstoffversprödung anfälligen Stählen, mit örtlichen Zugfestigkeiten von > 1200 N/mm^2, einer Härte von > 34 HRC oder eine Oberflächenhärte von > 340 HV ist die Gefahr der Wasserstoffversprödung (wasserstoffinduzierten Spannungsrisskorrosion) gegeben. Derartige hochfeste

Stahlsorten kommen im klassischen Metall- und Stahlbau, mit Ausnahme von hochfesten Verbindungsmitteln, nicht oder nur kaum zum Einsatz, sodass diese Art der Schädigung für gewöhnliche Baustähle nicht auftritt. Für hochfeste Verbindungsmittel gibt es separate Vorschriften, die eine Schädigung infolge der Feuerverzinkung verhindern (siehe DSV-GAV-Richtlinie). Sollten dennoch hochfeste Stähle zum Einsatz kommen, so sind diese Bauteile in jedem Fall vorher zu strahlen (siehe auch Abschn. 5.4.3) und seitens der Feuerverzinkerei eine modifizierte Beizbehandlung ggf. durch den Einsatz von Inhibitoren vorzunehmen, um eine Schädigung durch Wasserstoff zu vermeiden.

5.4.3 Oberflächenvorbereitung

Fertigungsbetriebe liefern die zu verzinkenden Konstruktionen im Allgemeinen unbehandelt in die Feuerverzinkereien. Die für die Feuerverzinkung erforderliche metallisch blanke Stahloberfläche wird in der Verzinkerei durch Entfetten und Entfernen von Rost und Zunder in Beizlösungen mit einer anschließenden Flussmittelbehandlung hergestellt (siehe auch Abschn. 4.2.6 dieses Buches).

Da es sich bei diesen Verfahrensschritten und auch bei der anschließenden eigentlichen Verzinkung um eine Tauchbehandlung handelt, stellen sich wichtige Anforderungen an Planung und Konstruktion der zu verzinkenden Bauteile (siehe DIN EN ISO 1461, DIN EN ISO 14713 Teile 1–2, DAST-Richtlinie 022).

Verunreinigungen, die im Rahmen der nasschemischen Oberflächenvorbereitung in der Feuerverzinkerei nicht zu entfernen sind, z. B. Beschichtungen, Schweißschlacke u. ä., sind demnach vom Auftraggeber oder nach entsprechender Abstimmung vom Verzinkungsbetrieb durch zusätzliche Technologien zu entfernen.

Im Rahmen der Fertigung im Stahlbaubetrieb werden Konstruktionen im Allgemeinen gestrahlt. Hierbei ist darauf zu achten, dass mit zunehmender Rauheit $R_{y5} > 40–50\ \mu m$ die Dicke des Zinküberzuges zunimmt und damit die Haftfestigkeit und das Aussehen negativ beeinträchtigt werden können. Rückstände des Strahlmittels müssen von den Konstruktionen vollständig entfernt werden (z. B. in Ecken und Vertiefungen).

5.4.4 Grundsätze der baulichen Durchbildung

5.4.4.1 Allgemeines

Bei der Entscheidung zum Feuerverzinken als Korrosionsschutzverfahren für ein Stahlbauobjekt ist eine Abstimmung mit dem Verzinkungsunternehmen unbedingt schon in der Planungsphase durchzuführen. Zur Festlegung der wesentlichen Parameter sollte frühzeitig eine Checkliste erstellt werden, in der unter anderem folgende Angaben enthalten sein müssen (Tab. 5.2):

Tab. 5.2 Beispielhafte Checkliste zur Prüfung der Anforderungen an die feuerverzinkungsgerechte Konstruktion und Fertigung in der Planungsphase.

Checkliste Feuerverzinken **Sachverhalt**	**Angabe**	**Freigabe**
Verwendungszweck		☐
Vorgesehene Stähle		☐
Maximale Abmessungen		☐
Maximales Stückgewicht		☐
Lage und Größe erforderlicher Durchflussöffnungen (besonders bei Hohlkonstruktionen)		☐
Festgelegte Schweißverfahren und Brennschnitte		☐
Vorgesehene Aufhängepunkte		☐
Angabe von Funktionsflächen (Montage-, Passflächen)		☐
Sonderanforderungen		☐
Vorgesehene Nachbehandlung		☐
Abnahmeprüfungen		☐

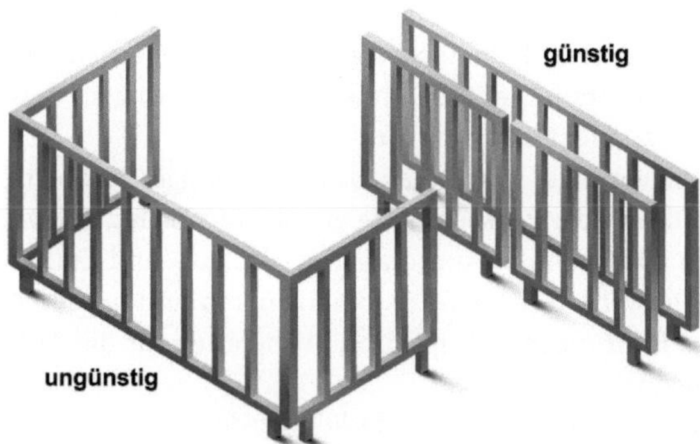

Abb. 5.17 Sperrige Teile verteuern das Verzinken und können die Qualität nachteilig beeinflussen (Quelle: Institut Feuerverzinken GmbH, Düsseldorf, mit Erlaubnis).

Es ist anzustreben, die Abmessungen von einzelnen Bauteilen so festzulegen, dass diese in einem Arbeitsgang getaucht werden können.

Große, abgewinkelte (dreidimensionale) Konstruktionen erhöhen die Verzinkungskosten, da Traversen während des Feuerverzinkens nicht optimal genutzt werden können. Zweidimensionale Konstruktionen lassen sich wirtschaftlicher verzinken als dreidimensionale Konstruktionen (Abb. 5.17).

Die Größe der in einem Tauchvorgang zu verzinkenden Teile ist in erster Linie von den Abmessungen der zur Verfügung stehenden Verzinkungskessel abhängig.

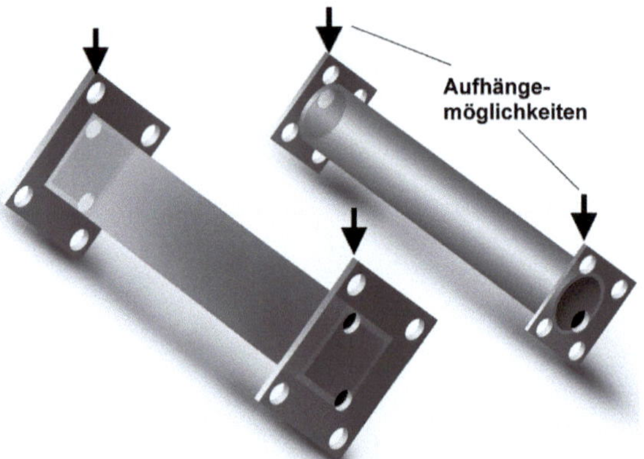

Abb. 5.18 Ausbildung von Aufhängemöglichkeiten und Zulauf- und Entlüftungsöffnungen (Quelle: Institut Feuerverzinken GmbH, Düsseldorf, mit Erlaubnis).

Diese sollten dem Stahlbauunternehmen bereits bei Festlegung der Konstruktion bekannt sein. Die für das Verzinken nutzbaren maximalen Abmessungen der Verzinkungskessel in der Bundesrepublik Deutschland betragen zurzeit ca. 19 m Länge, bis zu 2,0 m Breite und 3,5 m Tiefe. Die maximalen Bauteilabmessungen sind mit der jeweiligen Verzinkerei abzustimmen.

Werden an Bauteilen für den Transport beim Feuerverzinken oder aus sonstigen Gründen Aufhängungen angeordnet, so ist das in den bautechnischen Unterlagen zu vermerken. In besonderen Fällen, insbesondere bei sehr großen und schweren Konstruktionen, ist ein statischer Nachweis dafür zu erbringen, dass Aufhängungen und Konstruktion nicht überbeansprucht sind.

Die Aufhängung von Stahlteilen sollte so erfolgen, dass das flüssige Zink beim Herausziehen der Stahlbauteile aus der Zinkschmelze gut ablaufen kann. Hierzu müssen die Aufhängepunkte und auch die Anordnung der Zulauf- und Entlüftungsöffnungen berücksichtigt werden (Abb. 5.18). Bei kleineren und mittleren Konstruktionen sind oftmals Bohrungen in Kopf- und Stirnplatten für die Aufhängung beim Verzinken geeignet.

Besonders bei Großkonstruktionen kann es erforderlich werden, mehrere Aufhängepunkte zu wählen, die eine gleichmäßige Aufnahme des Eigengewichtes ermöglichen und eine zu große Durchbiegung verhindern. Bei schweren Teilen sind zusätzliche Anschlagvorrichtungen vorzusehen.

5.4.4.2 Eigenspannungen, Verzug und Risse

Für Bauteile, die nicht in einem Arbeitsgang getaucht werden können, besteht grundsätzlich die Möglichkeit der Doppeltauchung. Dabei sind die Bauteile auf diese Möglichkeit hin zu bewerten und zusätzlich sind besondere Maßnahmen zu treffen, da in solchen Fällen infolge der ungleichmäßigen Erwärmung des Bauteils die Gefahr des Verzuges und der Rissbildung erhöht ist. Doppeltauchungen sind überwiegend kostenintensiver als Einzeltauchungen. Aus den vorgenannten Gründen ist eine konstruktive Lösung mit dem Ziel einer Einzeltauchung immer vorteilhafter.

Um eine möglichst kurze Eintauchzeit und gleichmäßige Erwärmung der zu verzinkenden Konstruktion zu ermöglichen, sind folgende Grundsätze zu beachten:

- Durch die Erwärmung des Bauteils in der Zinkschmelze auf 450 °C erfährt der Stahl eine Ausdehnung um ca. 5 mm pro laufenden Meter.
- Bauteile mit einer großen Oberfläche und einer geringen Masse erwärmen sich in der Zinkschmelze schnell, dickwandige und schwere Teile hingegen nur langsam.
- Bauteile aus Vollmaterial oder offenen Profilen lassen sich schneller tauchen als vergleichbare Konstruktionen aus Rohren.
- Bauteile aus Hohlprofilen benötigen besonders große Durchfluss- und Entlüftungsöffnungen, um ein zügiges Verzinken zu ermöglichen. Bei mehrfachem Tauchen ist unter Umständen eine besondere Anordnung der Öffnungen erforderlich.
- Bedingt durch die unterschiedliche Materialdicke und ggf. durch ungleichmäßiges, konstruktionsbedingtes Eintauchen kann es infolge der unterschiedlichen Erwärmung zu Spannungen innerhalb des Stahlbauteils kommen.

Hohe Spannungen in der Konstruktion als Summe aus Eigenspannungen aus der Fertigung und eintauchbedingten Spannungen beim Verzinken können einen Verzug von Stahlkonstruktionen oder in Extremfällen Risse, meist infolge flüssigmetallinduzierter Spannungsrisskorrosion auslösen. Eigenspannungen können in jeder Konstruktion vorhanden sein, z. B. in Form von Walzspannungen, Schweißeigenspannungen, Richtspannungen oder Eigenspannungen aus Kaltverformung.

Diese Eigenspannungen stehen miteinander im Gleichgewicht und bewirken zunächst keine Verformung. Durch das Einbringen von Wärme wird dieses Gleichgewicht jedoch im Allgemeinen gestört und Verformungen können dann die Folge sein (Abb. 5.19).

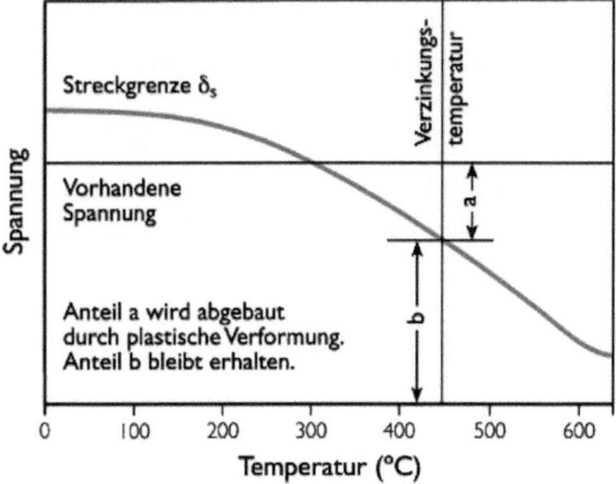

Abb. 5.19 Schematischer Verlauf der Streckgrenze des Stahls bei Temperaturerhöhung und Spannungsanteilen, die zum Verzug führen können (Quelle: Institut Feuerverzinken GmbH, Düsseldorf, mit Erlaubnis).

Der Gefahr des Verzuges und von Rissen an Stahlkonstruktionen beim Feuerverzinken kann man durch ein Paket von Maßnahmen seitens der Konstruktion, Fertigung und Verzinkung, das Gegenstand der DASt-Richtlinie 022 ist, begegnen. Vermeiden lassen sich diese Schäden durch eine konsequente Beachtung der Anforderungen an die Werkstoffauswahl, feuerverzinkungsgerechte Konstruktion und Fertigung der zu verzinkenden Bauteile, insbesondere der Vermeidung hoher lokaler Spannungen. Auch beim Feuerverzinken werden zusätzliche Maßnahmen ergriffen, die den Einfluss auf die Rissbildung niedrig halten. Durch gezielt abgestimmte Prozessparameter (z. B. Flussmittelbehandlung, Eintauchgeschwindigkeit und Zusammensetzung der Zinkschmelze) lässt sich das Risiko eines Feuerverzinkungsprozesses auf ein tolerierbares Minimum reduzieren.

Seitens der Planung, Konstruktion und Fertigung sollte man daher fertigungsbedingte Eigenspannungen, vor allen Dingen Schweißeigenspannungen, möglichst niedrig halten. Hierbei kann das Aufstellen eines Schweißfolgeplans behilflich sein. Zusammengesetzte Querschnitte, die in Einzelteilen feuerverzinkt und dann mit feuerverzinkten mechanischen Verbindungsmitteln, z. B. Schrauben, zusammengefügt werden, sind problemlos. Ist eine solche Lösung nicht möglich, sind die verbindenden Schweißnähte so anzuordnen, dass sie in der Nähe der Schwerachse des gesamten Profils liegen. Andernfalls sollten sie möglichst symmetrisch in gleichem Abstand zur Schwerachse liegen und gleichzeitig ausgeführt werden.

Bei symmetrischen Querschnitten ist die Verzugsgefahr am geringsten. Unsymmetrische Querschnitte weisen eine größere Verzugsgefahr besonders dann auf, wenn einseitig dickere Schweißnähte in größerem Abstand zur Schwerachse angeordnet sind.

Materialdicken

Zunehmende Materialdicken wirken sich aufgrund längerer Durchwärmzeiten und damit längerer Tauchdauer beim Feuerverzinken erhöhend auf die Zinkschicht des dünneren Teils aus. Das Bauelement mit der größten Materialdicke entscheidet stets über die Tauchdauer des Bauteils in der Zinkschmelze.

Optimal für das Feuerverzinken sind Werkstücke mit möglichst gleichen oder nahezu gleichen Materialdicken. Da dieses im Regelfall nicht möglich ist, sollte darauf geachtet werden, dass die Unterschiede von maximaler zu minimaler Materialdicke möglichst gering gehalten werden (bevorzugtes Dickenverhältnis kleiner 5).

5.4.4.3 Richten nach dem Feuerverzinken

Wenn verzogene Bauteile im Hinblick auf deren Verwendungszweck gerichtet werden müssen, soll dieses nur in enger Abstimmung zwischen Feuerverzinker und Stahlbaufirma erfolgen.

Ist nach dem Feuerverzinken ein Verzug erkennbar oder muss noch ein abschließendes Feinrichten erfolgen, bietet sich das Kaltrichten als bevorzugte Maßnahme an. Das Flammrichten ist zwar möglich, erfordert jedoch erhebliche Erfahrung, da die Gefahr besteht, den Zinküberzug lokal zu überhitzen und dadurch zu schädigen.

5.4.4.4 **Hohlkonstruktionen (Innen- und Außenverzinkung)**

Die beim Feuerverzinken durchzuführenden Arbeitsvorgänge Entfetten, Beizen, Spülen, Fluxen und das Feuerverzinken sind Tauchvorgänge. Aus Qualitätsgründen ist dafür zu sorgen, dass eine zu verzinkende Konstruktion keine „toten" Ecken oder Winkel aufweist, die eine einwandfreie Benetzung der zu verzinkenden Oberfläche erschweren oder verhindern.

Aus Sicherheitsgründen ist in jedem Fall sicherzustellen, dass beim Feuerverzinken von Hohlkörpern *niemals* Luft und Feuchtigkeit eingeschlossen werden, sodass gefährliche Überdrücke und infolgedessen Explosionen in der Zinkschmelze entstehen können. Verdampfende Feuchtigkeit kann bei der Erhitzung auf 450 °C einem hohen Überdruck verursachen und dadurch sogar zur explosionsartigen Zerstörung von Bauteilen (Abb. 5.20), zum Herausschleudern erheblicher Mengen Zink und somit zu großen Gefährdungen der Mitarbeiter führen.

Weiterhin muss darauf geachtet werden, dass Zink nicht unbeabsichtigt ausgeschleppt wird. Gegebenenfalls sind hierfür Öffnungen vorzusehen, die so anzuordnen sind, dass der freie Ein- und Auslauf von Entfettungsmitteln, Säure, Wasser, Flussmittel und Zink gewährleistet ist. Die Größe der Öffnungen ist abhängig vom Luftvolumen der Hohlkonstruktionen. Bei kleineren und mittleren Bauteilen empfiehlt es sich, folgende, in Abb. 5.21 dargestellte Mindestwerte einzuhalten (die angegebenen Werte gelten für mittelgroße Konstruktionen bis zu einer Länge von ca. 6 m. Bei längeren Profilen sind die Größe bzw. die Anzahl der Löcher entsprechend zu erhöhen).

Abb. 5.20 Konstruktion aus Rechteckhohlprofilen, die in der Zinkschmelze als Folge fehlender Bohrungen auseinandergerissen wurde (Quelle: Institut Feuerverzinken GmbH, Düsseldorf, mit Erlaubnis).

Hohlprofil-Abmessungen in mm			Mindestloch-Ø in mm bei einer jeweiligen Anzahl der Öffnungen von:		
○	□	▭	1	2	4
15	15	20 x 10	8		
20	20	30 x 15	10		
30	30	40 x 20	12	10	
40	40	50 x 30	14	12	
50	50	60 x 40	16	12	10
60	60	80 x 40	20	12	10
80	80	100 x 60	20	16	12
100	100	120 x 80	25	20	12
120	120	160 x 80	30	25	20
160	160	200 x 120	40	25	20
200	200	260 x 140	50	30	25

Lesebeispiel zur Tabelle links:
Ein Hohlprofil mit den Abmessungen
60 mm x 40 mm
benötigt an jedem Ende
entweder
- mindestens **eine Öffnung** mit einem **Durchmesser von 16 mm**

oder
- mindestens **zwei Öffnungen** mit einem **Durchmesser von 12 mm**

oder
- mindestens **vier Öffnungen** mit einem **Durchmesser von 10 mm.**

Abb. 5.21 Größe und Anzahl von Durchfluss- und Entlüftungsöffnungen.

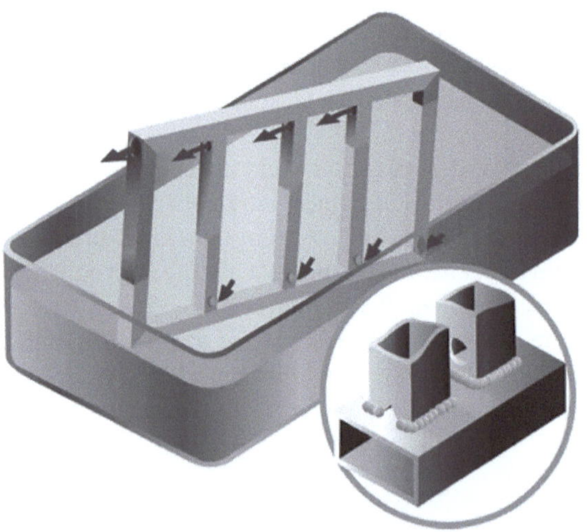

Abb. 5.22 Verschiedene Möglichkeiten für die Entlüftung von Rohrkonstruktionen (Quelle: Institut Feuerverzinken GmbH, Düsseldorf, mit Erlaubnis).

Nur das Feuerverzinken bietet die Möglichkeit, Hohlkörper wie Behälter und Rohrkonstruktionen in einem Arbeitsgang innen und außen mit einem Zinküberzug zu überziehen. Dafür müssen die Bauteile so konstruiert sein, dass beim Eintauchen in die Zinkschmelze einerseits das Zink ungehindert und schnell in das Innere der Hohlkörper eindringen kann, dadurch wird die in den Hohlräumen vorhandene Luft verdrängt, und andererseits muss beim Herausziehen das „überflüssige" Zink restlos auslaufen und die Luft muss wieder in die Hohlräume einströmen können. Es muss demnach bei jedem Einzelprofil ein vollständiger Durchfluss aller Behandlungsmedien gewährleistet sein, der gegebenenfalls durch entsprechende Öffnungen sicherzustellen ist (Abb. 5.22).

Richtig angeordnete und ausreichend dimensionierte Zu- und Ablauföffnungen sind ein wesentlicher Beitrag zu einer rationellen Verzinkung und einer guten Verzinkungsqualität. Sie sind die Voraussetzung eines schnellen Tauchvorganges. Die

Abb. 5.23 Beispiel für Fehlverzinkung infolge falsch platzierter Durchflussöffnung (Ausgeschlepptes Zink) (Quelle: Institut Feuerverzinken GmbH, Düsseldorf, mit Erlaubnis).

erforderlichen Öffnungen sind stets so anzubringen, dass sie der Art der Aufhängung der Teile in der Verzinkerei (meist schräge Aufhängung) Rechnung tragen. Hierbei ist darauf zu achten, dass die Öffnungen soweit wie möglich in der Ecke eines Bauteils angebracht sind. Es besteht die Möglichkeit, die Öffnungen nachträglich von außen anzubringen, unter Umständen kann es auch sinnvoll sein, die erforderlichen Bohrungen bereits vor dem Zusammenbau anzubringen und sie so zu platzieren, dass sie später verdeckt und somit nicht mehr sichtbar sind.

Durch konstruktive Maßnahmen und fachgerechtes Ziehen der Bauteile aus der Zinkschmelze ist sicherzustellen, dass sich möglichst keine zusätzlichen Belastungen für die Konstruktion durch ausgetragenes Zink (z. B. in Hohlräumen, siehe Abb. 5.23) während des Herausziehens aus der Zinkschmelze ergeben. Aufgrund seiner hohen Dichte führen bereits geringe ausgeschöpfte Zinkmengen zu einer nennenswerten Belastung für die Konstruktion, zumal der Stahl aufgrund seiner hohen Temperatur beim Verlassen der Zinkschmelze (450 °C) nur noch über etwa die Hälfte seiner Festigkeit gegenüber Raumtemperatur verfügt.

Behälter

Grundsätzlich gelten die vorstehenden Informationen sinngemäß auch für Behälter. Bei derartigen Konstruktionen ist jedoch zusätzlich darauf zu achten, dass Anschlüsse, Flansche und Stutzen stets so angebracht werden, dass sie möglichst bündig mit der Oberfläche des Behälters abschließen (Abb. 5.24). Nur dadurch kann erreicht werden, dass keine Lufteinschlüsse zu Fehlstellen führen und unbeabsichtigt ausgeschlepptes Zink das Volumen des Behälters verringert. Lufteinschlüsse entstehen unter anderem durch eingezogene Rohrstutzen oder durch Entlüftungsöffnungen, die nicht an der obersten Stelle des Behälters angebracht sind (Abb. 5.24). Auch Verstärkungsrahmen, Versteifungsrippen und

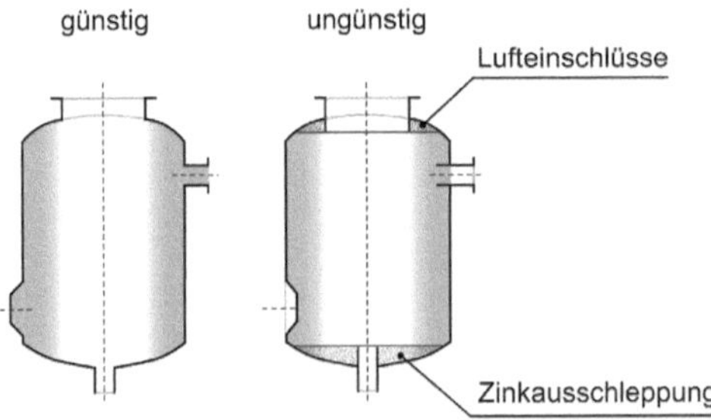

Abb. 5.24 Fehlstellen im Zinküberzug in einem Behälter, die durch fehlerhaft angeordnete Durchfluss-/Entlüftungsöffnungen verursacht werden (Quelle: Institut Feuerverzinken GmbH, Düsseldorf, mit Erlaubnis).

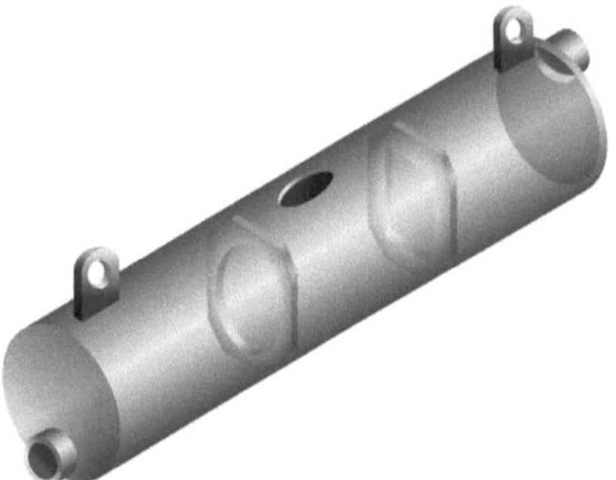

Abb. 5.25 Große und schwere Behälter sollten möglichst mit Aufhängeösen versehen werden (Quelle: Institut Feuerverzinken GmbH, Düsseldorf, mit Erlaubnis).

ähnliche Teile an oder in Behältern müssen so ausgebildet sein, dass sich keine Lufteinschlüsse bilden und alle Flüssigkeiten und das Zink ungehindert ein- und abfließen können.

Bei Großkonstruktionen kann es vorkommen, dass die genannten Öffnungen nicht ausreichen. Hierfür wird empfohlen, als Öffnung 1/4 des Hohlkörperdurchmessers zu wählen.

Große und schwere Behälter können leichter und sicherer feuerverzinkt werden, wenn sie wie in Abb. 5.25 mit entsprechenden Aufhängeösen versehen sind.

5.4.4.5 **Hohlkonstruktionen (Nur-Außenverzinkung)**

In speziellen Fällen, z. B. bei Wärmetauschern, kann es notwendig sein, die Rohrsysteme nur von außen zu verzinken. Diese „Nur-Außenverzinkung" ist jedoch arbeits- und kostenaufwendiger als die übliche Innen- und Außenverzinkung und sollte nur in den Fällen angewendet werden, wo es notwendig ist oder aber die Einsparung an Zink den Aufwand rechtfertigt. Konstruktionen, die nur auf ihrer Außenseite feuerverzinkt werden, müssen so abgedichtet sein, dass keine Flüssigkeit in das Innere eindringen kann. Um den hohen Innendruck abzuleiten, der sich unter Umständen in einem geschlossenen Rohrsystem bildet, müssen derartige Konstruktionen zusätzlich mit einem Steigrohr versehen werden (Abb. 5.26).

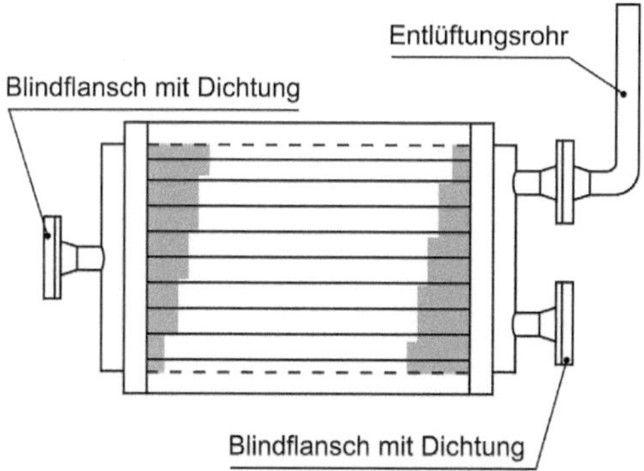

Abb. 5.26 Zusatzmaßnahmen zum Abdichten von Wärmetauschern, die nur außen feuerverzinkt werden (Quelle: Institut Feuerverzinken GmbH, Düsseldorf, mit Erlaubnis).

Dieses muss einen ausreichend großen Innendurchmesser aufweisen, damit entstehender Wasserdampf durch evtl. eingedrungene Flüssigkeit ungehindert entweichen kann. Das Dichtungsmaterial muss so ausgewählt werden, dass es sowohl der Beize in der Oberflächenvorbereitung als auch der heißen Zinkschmelze widersteht.

Ein besonderes Problem ist der enorme Auftrieb, der beim „Nur-Außenverzinken" von Rohrkonstruktionen entsteht. Da Zink eine etwa siebenmal höhere Dichte als Wasser hat, wird beim Eintauchen von Hohlkörpern in die Zinkschmelze ein Auftrieb erzeugt, der auch etwa siebenmal höher ist als in Wasser. Durch Zusatzgewichte von mitunter mehreren Tonnen müssen derartige Rohrsysteme unter die Oberfläche des Zinkspiegels gedrückt werden. Hierbei ist darauf zu achten, dass auch die Krantechnik die Last aufnehmen kann sowie das zu verzinkende Bauteil die durch den Auftrieb entstehende Gewichtsbelastung erträgt und auch der Druck des Belastungsgewichtes ohne Schaden aufgenommen werden kann.

5.4.4.6 **Überlappungen**

Überlappungsflächen sind aus Gründen des Korrosionsschutzes nach Möglichkeit zu vermeiden. In die entstehenden Spalten kann Flüssigkeit aus den Vorbehandlungsbädern eindringen, die beim Eintauchen in die Zinkschmelze explosionsartig verdampft. Kleinflächige Überlappungen sind ringsum dicht zu schweißen.

Werden großflächige Überlappungen erforderlich (z. B. bei zusätzlichen Gurtlamellen), sollten daher Entlastungsbohrungen angeordnet werden, um den durch die Erwärmung der Luft im Spalt zwischen den Lamellen möglicherweise entstehenden Überdruck vermeiden zu können (Abb. 5.27). Hierbei sollten die Werte der Tab. 5.3 beachtet werden.

Alternativ kann es vorteilhaft sein, statt der Entlastungsbohrungen unterbrochene Schweißnähte auszuführen. Die entstehenden Zwischenräume zwischen den Schweißnähten sind dann aber nach dem Feuerverzinken mit Zinkstaubbeschichtungsstoffen oder Silikondichtmitteln vollständig zu verschließen, um ei-

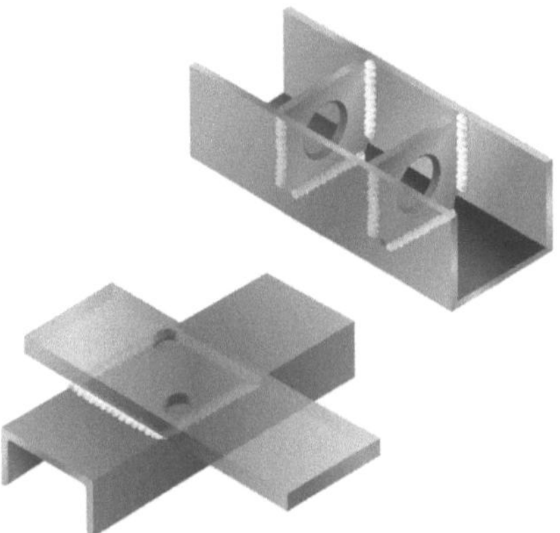

Abb. 5.27 Entlastungsbohrung bei Überlappung und Freischnitte (Quelle: Institut Feuerverzinken GmbH, Düsseldorf, mit Erlaubnis).

Tab. 5.3 Mindestwerte für Entlastungsbohrungen.

Überlappungsfläche	Maßnahmen
bis 100 cm^2	umlaufend *dicht* Schweißen[a)]
100–1000 cm^2	jeweils diagonal gegenüberliegend angeordnet 2× ≥ 12 mm Entlastungsbohrung in den Eckbereichen[b)] oder 2× ≥ 25 mm Schweißnahtunterbrechung in den Eckbereichen[b)]
1000–2500 cm^2	4× ≥ 12 mm Entlastungsbohrung in den Eckbereichen[b)] oder 4× ≥ 25 mm Schweißnahtunterbrechung in den Eckbereichen [b)]
> 2500 cm^2	jeweils diagonal gegenüberliegend angeordnet ≥ 12 mm Entlastungsbohrungen mindestens alle 300 mm beginnend in den Eckbereichen oder ≥ 25 mm Schweißnahtunterbrechung mindestens alle 300 mm beginnend in den Eckbereichen

a) Es ist darauf zu achten, dass das Material vor dem Schweißen trocken ist und die Überlappungsbereiche plan aufeinander aufliegen.

b) Abstimmung zwischen Verzinkungsbetrieb und AG erforderlich, da die Anordnung der Entlastungsbohrungen und der Aufhängungspunkte der Konstruktion aufeinander abgestimmt werden müssen.

ne Korrosion in den Spalten, die sich unter Umständen nicht völlig mit Zink geschlossen haben, zu vermeiden.

5.4.4.7 **Freischnitte und Durchflussöffnungen**

Um Stahlbauteile qualitativ einwandfrei feuerverzinken zu können, sind Verstärkungen, Schottbleche oder ähnliches mit Freischnitten zu versehen. Da die Stahlteile beim Tauchen in die verschiedenen Verfahrenslösungen der Oberflächenvor-

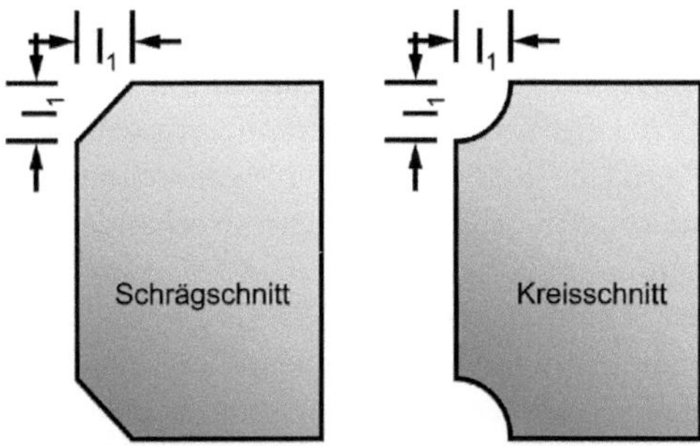

Abb. 5.28 Mindestabmessungen von Freischnitten (Quelle: Institut Feuerverzinken GmbH, Düsseldorf, mit Erlaubnis).

bereitung und beim Feuerverzinken immer stets schräg getaucht werden, muss die Anordnung der Öffnungen stets so erfolgen, dass das Zink ohne Behinderung aus den Ecken und Winkeln einer Konstruktion auslaufen kann.

Freischnitte und Durchflussöffnungen sollten möglichst paarweise angeordnet werden. Freischnitte können, wie in Abb. 5.28 am Beispiel der Aussteifungen für I-Profile dargestellt, ausgeführt werden. Freischnitte an Stegblechen und Lamellen sind analog auszuführen.

Öffnungen zum Durchfluss der Vorbehandlungsmittel und des flüssigen Zinks sind grundsätzlich mit einem Durchmesser > 10 mm auszuführen. Im Regelfall sollten sie in Abhängigkeit von der Durchflussmenge und der Anzahl der vorhandenen Öffnungen größer als 14 mm sein.

Die Durchflussöffnungen dürfen die Tragsicherheit der Bauteile nicht beeinträchtigen. Um Überbeanspruchungen zu vermeiden, sollen deshalb die notwendigen Angaben und Maße entsprechend bei der Planung berücksichtigt und in den technischen Unterlagen eingetragen sein. Das Einbringen der Durchflussöffnungen sollte im Zuge der Stahlbaufertigung erfolgen – in der Verzinkerei bestehen mitunter nicht die fertigungstechnischen Voraussetzungen zum fachgerechten Bohren und Schneiden.

5.4.4.8 **Brennschnitte**

Thermische Trennprozesse, wie z. B. Brennschneiden, Laserschneiden und Plasmaschneiden führen zu einer wesentlichen Oberflächenveränderung auf der Schnittfläche. Es kann zu Aufrauungen, Gefügeumwandlungen im Stahl, Oxidation der Schnittfläche und bei entsprechendem Energieeintrag ggf. auch zu Aufhärtungen kommen. Dies kann Folgen im Zusammenhang mit dem Feuerverzinken haben.

Bei entsprechendem Temperatureintrag wird bei siliziumberuhigten Stählen in der Regel das Silizium oxidiert, und es kommt insbesondere auf glatten Brennschnittflächen zu einer gegenüber der Ausgangsstahlqualität verminderten

Schichtdicke, die der auf siliziumarmen Stählen entspricht, also nur um die 50–80 µm liegt. Eine Aufrauung der Stahloberfläche führt insbesondere bei ursprünglich siliziumarmen Stählen allerdings zu einer Schichtdickenerhöhung gegenüber der nicht thermisch bearbeiteten Oberfläche. Beim Laser- und Plasmaschneiden kann es infolge von Materialveränderungen zusätzlich zu einer verminderten Haftfestigkeit des Überzuges kommen.

Aus obigen Gründen sind kritische Schnittflächen nach DIN EN ISO 14713-2 nachzuarbeiten mit der Zielstellung, die veränderte Oberflächenschicht abzutragen. Dies kann durch partielles Schleifen oder auch durch abrasives Strahlen erfolgen.

5.4.4.9 Verbindungen

Die Verbindung feuerverzinkter Stahlbauteile durch mechanische Verbindungsmittel, z. B. Schrauben, kann sowohl in der Werkstatt als auch auf der Baustelle erfolgen. Stöße mit mechanischen Verbindungsmitteln sind geschweißten Stößen vorzuziehen.

Die Verbindung mit mechanischen Verbindungsmitteln hat den Vorteil, dass alle aufeinanderliegenden Flächen der in Einzelteilen feuerverzinkten Profile und Bleche vollständig geschützt sind. Dabei sind feuerverzinkte Bauteile unter Berücksichtigung der DIN EN 1090-2 grundsätzlich feuerverzinkte Verbindungsmittel, z. B. feuerverzinkte Schrauben mit feuerverzinkten Muttern und Unterlegscheiben nach DIN EN ISO 10684, zu verwenden.

5.4.4.10 Gezielte Vermeidung der Zinkannahme

Beim Feuerverzinken ist es mitunter erforderlich, einzelne Bereiche einer Konstruktion unverzinkt zu lassen. Dieses bedarf besonderer Maßnahmen der Maskierung/Abdeckung, da es sich beim Feuerverzinken um ein Tauchverfahren handelt, wodurch alle Bereiche eines Bauteils grundsätzlich mit der Zinkschmelze in Kontakt kommen. Dieses kann z. B. bei folgenden Anwendungen erforderlich werden:

- Innen- und Außengewinde,
- Passflächen mit engen Toleranzen,
- Montagebohrungen, Sacklöcher etc.,
- Oberflächen, auf denen nach dem Feuerverzinken auf zinkfreiem Untergrund geschweißt werden soll.

Je nach Anwendungszweck bieten sich verschiedene Verfahren gemäß [13], wie

- Anwendung von Gewebebändern,
- Aufbringen von Schutzbeschichtungen,
- Verschluss von Öffnungen durch temperaturbeständige Materialien,
- Verschluss von Innengewinden durch Eindrehen von vorbereiteten Schrauben etc.

In allen Fällen sollten die Maßnahmen zur Vermeidung der Zinkannahme nach Rücksprache mit dem Verzinkungsunternehmen bereits im Fertigungsbetrieb durchgeführt werden. Bezugsquellen für einzelne Produkte sind beim Feuerverzinkungsbetrieb in der Nähe erhältlich.

5.4.5
Ausbessern von Fehlstellen

Beim Transport oder der Montage von feuerverzinkten Großbauteilen kann es vorkommen, dass der Zinküberzug lokal beschädigt wird. Derartige Fehlstellen müssen fachgerecht nachgebessert werden.

Es empfiehlt sich, alle Fehlstellen im Zinküberzug grundsätzlich in Anlehnung an die Forderungen nach DIN EN ISO 1461, Abschn. 6.3, (siehe Abschn. 5.5.2.4) auszubessern.

Die Oberflächenvorbereitung für alle o. g. Maßnahmen muss mindestens dem Normreinheitsgrad Sa 2 1/2 oder PMa nach DIN EN ISO 12944, Teil 4, entsprechen, Metallspritzen verlangt sogar Sa 3.

Für Schweißarbeiten nach dem Feuerverzinken sind die Schweißbereiche sowie eine mindestens 10 mm breite Zone beiderseits der Fugenflanken von Zink zu befreien, z. B. durch sorgfältiges Abschleifen. Ein Überschweißen des Zinküberzuges ist unzulässig. Dieser Bereich ist nachträglich wie oben angegeben auszubessern.

5.4.6
Abnahme und Prüfungen

Im Regelfall arbeiten die Feuerverzinkereien für ihre Kunden auf der Basis von Werkverträgen. In der Feuerverzinkerei wird jeder Auftrag einer Endkontrolle unterzogen. Die Einhaltung der Anforderungen wird dem Auftraggeber auf Verlangen (dies bitte bereits bei Auftragsvergabe mit angeben) durch eine Werksbescheinigung 2.1 gemäß DIN EN ISO 10204 dokumentiert.

Sollte darüber hinaus eine Abnahmeprüfung ggf. mit Abnahmeprüfzeugnis 3.1 oder 3.2 gefordert sein, so sollte dies vorab mit der Verzinkerei abgesprochen und bereits bei Vertragsabschluss als Zusatzleistung extra in Auftrag gegeben werden. Eine Abnahmeprüfung sollte vorzugsweise in der Feuerverzinkerei durchgeführt werden. Eventuell festgestellte Abweichungen vom Auftrag lassen sich dort mit geringerem Aufwand beseitigen als auf der Baustelle.

5.5
Fehlererscheinungen versus Abweichungen von normativen Vorgaben

5.5.1
Überblick zu Fehlererscheinungen an feuerverzinktem Stahl

Jeder technische Prozess hat seine Verfahrens- und Anwendungsgrenzen – so auch der Feuerverzinkungsprozess. Werden diese Grenzen überschritten, kann

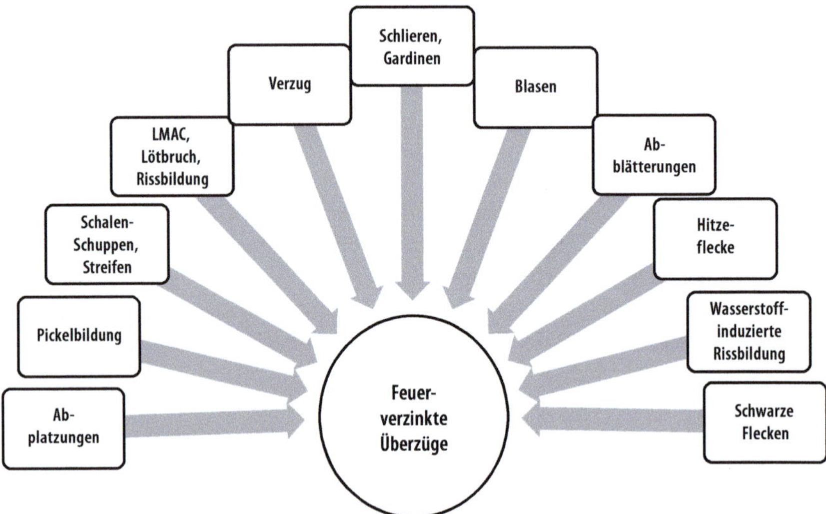

Abb. 5.29 Übersicht der Fehler- und Oberflächenerscheinungen an feuerverzinkten Stahlteilen [14–16].

es zu Fehlererscheinungen am Produkt kommen. Hierbei ist zuallererst die Frage zu klären: Was ist ein Fehler?

Als Fehler wird eine Abweichung einer zugesicherten Eigenschaft von einer vorher spezifizierten Vorgabe, in der Regel durch eine technische Norm oder eine anderweitige Spezifikation, bezeichnet. Auf das Feuerverzinken angewendet bedeutet dies, dass Fehler im Allgemeinen die Abweichung von einer normativen Vorgabe, in der Regel DIN EN ISO 1461 und für bautechnische Anwendungen in Deutschland zusätzlich noch die DASt-Richtlinie 022, sind.

Die Gesamtheit aller möglichen Phänomene lässt sich in immer wiederkehrende Erscheinungen und seltene Spezialfälle unterscheiden. Zur fachlichen Einschätzung der speziellen, verschiedenen atypischen Oberflächenerscheinungen (siehe Abb. 5.29) gibt es mittlerweile mehrere Fachbücher, in denen diese Phänomene beschrieben, die Ursachen ergründet und die Art und Schwere des Fehlers und dessen Behebung fachlich eingeschätzt werden.

Außerdem sind in den Kapiteln 2, 4 und 5 eine Reihe von Fehlern und Gegenmaßnahmen aufgeführt, deren Ursachen im Werkstoff Stahl und der Fertigung, der Ausführung der Oberflächenvorbereitung – einschließlich Flussmittelbehandlung –, der Feuerverzinkung und Oberflächennachbehandlung sowie den Transport-, Umschlag- und Lagerprozessen liegen können. Dabei wird auch auf Fehler im Zinküberzug eingegangen, die erst in den letzten Jahren vermehrt aufgetaucht sind, wie z. B. Oberflächenphänomene infolge der zum Teil veränderten Zusammensetzung des Stahls, z. B. bei siliziumarmen Stählen mit Aluminiumgehalten > 0,04 %.

In diesem Zusammenhang sei auf die folgenden Standardwerke der Fachliteratur hingewiesen:

- Horstmann, D.: Fehlererscheinungen beim Feuerverzinken, Max-Planck-Institut für Eisenforschung und Gemeinschaftsausschuss Verzinken e. V., Düsseldorf, 2003 [14]
- Schulz, W.-D. und Thiele, M.: Feuerverzinken von Stückgut – Die Schichtbildung in Theorie und Praxis, vollständig überarbeitete und erweiterte 2. Auflage, 2012, Eugen G. Leuze Verlag, Bad Saulgau [15]
- Huckshold, M. und Thiele, M.: Korrosionsschutz Feuerverzinken, Deutsches Institut für Normung, Beuth-Verlag, Berlin, 2011 [16]
- Kendler, E., Maaß, P. und Peißker, P.: Fehlerkatalog feuerverzinkter Konstruktionen, Zentralstelle für Korrosionsschutz, Dresden 1973 [17]
- Maaß. P. und Peißker, P: Handbuch Feuerverzinken, 3. Auflage, Wiley-VCH Verlag, Weinheim, 2008 [18].

Für diese Sachverhalte gibt es in der Regel wenige Standardfälle, die sich in pauschaler Art und Weise abhandeln lassen. Vor diesem Hintergrund ist zu deren Bearbeitung die Unterstützung von Experten, z. B. öffentlich bestellte Sachverständige auf dem Gebiet der Feuerverzinkung oder vergleichbare Fachleute, notwendig.

Im Tagesgeschäft treten allerdings eine Reihe von Oberflächenerscheinungen auf, die ebenfalls oftmals Grund von Beanstandungen sind und infolgedessen eine Reklamation bei der Verzinkerei auslösen. Diese regelmäßig auftretenden Fälle werden im Folgenden unter Berücksichtigung der allgemein gültigen Regelwerke behandelt.

5.5.2 Prüfung der Einhaltung normativer Vorgaben für feuerverzinkte Stähle

5.5.2.1 Normative Anforderungen an den Zinküberzug

Als Basisnorm für das Stückverzinken gilt DIN EN ISO 1461 „Durch Feuerverzinken auf Stahl aufgebrachte Zinküberzüge (Stückverzinken) – Anforderungen und Prüfung“. Diese Norm gilt europaweit und hat als ISO-Norm auch weltweite Bedeutung. DIN EN ISO 1461 legt alle Anforderungen und Prüfungen fest, die an das Feuerverzinken von gefertigten Einzelteilen im diskontinuierlichen Verfahren gestellt werden. Darüber hinaus ist in Deutschland zusätzlich die DASt-Richtlinie 022 verbindlich anzuwenden, die allerdings eher verfahrenstechnische Anforderungen und weniger produktspezifische Anforderungen mit sich bringt.

Sofern keine gesonderten vertraglichen Regelungen verabredet werden, stellt die DIN EN ISO 1461 die Grundlage für den Werkvertrag zum Feuerverzinken dar und ist damit auch Beurteilungsgrundlage, wenn es um die Beurteilung von normativen Abweichungen respektive Fehlern an feuerverzinkten Bauteilen geht.

Im Abschnitt „Eigenschaften des Überzuges“ der DIN EN ISO 1461 werden die Anforderungen an

- Aussehen,
- Zinkschichtdicke,
- Ausbesserung,

- Haftfestigkeit und
- Abnahmekriterien

definiert.

5.5.2.2 **Anforderungen an das Aussehen**

DIN EN ISO 1461 verweist darauf, dass der Hauptzweck des Stückverzinkens der Schutz von Eisen- und Stahlteilen vor Korrosion ist. Betrachtungen zur Ästhetik sollten daher zweitrangig sein (siehe Abb. 5.30). Die Schutzwirkung des Zinküberzuges steht eindeutig im Vordergrund, allerdings muss der Zinküberzug bei bestimmten Bauteilen auch optischen Anforderungen genügen. In solchen Fällen sind im Vorfeld zwischen den Vertragspartnern unter Berücksichtigung der verwendeten Werkstoffe entsprechende Vereinbarungen zu treffen.

Visuelle Prüfungen an feuerverzinkten Teilen sind mit dem unbewaffneten Auge in einem Abstand von > 1 m durchzuführen. Es wird darauf hingewiesen, dass Zinkspitzen (falls sie eine Verletzungsgefahr darstellen) ebenso wie unverzinkte Stellen im Zinküberzug unzulässig sind und ausgebessert werden müssen (siehe Abschn. 5.5.2.4). Darüber hinaus müssen Flussmittelrückstände und Zinkaschereste vor der Auslieferung des Materials entfernt werden.

Eine durchaus regelmäßige Erscheinung an feuerverzinkten Oberflächen sind leichte weißliche Ablagerungen, in Form von Schlieren oder auch in flächiger Form. Das wird in Fachkreisen als Weißrost bezeichnet, der entstehen kann, wenn frisch verzinktes Material nicht fachgerecht gelagert und infolgedessen über längere Zeit intensiver Dauerfeuchtigkeit ausgesetzt wird. Unter diesen Umständen kann sich die schützende Patina auf der Zinkoberfläche nicht ausbilden und es entsteht Zinkhydroxid, welches wasserlöslich ist und weiß aussieht. Weißrost wie in Abb. 5.31 dargestellt ist kein Mangel, sofern die Zinkschichtdicke dadurch nicht nachhaltig beeinträchtigt ist (die Normvorgaben dürfen nicht unterschritten wer-

Abb. 5.30 Typische Oberflächenerscheinung von feuerverzinktem Stahl (hier mit Zinkblume) (Quelle: Institut Feuerverzinken GmbH, Düsseldorf, mit Erlaubnis).

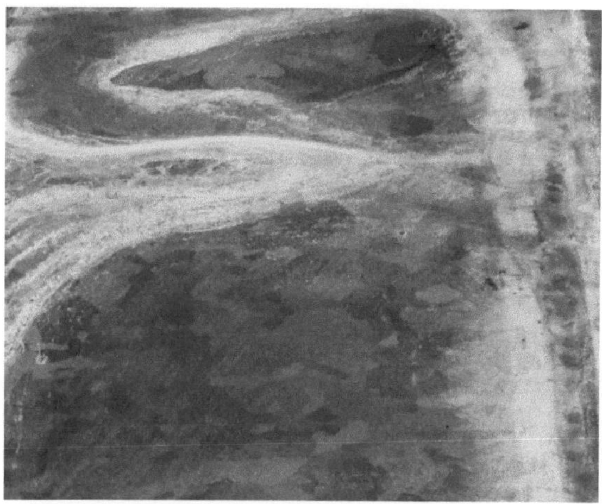

Abb. 5.31 Weißrosterscheinung auf der feuerverzinkten Oberfläche durch dauerhafte Feuchtigkeitseinwirkung infolge nicht fachgerechter Lagerung (Quelle: Institut Feuerverzinken GmbH, Düsseldorf, mit Erlaubnis).

den). Der Weißrost kann mechanisch leicht durch Abbürsten entfernt werden. Bei ausreichender Belüftung bildet sich die schützende Patina, sodass kein Schaden am Zinküberzug entsteht.

Weitere Unstimmigkeiten zwischen Auftraggeber und Verzinkungsunternehmen können durch optische Erscheinungen des Zinküberzuges hervorgerufen werden. Die metallurgische Ausprägung der Verzinkungsschicht ist stark von Grundwerkstoff abhängig, wodurch die optische Erscheinung der Oberfläche stark beeinflusst wird (siehe Abschn. 2.2 und Abschn. 5.4). Werden unterschiedliche Stahlsorten miteinander kombiniert, so kann dies auch innerhalb einer Konstruktion zu unterschiedlichen Optik führen (Abb. 5.16). Des Weiteren ist grundsätzlich festzuhalten, dass verzinkte Oberflächen im Zuge der Patinabildung durch die Reaktion mit den Bestandteilen der Atmosphäre ihr optisches Erscheinungsbild über die Zeit von anfangs silbrig glänzend hin zu matt und grau verändern. Das ist ein natürlicher Prozess.

5.5.2.3 **Anforderungen an die Schichtdicke**

Maßgeblich für den Korrosionsschutz ist die Schichtdicke des Zinküberzuges. Die Mindestschichtdicken beim Stückverzinken werden in der Norm festgelegt. In Abhängigkeit der Materialdicken der Werkstücke sind die Mindestzinkschichtdicken gemäß Tab. 5.4 geregelt. Für ein Werkstück mit einer Materialdicke > 6 mm wird z. B. eine durchschnittliche Zinkschichtdicke von mindestens 85 μm gefordert.

Die Ermittlung der Schichtdicken erfolgt in der Regel zerstörungsfrei mit dem magnetinduktiven Messverfahren (siehe Abb. 5.32).

Sehr kleine Bauteile, z. B. Rohrschellen, werden oftmals als Schüttgut in Körben feuerverzinkt und unmittelbar nach dem Feuerverzinken in einer Zentrifu-

Tab. 5.4 Mindestschichtdicke und Masse von Zinküberzügen auf Prüfteilen, die nicht geschleudert wurden (DIN EN ISO 1461).

Teile und ihre Dicke	Örtliche Schichtdicke (Mindestwert) (μm)	Örtliche Masse des Überzuges (Mindestwert) (g/m²)	Durchschnittliche Schichtdicke (Mindestwert) (μm)	Durchschnittliche Masse des Überzuges (Mindestwert) (g/m²)
Stahl > 6 mm	70	505	85	610
Stahl > 3 mm bis ≤ 6 mm	55	395	70	505
Stahl ≥ 1,5 mm bis ≤ 3 mm	45	325	55	395
Stahl < 1,5 mm	35	250	45	325
Guss ≥ 6 mm	70	505	80	575
Guss < 6 mm	60	430	70	505

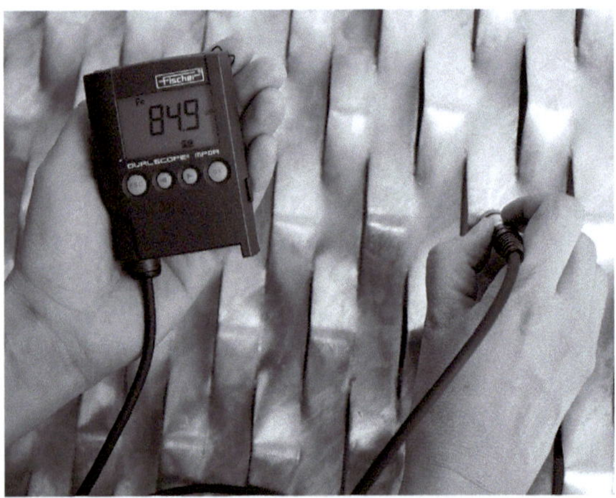

Abb. 5.32 Schichtdickenmessung mit einem magnetinduktiven Handmessgerät (Quelle: Institut Feuerverzinken GmbH, Düsseldorf, mit Erlaubnis).

ge geschleudert. Die geforderten Mindestzinkschichtdicken von geschleuderten Bauteilen unterscheiden sich von den üblichen Bauteilen und können Tab. 5.5 entnommen werden.

Eine Begrenzung der Dicke des Zinküberzuges nach oben gibt es normativ nicht. Demzufolge wird keine Maximalschichtdicke angegeben. Somit sind Zinküberzugsdicken von dem Vielfachen der Mindestanforderungen der Norm nicht unüblich, insbesondere nicht im Stahlbau, wo hohe Materialdicken von 20 mm und mehr durchaus üblich und unproblematisch sind.

Es gibt einzelne Extremfälle mit Schichtdicken von mehreren 100 bis über 1000 μm, bei denen die sehr hohen Zinkschichtdicken sich in der Anwendung

Tab. 5.5 Mindestschichtdicke und Masse von Zinküberzügen auf Prüfteilen, die geschleudert wurden nach DIN EN ISO 1461.

Teile und ihre Dicke	Örtliche Schichtdicke (Mindestwert) (µm)	Örtliche Masse des Überzuges (Mindestwert) (g/m^2)	Durchschnittliche Schichtdicke (Mindestwert) (µm)	Durchschnittliche Masse des Überzuges (Mindestwert) (g/m^2)
Gewindeteile				
> 6 mm Durchmesser	40	285	50	360
≤ 6 mm Durchmesser	20	145	25	180
andere Teile (einschließlich Guss)				
≥ 3 mm	45	325	55	395
< 3 mm	35	250	45	325

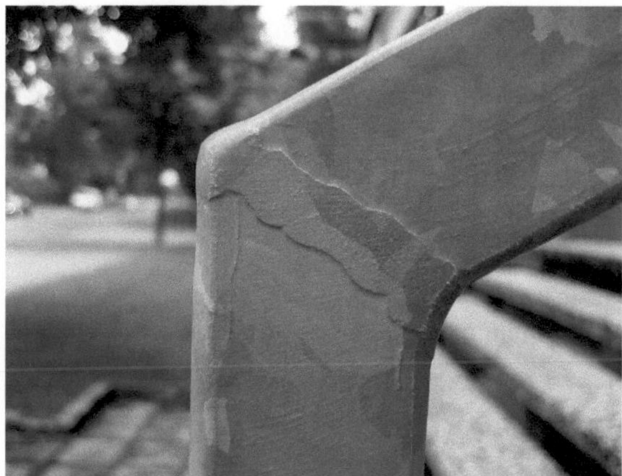

Abb. 5.33 Starkes Aufwachsen von Zinküberzügen an blecheben geschliffenen Schweißnähten als Folge eines hohen Siliziumgehaltes in der Schweißnaht (Quelle: Institut Feuerverzinken GmbH, Düsseldorf, mit Erlaubnis).

in Form von Abplatzungen nachteilig erweisen können. Dennoch kann pauschal keine Maximalgröße festgelegt werden.

Darüber hinaus gibt es Sonderfälle von Zinkschichtdicken, wie beispielsweise das übermäßige Aufwachsen des Zinküberzuges an Schweißnähten (siehe Abb. 5.33), das durch die chemisch veränderte Zusammensetzung des Stahls (in der Regel deutlich erhöhter Siliziumgehalt in der Schweißnaht) zurückzuführen ist. Das ist kein Mangel, der Zinküberzug ist vollständig ausgebildet und leistet einen uneingeschränkten Schutz.

Der gegenteilige Fall liegt an Brennschnittkanten (siehe auch Abschn. 5.4.4.8) vor, bei dem es ebenfalls durch eine Gefügeveränderung im Stahl lokal zu Minderschichtdicken auf den Schnittflächen kommen kann. Bedingt durch den hohen Wärmeeintrag beim thermischen Schneidprozess kommt es zur Oxidation des Siliziums und ggf. zu einer Gefügeumwandlung. Das hat die benannten Minderschichtdicken zur Folge, die nicht selten auch mit verminderter Haftfestigkeit des Zinküberzuges einhergehen. Das Phänomen kann durch eine mechanische Bearbeitung der Schnittflächen, ggf. durch partielles Schleifen PMa, größtenteils vermieden werden.

5.5.2.4 Anforderungen an die Ausbesserung

Die Ausbesserung von eventuellen Fehlstellen im Zinküberzug ist in der Norm detailliert festgelegt. Die anteilige Fläche der Fehlstellen darf maximal 0,5 % der Bauteiloberfläche betragen, wobei die Größe einer einzelnen Fehlstelle maximal 10 cm^2 betragen darf. Die Ausbesserung muss mit einem nach der Norm geeigneten Verfahren mit mindestens 100 μm Schichtdicke erfolgen.

Als geeignet werden das thermische Spritzen mit Zink, das Auftragen geeigneter Zinkstaubbeschichtungen und das Auftragen von Loten auf Zinkbasis benannt. Lote auf Zinkbasis sind nach der Norm zwar gleichberechtigt anwendbar, spielen in der gängigen Praxis jedoch eine untergeordnete Rolle. Auf der Baustelle ist eine Ausbesserung mit Zinkstaubbeschichtungen (Abb. 5.34) mittels Pinsel praktikabel und empfehlenswert.

Die Größe der ausgebesserten Fehlstelle sollte sich in jedem Fall an der Größe der Fehlstelle orientieren und übertriebene großflächige Beschichtungen vermieden werden.

Als Zinkstaubbeschichtungsstoffe haben sich bewährt:

- Zwei-Komponenten-Expoxidharz-Zinkstaubbeschichtungsstoffe,
- luftfeuchtigkeitshärtende Ein-Komponenten-Polyurethan-Zinkstaubbeschichtungsstoffe,

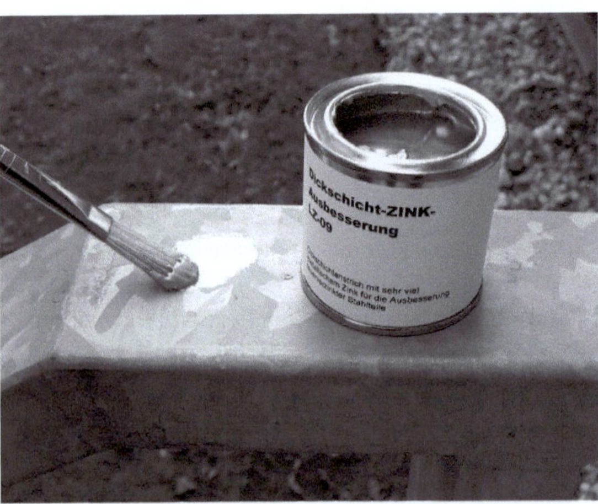

Abb. 5.34 Die Ausbesserung mit Zinkstaubbeschichtungen mittels Pinsel ist praxisbewährt und zu empfehlen (Quelle: Institut Feuerverzinken GmbH, Düsseldorf, mit Erlaubnis).

- luftfeuchtigkeitshärtende Ein-Komponenten-Ethylsilikat-Zinkstaubbeschichtungsstoffe,
- geeignete gleichwertige Zink-Flake-Beschichtungen und Zinkpasten.

5.5.2.5 Anforderungen an die Haftfestigkeit

Die Haftfestigkeit eines Zinküberzuges muss üblicherweise nicht geprüft werden, da eine hinreichende Haftfestigkeit zwischen Zink und Grundwerkstoff typisch für den Feuerverzinkungsprozess ist. Derzeit existieren keine geeigneten Normen zur Prüfung der Haftfestigkeit, sodass im Bedarfsfall im Vorfeld zwischen den Vertragspartnern entsprechende Vereinbarungen zur Haftfestigkeitsprüfung getroffen werden müssten.

5.5.2.6 Abnahmekriterien

Wenn Prüfungen der Schichtdicke entsprechend einer geeigneten Anzahl von Referenzflächen nach den Festlegungen der DIN EN ISO 1461, Kapitel 6.2.3 durchgeführt werden, darf die Dicke des Zinküberzuges die Werte aus Tab. 5.4 bzw. 5.5 nicht unterschreiten. Falls Teile aus Stählen unterschiedlicher Dicke zusammengesetzt sind, ist für jede Materialdicke die entsprechende Schichtdicke des Überzuges zugrunde zu legen.

Falls die Dicke eines Überzuges auf einem Prüfmuster nicht den Anforderungen entspricht, muss die doppelte Menge von Teilen ausgewählt und erneut geprüft werden. Erweist sich dieses größere Prüfmuster als einwandfrei, muss die gesamte Prüfmenge akzeptiert werden. Falls dieses größere Prüfmuster die erneute Prüfung nicht besteht, entspricht das Los nicht den Anforderungen der Norm. Die fehlerhaften Teile müssen aussortiert werden, oder der Kunde stimmt einer erneuten Verzinkung zu (siehe dazu auch DIN EN ISO 1461).

5.6 Wirtschaftlichkeit der Feuerverzinkung

5.6.1 Allgemeines

In der Praxis muss eine Investition sowohl bei kurzfristiger als auch bei langfristiger Betrachtung Sinn machen. Bei Korrosionsschutzarbeiten sind diesbezüglich neben den reinen Herstellungskosten (Erstkosten) auch die Instandhaltungs- und Wartungskosten zu berücksichtigen.

Die anfallenden Erstkosten sollten sich im Rahmen halten und die Folgekosten durch Wartung und Instandhaltung möglichst gering sein. Für atmosphärisch beanspruchte Stahlbauteile ist der Korrosionsschutz durch Feuerverzinken auch unter wirtschaftlichen Aspekten in der Regel die erste Wahl, da er zumeist bereits bei den Erstkosten günstiger ist und während der Nutzungszeit keiner weiteren Wartung und Instandhaltung bedarf und somit keine Folgekosten entstehen.

5.6.2
Wirtschaftliche Kriterien bei der Korrosionsschutzwahl

Für den Korrosionsschutz im Stahlbau und Bauwesen verwendet man organische Beschichtungen, das Feuerverzinken und die Kombination von beidem, sogenannte Duplex-Systeme. Kriterien für die Wirtschaftlichkeit des Korrosionsschutzes sind:

- die Kosten für den Erstschutz,
- die zu erwartende Nutzungsdauer des Objektes,
- die (atmosphärische und weitere) Belastungen am vorgesehen Einsatzort,
- die Schutzdauer des Korrosionsschutzsystems,
- die Folgekosten und Betriebsunterbrechungen durch Instandhaltungsarbeiten.

In der Wissenschaft werden darüber hinaus bereits weitere Kosten, sogenannte externe Kosten, diskutiert, die ggf. zukünftig auch eine Rolle spielen können. Das sind beispielsweise ökologische, soziale aber auch volkswirtschaftliche Kosten. Ein praktikables Beispiel sind Staukosten, die durch die Instandhaltungsarbeiten an einem Beschichtungssystem einer Verkehrsbrücke entstehen.

5.6.3
Erstschutzkosten

Von der unabhängigen Stahlbauorganisation bauforumstahl (www.bauforumstahl.de) wird regelmäßig in Zusammenarbeit mit dem Institut für Bauökonomie der Universität Stuttgart (www.bauoekonomie.uni-stuttgart.de) und dem Conseil Européen des Economistes de la Construction (www.ceecorg.eu) eine aktuelle Übersicht der Kosten im Stahlbau erhoben und herausgegeben.

Die in Ausgabe 2013 gemachten Angaben zum Korrosionsschutz (Tab. 5.6) geben eine vergleichende Übersicht der Kosten für die Feuerverzinkung im Vergleich zu Beschichtungssystemen.

Tabelle 5.6 zeigt, dass sich die Korrosionsschutzkosten teilweise sehr stark unterscheiden. Die größten Unterschiede treten dabei zwischen der werksseitigen und der baustellenseitigen Ausführung auf. Selbst bei der werksseitigen Applikation sind mit dem Korrosionsschutz Feuerverzinken in der Regel die geringsten Aufwendungen verbunden.

5.6.4
Schutzdauer

Die Wirtschaftlichkeit von Korrosionsschutzsystemen wird im Wesentlichen durch ihre Schutzdauer bestimmt. Hochwertige und damit auch langlebige Schutzsysteme sind in der Regel wirtschaftlicher als preisgünstigere, aber kurz-

Tab. 5.6 Kosten für Korrosionsschutz im Stahlbau aus [19].

Systeme	Spezifische Oberfläche (m^2/t)	Werkseitig Preisindikation (€/t)	(€/m^2)	Baustellenseitig Preisindikation (€/t)	(€/$m^{2)}$
Nassbeschichtungen (Rostschutzgrundierung und zwei Deckschichten inklusive vorheriges Strahlen)					
Konstruktionsart:					
schwere Profile (HEB 600)	10–15	210–430	16,5–34,5	400–820	32,0–65,5
mittelschwere Profile (< IPE 750/HEB 300)	15–20	235–520	13,5–30,0	530–1170	30,0–67,0
mittlere Profile (< IPE 450)	20–25	290–620	13,0–27,5	670–1450	30,0–65,0
mittelleichte Profile (< IPE 330)	25–30	310–710	11,0–26,0	825–1850	30.0–67,5
leichte Profile (< IPE 250)	30–40	400–1000	11,5–28,5	980–2200	28,0–63,0
leichte Schlosserarbeiten (Geländer, Zäune) mit geringer Massivität (< IPE 160)	40–50	500–1200	11,0–26,5	1250–2880	28,0–64,0
Verzinken/Feuerverzinken (inklusive Entfetten, Beizen und Fluxen ggf. vorheriges Strahlen)					
Konstruktionsart:					
schwere Profile (HEB 600)	10–15	230–290	18,5–23,0		
mittelschwere Profile (< IPE 750/HEB 300)	15–20	255–305	14,5–17,5		
mittlere Profile (< IPE 450)	20–25	280–320	12,5–14,5		
mittelleichte Profile (< IPE 330)	25–30	330–380	12,0–14,0		
leichte Profile (< IPE 250)	30–40	385–440	11,0–12,5		
leichte Schlosserarbeiten (Geländer, Zäune) mit geringer Massivität (< IPE 160)	40–50	490–560	10,9–12,4		
Einbrennlackierung von Metallbauelementen aus Stahl					
Pulverbeschichtung	40–50	720–990	16,0–22,0		
Pulverbeschichtung + Zinkgrundierung	40–50	900–1300	20,0–29,0		

lebige Alternativen. Auf mehr als 95 % der Fläche Deutschlands herrschen nur geringe oder mittlere Korrosionsbelastungen. Eine Feuerverzinkung mit einer praxisüblichen Schichtdicke von 85 μm erreicht hier eine Schutzdauer von über 50 Jahren (siehe DIN EN ISO 14713-1, Auszug siehe Tab. 5.7).

Tab. 5.7 Schutzdauer feuerverzinkter Überzüge in unterschiedlichen Korrosivitätskategorien (Auszug aus DIN EN ISO 14713-2; Tabelle 2).

Verfahren	Norm	Mindest-schicht dicke (μm)	Ausgewählte Korrosivitätskategorien (ISO 9223) kürzeste/längste Schutzdauer (Jahren) und Schutzdauerklasse (VL, L, M, H, VH)							
			C3		C4		C5		CX	
Feuerverzinken (Stückverzinken)	DIN EN ISO 1461	85	40/ > 100	VH	20/40	VH	10/20	H	3/10	M
		140	67/ > 100	VH	33/67	VH	17/33	VH	6/17	H
		200	95/ > 100	VH	48/95	VH	24/48	VH	8/24	H

Anmerkung: Die Werte für die Schutzdauer wurden auf ganze Zahlen gerundet. Die Zuordnung der Schutzdauerklasse basiert auf dem Durchschnitt der kürzesten und längsten berechneten Schutzdauer bis zur ersten Instandsetzung. Lesebeispiel: 85 μm Zinkschichtdicke in Korrosivitätskategorie C4 (Korrosionsgeschwindigkeit für Zink zwischen 2,1 und 4,2 μm je Jahr) ergibt eine erwartete Schutzdauer von 85/2,1 = 40,746 Jahren (gerundet 40 Jahre) und 85/4,2 = 20,238 Jahren (gerundet 20 Jahre). Durchschnitt der Schutzdauer (20 + 40)/2 = 30 Jahre – gekennzeichnet mit „VH". Abkürzungen: VL = sehr niedrig (Schutzdauer 0 < 2 Jahre); L = niedrig (Schutzdauer 2– < 5 Jahre); M = mittel (Schutzdauer 5– < 10 Jahre); H = hoch (Schutzdauer 10– < 20 Jahre); VH = sehr hoch (Schutzdauer ≥ 20 Jahre).

5.6.5
Folge- und Instandsetzungskosten

Aufgrund ihrer langen Schutzdauer von zumeist 50 Jahren und mehr verursacht eine Feuerverzinkung in der Regel während dieser Zeit keine Folge- und Instandhaltungskosten. Im Gegensatz dazu müssen laut einer Studie des Bundesbahnzentralamtes München selbst hochwertige Beschichtungssysteme bereits nach 15 Jahren ausgebessert werden oder alternativ nach 20 Jahren vollerneuert werden.

Instandsetzungen in Form von Ausbesserungen oder Vollerneuerungen sind in aller Regel deutlich aufwendiger und damit kostspieliger als der Erstschutz, da zusätzliche Einrüst- und Umweltmaßnahmen zu berücksichtigen sind sowie Betriebsunterbrechungen und andere Störungen als Folge entstehen können. Vor diesem Hintergrund müssen Folge- und Instandhaltungskosten immer individuell ermittelt werden. Generell gilt jedoch: Ein Korrosionsschutzsystem, das Folgekosten vermeidet, wie die Feuerverzinkung, ist am Ende in der Regel immer das wirtschaftlichere System.

Literatur

1 N.N.: Nutzungsdauern von Bauteilen zur Lebenszyklusanalyse des Bewertungssystems Nachhaltiges Bauen für Bundesgebäude (BNB), Internet: www.nachhaltigesbauen.de/baustoff-und-gebaeudedaten/nutzungsdauern-von-bauteilen.html; Bundesministerium für Umwelt, Naturschutz, Bau und Reaktorsicherheit Referat Bauingenieurwesen, Nachhaltiges Bauen, Bauforschung; 7. November 2015.
2 Marberg, J.: Mechanische Eigenschaften von Zinküberzügen; GfKORR-Tagung „Zink im Bauwesen", Würzburg-Schweinfurt, 12. und 13.02.2004.
3 N.N.: Umwelt-Produktdeklaration „Feuerverzinkte Baustähle: Offene Walzprofile und Grobbleche", EPD-BFS-20130173-IBG1-DE; Institut für Bauen und Umwelt, 2013, Berlin.
4 Matyschik, J.: Ökobilanzieller Vergleich von Korrosionsschutzsystemen für Stahlbauten; Projektarbeit am Lehrstuhl Systemumwelttechnik des Institutes für Technischen Umweltschutz der Technischen Universität Berlin, 2006
5 Germanischer Lloyd Industrial Services GmbH, Hamburg, Guideline for the Certification of Wind Turbine, Hamburg, 2010.
6 Allgemeine bauaufsichtliche Zulassung Z-1.4-165, Feuerverzinkte Betonstähle, DIBt, Berlin, 30.11.2011.
7 Ungermann, D., Rademacher, D., Oechsner, M., Landgrebe, R., Adelmann, J., Simonsen, F., Friedrich, S. und Lebelt, P. (2014) Feuerverzinken im Stahl- und Verbundbrückenbau: ZUTECH Forschungsprojekt P 835/06/2010/IGF-Nr. 351 ZBG, Düsseldorf, FOSTA; Verl. und Vertriebsges. mbH.
8 Simonsen, F. (2015) Der Einfluss von zinkbasierten Korrosionsschutzsystemen auf die zyklische Beanspruchbarkeit von Bauteilen aus Stahl. Zugl.: Darmstadt, Techn. Univ., Diss., Aachen, Shaker.
9 Rennert, R., Kullig, E., Vormwald, M., Esderts, A. und Siegele, D. (2012) Rechnerischer Festigkeitsnachweis für Maschinenbauteile, in *Stahl, Eisenguss und Aluminiumwerkstoffen*, 6. überarb. Ausg., Frankfurt am Main, VDMA-Verl.
10 Nürnberger, U. (2013) Einsatzmöglichkeiten von feuerverzinktem Betonstahl nach Eurocode 2; in: 57. Ulmer Betontage, 5.–7.2.2013, Tagungsband S. 96–99, Ulm.
11 Feldmann, M., Huckshold, M., Hüller, V. *et al.* (2010) Anwendung der DASt-Richtlinie 022:2009-08 „Feuerverzinken von tragenden Stahlbauteilen", in *DIBt-Mitteilungen 4-2010*, Deutsches Institut für Bautechnik, Berlin.
12 N.N. (2015) *Bewertungsgrundlage für metallene Werkstoffe im Kontakt mit Trinkwasser*, Umweltbundesamt, Bad Elster.
13 N.N. (2015) *Arbeitsblätter Feuerverzinken*, Institut Feuerverzinken, Düsseldorf.
14 Horstmann, D. (2003) *Fehlererscheinungen beim Feuerverzinken*, Max-Planck-Institut für Eisenforschung und Gemeinschaftsausschuss Verzinken e. V., Düsseldorf.
15 Schulz, W.-D. und Thiele, M. (2012) *Feuerverzinken von Stückgut – Die Schichtbildung in Theorie und Praxis*, vollständig überarbeitete und erweiterte 2. Aufl., Eugen G. Leuze Verlag, Bad Saulgau.
16 Huckshold, M. und Thiele, M. (2011) *Korrosionsschutz Feuerverzinken*, Deutsches Institut für Normung, Beuth-Verlag, Berlin.
17 Kendler, E., Maaß, P. und Peißker, P. (1973) *Fehlerkatalog feuerverzinkter Konstruktionen*, Zentralstelle für Korrosionsschutz, Dresden.
18 Maaß, P. und Peißker, P. (2008) *Handbuch Feuerverzinken*, 3. Aufl., Wiley-VCH Verlag, Weinheim.
19 N.N. (2013) Kosten für Korrosionsschutz; in Leitfaden „Kosten im Stahlbau 2013"; bauforumstahl in Zusammenarbeit mit dem Institut für Bauökonomie der Universität Stuttgart, Düsseldorf.

6
Beschichten von feuerverzinktem Stahl – Duplex-Systeme

S. Berger und A. Schneider

6.1
Grundlagen

Im Allgemeinen stellt die Feuerverzinkung einen ausreichenden, den Anforderungen gerecht werdenden Korrosionsschutz dar. In gewissem Umfang werden jedoch feuerverzinkte Konstruktionen und Bauteile auch zusätzlich beschichtet. Die Kombination eines metallischen Überzuges auf Basis von Zink mit einem Beschichtungssystem wird als Duplex-System bezeichnet. Durch Duplex-Systeme werden folgende Vorteile erzielt:

- Verbesserung des Korrosionsschutzes und damit Möglichkeit der Anwendung bei höheren Korrosionsbelastungen,
- farbliche Gestaltung einschließlich der Ausführung erforderlicher Sicherheitskennzeichnungen der Objekte,
- elektrische Isolation bei konstruktiv bedingter Paarung unterschiedlicher Metalle zur Unterbindung einer Kontaktkorrosion.

Die aufgeführten Vorteile werden allerdings nur wirksam, wenn die Funktionsfähigkeit des Korrosionsschutzes gewährleistet ist, d. h.

- feuerverzinkungsgerechte und beschichtungsgerechte Gestaltung der Bauteile,
- Anwendung geeigneter Oberflächenvorbereitungsverfahren vor der Beschichtung in Abhängigkeit vom Zeitpunkt der Beschichtungsausführung nach der Feuerverzinkung, von der Korrosionsbelastung während der Nutzungsdauer und vom auszuführenden Beschichtungssystem,
- Verwendung von zur Ausführung auf Zinküberzügen geeigneten Beschichtungsstoffen und Beschichtungssystemen.

Als Beschichtungsstoffe werden sowohl Flüssigbeschichtungsstoffe als auch Pulverbeschichtungsstoffe angewendet.

Handbuch Feuerverzinken, 4. Auflage. Peter Peißker und Mark Huckshold.

Schutzdauer von Duplex-Systemen

Duplex-Systeme erreichen eine höhere Schutzdauer als die Summe der erreichbaren einzelnen Schutzdauern des Zinküberzuges und einer Beschichtung auf Stahl. Diese Erhöhung der Schutzdauer wird als synergetischer Effekt bezeichnet und kann in folgender Gleichung mathematisch dargestellt werden:

$$S_{\text{Duplex}} = (S_{\text{FeuZn}} + S_{\text{Besch}}) \times 1{,}2 \text{ bis } 2{,}5$$

S_{Duplex} = Schutzdauer des Duplex-Systems (Korrosionsschutzsystem)

S_{FeuZn} = Schutzdauer des Zinküberzuges

S_{Besch} = Schutzdauer des Beschichtungssystems (bezogen auf Stahloberfläche)

Der synergetische Effekt wird erreicht durch die Verhinderung einer Unterrostung der Beschichtung, wie sie auf Stahloberflächen stattfindet, insbesondere durch die Vermeidung des Abhebens von Beschichtungen im Bereich von Poren, entstehenden Rissen und mechanischen Beschädigungen der Beschichtung infolge niedriger Volumenausdehnung der Zinkkorrosionsprodukte (10 %) gegenüber der Volumenausdehnung von Eisenkorrosionsprodukten (250 %). Auch das Verschließen von Poren und Rissen der Beschichtung durch die sich in diesen Bereichen bildende Zinkkorrosionsprodukte ist positiv.

Besonderheiten der konstruktiven Bauteilausführung

Zusätzlich zu einer feuerverzinkungsgerechten Konstruktion sind konstruktive Erfordernisse für die nachträgliche Ausführung eines Beschichtungssystems zu beachten. Angaben dazu erfolgen für Flüssigbeschichtungsstoffe in DIN EN ISO 12944-3 und sind sinngemäß auch für Pulverbeschichtungsstoffe gültig. Zu beachtende Schwerpunkte sind:

1. Sicherstellung der Zugänglichkeit aller zu beschichtenden Flächen für das jeweilige Beschichtungsverfahren unter Beachtung der Fertigung, der Bauwerksnutzung sowie ggf. erforderlicher Instandsetzungsmaßnahmen. Grundlage dafür sind einzuhaltende Mindestabstände der zu beschichtenden Flächen in Abhängigkeit von der Größe und der Lage der Flächen. Die DIN EN ISO 12944-3 beinhaltet Angaben zu
   - einzuhaltenden Mindestabständen von Flansch- und Gurtkanten bei beidseitiger Erreichbarkeit (Abb. 6.1),
   - bevorzugter Anwendung einteiliger Profile,
   - Erreichbarkeit der Beschichtungsfläche bei Schweißprofilen,
   - Erreichbarkeit von zu beschichtenden Flächen nach der Montage, Bodenabstand, Abstand von anderen Baukörpern (Abb. 6.2),
   - einzuhaltenden Mindestabständen von zu beschichtenden Flächen bei zusammengesetzten Profilen (Abb. 6.1).
2. Vermeidung von Spalten, wie z. B. von unterbrochenen Schweißnähten bei Freibewitterung bzw. bei Zusatzbelastungen,
3. konstruktive Vermeidung der Möglichkeit der Schmutzablagerung und der Wasseransammlung im Bauteil während der Lagerung/Montage und während der Nutzung,

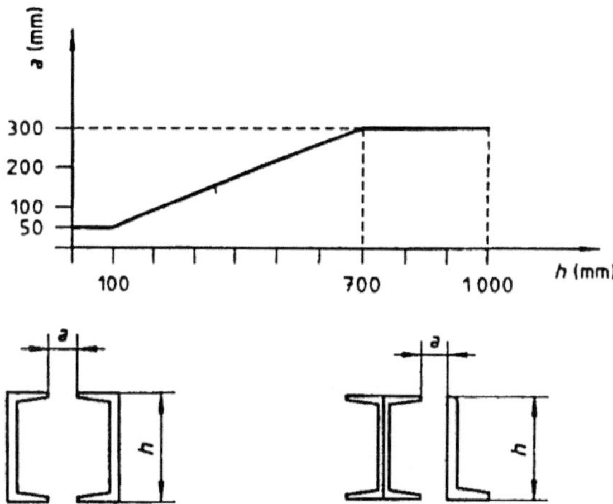

Abb. 6.1 Zulässiger Mindestabstand (*a*) zwischen zwei Bauteilen in Abhängigkeit von der Höhe (*h*) nach DIN EN ISO 12944-3.

4. konstruktive Vermeidung der Möglichkeit einer Kantenflucht der Beschichtung (z. B. Brechen der Kanten),
5. Sicherung eines einheitlichen Korrosionsschutzes über das Gesamtobjekt einschließlich der Verbindungsmittel.

Qualitätsanforderungen an den Zinküberzug für eine Beschichtung

Der Zinküberzug als Oberfläche für ein Beschichtungssystem muss die Qualitätsanforderungen nach DIN EN ISO 1461 erfüllen. Zusätzlich ist aber sicherzustellen, dass der Zinküberzug keine die Beschichtung bzw. die erforderliche Oberflächenvorbereitung negativ beeinflussenden Eigenschaften aufweist, d. h.

- Nachbehandlungen des Zinküberzuges, die eine negative Beeinflussung der Haftung des Beschichtungssystems haben können, sind auszuschließen (z. B. Einölen, Einwachsen, Abkühlen im Wasserbad mit Weißrostbildung, Passivierung),
- bei einer mechanischen Beanspruchung des Zinküberzuges bei der Ausführung der Oberflächenvorbereitung durch Sweepen muss eine ausreichende Haftfestigkeit des Zinküberzuges gegeben sein. Die Feuerverzinkerei sollte deshalb in jedem Fall Kenntnis von der vorgesehenen Duplex-Ausführung und dem vorgesehenen Oberflächenvorbereitungsverfahren haben.

Es wird empfohlen, in Anlehnung an den Nationalen Anhang NB der DIN EN ISO 1461 folgende Verzinkungsqualitäten (Bezeichnungen) zu vereinbaren:

- Überzug DIN EN ISO 1461 – t Zn k (Feuerverzinken und keine Nachbehandlung vornehmen) bzw.
- Überzug DIN EN ISO 1461 – t Zn b (Feuerverzinken und Beschichten).

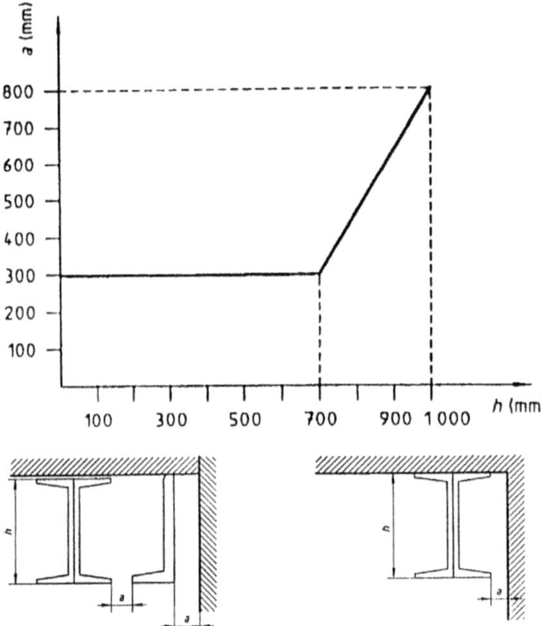

Abb. 6.2 Zulässiger Mindestabstand (*a*) zwischen einem Bauteil und einer angrenzenden Fläche in Abhängigkeit von der Höhe (*h*) der Bauteile nach DIN EN ISO 12944-3.

Zusätzlich zur nach der DIN EN ISO 1461 generell erforderlichen Reinigung des Zinküberzuges von verfahrensbedingten Verunreinigungen (Flussmittel- und Zinkaschereste) ist vor der Ausführung eines Beschichtungssystems eine Feinreinigung (Feinverputzen) erforderlich. Zum Feinverputzen zählen z. B. das Verschlichten von Hartzinkeinschlüssen, das Freilegen von Freischnitten und Wasserablaufbohrungen und das Verschlichten von Zinkverdickungen und Zinktropfen. Das Feinverputzen kann als Zusatzleistung durch die Feuerverzinkerei oder durch den Beschichtungsausführenden im Rahmen der Oberflächenvorbereitung erfolgen. Werden höhere dekorative Anforderungen an die beschichtete Oberfläche gestellt, so ist zu beachten, dass Unebenheiten in der Oberfläche des Grundwerkstoffes, z. B. Überwalzungen, Schweißnähte, Zunder- und Rostnarben, Verdickungen, nach dem Feuerverzinken erkennbar bleiben bzw. dadurch oft erst sichtbar werden. Durch entsprechend geeignete Werkstoffauswahl, optimale Fertigung und ggf. durch die Durchführung einer Probenverzinkung können Oberflächenstörungen reduziert bzw. vermieden werden.

Bei der Oberflächenvorbereitung des Zinküberzuges durch Sweepen können durch die Qualität des Zinküberzuges bedingt und /oder unsachgemäße Ausführung des Sweepens infolge erhöhter mechanischer Belastung Schäden im Zinküberzug auftreten (Risse, Enthaftungen). Das betrifft insbesondere Zinküberzüge auf Sebisty-Stählen [1]. Die Sicherstellung einer ausreichenden Haftfestigkeit des Zinküberzuges ist durch die Anwendung geeigneter Stahlwerkstoffe, durch die

Einhaltung bzw. Optimierung der Verzinkungsparameter und durch ein sachgerechtes Sweepen möglich.

6.2 Oberflächenvorbereitung des Zinküberzuges für die Beschichtung

Vor der Ausführung eines Beschichtungssystems sind störende Oberflächenverunreinigungen des Zinküberzuges durch geeignete, auf das Beschichtungssystem und die zu erwartende Korrosionsbelastung abgestimmte Oberflächenvorbereitungsverfahren zu entfernen. Als Verunreinigungen der Oberfläche des Zinküberzuges können vorliegen:

Artfremde Verunreinigungen, wie

- Fett, Öl, Reste von Reinigungsmitteln,
- Signierungen,
- Staub, Schmutz, einschließlich Strahlstaub des Oberflächenvorbereitungsverfahrens (Sweep-Strahlen),
- Flussmittelreste.

Die wesentlichste arteigene Verunreinigung ist Weißrost, der in Abhängigkeit vom Umfang und der Zeitdauer einer möglichen Korrosionsbelastung des Zinküberzuges entstehen und unterschiedliche Auswirkungen auf die Haftfestigkeit einer nachträglich aufgebrachten Beschichtung haben kann. Weißrost besteht meistens aus lose haftenden Zinkhydroxiden, die je nach Entstehung mit anderen Agenzien wie Chloriden (chemische Industrie, Seeatmosphäre) verunreinigt sein können, und muss vor einer Beschichtung immer entfernt werden.

6.2.1 Forderungen an die Oberfläche der zu beschichtenden Zinküberzüge

Die Beschichtung muss kurzfristig nach der Oberflächenvorbereitung/-behandlung auf einer sauberen, trockenen Oberfläche, frei von jeglichen Reinigungschemikalien, vorgenommen werden. Anderenfalls besteht die Gefahr einer erneuten Bildung von Weißrost infolge der durch die Oberflächenvorbehandlung entstandenen hoch aktivierten Zinkoberfläche mit hoher Affinität zum Sauerstoff der Luft. Speziell bei gesweepten Oberflächen empfiehlt sich deshalb eine zeitnahe Applikation der Beschichtung. Außerdem sind die Angaben der Hersteller der Beschichtungsstoffe zu berücksichtigen.

In der Praxis, vor allem auf Baustellen, sind immer noch Nassreinigungsverfahren anzutreffen. Auch heute wird von Firmen zum Teil noch vorgeschlagen, die Zinküberzüge durch Abwaschen mit einer ammoniakalischen Lösung zu reinigen. Damit werden die vorgenannten Forderungen in keiner Weise erfüllt, sodass Haftfestigkeitsprobleme des applizierten Beschichtungssystems durch auf der Oberfläche verbliebene Ammoniakreste vorprogrammiert sind. Eine qualitätsgerechte Reparatur durch Ausbessern der Haftungsschäden ist meistens nicht möglich. Die Anwendung von Nassreinigungsverfahren führt nur dann zum Erfolg, wenn vor der Beschichtung die o. g. Forderungen erfüllt sind. Deshalb haben sich im Stahlbau die mechanischen Oberfächenvorbereitungsverfahren durchgesetzt.

6.2.2 Oberflächenvorbereitungs- und -behandlungsverfahren

Zur Auswahl stehen die folgenden Verfahren:

- Mechanische Oberflächenvorbereitungsverfahren,
- Nassreinigung / Hochdruckwasser- und Dampfstrahlen,
- chemische Oberflächenumwandlung, wie Phosphatieren, Chromitieren u. ä.; diese sollten immer von einem Fachbetrieb ausgeführt werden.

Mechanische Verfahren (Sweepen)

Unter mechanischen Verfahren wird in der Praxis ausschließlich das Sweepen (auch als Sweep-Strahlen bezeichnet) verstanden. Mechanische Verfahren können sowohl auf der Baustelle als auch (bevorzugt) in der Werkstatt ausgeführt werden.

Die Oberflächenreinigung erfolgt durch leichtes Strahlen der Zinkoberfläche unter Verwendung eines kantigen Strahlmittels (Grit). Für die Oberflächenvorbereitung vor der Pulverbeschichtung sollten vorzugsweise Strahlmittel aus ferritfreien, hoch legierten (ferritfreien, nicht rostenden) Werkstoffen eingesetzt werden. Mit der Reinigung erfolgt gleichzeitig eine Aufrauung der Oberfläche. Das Sweepen ist das sicherste Oberflächenvorbereitungsverfahren und grundsätzlich generell anwendbar. Zur Sicherung einer möglichst niedrigen mechanischen Belastung des Zinküberzuges sind folgende Ausführungsparameter beim Sweep-Strahlen mit Druckluft erforderlich [1]:

- Strahldruck bis 0,3 MPa,
- Auftreffwinkel des Strahlmittels $\leq 30°$,
- Abstand der Düse von der Oberfläche 0,5–0,8 m,
- Strahlmittel im Korngrößenbereich von 0,2–0,5 mm (besonders wichtig).

Unter Baustellenbedingungen sind nicht metallische Strahlmittel nach DIN EN ISO 11126 zu verwenden. In der Werkstattfertigung besteht auch die Möglichkeit des Sweepens in Schleuderradstrahlanlagen unter Verwendung von hochlegierten ferritfreien und anderen Strahlmitteln. Bei Schleuderradstrahlanlagen ist die Abwurfgeschwindigkeit des Strahlmittels zu reduzieren.

Gesweepte Oberflächen müssen ein mattgraues Aussehen aufweisen, und die Oberflächenrauheit sollte dem Rauheitsgrad fein (*G*) nach DIN EN ISO 8503-1 entsprechen (Abb. 6.3).

Mit den genannten Ausführungsparametern erfolgt ein Zinkabtrag von 5–10 µm. Die Schichtdicke des Zinküberzuges sollte deshalb über den erforder-

Abb. 6.3 Gesweepter Zinküberzug (matt).

lichen Schichtdickenvorgaben der DIN EN ISO 1461 liegen, damit nach dem Sweepen die Toleranzgrenzen des Zinküberzuges noch eingehalten werden.

Zinkabplatzungen beim Sweepen sind zu vermeiden. Nicht vermeidbare Zinkabplatzungen sind bei einer nachfolgenden Beschichtung mit Flüssigbeschichtungsstoffen wie Verzinkungsfehlstellen nach DIN EN ISO 1461 auszubessern. Bei nachträglichem Pulverbeschichten ist nach den innerbetrieblichen Vorschriften zu verfahren.

Eine Zwischenbewitterung (Freibewitterung) bzw. Chloridbelastung durch Zwischenlagerung in der Verzinkerei ist unbedingt auszuschließen.

Mechanische Reinigung/Abschleifen mit Schleifvlies

Die Oberflächenreinigung erfolgt durch manuelles Schleifen der Zinkoberfläche mit Korund-Kunststoff-Vlies, eventuell unter Zusatz von neutralen Netzmitteln. Das Verfahren ist jedoch sehr zeitaufwendig und bleibt deshalb in der Praxis oft auf kleine Bauteile oder auf die örtliche Reinigung als Ergänzung, z. B. des Hochdruckstrahlens für örtliche Bereiche mit Weißrostbildung, begrenzt (Abb. 6.4). Für das Abschleifen mit Schleifvlies werden folgende Parameter empfohlen:

- Korund-Kunststoff-Vlies, z. B. Scotch-Britt (keine metallhaltigen Schleifmittel).
- bei Bedarf ammonikalische Netzmittellösung
  Zusammensetzung:
  - 10 l Wasser
  - 0,5 l Ammoniaklösung (25 %-ig)
  - 2–4 cm^3 Netzmittel
- Bei der Ausführung ist zu beachten:
  Das Verschleifen mit Zusätzen hat bis zur mattgrauen Färbung der Zinkoberfläche zu erfolgen. Nach dem Verschleifen mit Zusätzen ist die Zinkoberfläche gründlich mit chloridarmen Wasser nachzuwaschen und sofort zu trocknen. Zur Vermeidung von Beschichtungsfehlern muss die zu beschichtende Oberfläche des Zinküberzuges absolut trocken sein und nach der Trocknung sofort beschichtet werden.

Abb. 6.4 Überschliffener Zinküberzug (Quelle: A. Schneider, Altenbach).

Hochdruckwasser- und Dampfstrahlen

Die Oberflächenreinigung erfolgt durch Abwaschen mit versprühtem Hochdruckwasser- oder Dampfstrahl mit oder ohne Netzmittelzusätze (Abb. 6.5). Es wird eine ausreichende Entfernung von Schmutz, Ölen und Fetten erreicht. Festhaftende Verunreinigungen, wie z. B. Weißrost, sind schwer bzw. nicht entfernbar. Sie müssen zusätzlich durch eine mechanische Oberflächenreinigung entfernt werden, z. B. durch

- örtliches Abschleifen mit Schleifvlies oder
- Zumischen von Strahlmitteln zum Wasser- oder Dampfstrahl.

Das zuzumischende Strahlmittel entspricht in Art und Zusammensetzung dem des Sweepens und wird über eine Injektordüse am Sprühkopf zugemischt. Es erfolgt eine Oberflächenreinigung mit gleichzeitiger leichter Aufrauung bei niedriger mechanischer Belastung der Zinkoberfläche (Vermeidung von Zinkabplatzungen). Das Verfahren ist bei sachgerechter Ausführung dem Sweepen ähnlich.

Technische Parameter:

- Strahldruck ca. 6–30 MPa,
- Wasser-/Dampftemperatur ca. 20–50 °C.

Chemische Oberflächenumwandlung (Phosphatieren, Chromitieren (Cr(III)), Chromatieren (Cr(VI)) u. ä. Verfahren)

Im Rahmen dieses Buches wird auf Detailhinweise verzichtet, da es sich bei der chemischen Oberflächenumwandlung um ein selbständiges Oberflächenvorbehandlungsverfahren mit entsprechendem Know-how und dazugehörigen Spezialkenntnissen handelt. Es wird überwiegend im Zusammenhang mit einer Pulverbeschichtung angewendet. Alle anderweitig gemachten Hinweise gelten aber auch hier, d. h., die entstandene Schicht muss weitestgehend wasserunlöslich und frei von verfahrensbedingten löslichen Salzen sein. Ein zeitnahes Beschichten ist angebracht.

Abb. 6.5 Hochdruckwasserstrahlen(Quelle: A. Schneider, Altenbach).

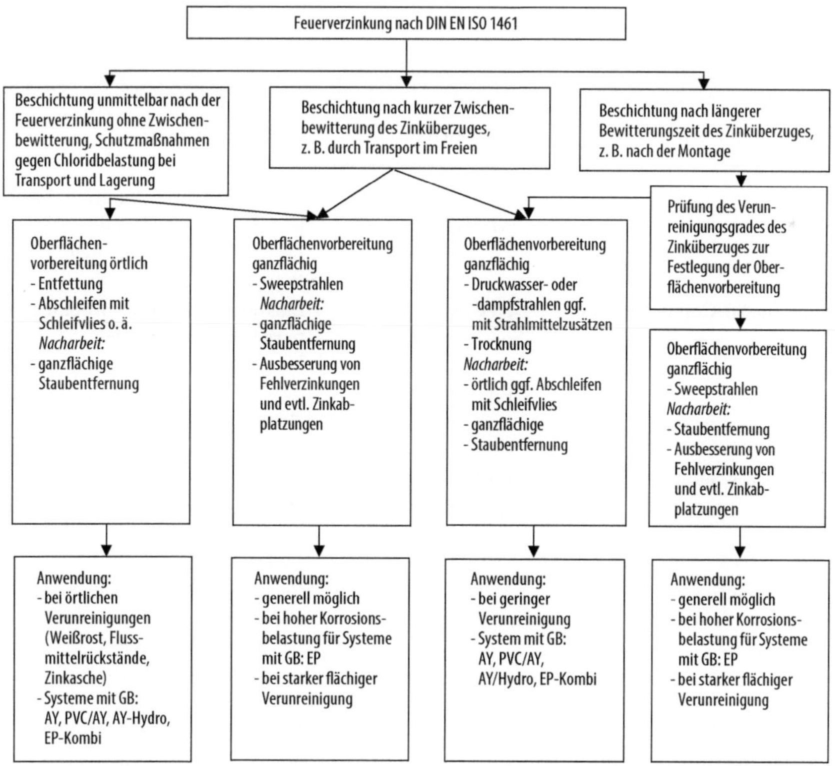

Abb. 6.6 Praktisch angewandte übliche Technologie der Oberflächenvorbereitung für Flüssigbeschichtungsstoffe.

6.3 Beschichtungsverfahren, Beschichtungsstoffe

6.3.1 Flüsssigbeschichten und Flüssigbeschichtungsstoffe [2]

Für den Korrosionsschutz von Stahlbauten durch Flüssigbeschichtungssysteme gilt die Norm DIN EN ISO 12944 mit ihren Teilen 1–8. Zur Beschichtung von Zinküberzügen müssen dafür ausdrücklich geeignete Beschichtungsstoffe angewendet werden. Entsprechende Prüfberichte der Beschichtungsstoffhersteller müssen vorliegen und entsprechende Angaben zur Anwendung und Ausführung in den Technischen Datenblättern dokumentiert sein. Für die Eignung sind Bindemitteltyp und Pigmentierung dieser Beschichtungsstoffe von Bedeutung. Nicht verseifungsbeständige Bindemittel wie Öle oder Alkydharze sind für Zink generell nicht geeignet, da haftfestigkeitsstörende Zinkseifenbildung möglich ist. Geeignete übliche Bindemitteltypen sind in Tab. 6.1 für Flüssigbeschichtungsstoffe aufgeführt.

Tab. 6.1 Flüssigbeschichtungsstoffe.

Bindemittelbasis	Kurzzeichen	Charakterisierung
Acrylharze	AY AY-Hydro	Einkomponentige Verarbeitung physikalisch trocknend Lösemittel: organisch oder Wasser
Vinylchlorid-Copolymerisate	PVC/AY	Einkomponentige Verarbeitung physikalisch trocknend Lösemittel: organisch
Epoxidharze	EP	Zweikomponentige Verarbeitung chemisch härtend Lösemittel: organisch
Epoxidharzkombinationen	EP-Kombi	Zweikomponentige Verarbeitung chemisch härtend/physikalisch trocknend Lösemittel: organisch
Polyurethanharze	PUR	Zweikomponentige Verarbeitung chemisch härtend Lösemittel: organisch

Bei der Auswahl der Beschichtungsstoffe ist auf eine weitgehende Lösungsmittelreduzierung zu achten, unter Berücksichtigung der in Tab. 6.2 angegebenen grundsätzlichen anteiligen Lösungsmittelgehalte von Flüssigbeschichtungsstoffen. Eine Alternative besteht auch in der Anwendung von Pulverbeschichtungsstoffen.

Tab. 6.2 Lösungsmittelgehalte (Orientierungswerte).

Beschichtungsstofftyp	Lösungsmittelgehalt (organisch)
Lösungsmittelfreie Beschichtungsstoffe	≤ 2 %
Hydro-Beschichtungsstoffe (wasserverdünnbar)	≤ 5 %
Very high solid (VHS) Beschichtungsstoffe	≤ 15 %
High solid (HS) Beschichtungsstoffe	≤ 25 %
Normalschichtige Beschichtungsstoffe	≥ 35 %

Bei der Auswahl von Flüssigbeschichtungssystemen auf Zinküberzügen ist zu berücksichtigen:

1. Bewertung des erforderlichen Korrosionsschutzes in Abhängigkeit von der Korrosivitätskategorie (Korrosionsbelastung) und der erforderlichen Schutzdauer (Zeitraum bis zur erforderlichen Instandsetzung der Beschichtung) in folgenden Abstufungen nach DIN EN ISO 12944-2:
   - C2 gering,
   - C3 mäßig,
   - C4 stark,
   - C5–I sehr stark (Industrieatmosphäre),
   - C5–M sehr stark (Meeresatmosphäre),

   Schutzdauer nach DIN EN ISO 12944-1:
   - niedrig (L) 2–5 Jahre,
   - mittel (M) 5–15 Jahre,
   - hoch (H) > 15 Jahre.
2. Weitestgehende Ausführung der Beschichtung als Werkstattfertigung in folgenden Varianten:
   - Werkstattseitige Vollschutzausführung bei zu erwartendem niedrigen Beschädigungsgrad des Beschichtungssystems durch Transport- und Montageprozesse,
   - werkstattseitige Ausführung einer Teilbeschichtung mit baustellenseitiger Vollschutzkomplettierung bei zu erwartendem höheren Beschädigungsgrad des Beschichtungssystems durch Transport- und Montageprozesse.
3. Formulierung des Beschichtungssystems für die entsprechende Korrosivitätskategorie und Schutzdauer unter Angabe von:
   - Erforderliches Oberflächenvorbereitungsverfahren,
   - Beschichtungssystemaufbau mit möglicher Trennung in Werkstatt- und Baustellenleistung,
   - Sollschichtdicken der Einzelbeschichtungen und des Beschichtungssystems,
   - Farbtöne der Einzelbeschichtungen, die sich deutlich voneinander und vom Zinküberzug unterscheiden,
   - Orientierung auf Reduzierung der Anzahl erforderlicher Beschichtungen.

Übersichten über mögliche Beschichtungssysteme sind für Flüssigbeschichtungsstoffe in Tab. 6.3 zusammengestellt.

Beispiele für konkrete Beschichtungssysteme mit Flüssigbeschichtungsstoffen sind in DIN EN ISO 12944-5 aufgeführt.

Für die Applikation von Flüssigbeschichtungsstoffen auf Zinküberzügen bestehen keine besonderen Anforderungen an das Beschichtungsverfahren. Die Ausführung kann durch Spritzen, Streichen oder Rollen unter Beachtung der Angaben der Technischen Produktdatenblätter der Hersteller erfolgen.

Die aufgeführten Grundlagen und zu beachtenden Schwerpunkte bei der Ausführung von Duplex-Systemen sind Verallgemeinerungen der gegenwärtigen praktischen Verfahrensweise. Abweichungen dazu sind ggf. möglich oder erforderlich. Die Ausführung der Duplex-Beschichtung sollte deshalb im Rahmen der Erarbeitung der Spezifikationen nach DIN EN ISO 12944-8 mit dem Beschichtungsstoffhersteller für den konkreten Anwendungsfall abgestimmt und vereinbart werden. Die Durchführung und Überwachung der Beschichtungsausführungen richten sich nach DIN EN ISO 12944-6. Zusätzliche Hinweise werden in der sog. Verbände-Richtlinie „Duplex-Systeme" [2] gegeben.

Bei der im Rahmen der Qualitätssicherung zu messenden Schichtdicke des Korrosionsschutzsystems ist zu beachten, dass die Schichtdicke des Zinküberzuges und der Beschichtung getrennt zu ermitteln sind und nicht gegeneinander aufgerechnet werden dürfen.

Für die Schichtdicke der Beschichtung sind die zulässigen Toleranzgrenzen der Sollschichtdicke nach DIN EN ISO 12944-5 maßgebend. Eine Oberflächenrauheit des Zinküberzuges (z. B. nach dem Sweepen) ist nicht zu berücksichtigen.

Für größere oder bedeutende Objekte wird eine Qualitäts- und Gewährleistungsabsicherung durch Kontrollflächen nach DIN EN ISO 12944-7 und DIN EN ISO 12944-8 Anhang B für die Beschichtung empfohlen.

6.3.2
Pulverbeschichten und Pulverbeschichtungsstoffe [3]

Für das Pulverbeschichten von feuerverzinkten Erzeugnissen gelten nebeneinander die Normen DIN 55633 „Beschichtungsstoffe – Korrosionsschutz von Stahlbauten durch Pulverbeschichtungssysteme", DIN EN 13438 „Beschichtungsstoffe – Pulverbeschichtungen für verzinkte und sherardisierte Stahlerzeugnisse für Bauzwecke", die Norm DIN EN 15773 „Industrielle Pulverbeschichtung von feuerverzinkten und sherardisierten Gegenständen aus Stahl" (Duplex-Systeme) sowie die „Verbände-Richtlinie Duplex-Systeme" [4]. Die aus Korrosionsschutzsicht wichtigste Norm ist dabei die DIN 55633. Sie ergänzt die Normenreihe DIN EN ISO 12944, die sich ausschließlich mit dem Schutz durch Beschichtungssysteme aus flüssigen Beschichtungsstoffen befasst und stellt mit dieser Normenreihe enge Bezüge her.

Wie bereits unter Abschn. 6.2.1 beschrieben, müssen für die Beschichtung von Zinküberzügen dafür ausdrücklich geeignete Beschichtungsstoffe angewendet

Tab. 6.3 Empfohlene Beschichtungssysteme für Zinküberzüge mit Flüssigbeschichtungsstoffen. GB – Grundbeschichtung, ZB – Zwischenbeschichtung, DB – Deckbeschichtung.

Beschichtungssystemaufbau mit möglicher Trennung in Werkstatt- und Baustellenleistung[1]	**Variante 1**	**Variante 2a**	**Variante 2b**	**Variante 3**	**Variante 4a**	**Variante 4b**
					DB (80 µm)	DB (80 µm)
		DB (80 µm)	DB (120 µm)	DB (80 µm)	ZB (80 µm)	GB (160 µm)
Werksbeschichtung	DB (80 µm)	GB o. DB (40 µm)		GB o. ZB (80 µm)	GB o. ZB (80 µm)	
	Metallischer Überzug durch Feuerverzinkung nach DIN EN ISO 1461					
Anzahl der Beschichtungen	1- schichtig	2-schichtig	1- schichtig	2-schichtig	3-schichtig	2- schichtig
Schichtdicke des Beschichtungssystems	80 µm	120 µm		160 µm	240 µm	
Schichtdicke der Werksbeschichtung	80 µm	40 µm	120 µm	80 µm	80 µm	160 µm
Bindemittelbasis Beschichtungsstoffe nach Tabelle 6.3	PVC/AY, EP, PUR, AY	PVC/AY, AY, EP, PUR		PVC/AY, AY, EP, EP-Kombi, AY-Hydro, PUR	AY, EP, EP-Kombi, AY-Hydro, PUR	
Vorzugsweise Anwendung für Korrosionsbelastungen	geringe	mäßige		starke	sehr starke, Sonderbelastung	
Korrosivitätskategorie nach DIN EN ISO 12944-2	C2	C3		C4	C5-I, C5-M	

Tab. 6.4 Pulverbeschichtungsstoffe.

Bindemittelbasis	Kurzzeichen	Eigenschaften	Anwendung	Filmbildung
Epoxidharz	EP	• Sehr gute Haftung auf verschiedenen Substraten • Gute Lösemittel- und Chemikalienbeständigkeit • Neigen zum Kreiden bei UV-Bewitterung • Schlechte Überbrennbarkeit	Bevorzugt bei mehrschichtigem Aufbau in Grundbeschichtungen	Chemische Reaktion durch thermische Aushärtung bei 120–200 °C
Epoxid/Polyesterharz	EP/SP	• Ähnlich EP mit verbessertem Kreidungsverhalten und Vergilbungsstabilität • Schlechtere Lösemittel- und Chemikalienbeständigkeit als EP	Einschichtig oder bei mehrschichtigem Aufbau bevorzugt in Deckbeschichtungen für den Innen- und Außenbereich	Chemische Reaktion durch thermische Aushärtung bei 130–200 °C
Polyesterharz	SP	• Sehr gute Wetterbeständigkeit • Schlechtere Lösemittel- und Chemikalienbeständigkeit als EP und EP/SP • Gute Überbrennbarkeit		Chemische Reaktion durch thermische Aushärtung bei 160–200 °C
Isocyanat härtendes OH-funktionelles Polyesterharz	PUR	• Sehr gute Wetterbeständigkeit • Gute Chemikalienbeständigkeit		Chemische Reaktion durch thermische Aushärtung bei > 180 °C

werden. Geeignete übliche Bindemitteltypen für Pulverbeschichtungsstoffe sind in Tab. 6.4 aufgeführt.

Generell sind Pulverbeschichtungsstoffe frei von flüchtigen Anteilen. Ausnahmen bilden z. B. Polyurethansysteme mit blockierten Isozyanaten, bei deren Härtung geringe Mengen von Blockierungsmitteln freigesetzt werden. So kann der VOC-Anteil durchaus 2–4 % betragen.

Bei der Auswahl von Pulverbeschichtungssystemen auf Zinküberzügen ist analog zu der Auswahl von Flüssigbeschichtungssystemen zu verfahren, unter Berücksichtigung der entsprechenden Korrosivitätskategorie und Schutzdauer. Die Ausführung der Beschichtungsarbeiten erfolgt vollständig in der Werkstatt.

Tab. 6.5 Beispiele für Pulverbeschichtungssysteme auf feuerverzinktem Stahl (DIN 55633).

Oberflächen-vorbehand-lung/-vorbereitung	Bindemittel Grundbe-schichtung	Bindemittel Deckbeschich-tung	NDFT gesamt	Anwendungs-bereich
Sweep-Strahlen	–	EP/SP, SP, PUR	80–120 μm	Geringe und mäßige Korrosionsbelastung
Chromatieren[a)]	–	EP/SP, SP, PUR	80 μm	Geringe und mäßige Korrosionsbelastung
Sweep-Strahlen	EP	EP/SP, SP, PUR	120–160 μm	Starke Korrosionsbelastung
Chromatieren[a)]	EP	EP/SP, SP, PUR	120–160 μm	Starke Korrosionsbelastung

a) In der Praxis hat sich vor allem die Gelbchromatierung als Konversionsschicht bewährt. Aufgrund von neuen Gesetzgebungen soll die Verwendung von Cr(VI)-haltigen Schichten jedoch langfristig ganz verboten werden. Derzeit bieten Vorbehandlungshersteller eine Vielzahl von chromfreien Verfahren an, z. B. Zinkphosphatierung und Verfahren auf Basis Titan/Zirkon. Der Anwender sollte das Vorbehandlungsverfahren gezielt mit dem Hersteller auf seine speziellen Anforderungen abstimmen.

Zum Schutz vor Beschädigung beim Transport oder weiterer Montage sind entsprechende Maßnahmen vorzusehen. Weiterhin sollten im Vorfeld Regelungen über die Ausbesserung von eventuellen Beschädigungen getroffen werden. Für die Ausbesserung bieten Hersteller von Pulverbeschichtungsstoffen in der Regel Systeme auf Basis von Flüssigbeschichtungsstoffen an.

Übersichten über mögliche Beschichtungssysteme für Pulverbeschichtungsstoffe für Anwendungen im Korrosionsschutz sind in Tab. 6.5 zusammengestellt.

Die Oberflächenvorbehandung/-vorbereitung des Zinküberzuges sollte unmittelbar vor dem Beschichtungsvorgang durchgeführt werden und wurde bereits unter Abschn. 6.1 ausführlich beschrieben. Anschließend hat die thermische Aushärtung des Pulverbeschichtungsstoffes nach den vom Hersteller vorgegebenen Einbrennbedingungen zu erfolgen. Grundierpulver werden teilweise nur angeliert, um den Haftverbund zu verbessern. Auf eine vollständige Aushärtung der Deckbeschichtung sowie auf ausreichenden Kantenschutz durch Verwendung von Pulverbeschichtungsstoffen mit guter Kantenabdeckung ist zu achten.

Die Störung der Filmausbildung durch sogenanntes Ausgasen führt immer wieder zu einem erhöhten Arbeits- und Zeitaufwand durch Nachbesserungen. Es ist bekannt, dass besonders die Feuerverzinkung von siliziumberuhigten Stählen zu einer grobkristallinen Gefügestruktur führt, in dessen Hohlräumen sich zunächst Flussmittel ablagern und durch Reaktion mit Feuchtigkeit Wasserstoff entstehen kann. Beim Pulvereinbrennvorgang wird diese Reaktion beschleunigt und der entstehende Wasserstoff führt zu Ausgasungen [5] und somit zur Blasenbildung (Abb. 6.8).

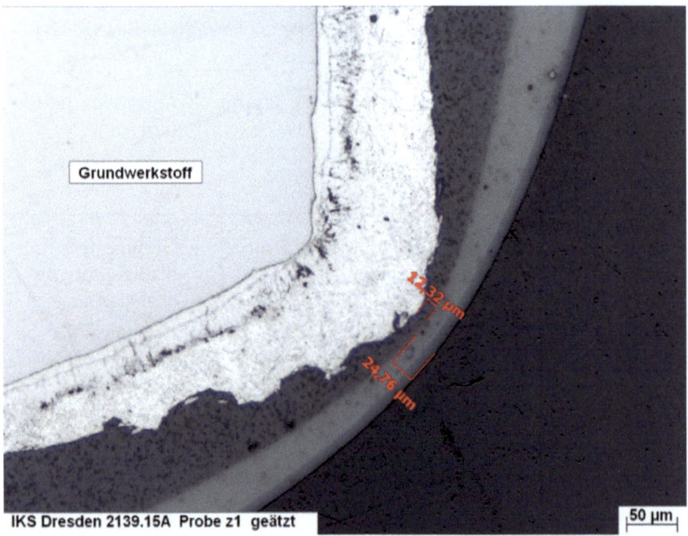

Abb. 6.7 Pulverbeschichtung mit geringer Kantenabdeckung (Kantenflucht) (Quelle: IKS Dresden, mit Erlaubnis).

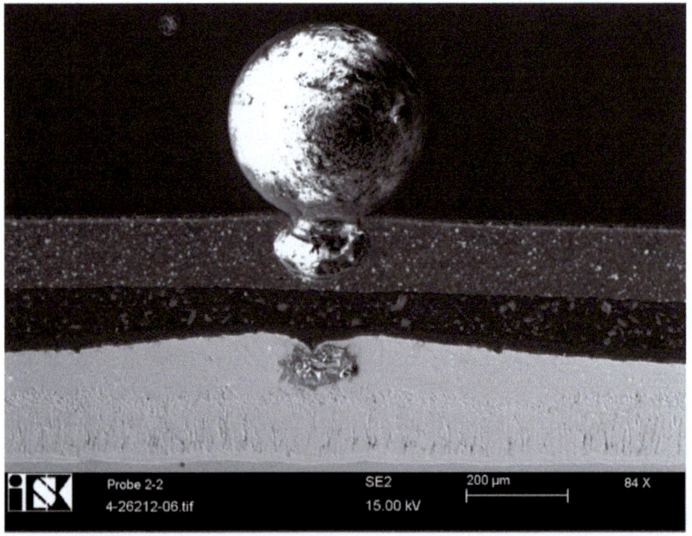

Abb. 6.8 Blasen in der Pulverbeschichtung als Folge von Defekten im Zinküberzug (Quelle: IKS Dresden, mit Erlaubnis).

Um Ausgasungen zu vermeiden, werden in der Praxis feuerverzinkte Substrate teilweise vor der Pulverbeschichtung getempert. Ziel ist es, bei Temperaturen von 180–200 °C das Poreninnere zu trocknen. Diese Vorgehensweise bedeutet allerdings zusätzliche Energie- und technologische Kosten und ist auch nicht immer zielführend.

Eine weitere/zusätzliche Möglichkeit zur Vermeidung von Ausgasungen ist die Verwendung von Pulverbeschichtungsstoffen mit Ausgasungsadditiven (ausgasungsarme Pulver). Das Additiv verzögert den Filmbildungsprozess und sorgt dafür, dass Ausgasungen vorher stattfinden können. Jedoch kann sich durch die verlängerte Flüssigphase des Pulverbeschichtungsstoffes die Kantenflucht erhöhen, was sich negativ auf den Korrosionsschutz auswirkt.

Auch die Ausführung von Duplex-Beschichtungen mit Pulverbeschichtungsstoffen sollte mit dem Beschichtungsstoffhersteller/-lieferanten für den konkreten Anwendungsfall abgestimmt und vereinbart werden.

Die Erarbeitung von Spezifikationen sowie die Durchführung und Überwachung der Beschichtungsarbeiten richten sich nach der Normenreihe DIN EN ISO 12944.

6.4 Ausführungsfehler/Qualitätsabweichungen bei Duplex-Systemen

Ausführungsabweichungen führen häufig zu Schadensfällen, die den Vorteil von Duplex-Systemen erheblich negativ beeinflussen.

Nachfolgend werden typische Ausführungsfehler und Qualitätsabweichungen von Duplex-Systemen mit Flüssigbeschichtungsstoffen beispielhaft für die Ausführungsstufen Feuerverzinkung/Nachbearbeitung, Oberflächenvorbereitung und Beschichtungsausführung dargestellt.

6.4.1 Ausführungsfehler Feuerverzinkung/Nachbearbeitung

Fehler Nr.	Fehlerart	Schadensbild
1	Zinkasche nicht bzw. unvollständig entfernt Fotodokumentation (Beispiel)  **Abb. 6.9** Beschichtungsenthaftung im Zinkaschebereich	Enthaftung der Beschichtung vom Zinküberzug (örtlich) und/oder Blasenbildung mit Weißrost  **Abb. 6.10** Blasenbildung im Zinkaschebereich

Fehler Nr.	Fehlerart	Schadensbild
2	Hartzink nicht bzw. unvollständig entfernt	Ungleichmäßige Beschichtungsoberfläche mit Unterschichtdicken der Beschichtung im Hartzinkbereich, visuelle Beeinträchtigung
	Fotodokumentation (Beispiel)  **Abb. 6.11** Unterschichtdicke der Beschichtung im Hartzinkbereich	

Fehler Nr.	Fehlerart	Schadensbild
3	Zinkspitzen nicht entfernt	Verletzungsgefahr, visuelle Beeinträchtigung, Fehlbeschichtung, Unterschichtdicke der Beschichtung
	Fotodokumentation (Beispiel) **Abb.6.12** Einzelne Zinkspitzen Handlauf Geländer	**Abb. 6.13** Flächige Zinkspitzen Bauteiloberseite

Fehler Nr.	Fehlerart	Schadensbild
4	Zinküberzug abgeschliffen beim Verputzen	Schadstelle des Zinküberzuges, erhöhter bzw. unzulässiger Ausbesserungsumfang, Beeinträchtigung des Korrosionsschutzes

Fotodokumentation (Beispiel)

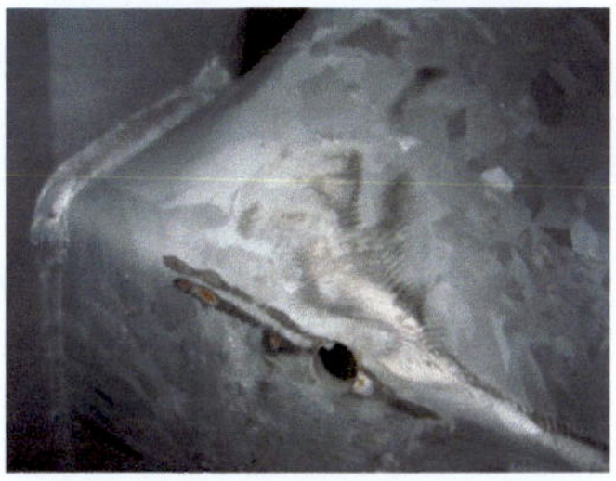

Abb. 6.14 Entgraten von Bohrungen

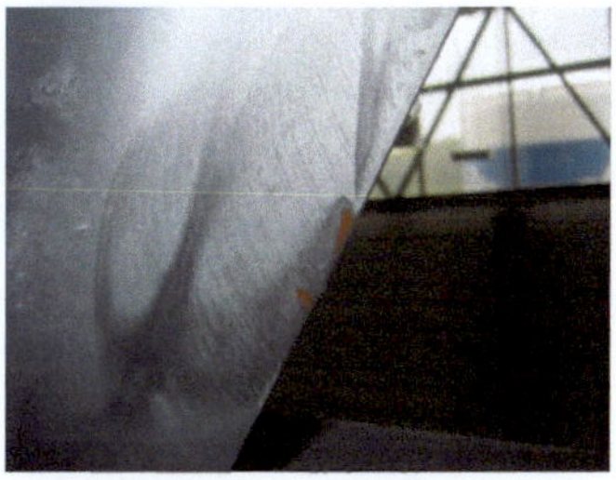

Abb. 6.15 Entfernung von Zinkverdickungen

Fehler Nr.	Fehlerart	Schadensbild
5	Beschädigungen der Verzinkung nicht ausgebessert vor der Duplex-Beschichtung	Beeinträchtigung Korrosionsschutz Duplex

Fotodokumentation (Beispiel)

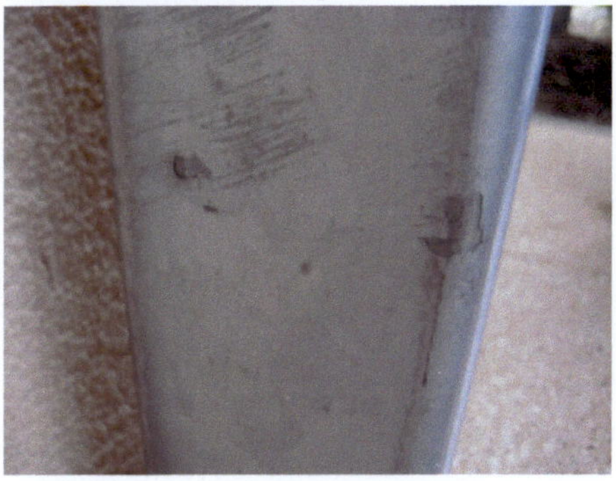

Abb. 6.16 Mechanische Beschädigung durch Anschlagmittel

Fehler Nr.	Fehlerart	Schadensbild
6	Feinverputzen nicht oder unvollständig ausgeführt	Visuelle Beeinträchtigung, Korrosionsschäden nach Abplatzen der Verzinkung
	Fotodokumentation (Beispiel)	
	Abb. 6.17 Detail Zinkfahnen beschichtet	**Abb. 6.18** Ansicht nicht verputztes Gitter

Fehler Nr.	Fehlerart	Schadensbild
7	Schadstellen der Verzinkung unsachgemäß ausgebessert	Ausbesserungsbeschichtung nicht entsprechend DIN EN ISO 1461, Unterschichtdicke, Unverträglichkeit mit Duplex-Beschichtung
	Fotodokumentation (Beispiel)	
		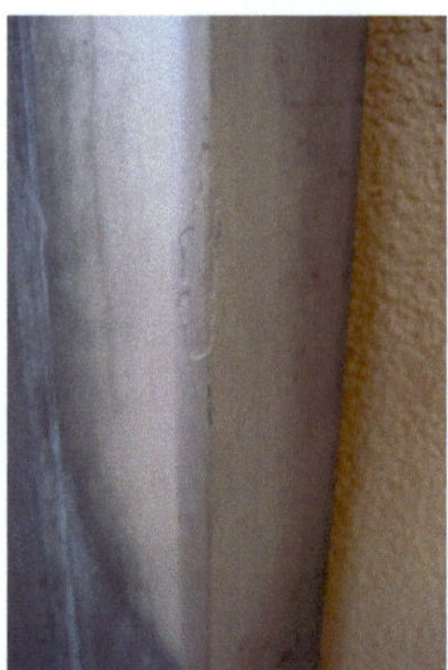
	Abb. 6.19 Ausbesserung Schweißnaht	**Abb. 6.20** Ausbesserung mechanische Beschädigung
	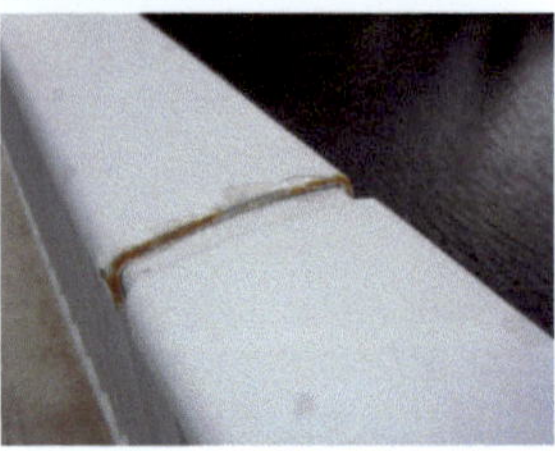	**Abb. 6.21** Ausbesserung Schnittkanten

6.4.2
Ausführungsfehler Oberflächenvorbereitung des Zinküberzuges

Fehler Nr.	Fehlerart	Schadensbild
8	Nichteinhaltung der Sweep-Parameter (z. B. Korngröße Strahlmittel, Druck, Abstand) Fotodokumentation (Beispiel)	Abplatzungen des Zinküberzuges vom Stahl bzw. im Zinküberzug
	Abb. 6.22 Detail Zinkabplatzungen	**Abb. 6.23** Bauteil mit Zinkabplatzungen
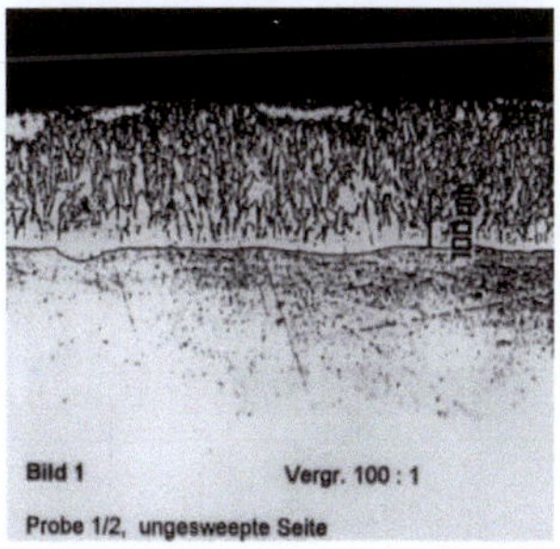	**Abb. 6.24** Schliffbild Zinküberzug vor dem Sweepen	**Abb. 6.25** Schliffbild Zinküberzug nach dem Sweepen

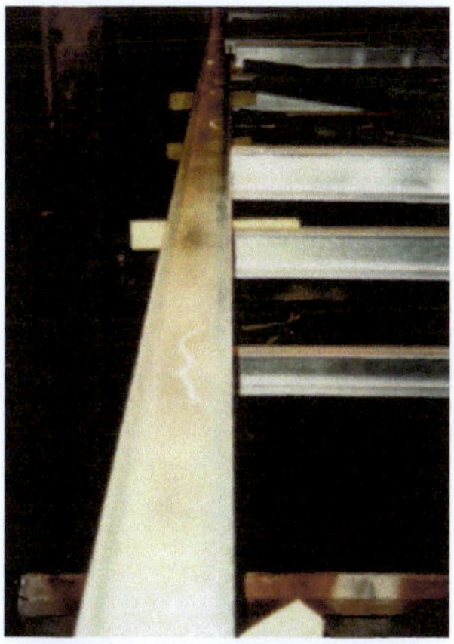

Fehler Nr.	Fehlerart	Schadensbild
9	Kein Waschen nach der ammoniakalischen Netzmittelwäsche (Ammoniakreste)	Weißrostbildung (flächig) unter der geschlossenflächigen Beschichtung, Rissbildung und Enthaftung der Beschichtung
	Fotodokumentation (Beispiel) 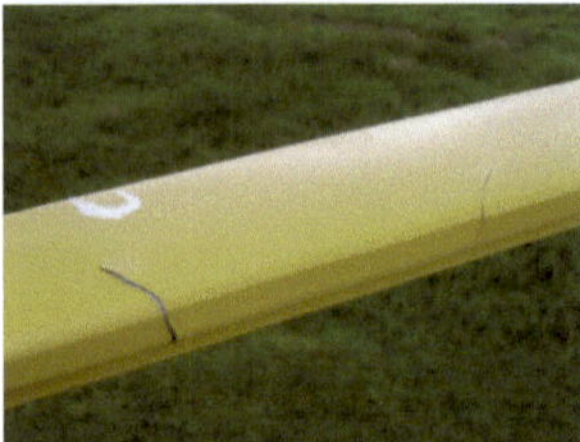 **Abb. 6.26** Rissbildung in der Beschichtung	 **Abb. 6.27** Abplatzung der Beschichtung vom Riss ausgehend
	 **Abb. 6.28** Abplatzungen visuell ungeschädigter Beschichtungen bei mechanischer Beanspruchung	 **Abb. 6.29** Größerflächige, fortschreitende Beschichtungsenthaftung

Fehler Nr.	Fehlerart	Schadensbild
10	Nicht gesweepter Zinküberzug	Rissbildung der Beschichtung und flächige Enthaftung, Zinkblume deutlich sichtbar
	Fotodokumentation (Beispiel)  **Abb. 6.30** Rissbildung in der Beschichtung	 **Abb. 6.31** Beschichtungsenthaftung vom Riss ausgehend, unterfahrbare Beschichtung

6.4.3 Ausführungsfehler Beschichtung

Fehler Nr.	Fehlerart	Schadensbild
11	Ungeeignetes Beschichtungssystem für Zinküberzüge	Enthaftung der Beschichtung u. a. durch Reaktion Zink/Bindemittel (Zinkseifenbildung)
	Fotodokumentation (Beispiel) **Abb. 6.32** Flächige Beschichtungsabplatzung vom Zinküberzug	**Abb. 6.33** Beschichtungsabplatzung, Unterfahrbarkeit, Weißrostbildung

Fehler Nr.	Fehlerart	Schadensbild
12	Unterschichtdicke der Beschichtung unterhalb der Toleranzgrenze/fehlende Grundbeschichtung Fotodokumentation (Beispiel)  **Abb. 6.34** Spritschatten der Beschichtung	Flächige Weißrostbildung des Zinküberzuges mit flächiger Enthaftung des Beschichtungssystems  **Abb. 6.35** Beschichtungsabplatzungen, Zinkkorrosion unter der geschlossenflächigen Beschichtung

Fehler Nr.	Fehlerart	Schadensbild
13	Überschichtdicke Beschichtung oberhalb der Toleranzgrenzen	Rissbildung, Verdickungen mit Abplatzungen, Beschichtungsverklebungen mit Abrissen

Fotodokumentation (Beispiel)

Abb. 6.36 Rissbildung Beschichtungsverdickung Schweißnaht

Abb. 6.37 Beschichtungsläufer, Verdickungen mit Abplatzungen

Abb. 6.38 Erhebliche Überschichtdicke, geschlossenflächige Enthaftung

Abb. 6.39 Überschichtdicke mit Beschichtungsverklebung bei mechanischer Beanspruchung

6.4.4 Schadensfälle ohne eindeutige Ursachenzuordnung

Fehler Nr.	Fehlerart	Schadensbild
14	Blasenbildung der Beschichtung bis zum Zinküberzug	Gasblasen aus Poren im Stahl/Zink durch zeitlich begrenzte Wasserstoffbildung mit bisher ungeklärter Ursache und der Möglichkeit einer Vermeidung
	Fotodokumentation (Beispiel)	
	Abb. 6.40 Flächige Blasen am Bauteil	**Abb. 6.41** Geschlossene Blasen
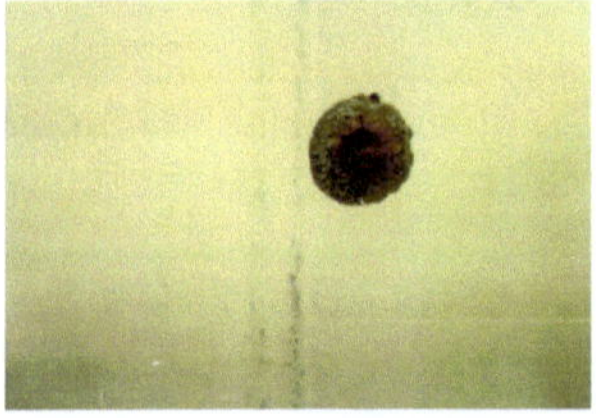	**Abb. 6.42** Offene Blasen mit erkennbarer Pore	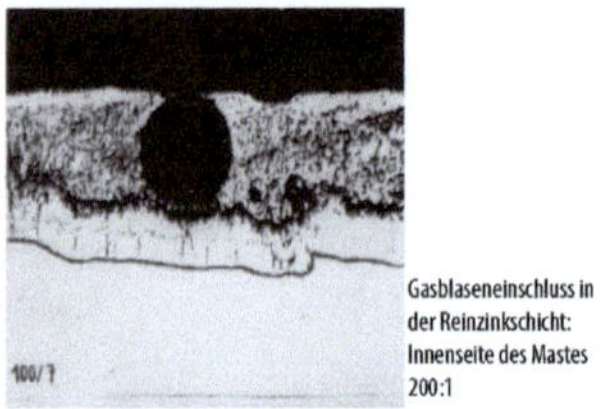 Gasblaseneinschluss in der Reinzinkschicht: Innenseite des Mastes 200:1 **Abb. 6.43** Schliffbild Pore im Zinküberzug

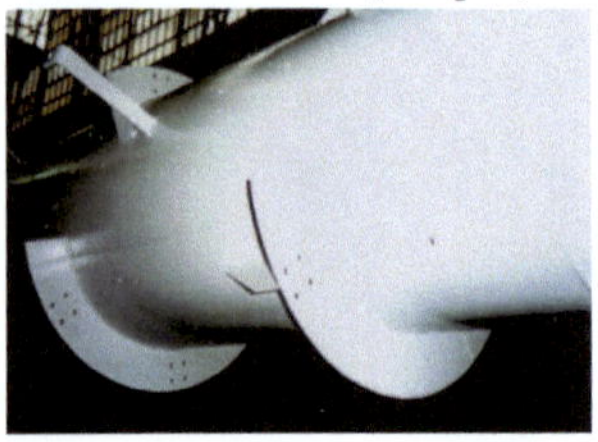

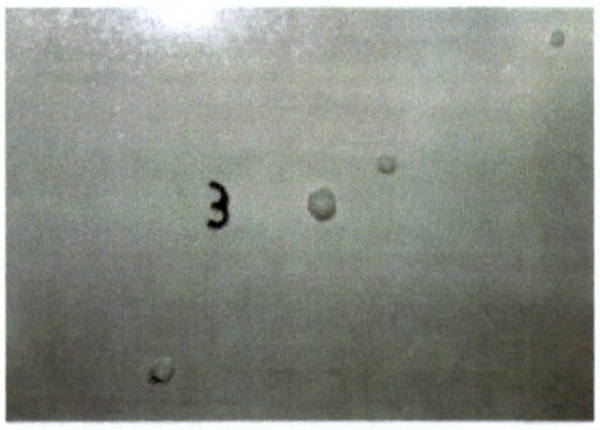

Die aufgeführten Beispiele möglicher Fehler mit entsprechenden Schadensbildern sind bei der Qualitätssicherung der Duplex-Ausführung zu beachten und zu vermeiden. Festzustellende Schäden betreffen überwiegend als systematische Fehler das Gesamtobjekt, sind deshalb hinsichtlich der Schadensbehebung sehr kostenintensiv und erfordern nach fachlicher Begutachtung die Erstellung einer Sanierungskonzeption.

Literatur

1 Schulz, W.D., Schubert, P., Katzung, W. und Rittig, R. (1999) Richtiges Sweepen von Feuerzinküberzügen nach DIN EN ISO 1461. *Maler Lackiererm.*, 7, 47.

2 Institut für Korrosionsschutz Dresden GmbH (2007) *Vorlesungen über Korrosion und Korrosionsschutz von Werkstoffen*, Bd. II, 2. Aufl., TAW-Verlag, Wuppertal.

3 N.N. (2000) DUPLEX-Richtlinie Korrosionsschutz von Stahlbauten – Duplex-Systeme – Feuerverzinkung plus Beschichtung, Auswahl – Ausführung – Anwendung. Deutscher Stahlbau–Verband, Bundesverband Korrosionsschutz e. V., Industrieverband Feuerverzinken e. V., Verband der Lackindustrie e. V., Düsseldorf.

4 Pietschmann, J. (2013) *Industrielle Pulverbeschichtung*, 4. Aufl., Vieweg-Verlag, Friedrich & Sohn Verlagsgesellschaft.

5 Schulz, W. und Thiele, M. (2012) *Feuerverzinken von Stückgut*, 2. Aufl., Leuze-Verlag, Bad Saulgau, S. 167.

Anhang A
Normenliste

DIN-Normen	
DIN 1045	Tragwerke aus Beton, Stahlbeton und Spannbeton
DIN 1056	Freistehende Schornsteine in Massivbauart – Tragrohr aus Mauerwerk – Berechnung und Ausführung; Ausgabedatum: 2009-01
DIN 4133	Schornsteine aus Stahl; Ausgabedatum: 1991-11 (Beuth Info – Dokument zurückgezogen)
DIN 5687-1	Rundstahlketten – Teil 1: Güteklasse 5, mittel toleriert, geprüft; Ausgabedatum: 1996-04
DIN 18516-1	Außenwandbekleidungen, hinterlüftet – Teil 1: Anforderungen, Prüfgrundsätze; Ausgabedatum: 2010-06
DIN 18800	Außenwandbekleidungen, hinterlüftet – Teil 1: Anforderungen, Prüfgrundsätze; Ausgabedatum: 2010–06
DIN 18910-1	Wärmeschutz geschlossener Ställe – Wärmedämmung und Lüftung – Teil 1: Planungs- und Berechnungsgrundlagen für geschlossene zwangsbelüftete Ställe; Ausgabedatum: 2004–11
DIN 32891	Rundstahlketten, Güteklasse 2, nicht lehrhaltig, geprüft; Ausgabedatum: 1996-04
DIN 50929-3	Korrosion der Metalle; Korrosionswahrscheinlichkeit metallischer Werkstoffe bei äußerer Korrosionsbelastung; Rohrleitungen und Bauteile in Böden und Wässern; Ausgabedatum: 1985-09
DIN 50930-6	Korrosion der Metalle – Korrosion metallener Werkstoffe im Innern von Rohrleitungen, Behältern und Apparaten bei Korrosionsbelastung durch Wässer – Teil 6: Bewertungsverfahren und Anforderungen hinsichtlich der hygienischen Eignung in Kontakt mit Trinkwasser; Ausgabedatum: 2013-10
DIN 50978	Prüfung metallischer Überzüge; Haftvermögen von durch Feuerverzinken hergestellten Überzügen; Ausgabedatum: 1985-10
DIN 55633	Beschichtungsstoffe – Korrosionsschutz von Stahlbauten durch Pulver-Beschichtungssysteme – Bewertung der Pulver-Beschichtungssysteme und Ausführung der Beschichtung; Ausgabedatum: 2009-04

Handbuch Feuerverzinken, 4. Auflage. Peter Peißker und Mark Huckshold.

DIN-Normen (Fortsetzung)

DIN 55634	Beschichtungsstoffe und Überzüge – Korrosionsschutz von tragenden dünnwandigen Bauteilen aus Stahl; Ausgabedatum: 2010-04
DIN 55928	Korrosionsschutz von Stahlbauten durch Beschichtungen und Überzüge; Allgemeines, Begriffe, Korrosionsbelastungen; Ausgabedatum: 1991-05

DIN EN-Normen

DIN EN 1090-2	Ausführung von Stahltragwerken und Aluminiumtragwerken – Teil 2: Technische Regeln für die Ausführung von Stahltragwerken; Deutsche und Englische Fassung prEN 1090-2:2015; Ausgabedatum: 2015-07
DIN EN 1993-1-9	Eurocode 3: Bemessung und Konstruktion von Stahlbauten – Teil 1-9: Ermüdung; Deutsche Fassung EN 1993-1-9:2005 + AC:2009; Ausgabedatum: 2010-12
DIN EN 10016-2	Walzdraht aus unlegiertem Stahl zum Ziehen und/oder Kaltwalzen; Teil 2: Besondere Anforderungen an Walzdraht für allgemeine Verwendung; Deutsche Fassung prEN 10016-2:1992; Ausgabedatum: 1992-11 (Beuth Info – Dokument zurückgezogen)
DIN EN 10025 1	Warmgewalzte Erzeugnisse aus Baustählen – Teil 1: Allgemeine technische Lieferbedingungen; Deutsche Fassung prEN 10025-1:2011; Ausgabedatum: 2011-04
DIN EN 10025 2	Warmgewalzte Erzeugnisse aus Baustählen – Teil 2: Technische Lieferbedingungen für unlegierte Baustähle; Deutsche Fassung prEN 10025-2:2011; Ausgabedatum: 2011-04
DIN EN 10025 3	Warmgewalzte Erzeugnisse aus Baustählen – Teil 3: Technische Lieferbedingungen für normalgeglühte/normalisierend gewalzte schweißgeeignete Feinkornbaustähle; Deutsche Fassung prEN 10025-3:2011; Ausgabedatum: 2011-04
DIN EN 10025 4	Warmgewalzte Erzeugnisse aus Baustählen – Teil 4: Technische Lieferbedingungen für thermomechanisch gewalzte schweißgeeignete Feinkornbaustähle; Deutsche Fassung prEN 10025-4:2011; Ausgabedatum: 2011-04
DIN EN 10025 5	Warmgewalzte Erzeugnisse aus Baustählen – Teil 5: Technische Lieferbedingungen für wetterfeste Baustähle; Deutsche Fassung prEN 10025-5:2011; Ausgabedatum: 2011-04
DIN EN 10025 6	Warmgewalzte Erzeugnisse aus Baustählen – Teil 6: Technische Lieferbedingungen für Flacherzeugnisse aus Stählen mit höherer Streckgrenze im vergüteten Zustand; Deutsche Fassung prEN 10025-6:2011; Ausgabedatum: 2011-04
DIN EN 10143	Kontinuierlich schmelztauchveredeltes Blech und Band aus Stahl – Grenzabmaße und Formtoleranzen; Deutsche Fassung EN 10143:2006; Ausgabedatum: 2006-09

DIN EN-Normen (Fortsetzung)

DIN EN 10188-1	Chemische Analyse von Eisenwerkstoffen; Bestimmung von Chrom in Stahl und Eisen; Flammenatomabsorptionsspektrometrisches Verfahren; Deutsche Fassung EN 10188:1989; Ausgabedatum: 1990-04
DIN EN 10204	Metallische Erzeugnisse – Arten von Prüfbescheinigungen; Deutsche Fassung EN 10204:2004; Ausgabedatum: 2005-01
DIN EN 10240	Innere und/oder äußere Schutzüberzüge für Stahlrohre – Festlegungen für durch Schmelztauchverzinken in automatisierten Anlagen hergestellte Überzüge; Deutsche Fassung EN 10240:1997; Ausgabedatum: 1998-02
DIN EN 10244-2	Stahldraht und Drahterzeugnisse – Überzüge aus Nichteisenmetall auf Stahldraht – Teil 2: Überzüge aus Zink oder Zinklegierungen; Deutsche Fassung EN 10244-2:2009
DIN EN 10277	Blankstahlerzeugnisse – Technische Lieferbedingungen; Ausgabedatum: 2008
DIN EN 10346	Kontinuierlich schmelztauchveredelte Flacherzeugnisse aus Stahl zum Kaltumformen – Technische Lieferbedingungen; Ausgabedatum: 2015
DIN EN 10348	Stahl für die Bewehrung von Beton – Verzinkter Betonstahl; Deutsche Fassung prEN 10348, NORM-ENTWURF; Ausgabedatum: 2006-06
DIN EN 12501-1	Korrosionsschutz metallischer Werkstoffe – Korrosionswahrscheinlichkeit in Böden – Teil 1: Allgemeines; Deutsche Fassung EN 12501-1:2003; Ausgabedatum: 2003-08
DIN EN 12502-3	Korrosionsschutz metallischer Werkstoffe – Hinweise zur Abschätzung der Korrosionswahrscheinlichkeit in Wasserverteilungs- und -speichersystemen – Teil 3: Einflussfaktoren für schmelztauchverzinkte Eisenwerkstoffe; Deutsche Fassung EN 12502-3:2004; Ausgabedatum: 2005-03
DIN EN 13155	Krane – Sicherheit – Lose Lastaufnahmemittel; Deutsche Fassung prEN 13155:2014; Ausgabedatum: 2014-12
DIN EN 13438	Beschichtungsstoffe – Pulverbeschichtungen für feuerverzinkte oder sherardisierte Stahlerzeugnisse für Bauzwecke; Deutsche Fassung EN 13438:2013; Ausgabedatum: 2013-12
DIN EN 13811	Sherardisieren – Zink-Diffusionsüberzüge auf Eisenwerkstoffen – Anforderungen; Deutsche Fassung EN 13811:2003; Ausgabedatum: 2003-08
DIN EN 13956	Abdichtungsbahnen – Kunststoff- und Elastomerbahnen für Dachabdichtungen – Definitionen und Eigenschaften; Deutsche Fassung EN 13956:2012; Ausgabedatum: 2013-03

DIN EN-Normen (Fortsetzung)

DIN EN 13967	Abdichtungsbahnen – Kunststoff- und Elastomerbahnen für die Bauwerksabdichtung gegen Bodenfeuchte und Wasser – Definitionen und Eigenschaften; Deutsche Fassung EN 13967:2012; Ausgabedatum: 2012-07
DIN EN 15773	Pulverbeschichtung von feuerverzinkten und sherardisierten Gegenständen aus Stahl [Duplex-Systeme] – Spezifikationen, Empfehlungen und Leitlinien; Deutsche Fassung EN 15773:2009; Ausgabedatum: 2010-11

DIN EN ISO-Normen

DIN EN ISO 1460	Metallische Überzüge – Feuerverzinken auf Eisenwerkstoffen – Gravimetrisches Verfahren zur Bestimmung der flächenbezogenen Masse (ISO 1460:1992); Deutsche Fassung EN ISO 1460:1994; Ausgabedatum: 1995-01
DIN EN ISO 1461	Durch Feuerverzinken auf Stahl aufgebrachte Zinküberzüge (Stückverzinken) – Anforderungen und Prüfungen (ISO 1461:2009); Deutsche Fassung EN ISO 1461:2009; Ausgabedatum: 2009-10
DIN EN ISO 2063	Thermisches Spritzen – Metallische und andere anorganische Schichten – Zink, Aluminium und ihre Legierungen (ISO 2063:2005); Deutsche Fassung EN ISO 2063:2005
DIN EN ISO 2178	Nichtmagnetische Überzüge auf magnetischen Grundmetallen – Messen der Schichtdicke – Magnetverfahren (ISO/DIS 2178:2014); Deutsche Fassung prEN ISO 2178:2014; Ausgabedatum: 2015-01
DIN EN ISO 3549	Zinkstaub-Pigmente für Beschichtungsstoffe – Anforderungen und Prüfverfahren (ISO 3549:1995); Deutsche Fassung EN ISO 3549:2002
DIN EN ISO 8044	Korrosion von Metallen und Legierungen – Grundbegriffe (ISO 8044:2015); Dreisprachige Fassung EN ISO 8044:2015; Ausgabedatum: 2015-12
DIN EN ISO 8501-1	Vorbereitung von Stahloberflächen vor dem Auftragen von Beschichtungsstoffen – Visuelle Beurteilung der Oberflächenreinheit – Teil 1: Rostgrade und Oberflächenvorbereitungsgrade von unbeschichteten Stahloberflächen und Stahloberflächen nach ganzflächigem Entfernen vorhandener Beschichtungen (ISO 8501-1:2007); Deutsche Fassung EN ISO 8501-1:2007; Ausgabedatum: 2007-12
DIN EN ISO 8501-2	Vorbereitung von Stahloberflächen vor dem Auftragen von Beschichtungsstoffen – Visuelle Beurteilung der Oberflächenreinheit – Teil 2: Oberflächenvorbereitungsgrade von beschichteten Oberflächen nach örtlichem Entfernen der vorhandenen Beschichtungen (ISO 8501-2:1994); Deutsche Fassung EN ISO 8501-2:2001 (Anerkennung von EN ISO 8501-2:2001 als Deutsche Norm); Ausgabedatum: 2002-03

DIN EN ISO-Normen (Fortsetzung)

DIN EN ISO 8503-1	Vorbereitung von Stahloberflächen vor dem Auftragen von Beschichtungsstoffen – Rauheitskenngrößen von gestrahlten Stahloberflächen – Teil 1: Anforderungen und Begriffe für ISO-Rauheitsvergleichsmuster zur Beurteilung gestrahlter Oberflächen (ISO 8503-1:2012); Deutsche Fassung EN ISO 8503-1:2012
DIN EN ISO 8504-2	Vorbereitung von Stahloberflächen vor dem Auftragen von Beschichtungsstoffen – Verfahren für die Oberflächenvorbereitung – Teil 2: Strahlen (ISO 8504-2:2000); Deutsche Fassung EN ISO 8504-2:2001; Ausgabedatum: 2002-01
DIN EN ISO 9000	Qualitätsmanagementsysteme – Grundlagen und Begriffe; Ausgabedatum: 2015-11
DIN EN ISO 9001	Qualitätsmanagementsysteme – Anforderungen (ISO 9001:2008); Ausgabedatum: 2008-12, berichtigt 2009-12
DIN EN ISO 9001:2015	Qualitätsmanagementsysteme – Anforderungen; (ISO 9001:2015); Ausgabedatum: 2015-11
DIN EN ISO 9004	Leiten und Lenken für den nachhaltigen Erfolg einer Organisation – Ein Qualitätsmanagementansatz; Ausgabedatum: 2009-12
DIN EN ISO 10684	Verbindungselemente – Feuerverzinkung (ISO 10684:2004 + Cor. 1:2008); Deutsche Fassung EN ISO 10684:2004 + AC:2009; Ausgabedatum: 2011-09
DIN EN ISO 11124-1	Vorbereitung von Stahloberflächen vor dem Auftragen von Beschichtungsstoffen – Anforderungen an metallische Strahlmittel – Teil 1: Allgemeine Einleitung und Einteilung (ISO 11124-1:1993); Deutsche Fassung EN ISO 11124-1:1997; Ausgabedatum: 1997-06
DIN EN ISO 11124-2	Vorbereitung von Stahloberflächen vor dem Auftragen von Beschichtungsstoffen – Anforderungen an metallische Strahlmittel – Teil 2: Hartguß, kantig (Grit) (ISO 11124-2:1993); Deutsche Fassung EN ISO 11124-2:1997; Ausgabedatum: 1997-10
DIN EN ISO 11124-3	Vorbereitung von Stahloberflächen vor dem Auftragen von Beschichtungsstoffen – Anforderungen an metallische Strahlmittel – Teil 3: Stahlguß mit hohem Kohlenstoffgehalt, kugelig und kantig (Shot und Grit) (ISO 11124-3:1993); Deutsche Fassung EN ISO 11124-3:1997; Ausgabedatum: 1997-10
DIN EN ISO 11124-4	Vorbereitung von Stahloberflächen vor dem Auftragen von Beschichtungsstoffen – Anforderungen an metallische Strahlmittel – Teil 4: Stahlguß mit niedrigem Kohlenstoffgehalt, kugelig (Shot) (ISO 11124-4:1993); Deutsche Fassung EN ISO 11124-4:1997; Ausgabedatum: 1997-10
DIN EN ISO 11126-1	Vorbereitung von Stahloberflächen vor dem Auftragen von Beschichtungsstoffen – Anforderungen an nichtmetallische Strahlmittel – Teil 1: Allgemeine Einleitung und Einteilung (ISO 11126-1:1993, einschließlich Technische Korrekturen 1:1997 und 2:1997); Deutsche Fassung EN ISO 11126-1:1997; Ausgabedatum: 1997-06

DIN EN ISO-Normen (Fortsetzung)

DIN EN ISO 11126-3	Vorbereitung von Stahloberflächen vor dem Auftragen von Beschichtungsstoffen – Anforderungen an nichtmetallische Strahlmittel – Teil 3: Strahlmittel aus Kupferhüttenschlacke (ISO 11126-3:1993); Deutsche Fassung EN ISO 11126-3:1997; Ausgabedatum: 1997-10
DIN EN ISO 11126-4	Vorbereitung von Stahloberflächen vor dem Auftragen von Beschichtungsstoffen – Anforderungen an nichtmetallische Strahlmittel – Teil 4: Strahlmittel aus Schmelzkammerschlacke (ISO 11126-4:1993); Deutsche Fassung EN ISO 11126-4:1998; Ausgabedatum: 1998-04
DIN EN ISO 11126-5	Vorbereitung von Stahloberflächen vor dem Auftragen von Beschichtungsstoffen – Anforderungen an nichtmetallische Strahlmittel – Teil 5: Strahlmittel aus Nickelhüttenschlacke (ISO 11126-5:1993); Deutsche Fassung EN ISO 11126-5:1998; Ausgabedatum: 1998-04
DIN EN ISO 11126-6	Vorbereitung von Stahloberflächen vor dem Auftragen von Beschichtungsstoffen – Anforderungen an nichtmetallische Strahlmittel – Teil 6: Strahlmittel aus Hochofenschlacke (ISO 11126-6:1993); Deutsche Fassung EN ISO 11126-6:1997; Ausgabedatum: 1997-11
DIN EN ISO 11126-7	Vorbereitung von Stahloberflächen vor dem Auftragen von Beschichtungsstoffen – Anforderungen an nichtmetallische Strahlmittel – Teil 7: Elektrokorund (ISO 11126-7:1995); Deutsche Fassung EN ISO 11126-7:1999; Ausgabedatum: 1999-10
DIN EN ISO 11126-8	Vorbereitung von Stahloberflächen vor dem Auftragen von Beschichtungsstoffen – Anforderungen an nichtmetallische Strahlmittel – Teil 8: Olivinsand (ISO 11126-8:1993); Deutsche Fassung EN ISO 11126-8:1997; Ausgabedatum: 1997-11
DIN EN ISO 12100	Sicherheit von Maschinen – Allgemeine Gestaltungsleitsätze – Risikobeurteilung und Risikominderung (ISO 12100:2010); Deutsche Fassung EN ISO 12100:2010
DIN EN ISO 12944-1	Beschichtungsstoffe – Korrosionsschutz von Stahlbauten durch Beschichtungssysteme – Teil 1: Allgemeine Einleitung (ISO 12944-1:1998); Deutsche Fassung EN ISO 12944-1:1998; Ausgabedatum: 1998-07
DIN EN ISO 12944-2	Beschichtungsstoffe – Korrosionsschutz von Stahlbauten durch Beschichtungssysteme – Teil 2: Einteilung der Umgebungsbedingungen (ISO 12944-2:1998); Deutsche Fassung EN ISO 12944-2:1998; Ausgabedatum: 1998-07
DIN EN ISO 12944-3	Beschichtungsstoffe – Korrosionsschutz von Stahlbauten durch Beschichtungssysteme – Teil 3: Grundregeln zur Gestaltung (ISO 12944-3:1998); Deutsche Fassung EN ISO 12944-3:1998; Ausgabedatum: 1998-07
DIN EN ISO 12944-4	Beschichtungsstoffe – Korrosionsschutz von Stahlbauten durch Beschichtungssysteme – Teil 4: Arten von Oberflächen und Oberflächenvorbereitung (ISO 12944-4:1998); Deutsche Fassung EN ISO 12944-4:1998; Ausgabedatum: 1998-07

DIN EN ISO-Normen (Fortsetzung)

DIN EN ISO 12944-5	Beschichtungsstoffe – Korrosionsschutz von Stahlbauten durch Beschichtungssysteme – Teil 5: Beschichtungssysteme (ISO 12944-5:2007); Deutsche Fassung EN ISO 12944-5:2007; Ausgabedatum: 2008-01
DIN EN ISO 12944-6	Beschichtungsstoffe – Korrosionsschutz von Stahlbauten durch Beschichtungssysteme – Teil 6: Laborprüfungen zur Bewertung von Beschichtungssystemen (ISO 12944-6:1998); Deutsche Fassung EN ISO 12944-6:1998; Ausgabedatum: 1998-07
DIN EN ISO 12944-7	Beschichtungsstoffe – Korrosionsschutz von Stahlbauten durch Beschichtungssysteme – Teil 7: Ausführung und Überwachung der Beschichtungsarbeiten (ISO 12944-7:1998); Deutsche Fassung EN ISO 12944-7:1998; Ausgabedatum: 1998-07
DIN EN ISO 12944-8	Beschichtungsstoffe – Korrosionsschutz von Stahlbauten durch Beschichtungssysteme – Teil 8: Erarbeiten von Spezifikationen für Erstschutz und Instandsetzung (ISO 12944-8:1998); Deutsche Fassung EN ISO 12944-8:1998; Ausgabedatum: 1998-07
DIN EN ISO 14001	Umweltmanagementsysteme – Anforderungen mit Anleitung zur Anwendung; Ausgabedatum: 2015-11
DIN EN ISO 14004	Umweltmanagementsysteme – Allgemeiner Leitfaden über Grundsätze, Systeme und unterstützende Methoden (ISO/DIS 14004:2015); Deutsche Fassung prEN ISO 14004:2015; Ausgabedatum: 2015-03
DIN EN ISO 14121-1	Sicherheit von Maschinen – Risikobeurteilung – Teil 1: Leitsätze (ISO 14121-1:2007); Deutsche Fassung EN ISO 14121-1:2007; Ausgabedatum: 2007-12 (Beuth Info – Dokument zurückgezogen)
DIN EN ISO 14713-1	Zinküberzüge – Leitfäden und Empfehlungen zum Schutz von Eisen- und Stahlkonstruktionen vor Korrosion – Teil 1: Allgemeine Konstruktionsgrundsätze und Korrosionsbeständigkeit (ISO 14713-1:2009); Deutsche Fassung EN ISO 14713-1:2009; Ausgabedatum: 2010-05
DIN EN ISO 14713-2	Zinküberzüge – Leitfäden und Empfehlungen zum Schutz von Eisen- und Stahlkonstruktionen vor Korrosion – Teil 2: Feuerverzinken (ISO 14713-2:2009); Deutsche Fassung EN ISO 14713-2:2009; Ausgabedatum: 2010-05
DIN EN ISO 14713-3	Zinküberzüge – Leitfäden und Empfehlungen zum Schutz von Eisen- und Stahlkonstruktionen vor Korrosion – Teil 3: Sherardisieren (ISO 14713-3:2009); Deutsche Fassung EN ISO 14713-3:2009; Ausgabedatum: 2010-05
DIN EN ISO 50001	Energiemanagementsysteme – Anforderungen mit Anleitung zur Anwendung; Ausgabedatum: 2011-12

DIN VDE-Richtlinien

DIN VDE 0105-100	Betrieb von elektrischen Anlagen; Ausgabedatum: 2009-10
DIN VDE 1000-10	Anforderungen an die im Bereich der Elektrotechnik tätigen Personen; Ausgabedatum: 2009-01

VDI-Richtlinien

VDI 2230 Blatt 1	Systematische Berechnung hochbeanspruchter Schraubenverbindungen – Zylindrische Einschraubenverbindungen; Ausgabedatum: 2015-11
VDI 2230 Blatt 2	Systematische Berechnung hochbeanspruchter Schraubenverbindungen – Mehrschraubenverbindungen; Ausgabedatum: 2014-12
VDI 2262 Blatt 4	Luftbeschaffenheit am Arbeitsplatz – Minderung der Exposition durch luftfremde Stoffe – Erfassen luftfremder Stoffe; Ausgabedatum: 2006-03
VDI 2579	Emissionsminderung – Feuerverzinkungsanlagen; Ausgabedatum: 2008–05
VDI 3677 Blatt 1	Filternde Abscheider – Oberflächenfilter; Ausgabedatum: 2010-11
VDI 3677 Blatt 3	Filternde Abscheider – Heißgasfiltration; Ausgabedatum: 2012-11:
VDI 3679 Blatt 2	Nassabscheider – Abgasreinigung durch Absorption (Wäscher); Ausgabedatum: 2014-07

Weitere technische Regelwerke

DASt-Richtlinie 022	Feuerverzinken von tragenden Stahlbauteilen; Deutscher Ausschuss für Stahlbau (DASt), Düsseldorf, Ausgabedatum: 2009-08
DSV-GAV-Richtlinie	Richtlinie für die Herstellung feuerverzinkter Schrauben; Deutscher Schraubenverband (DSV), Hagen und Gemeinschaftsausschuss Verzinken (GAV), Düsseldorf; Ausgabedatum 2009-07
Z-1.4-165	Feuerverzinkte Betonstähle, Allgemeine bauaufsichtliche Zulassung des Deutschen Institutes für Bautechnik (DIBt), Z-30.3-6, Ausgabedatum 30. November 2014
Z-30.3-6	Erzeugnisse, Verbindungsmittel und Bauteile aus nichtrostenden Stählen, Allgemeine bauaufsichtliche Zulassung des Deutschen Institutes für Bautechnik (DIBt), Z-30.3-6, Ausgabedatum 22. April 2014

Anhang B
Übersicht gesetzlicher Regelwerke

Internationales-Recht

ADR	Anlagen A und B des Europäischen Übereinkommens vom 30. September 1957 über die internationale Beförderung gefährlicher Güter auf der Straße (ADR) in der Fassung der Bekanntmachung vom 25. November 2010 (BGBl. II Nr. 34 vom 02.12.2010 S. 1412; Anlageband; BGBl. II Nr. 31 vom 08.12.2011 S. 1246) zuletzt geändert am 31. August 2012 durch Artikel 1 der Zweiundzwanzigsten Verordnung zur Änderung der Anlagen A und B zum ADR-Übereinkommen (22. ADR-Änderungsverordnung – 22. ADRÄndV) (BGBl. II Nr. 27 vom 11.09.2012 S. 954, Anlageband) und am 8. März 2013 durch Artikel 1 der Dreiundzwanzigsten Verordnung zur Änderung der Anlagen A und B zum ADR-Übereinkommen (23. ADR-Änderungsverordnung – 23. ADRÄndV) (BGBl. II Nr. 7 vom 20.03.2013 S. 309) Die Neufassung des ADR 2015 vom 17. April 2015 wurde im BGBl. 2015 II S. 504 mit Anlageband bekannt gemacht.

EU-Recht

E-PRTR-VO SchadRegProtAG	Durchführung der Verordnung (EG) Nr. 166/2006 des Europäischen Parlaments und des Rates vom 18. Januar 2006 über die Schaffung eines Europäischen Schadstofffreisetzungs- und -verbringungsregisters und zur Änderung der Richtlinien 91/689/EWG und 96/61/EG des Rates (E-PRTR-VO, ABl. 33 vom 4. Februar 2006) und des Gesetzes zur Ausführung des Protokolls über Schadstofffreisetzungs- und -verbringungsregister vom 21. Mai 2003 sowie zur Durchführung der Verordnung (EG) Nr. 166/2006 (SchadRegProtAG) vom 6. Juni 2007 (BGBl. I S. 1002)
EMAS-VO	VERORDNUNG (EG) Nr. 1221/2009 DES EUROPÄISCHEN PARLAMENTS UND DES RATES vom 25. November 2009 über die freiwillige Teilnahme von Organisationen an einem Gemeinschaftssystem für Umweltmanagement und Umweltbetriebsprüfung und zur Aufhebung der Verordnung (EG) Nr. 761/2001, sowie der Beschlüsse der Kommission 2001/681/EG und 2006/193/EG

Handbuch Feuerverzinken, 4. Auflage. Peter Peißker und Mark Huckshold.

EU-Recht (Fortsetzung)

GHS-Verordnung	Verordnung (EU) 2015/1221 der Kommission vom 24. Juli 2015 zur Änderung der Verordnung (EG) Nr. 1272/2008 des Europäischen Parlaments und des Rates über die Einstufung, Kennzeichnung und Verpackung von Stoffen und Gemischen zwecks Anpassung an den technischen und wissenschaftlichen Fortschritt
MaschRL	89/392/EWG und RL 2006/42/EG: Maschinenrichtlinie [Neufassung] Richtlinie 2006/42/EG des Europäischen Parlaments und des Rates über Maschinen und zur Änderung der Richtlinie 95/16/EG (Neufassung) vom 17. Mai 2006 (ABl. EU vom 09.06.2006 Nr. L 157 S. 24) zuletzt geändert am 16. März 2007 durch Berichtigung der Richtlinie 2006/42/EG des Europäischen Parlaments und des Rates vom 17. Mai 2006 über Maschinen und zur Änderung der Richtlinie 95/16/EG (ABl. EU vom 16.03.2007 Nr. L 76 S. 35)
REACH	Verordnung (EG) Nr. 1907/2006 des Europäischen Parlaments und des Rates zur Registrierung, Bewertung, Zulassung und Beschränkung chemischer Stoffe (REACH), zur Schaffung einer Europäischen Chemikalienagentur, zur Änderung der Richtlinie 1999/45/EG und zur Aufhebung der Verordnung (EWG) Nr. 793/93 des Rates, der Verordnung (EG) Nr. 1488/94 der Kommission, der Richtlinie 76/769/EWG des Rates sowie der Richtlinien 91/155/EWG, 93/67/EWG, 93/105/EG und 2000/21/EG der Kommission vom 18. Dezember 2006 (ABl. EU vom 30.12.2006 Nr. L 396 S. 1; ABl. EU vom 29.05.2007 Nr. L 136 S. 3) zuletzt geändert am 15. November 2007 Artikel 1 der Verordnung (EG) Nr. 1354/2007 des Rates zur Anpassung der Verordnung (EG) Nr. 1907/2006 des Europäischen Parlaments und des Rates zur Registrierung, Bewertung, Zulassung und Beschränkung chemischer Stoffe (REACH) aufgrund des Beitritts Bulgariens und Rumäniens (ABl. EU vom 22.11.2007 Nr. L 304 S. 1) Gemeinsamer Standpunkt des Rates im Hinblick auf die Annahme einer Verordnung des Europäischen Parlaments und des Rates zur Registrierung, Bewertung, Zulassung und Beschränkung chemischer Stoffe (REACH), zur Schaffung einer Europäischen Agentur für chemische Stoffe, zur Änderung der Richtlinie 1999/45/EG des Europäischen Parlaments und des Rates und zur Aufhebung der Verordnung (EWG) Nr. 793/93 des Rates, der Verordnung (EG) Nr. 1488/94 der Kommission, der Richtlinie 76/769/EWG des Rates sowie der Richtlinien 91/155/EWG, 93/67/EWG, 93/105/EG und 2000/21/EG der Kommission vom 12. Juni 2006
IED	RICHTLINIE 2010/75/EU DES EUROPÄISCHEN PARLAMENTS UND DES RATES vom 24. November 2010 über Industrieemissionen (integrierte Vermeidung und Verminderung der Umweltverschmutzung)
Verordnung 517/2014	Verordnung (EU) Nr. 517/2014 des Europäischen Parlaments und des Rates vom 16. April 2014 über fluorierte Treibhausgase und zur Aufhebung der Verordnung (EG) Nr. 842/2006

Bundes-Recht

AbwV	Verordnung über Anforderungen an das Einleiten von Abwasser in Gewässer (Abwasserverordnung – AbwV) in der Fassung der Bekanntmachung vom 17. Juni 2004 (BGBl. I S. 1108, 2625), die zuletzt durch Artikel 1 der Verordnung vom 2. September 2014 (BGBl. I S. 1474) geändert worden ist
AltholzV	Verordnung über Anforderungen an die Verwertung und Beseitigung von Altholz (Altholzverordnung – AltholzV) vom 15. August 2002 (BGBl. I S. 3302), die zuletzt durch Artikel 96 der Verordnung vom 31. August 2015 (BGBl. I S. 1474) geändert worden ist
AltölV	Altölverordnung (AltölV) in der Fassung der Bekanntmachung vom 16. April 2002 (BGBl. I S. 1368), die zuletzt durch Artikel 5 Absatz 14 des Gesetzes vom 24. Februar 2012 (BGBl. I S. 212) geändert worden ist
ArbMedVV	Verordnung zur arbeitsmedizinischen Vorsorge (ArbMedVV) vom 18. Dezember 2008 (BGBl. I S. 2768), die zuletzt durch Artikel 1 der Verordnung vom 23. Oktober 2013 (BGBl. I S. 3882) geändert worden ist
ArbSchG	Gesetz über die Durchführung von Maßnahmen des Arbeitsschutzes zur Verbesserung der Sicherheit und des Gesundheitsschutzes der Beschäftigten bei der Arbeit (Arbeitsschutzgesetz – ArbSchG) vom 7. August 1996 (BGBl. I S. 1246), das zuletzt durch Artikel 427 der Verordnung vom 31. August 2015 (BGBl. I S. 1474) geändert worden ist
ArbStättV	Arbeitsstättenverordnung Verordnung über Arbeitsstätten (ArbStättV) vom 12. August 2004 (BGBl. I S. 2179), die zuletzt durch Artikel 282 der Verordnung vom 31. August 2015 (BGBl. I S. 1474) geändert worden ist
ASiG	Arbeitssicherheitsgesetz Gesetz über Betriebsärzte, Sicherheitsingenieure und andere Fachkräfte für Arbeitssicherheit vom 12. Dezember 1973 (BGBl. I S. 1885), das zuletzt durch Artikel 3 Absatz 5 des Gesetzes vom 20. April 2013 (BGBl. I S. 868) geändert worden ist
AtG	Atomgesetz Gesetz über die friedliche Verwendung der Kernenergie und den Schutz gegen ihre Gefahren in der Fassung der Bekanntmachung vom 15. Juli 1985 (BGBl. I S. 1565), das zuletzt durch Artikel 1 des Gesetzes vom 20. November 2015 (BGBl. I S. 2053) geändert worden ist
AwSV	Beschluss des Bundesrat Drucksache 77/14 (Beschluss) vom 23.05.14 über die Verordnung über Anlagen zum Umgang mit wassergefährdenden Stoffen (AwSV) und Bundesrat Drucksache 77/14 vom 26.02.14

Bundes-Recht (Fortsetzung)

BattG	BattG Antrag am 20. Juli 2015 unter Notifizierungsnummer 2015/394/D gestellt Gesetz über das Inverkehrbringen, die Rücknahme und die umweltverträgliche Entsorgung von Batterien und Akkumulatoren (Batteriegesetz – BattG) vom 25. Juni 2009 (BGBl. I S. 1582), das zuletzt durch Artikel 1 des Gesetzes vom 20. November 2015 (BGBl. I S. 2071) geändert worden ist
BBodSchG	Gesetz zum Schutz vor schädlichen Bodenveränderungen und zur Sanierung von Altlasten (BBodSchG) vom 17. März 1998 (BGBl. I S. 502), das zuletzt durch Artikel 101 der Verordnung vom 31. August 2015 (BGBl. I S. 1474) geändert worden ist
BetrSichV	Verordnung über Sicherheit und Gesundheitsschutz bei der Bereitstellung von Arbeitsmitteln und deren Benutzung bei der Arbeit, über Sicherheit beim Betrieb überwachungsbedürftiger Anlagen und über die Organisation des betrieblichen Arbeitsschutzes (BetrSichV, 2015) vom 3. Februar 2015 (BGBl. I S. 49), die durch Artikel 1 der Verordnung vom 13. Juli 2015 (BGBl. I S. 1187) geändert worden ist
BGB	Bürgerliches Gesetzbuch (BGB) in der Fassung der Bekanntmachung vom 2. Januar 2002 (BGBl. I S. 42, 2909; 2003 I S. 738), das durch Artikel 1 des Gesetzes vom 11. März 2016 (BGBl. I S. 396) geändert worden ist
BGI 694	Berufsgenossenschaftliche Informationen (BGI) Handlungsanleitung für den Umgang mit Leitern und Tritten Stand Januar 2008
BGR 104	BG-Regel Teil 1 Explosionsschutz-Regeln (EX-RL) – Sammlung technischer Regeln für das Vermeiden der Gefahren durch explosionsfähige Atmosphäre mit Beispielsammlung zur Einteilung explosionsgefährdeter Bereiche in Zonen Stand: März 2012, überführt in DGUV Regel 113-001
BGR 133	BG-Regel 133 Ausrüstung von Arbeitsstätten mit Feuerlöschern Stand: April 1994, Aktualisierte Nachdruckfassung Oktober 2004, überführt in ASR A2.2 vom 03.12.2012 (GMBI.2012, S. 1225)
BGR 186	BG-Regel „Austauschbare Kipp- und Absetzbehälter" Stand: April 1992, Aktualisierte Fassung 1999, überführt in GUV-R 186
BGR 198	BG-Regel „Benutzung von persönlichen Schutzausrüstungen gegen Absturz" Stand: März 2011. Deutsche Gesetzliche Unfallversicherung
BGR 232	BG-Regel „Kraftbetätigte Fenster, Türen und Tore" vom April 1989, Aktualisierte Fassung 2003. Hauptverband der gewerblichen Berufsgenossenschaften – Fachausschuss „Bauliche Einrichtungen" der BGZ, überführt in ASR A1.7

Bundes-Recht (Fortsetzung)

BGR 234	BG-Regel 234 „Lagereinrichtungen und -geräte" Stand: Oktober 1988, Aktualisierte Nachdruckfassung September 2006
BGR 500	BG-Regel 500 „Betreiben von Arbeitsmitteln" Stand Oktober 2004, Aktualisierte Fassung April 2008
BGV A 1	BG-Vorschrift „Grundsätze der Prävention" vom 1. Januar 2004, aktualisierter Nachdruck Januar 2009, überführt in DGUV Vorschrift 1
BGV A 3	BG-Vorschrift „elektrische Anlagen und Betriebsmittel" vom 1. April 1979 in der Fassung vom 1. Januar 1997; aktualisierte Fassung Januar 2005
BGV B 2	BG-Vorschrift „Laserstrahlung" vom 1. April 1988 in der Fassung vom 1. Januar 1997 mit Durchführungsanweisungen vom April 2007, Aktualisierte Nachdruckfassung Januar 2010
BGV D 6	BG-Vorschrift „Krane" vom 1. Dezember 1974 in der Fassung vom 1. April 2001 mit Durchführungsanweisungen vom April 2001. Hauptverband der gewerblichen Berufsgenossenschaften
BGV D 8	BG-Vorschrift „Winden, Hub- und Zuggeräte" vom 1. April 1980 in der Fassung vom 1. Januar 1997. Hauptverband der gewerblichen Berufsgenossenschaften
BGV D 27	BG-Vorschrift „Flurförderzeuge" vom 1. April 1996 in der Fassung vom 1. Januar 1997; mit Durchführungsanweisungen vom Januar 2002, Aktualisierter Nachdruck April 2004. Hauptverband der gewerblichen Berufsgenossenschaften
BGV D 34	BG-Vorschrift „Verwendung von Flüssiggas" vom 1. Oktober 1993 in der Fassung vom 1. Januar 1997 mit Durchführungsanweisungen vom April 1998
BGV D 36 (inhaltlich überführt in BGI 694)	BG-Vorschrift „Leitern und Tritte" vom 1. Oktober 1992 in der Fassung vom 1. Januar 1997, Aktualisierte Nachdruckfassung Januar 2006. Hauptverband der gewerblichen Berufsgenossenschaften
BildscharbV	Verordnung über Sicherheit und Gesundheitsschutz bei der Arbeit an Bildschirmgeräten (Bildschirmarbeitsverordnung – BildscharbV) vom 4. Dezember 1996 (BGBl. I S. 1841, 1843), die zuletzt durch Artikel 429 der Verordnung vom 31. August 2015 (BGBl. I S. 1474) geändert worden ist
BImSchG	Gesetz zum Schutz vor schädlichen Umwelteinwirkungen durch Luftverunreinigungen, Geräusche, Erschütterungen und ähnliche Vorgänge (Bundes-Immissionsschutzgesetz – BImSchG) in der Fassung der Bekanntmachung vom 17. Mai 2013 (BGBl. I S. 1274), das zuletzt durch Artikel 76 der Verordnung vom 31. August 2015 (BGBl. I S. 1474) geändert worden ist
BImSchV	Verordnungen zum Bundes-Immissionsschutzgesetz in der jeweils aktuellsten Fassung: siehe unten
1. BImSchV	Erste Verordnung zur Durchführung des Bundes-Immissionsschutzgesetzes (Verordnung über kleine und mittlere Feuerungsanlagen – 1. BImSchV) vom 26. Januar 2010 (BGBl. I S. 38), die durch Artikel 77 der Verordnung vom 31. August 2015 (BGBl. I S. 1474) geändert worden ist

Bundes-Recht (Fortsetzung)

4. BImSchV	Vierte Verordnung zur Durchführung des Bundes-Immissionsschutzgesetzes (Verordnung über genehmigungsbedürftige Anlagen – 4. BImSchV) vom 2. Mai 2013 (BGBl. I S. 973, 3756), die durch Artikel 3 der Verordnung vom 28. April 2015 (BGBl. I S. 670) geändert worden ist
5. BImSchV	Fünfte Verordnung zur Durchführung des Bundes-Immissionsschutzgesetzes (Verordnung über Immissionsschutz- und Störfallbeauftragte – 5. BImSchV) vom 30. Juli 1993 (BGBl. I S. 1433), die zuletzt durch Artikel 4 der Verordnung vom 28. April 2015 (BGBl. I S. 670) geändert worden ist
11. BImSchV	Elfte Verordnung zur Durchführung des Bundes-Immissionsschutzgesetzes (Verordnung über Emissionserklärungen – 11. BImSchV) in der Fassung der Bekanntmachung vom 5. März 2007 (BGBl. I S. 289), die zuletzt durch Artikel 8 Absatz 2 der Verordnung vom 2. Mai 2013 (BGBl. I S. 1021) geändert worden ist
12. BImSchV	Zwölfte Verordnung zur Durchführung des Bundes-Immissionsschutzgesetzes (Störfall-Verordnung – 12. BImSchV) in der Fassung der Bekanntmachung vom 8. Juni 2005 (BGBl. I S. 1598), die zuletzt durch Artikel 79 der Verordnung vom 31. August 2015 (BGBl. I S. 1474) geändert worden ist
13. BImSchV	13. Verordnung zur Durchführung des Bundes-Immissionsschutzgesetzes (Verordnung über Großfeuerungs- und Gasturbinenanlagen – 13. BImSchV) vom 2. Mai 2013 (BGBl. I S. 1021, 1023, 3754), die durch Artikel 80 der Verordnung vom 31. August 2015 (BGBl. I S. 1474) geändert worden ist
BImSchVwV	Verwaltungsvorschriften zur Bundes-Immissionsschutzverordnung in der jeweils aktuellsten Fassung, siehe auch TA Luft und TA Lärm
BUmwS-Richtlinie	Betonbau beim Umgang mit wassergefährdenden Stoffen, DAfStb-Richtlinie (BUmwS-Richtlinie):2011-03
ChemKlimaschV	Chemikalien-Klimaschutzverordnung (ChemKlimaschutzV) vom 2. Juli 2008 (BGBl. I S. 1139), die zuletzt durch Artikel 5 Absatz 6 des Gesetzes vom 20. Oktober 2015 (BGBl. I S. 1739) geändert worden ist
DGUV 1	DGUV Vorschrift 1 Grundsätze der Prävention
DGUV 2	DGUV Vorschrift 2 Betriebsärzte und Fachkräfte für Arbeitssicherheit
DGUV 3	DGUV Vorschrift 3 Elektrische Anlagen und Betriebsmittel
DGUV 6	DGUV Vorschrift 6 Arbeitsmedizinische Vorsorge
DGUV 9	DGUV Vorschrift 9 Sicherheits- und Gesundheitsschutzkennzeichnung am Arbeitsplatz
DGUV 52	DGUV Vorschrift 52 Krane

Bundes-Recht (Fortsetzung)

DGUV 54	DGUV Vorschrift 54 Winden, Hub- und Zuggeräte
DGUV 68	DGUV Vorschrift 68 Flurförderzeuge
DGUV 308-001	DGUV Grundsatz 308-001 Ausbildung und Beauftragung der Fahrer von Flurförderzeugen mit Fahrersitz und Fahrerstand.
DGUV 966	DGUV-Grundsatz 966 Ausbildung und Beauftragung der Bediener von Hubarbeitsbühnen April 2010
DGUV 109-016	DGUV Regel 109-016 Richtlinien für das Feuerverzinken
97/23/EG	DGRL Druckgeräterichtlinie (Richtlinie 97/23/EG)
GbV	Gefahrgutbeauftragtenverordnung Verordnung über die Bestellung von Gefahrgutbeauftragten in Unternehmen (Gefahrgutbeauftragtenverodnung – GbV) vom 25. Februar 2011 (BGBl. I Nr. 9 vom 11.03.2011 S. 341)
GefStoffV	Gefahrstoffverordnung Verordnung zum Schutz vor Gefahrstoffen (GefStoffV) vom 26. November 2010 (BGBl. I S. 1643, 1644), die zuletzt durch Artikel 2 der Verordnung vom 3. Februar 2015 (BGBl. I S. 49) geändert worden ist
GewAbfV	Verordnung über die Entsorgung von gewerblichen Siedlungsabfällen und von bestimmten Bau- und Abbruchabfällen (GewAbfV) vom 19. Juni 2002 (BGBl. I Nr. 37 vom 24.06.2002 S. 1938) zuletzt geändert am 24. Februar 2012 durch Artikel 5 Abs. 23 des Gesetzes zur Neuordnung des Kreislaufwirtschafts- und Abfallrechts (BGBl. I Nr. 10 vom 24.02.2012 S. 212)
GewO	Gewerbeordnung (GewO) in der Fassung der Bekanntmachung vom 22. Februar 1999 (BGBl. I S. 202), die durch Artikel 10 des Gesetzes vom 11. März 2016 (BGBl. I S. 396) geändert worden ist
KrWG	Gesetz zur Förderung der Kreislaufwirtschaft und Sicherung der umweltverträglichen Bewirtschaftung von Abfällen (Kreislaufwirtschaftsgesetz – KrWG) vom 24. Februar 2012 (BGBl. I S. 212), das zuletzt durch Artikel 1a des Gesetzes vom 20. November 2015 (BGBl. I S. 2071) geändert worden ist
LärmVibrations ArbSchV	Lärm- und Vibrations-Arbeitsschutzverordnung Verordnung zum Schutz der Beschäftigten vor Gefährdungen durch Lärm und Vibrationen (LärmVibrationsArbSchV) vom 6. März 2007 (BGBl. I Nr. 8 vom 08.03.2007 S. 261); zuletzt geändert am 19. Juli 2010 durch Artikel 3 der Verordnung zur Umsetzung der Richtlinie 2006/25/EG zum Schutz der Arbeitnehmer vor Gefährdungen durch künstliche optische Strahlung und zur Änderung von Arbeitsschutzverordnungen*) (BGBl. I Nr. 38 vom 26.07.2010 S. 960)

Bundes-Recht (Fortsetzung)

LasthandhabV	Verordnung über Sicherheit und Gesundheitsschutz bei der manuellen Handhabung von Lasten bei der Arbeit (Lastenhandhabungsverordnung – LasthandhabV) vom 4. Dezember 1996 (BGBl. I S. 1841, 1842), die zuletzt durch Artikel 428 der Verordnung vom 31. August 2015 (BGBl. I S. 1474) geändert worden ist
MuSchG	Gesetz zum Schutze der erwerbstätigen Mutter (Mutterschutzgesetz – MuSchG) in der Fassung der Bekanntmachung vom 20. Juni 2002 (BGBl. I Nr. 43 vom 02.07.2002 S. 2318); zuletzt geändert am 23. Oktober 2012 durch Artikel 6 des Gesetzes zur Neuausrichtung der Pflegeversicherung (Pflege-Neuausrichtungs-Gesetz – PNG) (BGBl. I Nr. 51 vom 23.10.2012 S. 2246)
NachwV	Nachweisverordnung Verordnung über die Nachweisführung bei der Entsorgung von Abfällen (NachwV) vom 20. Oktober 2006 (BGBl. I S. 2298), die durch Artikel 97 der Verordnung vom 31. August 2015 (BGBl. I S. 1474) geändert worden ist
OStrV	Optische Strahlenschutzverordnung Verordnung zum Schutz der Beschäftigten vor Gefährdungen durch künstliche optische Strahlung (Arbeitsschutzverordnung zu künstlicher optischer Strahlung – OStrV) vom 19. Juli 2010 (BGBl. I Nr. 38 vom 26.07.2010 S. 960)
ProdSG	Gesetz über die Bereitstellung von Produkten auf dem Markt (Produktsicherheitsgesetz – ProdSG) vom 8. November 2011 (BGBl. I S. 2178, 2179; 2012 I S. 131), das durch Artikel 435 der Verordnung vom 31. August 2015 (BGBl. I S. 1474) geändert worden ist
RöV	Verordnung über den Schutz vor Schäden durch Röntgenstrahlen (Röntgenverordnung) in der Fassung der Bekanntmachung vom 30. April 2003 (BGBl. I S. 604), die zuletzt durch Artikel 6 der Verordnung vom 11. Dezember 2014 (BGBl. I S. 2010) geändert worden ist
StrlSchV	Verordnung über den Schutz vor Schäden durch ionisierende Strahlen (Strahlenschutzverordnung – StrlSchV) vom 20. Juli 2001 (BGBl. I S. 1714; 2002 I S. 1459), die zuletzt durch Artikel 5 der Verordnung vom 11. Dezember 2014 (BGBl. I S. 2010) geändert worden ist
SGB VII	Sozialgesetzbuch Siebtes Buch – Gesetzliche Unfallversicherung (SGB VII) Das Siebte Buch vom 7. August 1996, BGBl. I S. 1254), das zuletzt durch Artikel 6 des Gesetzes vom 21. Dezember 2015 (BGBl. I S. 2424) geändert worden ist
StGB	Strafgesetzbuch (StGB) in der Fassung der Bekanntmachung vom 13. November 1998 (BGBl. I S. 3322), das zuletzt durch Artikel 5 des Gesetzes vom 10. Dezember 2015 (BGBl. I S. 2218) geändert worden ist

Bundes-Recht (Fortsetzung)

StörfallV	12. BImSchV: Störfall-Verordnung Zwölfte Verordnung zur Durchführung des Bundes-Immissionsschutzgesetzes (12. BImSchV) in der Fassung der Bekanntmachung vom 8. Juni 2005 (BGBl. I S. 1598), die zuletzt durch Artikel 79 der Verordnung vom 31. August 2015 (BGBl. I S. 1474) geändert worden ist
TA Lärm	6. BImSchVwV: TA Lärm – Technische Anleitung zum Schutz gegen Lärm Sechste Allgemeine Verwaltungsvorschrift zum Bundes-Immissionsschutzgesetz vom 26. August 1998 (GMBl. Nr. 26 vom 28.08.1998 S. 503)
TA Luft	1. BImSchVwV: TA Luft – Technische Anleitung zur Reinhaltung der Luft Erste Allgemeine Verwaltungsvorschrift zum Bundes-Immissionsschutzgesetz vom 24. Juli 2002 (GMBl. Nr. 25–29 vom 30.07.2002 S. 511)
TEHG	Treibhausgas-Emissionshandelsgesetz Gesetz über den Handel mit Berechtigungen zur Emission von Treibhausgasen (TEHG) vom 21. Juli 2011 (BGBl. I S. 1475), das durch Artikel 626 Absatz 2 der Verordnung vom 31. August 2015 (BGBl. I S. 1474) geändert worden ist
TRBS	Technische Regeln für Betriebssicherheit TRBS 1001 Struktur und Anwendung der Technischen Regeln für Betriebssicherheit (Bekanntmachung des Bundesministeriums für Arbeit und Soziales vom 15. September 2006; BAnz. 232a vom 9. Dezember 2006)
TRBS 1201	TRBS 1201 Prüfung von Arbeitsmitteln und überwachungsbedürftigen Anlagen Ausgabe: August 2012 zuletzt geändert und ergänzt: GMBI 2014 S. 902 (Nr. 43)
TRBS 1203	TRBS 1203 Befähigte Person
TRBS 2141	Technische Regel für Betriebssicherheit 2141 Gefährdungen durch Dampf und Druck – Allgemeine Anforderungen in der Fassung der Bekanntmachung vom 31. Januar 2007 (GMBl. Nr. 15 vom 23.03.2007 S. 310 (327))
TRBS 3121	TRBS 3121 Betrieb von Aufzugsanlagen (GMBl. Nr. 77 vom 20. November 2009, S. 1602)
TRD	Technische Regel Dampfkessel – seit dem 1. Januar 2013 außer Kraft
TRG	Technische Regeln Druckgase – seit dem 1. Januar 2013 außer Kraft
TRGS	Technische Regel für Gefahrstoffe in den jeweils aktuellen Fassungen

Bundes-Recht (Fortsetzung)

TRGS 500	Technische Regel für Gefahrstoffe „Schutzmaßnahmen: Mindeststandards" Ausgabe: Januar 2008, ergänzt: Mai 2008
TRGS 510	Technische Regel für Gefahrstoffe „Lagerung von Gefahrstoffen in ortsbeweglichen Behältern" Ausgabe Januar 2013, zuletzt geändert: GMBI 2015 S. 1320 (Nr. 66 (v. 30.11.2015)
TRGS 900	Technische Regel für Gefahrstoffe „Arbeitsplatzgrenzwerte" Ausgabe Januar 2006 zuletzt geändert und ergänzt: GMBI 2015 S. 1186-1189 v. 6.11.2015 (Nr. 60)
TrinkwV	Verordnung über die Qualität von Wasser für den menschlichen Gebrauch (Trinkwasserverordnung – TrinkwV 2001) in der Fassung der Bekanntmachung vom 10. März 2016 (BGBl. I S. 459)
TRwS 786	Technische Regel wassergefährdender Stoffe (TRwS) 786, Ausführung von Dichtflächen (Oktober 2005)
UmweltHG	Umwelthaftungsgesetz (UmweltHG) vom 10. Dezember 1990 (BGBl. I Nr. 67 vom 14.12.1990 S. 2634); zuletzt geändert am 23. November 2007 durch Artikel 9 Abs. 5 des Gesetzes zur Reform des Versicherungsvertragsrechts (BGBl. I Nr. 59 vom 29.11.2007 S. 2631)
USchadG	Gesetz über die Vermeidung und Sanierung von Umweltschäden (Umweltschadensgesetz – USchadG) vom 10. Mai 2007 (BGBl. I S. 666), das zuletzt durch Artikel 4 des Gesetzes vom 23. Juli 2013 (BGBl. I S. 2565) geändert worden ist
UVPG	Gesetz über die Umweltverträglichkeitsprüfung (UVPG) in der Fassung der Bekanntmachung vom 24. Februar 2010 (BGBl. I S. 94), das zuletzt durch Artikel 2 des Gesetzes vom 21. Dezember 2015 (BGBl. I S. 2490) geändert worden ist
VDE	Verband der Elektrotechnik, Elektronik und Informationstechnik
VdS	Verband der Versicherer Richtlinien für den Brandschutz VdS 2092, VdS 2212
VerpackV	Verpackungsverordnung Verordnung über die Vermeidung und Verwertung von Verpackungsabfällen (Verpackungsverordnung – VerpackV) vom 21. August 1998 (BGBl. I S. 2379), die zuletzt durch Artikel 1 der Verordnung vom 17. Juli 2014 (BGBl. I S. 1061) geändert worden ist
VwVwS	Verwaltungsvorschrift wassergefährdende Stoffe Allgemeine Verwaltungsvorschrift zum Wasserhaushaltsgesetz über die Einstufung wassergefährdender Stoffe in Wassergefährdungsklassen (VwVwS) vom 31. Juli 2009 (BGBl. I S. 2585), das zuletzt durch Artikel 320 der Verordnung vom 31. August 2015 (BGBl. I S. 1474) geändert worden ist

Bundes-Recht (Fortsetzung)

WHG	Gesetz zur Ordnung des Wasserhaushalts (Wasserhaushaltsgesetz – WHG) vom 31. Juli 2009 (BGBl. I S. 2585), das zuletzt durch Artikel 320 der Verordnung vom 31. August 2015 (BGBl. I S. 1474) geändert worden ist

Landes-Recht (Hessen)

AV-VAwS	Ausführungsvorschrift zum Vollzug der VAwS (s. u.)
EKVO	EKVO – Abwassereigenkontrollverordnung Verordnung über die Eigenkontrolle von Abwasseranlagen – Hessen – vom 23. Juli 2010 (GVBl. Hessen I Nr. 14 vom 04.08.2010, S. 85) zuletzt geändert durch Verordnung vom 3. November 2015 (GVBl. S. 392)
HBO	Hessische Bauordnung (HBO) in der Fassung vom 15. Januar 2011 (GVBl. Hessen I Nr. 4 vom 18.02.2011, S. 46); zuletzt geändert am 13. Dezember 2012 durch Artikel 40 des Gesetzes zur Entfristung und zur Veränderung der Geltungsdauer von befristeten Rechtsvorschriften (GVBl. Hessen I Nr. 28 vom 21.12.2012, S. 622)
HWG	Hessisches Wassergesetz (HWG) vom 14. Dezember 2010 (GVBl. Hessen I Nr. 23 vom 23.12.2010, S. 548); zuletzt geändert durch Gesetz vom 28. September 2015 (GVBl. S. 338)
MIndBauRL	Muster-Richtlinie über den baulichen Brandschutz im Industriebau (Muster-Industriebau-Richtlinie - MIndBauRL) Stand Juli 2014
VAWS	VAwS – Anlagenverordnung Verordnung über Anlagen zum Umgang mit wassergefährdenden Stoffen und über Fachbetriebe – Hessen – Vom 16. September 1993 (GVBl. I S. 409). Zuletzt geändert durch Verordnung vom 4. Dezember 2013 (GVBl. I S. 663)
VGS	Verordnung über das Einleiten oder Einbringen von Abwasser mit gefährlichen Stoffen in öffentliche Abwasseranlagen (Indirekteinleiterverordnung – VGS) aufgehoben, ersetzt durch: Verordnung über das Einleiten von Grundwasser und Abwasser in öffentlichen Abwasseranlagen (Indirekteinleiterverordnung – IndV) Vom 18. Juni 2012 (GVBI. I S. 172)

Landes-Recht (Nordrhein-Westfalen – NRW)

AV-VAwS	Ausführungsvorschrift zum Vollzug der VAwS (s. u.)
BauO NRW	Bauordnung für das Land Nordrhein-Westfalen (Landesbauordnung – BauO NRW) vom 1. März 2000 (GV. NRW. 2000 S. 256); zuletzt geändert am 20. Mai 2014, GV. NRW. S. 294
LöRüRL	Richtlinie zur Bemessung von Löschwasser-Rückhalteanlagen beim Lagern wassergefährdender Stoffe (LöRüRL) Einführung Technischer Baubestimmungen nach § 3 Abs. 3 BauO NRW RdErl. d Ministeriums für Städtebau und Wohnen, Kultur und Sport vom 14. Januar 2005 (MBl. NRW S. 120)
LWG NW	Wassergesetz für das Land Nordrhein-Westfalen (Landeswassergesetz – LWG) in der Fassung der Bekanntmachung vom 25. Juni 1995 (GV.NW. Nr. 59 vom 18.08.1995, S. 926); zuletzt geändert am 5. März 2013 durch Artikel 1 des Gesetz zur Änderung des Landeswassergesetzes (GV. NW. Nr. 7 vom 15.03.2013, S. 133)
M Ind BauRL	Muster-Richtlinie für den baulichen Brandschutz im Industriebau (Muster-Industriebaurichtlinie – M IndBauRL, Stand Juli 2014)
PrüfVO	Verordnung über die Prüfung technischer Anlagen und wiederkehrende Prüfungen von Sonderbauten – Prüfverordnung – (PrüfVO NRW) vom 24. November 2009 (GV. NRW. S. 723, in Kraft getreten am 28. Dezember 2009)
VAWS	Verordnung über Anlagen zum Umgang mit wassergefährdenden Stoffen und über Fachbetriebe (Anlagenverordnung – VAwS) vom 20. März 2004 (GV.NW. Nr. 18 vom 09.06.2004, S. 274); zuletzt geändert am 13. Dezember 2012 durch Artikel 1 der Verordnung zur Änderung der Verordnung über Anlagen zum Umgang mit wassergefährdenden Stoffen und über Fachbetriebe (GV.NW. Nr. 40 vom 28.12.2012, S. 676)
VGS (NRW)	Indirekteinleiterverordnung aufgehoben, ersetzt durch: Verordnung über das Einleiten von Grundwasser und Abwasser in öffentlichen Abwasseranlagen (Indirekteinleiterverordnung – IndV) Vom 18. Juni 2012 (GVBI. I S. 172)
VV VAwS	Verwaltungsvorschriften zum Vollzug der Verordnung über Anlagen zum Umgang mit wassergefährdenden Stoffen und über Fachbetriebe (VV-VAwS) vom 16. Juli 2007 (MBl.NW. Nr. 20 vom 31.07.2007, S. 434)

Anhang C
Arbeitshilfe zum Übergang von der ISO 9001:2008 auf die ISO 9001:2015

Gegenüberstellung ISO 9001:2015 – ISO 9001:2008

ISO 9001:2015	ISO 9001:2008
4 Kontext der Organisation	1.0 Anwendungsbereich
4.1 Verstehender Organisation und ihres Kontextes	1.1 Allgemeines
4.2 Verstehen der Erfordernisse und Erwartungen interessierter Parteien	1.1 Allgemeines
4.3 Festlegen des Anwendungsbereichs des Qualitätsmanagementsystems	1.2 Anwendung 4.2.2 Qualitätsmanagementhandbuch
4.4 Qualitätsmanagementsystem und dessen Prozesse	4 Qualitätsmanagementsystem 4.1 Allgemeine Anforderungen
5 Führung	5 Verantwortung der Leitung
5.1 Führung und Verpflichtung	5.1 Selbstverpflichtung der Leitung
5.1.1 Führung und Verpflichtung für das Qualitätsmanagementsystem	5.1 Selbstverpflichtung der Leitung
5.1.2 Kundenorientierung	5.2 Kundenorientierung
5.2 Qualitätspolitik	5.3 Qualitätspolitik
5.3 Rollen, Verantwortlichkeiten und Befugnisse in der Organisation	5.5.1 Verantwortung und Befugnis 5.5.2 Beauftragter der obersten Leitung
6 Planung für das Qualitätsmanagementsystem	5.4.2 Planung des Qualitätsmanagementsystems
6.1 Maßnahmen zum Umgang mit Risiken und Chancen	5.4.2 Planung des Qualitätsmanagementsystems 8.5.3 Vorbeugungsmaßnahmen
6.2 Qualitätsziele und Planung zur deren Erreichung	5.4.1 Qualitätsziele
6.3 Planung von Änderungen	5.4.2 Planung des Qualitätsmanagementsystems
7 Unterstützung	6 Management von Ressourcen
7.1 Ressourcen	6 Management von Ressourcen

Handbuch Feuerverzinken, 4. Auflage. Peter Peißker und Mark Huckshold.

ISO 9001:2015	ISO 9001:2008
7.1.1 Allgemeines	6.1 Bereitstellung von Ressourcen
7.1.2 Personen	6.1 Bereitstellung von Ressourcen
7.1.3 Infrastruktur	6.3 Infrastruktur
7.1.4 Umgebung zur Durchführung von Prozessen	6.4 Arbeitsumgebung
7.1.5 Ressourcen zur Überwachung und Messung	7.6 Lenkung von Überwachungs- und Messmitteln
7.1.6 Wissen der Organisation	NEU
7.2 Kompetenz	6.2.1 Allgemeines 6.2.2 Kompetenz, Schulung und Bewusstsein
7.3 Bewusstsein	6.2.2 Kompetenz, Schulung und Bewusstsein
7.4 Kommunikation	5.5.3 Interne Kommunikation
7.5 Dokumentierte Information	4.2 Dokumentationsanforderungen
7.5.1 Allgemeines	4.2.1 Allgemeines
7.5.2 Erstellen und Aktualisieren	4.2.3 Lenkung von Dokumenten 4.2.4 Lenkung von Aufzeichnungen
7.5.3 Lenkungdokumentierter Information	4.2.3 Lenkung von Dokumenten 4.2.4 Lenkung von Aufzeichnungen
8 Betrieb	7 Produktrealisierung
8.1 Betriebliche Planung und Steuerung	7.1 Planung der Produktrealisierung
8.2 Bestimmen von Anforderungen an Produkte und Dienstleistungen	7.2 Kundenbezogene Prozesse
8.2.1 Kommunikation mit den Kunden	7.2.3 Kommunikation mit den Kunden
8.2.2 Bestimmen von Anforderungen in Bezug auf Produkte und Dienstleistungen	7.2.1 Ermittlung der Anforderungen in Bezug auf das Produkt
8.2.3 Überprüfung von Anforderungen in Bezug auf Produkte und Dienstleistungen	7.2.2 Bewertung der Anforderungen in Bezug auf das Produkt
8.3 Entwicklung von Produkten und Dienstleistungen	7.3 Entwicklung
8.3.1 Allgemeines	NEU
8.3.2 Entwicklungsplanung	7.3.1 Entwicklungsplanung
8.3.3 Entwicklungseingaben	7.3.2 Entwicklungseingaben
8.3.4 Entwicklungssteuerung	7.3.4 Entwicklungsbewertung 7.3.5 Entwicklungsverifizierung 7.3.6 Entwicklungsvalidierung
8.3.5 Entwicklungsergebnisse	7.3.3 Entwicklungsergebnisse
8.3.6 Entwicklungsänderungen	7.3.7 Lenkung von Entwicklungsänderungen
8.4 Kontrolle von extern bereitgestellten Produkten und Dienstleistungen	7.4.1 Beschaffungsprozess
8.4.1 Allgemeines	7.4.1 Beschaffungsprozess
8.4.2 Art und Umfang der Kontrolle von externen Bereitstellungen	7.4.1 Beschaffungsprozess 7.4.3 Verifizierung von beschafften Produkten

ISO 9001:2015	ISO 9001:2008
8.4.3 Informationen für externe Anbieter	7.4.2 Beschaffungsangaben
8.5 Produktion und Dienstleistungserbringung	7.5 Produktion und Dienstleistungserbringung
8.5.1 Steuerung der Produktion und der Dienstleistungserbringung	7.5.1 Lenkung der Produktion und der Dienstleistungserbringung
8.5.2 Kennzeichnung und Rückverfolgbarkeit	7.5.3 Kennzeichnung und Rückverfolgbarkeit
8.5.3 Eigentum der Kunden oder der externen Anbieter	7.5.4 Eigentum des Kunden
8.5.4 Erhaltung	7.5.5 Produkterhaltung
8.5.5 Tätigkeiten nach der Lieferung	7.5.1 Lenkung der Produktion und der Dienstleistungserbringung
8.5.6 Überwachung von Änderungen	7.3.7 Lenkung von Entwicklungsänderungen
8.6 Freigabe von Produkten und Dienstleistungen	8.2.4 Überwachung und Messung des Produkts 7.4.3 Verifizierung von beschafften Produkten
8.7 Steuerung nichtkonformer Prozessergebnisse, Produkte und Dienstleistungen	8.3 Lenkung fehlerhafter Produkte
9 Bewertung der Leistung	NEU
9.1 Überwachung, Messung, Analyse und Bewertung	8 Messung, Analyse und Verbesserung
9.1.1 Allgemeines	8.1 Allgemeines
9.1.2 Kundenzufriedenheit	8.2.1 Kundenzufriedenheit
9.1.3 Analyse und Beurteilung	8.4 Datenanalyse
9.2 Internes Audit	8.2.2 Internes Audit
9.3 Managementbewertung	5.6 Managementbewertung
10 Verbesserung	8.5 Verbesserung
10.1 Allgemeines	8.5.1 Ständige Verbesserung
10.2 Nichtkonformität und Korrekturmaßnahmen	8.38. Lenkung fehlerhafter Produkte 5.2 Korrekturmaßnahmen
10.3 Fortlaufende Verbesserung	8.5.1 Ständige Verbesserung

Gegenüberstellung ISO 9001:2008 – ISO 9001:2015

ISO 9001:2008	ISO 9001:2015
4 Qualitätsmanagementsystem	4 Kontext der Organisation
4.1 Allgemeine Anforderungen	4.4 Qualitätsmanagementsystem und dessen Prozesse
4.2 Dokumentationsanforderungen	7.5 Dokumentierte Information
4.2.1 Allgemeines	7.5.1 Allgemeines
4.2.2 Qualitätsmanagementhandbuch	4.3 Festlegen des Anwendungsbereichs des Qualitätsmanagementsystems 7. 5.1 Allgemeines 4.3 Qualitätsmanagementsystem und dessen Prozesse
4.2.3 Lenkung von Dokumenten	7.5.2 Erstellen und Aktualisieren 7.5.3 Lenkung dokumentierter Information
4.2.4 Lenkung von Aufzeichnungen	7.5.2 Erstellen und Aktualisieren 7.5.3 Lenkung dokumentierter Verfahren
5 Verantwortung der Leitung	5 Führung
5.1 Selbstverpflichtung der Leitung	5.1 Führung und Verpflichtung 5.1.1 Führung und Verpflichtung für das Qualitätsmanagementsystem
5.2 Kundenorientierung	5.1.2 Kundenorientierung
5.3 Qualitätspolitik	5.2 Qualitätspolitik
5.4 Planung	6 Planung für das Qualitätsmanagementsystem
5.4.1 Qualitätsziele	6.2 Qualitätsziele und Planung zu deren Erreichung
5.4.2 Planung des Qualitätsmanagementsystems	6.6.1 Planung für das Qualitätsmanagementsystem 6.3 Maßnahmen zum Umgang mit Risiken und Chancen Planung von Änderungen
5.5 Verantwortung, Befugnis und Kommunikation	5 Führung
5.5.1 Verantwortung und Befugnis	5.3 Rollen, Verantwortlichkeiten und Befugnisse in der Organisation
5.5.2 Beauftragter der obersten Leitung	5.3 Rollen, Verantwortlichkeiten und Befugnisse in der Organisation
5.5.3 Interne Kommunikation	7.4 Kommunikation
5.6 Managementbewertung	9.3 Managementbewertung
5.6.1 Allgemeines	9.3 Managementbewertung
5.6.2 Eingaben für die Bewertung	9.3 Managementbewertung
5.6.3 Ergebnisse der Bewertung	9.3 Managementbewertung
6 Management von Ressourcen	7.1 Ressourcen

ISO 9001:2008	ISO 9001:2015
6.1 Bereitstellung von Ressourcen	7.1.1 Allgemeines 7.1.2 Personen
6.2 Personelle Ressourcen	7.2 Kompetenz
6.2.1 Allgemeines	7.2 Kompetenz
6.2.2 Kompetenz, Schulung und Bewusstsein	7.2 Kompetenz 7.3 Bewusstsein
6.3 Infrastruktur	7.1.3 Infrastruktur
6.4 Arbeitsumgebung	7.1.4 Umgebung zur Durchführung von Prozessen
7 Produktrealisierung	8 Betrieb
7.1 Planung der Produktrealisierung	8.1 Betriebliche Planung und Steuerung
7.2 Kundenbezogene Prozesse	8.2 Bestimmen von Anforderungen an Produkte und Dienstleistungen
7.2.1 Ermittlung der Anforderungen in Bezug auf das Produkt	8.2.2 Bestimmen von Anforderungen in Bezug auf Produkte und Dienstleistungen
7.2.2 Bewertung der Anforderungen in Bezug auf das Produkt	8.2.3 Überprüfung von Anforderungen in Bezug auf Produkte und Dienstleistungen
7.2.3 Kommunikation mit dem Kunden	8.2.1 Kommunikation mit dem Kunden
7.3 Entwicklung	8.5 Produktion und Dienstleistungserbringung
7.3.1 Entwicklungsplanung	8.3 Entwicklung von Produkten und Dienstleistungen 8.3.1 Allgemeines 8.3.2 Entwicklungsplanung
7.3.2 Entwicklungseingaben	8.3.3 Entwicklungseingaben
7.3.3 Entwicklungsergebnisse	8.3.5 Entwicklungsergebnisse
7.3.4 Entwicklungsbewertung	8.3.4 Entwicklungssteuerung
7.3.5 Entwicklungsverifizierung	8.3.4 Entwicklungssteuerung
7.3.6 Entwicklungsvalidierung	8.3.4 Entwicklungssteuerung
7.3.7 Lenkung von Entwicklungsänderungen	8.3.6 Entwicklungsänderungen
7.4 Beschaffung	8.4 Kontrolle von extern bereitgestellten Produkten und Dienstleistungen
7.4.1 Beschaffungsprozess	8.4.1 Allgemeines 8.4.2 Art und Umfang der Kontrolle von externen Bereitstellungen
7.4.2 Beschaffungsangaben	8.4.3 Information für externe Anbieter
7.4.3 Verifizierung von beschafften Produkten	8.6 Freigabe von Produkten und Dienstleistungen
7.5 Produktion und Dienstleistungserbringung	8.5 Produktion und Dienstleistungserbringung
7.5.1 Lenkung der Produktion und der Dienstleistungserbringung	8.5.1 Steuerung der Produktion und der Dienstleistungserbringung 8.5.5 Tätigkeiten nach der Lieferung

ISO 9001:2008	ISO 9001:2015
7.5.2 Validierung der Prozesse zur Produktion und zur Dienstleistungserbringung	8.5.1 Steuerung der Produktion und der Dienstleistungserbringung
7.5.3 Kennzeichnung und Rückverfolgbarkeit	8.5.2 Kennzeichnung und Rückverfolgbarkeit
7.5.4 Eigentum des Kunden	8.5.3 Eigentum der Kunden oder der externen Anbieter
7.5.5 Produkterhaltung	8.5.4 Erhaltung
7.6 Lenkung von Überwachungs- und Messmitteln	7.1.5 Ressourcen zur Überwachung und Messung
8.0 Messung, Analyse und Verbesserung	9.1 Überwachung, Messung, Analyse und Bewertung
8.1 Allgemeines	9.1.1 Allgemeines
8.2 Überwachung und Messung	9.1 Überwachung, Messung, Analyse und Bewertung
8.2.1 Kundenzufriedenheit	9.1.2 Kundenzufriedenheit
8.2.2 Internes Audit	9.2 Internes Audit
8.2.3 Überwachung und Messung von Prozessen	9.1.1 Allgemeines
8.2.4 Überwachung und Messung des Produkts	8.6 Freigabe von Produkten und Dienstleistungen
8.3 Lenkung fehlerhafter Produkte	8.7 Steuerung nichtkonformer Prozessergebnisse, Produkte und Dienstleistungen
8.4 Datenanalyse	9.1.3 Analyse und Beurteilung
8.5 Verbesserung	10 Verbesserung
8.5.1 Ständige Verbesserung	10.1 Allgemeines 10.3 Fortlaufende Verbesserung
8.5.2 Korrekturmaßnahmen	10.2 Nichtkonformität und Korrekturmaßnahmen
8.5.3 Vorbeugungsmaßnahmen	ABSCHNITT ENTFERNT 6.1 Maßnahmen zum Umgang mit Risiken und Chancen

Anhang D
Physikalische Metallkonstanten der für die Feuerverzinkerei wichtigen Metalle

Dichte (g cm^{-1})

Früher Wichte oder spez. Gewicht genannt, ist das auf die Volumeneinheit bezogene Gewicht eines Stoffs, also seiner Masse G (gemessen in g), dividiert durch sein Volumen V (gemessen in cm^3).

Wärmeausdehnungskoeffizient, linear (cal g^{-1} °C^{-1})

Man versteht hierunter die durch eine bestimmte Temperatursteigerung hervorgerufene Längenvergrößerung (in cm) eines Metalls, bezogen auf die Anfangslänge (in cm).

Wärmeleitfähigkeit bei 20 °C (cal cm^{-1} s^{-1} °C^{-1})

Sie ist definiert als der Wärmestrom (in cal), der durch einen Stab des betreffenden Metalls je Flächeneinheit (cm^2), Zeiteinheit (s) und Einheit des Temperaturgefälles (°C cm^{-1}) fließt.

Spezifischer elektrischer Widerstand ρ (Ω mm^2 m^{-1})

Der spezifische elektrische Widerstand ist definiert als der Widerstand eines gestreckten Leiters aus dem betreffenden Metall, dessen Länge 1 m und dessen Querschnitt 1 mm^2 beträgt.

Brinellhärte HB (kp mm^{-2})

Es wird eine gehärtete Stahlkugel mit einem bestimmten Durchmesser mit gleichmäßig gesteigerter Belastung eine bestimmte Zeit in eine blanke, ebene Platte des zu prüfenden Metalls eingedrückt. Aus der sich ergebenden Kugeleindruckfläche wird die Härte errechnet.

Schmelzpunkt (°C)

Er ist die Temperatur, bei der ein Metall bei einem Luftaußendruck von 1 atm flüssig wird.

Handbuch Feuerverzinken, 4. Auflage. Peter Peißker und Mark Huckshold.

Spezifische Wärme, 0–100 °C (cal g^{-1} $°C^{-1}$)
Ist die Wärmemenge (cal), die zur Erwärmung von 1 g eines Stoffs um 1 °C benötigt wird. In der Tabelle als mittlere spezifische Wärme für den Temperaturbereich von 0–100 °C angegeben.

Spezifische elektrische Leitfähigkeit κ (mΩ^{-1} mm^{-2})
Die spezifische Leitfähigkeit ist der reziproke Wert ρ^{-1} des spezifischen elektrischen Widerstandes ρ.

Metall	Schmelzpunkt (°C)	Brinellhärte HB (kp mm^{-2})	Wärmeleitfähigkeit bei 20 °C (cal cm^{-1} s^{-1} °C^{-1})	Dichte (g cm^{-1})	Spezifischer elektrischer Widerstand ρ (Ω mm^2 m^{-1})	Spezifische elektrische Leitfähigkeit κ (mΩ^{-1} mm^{-2})	Spezifische Wärme, 0–100 °C (cal g^{-1} °C^{-1})	Wärmeausdehnungskoeffizient, linear (cal g^{-1} °C^{-1})
Antimon	630	35–40	0,045	6,67	0,386	2,6	0,050	$10{,}8 \cdot 10^{-6}$
Aluminium	658	15–25	0,530	2,70	0,028	36,0	0,215	$23{,}1 \cdot 10^{-6}$
Blei	327	4–7	0,085	11,34	0,207	4,8	0,031	$28{,}0 \cdot 10^{-6}$
Chrom	1810	70	0,650	7,00	0,039	26,0	0,103	$6{,}6 \cdot 10^{-6}$
Eisen	1530	60	0,174	7,86	0,097	10,3	0,108	$12{,}5 \cdot 10^{-6}$
Kadmium	321	16	0,222	8,64	0,076	13,2	0,055	$31{,}0 \cdot 10^{-6}$
Kupfer	1083	35	0,935	8,93	0,017	59,0	0,092	$16{,}5 \cdot 10^{-6}$
Mangan	1247		0,12	7,30	1,850	0,54	0,121	$22{,}0 \cdot 10^{-6}$
Magnesium	650	35	0,41	1,74	0,045	22,2	0,243	$26{,}0 \cdot 10^{-6}$
Nickel	1452	80…120	0,215	8,90	0,068	14,7	0,107	$12{,}5 \cdot 10^{-6}$
Titan	1787	160…260	0,09	4,50	0,435	2,3	0,133	$8{,}5 \cdot 10^{-6}$
Zinn	232	40	0,16	7,28	0,093	10,7	0,054	$23{,}0 \cdot 10^{-6}$
Zink	419	35	0,30	7,12	0,055	18,2	0,092	$36{,}0 \cdot 10^{-6}$

Anhang E
Spezifische Schnellprüfmethoden zur Ermittlung der Art des Überzugmetalls und der Rohstoffe

In der Praxis kann es vorkommen, dass ein Metall dem anderen äußerlich ähnlich ist, z. B. Zink und Cadmium, und eine quantitative Prüfung erforderlich ist.

Prüfung von	Tüpfelreaktion
Eisen	Kupfersulfatlösung 10 %, einige Tropfen auf das Prüfmetall bringen. Es entsteht ein rötlicher Kupferfleck.
Kupfer	2 Tropfen Salzsäure, konz., auf Prüfmetall bringen, kurz einwirken lassen, dann ein Stück Filterpapier auflegen, und auf das Filterpapier einige Tropfen Ammoniak zugeben. Es entsteht eine tiefblaue Färbung.
Messing	a) Unterscheidung von Kupfer durch seine Farbe. b) siehe Kupfernachweis.
Blei	2 Tropfen Salzsäure, konz., auf Prüfmetall bringen, kurz einwirken lassen, ein Stück Filterpapier auflegen, und auf das Filterpapier einige Tropfen einer 10 %igen Kaliumjodidlösung geben. Es entsteht eine postgelbe Färbung.
Chrom	1 Tropfen Salzsäure, 1 : 1 verdünnt, auf Prüfmetall bringen, kurz einwirken lassen, ein Stück Filterpapier auflegen, und auf das Filterpapier 1 Tropfen Ammoniumsulfidlösung zugeben. Es entsteht eine grüne Färbung.
Nickel	2 Tropfen Salzsäure, konz., auf Prüfmetall bringen, kurz einwirken lassen, ein Stück Filterpapier auflegen, und auf das Filterpapier einige Tropfen Ammoniak, konz., zugeben. Bei weiterer Zugabe von 1–2 Tropfen Dimethylglyoxim 1 % entsteht eine blutrote Färbung.
Cadmium	1 Tropfen Salzsäure, konz., auf Prüfmetall bringen, kurz einwirken lassen, ein Stück Filterpapier auflegen, und auf Filterpapier 1 Tropfen Natriumsulfidlösung, 10 %ig, zugeben. Es entsteht eine zitronengelbe Färbung.
Zink	1 Tropfen Salzsäure 1 : 1 auf Prüfmetall bringen, kurz einwirken lassen, ein Stück Filterpapier auflegen, und auf das Filterpapier 1 Tropfen Natriumsulfidlösung, 10 %ig, geben. Es entsteht eine weiße Färbung
Zinn	1 Tropfen Salzsäure, konz., auf Prüfmetall bringen, kurze Zeit einwirken lassen, dann ein Stück Filterpapier auflegen, und auf das Filterpapier 1 Tropfen Natriumsulfidlösung, 10 %ig, geben. Es entsteht eine gelbbraune Färbung

Handbuch Feuerverzinken, 4. Auflage. Peter Peißker und Mark Huckshold.

Anhang F
Formeln und Molekularmassen von Verbindungen für die Feuerverzinkerei

Chemische Bezeichnung	Chemische Formel	Molekularmasse
Aluminiumchlorid	$AlCl_3 \cdot 6H_2O$	241,44
Aluminiumoxid	Al_2O_3	101,94
Ammoniumchlorid	NH_4Cl	53,50
Ammoniumhydroxid	NH_4OH	35,048
Ammoniumnitrat	NH_4NO_3	80,05
Ammoniumsulfat	$(NH_4)_2SO_4$	132,14
Antimon(III)-chlorid	$SbCl_3$	228,13
Antimon(III)-oxid	Sb_2O_3	291,5
Antimon(III)-sulfid	Sb_2S_3	339,7
Antimon(V)-sulfid	Sb_2S_5	403,82
Blei(II)-chromat	$PbCrO_4$	323,2
Blei(II)-chromat, basisch	$PbCrO_4 \cdot PbO$	546,4
Blei(II)-oxid	PbO	223,21
Blei(II)-sulfat	$PbSO_4$	303,3
Blei(II)-sulfid	PbS	239,3
Blei(IV)-oxid	PbO_2	239,2
Cadmiumcarbonat	$CdCO_3$	172,42
Cadmiumchlorid	$CdCl_2 \cdot 2{,}5H_2O$	228,364
Cadmiumhydroxid	$Cd(OH)_2$	146,43
Cadmiumnitrat	$Cd(NO_3)_2 \cdot 4H_2O$	308,5
Cadmiumoxid	CdO	128,41
Cadmiumsulfat	$CdSO_4 \cdot 8/3H_2O$	256,51
Cadmiumsulfid	CdS	144,47
Calziumcarbonat	$CaCO_3$	100,09
Calziumchlorid	$CaCl_2 \cdot 6H_2O$	219,1
Calziumhydroxid	$Ca(OH)_2$	74,1
Calziumoxid	CaO	56,08

Handbuch Feuerverzinken, 4. Auflage. Peter Peißker und Mark Huckshold.

Chemische Bezeichnung	Chemische Formel	Molekularmasse
Eisen(II)-ammoniumsulfat	$Fe(NH_4)_2(SO_4)_2 \cdot 6H_2O$	392,15
Eisen(II)-carbonat	$FeCO_3$	115,86
Eisen(II)-chlorid	$FeCl_2 \cdot 4H_2O$	198,83
Eisen(II)-fluorid	$FeF_2 \cdot 4H_2O$	165,91
Eisen(II)-oxid	FeO	71,85
Eisen(II)-sulfat	$FeSO_4 \cdot 7H_2O$	278,02
Eisen(II)-sulfid	FeS	87,91
Eisen(II,III)-oxid	Fe_3O_4	231,55
Eisen(III)-chlorid	$FeCl_3 \cdot 6H_2O$	270,32
Eisen(III)-fluorid	FeF_3	112,85
Eisen(III)-hydroxid	$Fe(OH)_3$	106,88
Eisen(III)-oxid	Fe_2O_3	159,7
Eisen(III)-sulfat	$Fe_2(SO_4)_3$	399,88
Kaliumcarbonat	$K_2CO_3 \cdot 1{,}5H_2O$	165,23
Kaliumchlorat	$KClO_3$	122,55
Kaliumchlorid	KCl	74,55
Kaliumchromat	K_2CrO_4	194,2
Kaliumdichromat	$K_2Cr_2O_7$	294,21
Kupfer(I)-chlorid	$CuCl$	99,03
Kupfer(II)-chlorid	$CuCl_2 \cdot 2H_2O$	170,52
Kupfer(I)-oxid	Cu_2O	143,14
Kupfer(II)-oxid	CuO	79,57
Kupfer(II)-phosphat	$Cu_3(PO_4)_2 \cdot 3H_2O$	434,72
Mangan(II)-chlorid	$MnCl_2 \cdot 4H_2O$	197,91
Mangan(IV)-oxid	MnO_2	86,93
Natriumaluminat	$Na_2O \cdot Al_2O_3 \cdot 2{,}5H_2O$	208,97
Natriumcarbonat	$Na_2CO_3 \cdot 10H_2O$	286,16
Natriumchlorid	$NaCl$	58,45
Natriumchromat	$Na_2CrO_4 \cdot 10H_2O$	342,16
Natriumdichromat	$Na_2Cr_2O_7 \cdot 2H_2O$	298,04
Natriumdiphosphat	$Na_4P_2O_7 \cdot 10H_2O$	446,108
Natriumhydrogensulfat	$NaHSO_4 \cdot 4H_2O$	138,08
Natriumhydroxid	$NaOH$	40,01
Natriumnitrat	$NaNO_3$	85,01
Natriumnitrit	$NaNO_2$	69,01
Natriumsilikat[a)]	Na_2SiO_4	122,054
Natriumsulfat	$Na_2SO_4 \cdot 10H_2O$	322,1949
Nickel(II)-carbonat	$NiCO_3$	118,7
Nickel(II)-carbonat, basisch	$NiCO_3 \cdot 4NiO \cdot 5H_2O$	507,8
Nickel(II)-chlorid	$NiCl_2 \cdot 6H_2O$	237,7

Chemische Bezeichnung	Chemische Formel	Molekularmasse
Zinkammoniumchlorid	$ZnCl_2 \cdot 2NH_4Cl$	243,3
Zinkcarbonat	$ZnCO_3$	125,39
Zinkchlorid	$ZnCl_2$ (versch. Hydrate)	136,29
Zinkcyanid	$Zn(CN)_2$	117,42
Zinkfluorid	ZnF_2	84,38
Zinkhydroxid	$Zn(OH)_2$	99,4
Zinkoxid	ZnO	81,38
Zinksulfat	$ZnSO_4 \cdot 7H_2O$	287,55
Zinksulfid	ZnS	97,44
Zinn(II)-chlorid	$SnCl_2 \cdot 2H_2O$	225,65
Zinn(II)-hydroxid	$Sn(OH)_2$	152,72
Zinn(II)-oxid	SnO	134,7
Zinn(IV)-chlorid	$SnCl_4$	260,53
Zinn(IV)-hydroxid	$Sn(OH)_4$	186,74
Zinn(IV)-oxid	SnO_2	150,7

a) Natronwasserglas ist ein Silikat mit wechselnder Zusammensetzung.

Stichwortverzeichnis

Handbuch Feuerverzinken, 4. Auflage. Peter Peißker und Mark Huckshold.